Råde · Westergren
Springers Mathematische Formeln

Springer
*Berlin
Heidelberg
New York
Barcelona
Budapest
Hongkong
London
Mailand
Paris
Santa Clara
Singapur
Tokio*

Lennart Råde · Bertil Westergren

Springers Mathematische Formeln

*Taschenbuch für Ingenieure,
Naturwissenschaftler,
Wirtschaftswissenschaftler*

Übersetzt und bearbeitet
von Peter Vachenauer

Zweite, korrigierte und erweiterte Auflage

Lennart Råde
Universität Göteborg
Övre Fogelbergsgatan 3
S-41128 Gothenburg, Schweden

Bertil Westergren
Universität Göteborg
Brütavägen 6
S-43500 Mölnycke, Schweden

Übersetzer:
Peter Vachenauer
Technische Universität München
Mathematisches Institut
Arcisstraße 21
D-80333 München

Titel der englischen Originalausgabe: *BETA Mathematics Handbook for Science and Engineering* (3rd edition). © Lennart Råde, Bertil Westergren and Studentlitteratur, 1995.

Mathematics Subject Classification (1991): 00A22

Sonderauflage für Weltbild Verlag GmbH, Augsburg

Dieses Werk ist urheberrechtlich geschützt. Die dadurch begründeten Rechte, insbesondere die der Übersetzung, des Nachdrucks, des Vortrags, der Entnahme von Abbildungen und Tabellen, der Funksendung, der Mikroverfilmung oder der Vervielfältigung auf anderen Wegen und der Speicherung in Datenverarbeitungsanlagen, bleiben, auch bei nur auszugsweiser Verwertung, vorbehalten. Eine Vervielfältigung dieses Werkes oder von Teilen dieses Werkes ist auch im Einzelfall nur in den Grenzen der gesetzlichen Bestimmungen des Urheberrechtsgesetzes der Bundesrepublik Deutschland vom 9. September 1965 in der jeweils geltenden Fassung zulässig. Sie ist grundsätzlich vergütungspflichtig. Zuwiderhandlungen unterliegen den Strafbestimmungen des Urheberrechtsgesetzes.

Springer-Verlag ist ein Unternehmen der Fachverlagsgruppe BertelsmannSpringer.
© Springer-Verlag Berlin Heidelberg 1996, 1997
Printed in Germany

Umschlaggestaltung: Erich Kirchner, Heidelberg
Satz: Belichtung durch Konrad Triltsch, Print und digitale Medien GmbH, D-97070 Würzburg, mit den vom Übersetzer gelieferten Postscriptfiles;
Druck und Bindearbeiten: Konrad Triltsch, Print und digitale Medien GmbH, D-97070 Würzburg

SPIN 10765474   44/3111 Gedruckt auf säurefreiem Papier

Vorwort zur 2. Auflage

Nachdem die erste Auflage dieser Formelsammlung ein so außergewöhnlich großes Interesse gefunden hat, ist bereits nach kurzer Zeit eine Neuauflage nötig geworden. Im Hinblick auf die aktuellen Inhalte der Anfängervorlesungen habe ich die ersten Kapitel überarbeitet und ergänzt. So wurde die affine Klassifikation von quadratischen Kurven und Flächen in Kapitel 3 und 4 vervollständigt und Kapitel 10 mit einer Tabelle für die Vertauschung von Grenzprozessen abgeschlossen. Kapitel 9 wurde insgesamt umgestaltet, die Grundlagen der linearen Differentialgleichungen besser hervorgehoben und ein Abschnitt über das qualitative Verhalten von autonomen Differentialgleichungen eingefügt.

Im übrigen wurden Druckfehler und Ungereimtheiten beseitigt, auf die ich vor allem durch die zahlreich eingegangenen freundlichen Hinweise aufmerksam gemacht wurde. Für diese Kritiken und Anregungen bedanke ich mich sehr herzlich. Was die Auswahl der Themen betrifft, so sollte der Umfang dieser Formelsammlung nicht zu unhandlich werden, daher wurden keine neuen Kapitel, sondern nur Literaturhinweise aufgenommen.

München, im April 1997 *Peter Vachenauer*

Vorwort zur 1. Auflage

Im deutschsprachigen Raum mangelt es seit einiger Zeit an einer knappen und übersichtlichen Formelsammlung der Mathematik, die in optimaler Kürze alle die Gebiete anspricht, die heute in der Ausbildung von Ingenieuren, Naturwissenschaftlern, Mathematikern, Physikern und Informatikern behandelt werden und für die in der Praxis Tabellen zum Nachschlagen benötigt werden. Die zahlreichen, derzeit verwendeten „Taschenbücher" sind entweder im Laufe der Zeit viel zu umfangreich geworden – Formelsammlung und Lehrbuchersatz in einem, das führt zu Folianten mit über 1000 Seiten, die einem Studienanfänger nicht mehr zugemutet werden können – oder sie behandeln nur, wenn überhaupt, den elementarsten Stoff der Linearen Algebra und Statistik.

Das vorliegende Handbuch ist bis auf wenige Änderungen die deutsche Übersetzung der 3.Auflage des *BETA Mathematics Handbook for Science and Engineering*, Studentlitteratur, Schweden. Sowohl Diktion als auch Stoffauswahl und -aufbau entsprechen genau dem Stil, wie heute die Mathematik an Technischen Universitäten gelehrt wird. Besonders wertvoll sind dabei die tabellarischen Übersichten zu den mehr abstrakten Teilen der Mathematik und nicht zuletzt die umfangreichen Tabellen zur Analysis, für Spezielle Funktionen und für die Wahrscheinlichkeitstheorie und Statistik. Aus all diesen Gründen schätzen vor allem die in der Praxis stehenden Naturwissenschaftler in weiten Teilen Europas das *BETABOKEN*.

Die deutsche Fassung unterscheidet sich von der englischen nur darin, daß zusätzlich weitere wichtige Begriffe und Formeln aufgenommen wurden [in der Codierungstheorie (Abschnitt 1.6), in der analytischen Geometrie und für Drehungen des Raumes (3.6 und 4.8), die Schur-Normalform und Hauptvektoren (4.10), die vollständige Matrixmethode bei Systemen von linearen Differentialgleichungen, das Hurwitz-Kriterium (9.3 und 9.4) und die Berechnung von Fourier-Integralen mit der Residuenmethode (14.2)]. Die Abschnitte 12.1 und 13.1 wurden im Hinblick auf die Konvergenz und die punktweise Darstellung von Funktionen neu formuliert, ebenso wurde bei der Definition der Laplace-Transformation

(13.5) zwischen gewöhnlichen Funktionen $f(x)$ mit Definitionsbereich $x\geq 0$ und verallgemeinerten Funktionen auf **R** unterschieden.

Bedanken möchte ich mich für die außerordentlich entgegenkommende Unterstützung durch Herrn Lennart Råde und den Studentlitteratur-Verlag in Schweden. Für die Hilfe bei der Übertragung der Abschnitte 1.6 und der Kapitel 17 und 18 danke ich Prof. Dr. W. Heise und Dr. Chr. Kredler. Besonders gerne habe ich auf die langjährige Erfahrung meiner Kollegen L. Barnerßoi und K. Penzkofer zurückgegriffen, ihre Vorschläge und Korrekturen habe ich gerne aufgenommen, sie führten zu einer noch übersichtlicheren Gestaltung.

Zum Schluß gilt mein Dank dem bewährten Team in der Planung und Herstellung Mathematik des Springer-Verlages, das zur raschen Auflage des Handbuches drängte und mit großzügiger Flexibilität und unter Einsatz aller elektronischen Übertragungsmittel die extrem kurze Herstellungszeit ermöglichte.

München, im Juli 1996 *Peter Vachenauer*

Aus dem Vorwort der englischen 3. Auflage

Das BETA-Handbuch deckt Grundbereiche der Mathematik, der Numerischen Analysis, der Wahrscheinlichkeitstheorie und der Statistik mit vielen Anwendungen ab. Das Handbuch ist für Studenten und Dozenten der Mathematik, für Naturwissenschaftler und Ingenieure und für Praktiker, die auf diesen Bereichen arbeiten, gedacht. Ziel ist es, nützliche Informationen in einer klaren und schnell zugänglichen Form aber bei geringem Umfang anzubieten. Das Handbuch beschränkt sich auf Definitionen, Ergebnisse, Formeln, Graphen, Skizzen und Tabellen und betont Begriffe und Methoden mit praktischen Anwendungen.

Numerische Tabellen der Funktionen, die auf Taschenrechnern oder PCs verfügbar sind, wurden nicht aufgenommen. Ein- und mehrdimensionale Analysis werden in zwei getrennten Kapiteln behandelt, da diese Bereiche den Studenten in der Regel in unterschiedlichen Kursen präsentiert werden. Die Formulierung der Voraussetzungen von Lehrsätzen ist mitunter sehr knapp und nicht ganz vollständig. Als Programmiersprache wird nur BASIC, die einfachste Sprache verwendet. Die aufgeführten Befehle und Programmzeilen lassen sich leicht in jede andere Programmiersprache übertragen.

Unser Dank gilt ganz speziell Johan Karlsson, Jan Petersson, Rolf Pettersson und Thomas Weibull. Außerdem danken wir Christer Borell, Juliusz Brzezinski, Kenneth Eriksson, Carl-Henrik Fant, Kjell Holmåker, Lars Hörnström, Eskil Johnson, Jacques de Maré, Jeffrey Steif und Bo Nilsson für ihre hilfreiche Unterstützung. Für die 3.Auflage danken wir Jan Enger vom Royal Institute of Technology in Stockholm, Seppo Mustonen von der Helsinki University und Max Nielsen vom Odense Teknikum für weitere Ergänzungen zur Statistik.

Für die Bereitstellung von Graphiken und Tabellen bedanken wir uns bei der American Statistical Association, der American Society for Quality Control, der McGraw-Hill Book Company und schließlich bei Pergamon Press und Biometrika Trustees.

Göteborg, 1995 *Lennart Råde, Bertil Westergren*
Chalmers-Technische Universität
Universität von Göteborg, Schweden

Inhaltsverzeichnis

1 Grundlagen. Diskrete Mathematik 9
   1.1   Logik 9
   1.2   Mengenlehre 14
   1.3   Binäre Relationen und Funktionen 17
   1.4   Algebraische Strukturen 21
   1.5   Graphentheorie 33
   1.6   Codierung 37

2 Algebra 43
   2.1   Algebra der reellen Zahlen 43
   2.2   Zahlentheorie 49
   2.3   Komplexe Zahlen 61
   2.4   Algebraische Gleichungen 63

3 Geometrie und Trigonometrie 66
   3.1   Ebene Figuren 66
   3.2   Körper 71
   3.3   Sphärische Trigonometrie 75
   3.4   Vektoren in der Geometrie 77
   3.5   Ebene analytische Geometrie 79
   3.6   Analytische Geometrie des Raumes 83

4 Lineare Algebra 87
   4.1   Matrizen 87
   4.2   Determinanten 90
   4.3   Lineare Gleichungssysteme 92
   4.4   Lineare Koordinatentransformationen 94
   4.5   Eigenwerte. Diagonalisierung 95
   4.6   Quadratische Formen 100
   4.7   Lineare Räume 103
   4.8   Lineare Abbildungen 105
   4.9   Tensoren 110
   4.10   Komplexe Matrizen 111

5 Die elementaren Funktionen ... 115
- 5.1 Überblick ... 115
- 5.2 Polynome und rationale Funktionen ... 116
- 5.3 Logarithmus, Exponentialfunktion, Potenzen und hyperbolische Funktionen ... 118
- 5.4 Trigonometrische und Arcusfunktionen ... 122

6 Differentialrechnung (Eine reelle Variable) ... 129
- 6.1 Grundbegriffe ... 129
- 6.2 Grenzwerte und Stetigkeit ... 130
- 6.3 Ableitungen ... 132
- 6.4 Monotonie. Extremwerte von Funktionen ... 135

7 Integralrechnung ... 137
- 7.1 Unbestimmte Integrale ... 137
- 7.2 Bestimmte Integrale ... 142
- 7.3 Anwendungen von Differential- und Integralrechnung ... 144
- 7.4 Tabelle von unbestimmten Integralen ... 149
- 7.5 Tabelle von bestimmten Integralen ... 174

8 Folgen und Reihen ... 179
- 8.1 Zahlenfolgen ... 179
- 8.2 Funktionenfolgen ... 180
- 8.3 Zahlenreihen ... 181
- 8.4 Funktionenreihen ... 183
- 8.5 Taylor-Reihen ... 185
- 8.6 Spezielle Summen und Reihen ... 188

9 Gewöhnliche Differentialgleichungen (DGLn) ... 196
- 9.1 Allgemeine Grundlagen ... 196
- 9.2 Differentialgleichungen 1. Ordnung ... 199
- 9.3 Differentialgleichungen 2. Ordnung ... 200
- 9.4 Lineare Differentialgleichungen ... 204
- 9.5 Autonome Systeme ... 211
- 9.6 Lineare Differenzengleichungen ... 215

10 Mehrdimensionale Analysis ... 217
- 10.1 Der Raum $\mathbf{R}^n$ ... 217
- 10.2 Flächen. Tangentialebenen ... 218
- 10.3 Grenzwerte und Stetigkeit ... 219
- 10.4 Differentiation ... 220
- 10.5 Extremstellen von Funktionen ... 223
- 10.6 Vektorwertige Funktionen ... 225

10.7	Doppelintegrale	227
10.8	Dreifachintegrale	230
10.9	Partielle Differentialgleichungen	234
10.10	Vertauschung von Grenzprozessen.	240

11 Vektoranalysis ... 242

11.1	Kurven	242
11.2	Vektorfelder	244
11.3	Kurvenintegrale	249
11.4	Oberflächenintegrale	252

12 Orthogonalreihen. Spezielle Funktionen ... 255

12.1	Orthogonale Systeme	255
12.2	Orthogonale Polynome	259
12.3	Bernoulli- und Euler-Polynome	265
12.4	Bessel-Funktionen	266
12.5	Durch Integrale erklärte Funktionen	283
12.6	Sprung- und Impulsfunktionen	293
12.7	Funktionalanalysis	294
12.8	Lebesgue-Integrale	299
12.9	Verallgemeinerte Funktionen (Distributionen)	304

13 Transformationen ... 306

13.1	Trigonometrische Fourier-Reihen	306
13.2	Fourier-Transformation	311
13.3	Diskrete Fourier-Transformation	320
13.4	z-Transformation	322
13.5	Laplace-Transformation	325
13.6	Dynamische Systeme (LTI-Systeme)	333
13.7	Hankel- und Hilbert-Transformation	336

14 Komplexe Analysis ... 339

14.1	Funktionen einer komplexen Variablen	339
14.2	Komplexe Integration	342
14.3	Reihenentwicklungen	344
14.4	Nullstellen und Singularitäten	345
14.5	Konforme Abbildungen	346

15 Optimierung ... 355

15.1	Variationsrechnung	355
15.2	Lineare Optimierung	361
15.3	Nichtlineare Optimierung	365
15.4	Dynamische Optimierung	367

16 Numerische Mathematik und Programme ... 369

- 16.1 Approximationen und Fehler ... 369
- 16.2 Numerische Lösung von Gleichungen ... 370
- 16.3 Interpolation ... 376
- 16.4 Numerische Integration und Differentiation ... 382
- 16.5 Numerische Lösung von DGLn ... 390
- 16.6 Numerische Summation ... 399
- 16.7 Programmieren ... 402

17 Wahrscheinlichkeitstheorie ... 406

- 17.1 Grundlagen ... 406
- 17.2 Wahrscheinlichkeitsverteilungen ... 416
- 17.3 Stochastische Prozesse ... 421
- 17.4 Algorithmen zur Berechnung von Verteilungsfunktionen ... 425
- 17.5 Simulation ... 427
- 17.6 Wartesysteme (Bedienungstheorie) ... 431
- 17.7 Zuverlässigkeit ... 434
- 17.8 Tabellen ... 441

18 Statistik ... 461

- 18.1 Beschreibende Statistik ... 461
- 18.2 Punktschätzung ... 470
- 18.3 Konfidenzintervalle ... 473
- 18.4 Tabellen für Konfidenzintervalle ... 477
- 18.5 Signifikanztests ... 483
- 18.6 Lineare Modelle ... 489
- 18.7 Verteilungsfreie Methoden ... 494
- 18.8 Statistische Qualitätskontrolle ... 500
- 18.9 Faktorielle Experimente ... 504
- 18.10 Analyse von Lebens- und Ausfallzeiten ... 507
- 18.11 Wörterbuch der Statistik ... 508

19 Verschiedenes ... 512

- Griechisches Alphabet, mathematische Konstanten ... 512
- Berühmte Zahlen, physikalische Konstanten ... 513
- Geschichte ... 516
- Verwendete Funktionen ... 525
- Bezeichnungen ... 526
- Englische Abkürzungen der Informatik ... 528

Literaturhinweise ... 529

Namen- und Sachverzeichnis ... 533

1 Grundlagen. Diskrete Mathematik

1.1 Logik

Aussagenkalkül

Verknüpfungen (Junktoren)

Disjunktion	$P \vee Q$	P oder Q
Äquivalenz	$P \leftrightarrow Q$	P dann und nur dann Q
Implikation	$P \rightarrow Q$	Wenn P dann Q
Konjunktion	$P \wedge Q$	P und Q
Negation	$\sim P$ bzw. $\neg P$	Nicht P

Wahrheitstafel (F = falsch *false*, T = wahr *true*)

P	Q	$P \vee Q$	$P \wedge Q$	$P \rightarrow Q$	$P \leftrightarrow Q$
T	T	T	T	T	T
T	F	T	F	F	F
F	T	T	F	T	F
F	F	F	F	T	T

P und $\neg P$ haben entgegengesetzten Wahrheitswert.

Tautologien

Eine *Tautologie* ist stets wahr, eine *Kontradiktion* (*Widerspruch*) ist stets falsch, wenn man den Komponenten alle möglichen Wahrheitswerte zuweist.

Eine Tautologie heißt *universell gültige Formel* oder *logische Wahrheit*.

Tautologische Äquivalenzen $\Leftrightarrow$

$\neg\neg P \Leftrightarrow P$	(doppelte Negation)
$P \wedge Q \Leftrightarrow Q \wedge P$	
$P \vee Q \Leftrightarrow Q \vee P$	
$(P \wedge Q) \wedge R \Leftrightarrow P \wedge (Q \wedge R)$	
$(P \vee Q) \vee R \Leftrightarrow P \vee (Q \vee R)$	
$P \wedge (Q \vee R) \Leftrightarrow (P \wedge Q) \vee (P \wedge R)$	(Distributivgesetze)
$P \vee (Q \wedge R) \Leftrightarrow (P \vee Q) \wedge (P \vee R)$	
$\neg(P \wedge Q) \Leftrightarrow \neg P \vee \neg Q$	(De-Morgan-Regel)
$\neg(P \vee Q) \Leftrightarrow \neg P \wedge \neg Q$	
$P \vee P \Leftrightarrow P$	
$P \wedge P \Leftrightarrow P$	
$R \vee (P \wedge \neg P) \Leftrightarrow R$	
$R \wedge (P \vee \neg P) \Leftrightarrow R$	
$P \to Q \Leftrightarrow \neg P \vee Q$	
$\neg(P \to Q) \Leftrightarrow P \wedge \neg Q$	
$P \to Q \Leftrightarrow (\neg Q \to \neg P)$	
$P \to (Q \to R) \Leftrightarrow ((P \wedge Q) \to R)$	
$\neg(P \leftrightarrow Q) \Leftrightarrow (P \leftrightarrow \neg Q)$	
$(P \leftrightarrow Q) \Leftrightarrow (P \to Q) \wedge (Q \to P)$	
$(P \leftrightarrow Q) \Leftrightarrow (P \wedge Q) \vee (\neg P \wedge \neg Q)$	

Tautologische Implikationen $\Rightarrow$

$P \wedge Q \Rightarrow P$	(Vereinfachung)
$P \wedge Q \Rightarrow Q$	
$P \Rightarrow P \vee Q$	(Addition)
$Q \Rightarrow P \vee Q$	
$\neg P \Rightarrow (P \to Q)$	
$Q \Rightarrow (P \to Q)$	
$\neg(P \to Q) \Rightarrow P$	
$\neg(P \to Q) \Rightarrow \neg Q$	
$\neg P \wedge (P \vee Q) \Rightarrow Q$	(Disjunktiver Syllogismus)
$P \wedge (P \to Q) \Rightarrow Q$	(modus ponens, Abtrennungsregel)
$\neg Q \wedge (P \to Q) \Rightarrow \neg P$	(modus tollens)
$(P \to Q) \wedge (Q \to R) \Rightarrow (P \to R)$	(Hypothetischer Syllogismus)
$(P \vee Q) \wedge (P \to R) \wedge (Q \to R) \Rightarrow R$	(Dilemma)

$T \Leftrightarrow$ beliebige Tautologie $\quad F \Leftrightarrow$ beliebige Kontradiktion

Exklusives Oder, NAND und NOR

Die Verknüpfung *exklusives Oder* wird mit „$\triangledown$" bezeichnet. $P \triangledown Q$ ist immer dann wahr, wenn entweder P oder Q aber nicht beide wahr sind.

Die Verknüpfung *NAND* (not und) wird mit „$\uparrow$" bezeichnet und ist definiert als
$$P \uparrow Q \Leftrightarrow \neg(P \wedge Q)$$

Die Verknüpfung *NOR* (not or) wird mit „$\downarrow$" bezeichnet und ist definiert als
$$P \downarrow Q \Leftrightarrow \neg(P \vee Q)$$

1.1 Logik

Tautologische Äquivalenzen

$P \underline{\vee} Q \Leftrightarrow Q \underline{\vee} P$
$(P \underline{\vee} Q) \underline{\vee} R \Leftrightarrow P \underline{\vee} (Q \underline{\vee} R)$
$P \wedge (Q \underline{\vee} R) \Leftrightarrow (P \wedge Q) \underline{\vee} (P \wedge R)$
$(P \underline{\vee} Q) \Leftrightarrow ((P \wedge \neg Q) \vee (\neg P \wedge Q))$
$P \underline{\vee} Q \Leftrightarrow \neg (P \Leftrightarrow Q)$

$P \uparrow Q \Leftrightarrow Q \uparrow P$
$P \downarrow Q \Leftrightarrow Q \downarrow P$

$P \uparrow (Q \uparrow R) \Leftrightarrow \neg P \vee (Q \wedge R)$
$(P \uparrow Q) \uparrow R \Leftrightarrow (P \wedge Q) \vee \neg R$
$P \downarrow (Q \downarrow R) \Leftrightarrow \neg P \wedge (Q \vee R)$
$(P \downarrow Q) \downarrow R \Leftrightarrow (P \vee Q) \wedge \neg R$

Wahrheitstafel

P	Q	$P \underline{\vee} Q$	$P \uparrow Q$	$P \downarrow Q$
T	T	F	F	F
T	F	T	T	F
F	T	T	T	F
F	F	F	T	T

Die Verknüpfungen ($\neg$, $\wedge$) und ($\neg$, $\vee$) können durch Terme ausgedrückt werden, die nur $\uparrow$ oder $\downarrow$ alleine enthalten.

$\neg P \Leftrightarrow P \uparrow P \qquad P \wedge Q \Leftrightarrow \neg(P \uparrow Q) \qquad P \vee Q \Leftrightarrow \neg P \uparrow \neg Q$

$\neg P \Leftrightarrow P \downarrow P \qquad P \wedge Q \Leftrightarrow \neg P \downarrow \neg Q \qquad P \vee Q \Leftrightarrow \neg(P \downarrow Q)$

Dualität

Betrachte Formeln mit $\vee$, $\wedge$ und $\neg$. Zwei solche Formeln A und A^* heißen *dual* zueinander, wenn sie durch Vertauschung von $\wedge$ und $\vee$ auseinander hervorgehen.

Eine Verallgemeinerung der De-Morgan-Regel:

$$\neg A(P_1, P_2, ..., P_n) \Leftrightarrow A^*(\neg P_1, \neg P_2, ..., \neg P_n).$$

Hier sind P_i die *atomaren Variablen* in den dualen Formeln A und A^*.

Normalformen

Wenn z.B. P, Q und R Aussagenvariable sind, dann nennt man die acht (i.allg. 2^n) Formeln $P \wedge Q \wedge R$, $P \wedge Q \wedge \neg R$, $P \wedge \neg Q \wedge R$, $P \wedge \neg Q \wedge \neg R$, $\neg P \wedge Q \wedge R$, $\neg P \wedge Q \wedge \neg R$, $\neg P \wedge \neg Q \wedge R$ und $\neg P \wedge \neg Q \wedge \neg R$ Elementarkonjunktionen (*Minterme*) von P, Q und R. Jede Aussage A ist äquivalent mit einer Disjunktion von Mintermen, der sog. *disjunktiven Normalform* (*Summenform*). Analog ist A äquivalent mit einer Konjunktion von *Elementaralternativen* (*Maxtermen*), der sog. *konjunktiven Normalform* (*Produktform*) (vgl. Abschn. 1.4).

Beispiel (vgl. Beispiel in Boole-Algebra, Abschn. 1.4)

Seien P, Q und R atomare Variable, wie lauten die äquivalenten konjunktiven und disjunktiven Normalformen von A und $\neg A$, wenn $A = (P \wedge Q) \vee (Q \wedge \neg R)$?

Lösung. (Mit $S \vee \neg S \Leftrightarrow \mathbf{T}$ und den distributiven Gesetzen).

1. $A \Leftrightarrow (P \wedge Q \wedge (R \vee \neg R)) \vee ((P \vee \neg P) \wedge Q \wedge \neg R) \Leftrightarrow (P \wedge Q \wedge R) \vee (P \wedge Q \wedge \neg R) \vee$
   $\vee (P \wedge Q \wedge \neg R) \vee (\neg P \wedge Q \wedge \neg R) \Leftrightarrow (P \wedge Q \wedge R) \vee (P \wedge Q \wedge \neg R) \vee (\neg P \wedge Q \wedge \neg R)$

2. $\neg A \Leftrightarrow$ [verbleibende Minterme] $\Leftrightarrow$
   $(P \wedge \neg Q \wedge R) \vee (P \wedge \neg Q \wedge \neg R) \vee (\neg P \wedge Q \wedge R) \vee (\neg P \wedge \neg Q \wedge R) \vee (\neg P \wedge \neg Q \wedge \neg R)$

3. $A \Leftrightarrow \neg(\neg A) \Leftrightarrow$ [Dualität, siehe oben] $\Leftrightarrow (\neg P \vee Q \vee \neg R) \wedge (\neg P \vee Q \vee R) \wedge$
   $\wedge (P \vee \neg Q \vee \neg R) \wedge (P \vee Q \vee \neg R) \wedge (P \vee Q \vee R)$

4. $\neg A \Leftrightarrow (\neg P \vee \neg Q \vee \neg R) \wedge (\neg P \vee \neg Q \vee R) \wedge (P \vee \neg Q \vee R)$

Prädikatenkalkül

Quantoren

Allquantor	$\forall x$	Für alle x, ...
Existenzquantor	$\exists x$	Es gibt ein x, so daß ...

Rechenregeln für Quantoren

$(\exists x)(P(x) \vee Q(x)) \Leftrightarrow (\exists x)P(x) \vee (\exists x)Q(x)$
$(\forall x)(P(x) \wedge Q(x)) \Leftrightarrow (\forall x)P(x) \wedge (\forall x)Q(x)$
$\neg (\exists x)P(x) \Leftrightarrow (\forall x) \neg P(x)$
$\neg (\forall x)P(x) \Leftrightarrow (\exists x) \neg P(x)$
$(\forall x)P(x) \vee (\forall x)Q(x) \Rightarrow (\forall x)(P(x) \vee Q(x))$
$(\exists x)(P(x) \wedge Q(x)) \Rightarrow (\exists x)P(x) \wedge (\exists x)Q(x)$
$(\forall x)(P \vee Q(x)) \Leftrightarrow P \vee (\forall x)Q(x)$
$(\exists x)(P \wedge Q(x)) \Leftrightarrow P \wedge (\exists x)Q(x)$
$(\forall x)P(x) \to Q \Leftrightarrow (\exists x)(P(x) \to Q)$
$(\exists x)P(x) \to Q \Leftrightarrow (\forall x)(P(x) \to Q)$
$P \to (\forall x)Q(x) \Leftrightarrow (\forall x)(P \to Q(x))$
$P \to (\exists x)Q(x) \Leftrightarrow (\exists x)(P \to Q(x))$

Formeln für zwei Quantoren

$(\forall x)(\forall y)P(x, y) \Leftrightarrow (\forall y)(\forall x)P(x, y)$
$(\forall x)(\forall y)P(x, y) \Rightarrow (\exists y)(\forall x)P(x, y)$
$(\forall y)(\forall x)P(x, y) \Rightarrow (\exists x)(\forall y)P(x, y)$
$(\exists y)(\forall x)P(x, y) \Rightarrow (\forall x)(\exists y)P(x, y)$
$(\exists x)(\forall y)P(x, y) \Rightarrow (\forall y)(\exists x)P(x, y)$
$(\forall x)(\exists y)P(x, y) \Rightarrow (\exists y)(\exists x)P(x, y)$
$(\forall y)(\exists x)P(x, y) \Rightarrow (\exists x)(\exists y)P(x, y)$
$(\exists x)(\exists y)P(x, y) \Leftrightarrow (\exists y)(\exists x)P(x, y)$

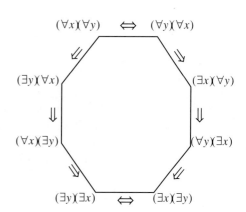

1.1 Logik

Beweisverfahren
Einige Methoden für Beweise

Zu beweisende Behauptung	Beweisverfahren	Vorgehen
Q	Modus ponens	P $P \to Q$ $\therefore Q$
$\neg P$	Modus tollens	$\neg Q$ $P \to Q$ $\therefore \neg P$
Q	Disjunktiver Syllogismus	$P \vee Q$ $\neg P$ $\therefore Q$
$P(a)$	Universeller Nachweis	$(\forall x)P(x)$ $\therefore P(a)$
$P \Rightarrow Q$	Direkter Beweis	Zeige, daß mit P auch Q wahr ist
$P \Rightarrow Q$	Indirekter Beweis	Zeige, daß $\neg Q \Rightarrow \neg P$
$P \Leftrightarrow Q$	Beweis durch Implikation	Zeige, daß $P \Rightarrow Q$ und $Q \Rightarrow P$
$P \Leftrightarrow Q$	Äquivalenzbeweis	Zeige, daß $R \Leftrightarrow S$, wobei $(R \Leftrightarrow S) \Leftrightarrow (P \Leftrightarrow Q)$
P	Widerspruchsbeweis	Führe die Annahme, P sei falsch, auf einen Widerspruch
$\neg(\exists x)P(x)$	Widerspruchsbeweis	Führe die Annahme $(\exists x)P(x)$ auf einen Widerspruch
$(\exists x)P(x)$	Konstruktiver Beweis	Ermittle a, so daß $P(a)$ wahr ist
$(\exists x)P(x)$	Nichtkonstruktiver Beweis	Zeige, daß $\neg(\exists x)P(x)$ auf einen Widerspruch führt
$\neg(\forall x)P(x)$	Gegenbeispiel	Zeige, daß $(\exists x)\neg P(x)$
$(\forall x)P(x)$	Universelle Verallgemeinerung	Zeige, daß $P(a)$ für jedes beliebige a wahr ist

Beweis durch vollständige Induktion

Ein Beweis durch vollständige Induktion, daß $P(n)$ für alle natürlichen Zahlen n wahr ist, erfolgt in zwei Schritten:

1) Zeige, daß $P(1)$ wahr ist.
2) Zeige, daß $(\forall n)(P(n) \Rightarrow P(n+1))$.

Beispiel

Zu zeigen ist, daß $\sum_{i=1}^{n} i^2 = n(n+1)(2n+1)/6$.

1) Die Formel ist offensichtlich für $n = 1$ richtig.
2) Wir stellen die Induktionsbehauptung auf, daß $\sum_{i=1}^{n} i^2 = n(n+1)(2n+1)/6$ für n richtig ist. Dies impliziert

$$\sum_{i=1}^{n+1} i^2 = \sum_{i=1}^{n} i^2 + (n+1)^2 = n(n+1)(2n+1)/6 + (n+1)^2 = (n+1)(n+2)(2n+3)/6.$$

Das ist aber genau die Formel für $(n+1)$. Daher gilt die Behauptung für alle natürlichen Zahlen n.

1.2 Mengenlehre

Beziehungen zwischen Mengen

Bezeichnung: $x \in A$, das Element x gehört zur Menge A
$x \notin A$, das Element x gehört nicht zur Menge A

Seien A und B Mengen und Ω die Universalmenge.
Die Menge A ist eine *Teilmenge* von B, in Zeichen

wenn $\quad A \subset B$,
$\quad (\forall x)(x \in A \Rightarrow x \in B)$.

(Verwendet man hierfür „$A \subseteq B$", dann bedeutet „$A \subset B$", daß $A \subseteq B$ und $A \neq B$).

Die Menge B ist eine *Obermenge* von A, $B \supset A$, wenn $A \subset B$.

Die Mengen A und B sind *gleich*, $A = B$, wenn $A \subset B \wedge B \subset A$.

Die *leere Menge* wird mit $\emptyset$ bezeichnet.
$\quad \emptyset \subset A \subset \Omega$
$\quad A \subset A$
$\quad (A \subset B) \wedge (B \subset C) \Rightarrow A \subset C$

Die *Potenzmenge* $\mathcal{P}(\Omega)$ ist die Menge aller Teilmengen von Ω. Hat Ω genau n Elemente, dann hat $\mathcal{P}(\Omega)$ 2^n Elemente.

1.2 Mengenlehre

Mengenoperationen. Mengenalgebra

Operation	Bezeichnung	Definition	A B
Vereinigung	$A \cup B$	$\{x \in \Omega \, ; \, x \in A \vee x \in B\}$	
Durchschnitt	$A \cap B$	$\{x \in \Omega \, ; \, x \in A \wedge x \in B\}$	
Differenz	$A \setminus B$	$\{x \in \Omega \, ; \, x \in A \wedge x \notin B\}$	
Symmetrische Differenz	$A \triangle B$	$\{x \in \Omega \, ; \, x \in A \overline{\vee} x \in B\}$	
Komplement	A^c, A' oder CA	$\{x \in \Omega \, ; \, x \notin A\}$	

Kommutativgesetz

$$A \cup B = B \cup A \qquad A \cap B = B \cap A$$

Assoziativgesetz

$$(A \cup B) \cup C = A \cup (B \cup C) \qquad (A \cap B) \cap C = A \cap (B \cap C)$$

Distributivgesetze

$$A \cup (B \cap C) = (A \cup B) \cap (A \cup C) \qquad A \cap (B \cup C) = (A \cap B) \cup (A \cap C)$$

Komplementbildung

$$\emptyset^c = \Omega \qquad \Omega^c = \emptyset \qquad (A^c)^c = A$$

$$A \cup A^c = \Omega \qquad A \cap A^c = \emptyset$$

De-Morgan-Gesetze

$$(A \cup B)^c = A^c \cap B^c \qquad (A \cap B)^c = A^c \cup B^c$$

Symmetrische Differenz

$$A \triangle B = B \triangle A$$
$$(A \triangle B) \triangle C = A \triangle (B \triangle C)$$
$$A \triangle \emptyset = A$$
$$A \triangle A = \emptyset$$
$$A \triangle B = (A \cap B^c) \cup (B \cap A^c)$$

Kartesisches Produkt

Das *Kartesische Produkt* $A \times B$ von A und B ist

$$A \times B = \{(a, b);\ a \in A \wedge b \in B\}.$$

(a, b) ist das *geordnete Paar* mit erster Komponente a und zweiter Komponente b.

$$A \times (B \cup C) = (A \times B) \cup (A \times C)$$
$$A \times (B \cap C) = (A \times B) \cap (A \times C)$$
$$(A \cup B) \times C = (A \times C) \cup (B \times C)$$
$$(A \cap B) \times C = (A \times C) \cap (B \times C)$$

Die Menge aller Funktionen von A nach B wird mit B^A bezeichnet.

Kardinalzahlen

Mit $c(A)$ wird die *Kardinalzahl* (*Mächtigkeit*) der Menge A bezeichnet.
Man schreibt $A \sim B$, wenn es eine bijektive Abbildung von A nach B gibt. Es gilt

$c(A) = c(B) \Leftrightarrow A \sim B$

$c(A) < c(B) \Leftrightarrow A \not\sim B$ und es gibt $B_1 \subset B$, so daß $A \sim B_1$.

$c(A) = n$, wenn A endlich ist und n Elemente besitzt.

$\aleph_0 = c(\mathbf{Q}) = $ Kardinalzahl einer abzählbar unendlichen Menge.

$c = 2^{\aleph_0} = c(\mathbf{R}) = $ Kardinalzahl eines Kontinuums,
 z.B. die Menge aller stetigen Funktionen $\mathbf{R} \to \mathbf{R}$.

$2^c \quad = $ Kardinalzahl der Menge aller Funktionen $\mathbf{R} \to \mathbf{R}$.

$2^{c(A)} = $ Kardinalzahl der Menge aller Teilmengen von A.

$c(A) + c(B) = c(A \cup B)$ if $A \cap B = \emptyset$	$x^y x^z = x^{y+z}$
$c(A) c(B) = c(A \times B)$	$(x^y)^z = x^{yz}$
$c(A)^{c(B)} = c(A^B)$	(x, y, z Kardinalzahlen)
$c(A) < 2^{c(A)}$; $n < \aleph_0 < 2^{\aleph_0} = c < 2^c$	
$a_1 + a_2 + \ldots = \aleph_0$ ($a_i \in \mathbf{Z}^+$)	$a_1 a_2 \ldots = c$ ($a_i \in \mathbf{Z}^+, a_i > 1$)
$\aleph_0 + \aleph_0 + \ldots + \aleph_0 = n\aleph_0 = \aleph_0$ ($n = 1, 2, 3 \ldots$)	$c + c + \ldots + c = nc = c$ ($n = 1, 2, 3 \ldots$)
$\aleph_0 + \aleph_0 + \ldots = \aleph_0 \aleph_0 = \aleph_0$	$c + c + \ldots = \aleph_0 c = c$
$\aleph_0 \aleph_0 \ldots \aleph_0 = (\aleph_0)^n = \aleph_0$ ($n = 1, 2, 3 \ldots$)	$cc \ldots c = c^n = c$ ($n = 1, 2, 3 \ldots$)
$\aleph_0 \aleph_0 \ldots = (\aleph_0)^{\aleph_0} = c$	$cc \ldots = (c)^{\aleph_0} = c$
$2^{\aleph_0} = n^{\aleph_0} = (\aleph_0)^{\aleph_0} = c$ ($n = 2, 3 \ldots$)	$2^c = n^c = (\aleph_0)^c = c^c = 2^c$ ($n = 2, 3 \ldots$)
$(\aleph_0)^c = 2^c$	

Alphabete und Formale Sprachen

Ein *Alphabet L* ist eine endliche nichtleere Menge von Symbolen.

Bezeichne L^* die Menge aller Worte (strings) mit Buchstaben aus L einschließlich des leeren Worts λ. Eine *Sprache* über L ist eine Teilmenge von L^*.

Für zwei Sprachen A und B über L ist das *Mengenprodukt* $AB:=\{xy;\ x\in A, y\in B\}$ ebenfalls eine Sprache über L und es gilt:

$(AB)C = A(BC)$

$A(B\cup C) = AB \cup AC$ $\qquad (B\cup C)A = BA \cup CA$

$A(B\cap C) \subset AB \cap AC$ $\qquad (B\cap C)A \subset BA \cap CA$

1.3 Binäre Relationen und Funktionen

Grundlagen

Eine *binäre Relation R* auf $A\times B$ oder von A nach B ist eine Teilmenge von $A\times B$.
Eine binäre Relation auf A ist eine Teilmenge von $A\times A$.

Bezeichnung: $(x,y)\in R \Leftrightarrow xRy \quad (x,y)\notin R \Leftrightarrow x\not R y$

Definitionsbereich D und *Bildbereich (R-Bild) C* von R sind definiert durch

$D = \{x;\ (\exists y)(x,y)\in R\}$,
$C = \{y;\ (\exists x)(x,y)\in R\}$.

Die *Umkehrrelation* R^{-1} (konverse, transponierte Relation) der Relation R ist

$R^{-1} = \{(y,x);\ (x,y)\in R\}$.

$(R^{-1})^{-1} = R$	$(A\times B)^{-1} = B\times A$
$(R_1 \cup R_2)^{-1} = R_1^{-1} \cup R_2^{-1}$	$(R_1 \cap R_2)^{-1} = R_1^{-1} \cap R_2^{-1}$

Eine Relation R kann über einen Digraph dargestellt werden. Der Digraph von R^{-1} ergibt sich aus dem von R, indem man die Richtung aller Pfeile umkehrt.

xRy

xRx

xRy, yRx

Eigenschaften von Relationen auf A		
Eigenschaft	Definition	Digraph
Reflexiv	xRx für jedes $x \in A$	
Symmetrisch	$xRy \Rightarrow yRx$ für alle $x, y \in A$	
Transitiv	$xRy, yRz \Rightarrow xRz$ für alle $x, y, z \in A$	
Irreflexiv	$x \not R x$ für jedes $x \in A$	
Antisymmetrisch	$x \neq y, xRy \Rightarrow y \not R x$ für alle $x, y \in A$	

Ist R_1 eine Relation von A nach B und R_2 eine Relation von B nach C, dann definiert man als *(natürliches) Relationenprodukt (Komposition)* $R_1 \bullet R_2$:

$$R_1 \bullet R_2 = \{(x, z); x \in A, z \in C, (\exists y)(y \in B, (x, y) \in R_1, (y, z) \in R_2)\}$$

$$(R_1 \bullet R_2) \bullet R_3 = R_1 \bullet (R_2 \bullet R_3) \qquad (R_1 \bullet R_2)^{-1} = R_2^{-1} \bullet R_1^{-1}$$

Die *transitive Hülle* ist $R^+ = R \cup R^2 \cup R^3 \cup \ldots$ ($R^2 = R \bullet R$ etc.)

Relationen-, Inzidenzmatrizen

Die *Relationen-*, bzw. *Inzidenzmatrix* $M = M_R = (r_{ij})$ einer Relation R auf einer endlichen Menge A ist definiert durch

$$r_{ij} = \begin{cases} 1, \text{ wenn } x_i R x_j \\ 0, \text{ wenn } x_i \not R x_j \end{cases}$$

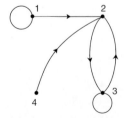

$$\begin{bmatrix} 1 & 1 & 0 & 0 \\ 0 & 0 & 1 & 0 \\ 0 & 1 & 1 & 0 \\ 0 & 1 & 0 & 0 \end{bmatrix}$$

Eigenschaften von Relationenmatrizen

1. Umkehrrelation: $M_{R^{-1}} = (M_R)^T$ (Transponierte).
2. Produktrelation: $M_{R \bullet S} = M_R M_S$ in Boolescher Arithmetik (d.h. gewöhnliche Matrizenmultiplikation jedoch mit der Regel 1+1=1).
3. Reflexive Relation: $r_{ii} = 1$ für alle i.
4. Symmetrische Relation: $M^T = M$, d.h. $r_{ij} = r_{ji}$ für alle i, j.
5. Transitive Relation: $M^2 \leq M$, d.h. $[M^2]_{ij} \leq [M]_{ij}$ für alle i, j.
   (R ist reflexiv) $\Rightarrow$ (R ist transitiv $\Leftrightarrow M^2 = M$).
6. Irreflexive Relation: $r_{ii} = 0$, für alle i.
7. Antisymmetrische Relation: $r_{ij} = 1 \Rightarrow r_{ji} = 0$, $i \neq j$.
8. Vereinigung: $M_{R \cup S} = M_R \vee M_S$, d.h. $[M_{R \cup S}]_{ij} = r_{ij} + s_{ij}$ (Boolesche Addition: 1+1=1).
9. Durchschnitt: $M_{R \cap S} = M_R \wedge M_S$, d.h. $[M_{R \cap S}]_{ij} = r_{ij} s_{ij}$.
10. Transitive Hülle: $M^+ = M_R \vee M_{R^2} \vee M_{R^3} \vee \ldots$

Spezielle Relationen

Typ der Relation auf A	Definition
Äquivalenzrelation	Reflexiv, symmetrisch und transitiv
Halbordnung	Reflexiv, antisymmetrisch und transitiv
Verträglichkeitsrelation	Reflexiv und symmetrisch
Quasiordnung	Transitiv und antireflexiv
Lineare Ordnung	Halbordnung und xRy oder yRx für alle $x, y \in A$
Wohlordnung	Lineare Ordnung und jede nichtleere Teilmenge von A hat ein kleinstes Element

Äquivalenzrelationen und Kongruenzrelationen

Ist R eine Äquivalenzrelation, dann ist die durch $x \in A$ erzeugte *R-Äquivalenzklasse* bestimmt durch $[x]_R = \{y\,;\,xRy\}$. Die Äquivalenzklassen bestimmen eine Zerlegung von A. Sie sind paarweise disjunkt und ihre Vereinigung ist A.

Ist $(A,*)$ ein algebraisches System und R Äquivalenzrelation auf A, dann nennt man R eine *Kongruenzrelation*, falls aRb und $cRd \Rightarrow (a*c)R(b*d)$.

Halbgeordnete Mengen

Sei $(P, \leq)$ eine halbgeordnete Menge ($x \leq y \Leftrightarrow xRy$).

1. *Hasse-Diagramm.* Die Halbordnung $\leq$ auf einer Menge P kann durch ein *Hasse-Diagramm* dargestellt werden. In diesem wird ein Element durch einen kleinen Kreis oder Punkt dargestellt. Ist $x < y$, dann hat x ein niedrigeres Niveau als y und es geht eine Linie von x aufwärts bis y (entweder direkt oder über untere Elemente).
2. Sei $A \subset P$. Ein Element $x \in P$ heißt *obere Schranke* [*untere Schranke*] von A, wenn $a \leq x$ [$x \leq a$] für alle $a \in A$.

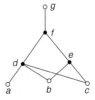

3. Sei $A \subset P$. Ein Element $x \in P$ ist eine *kleinste obere Schranke* (lub) oder *Supremum* (sup) von A, wenn x eine obere Schranke von A ist und $x \leq y$ für jede obere Schranke y von A. Analog heißt ein Element $x \in P$ *größte untere Schranke* (glb) oder *Infimum* (inf) von A, wenn x eine untere Schranke von A ist und $y \leq x$ für jede untere Schranke y von A.

Beispiel

Im obigen Hasse-Diagramm sei $P = \{a, b, c, d, e, f, g\}$ und $A = \{d, e, f\}$, dann gilt

(i) $a < d$, $c < f$ aber weder $a < e$ noch $d < a$.
(ii) b und c sind die unteren Schranken von A.
(iii) Weder A noch P haben ein Infimum.
(iv) f und g sind die oberen Schranken von A.
(v) $\sup A = f$ und $\sup P = g$.

Funktionen

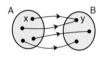 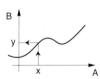

Eine *Funktion von A nach B*, $f: A \to B$, ist eine Relation mit der Eigenschaft: Zu jedem $x \in A$ steht ein eindeutig bestimmtes $y \in B$ in Relation.

Notation: $y = f(x)$ oder $x \xrightarrow{f} y$.

$D_f = A = $ *Definitionsbereich* von f; $R_f = \{f(x) \,;\, x \in A\} = $ *Bildbereich* von f.

Ist $f: A \to B$ und $C \subset A$, dann ist das *Bild* von C unter f:

$$f(C) = \{f(x); x \in C\}$$

$$f(A \cup B) = f(A) \cup f(B) \qquad f(A \cap B) \subset f(A) \cap f(B)$$

Ist D eine Teilmenge von B, dann ist

$$f^{-1}(D) = \{x \in A \,;\, f(x) \in D\}$$

das *inverse Bild* von D unter f.

$$f^{-1}(A \cup B) = f^{-1}(A) \cup f^{-1}(B) \qquad f^{-1}(A \cap B) = f^{-1}(A) \cap f^{-1}(B)$$

Sind $f: A \to B$ und $g: B \to C$ Funktionen, dann ist das *Kompositum* $g \circ f$ diejenige Funktion von A nach C, für welche

$$g \circ f(x) = g(f(x)), x \in A. \quad \text{(Als Relationenprodukt ist } g \circ f = f \bullet g \text{.)}$$

Das Kompositum von Funktionen ist assoziativ.

$$(f \circ g) \circ h = f \circ (g \circ h)$$

Die Menge aller Funktionen von A nach B wird mit B^A bezeichnet.

Eigenschaften von Funktionen $f: A \to B$		
Eigenschaft	Definition	Graph
Surjektiv oder „auf"	$f(A) = B$	
Injektiv oder 1-1-deutig	$x \neq x' \Rightarrow f(x) \neq f(x')$ für alle $x, x' \in A$	
Bijektiv oder 1-1-deutig und auf	Surjektiv und injektiv	

Ist $f: A \to B$ bijektiv, dann ist die *inverse* Funktion f^{-1} die Umkehrrelation f^{-1}. Die inverse Funktion f^{-1} ist eine bijektive Funktion von B nach A.

$$y = f(x) \Leftrightarrow x = f^{-1}(y)$$
$$f^{-1}(f(x)) = x \text{ für } x \in A \qquad f(f^{-1}(x)) = x \text{ für } x \in B$$
$$(g \circ f)^{-1} = f^{-1} \circ g^{-1}$$

1.4 Algebraische Strukturen

Grundlegende algebraische Strukturen

Eine *binäre Verknüpfung* $*$ auf einer Menge S ist eine Funktion $*: S \times S \to S$. Das Element in S, das (x,y) zugeordnet wird, heißt $x*y$.
Die Verknüpfung $*$ ist

1. *kommutativ*, wenn $x*y = y*x$ für alle $x,y \in S$,
2. *assoziativ*, wenn $x*(y*z) = (x*y)*z$ für alle $x,y,z \in S$,
3. *distributiv* über der Verknüpfung $\bullet$, wenn $x*(y \bullet z) = (x*y) \bullet (x*z)$, $x,y,z \in S$.

Die Verknüpfung $*$ hat

4. ein *Einselement* e, wenn $x*e = e*x = x$ für alle $x \in S$,
5. ein *Nullelement* 0, wenn $x*0 = 0*x = 0$ für alle $x \in S$.

Das Element $x \in S$

6. hat ein *Inverses* x^{-1}, wenn $x*x^{-1} = x^{-1}*x = e$,
7. ist *idempotent*, wenn $x*x = x$.

Direktes Produkt

Seien $(A,*)$ und $(B, \bullet)$ algebraische Systeme vom selben Typ (z.B. Gruppe), dann ist das *direkte Produkt* dieser Systeme das algebraische System $(A \times B, \Diamond)$ mit $(a_1,b_1)\Diamond(a_2,b_2)=(a_1*a_2,b_1\bullet b_2)$, $a_i \in A$, $b_i \in B$.

Die wichtigsten algebraischen Strukturen

Algebraische Struktur	Definition
Halbgruppe $(S, *)$	$*$ ist assoziativ
Monoid $(S, *)$ oder $(S, *, e)$	Halbgruppe mit Einselement e, so daß $e*x = x*e = x$ für alle x (e ist eindeutig)
Gruppe $(S, *)$ oder $(S, *, e)$	Monoid, so daß jedes Element x ein eindeutiges Inverses x^{-1} hat mit $x^{-1} * x = x * x^{-1} = e$
Abelsche Gruppe oder kommutative Gruppe $(S, *)$	Gruppe, so daß $*$ kommutativ ist
Ring $(S, +, \cdot)$	$(S, +)$ ist abelsche Gruppe, $(S, \cdot)$ ist Halbgruppe und $a \cdot (b+c) = a \cdot b + a \cdot c$, $(b+c) \cdot a = b \cdot a + c \cdot a$
Körper $(S, +, \cdot)$	Ring, so daß die Elemente $\neq 0$ eine abelsche Gruppe unter der Multiplikation $\cdot$ bilden
Verband $(S, \leq)$	$(S, \leq)$ ist eine halbgeordnete Menge, so daß jedes Paar x, y von Elementen in S eine größte untere Schranke glb und eine kleinste obere Schranke lub besitzt
Boolesche Algebra $(S, +, \cdot, ', 0, 1)$	Die binären Operationen $+$ und $\cdot$ sind kommutativ, assoziativ und distributiv zueinander. Die Elemente 0 und 1 sind Einselemente für $+$ und $\cdot$. $'$ ist die Komplementbildung: $x + x' = 1$, $x \cdot x' = 0$

1.4 Algebraische Strukturen

Algebraische Struktur	Konkrete Beispiele
Halbgruppe	Die ganzen Zahlen mit Addition (Multiplikation) Sprache über einem Alphabet mit Mengenprodukt Menge der binären Relationen auf einer Menge mit Komposition von Relationen
Monoid	Die reellen Zahlen mit Addition, Einselement ist 0 Die reellen Zahlen mit Multiplikation, Einselement 1 Die Potenzmenge $\mathcal{P}(\Omega)$ mit Vereinigung und $\emptyset$ als Einselement
Gruppe	Die Menge der Permutationen einer Menge mit Komposition Die Menge der Symmetrien eines regulären Polygons $(\mathbf{Z}_n, +_n)$, wobei $+_n$ die Addition modulo n bezeichnet
Abelsche Gruppe	Die ganzen Zahlen mit Addition Die rationalen Zahlen $\neq 0$ mit Multiplikation
Ring	Die ganzen (rationalen, geraden, reellen oder komplexen) Zahlen mit Addition und Multiplikation $(\mathbf{Z}_n, +_n, \times_n)$, wobei $+_n$ und $\times_n$ die Addition und die Multiplikation modulo n bezeichnet
Körper	Die rationalen (reellen oder komplexen) Zahlen mit Addition und Multiplikation $(\mathbf{Z}_n, +_n, \times_n)$, wenn n eine Primzahl ist
Verband	Die Potenzmenge $\mathcal{P}(\Omega)$ mit der Relation $\subset$ (Enthaltensein) Die positiven ganzen Zahlen mit D (Teilbarkeitsrelation: xDy, falls x ein Teiler von y). glb und lub von x und y sind ggT und kgV von x und y
Boolesche Algebra	$(\mathcal{P}(\Omega), \cup, \cap, \text{Komplementbildung}, \emptyset, \Omega)$ $(S, \wedge, \vee, \neg, F, T)$, S ist die Menge der Äquivalenzklassen von Aussageformeln mit n Aussagen, F ist der Widerspruch und T die Tautologie $S=\{0, 1\}$ mit Boolescher Addition und Multiplikation (übliche Addition, Multiplikation, Ausnahme $1 + 1 = 1$). $0' = 1$, $1' = 0$

Homomorphismen und Isomorphismen

Seien S_1, S_2 algebraische Strukturen vom selben Typ. Eine Abbildung $g: S_1 \to S_2$ heißt *Homomorphismus*, wenn g mit der algebraischen Struktur verträglich ist.

Halbgruppen

Seien $(S_1, *_1)$ und $(S_2, *_2)$ Halbgruppen. Die Abbildung $g: S_1 \to S_2$, so daß

$$g(x *_1 y) = g(x) *_2 g(y)$$

für alle $x, y \in S_1$ gilt, heißt *Halbgruppenhomomorphismus*.

Monoide

Seien $(S_1, *_1)$ und $(S_2, *_2)$ Monoide mit Einselementen e_1 bzw. e_2. Ein Halbgruppenhomomorphismus $g: S_1 \to S_2$, bei dem

$$g(e_1) = e_2$$

gilt, heißt *Monoidhomomorphismus*.

Gruppen

Seien $(S_1, *_1)$ und $(S_2, *_2)$ Gruppen. Eine Abbildung $g: S_1 \to S_2$, bei der

$$g(x *_1 y) = g(x) *_2 g(y)$$

für alle $x, y \in S_1$ gilt, heißt *Gruppenhomomorphismus*.
Aus den Eigenschaften einer Gruppe folgt

$$g(e_1) = e_2 \quad \text{und} \quad g(x^{-1}) = g(x)^{-1} \quad \text{für jedes } x \in S_1.$$

Ringe

Seien $(S_1, +_1, \bullet_1)$ und $(S_2, +_2, \bullet_2)$ Ringe. Eine Abbildung $g: S_1 \to S_2$, bei der

$$g(x +_1 y) = g(x) +_2 g(y) \quad \text{und} \quad g(x \bullet_1 y) = g(x) \bullet_2 g(y)$$

für alle $x, y \in S_1$ gilt, heißt *Ringhomomorphismus*.

Verbände

Seien $(S_1, \leq_1)$ und $(S_2, \leq_2)$ Verbände. Eine Abbildung $g: S_1 \to S_2$, bei der

$$g(\text{glb}(x, y)) = \text{glb}(g(x), g(y))$$
$$g(\text{lub}(x, y)) = \text{lub}(g(x), g(y))$$

für alle $x, y \in S_1$ gilt, heißt *Verbandshomomorphismus*.
Aus den Eigenschaften von Verbänden folgt

$$x \leq_1 y \Rightarrow g(x) \leq_2 g(y).$$

1.4 Algebraische Strukturen

Boolesche Algebren

Seien $(S_1, +_1, \bullet_1, ', 0_1, 1_1)$ und $(S_2, +_2, \bullet_2, ', 0_2, 1_2)$ Boolesche Algebren. Eine Abbildung $g: S_1 \to S_2$, bei der

$$g(x+_1 y) = g(x) +_2 g(y) \qquad g(x \bullet_1 y) = g(x) \bullet_2 g(y)$$
$$g(0_1) = 0_2 \qquad g(1_1) = 1_2 \qquad g(a') = g(a)'$$

für alle $x, y \in S_1$ gilt, heißt *Boolescher Homomorphismus*.

Um zu zeigen, daß $g: S_1 \to S_2$ ein Boolescher Homomorphismus ist, reicht

$$g(x+_1 y) = g(x) +_2 g(y) \text{ und } g(a') = g(a)'.$$

Weitere „Morphismen"

Ein Homomorphismus $g: S_1 \to S_2$ ist

(i) ein *Epimorphismus*, wenn g surjektiv ist
(ii) ein *Monomorphismus*, wenn g 1-1-deutig (injektiv) ist
(iii) ein *Isomorphismus*, wenn g bijektiv ist (das Inverse eines bijektiven Homomorphismus ist ein Homomorphismus. Gibt es einen Isomorphismus zwischen zwei algebraischen Strukturen, dann heißen sie *isomorph*)
(iv) ein *Endomorphismus*, wenn $S_2 \subset S_1$.

Ein Isomorphismus ist
(v) ein *Automorphismus*, wenn $S_2 = S_1$.

Weitere Eigenschaften algebraischer Strukturen

Gruppen

1. *Definition.* Eine *Gruppe* $(G, *)$ oder G ist ein algebraisches System, so daß gilt
   (i) $x * (y * z) = (x * y) * z$ für alle $x, y, z \in G$.
   (ii) Es gibt ein Einselement $e \in G$, so daß $x * e = e * x = x$ für alle $x \in G$.
   (iii) Zu jedem $x \in G$ gibt es ein Inverses $x^{-1} \in G$, so daß $x^{-1} * x = x * x^{-1} = e$.
   Die Gruppe ist *abelsch*, wenn $*$ kommutativ ist.

2. *Untergruppen.* $(S, *)$ ist eine Untergruppe von $(G, *)$, wenn $S \subset G$ und
   (i) $a, b \in S \Rightarrow a * b \in S$ (ii) $e \in S$ (iii) $a \in S \Rightarrow a^{-1} \in S$.
   Bemerkung: S ist Untergruppe $\Leftrightarrow a, b \in S \Rightarrow a * b^{-1} \in S$ für alle $a, b \in S$.

3. Ist g ein Gruppenhomomorphismus von $(G, *)$ nach $(H, \bullet)$, dann ist der *Kern* von g
   $\ker(g) = \{x \in G \, ; \, g(x) = e_H\}$ eine Untergruppe von G.

4. *Satz von Cayley.* Jede endliche Gruppe von n Elementen ist isomorph zu einer Permutationsgruppe der Ordnung n.

5. Sei $(H, *)$ eine Untergruppe von $(G, *)$,
   $a \in G$ beliebig, dann heißt $aH = \{a * h : h \in H\}$
   die *Linksnebenklasse* von H in G.
   Das Element a ist ein *Repräsentant* von aH.
   Analog heißt $Ha = \{h * a : h \in H\}$ *Rechtsnebenklasse*.
   Ist G abelsch, dann ist $aH = Ha$ für alle $a \in G$.

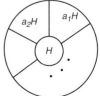

Die Menge der Links- [Rechts-] Nebenklassen von H in G bestimmt eine Zerlegung von G, d.h. jedes Element von G gehört genau zu einer Nebenklasse (Äquivalenzklasse).

Merke: $b \in aH \Leftrightarrow a^{-1} * b \in H$; $c \in Ha \Leftrightarrow c * a^{-1} \in H$.

6. Die *Ordnung* $|G|$ einer endlichen Gruppe ist die Anzahl der Elemente von G.

    Satz von Lagrange. Die Ordnung einer Untergruppe von G ist stets ein Teiler von $|G|$. Der *Index* einer Untergruppe H von G ist $|G|/|H|$=Anzahl der Nebenklassen.

    Merke: Ist $|G| = n$, dann gilt $a^n = e$ für alle $a \in G$. Die von a erzeugte *zyklische* Untergruppe $\{a^k ; a \in G, k=1,2, ...\}$ hat die Ordnung m, wenn m die kleinste Zahl ist, für die $a^m = e$. Dabei ist m ein Teiler von n.

7. Ist G endlich und abelsch und p eine Primzahl, die die Ordnung von G teilt, dann gibt es ein Element $a \in G$ der Ordnung p, d.h. $a^p = e$.

8. Eine Untergruppe $(N, *)$ von $(G, *)$ heißt *Normalteiler*, wenn $aN = Na$ für alle $a \in G$.

    Quotientengruppe. Sei N ein Normalteiler von G und G/N die Menge der Links- (Rechts)nebenklassen von N in G. Mit $(aN) \bullet (bN) = (a*b)N$ ist $(G/N, \bullet)$ eine Gruppe, die sog. *Quotienten-* oder *Faktorgruppe* von G nach N. Es gilt $|G/N| = |G|/|N|$.

    Sätze

    a. Sind $(G, *)$ und $(H, \bullet)$ Gruppen und $g: G \to H$ ein Homomorphismus, dann ist der Kern von g ein Normalteiler von G.

    b. *Fundamentalsatz für Gruppenhomomorphismen.* Ist g ein Homomorphismus von $(G, *)$ nach $(H, \bullet)$, dann sind $G/\ker(g)$ und $g(G)$ isomorph.

9. *Gruppenmultiplikationstafeln* stellen die Verknüpfung $*$ einer endlichen Gruppe dar.

Beispiel. Es gibt zwei nichtisomorphen Gruppen der Ordnung 4:

$*$	e	a	b	c
e	e	a	b	c
a	a	b	c	e
b	b	c	e	a
c	c	e	a	b

$\{e, b\}$ ist Untergruppe
Zyklisch: $a^2 = b, a^3 = c, a^4 = e$

$*$	e	a	b	c
e	e	a	b	c
a	a	e	c	b
b	b	c	e	a
c	c	b	a	e

$\{e, a\}, \{e, b\}, \{e, c\}$ sind Untergruppen
Nichtzyklisch

Gruppenordnung	1	2	3	4	5	6	7	8	9	10	11	12	13	14	15	16	17	18	19	20
Anzahl nichtisomorpher Gruppen	1	1	1	2	1	2	1	5	2	2	1	5	1	2	1	14	1	5	1	5

10. *Sylowgruppen.* Sei $|G| = p^k m$ und p prim und kein Teiler von m. Dann hat G eine Untergruppe (sog. *Sylow p-Untergruppe*) von der Ordnung p^k. Die Zahl n_p von Sylow p-Untergruppen (i) teilt m und (ii) $n_p \equiv 1 \pmod{p}$.

Ringe

1. *Definition.* Ein *Ring* $(R, +, \cdot)$ oder R ist ein algebraisches System, so daß gilt
    (i) $(R, +)$ ist abelsche Gruppe mit Einselement 0 und Inversem $-x$ von x, d.h.
    $x+y=y+x, (x+y)+z=x+(y+z), x+0=0+x=x, x+(-x)=(-x)+x=0$.

1.4 Algebraische Strukturen

(ii) Die Verknüpfung · ist assoziativ und distributiv über +, d.h. $(x \cdot y) \cdot z = x \cdot (y \cdot z)$, $x \cdot (y+z) = x \cdot y + x \cdot z$, $(x+y) \cdot z = x \cdot z + y \cdot z$. (Schreibweise: $xy = x \cdot y$.)
Der Ring ist *kommutativ,* wenn · kommutativ ist.

2. Der Ring hat eine „1", wenn · ein Einselement hat, d.h. $x \cdot 1 = 1 \cdot x = x$.
3. Eine kommutativer Ring mit 1 heißt *Integritätsbereich,* wenn $x \neq 0$, $xy = xz \Rightarrow y = z$.
(Ist $xy = 0$ aber x und $y \neq 0$, dann heißen x und y *Nullteiler.*)
4. $(A, +, \cdot)$ ist *Unterring* von $(R, +, \cdot)$, wenn $A \subset R$ und
(i) $x, y \in A \Rightarrow x + y \in A$ und $xy \in A$,   (ii) $0 \in A$,   (iii) $x \in A \Rightarrow -x \in A$
5. Ein Unterring $(I, +, \cdot)$ of $(R, +, \cdot)$ heißt *Ideal* von R, wenn $ax \in I$ und $xa \in I$ für alle $a \in I$ und alle $x \in R$. Ist R kommutativ, dann ist das kleinste Ideal von R, das das Element a enthält $(a) = \{xa \ ; \ x \in R\}$. Ideale dieser Gestalt heißen *Hauptideale.*
Ein Ideal $M \neq R$ ist ein *maximales* Ideal, wenn für jedes Ideal I von R mit $M \subset I \subset R$ gilt: entweder ist $I = M$ oder $I = R$. Ein Ideal P in einem kommutativen Ring R heißt *Primideal,* wenn gilt $ab \in P$, $a, b \in R \Rightarrow a \in P$ oder $b \in P$.
6. *Quotientenring.* $R/I = \{$Nebenklassen von I bzgl. $+\} = \{x + I \ ; \ x \in R\}$ ist selbst ein Ring mit Addition $\oplus$ und Multiplikation $\otimes$ definiert durch $(x+I) \oplus (y+I) = (x+y) + I$ und $(x+I) \otimes (y+I) = xy + I$.
Das Ideal I ist das Nullelement des Quotientenrings.
7. Ist R ein kommutativer Ring und P ein Ideal von R, dann gilt
P ist Primideal $\Leftrightarrow$ R/P ist Integritätsbereich.
8. Ist R ein kommutativer Ring mit 1 und M ein Ideal von R, dann gilt
M ist maximales Ideal $\Leftrightarrow$ R/M ist ein Körper.
9. *Fundamentalsatz für Ringhomomorphismen.* Sind R und S Ringe und ist $g: R \to S$ ein Homomorphismus (siehe oben) mit $I = \ker(g)$, dann ist $\phi: R/I \to S$ mit $\phi(x+I) = g(x)$ ein Isomorphismus von R/I auf $g(R)$.
10. Die *Charakteristik* eines Ringes R ist die kleinste natürliche Zahl n, so daß $na = a + a + \ldots + a = 0$ für alle $a \in R$. Ist na stets $\neq 0$, dann ist die Charakteristik 0.

Ist D ein Integritätsbereich

(i) dann ist die Charakterstik entweder 0 oder eine Primzahl p,
(ii) mit Charakteristik 0, dann enthält D einen Unterring isomorph zu **Z**,
(iii) mit Charakteristik p, dann enthält D einen Unterring isomorph zu $\mathbf{Z}_p$.

Körper
1. *Definition.* Ein *Körper* $(F, +, \cdot)$ oder F ist ein algebraisches System, so daß gilt
(i) $(F, +, \cdot)$ ist ein kommutativer Ring mit 1, d.h.
$x + y = y + x$, $(x+y) + z = x + (y+z)$, $x + 0 = x$, $x + (-x) = 0$,
$xy = yx$, $(xy)z = x(yz)$, $x(y+z) = xy + xz$, $1x = x$
(ii) $(F - \{0\}, \cdot)$ ist eine Gruppe, d.h. für alle $x \neq 0$ in F gibt es ein multiplikatives Inverses x^{-1}, so daß $xx^{-1} = x^{-1}x = 1$.
2. Gültige Inklusionen: Körper $\subset$ Integritätsbereiche $\subset$ Kommutative Ringe $\subset$ Ringe.
3. *Unterkörper.* $(A, +, \cdot)$ ist ein *Unterkörper* von $(F, +, \cdot)$, wenn $A \subset F$ und
(i) $a, b \in A \Rightarrow a + b \in A$ und $ab \in A$
(ii) $0 \in A$ und $1 \in A$
(iii) $a \in A \Rightarrow -a \in A$ und $a \in A$, $a \neq 0 \Rightarrow a^{-1} \in A$
4. Ein Körper hat nur die Ideale F und $\{0\}$.

5. (*i*) Ist F endlich und die Charakteristik p (p prim), dann hat F genau p^n Elemente mit einer natürlichen Zahl n.
   (*ii*) Zu jeder Primzahl p und jeder natürlichen Zahl n gibt es einen Körper mit p^n Elementen.
6. (*i*) Der Körper E ist eine *Erweiterung* des Körpers F, wenn E einen zu F isomorphen Unterkörper enthält.
   (*ii*) Ist S Teilmenge von E, dann bezeichnet $F(S)$ den kleinsten Unterkörper von E, der S und F enthält. Zum Beispiel:
   (*a*) $\mathbf{R}(i) = \mathbf{C}$.
   (*b*) $\mathbf{Q}(\sqrt{2}) = \{a + b\sqrt{2} \; ; \; a, b \in \mathbf{Q}\}$
   (*c*) $\mathbf{Q}(\pi) = \{(a_0 + a_1\pi + a_2\pi^2 + \ldots + a_n\pi^n)/(b_0 + b_1\pi + b_2\pi^2 + \ldots + b_m\pi^m) \; ; \; a_i, b_i \in \mathbf{Q}$, nicht alle $b_i = 0\}$

Ganze Zahlen modulo n

Die Menge $\mathbf{Z}_n$ umfaßt die *Äquivalenzklassen modulo n*
$$[k] = \{\ldots, k-2n, k-n, k, k+n, k+2n, \ldots\}.$$
1. $[k] = [m] \Leftrightarrow k - m$ ist ganzzahliges Vielfaches von n. Daher ist $\mathbf{Z}_n = \{[0], [1], \ldots, [n-1]\}$.
2. *Verknüpfungen*: $[k_1] +_n [k_2] = [k_1 + k_2]$, $[k_1] \times_n [k_2] = [k_1 k_2]$
3. $[k_1] = [m_1], [k_2] = [m_2] \Rightarrow$ (*i*) $[k_1 + k_2] = [m_1 + m_2]$ (*ii*) $[k_1 k_2] = [m_1 m_2]$
4. (*i*) $\mathbf{Z}_n$ ist eine zyklische Gruppe mit $+_n$
   (*ii*) $\mathbf{Z}_n$ ist ein Ring mit $+_n$ und $\times_n$ [$\mathbf{Z}_n$ ist ein Körper $\Leftrightarrow n$ ist prim.]

Polynomringe

Ist F ein Körper, dann bezeichnet $F[x]$ die Menge der Polynome $\sum_{k=0}^{n} a_k x^k$, $a_k \in F$, mit beliebigem Grad n.
1. Jedes Ideal I des Rings $(F[x], +, \cdot)$ ist ein Hauptideal der Gestalt $I = (g(x)) = \{f(x)g(x) \; ; \; f(x) \in F[x]\}$ für ein gewisses $g(x) \in I$.
2. In $F[x]$ gibt es die „Division mit Rest": Zu $f(x), g(x) \in F[x]$ gibt es $q(x), r(x) \in F[x]$, so daß $f(x) = q(x)g(x) + r(x)$ und ($r = 0$ oder Grad $r(x) <$ Grad $g(x)$).
3. Ein Polynom $p(x) \in F[x]$ vom Grad ≥ 1 heißt *irreduzibel*, wenn es nicht Produkt von zwei Polynomen von niedrigerem Grad ist.
4. *Faktorisierung*. Ist $p(x) \in F[x]$ und $a \in F$, dann ist $(x-a)$ ein Faktor von $p(x) \Leftrightarrow p(a) = 0$.

Beispiel

Das Polynom $x^2 + 1$ ist
(*a*) reduzibel in $\mathbf{C}[x]$, da $x^2 + 1 = (x-i)(x+i)$
(b) irreduzibel in $\mathbf{R}[x]$, da $x^2 + 1$ keine Nullstelle in $\mathbf{R}$ besitzt
(c) reduzibel in $\mathbf{Z}_2[x]$, da $x^2 + 1 = (x+1)^2$.

---

5. Der Quotientenring $F[x]/(p(x))$ ist ein Körper $\Leftrightarrow p(x)$ ist irreduzibel über F.
6. Sei $p(x)$ in $F[x]$ irreduzibel. Dann ist $E = F[x]/(p(x))$ ein Erweiterungskörper von F, in dem $p(x)$ eine Wurzel besitzt.
7. Ist $p(x)$ ein Polynom über F mit Grad > 0, dann hat $p(x)$ eine Wurzel in einer Körpererweiterung $\bar{F}$ von F.

1.4 Algebraische Strukturen

8. Ist $p(x) = a_0 + a_1 x + \ldots + a_n x^n$ Polynom über F und $I = (p(x))$, dann läßt sich jedes Element von $F[x]/I$ eindeutig in der Form $I + (b_0 + b_1 x + \ldots + b_{n-1} x^{n-1})$ mit $b_i \in F$ schreiben.

Verbände

Definition. Ein *Verband* $(L, \leq)$ oder L

(i) ist ein halbgeordnete Menge, d.h. $\leq$ ist reflexiv, antisymmetrisch und transitiv, und

(ii) zu jedem Paar $a, b \in L$ existiert die größte untere Schranke (inf, glb, *Durchschnitt* oder *Produkt*) und die kleinste obere Schranke (sup, lub, *Vereinigung* oder *Summe*).

Bezeichnung. glb $\{a, b\} = \inf\{a, b\} = a * b = a \wedge b = a \cdot b = ab$

lub $\{a, b\} = \sup\{a, b\} = a \oplus b = a \vee b = a + b$

                                          Verband   kein Verband

---

Eigenschaften
Für alle $a, b, c \in L$ gilt

1. $a \cdot b \leq a$, $a \cdot b \leq b$ $a + b \geq a$, $a + b \geq b$
2. $a \cdot a = a$ $a + a = a$ (idempotent)
3. $a \cdot b = b \cdot a$ $a + b = b + a$ (kommutativ)
4. $(a \cdot b) \cdot c = a \cdot (b \cdot c)$ $(a + b) + c = a + (b + c)$ (assoziativ)
5. $a \cdot (a + b) = a$ $a + (a \cdot b) = a$ (absorbierend)
6. $a + (b \cdot c) \leq (a + b) \cdot (a + c)$ $a \cdot (b + c) \geq (a \cdot b) + (a \cdot c)$ (distributive Ungleichgn.) gilt die Gleichheit, dann heißt der Verband *distributiv*.
7. $a \leq b \Leftrightarrow a \cdot b = a \Leftrightarrow a + b = b$
8. $a \leq b \Rightarrow a \cdot c \leq b \cdot c$ und $a + c \leq b + c$
9. $a \leq b$ oder $a \leq c \Rightarrow a \leq b + c$ $a \leq b$ und $a \leq c \Rightarrow a \leq b \cdot c$
   $a \geq b$ und $a \geq c \Rightarrow a \geq b + c$ $a \geq b$ oder $a \geq c \Rightarrow a \geq b \cdot c$
10. Ein Verband heißt *vollständig*, wenn jede nichtleere Teilmenge inf und sup besitzt. Bezeichnung: $0 =$ das kleinste Element von L, $1 =$ das größte Element von L.
11. Ein Element $b \in L$ ist ein *Komplement* von $a \in L$, wenn $a \cdot b = 0$ und $a + b = 1$. Hat jedes Element von L ein Komplement, dann heißt der Verband *komplementär*. (Komplementärer distributiver Verband, siehe Boolesche Algebren unten.)

Boolesche Algebren

Eine *Boolesche Algebra* $(B, +, \cdot, ', 0, 1)$ oder B ist ein komplementärer distributiver Verband. Das (eindeutige) Komplement von a heißt a'.

Bezeichnung: $a \cdot b = ab = \inf\{a, b\}$, $a + b = \sup\{a, b\}$.

(Tip: Zum Verständnis folgender Formeln nehme man als Boolesche Algebra die Potenzmenge $\mathcal{P}(S)$ mit $A + B = A \cup B$, $A \cdot B = A \cap B$, $A' = S - A$, $0 = \emptyset$, $1 = S$ und $A \leq B \Leftrightarrow A \subset B$).

Bemerkung. Jede endliche Boolesche Algebra ist isomorph zur Potenzmenge einer endlichen Menge und hat daher 2^n Elemente mit gewissem n. Vgl. freie Boolesche Algebraen unten.

Eigenschaften
Für alle $a, b, c \in B$ gilt

1. $a \cdot b \leq a$, $a \cdot b \leq b$ $a+b \geq a$, $a+b \geq b$
2. $a \cdot a = a$ $a+a=a$ (idempotent)
3. $a \cdot b = b \cdot a$ $a+b=b+a$ (kommutativ)
4. $(a \cdot b) \cdot c = a \cdot (b \cdot c)$ $(a+b)+c=a+(b+c)$ (assoziativ)
5. $a \cdot (a+b) = a$ $a+(a \cdot b)=a$ (absorbierend)
6. $a+(b \cdot c)=(a+b) \cdot (a+c)$ $a \cdot (b+c)=(a \cdot b)+(a \cdot c)$ (distributiv)
7. $(a \cdot b)+(b \cdot c)+(c \cdot a)=(a+b) \cdot (b+c) \cdot (c+a)$
8. $a \cdot b = a \cdot c$ und $a+b=a+c \Rightarrow b=c$
9. $0 \leq a \leq 1$, $a \cdot 0 = 0$, $a+1=1$, $a \cdot 1 = a$, $a+0=a$
10. $a \cdot a' = 0$, $a+a'=1$, $0'=1$, $1'=0$ (Komplement)
11. $(a \cdot b)' = a'+b'$, $(a+b)'=a' \cdot b'$ (De Morgan)
12. $a \leq b \Leftrightarrow a \cdot b = a \Leftrightarrow a+b=b$
     $a \leq b \Leftrightarrow a \cdot b' = 0 \Leftrightarrow b' \leq a' \Leftrightarrow a'+b=1$

Keine Boolsche Algebren.   Boolesche Algebra.
Distributivgesetz verletzt.   Distributivgesetz erfüllt.
Komplement von a nicht eindeutig. $a'=f$, $e'=b$ eindeutig.

Kleinste Boolesche Algebra $B=\{0, 1\}$:

+	0	1
0	0	1
1	1	1

$\cdot$	0	1
0	0	0
1	0	1

Minterme

Die Boolesche Algebra B, die von den *Mintermen* (*Atomen*) $a_1, a_2, \ldots, a_n$ gebildet wird, ist definiert durch (Beispiel für $n=5$)

(i) Jedes Element a von B ist eine Summe von Mintermen, z.B. $a = a_1 + a_3 + a_4$, $1 = a_1 + a_2 + a_3 + a_4 + a_5$ (Summe *aller* Minterme).

(ii) Das Komplement $a' = a_2 + a_5$ (Summe der restlichen Minterme).

(iii) Summe + : Beachte $a_i + a_i = a_i$.

(iv) Produkt $\cdot$: Beachte $a_i \cdot a_i = a_i$ und $a_i \cdot a_j = 0$, $i \neq j$.

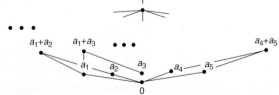

Merke. Dieses B ist isomorph zu einer freien Booleschen Algebra, wenn $n=2^k$ mit $k \in \mathbf{N}$.

1.4 Algebraische Strukturen

Freie Boolesche Algebren

In einer von n Variablen $x_1, x_2, \ldots, x_n$ erzeugten *freien* Booleschen Algebra sind die Elemente (endliche) Kombinationen der x_i, x_i' und $+$ sowie $\cdot$. Die Elemente lassen sich eindeutig als Summe von *Mintermen* $x_1^{\alpha_1} x_2^{\alpha_2} \ldots x_n^{\alpha_n}$ in der sog. *disjunktiven Normalform* (oder analog als ein Produkt von *Maxtermen*) darstellen, wobei $a_i = 0$ oder 1 und $x_i^0 = x_i'$, $x_i^1 = x_i$. Die Summe aller Minterme ist 1.

Merke. Anzahl der Minterme ist 2^n, Anzahl der freien Booleschen Ausdrücke ist 2^{2^n}.

Duale Ausdrücke

Den *dualen Ausdruck* $\beta(x_1, x_2, \ldots, x_n)$ eines Booleschen Ausdrucks $\alpha(x_1, x_2, \ldots, x_n)$ erhält man durch Vertauschung der beiden Verknüpfungen $\cdot$ und $+$.

Beachte: $[\alpha(x_1, x_2, \ldots, x_n)]' = \beta(x_1', x_2', \ldots, x_n')$ (vgl. 11. oben).

Beispiel (vgl. Bsp. aus Abschn. 1.1)

Betrachte die von x, y und z erzeugte freie Boolesche Algebra und stelle b und b' mit $b = xy + yz'$ als Summe von Mintermen bzw. Produkt von Maxtermen dar.

Lösung

$b = xy(z + z') + yz'(x + x') = xyz + xyz' + xyz' + x'yz' = xyz + xyz' + x'yz'$
 $(= \min_7 + \min_6 + \min_2 = \cdot\ 2, 6, 7)$

$b' = (\cdot\ 0, 1, 3, 4, 5) = x'y'z' + x'y'z + x'yz + xy'z' + xy'z$

$b = (x')' = + 0, 1, 3, 4, 5 = (x + y + z)(x + y + z')(x + y' + z')(x' + y + z)(x' + y + z')$

$b' = + 2, 6, 7 = (x' + y' + z')(x' + y' + z)(x + y' + z)$

Für $B = \{0, 1\}$ haben diese *Booleschen Funktionen* folgende *Werte*

x	y	z	xy	yz'	$b = xy + yz'$	b'
1	1	1	1	0	1	0
1	1	0	1	1	1	0
1	0	1	0	0	0	1
1	0	0	0	0	0	1
0	1	1	0	0	0	1
0	1	0	0	1	1	0
0	0	1	0	0	0	1
0	0	0	0	0	0	1

Minimierung von Booleschen Polynomen

Wie erhält man die einfachste Form eines Booleschen Polynoms (Ausdruck, Funktion)? Dieses Problem läßt sich sukzessive mit der Reduktion $xyz + xyz' = xy(z + z') = xy$ lösen.

Ein systematischer Weg zur Vereinfachung Boolescher Polynome (*McCluskey*-Methode) wird an einem (in disjunktiver Normalform gegebenen) Beispiel verdeutlicht:

$$b = xyzw + xy'z'w + x'yzw + xy'zw' + xyzw' + xyz'w' + x'yzw'$$

Numeriere die Atome (Minterme) in einer ersten Spalte (*a*).
Vergleiche die Terme von oben beginnend. Diejenigen, die sich nur in einer Variablen und

ihrem Komplement unterscheiden, werden reduziert und die reduzierten neuen Terme in einer nächsten Spalte (b) aufgereiht. Dieses Verfahren wird solange fortgesetzt, bis keine Reduktionen mehr möglich sind. Schließlich gehe man die Spalten zurück und sammle alle Terme auf, bis sämtliche Atome vorkommen.

$$
\begin{array}{lll}
(a) & (b) & (c) \\
1\ xyzw & 1,3\ yzw & 1,3,5,7\ yz \\
2\ xy'z'w & 1,5\ xyz & 1,3,5,7\ yz \\
3\ x'yzw & 3,7\ x'yz & 4,5,6,7\ yw' \\
4\ x'yz'w' & 4,6\ yz'w' & \text{(No 2 fehlt)} \\
5\ xyzw' & 4,7\ x'yw' & \\
6\ xyz'w' & 5,7\ yzw' & \\
7\ x'yzw' & &
\end{array}
$$

Daher ist $b = yz + yw' + xy'z'w$

Schaltungsentwurf (Logic design)

Input-output-Tafel

Glied	Input		Output	Schaltungssymbol (IEC 612-12)
	a	b		
Nicht-Glied $\neg, -$	0 1		1 0	a —[1]o— a'
UND- Glied $\wedge, \cdot$	0 0 1 1	0 1 0 1	0 0 0 1	a, b —[&]— $a \cdot b = ab$
ODER- Glied $\vee, +$	0 0 1 1	0 1 0 1	0 1 1 1	a, b —[≥1]— $a+b$
EXKLUSIV ODER- Glied $\bar{\vee}, \oplus$	0 0 1 1	0 1 0 1	0 1 1 0	a, b —[=1]— $a \oplus b$
NAND- Glied $\uparrow$	0 0 1 1	0 1 0 1	1 1 1 0	a, b —[&]o— $(ab)' = a' + b'$
NOR- Glied $\downarrow$	0 0 1 1	0 1 0 1	1 0 0 0	a, b —[≥1]o— $(a+b)' = a'b'$

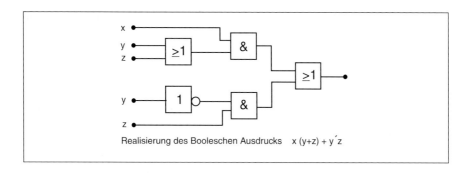

Realisierung des Booleschen Ausdrucks x (y+z) + y´z

1.5 Graphentheorie

Ein *Graph* G ist ein geordnetes Tripel (V, E, φ), wobei
- V die Menge der *Knoten* oder *Ecken* (engl. *nodes*),
- E die Menge der *Kanten* (engl. *edges*) und
- φ eine Abbildung von E in die geordneten oder nicht geordneten Paare aus V bezeichnet.

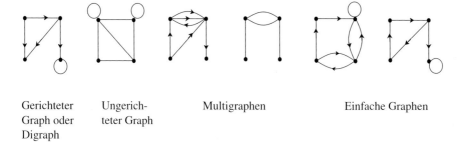

| Gerichteter Graph oder Digraph | Ungerichteter Graph | Multigraphen | Einfache Graphen |

Eine Kante ν von G heißt *gerichtet* (*ungerichtet*), wenn φ(ν) ein geordnetes (ungeordnetes) Paar von Knoten ist. Hat G lauter gerichtete Kanten, so heißt G *gerichteter Graph* oder *Digraph*. Hat G nur ungerichtete Kanten, so heißt G *ungerichteter Graph*. G heißt *einfach*, wenn φ 1-1-deutig ist. Dann bestimmt E eine Relation auf V, d.h. G = (V, E) (vgl. Abschn. 1.3). In einem *Multigraphen* ist φ nicht 1-1-deutig, er hat parallele Kanten.

Der *konverse Graph* $G^{-1} = (V, E^{-1})$ eines einfachen Digraphs G = (V, E) ist ein einfacher Digraph, in dem E^{-1} die konverse Relation von E darstellt (die Pfeile haben entgegengesetzte Richtung).

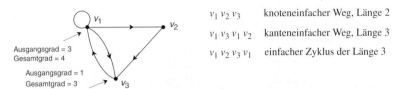

$v_1\, v_2\, v_3$ knoteneinfacher Weg, Länge 2

$v_1\, v_3\, v_1\, v_2$ kanteneinfacher Weg, Länge 3

$v_1\, v_2\, v_3\, v_1$ einfacher Zyklus der Länge 3

Für einen Digraph gibt der *Ausgangsgrad* eines Knoten v die Anzahl der Kanten mit v als *Anfangsknoten* und der *Eingangsgrad* die Anzahl der Kanten mit v als *Endknoten* an. Der *Gesamtgrad* von v ist die Summe der beiden. Für einen ungerichteten Graphen ist der Grad eines Knoten v die Anzahl von Kanten, die auf v treffen.

Für einen Digraph bedeutet ein *Weg* eine Folge von Kanten, so daß der Endknoten einer jeden Kante der Anfangsknoten der nächsten ist. Die *Länge* eines Weges ist die Anzahl der Kanten der Folge. Ein Weg ist *knoteneinfach* (*kanteneinfach*), wenn alle Knoten (Kanten) im Weg verschieden sind. Fallen Anfangs- und Endknoten zusammen, so liegt ein *Kreis* (*Zykel*) vor.

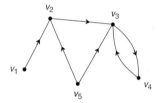

Knoten v_4 ist von v_1 aus erreichbar

Knoten v_5 ist von keinem anderen Knoten aus erreichbar

Ein Knoten u eines einfachen Digraphen heißt *erreichbar* von einem Knoten v, wenn es einen Weg von v nach u gibt. Ist jeder Knoten des Graphen von jedem anderen Knoten aus erreichbar, so heißt der Graph (stark) *zusammenhängend*.

In einem einfachen Digraphen nennt man einen stark zusammenhängenden Teilgraphen eine *starke Komponente*, und jeder Knoten liegt in genau einer starken Komponente. Die starken Komponenten bestimmen eine Partition des Digraphen.

Matrixdarstellungen

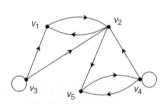

$$A: \begin{bmatrix} 0 & 1 & 0 & 0 & 0 \\ 1 & 0 & 0 & 0 & 1 \\ 1 & 1 & 1 & 0 & 0 \\ 0 & 1 & 0 & 1 & 1 \\ 0 & 0 & 0 & 1 & 0 \end{bmatrix}$$

Für einen einfachen Digraphen (V, E, φ) mit $V = \{v_1, v_2, \ldots, v_n\}$ definiert man als *Adjazenzmatrix* $A = [a_{ij}]$ die $n \times n$-Matrix, so daß

1.5 Graphentheorie

$$a_{ij} = \begin{cases} 1, \text{ wenn } (v_i, v_j) \in E \\ 0, \text{ sonst .} \end{cases}$$

Sei A^k die k-te Potenz von A. Dann ist das Element in der i.Zeile und der j. Spalte von A^k die Anzahl der Wege der Länge k vom Knoten v_i zum Knoten v_j.

Die *Wegmatrix* (*Erreichbarkeitsmatrix*) $P = [p_{ij}]$ eines einfachen Digraphen mit Knoten $\{v_1, v_2, ..., v_n\}$ ist definiert durch

$$p_{ij} = \begin{cases} 1, \text{ wenn ein Weg von } v_i \text{ nach } v_j \text{ führt oder falls } i=j \\ 0, \text{ sonst .} \end{cases}$$

Dann gilt
$$P = (I+A)^{(n-1)} = I + A + A^{(2)} + ... + A^{(n-1)}$$

wobei $A^{(k)}$ die Boolesche Potenz (mit Einträgen 0 oder 1) bezeichnet, die mit Boolescher Matrixaddition und -mutiplikation berechnet wird.

Eigenschaften

Konverser Digraph. Wird G durch A repräsentiert, dann G^{-1} durch A^T (die Transponierte von A). Für einen symmetrischen (oder für einen ungerichteten) Graphen ist $A = A^T$.

---

1. 2 Knoten v_i und v_j gehören zur selben starken Komponente $\Leftrightarrow [P \wedge P^T]_{ij} = p_{ij} p_{ji} = 1$.
2. $[AA^T]_{ij}$ = Anzahl der Knoten, die Endknoten von Kanten sind, die von v_i und v_j ausgehen.
3. $[A^T A]_{ij}$ = Anzahl der Knoten, die Anfangsknoten von Kanten sind, die in v_i und v_j einmünden.
4. $[A^k]_{ij}$ = Anzahl der Wege der Länge k von v_i nach v_j.
5. $[A^{(k)}]_{ij} = 1 \Rightarrow$ Es gibt einen Weg der Länge k von v_i nach v_j.
   $[A^{(k)}]_{ij} = 0 \Rightarrow$ Es gibt keinen Weg der Länge k von v_i nach v_j.

Bäume

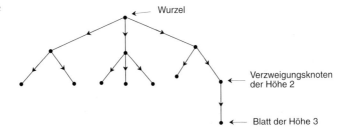

Ein *gerichteter Baum* ist ein zusammenhängender Digraph ohne Zykeln, in dem genau ein Knoten (die *Wurzel*) den Eingangsgrad 0 und alle anderen Knoten den Eingangsgrad 1 haben. Knoten mit Ausgangsgrad 0 heißen *Blätter* oder *Endknoten*. Alle anderen Knoten heißen *Verzweigungsknoten*. Die *Höhe* eines Knoten ist die Länge des Weges von der Wurzel zu ihm.

Gewichete Digraphen

Ein *gewicheter Digraph* ist ein Digraph, in dem jeder Kante (v_i, v_j) eine positive Zahl (das *Gewicht*) $w_{ij} = w(v_i, v_j)$ zugeordnet ist. Gibt es von v_i nach v_j keine Kante, dann ist $w_{ij} = \infty$. Der Graph wird durch eine *gewichtete Adjazenzmatrix* $W = (w_{ij})$ beschrieben. Das Gewicht eines Weges ist die Summe der Gewichte seiner Kanten.

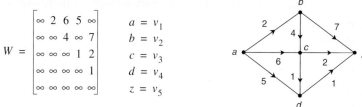

Der Algorithmus von Dijkstra zur Bestimmung des kürzesten Weg

Es ist der kürzeste Weg von a nach z zu finden.

Die Anweisungen in [...] sind überflüssig, wenn das *minimale Gewicht* eines Weges von a nach z gesucht ist.

Bezeichnung: TL = temporärer Label, PL = permanenter Label, SP = kürzester Weg.

Schritt 0. Setze $PL(a) = 0$ und $V = a$, $TL(x) = \infty$, $x \neq a$. Hier und nachfolgend wird derjenige Knoten, der zuletzt ein PL wurde, V genannt
 $[SP(a) = \{a\}, SP(x) = \emptyset$ für alle $x \neq a]$

Schritt 1. (Neuer TL.) Setze für alle x ohne PL neue TLs gemäß
 $TL(x) = \min(\text{altes } TL(x), PL(V) + w(V, x))$
 Sei y der Knoten mit kleinstem TL. Setze $V = y$ und wechsle $TL(y)$ zu $PL(y)$.
 [(*i*) Ist $TL(x)$ *nicht* verändert, dann $SP(x)$ nicht ändern
 (*ii*) Ist $TL(x)$ verändert, dann setze man $SP(x) = \{SP(V), x\}]$

Schritt 2. (*i*) Ist $TL(V) = \infty$, dann gibt es keinen Weg von a nach z. Stop.
 (*ii*) Ist $V = z$, dann ist $PL(z)$ das Gewicht des kürzesten Weges von a nach z. Stop. [Der kürzeste Weg ist $SP(z)$]
 (*iii*) Kehre zurück zu Schritt 1

Beispiel Der oben skizzierte gewichtete Graph ($a = v_1$ und $z = v_5$).

 Schritt 0. $PL(a) = 0$ $V = a$ $SP(a) = \{a\}$
  $TL(b) = \infty$ $SP(b) = \emptyset$
  $TL(c) = \infty$ $SP(c) = \emptyset$
  $TL(d) = \infty$ $SP(d) = \emptyset$
  $TL(z) = \infty$ $SP(z) = \emptyset$
 $\therefore V = a$ $PL(V) = \{a\}$

 Iteration 1.
 Schritt 1. $PL(a) = 0$ $SP(a) = \{a\}$
  $TL(b) = 2$ $SP(b) = \{a, b\}$
  $TL(c) = 6$ $SP(c) = \{a, c\}$
  $TL(d) = 5$ $SP(d) = \{a, d\}$
  $TL(z) = \infty$ $SP(z) = \emptyset$
 $\therefore V = b$, $PL(V) = 2$ $SP(V) = \{a, b\}$

 Iteration 2.
 Schritt 1. $PL(a) = 0$ $SP(a) = \{a\}$
  $PL(b) = 2$ $SP(b) = \{a, b\}$
  $TL(c) = 6$ $SP(c) = \{a, c\}$
  $TL(d) = 5$ $SP(d) = \{a, d\}$
  $TL(z) = 9$ $SP(z) = \emptyset$
 $\therefore V = d$, $PL(V) = 5$ $SP(V) = \{a, d\}$

 Iteration 3.
 Schritt 1. $PL(a) = 0$ $SP(a) = \{a\}$
  $PL(b) = 2$ $SP(b) = \{a, b\}$
  $TL(c) = 6$ $SP(c) = \{a, c\}$
  $PL(d) = 5$ $SP(d) = \{a, d\}$
  $TL(z) = 6$ $SP(z) = \{a, d, z\}$
 $\therefore V = z$, $PL(V) = 6$. Stop.
 Kürzester Weg = $\{a, d, z\}$, Gewicht = 6.

1.6 Codierungstheorie

Lineare Codes

Nachfolgend wird stets die Arithmetik *modulo* 2 benutzt, d.h.
$0+0=0$, $0+1=1+0=1$, $1+1=0$ und $0\cdot 0 = 0\cdot 1 = 1\cdot 0 = 0$, $1\cdot 1 = 1$.

Bezeichnung: $\mathbf{Z}_2^n$ = {binäre Wörter der Länge n} = {$\mathbf{a}=(a_1,\ldots,a_n)$; $a_i=0$ oder 1 für alle i}

1. *Hamming-Abstand* $H(\mathbf{a},\mathbf{b})$ zwischen $\mathbf{a},\mathbf{b}\in \mathbf{Z}_2^n$ ist die Anzahl der Komponenten mit $a_i \neq b_i$. Das *Gewicht* von $\mathbf{a}$ ist $H(\mathbf{a},\mathbf{0})$=Anzahl Komponenten $\neq 0$ in $\mathbf{a}$.
2. *Lineare (m,n)-Codierung* K ist eine injektive lineare Abbildung $K\colon \mathbf{Z}_2^m \to \mathbf{Z}_2^n$, $n \geq m$.
3. *Linearer (m,n)-Code* ist ein linearer m-dimensionaler linearer Unterraum von $\mathbf{Z}_2^m$.
   Das Bild einer (m,n)-Codierung ist stets ein (m,n)-Code.
   Die Elemente eines Codes heißen *Codeworte*.
4. Ein Code $K\colon \mathbf{Z}_2^m \to \mathbf{Z}_2^n$ heißt *Gruppencode*, wenn die Codeworte in $\mathbf{Z}_2^n$ eine additive Gruppe bilden.
5. Zu jeder linearen (m,n)-Codierung $K\colon \mathbf{Z}_2^m \to \mathbf{Z}_2^n$ gibt es eine *Generatormatrix* A, so daß $K(\mathbf{x}') = \mathbf{x}'A$ für alle $\mathbf{x}' \in \mathbf{Z}_2^m$ gilt.
   Jeder lineare (m,n)-Code besitzt *Kontrollmatrizen*, das sind $(n, n-m)$-Matrizen C mit der Eigenschaft, daß für jedes $\mathbf{y} \in \mathbf{Z}_2^n$ genau dann $\mathbf{y}C = \mathbf{0}$ gilt, wenn $\mathbf{y}$ ein Codewort ist.
6. Das *Minimalgewicht* eines Codes ist das minimale Gewicht der Codewörter $\neq \mathbf{0}$. Das ist die Mindestanzahl von Zeilen in einer Kontrollmatrix, deren Summe $= \mathbf{0}$ ist.
7. Ein Code heißt *t-fehlererkennend*, wenn sein Minimalgewicht mindestens $t+1$ ist. Ein Code heißt *t-fehlerkorrigierend*, wenn sein Minimalgewicht mindestens $2t+1$ ist.

8.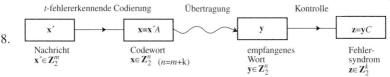

9. Das *Syndrom* von $\mathbf{y} \in \mathbf{Z}_2^n$ (zur Kontrollmatrix C) ist $\mathbf{z} = \mathbf{y}C$. Unter den Syndromen von $\mathbf{y}$ minimalen Hamming-Gewichts erklärt man willkürlich einen Vertreter zum *Nebenklassenführer* von $\mathbf{y}$. (Für t-fehlerkorrigierende Codes sind die Nebenklassenführer vom Gewicht $\leq t$ eindeutig bestimmt.)

10. Mit elementaren Zeilen- und Spaltenumformungen erhält die Codierungsmatrix die *normalisierte Form* $A = [\underbrace{\underbrace{I_m}_{(m,m)}, \underbrace{Q}_{(m,k)}}_{(m,n)}]$

Der Code heißt *systematisch*, wenn jede Nachricht $\mathbf{x}'$ Präfix eines Codeworts $\mathbf{x}'A$ ist.

Die Matrix $C = \begin{bmatrix} Q \\ I_k \end{bmatrix} \begin{matrix} (m,k) \\ (k,k) \end{matrix} \Big\} (n,k)$ ist Kontrollmatrix des systematischen Codes.

Decodierungsprozedur für systematische Codes (vgl. nachfolgendes Beispiel)
1. $\mathbf{z} = \mathbf{0}$: $\mathbf{y}$ ist ein Codewort. Die decodierte Nachricht $\mathbf{x}'$ besteht aus $y_1 y_2 \ldots y_m$
2. $\mathbf{z} \neq \mathbf{0}$: Suche $\mathbf{y}_1$ den Nebenklassenführer von $\mathbf{y}$. Dann ist $\mathbf{y}+\mathbf{y}_1$ (wahrscheinlich) das übermittelte Codewort, die ersten m Komponenten stellen die Nachricht $\mathbf{x}'$ dar.

11. *Hamming-Codes*. In einem *Hamming-Code* werden die Zeilen von $C=C_n$ aus allen möglichen r-Tupeln $\neq \mathbf{0}$ gebildet, d.h. $n = 2^r - 1$. Z.B.

$$C_3^T = \begin{bmatrix} 1 & 1 & 0 \\ 1 & 0 & 1 \end{bmatrix} \qquad C_7^T = \begin{bmatrix} 1 & 1 & 1 & 0 & 1 & 0 & 0 \\ 1 & 1 & 0 & 1 & 0 & 1 & 0 \\ 1 & 0 & 1 & 1 & 0 & 0 & 1 \end{bmatrix}$$

Beispiel

Sei $\quad A = \begin{bmatrix} 1 & 0 & 0 & 1 & 1 & 0 \\ 0 & 1 & 0 & 1 & 0 & 1 \\ 0 & 0 & 1 & 1 & 1 & 1 \end{bmatrix}$, d.h. $m=3$, $k=3$, $n=6$.

Decodiere (*a*) $\mathbf{y} = (110011)$, (*b*) $\mathbf{y} = (011111)$ und (*c*) $\mathbf{y} = (111111)$, was ist die Nachricht?
Lösung:

Kontrollmatrix $\quad C = \begin{bmatrix} 1 & 1 & 0 \\ 1 & 0 & 1 \\ 1 & 1 & 1 \\ 1 & 0 & 0 \\ 0 & 1 & 0 \\ 0 & 0 & 1 \end{bmatrix}$ $\quad$ *C* hat Minimalgewicht 3 : 1. +4. +5. Zeile = (000). Der Code erkennt 2 Fehler und korrigiert 1 Fehler. (Siehe 6. und 7. oben)

(*a*) $\mathbf{z} = \mathbf{y}C = (000)$. Daher ist $\mathbf{y}$ ein Codewort. Nachricht ist $\mathbf{x}' = (110)$.
(*b*) $\mathbf{z} = \mathbf{y}C = (101) = \mathbf{r}_2$ (2. Zeile von *C*). $\mathbf{y}_1 = \mathbf{e}_2 = (010000)$ fi $\mathbf{y}_1 C = (101)$. Daher ist $\mathbf{y} + \mathbf{y}_1 = (001111)$ und $\mathbf{x}' = (001)$.
(*c*) $\mathbf{z} = \mathbf{y}C = (011) = \mathbf{r}_1 + \mathbf{r}_2 = \mathbf{r}_5 + \mathbf{r}_6$. Kein Codewort vom Gewicht 1 hat dieses Fehlersyndrom. Der Fehler hat Gewicht ≥ 2. Keine „sichere" Korrektur möglich.

Polynomiale Codes

Im Polynomring $\mathbf{Z}_2[x]$ mit Koeffizienten aus dem Körper $\mathbf{Z}_2$ sind bei Summen- und Produktbildung die Regeln von $\mathbf{Z}_2$ zu beachten [z.B. $(1+x+x^2)+(1+x+x^3) = x^2+x^3$ und $(1+x+x^2)(1+x+x^3) = 1+x^4+x^5$]. Man identifiziert jedes Polynom $b(x) \in \mathbf{Z}_2[x]$ mit dem binären Vektor seiner Koeffizienten $b(x) = b_0 + b_1 x + \ldots + b_k x^k \leftrightarrow \mathbf{b} = (b_0 b_1 \ldots b_k)$.

Die *polynomiale Codierung* $K: \mathbf{Z}_2^m \to \mathbf{Z}_2^n$ $(n=m+k)$ mit dem *Generatorpolynom* $g(x) = a_0 + a_1 x + \ldots + a_k x^k \leftrightarrow (a_0 a_1 \ldots a_k)$ bildet $\mathbf{x} = p(x) \in \mathbf{Z}_2^m$ auf $\mathbf{y} = q(x) = g(x)p(x) \in \mathbf{Z}_2^n$ ab.

In Matrixschreibweise bedeutet dies $(q_0 q_1 \ldots q_{n-1}) = (p_0 p_1 \ldots p_{m-1})G$ mit der $m \times n$-Matrix

$$G = \begin{bmatrix} a_0\, a_1 & \ldots\ldots\ldots & a_k\, 0 & \ldots\, 0 \\ 0 & a_0\, a_1 \ldots\ldots\ldots & a_k\, 0\,..\, 0 \\ & \ldots\ldots\ldots\ldots\ldots\ldots & & \\ 0 & \ldots\ldots\ldots\, 0 & a_0\, a_1 & \ldots\ldots\, a_k \end{bmatrix}.$$

Ein polynomiale Codierung ist eine (nicht notwendig normalisierte) lineare Codierung.

1.6 Codierungstheorie

> **Beispiel**
>
> $K: \mathbf{Z}_2^2 \to \mathbf{Z}_2^5$, $g(x) = 1 + x^2 + x^3$.
>
> $\mathbf{x} = (x_0 x_1) \leftrightarrow x_0 + x_1 x \rightsquigarrow (x_0 + x_1 x)(1 + x^2 + x^3) = x_0 + x_1 x + x_0 x^2 + (x_0 + x_1) x^3 + x_1 x^4$
> $\leftrightarrow (x_0, x_1, x_0, x_0 + x_1, x_1) = \mathbf{y}$
>
> Damit (00) $\rightsquigarrow$ (00000), (01) $\rightsquigarrow$ (01011), (10) $\rightsquigarrow$ (10110), (11) $\rightsquigarrow$ (11101)

BCH-Codes

(BCH = Bose, Ray-Chaudhuri, Hocquenghem)

Algebraisches Konzept und Bezeichnungen vgl. 1.4.

Sei $\overline{\mathbf{Z}}_2$ ein Erweiterungskörper von $\mathbf{Z}_2$, so daß jedes Polynom mit Koeffizienten in $\mathbf{Z}_2$ alle Wurzeln in $\overline{\mathbf{Z}}_2$ hat.

12. $(x_1 + x_2 + \ldots + x_n)^2 = x_1^2 + x_2^2 + \ldots + x_n^2$, da $1 + 1 = 0$.

13. Zwei irreduzible Polynome in $\mathbf{Z}_2[x]$ mit gemeinsamer Wurzel in $\overline{\mathbf{Z}}_2$ sind gleich.

14. Sei $\alpha \in \overline{\mathbf{Z}}_2$ Wurzel eines irreduziblen Polynomsl $g(x) \in \mathbf{Z}_2[x]$ vom Grad r. Dann gilt für jedes positive j

    (i) α^j ist Wurzel eines irreduziblen Polynoms $g_j(x) \in \mathbf{Z}_2[x]$ vom Grad $\leq r$

    (ii) $g_j(x)$ teilt $1 + x^{2^r - 1}$

    (iii) Grad $g_j(x)$ teilt r

15. Der *Exponent* eines irreduziblen Polynoms $g(x) \in \mathbf{Z}_2[x]$ ist die kleinste natürliche Zahl e, so daß $g(x)$ ein Teiler von $1 + x^e$ ist.
    Beachte: $e \leq 2^r - 1$, wenn $r =$ Grad $g(x)$ und e ein Teiler von $2^r - 1$.

16. Für jede natürliche Zahl r gibt es ein irreduzibles Polynom mit Grad r und Exponent $2^r - 1$. Ein solches Polynom heißt *primitiv*.

17. Ist $g(x)$ ein primitives Polynom vom Grad $\leq r$ und $\alpha \in \overline{\mathbf{Z}}_2$ eine Wurzel von $g(x)$, dann sind $\alpha^0 = 1, \alpha, \alpha^2, \ldots, \alpha^{2^r - 2}$ alle verschieden (und $\alpha^{2^r - 1} = 1$).

18. $g(\alpha) = 0 \Rightarrow g(\alpha^2) = g(\alpha^4) = g(\alpha^8) = \ldots = 0$ (vgl. 12. oben).

> **Definition und Konstruktion von BCH-Codes**
>
> 1° Man entscheide sich für ein Entwurfsminimalgewicht $2t + 1$ und eine natürliche Zahl r mit $2^r > 2t + 1$.
>
> 2° Wähle ein primitives Polynom $g_1(x)$ vom Gard r (siehe Tafel) und bezeichne mit $\alpha \in \overline{\mathbf{Z}}_2$ eine Wurzel von $g_1(x)$.
>
> 3° Konstruiere (vgl. Bsp. unten) irreduzible Polynome $g_2(x), \ldots, g_{2t}(x)$ vom Grad $\leq r$ mit Wurzeln $\alpha^2, \ldots$ bzw. α^{2t}.
>
> 4° Sei $g(x)$ vom Grad k (k stets $\leq tr$) das kleinste gemeinsame Vielfache der Polynome $g_1(x), \ldots, g_{2t}(x)$ (d.h. Produkt *aller verschiedenen* unter den Polynomen $g_1(x), \ldots, g_{2t}(x)$).
>
> 5° Die *BCH-Codierung* ist die polynomiale Codierung $K: \mathbf{Z}_2^m \to \mathbf{Z}_2^n$ mit dem Generatorpolynom $g(x)$. Somit ist $n = 2^r - 1$, $m = n - k$ und das Gewicht des Codes ist mindestens $2^t + 1$.

Beispiel

1° In obiger Bezeichnung nehme man $t=2$, $r=4$ (und $n=15$)
2° Wähle $g_1(x)=1+x^3+x^4$. (Vgl. unten: Tafel irreduzibler Polynome)
3° Konstruktion der Polynome $g_2(x)$, $g_3(x)$, $g_4(x)$: $g_1(x)=g_2(x)=g_4(x)$, denn $g_1(\alpha)=g_1(\alpha^2)=g_1(\alpha^4)=0$ (siehe 10. und 15. oben). Bleibt noch $g_3(x)$ mit $g_3(\alpha^3)=0$. Ein möglicher Weg (anderer Weg: Tafel unten verwenden):
Setze $g_3(x)=1+Ax+Bx^2+Cx^3+Dx^4$. Dann folgt $g_1(\alpha)=0 \Rightarrow \alpha^4+\alpha^3+1=0 \Rightarrow \alpha^4=1+\alpha^3$ und damit rekursiv
$\alpha^5=\alpha\alpha^4=\alpha(1+\alpha^3)=\alpha+\alpha^4=1+\alpha+\alpha^3$
$\alpha^6=\alpha\alpha^5=\alpha(1+\alpha+\alpha^3)=\alpha+\alpha^2+\alpha^4=1+\alpha+\alpha^2+\alpha^3$
$\alpha^9=\alpha^3\alpha^6=\alpha^3(1+\alpha+\alpha^2+\alpha^3)=\alpha^3+\alpha^4+\alpha^5+\alpha^6=1+\alpha^2$
$\alpha^{12}=\alpha^3\alpha^9=\alpha^3(1+\alpha^2)=\alpha^3+\alpha^5=1+\alpha$
$g_3(\alpha^3)=0 \Rightarrow 1+A\alpha^3+B(1+\alpha+\alpha^2+\alpha^3)+C(1+\alpha^2)+D(1+\alpha)=0$

Koeffizientenvergleich ergibt
$1+B+C+D=0$, $B+D=0$, $B+C=0$, $A+B=0 \Rightarrow A=B=C=D=1$.
Somit ist $g_3(x)=1+x+x^2+x^3+x^4$
4° $g(x)=g_1(x)g_3(x)=(1+x^3+x^4)(1+x+x^2+x^3+x^4)=1+x+x^2+x^4+x^8$.
5° Grad $g(x)=8=k$, $m=7$.
Z.B. (1100100) $\leftrightarrow 1+x+x^4 \searrow (1+x+x^4)(1+x+x^2+x^3+x^4+x^8)=$
$= 1+x^3+x^6+x^9+x^{12} \leftrightarrow$ (100100100100100)

Beispiele bekannter BCH-Codes

m	n	t	m	n	t	m	n	t
4	7	1	16	31	3	36	63	5
5	15	3	18	63	10	64	127	10
6	31	7	21	31	2	92	127	5
7	15	2	24	63	7	139	255	15
11	15	1	26	31	1	215	255	5
11	31	5	30	63	6	231	255	3

Tafel irreduzibler Polynome in $\mathbf{Z}_2[x]$

Erklärungen

1. $p^*(x)=\sum_{k=0}^{n} \alpha_k x^{n-k}$ heißt *reversives (reziprokes)* Polynom zu $p(x)=\sum_{k=0}^{n} \alpha_k x^k \in \mathbf{Z}_2[x]$.
[Z.B. $p(x)=a+bx+cx^2 \leftrightarrow (a,b,c) \Rightarrow p^*(x) \leftrightarrow (a,b,c)^*=(c,b,a) \leftrightarrow c+bx+ax^2$]

2. Ist $p(x)$ irreduzibel [primitiv] und hat es die Wurzel α, dann ist $p^*(x)$ irreduzibel [primitive] und hat die Wurzel α^{-1}. Daher wird in der Tafel nur eines der Polynome $p(x)$ und $p^*(x)$ aufgeführt, d.h. die Koeffizientenfolgen können von links oder von rechts gelesen werden um ein irreduzibles Polynom zu erhalten.

1.6 Codierungstheorie

3. Für jeden Grad sei α eine Wurzel des ersten aufgeführten Polynoms. Der Eintrag, der dem fetten *j* folgt, ist das Minimalpolynom von α^j. Um das nicht aufgeführte Minimalpolynom zu bestimmen, benutze man 10. und 15. von oben und $\alpha^{2^r-1} = 1$.

[Beispiel: Sei α eine Wurzel des Polynoms (100101) ↔ $1+x^3+x^5$ vom Grad 5 (siehe Tafel). Gemäß Tafel ist klar, daß α^3 Wurzel von (111101) und α^5 Wurzel von (110111) ist. Erinnert man sich an $\alpha^{31} = 1$, dann ist das Minimalpolynom von

$\alpha, \alpha^2, \alpha^4, \alpha^8, \alpha^{16}, \alpha^{32} = \alpha$: $p_1(x) = (100101)$
$\alpha^3, \alpha^6, \alpha^{12}, \alpha^{24}, \alpha^{48} = \alpha^{48-31} = \alpha^{17}$: $p_3(x) = (111101)$
$\alpha^5, \alpha^{10}, \alpha^{20}, \alpha^{40} = \alpha^9, \alpha^{18}$: $p_5(x) = (110111)$.

Mit den Wurzeln der reziproken Polynome sind die Minimalpolynome von
$(\alpha^{-1}=)\alpha^{30}, (\alpha^{-2}=)\alpha^{29}, (\alpha^{-4}=)\alpha^{27}, (\alpha^{-8}=)\alpha^{23}, (\alpha^{-16}=)\alpha^{15}$: $p_1^*(x) = (101001)$
$(\alpha^{-3}=)\alpha^{28}, (\alpha^{-6}=)\alpha^{25}, (\alpha^{-12}=)\alpha^{19}, (\alpha^{38}=)\alpha^7, \alpha^{14}$: $p_3^*(x) = (101111)$
$(\alpha^{-5}=)\alpha^{26}, (\alpha^{-10}=)\alpha^{21}, (\alpha^{-20}=)\alpha^{11}, \alpha^{22}, (\alpha^{-44}=)\alpha^{13}$: $p_5^*(x) = (111011)$]

4. Der Exponent *e* des irreduziblen *p(x)* vom Grad *m* berechnet sich gemäß $e = (2^m-1)/(\text{ggT}(2^m-1, j))$. (In der Faktorisierung von 2^m-1 benutze man die Faktorisierung der Mersenne-Zahlen in Abschn. 2.2.)

[Z.B. Der Exponent von (1001001) ist $e = (2^6-1)/\text{ggT}(2^6-1,7) = 63/\text{ggT}(63,7) = 9$].

TAFEL DER IRREDUZIBLEN POLYNOME IN $Z_2[x]$ VOM GRAD ≤10

(*P* = Primitiv, *NP* = Nichtprimitiv)

Grad 2 ($\alpha^3 = 1$)							
1 111 (*P*)							

Grad 3 ($\alpha^7 = 1$)			
1 1011 (*P*)	[Beachte: (1011)* = 1101 (*P*) ist irreduzibel. Siehe 2. oben]		

Grad 4 ($\alpha^{15} = 1$)					
1 10011 (*P*)	**3** 11111 (*NP*)	**5** 111			

Grad 5 ($\alpha^{31} = 1$)					
1 100 101 (*P*)	**3** 111 101 (*P*)	**5** 110 111 (*P*)			

Grad 6 ($\alpha^{63} = 1$)							
1 100 0011 (*P*)	**3** 101 0111 (*NP*)	**5** 110 0111 (*P*)	**7** 100 1001 (*NP*)
9 1101	**11** 10 1101 (*P*)	**21** 111	

Grad 7 ($\alpha^{127} = 1$)							
1 1000 1001 (*P*)	**3** 1000 1111 (*P*)	**5** 1001 1101 (*P*)	**7** 1111 0111 (*P*)
9 1011 1111 (*P*)	**11** 1101 0101 (*P*)	**13** 1000 0011 (*P*)	**19** 1100 1011 (*P*)
21 1110 0101 (*P*)			

Grad 8 ($\alpha^{255}=1$)

1	1000 11101 (P)	**3**	1011 10111 (NP)	**5**	1111 10011 (NP)
7	1011 01001 (P)	**9**	1101 11101 (NP)	**11**	1111 00111 (P)
13	1101 01011 (P)	**15**	1110 10111 (NP)	**17**	10011
19	1011 00101 (P)	**21**	1100 01011 (NP)	**23**	1011 00011 (P)
25	1000 11011 (NP)	**27**	1001 11111 (NP)	**37**	1010 11111 (P)
43	1110 00011 (P)	**45**	1001 11001 (NP)	**51**	11111
85	111				

Grad 9 ($\alpha^{511}=1$)

1	10000 10001 (P)	**3**	10010 11001 (P)	**5**	11001 10001 (P)
7	10100 11001 (NP)	**9**	11000 10011 (P)	**11**	10001 01101 (P)
13	10011 10111 (P)	**15**	11011 00001 (P)	**17**	10110 11011 (P)
19	11100 00101 (P)	**21**	10000 10111 (NP)	**23**	11111 01001 (P)
25	11111 00011 (P)	**27**	11100 01111 (P)	**29**	11011 01011 (P)
35	11000 00001 (NP)	**37**	10011 01111 (P)	**39**	11110 01101 (P)
41	11011 10011 (P)	**43**	11110 01011 (P)	**45**	10011 11101 (P)
51	11110 10101 (P)	**53**	10100 10101 (P)	**55**	10101 11101 (P)
73	1011	**75**	11111 11011 (P)	**77**	11010 01001 (NP)
83	11000 10101 (P)	**85**	10101 10111 (P)		

Grad 10 ($\alpha^{1023}=1$)

1	10000 001001 (P)	**3**	10000 001111 (NP)	**5**	10100 001101 (P)
7	11111 111001 (P)	**9**	10010 101111 (NP)	**11**	10000 110101 (NP)
13	10001 101111 (P)	**15**	10110 101011 (NP)	**17**	11101 001101 (P)
19	10111 111011 (P)	**21**	11111 101011 (P)	**23**	10000 011011 (P)
25	10100 100011 (P)	**27**	11101 111011 (NP)	**29**	10100 110001 (P)
31	11000 100011 (NP)	**33**	111101	**35**	11000 010011 (P)
37	11101 100011 (P)	**39**	10001 000111 (NP)	**41**	10111 100101 (P)
43	10100 011001 (P)	**45**	11000 110001 (NP)	**47**	11001 111111 (P)
49	11101 010101 (P)	**51**	10101 100111 (P)	**53**	10110 001111 (P)
55	11100 101011 (NP)	**57**	11001 010001 (NP)	**59**	11100 111001 (P)
69	10111 000001 (NP)	**71**	11011 010011 (P)	**73**	11101 000111 (P)
75	10100 011111 (NP)	**77**	10100 001011 (NP)	**83**	11110 010011 (P)
85	10111 000111 (P)	**87**	10011 001001 (NP)	**89**	10011 010111 (P)
91	11010 110101 (P)	**93**	11111 111111 (NP)	**99**	110111
101	10000 101101 (P)	**103**	11101 111101 (P)	**105**	11110 000111 (NP)
107	11001 111001 (P)	**109**	10000 100111 (P)	**147**	10011 101101 (NP)
149	11000 010101 (P)	**155**	10010 101001 (NP)	**165**	101001
171	11011 001101 (NP)	**173**	11011 011111 (P)	**179**	11010 001001 (P)
341	111				

2 Algebra

2.1 Algebra der reellen Zahlen

Summen- und Produktzeichen

$$\sum_{i=1}^{n} x_i = \sum_{k=1}^{n} x_k = x_1 + x_2 + \ldots + x_n \qquad \prod_{k=1}^{n} x_k = x_1 x_2 \ldots x_n$$

Algebraische Gesetze

$a+b = b+a \quad ab = ba$	(Kommutativgesetz)
$(a+b)+c = a+(b+c) \quad (ab)c = a(bc)$	(Assoziativgesetz)
$a(b+c) = ab+ac \quad (a+b)(c+d) = ac+ad+bc+bd$	(Distributivgesetze)

$$\frac{a}{b} \pm \frac{c}{d} = \frac{ad \pm bc}{bd} \qquad \frac{a}{b} \cdot \frac{c}{d} = \frac{ac}{bd} \qquad \frac{\frac{a}{b}}{\frac{c}{d}} = \frac{a}{b} \cdot \frac{d}{c} = \frac{ad}{bc}$$

$$a+(+b) = a-(-b) = a+b \qquad\qquad a+(-b) = a-(+b) = a-b$$
$$(+a)(+b) = (-a)(-b) = ab \qquad\qquad (+a)(-b) = (-a)(+b) = -ab$$

$$\frac{+a}{+b} = \frac{-a}{-b} = \frac{a}{b} \qquad \frac{+a}{-b} = \frac{-a}{+b} = -\frac{a}{b} \qquad \text{(Vorzeichenregeln)}$$

$a<b, b<c \Rightarrow a<c$	$a<b \Leftrightarrow a+c<b+c$	$a<b \Leftrightarrow -a>-b$
$a<b, c>0 \Rightarrow ac<bc$	$a<b, c<0 \Rightarrow ac>bc$	(Anordnungsregeln)

Potenzen und Wurzeln

Potenzen

m, n ganzzahlig:

$$a^n = a \cdot a \ldots a \ (n \text{ mal}) \qquad a^{-n} = \frac{1}{a^n} \qquad a^0 = 1 \ (a \neq 0)$$

$$a^m \cdot a^n = a^{m+n} \qquad \frac{a^m}{a^n} = a^{m-n} \qquad (a^m)^n = a^{mn}$$

$$(ab)^n = a^n b^n \qquad \left(\frac{a}{b}\right)^n = \frac{a^n}{b^n} \qquad (-a)^n = \begin{cases} a^n, & n \text{ gerade} \\ -a^n, & n \text{ ungerade} \end{cases}$$

Potenzen n^k

n	n^3	n^4	n^5	n^6	n^7	n^8	n^9	n^{10}
1	1	1	1	1	1	1	1	1
2	8	16	32	64	128	256	512	1 024
3	27	81	243	729	2 187	6 561	19 683	59 049
4	64	256	1 024	4 096	16 384	65 536	262 144	1 048 576
5	125	625	3 125	15 625	78 125	390 625	1 953 125	9 765 625
6	216	1 296	7 776	46 656	279 936	1 679 616	10 077 696	60 466 176
7	343	2 401	16 807	117 649	823 543	5 764 801	40 353 607	282 475 249
8	512	4 096	32 768	262 144	2 097 152	16 777 216	134 217 728	1 073 741 824
9	729	6 561	59 049	531 441	4 782 969	43 046 721	387 420 489	3 486 784 401
10	1 000	10 000	100 000	1 000 000	10 000 000	100 000 000	1 000 000 000	10 000 000 000
11	1 331	14 641	161 051	1 771 561	19 487 171	214 358 881	2 357 947 691	25 937 424 601
12	1 728	20 736	248 832	2 985 984	35 831 808	429 981 696	5 159 780 352	61 917 364 224

Potenzsummen, vgl. Abschnitt 8.6.

Wurzeln

$$x = \sqrt[n]{a} = a^{1/n} \Leftrightarrow x^n = a \quad (a, x \geq 0)$$

$$\sqrt[n]{-a} = -\sqrt[n]{a} \, , \, n \text{ ungerade} \quad (a \geq 0)$$

$$a^{\frac{m}{n}} = \sqrt[n]{a^m} = (\sqrt[n]{a})^m \qquad \sqrt[n]{ab} = \sqrt[n]{a} \sqrt[n]{b} \qquad \sqrt[n]{\frac{a}{b}} = \frac{\sqrt[n]{a}}{\sqrt[n]{b}}$$

$$\sqrt[n]{a^n b} = a \sqrt[n]{b} \qquad \sqrt[n]{a} \sqrt[m]{a} = \sqrt[mn]{a^{m+n}}$$

Binomial- und Multinomialsatz

Der Binomialsatz

$$(a+b)^n = \sum_{k=0}^{n} \binom{n}{k} a^{n-k} b^k = \binom{n}{0} a^n + \binom{n}{1} a^{n-1} b + \ldots + \binom{n}{n-1} ab^{n-1} + \binom{n}{n} b^n$$

Der Multinomialsatz

$$(a_1 + \ldots + a_m)^n = \sum_{k_1 + \ldots + k_m = n} \frac{n!}{k_1! \ldots k_m!} a_1^{k_1} \ldots a_m^{k_m}$$

2.1 Algebra der reellen Zahlen

$$(a+b)^2 = a^2 + 2ab + b^2 \qquad (a-b)^2 = a^2 - 2ab + b^2$$
$$(a+b)^3 = a^3 + 3a^2b + 3ab^2 + b^3 \qquad (a-b)^3 = a^3 - 3a^2b + 3ab^2 - b^3$$
$$(a+b+c)^2 = a^2 + b^2 + c^2 + 2ab + 2ac + 2bc$$
$$(a-b-c)^2 = a^2 + b^2 + c^2 - 2ab - 2ac + 2bc$$

Faktorisierungen

$$ab + ac = a(b+c) \qquad a^2 - b^2 = (a-b)(a+b)$$
$$a^3 - b^3 = (a-b)(a^2 + ab + b^2) \qquad a^3 + b^3 = (a+b)(a^2 - ab + b^2)$$
$$a^4 - b^4 = (a-b)(a+b)(a^2 + b^2) \qquad a^4 + b^4 = (a^2 + \sqrt{2}\,ab + b^2)(a^2 - \sqrt{2}\,ab + b^2)$$
$$a^n - b^n = (a-b)(a^{n-1} + a^{n-2}b + \ldots + ab^{n-2} + b^{n-1})$$

Fakultät und Binomialkoeffizienten

$$n! = 1 \cdot 2 \cdot 3 \ldots n \qquad 0! = 1 \qquad \qquad (Fakultät\ von\ n)$$
$$(2n-1)!! = 1 \cdot 3 \cdot 5 \ldots (2n-1) \quad (2n)!! = 2 \cdot 4 \cdot 6 \ldots 2n \quad (Semifakultät)$$
$$\binom{n}{k} = \frac{n(n-1)\ldots(n-k+1)}{k!} = \frac{n!}{k!(n-k)!} \qquad (Binomialkoeffizient)$$

Fakultäten

n	n!	n	n!
1	1	11	39 916 800
2	2	12	479 001 600
3	6	13	6 227 020 800
4	24	14	87 178 291 200
5	120	15	1 307 674 368 000
6	720	16	20 922 789 888 000
7	5 040	17	355 687 428 096 000
8	40 320	18	6 402 373 705 728 000
9	362 880	19	121 645 100 408 832 000
10	3 628 800	20	2 432 902 008 176 640 000

$$n! = \sqrt{2\pi}\ n^{n+1/2} e^{-n} (1 + \varepsilon_n),\ \text{wobei}\ \varepsilon_n \to 0\ \text{mit}\ n \to \infty \qquad (Stirling\text{-}Formel)$$

$$\binom{n}{n-k} = \binom{n}{k} \qquad \binom{n}{k} + \binom{n}{k+1} = \binom{n+1}{k+1} = \binom{n}{k} + \binom{n-1}{k} + \ldots + \binom{k}{k}$$
$$\binom{n}{0} + \binom{n+1}{1} + \binom{n+2}{2} + \ldots + \binom{n+k}{k} = \binom{n+k+1}{k}$$
$$\binom{m}{0}\binom{n}{k} + \binom{m}{1}\binom{n}{k-1} + \ldots + \binom{m}{k}\binom{n}{0} = \binom{m+n}{k}$$

$$\binom{n}{0}+\binom{n}{1}+\ldots+\binom{n}{n}=2^n$$

$$\binom{n}{0}+\binom{n}{2}+\binom{n}{4}+\ldots=\binom{n}{1}+\binom{n}{3}+\binom{n}{5}+\ldots=2^{n-1}$$

$$\binom{n}{0}-\binom{n}{1}+\ldots+(-1)^n\binom{n}{n}=0 \qquad \binom{n}{0}^2+\binom{n}{1}^2+\ldots+\binom{n}{n}^2=\binom{2n}{n}$$

Pascal-Dreieck der Binomialkoeffizienten

n																	$(a+b)^n$
								1									
1								1	1								$a+b$
2							1		2		1						$a^2+2ab+b^2$
3						1		3		3		1					$a^3+3a^2b+3ab^2+b^3$
4					1		4		6		4		1				$a^4+4a^3b+6a^2b^2+4ab^3+b^4$
5				1		5		10		10		5		1			$a^5+5a^4b+10a^3b^2+10a^2b^3+5ab^4+b^5$
6			1		6		15		20		15		6		1		...
7		1		7		21		35		35		21		7		1	
8	1		8		28		56		70		56		28		8		1	

Jede Zahl ist Summe der beiden Nachbarn links und rechts in der Zeile darüber.

Der Absolutbetrag

Für jede reelle Zahl x ist der *absolute Betrag* $|x|$ definiert als

$$|x|=\begin{cases} x, & x\geq 0 \\ -x, & x\leq 0 \end{cases}$$

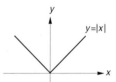

Mittelwerte

Gegeben n reelle Zahlen $x_1, x_2, \ldots, x_n$.

Arithmetisches Mittel $\qquad A = \dfrac{x_1+\ldots+x_n}{n}$

Geometrisches Mittel $\qquad G = \sqrt[n]{x_1\ldots x_n} \qquad (x_i > 0)$

Harmonisches Mittel $\qquad \dfrac{1}{H} = \dfrac{1}{n}\left(\dfrac{1}{x_1}+\ldots+\dfrac{1}{x_n}\right) \qquad (x_i > 0)$

Gewichtetes Mittel $\quad (\lambda_1+\ldots+\lambda_n = 1, \lambda_i > 0, x_i > 0)$:

$$A_\lambda = \lambda_1 x_1 + \ldots + \lambda_n x_n, \qquad G_\lambda = x_1^{\lambda_1}\ldots x_n^{\lambda_n}$$

$H \leq G \leq A \quad$ (Gleichheit $\Leftrightarrow x_1 = x_2 = \ldots = x_n$) $\qquad G_\lambda \leq A_\lambda$

2.1 Algebra der reellen Zahlen

Tabelle der Binomialkoeffizienten $\binom{n}{k}$

k \ n	0	1	2	3	4	5	6	7	8	9	10
1	1										
2	1	2									
3	1	3									
4	1	4	6								
5	1	5	10								
6	1	6	15	20							
7	1	7	21	35							
8	1	8	28	56	70						
9	1	9	36	84	126						
10	1	10	45	120	210	252					
11	1	11	55	165	330	462					
12	1	12	66	220	495	792	924				
13	1	13	78	286	715	1287	1716				
14	1	14	91	364	1001	2002	3003	3432			
15	1	15	105	455	1365	3003	5005	6435			
16	1	16	120	560	1820	4368	8008	11440	12870		
17	1	17	136	680	2380	6188	12376	19448	24310		
18	1	18	153	816	3060	8568	18564	31824	43758	48620	
19	1	19	171	969	3876	11628	27132	50388	75582	92378	
20	1	20	190	1140	4845	15504	38760	77520	125970	167960	184756
21	1	21	210	1330	5985	20349	54264	116280	203490	293930	352716
22	1	22	231	1540	7315	26334	74613	170544	319770	497420	646646
23	1	23	253	1771	8855	33649	100947	245157	490314	817190	1 144066
24	1	24	276	2024	10626	42504	134596	346104	735471	1 307504	1 961256
25	1	25	300	2300	12650	53130	177100	480700	1 081575	2 042975	3 268760
26	1	26	325	2600	14950	65780	230230	657800	1 562275	3 124550	5 311735
27	1	27	351	2925	17550	80730	296010	888030	2 220075	4 686825	8 436285
28	1	28	378	3276	20475	98280	376740	1 184040	3 108105	6 906900	13 123110
29	1	29	406	3654	23751	118755	475020	1 560780	4 292145	10 015005	20 030010
30	1	30	435	4060	27405	142506	593775	2 035800	5 852925	14 307150	30 045015
31	1	31	465	4495	31465	169911	736281	2 629575	7 888725	20 160075	44 352165
32	1	32	496	4960	35960	201376	906192	3 365856	10 518300	28 048800	64 512240
33	1	33	528	5456	40920	237336	1 107568	4 272048	13 884156	38 567100	92 561040
34	1	34	561	5984	46376	278256	1 344904	5 379616	18 156204	52 451256	131 128140
35	1	35	595	6545	52360	324632	1 623160	6 724520	23 535820	70 607460	183 579396

k \ n	11	12	13	14	15	16	17
22	705432						
23	1 352078						
24	2 496144	2 704156					
25	4 457400	5 200300					
26	7 726160	9 657700	10 400600				
27	13 037895	17 383860	20 058300				
28	21 474180	30 421755	37 442160	40 116600			
29	34 597290	51 895935	67 863915	77 558760			
30	54 627300	86 493225	119 759850	145 422675	155 117520		
31	84 672315	141 120525	206 253075	265 182525	300 540195		
32	129 024480	225 792840	347 373600	471 435600	565 722720	601 080390	
33	193 536720	354 817320	573 166440	818 809200	1037 158320	1166 803110	
34	286 097760	548 354040	927 983760	1391 975640	1855 967520	2203 961430	2333 606220
35	417 225900	834 451800	1476 337800	2319 959400	3247 943160	4059 928950	4537 567650

Für $k > \dfrac{n}{2}$ benutze man $\binom{n}{k} = \binom{n}{n-k}$, z. B. $\binom{16}{12} = \binom{16}{4} = 1820$

Wichtige Ungleichungen

1. $|xy| \leq \frac{1}{2}(x^2 + y^2)$ $|xy| \leq \frac{1}{2}\left(\varepsilon x^2 + \frac{1}{\varepsilon} y^2\right)$, beliebiges $\varepsilon > 0$

2. *Dreiecksungleichung*

$$||x| - |y|| \leq |x \pm y| \leq |x| + |y| \qquad \left|\sum_{k=1}^{n} x_k\right| \leq \sum_{k=1}^{n} |x_k|$$

3. *Hölder-Ungleichung.*   Wenn $\frac{1}{p} + \frac{1}{q} = 1$. $p, q > 1$, dann

$$\sum_{k=1}^{n} |x_k y_k| \leq \left(\sum_{k=1}^{n} |x_k|^p\right)^{\frac{1}{p}} \cdot \left(\sum_{k=1}^{n} |y_k|^q\right)^{\frac{1}{q}}$$

4. *Cauchy-Ungleichung*

$$\left(\sum_{k=1}^{n} x_k y_k\right)^2 \leq \sum_{k=1}^{n} x_k^2 \sum_{k=1}^{n} y_k^2 \qquad \text{(Gleichheit } \Leftrightarrow y_k = c x_k \text{ oder alle } x_k = 0)$$

5. *Minkowski-Ungleichung.*   Wenn $p > 1$, $x_k, y_k > 0$, dann

$$\left(\sum_{k=1}^{n} (x_k + y_k)^p\right)^{\frac{1}{p}} \leq \left(\sum_{k=1}^{n} x_k^p\right)^{\frac{1}{p}} + \left(\sum_{k=1}^{n} y_k^p\right)^{\frac{1}{p}} \qquad \text{(Gleichheit } \Leftrightarrow y_k = c x_k$$
$$\text{oder alle } x_k = 0)$$

Prozent (%)

Wachstumsfaktor

Der *Wachstumsfaktor* zu $p\%$ Änderung ist $(1 + p/100)$. Die Größe q_0 hat nach n aufeinanderfolgenden Änderungen von $p_k \%$ ($k = 1, \ldots, n$) den Wert

$$q_n = q_0\left(1 + \frac{p_1}{100}\right)\left(1 + \frac{p_2}{100}\right)\ldots\left(1 + \frac{p_n}{100}\right)$$

Zinsrechnung

p = Zinsfuß

1. (*Zinseszinsrechnung*) Wert des Kapitals c nach t Jahren:

$$c\left(1 + \frac{p}{100}\right)^t$$

2. (*Gegenwartswert*) Das Kapital c wird nach t Jahren fällig.

   Gegenwartswert: $\dfrac{c}{\left(1 + \dfrac{p}{100}\right)^t}$

3. (*Annuität*) Jährliche Rate für ein Darlehen c, das in t Jahren in gleichen Beträgen zurückbezahlt wird:

$$c \cdot \frac{\left(1+\frac{p}{100}\right)^t \cdot \frac{p}{100}}{\left(1+\frac{p}{100}\right)^t - 1}$$

4. (*Geldentwertung*) Eine Inflationsrate von p % ergibt einen Wertverlust des Geldes von

$$\frac{100\,p}{100+p}\,\%$$

2.2 Zahlentheorie

Zahlbereiche

N	natürliche Zahlen
Z	ganze Zahlen, ($\mathbf{Z}^+$ positive ganze Zahlen)
Q	rationale Zahlen
R	reelle Zahlen
C	komplexe Zahlen

Natürliche Zahlen
$\mathbf{N} = \{0, 1, 2, 3, \ldots\}$. Manchmal auch ohne 0.

Ganze Zahlen
$\mathbf{Z} = \{0, \pm 1, \pm 2, \ldots\}$

Rationale Zahlen
$\mathbf{Q} = \left\{ \frac{p}{q} \,;\, p, q \in \mathbf{Z},\, q \neq 0 \right\}$.

Die Zahlen in **Q** lassen sich durch endliche oder periodische Dezimalbrüche darstellen. **Q** ist *abzählbar*, d.h. es gibt eine eineindeutige Zuordnung zwischen **Q** und **N**.

Reelle Zahlen
$\mathbf{R} = \{\text{reelle Zahlen}\}$.

Reelle Zahlen, die nicht rational sind, heißen *irrational*. Jede irrationale Zahl kann durch einen unendlichen nichtperiodischen Dezimalbruch dargestellt werden.
Algebraische Zahlen sind Lösungen von Gleichungen der Form $a_n x^n + \ldots + a_0 = 0$, $a_k \in \mathbf{Z}$.
Transzendente Zahlen sind die nichtalgebraischen Zahlen in **R**. **R** ist nicht abzählbar.
(Beispiele: 4/7 ist rational, $\sqrt{5}$ ist algebraisch und irrational, e und π sind transzendent.)

Komplexe Zahlen
$\mathbf{C} = \{x + iy \,;\, x, y \in \mathbf{R}\}$, hierbei ist i die imaginäre Einheit, d.h. $i^2 = -1$.

Das Vollständigkeitsaxiom

Zu jeder nichtleeren beschränkten Teilmenge S von $\mathbf{R}$ gibt es zwei eindeutig bestimmte Zahlen, das *Supremum* $G = \sup S$ und das *Infimum* $g = \inf S$, so daß

(i) $g \leq x \leq G$, für alle $x \in S$
(ii) Für jedes $\varepsilon > 0$ gibt es ein $x_1 \in S$ und ein $x_2 \in S$, so daß
$$x_1 > G - \varepsilon \quad \text{und} \quad x_2 < g + \varepsilon$$

Primzahlen und Primzahlzerlegung

Primzahlsätze

1. Zu jeder natürlichen Zahl n gibt es einen Primfaktor von $n! + 1$, der größer als n ist.
2. Sind $p_1, p_2, \ldots, p_n$ prim, dann ist jeder Primfaktor von $p_1 p_2 \ldots p_n + 1$ verschieden von $p_1, p_2, \ldots, p_n$.
3. Es gibt unendlich viele Primzahlen. (*Euklid*)
4. Zu jedem $n \geq 2$ gibt es n aufeinanderfolgende Zahlen, die alle nicht prim sind.
5. Sind a und b relativ prim, dann enthält die arithmetische Folge $an+b$, $n = 1, 2, \ldots$, unendlich viele Primzahlen. (*Lejeune Dirichlet*)

Folgende Behauptungen sind noch nicht bewiesen worden:

6. Jede gerade Zahl ≥ 6 ist Summe von zwei ungeraden Primzahlen (*Goldbach-Vermutung*).
7. Es gibt unendlich viele Primzahlpaare wie z.B. (3, 5), (5, 7) and (2087, 2089).

Satz von der eindeutigen Primfaktorzerlegung

Jede natürliche Zahl >1 ist prim oder das Produkt von eindeutig bestimmten Primzahlen.

Die Funktion $\pi(x)$

$\pi(x)$ ist Anzahl von Primzahlen $p \leq x$.

x	100	200	300	400	500	600	700	800	900
$\pi(x)$	25	46	62	78	95	109	125	139	154
x	1000	2000	3000	4000	5000	6000	7000	8000	9000
$\pi(x)$	168	303	430	550	669	783	900	1007	1117
x	10000	20000	30000	40000	50000	60000	70000	80000	90000
$\pi(x)$	1229	2262	3245	4203	5133	6057	6935	7837	8713
x	10^5	10^6	10^7	10^8	10^9	10^{10}			
$\pi(x)$	9592	78498	664579	5761455	50847534	455052512			

Asymptotisches Verhalten : $\pi(x) \sim \dfrac{x}{\ln x}$, wenn $x \to \infty$

2.2 Zahlentheorie

Die ersten 400 Primzahlen

2	179	419	661	947	1229	1523	1823	2131	2437
3	181	421	673	953	1231	1531	1831	2137	2441
5	191	431	677	967	1237	1543	1847	2141	2447
7	193	433	683	971	1249	1549	1861	2143	2459
11	197	439	691	977	1259	1553	1867	2153	2467
13	199	443	701	983	1277	1559	1871	2161	2473
17	211	449	709	991	1279	1567	1873	2179	2477
19	223	457	719	997	1283	1571	1877	2203	2503
23	227	461	727	1009	1289	1579	1879	2207	2521
29	229	463	733	1013	1291	1583	1889	2213	2531
31	233	467	739	1019	1297	1597	1901	2221	2539
37	239	479	743	1021	1301	1601	1907	2237	2543
41	241	487	751	1031	1303	1607	1913	2239	2549
43	251	491	757	1033	1307	1609	1931	2243	2551
47	257	499	761	1039	1319	1613	1933	2251	2557
53	263	503	769	1049	1321	1619	1949	2267	2579
59	269	509	773	1051	1327	1621	1951	2269	2591
61	271	521	787	1061	1361	1627	1973	2273	2593
67	277	523	797	1063	1367	1637	1979	2281	2609
71	281	541	809	1069	1373	1657	1987	2287	2617
73	283	547	811	1087	1381	1663	1993	2293	2621
79	293	557	821	1091	1399	1667	1997	2297	2633
83	307	563	823	1093	1409	1669	1999	2309	2647
89	311	569	827	1097	1423	1693	2003	2311	2657
97	313	571	829	1103	1427	1697	2011	2333	2659
101	317	577	839	1109	1429	1699	2017	2339	2663
103	331	587	853	1117	1433	1709	2027	2341	2671
107	337	593	857	1123	1439	1721	2029	2347	2677
109	347	599	859	1129	1447	1723	2039	2351	2683
113	349	601	863	1151	1451	1733	2053	2357	2687
127	353	607	877	1153	1453	1741	2063	2371	2689
131	359	613	881	1163	1459	1747	2069	2377	2693
137	367	617	883	1171	1471	1753	2081	2381	2699
139	373	619	887	1181	1481	1759	2083	2383	2707
149	379	631	907	1187	1483	1777	2087	2389	2711
151	383	641	911	1193	1487	1783	2089	2393	2713
157	389	643	919	1201	1489	1787	2099	2399	2719
163	397	647	929	1213	1493	1789	2111	2411	2727
167	401	653	937	1217	1499	1801	2113	2417	2731
173	409	659	941	1223	1511	1811	2129	2423	2741

Primzahlfaktorisierung von 1 bis 499

n	0	1	2	3	4	5	6	7	8	9
0	...	–	–	–	2^2	–	$2 \cdot 3$	–	2^3	3^2
1	$2 \cdot 5$	–	$2^2 \cdot 3$	–	$2 \cdot 7$	$3 \cdot 5$	2^4	–	$2 \cdot 3^2$	–
2	$2^2 \cdot 5$	$3 \cdot 7$	$2 \cdot 11$	–	$2^3 \cdot 3$	5^2	$2 \cdot 13$	3^3	$2^2 \cdot 7$	–
3	$2 \cdot 3 \cdot 5$	–	2^5	$3 \cdot 11$	$2 \cdot 17$	$5 \cdot 7$	$2^2 \cdot 3^2$	–	$2 \cdot 19$	$3 \cdot 13$
4	$2^3 \cdot 5$	–	$2 \cdot 3 \cdot 7$	–	$2^2 \cdot 11$	$3^2 \cdot 5$	$2 \cdot 23$	–	$2^4 \cdot 3$	7^2
5	$2 \cdot 5^2$	$3 \cdot 17$	$2^2 \cdot 13$	–	$2 \cdot 3^3$	$5 \cdot 11$	$2^3 \cdot 7$	$3 \cdot 19$	$2 \cdot 29$	–
6	$2^2 \cdot 3 \cdot 5$	–	$2 \cdot 31$	$3^2 \cdot 7$	2^6	$5 \cdot 13$	$2 \cdot 3 \cdot 11$	–	$2^2 \cdot 17$	$3 \cdot 23$
7	$2 \cdot 5 \cdot 7$	–	$2^3 \cdot 3^2$	–	$2 \cdot 37$	$3 \cdot 5^2$	$2^2 \cdot 19$	$7 \cdot 11$	$2 \cdot 3 \cdot 13$	–
8	$2^4 \cdot 5$	3^4	$2 \cdot 41$	–	$2^2 \cdot 3 \cdot 7$	$5 \cdot 17$	$2 \cdot 43$	$3 \cdot 29$	$2^3 \cdot 11$	–
9	$2 \cdot 3^2 \cdot 5$	$7 \cdot 13$	$2^2 \cdot 23$	$3 \cdot 31$	$2 \cdot 47$	$5 \cdot 19$	$2^5 \cdot 3$	–	$2 \cdot 7^2$	$3^2 \cdot 11$
10	$2^2 \cdot 5^2$	–	$2 \cdot 3 \cdot 17$	–	$2^3 \cdot 13$	$3 \cdot 5 \cdot 7$	$2 \cdot 53$	–	$2^2 \cdot 3^3$	–
11	$2 \cdot 5 \cdot 11$	$3 \cdot 37$	$2^4 \cdot 7$	–	$2 \cdot 3 \cdot 19$	$5 \cdot 23$	$2^2 \cdot 29$	$3^2 \cdot 13$	$2 \cdot 59$	$7 \cdot 17$
12	$2^3 \cdot 3 \cdot 5$	11^2	$2 \cdot 61$	$3 \cdot 41$	$2^2 \cdot 31$	5^3	$2 \cdot 3^2 \cdot 7$	–	2^7	$3 \cdot 43$
13	$2 \cdot 5 \cdot 13$	–	$2^2 \cdot 3 \cdot 11$	$7 \cdot 19$	$2 \cdot 67$	$3^3 \cdot 5$	$2^3 \cdot 17$	–	$2 \cdot 3 \cdot 23$	–
14	$2^2 \cdot 5 \cdot 7$	$3 \cdot 47$	$2 \cdot 71$	$11 \cdot 13$	$2^4 \cdot 3^2$	$5 \cdot 29$	$2 \cdot 73$	$3 \cdot 7^2$	$2^2 \cdot 37$	–
15	$2 \cdot 3 \cdot 5^2$	–	$2^3 \cdot 19$	$3^2 \cdot 17$	$2 \cdot 7 \cdot 11$	$5 \cdot 31$	$2^2 \cdot 3 \cdot 13$	–	$2 \cdot 79$	$3 \cdot 53$
16	$2^5 \cdot 5$	$7 \cdot 23$	$2 \cdot 3^4$	–	$2^2 \cdot 41$	$3 \cdot 5 \cdot 11$	$2 \cdot 83$	–	$2^3 \cdot 3 \cdot 7$	13^2
17	$2 \cdot 5 \cdot 17$	$3^2 \cdot 19$	$2^2 \cdot 43$	–	$2 \cdot 3 \cdot 29$	$5^2 \cdot 7$	$2^4 \cdot 11$	$3 \cdot 59$	$2 \cdot 89$	–
18	$2^2 \cdot 3^2 \cdot 5$	–	$2 \cdot 7 \cdot 13$	$3 \cdot 61$	$2^3 \cdot 23$	$5 \cdot 37$	$2 \cdot 3 \cdot 31$	$11 \cdot 17$	$2^2 \cdot 47$	$3^3 \cdot 7$
19	$2 \cdot 5 \cdot 19$	–	$2^6 \cdot 3$	–	$2 \cdot 97$	$3 \cdot 5 \cdot 13$	$2^2 \cdot 7^2$	–	$2 \cdot 3^2 \cdot 11$	–
20	$2^3 \cdot 5^2$	$3 \cdot 67$	$2 \cdot 101$	$7 \cdot 29$	$2^2 \cdot 3 \cdot 17$	$5 \cdot 41$	$2 \cdot 103$	$3^2 \cdot 23$	$2^4 \cdot 13$	$11 \cdot 19$
21	$2 \cdot 3 \cdot 5 \cdot 7$	–	$2^2 \cdot 53$	$3 \cdot 71$	$2 \cdot 107$	$5 \cdot 43$	$2^3 \cdot 3^3$	$7 \cdot 31$	$2 \cdot 109$	$3 \cdot 73$
22	$2^2 \cdot 5 \cdot 11$	$13 \cdot 17$	$2 \cdot 3 \cdot 37$	–	$2^5 \cdot 7$	$3^2 \cdot 5^2$	$2 \cdot 113$	–	$2^2 \cdot 3 \cdot 19$	–
23	$2 \cdot 5 \cdot 23$	$3 \cdot 7 \cdot 11$	$2^3 \cdot 29$	–	$2 \cdot 3^2 \cdot 13$	$5 \cdot 47$	$2^2 \cdot 59$	$3 \cdot 79$	$2 \cdot 7 \cdot 17$	–
24	$2^4 \cdot 3 \cdot 5$	–	$2 \cdot 11^2$	3^5	$2^2 \cdot 61$	$5 \cdot 7^2$	$2 \cdot 3 \cdot 41$	$13 \cdot 19$	$2^3 \cdot 31$	$3 \cdot 83$
25	$2 \cdot 5^3$	–	$2^2 \cdot 3^2 \cdot 7$	$11 \cdot 23$	$2 \cdot 127$	$3 \cdot 5 \cdot 17$	2^8	–	$2 \cdot 3 \cdot 43$	$7 \cdot 37$
26	$2^2 \cdot 5 \cdot 13$	$3^2 \cdot 29$	$2 \cdot 131$	–	$2^3 \cdot 3 \cdot 11$	$5 \cdot 53$	$2 \cdot 7 \cdot 19$	$3 \cdot 89$	$2^2 \cdot 67$	–
27	$2 \cdot 3^3 \cdot 5$	–	$2^4 \cdot 17$	$3 \cdot 7 \cdot 13$	$2 \cdot 137$	$5^2 \cdot 11$	$2^2 \cdot 3 \cdot 23$	–	$2 \cdot 139$	$3^2 \cdot 31$
28	$2^3 \cdot 5 \cdot 7$	–	$2 \cdot 3 \cdot 47$	–	$2^2 \cdot 71$	$3 \cdot 5 \cdot 19$	$2 \cdot 11 \cdot 13$	$7 \cdot 41$	$2^5 \cdot 3^2$	17^2
29	$2 \cdot 5 \cdot 29$	$3 \cdot 97$	$2^2 \cdot 73$	–	$2 \cdot 3 \cdot 7^2$	$5 \cdot 59$	$2^3 \cdot 37$	$3^3 \cdot 11$	$2 \cdot 149$	$13 \cdot 23$
30	$2^2 \cdot 3 \cdot 5^2$	$7 \cdot 43$	$2 \cdot 151$	$3 \cdot 101$	$2^4 \cdot 19$	$5 \cdot 61$	$2 \cdot 3^2 \cdot 17$	–	$2^2 \cdot 7 \cdot 11$	$3 \cdot 103$
31	$2 \cdot 5 \cdot 31$	–	$2^3 \cdot 3 \cdot 13$	–	$2 \cdot 157$	$3^2 \cdot 5 \cdot 7$	$2^2 \cdot 79$	–	$2 \cdot 3 \cdot 53$	$11 \cdot 29$
32	$2^6 \cdot 5$	$3 \cdot 107$	$2 \cdot 7 \cdot 23$	$17 \cdot 19$	$2^2 \cdot 3^4$	$5^2 \cdot 13$	$2 \cdot 163$	$3 \cdot 109$	$2^3 \cdot 41$	$7 \cdot 47$
33	$2 \cdot 3 \cdot 5 \cdot 11$	–	$2^2 \cdot 83$	$3^2 \cdot 37$	$2 \cdot 167$	$5 \cdot 67$	$2^4 \cdot 3 \cdot 7$	–	$2 \cdot 13^2$	$3 \cdot 113$
34	$2^2 \cdot 5 \cdot 17$	$11 \cdot 31$	$2 \cdot 3^2 \cdot 19$	7^3	$2^3 \cdot 43$	$3 \cdot 5 \cdot 23$	$2 \cdot 173$	–	$2^2 \cdot 3 \cdot 29$	–
35	$2 \cdot 5^2 \cdot 7$	$3^3 \cdot 13$	$2^5 \cdot 11$	–	$2 \cdot 3 \cdot 59$	$5 \cdot 71$	$2^2 \cdot 89$	$3 \cdot 7 \cdot 17$	$2 \cdot 179$	–
36	$2^3 \cdot 3^2 \cdot 5$	19^2	$2 \cdot 181$	$3 \cdot 11^2$	$2^2 \cdot 7 \cdot 13$	$5 \cdot 73$	$2 \cdot 3 \cdot 61$	–	$2^4 \cdot 23$	$3^2 \cdot 41$
37	$2 \cdot 5 \cdot 37$	$7 \cdot 53$	$2^2 \cdot 3 \cdot 31$	–	$2 \cdot 11 \cdot 17$	$3 \cdot 5^3$	$2^3 \cdot 47$	$13 \cdot 29$	$2 \cdot 3^3 \cdot 7$	–
38	$2^2 \cdot 5 \cdot 19$	$3 \cdot 127$	$2 \cdot 191$	–	$2^7 \cdot 3$	$5 \cdot 7 \cdot 11$	$2 \cdot 193$	$3^2 \cdot 43$	$2^2 \cdot 97$	–
39	$2 \cdot 3 \cdot 5 \cdot 13$	$17 \cdot 23$	$2^3 \cdot 7^2$	$3 \cdot 131$	$2 \cdot 197$	$5 \cdot 79$	$2^2 \cdot 3^2 \cdot 11$	–	$2 \cdot 199$	$3 \cdot 7 \cdot 19$
40	$2^4 \cdot 5^2$	–	$2 \cdot 3 \cdot 67$	$13 \cdot 31$	$2^2 \cdot 101$	$3^4 \cdot 5$	$2 \cdot 7 \cdot 29$	$11 \cdot 37$	$2^3 \cdot 3 \cdot 17$	–
41	$2 \cdot 5 \cdot 41$	$3 \cdot 137$	$2^2 \cdot 103$	$7 \cdot 59$	$2 \cdot 3^2 \cdot 23$	$5 \cdot 83$	$2^5 \cdot 13$	$3 \cdot 139$	$2 \cdot 11 \cdot 19$	–
42	$2^2 \cdot 3 \cdot 5 \cdot 7$	–	$2 \cdot 211$	$3^2 \cdot 47$	$2^3 \cdot 53$	$5^2 \cdot 17$	$2 \cdot 3 \cdot 71$	$7 \cdot 61$	$2^2 \cdot 107$	$3 \cdot 11 \cdot 13$
43	$2 \cdot 5 \cdot 43$	–	$2^4 \cdot 3^3$	–	$2 \cdot 7 \cdot 31$	$3 \cdot 5 \cdot 29$	$2^2 \cdot 109$	$19 \cdot 23$	$2 \cdot 3 \cdot 73$	–
44	$2^3 \cdot 5 \cdot 11$	$3^2 \cdot 7^2$	$2 \cdot 13 \cdot 17$	–	$2^2 \cdot 3 \cdot 37$	$5 \cdot 89$	$2 \cdot 223$	$3 \cdot 149$	$2^6 \cdot 7$	–
45	$2 \cdot 3^2 \cdot 5^2$	$11 \cdot 41$	$2^2 \cdot 113$	$3 \cdot 151$	$2 \cdot 227$	$5 \cdot 7 \cdot 13$	$2^3 \cdot 3 \cdot 19$	–	$2 \cdot 229$	$3^3 \cdot 17$
46	$2^2 \cdot 5 \cdot 23$	–	$2 \cdot 3 \cdot 7 \cdot 11$	–	$2^4 \cdot 29$	$3 \cdot 5 \cdot 31$	$2 \cdot 233$	–	$2^2 \cdot 3^2 \cdot 13$	$7 \cdot 67$
47	$2 \cdot 5 \cdot 47$	$3 \cdot 157$	$2^3 \cdot 59$	$11 \cdot 43$	$2 \cdot 3 \cdot 79$	$5^2 \cdot 19$	$2^2 \cdot 7 \cdot 17$	$3^2 \cdot 53$	$2 \cdot 239$	–
48	$2^5 \cdot 3 \cdot 5$	$13 \cdot 37$	$2 \cdot 241$	$3 \cdot 7 \cdot 23$	$2^2 \cdot 11^2$	$5 \cdot 97$	$2 \cdot 3^5$	–	$2^3 \cdot 61$	$3 \cdot 163$
49	$2 \cdot 5 \cdot 7^2$	–	$2^2 \cdot 3 \cdot 41$	$17 \cdot 29$	$2 \cdot 13 \cdot 19$	$3^2 \cdot 5 \cdot 11$	$2^4 \cdot 31$	$7 \cdot 71$	$2 \cdot 3 \cdot 83$	–

Z.B. $432 = 2^4 \cdot 3^3$

Primzahlfaktorisierung von 500 bis 999

n	0	1	2	3	4	5	6	7	8	9
50	$2^2 \cdot 5^3$	$3 \cdot 167$	$2 \cdot 251$	–	$2^3 \cdot 3^2 \cdot 7$	$5 \cdot 101$	$2 \cdot 11 \cdot 23$	$3 \cdot 13^2$	$2^2 \cdot 127$	–
51	$2 \cdot 3 \cdot 5 \cdot 17$	$7 \cdot 73$	2^9	$3^3 \cdot 19$	$2 \cdot 257$	$5 \cdot 103$	$2^2 \cdot 3 \cdot 43$	$11 \cdot 47$	$2 \cdot 7 \cdot 37$	$3 \cdot 173$
52	$2^3 \cdot 5 \cdot 13$	–	$2 \cdot 3^2 \cdot 29$	–	$2^2 \cdot 131$	$3 \cdot 5^2 \cdot 7$	$2 \cdot 263$	$17 \cdot 31$	$2^4 \cdot 3 \cdot 11$	23^2
53	$2 \cdot 5 \cdot 53$	$3^2 \cdot 59$	$2^2 \cdot 7 \cdot 19$	$13 \cdot 41$	$2 \cdot 3 \cdot 89$	$5 \cdot 107$	$2^3 \cdot 67$	$3 \cdot 179$	$2 \cdot 269$	$7^2 \cdot 11$
54	$2^2 \cdot 3^3 \cdot 5$	–	$2 \cdot 271$	$3 \cdot 181$	$2^5 \cdot 17$	$5 \cdot 109$	$2 \cdot 3 \cdot 7 \cdot 13$	–	$2^2 \cdot 137$	$3^2 \cdot 61$
55	$2 \cdot 5^2 \cdot 11$	$19 \cdot 29$	$2^3 \cdot 3 \cdot 23$	$7 \cdot 79$	$2 \cdot 277$	$3 \cdot 5 \cdot 37$	$2^2 \cdot 139$	–	$2 \cdot 3^2 \cdot 31$	$13 \cdot 43$
56	$2^4 \cdot 5 \cdot 7$	$3 \cdot 11 \cdot 17$	$2 \cdot 281$	–	$2^2 \cdot 3 \cdot 47$	$5 \cdot 113$	$2 \cdot 283$	$3^4 \cdot 7$	$2^3 \cdot 71$	–
57	$2 \cdot 3 \cdot 5 \cdot 19$	–	$2^2 \cdot 11 \cdot 13$	$3 \cdot 191$	$2 \cdot 7 \cdot 41$	$5^2 \cdot 23$	$2^6 \cdot 3^2$	–	$2 \cdot 17^2$	$3 \cdot 193$
58	$2^2 \cdot 5 \cdot 29$	$7 \cdot 83$	$2 \cdot 3 \cdot 97$	$11 \cdot 53$	$2^3 \cdot 73$	$3^2 \cdot 5 \cdot 13$	$2 \cdot 293$	–	$2^2 \cdot 3 \cdot 7^2$	$19 \cdot 31$
59	$2 \cdot 5 \cdot 59$	$3 \cdot 197$	$2^4 \cdot 37$	–	$2 \cdot 3^3 \cdot 11$	$5 \cdot 7 \cdot 17$	$2^2 \cdot 149$	$3 \cdot 199$	$2 \cdot 13 \cdot 23$	–
60	$2^3 \cdot 3 \cdot 5^2$	–	$2 \cdot 7 \cdot 43$	$3^2 \cdot 67$	$2^2 \cdot 151$	$5 \cdot 11^2$	$2 \cdot 3 \cdot 101$	–	$2^5 \cdot 19$	$3 \cdot 7 \cdot 29$
61	$2 \cdot 5 \cdot 61$	$13 \cdot 47$	$2^2 \cdot 3^2 \cdot 17$	–	$2 \cdot 307$	$3 \cdot 5 \cdot 41$	$2^3 \cdot 7 \cdot 11$	–	$2 \cdot 3 \cdot 103$	–
62	$2^2 \cdot 5 \cdot 31$	$3^3 \cdot 23$	$2 \cdot 311$	$7 \cdot 89$	$2^4 \cdot 3 \cdot 13$	5^4	$2 \cdot 313$	$3 \cdot 11 \cdot 19$	$2^2 \cdot 157$	$17 \cdot 37$
63	$2 \cdot 3^2 \cdot 5 \cdot 7$	–	$2^3 \cdot 79$	$3 \cdot 211$	$2 \cdot 317$	$5 \cdot 127$	$2^2 \cdot 3 \cdot 53$	$7^2 \cdot 13$	$2 \cdot 11 \cdot 29$	$3^2 \cdot 71$
64	$2^7 \cdot 5$	–	$2 \cdot 3 \cdot 107$	–	$2^2 \cdot 7 \cdot 23$	$3 \cdot 5 \cdot 43$	$2 \cdot 17 \cdot 19$	–	$2^3 \cdot 3^4$	$11 \cdot 59$
65	$2 \cdot 5^2 \cdot 13$	$3 \cdot 7 \cdot 31$	$2^2 \cdot 163$	–	$2 \cdot 3 \cdot 109$	$5 \cdot 131$	$2^4 \cdot 41$	$3^2 \cdot 73$	$2 \cdot 7 \cdot 47$	–
66	$2^2 \cdot 3 \cdot 5 \cdot 11$	–	$2 \cdot 331$	$3 \cdot 13 \cdot 17$	$2^3 \cdot 83$	$5 \cdot 7 \cdot 19$	$2 \cdot 3^2 \cdot 37$	$23 \cdot 29$	$2^2 \cdot 167$	$3 \cdot 223$
67	$2 \cdot 5 \cdot 67$	$11 \cdot 61$	$2^5 \cdot 3 \cdot 7$	–	$2 \cdot 337$	$3^3 \cdot 5^2$	$2 \cdot 13^2$	–	$2 \cdot 3 \cdot 113$	$7 \cdot 97$
68	$2^3 \cdot 5 \cdot 17$	$3 \cdot 227$	$2 \cdot 11 \cdot 31$	–	$2^2 \cdot 3^2 \cdot 19$	$5 \cdot 137$	$2 \cdot 7^3$	$3 \cdot 229$	$2^4 \cdot 43$	$13 \cdot 53$
69	$2 \cdot 3 \cdot 5 \cdot 23$	–	$2^2 \cdot 173$	$3^2 \cdot 7 \cdot 11$	$2 \cdot 347$	$5 \cdot 139$	$2^3 \cdot 3 \cdot 29$	$17 \cdot 41$	$2 \cdot 349$	$3 \cdot 233$
70	$2^2 \cdot 5^2 \cdot 7$	–	$2 \cdot 3^3 \cdot 13$	$19 \cdot 37$	$2^6 \cdot 11$	$3 \cdot 5 \cdot 47$	$2 \cdot 353$	$7 \cdot 101$	$2^2 \cdot 3 \cdot 59$	–
71	$2 \cdot 5 \cdot 71$	$3^2 \cdot 79$	$2^3 \cdot 89$	$23 \cdot 31$	$2 \cdot 3 \cdot 7 \cdot 17$	$5 \cdot 11 \cdot 13$	$2^2 \cdot 179$	$3 \cdot 239$	$2 \cdot 359$	–
72	$2^4 \cdot 3^2 \cdot 5$	$7 \cdot 103$	$2 \cdot 19^2$	$3 \cdot 241$	$2^2 \cdot 181$	$5^2 \cdot 29$	$2 \cdot 3 \cdot 11^2$	–	$2^3 \cdot 7 \cdot 13$	3^6
73	$2 \cdot 5 \cdot 73$	$17 \cdot 43$	$2^2 \cdot 3 \cdot 61$	–	$2 \cdot 367$	$3 \cdot 5 \cdot 7^2$	$2^5 \cdot 23$	$11 \cdot 67$	$2 \cdot 3^2 \cdot 41$	–
74	$2^2 \cdot 5 \cdot 37$	$3 \cdot 13 \cdot 19$	$2 \cdot 7 \cdot 53$	–	$2^3 \cdot 3 \cdot 31$	$5 \cdot 149$	$2 \cdot 373$	$3^2 \cdot 83$	$2^2 \cdot 11 \cdot 17$	$7 \cdot 107$
75	$2 \cdot 3 \cdot 5^3$	–	$2^4 \cdot 47$	$3 \cdot 251$	$2 \cdot 13 \cdot 29$	$5 \cdot 151$	$2^2 \cdot 3^3 \cdot 7$	–	$2 \cdot 379$	$3 \cdot 11 \cdot 23$
76	$2^3 \cdot 5 \cdot 19$	–	$2 \cdot 3 \cdot 127$	$7 \cdot 109$	$2^2 \cdot 191$	$3^2 \cdot 5 \cdot 17$	$2 \cdot 383$	$13 \cdot 59$	$2^8 \cdot 3$	–
77	$2 \cdot 5 \cdot 7 \cdot 11$	$3 \cdot 257$	$2^2 \cdot 193$	–	$2 \cdot 3^2 \cdot 43$	$5^2 \cdot 31$	$2^3 \cdot 97$	$3 \cdot 7 \cdot 37$	$2 \cdot 389$	$19 \cdot 41$
78	$2^2 \cdot 3 \cdot 5 \cdot 13$	$11 \cdot 71$	$2 \cdot 17 \cdot 23$	$3^3 \cdot 29$	$2^4 \cdot 7^2$	$5 \cdot 157$	$2 \cdot 3 \cdot 131$	–	$2^2 \cdot 197$	$3 \cdot 263$
79	$2 \cdot 5 \cdot 79$	$7 \cdot 113$	$2^3 \cdot 3^2 \cdot 11$	$13 \cdot 61$	$2 \cdot 397$	$3 \cdot 5 \cdot 53$	$2^2 \cdot 199$	–	$2 \cdot 3 \cdot 7 \cdot 19$	$17 \cdot 47$
80	$2^5 \cdot 5^2$	$3^2 \cdot 89$	$2 \cdot 401$	$11 \cdot 73$	$2^2 \cdot 3 \cdot 67$	$5 \cdot 7 \cdot 23$	$2 \cdot 13 \cdot 31$	$3 \cdot 269$	$2^3 \cdot 101$	–
81	$2 \cdot 3^4 \cdot 5$	–	$2^2 \cdot 7 \cdot 29$	$3 \cdot 271$	$2 \cdot 11 \cdot 37$	$5 \cdot 163$	$2^4 \cdot 3 \cdot 17$	$19 \cdot 43$	$2 \cdot 409$	$3^2 \cdot 7 \cdot 13$
82	$2^2 \cdot 5 \cdot 41$	–	$2 \cdot 3 \cdot 137$	–	$2^3 \cdot 103$	$3 \cdot 5^2 \cdot 11$	$2 \cdot 7 \cdot 59$	–	$2^2 \cdot 3^2 \cdot 23$	–
83	$2 \cdot 5 \cdot 83$	$3 \cdot 277$	$2^6 \cdot 13$	$7^2 \cdot 17$	$2 \cdot 3 \cdot 139$	$5 \cdot 167$	$2^2 \cdot 11 \cdot 19$	$3^3 \cdot 31$	$2 \cdot 419$	–
84	$2^3 \cdot 3 \cdot 5 \cdot 7$	29^2	$2 \cdot 421$	$3 \cdot 281$	$2^2 \cdot 211$	$5 \cdot 13^2$	$2 \cdot 3^2 \cdot 47$	$7 \cdot 11^2$	$2^4 \cdot 53$	$3 \cdot 283$
85	$2 \cdot 5^2 \cdot 17$	$23 \cdot 37$	$2^2 \cdot 3 \cdot 71$	–	$2 \cdot 7 \cdot 61$	$3^2 \cdot 5 \cdot 19$	$2^3 \cdot 107$	–	$2 \cdot 3 \cdot 11 \cdot 13$	–
86	$2^2 \cdot 5 \cdot 43$	$3 \cdot 7 \cdot 41$	$2 \cdot 431$	–	$2^5 \cdot 3^3$	$5 \cdot 173$	$2 \cdot 433$	$3 \cdot 17^2$	$2^2 \cdot 7 \cdot 31$	$11 \cdot 79$
87	$2 \cdot 3 \cdot 5 \cdot 29$	$13 \cdot 67$	$2^3 \cdot 109$	$3^2 \cdot 97$	$2 \cdot 19 \cdot 23$	$5^3 \cdot 7$	$2^2 \cdot 3 \cdot 73$	–	$2 \cdot 439$	$3 \cdot 293$
88	$2^4 \cdot 5 \cdot 11$	–	$2 \cdot 3^2 \cdot 7^2$	–	$2^2 \cdot 13 \cdot 17$	$3 \cdot 5 \cdot 59$	$2 \cdot 443$	–	$2^3 \cdot 3 \cdot 37$	$7 \cdot 127$
89	$2 \cdot 5 \cdot 89$	$3^4 \cdot 11$	$2^2 \cdot 223$	$19 \cdot 47$	$2 \cdot 3 \cdot 149$	$5 \cdot 179$	$2^7 \cdot 7$	$3 \cdot 13 \cdot 23$	$2 \cdot 449$	$29 \cdot 31$
90	$2^2 \cdot 3^2 \cdot 5^2$	$17 \cdot 53$	$2 \cdot 11 \cdot 41$	$3 \cdot 7 \cdot 43$	$2^3 \cdot 113$	$5 \cdot 181$	$2 \cdot 3 \cdot 151$	–	$2^2 \cdot 227$	$3^2 \cdot 101$
91	$2 \cdot 5 \cdot 7 \cdot 13$	–	$2^4 \cdot 3 \cdot 19$	$11 \cdot 83$	$2 \cdot 457$	$3 \cdot 5 \cdot 61$	$2^2 \cdot 229$	$7 \cdot 131$	$2 \cdot 3^3 \cdot 17$	–
92	$2^3 \cdot 5 \cdot 23$	$3 \cdot 307$	$2 \cdot 461$	$13 \cdot 71$	$2^2 \cdot 3 \cdot 7 \cdot 11$	$5^2 \cdot 37$	$2 \cdot 463$	$3^2 \cdot 103$	$2^5 \cdot 29$	–
93	$2 \cdot 3 \cdot 5 \cdot 31$	$7^2 \cdot 19$	$2^2 \cdot 233$	$3 \cdot 311$	$2 \cdot 467$	$5 \cdot 11 \cdot 17$	$2^3 \cdot 3^2 \cdot 13$	–	$2 \cdot 7 \cdot 67$	$3 \cdot 313$
94	$2^2 \cdot 5 \cdot 47$	–	$2 \cdot 3 \cdot 157$	$23 \cdot 41$	$2^4 \cdot 59$	$3^3 \cdot 5 \cdot 7$	$2 \cdot 11 \cdot 43$	–	$2^2 \cdot 3 \cdot 79$	$13 \cdot 73$
95	$2 \cdot 5^2 \cdot 19$	$3 \cdot 317$	$2^3 \cdot 7 \cdot 17$	–	$2 \cdot 3^2 \cdot 53$	$5 \cdot 191$	$2^2 \cdot 239$	$3 \cdot 11 \cdot 29$	$2 \cdot 479$	$7 \cdot 137$
96	$2^6 \cdot 3 \cdot 5$	31^2	$2 \cdot 13 \cdot 37$	$3^2 \cdot 107$	$2^2 \cdot 241$	$5 \cdot 193$	$2 \cdot 3 \cdot 7 \cdot 23$	–	$2^3 \cdot 11^2$	$3 \cdot 17 \cdot 19$
97	$2 \cdot 5 \cdot 97$	–	$2^2 \cdot 3^5$	$7 \cdot 139$	$2 \cdot 487$	$3 \cdot 5^2 \cdot 13$	$2^4 \cdot 61$	–	$2 \cdot 3 \cdot 163$	$11 \cdot 89$
98	$2^2 \cdot 5 \cdot 7^2$	$3^2 \cdot 109$	$2 \cdot 491$	–	$2^3 \cdot 3 \cdot 41$	$5 \cdot 197$	$2 \cdot 17 \cdot 29$	$3 \cdot 7 \cdot 47$	$2^2 \cdot 13 \cdot 19$	$23 \cdot 43$
99	$2 \cdot 3^2 \cdot 5 \cdot 11$	–	$2^5 \cdot 31$	$3 \cdot 331$	$2 \cdot 7 \cdot 71$	$5 \cdot 199$	$2^2 \cdot 3 \cdot 83$	–	$2 \cdot 499$	$3^3 \cdot 37$

Kleinstes gemeinsames Vielfaches (kgV)

$[a_1, ..., a_n]$ bezeichnet das *kleinste gemeinsame Vielfache* der ganzen Zahlen $a_1, ..., a_n$. Eine Methode zur Berechnung ist: Primzahlzerlegung von $a_1, ..., a_n$, dann das Produkt aller auftretenden Primzahlen mit der höchsten vorkommenden Potenz bilden.

Beispiel

$A = [18, 24, 30]$: Mit $18 = 2 \cdot 3^2$, $24 = 2^3 \cdot 3$ und $30 = 2 \cdot 3 \cdot 5$ ist $A = 2^3 \cdot 3^2 \cdot 5 = 360$.

Größter gemeinsamer Teiler (ggT)

(a, b) bezeichnet den *größten gemeinsamen Teiler* von a und b. Ist $(a, b) = 1$, dann heißen die Zahlen a and b *relativ prim*. Eine Methode (*Euklid-Algorithmus*) zur Berechnung von (a, b):

Sei $a > b$ und a geteilt durch b ergebe $a = q_1 b + r_1$, $0 \leq r_1 < b$, dann ergibt b geteilt durch r_1 $b = q_2 r_1 + r_2$, $0 \leq r_2 < r_1$, usw. Sei r_k der erste Rest gleich 0, dann ist $(a, b) = r_{k-1}$.

Beispiel

(112, 42) mit dem Euklid-Algorithmus berechnet:
$112 = 2 \cdot 42 + 28$, $42 = 1 \cdot 28 + 14$, $28 = 2 \cdot 14 + 0$. Daher ist $(112, 42) = 14$.

Beachte. $(a, b) \cdot [a, b] = ab$.

Restklassenrechnung (Modulo)

Sind m, n und p ganze Zahlen, dann heißen m und n *kongruent modulo* p, $m = n \bmod(p)$, wenn $m - n$ ein Vielfaches von p ist, d.h. m und n lassen denselben Rest bei Division durch p.

$$m_1 = n_1 \bmod(p),\ m_2 = n_2 \bmod(p) \quad \Rightarrow$$
(i) $cm_1 = cn_1 \bmod(p)$ (ii) $m_1 \pm m_2 = (n_1 \pm n_2) \bmod(p)$ (iii) $m_1 m_2 = (n_1 n_2) \bmod(p)$

Diophantische Gleichungen

haben ganzzahlige Koeffizienten und man sucht nur nach ganzzahligen Lösungen.

Beispiel

(∗) $ax + by = c$, $a, b, c \in \mathbf{Z}$,

hat genau dann ganzzahlige Lösungen x und y, wenn (a, b) ein Teiler von c ist.

Ist dies der Fall, d.h. sind a und b relativ prim, $(a, b) = 1$ (falls nötig, dividiere man die Gleichung zuerst durch (a, b)), dann ist die allgemeine Lösung von (∗)

$x = c x_0 + nb$, $y = c y_0 - na$, $n \in \mathbf{Z}$,

wobei (x_0, y_0) eine partikuläre Lösung von $ax + by = 1$ ist.

Zur Bestimmung von (x_0, y_0) benutzt man den Euklid-Algorithmus:

2.2 Zahlentheorie

Partikuläre Lösung von $13x+9y=1$ ist $(x_0, y_0)=(-2, 3)$, denn
$13 = 1 \cdot 9 + 4$ und $9 = 2 \cdot 4 + 1$, daher gilt $1 = 9 - 2 \cdot 4 = 9 - 2 \cdot (13 - 9) = 3 \cdot 9 - 2 \cdot 13$.

Mersenne-Zahlen $M_n = 2^n - 1$

Zahlen der Form $2^n - 1$ heißen *Mersenne-Zahlen*. Die folgende Tabelle gibt die Primfaktorzerlegung der ersten 40 Mersenne-Zahlen:

n	Primfaktoren von M_n	n	Primfaktoren von M_n
2	3	22	$3 \cdot 23 \cdot 89 \cdot 683$
3	7	23	$47 \cdot 178\,481$
4	$3 \cdot 5$	24	$3^2 \cdot 5 \cdot 7 \cdot 13 \cdot 17 \cdot 241$
5	31	25	$31 \cdot 601 \cdot 1801$
6	$3^2 \cdot 7$	26	$3 \cdot 2731 \cdot 8191$
7	127	27	$7 \cdot 73 \cdot 262\,657$
8	$3 \cdot 5 \cdot 17$	28	$3 \cdot 5 \cdot 29 \cdot 43 \cdot 113 \cdot 127$
9	$7 \cdot 73$	29	$233 \cdot 1103 \cdot 2089$
10	$3 \cdot 11 \cdot 31$	30	$3^2 \cdot 7 \cdot 11 \cdot 31 \cdot 151 \cdot 331$
11	$23 \cdot 89$	31	$2\,147\,483\,647$
12	$3^2 \cdot 5 \cdot 7 \cdot 13$	32	$3 \cdot 5 \cdot 17 \cdot 257 \cdot 65\,537$
13	8191	33	$7 \cdot 23 \cdot 89 \cdot 599\,479$
14	$3 \cdot 43 \cdot 127$	34	$3 \cdot 43\,691 \cdot 131\,071$
15	$7 \cdot 31 \cdot 151$	35	$31 \cdot 71 \cdot 127 \cdot 122\,921$
16	$3 \cdot 5 \cdot 17 \cdot 257$	36	$3^3 \cdot 5 \cdot 7 \cdot 13 \cdot 19 \cdot 37 \cdot 73 \cdot 109$
17	$131\,071$	37	$223 \cdot 616\,318\,177$
18	$3^3 \cdot 7 \cdot 19 \cdot 73$	38	$3 \cdot 174\,763 \cdot 524\,287$
19	$524\,287$	39	$7 \cdot 79 \cdot 8191 \cdot 121\,369$
20	$3 \cdot 5^2 \cdot 11 \cdot 31 \cdot 41$	40	$3 \cdot 5^2 \cdot 11 \cdot 17 \cdot 31 \cdot 41 \cdot 61\,681$
21	$7^2 \cdot 127 \cdot 337$	41	$13\,367 \cdot 164\,511\,353$

Mersenne-Primzahlen: Ist $2^p - 1$ prim, dann ist auch p prim.

Fermat-Primzahlen: Ist $2^p + 1$ prim, dann ist p eine Potenz von 2.

Einige Mersenne-Primzahlen

$M_{61}\ = 2\,305\,843\,009\,213\,693\,951$
$M_{89}\ = 618\,970\,019\,642\,690\,137\,449\,562\,111$
$M_{107} = 162\,259\,276\,829\,213\,363\,391\,578\,010\,288\,127$
$M_{127} = 170\,141\,183\,460\,469\,231\,731\,687\,303\,715\,884\,105\,727$
$M_{1398269}$ ist die bislang (13.11.1996) größte bekannte Mersenne-Primzahl

Fibonacci-Zahlen

Die n-te Fibonacci-Zahl heißt F_n. Diese Zahlen sind definiert durch

$$F_1 = 1, \quad F_2 = 1, \quad F_{n+2} = F_n + F_{n+1}, \quad n \geq 1 .$$

(Vgl. Abschnitt 9.5 für die explizite Formel.)

Die Primfaktorzerlegung der ersten 50 Fibonacci-Zahlen

n	F_n	F_n	n	F_n	F_n
1	1	1	26	121 393	$233 \cdot 521$
2	1	1	27	196 418	$2 \cdot 17 \cdot 53 \cdot 109$
3	2	2	28	317 811	$3 \cdot 13 \cdot 29 \cdot 281$
4	3	3	29	514 229	514 229
5	5	5	30	832 040	$2^3 \cdot 5 \cdot 11 \cdot 31 \cdot 61$
6	8	2^3	31	1 346 269	$557 \cdot 2417$
7	13	13	32	2 178 309	$3 \cdot 7 \cdot 47 \cdot 2207$
8	21	$3 \cdot 7$	33	3 524 578	$2 \cdot 89 \cdot 19801$
9	34	$2 \cdot 17$	34	5 702 887	$1597 \cdot 3571$
10	55	$5 \cdot 11$	35	9 227 465	$5 \cdot 13 \cdot 141961$
11	89	89	36	14 930 352	$2^4 \cdot 3^3 \cdot 17 \cdot 19 \cdot 107$
12	144	$2^4 \cdot 3^2$	37	24 157 817	$73 \cdot 149 \cdot 2221$
13	233	233	38	39 088 169	$37 \cdot 113 \cdot 9349$
14	377	$13 \cdot 29$	39	63 245 986	$2 \cdot 233 \cdot 135721$
15	610	$2 \cdot 5 \cdot 61$	40	102 334 155	$3 \cdot 5 \cdot 7 \cdot 11 \cdot 41 \cdot 2161$
16	987	$3 \cdot 7 \cdot 47$	41	165 580 141	$2789 \cdot 59369$
17	1597	1597	42	267 914 296	$2^3 \cdot 13 \cdot 29 \cdot 211 \cdot 421$
18	2584	$2^3 \cdot 17 \cdot 19$	43	433 494 437	433 494 437
19	4181	$37 \cdot 113$	44	701 408 733	$3 \cdot 43 \cdot 89 \cdot 199 \cdot 307$
20	6765	$3 \cdot 5 \cdot 11 \cdot 41$	45	1 134 903 170	$2 \cdot 5 \cdot 17 \cdot 61 \cdot 109 \cdot 441$
21	10 946	$2 \cdot 13 \cdot 421$	46	1 836 311 903	$139 \cdot 461 \cdot 28657$
22	17 711	$89 \cdot 199$	47	2 971 215 073	2 971 215 073
23	28 657	28 657	48	4 807 526 976	$2^6 \cdot 3^2 \cdot 7 \cdot 23 \cdot 47 \cdot 1103$
24	46 368	$2^5 \cdot 3^2 \cdot 7 \cdot 23$	49	7 778 742 049	$13 \cdot 97 \cdot 6168709$
25	75 025	$5^2 \cdot 3001$	50	12 586 269 025	$5^2 \cdot 11 \cdot 101 \cdot 151 \cdot 3001$

Zahldarstellung reeller Zahlen

Das Positionssystem

Jede reelle Zahl x kann geschrieben werden in der Form

$$x = x_m B^m + x_{m-1} B^{m-1} + \ldots + x_0 B^0 + x_{-1} B^{-1} + \ldots = (x_m x_{m-1} \ldots x_0, x_{-1} \ldots)_B$$

wobei die natürliche Zahl $B > 1$ die *Basis* bestimmt und jede *Ziffer* x_i eine der Zahlen 0, 1, ..., $B-1$ darstellt.

Beispiel $x =$ „sechsunddreißig plus drei Achtel" im *Dezimal-* und *Binärsystem*:

$$x = 3 \cdot 10^1 + 6 \cdot 10^0 + 3 \cdot 10^{-1} + 7 \cdot 10^{-2} + 5 \cdot 10^{-3} = (36{,}375)_{10}$$

$$x = 1 \cdot 2^5 + 0 \cdot 2^4 + 0 \cdot 2^3 + 1 \cdot 2^2 + 0 \cdot 2^1 + 0 \cdot 2^0 + 0 \cdot 2^{-1} + 1 \cdot 2^{-2} + 1 \cdot 2^{-3} =$$
$$= (100100{,}011)_2.$$

Umwandlungsalgorithmen

a ($B \to 10$). Hat X im System mit der Basis B die Darstellung $(X_m X_{m-1} \ldots X_0, X_{-1} \ldots)_B$, so ergibt sich die Dezimaldarstellung von X durch dezimale Berechnung der Summe

$$X = X_m B^m + X_{m-1} B^{m-1} + \ldots + X_0 + X_{-1} B^{-1} + \ldots$$

b ($10 \to B$). Um die positive Dezimalzahl X im System mit der Basis B darzustellen, sind der *ganze Anteil Y* von X und der *gebrochene Anteil Z* von X getrennt zu berechnen.
(Das Beispiel $X = (12345{,}6789)_{10}$ und $B = 8$ beschreibt die Methode.)

Der ganze Anteil Y	Beispiel
(i) Dividiere Y durch B: Q_1 sei Quotient und R_1 der Rest ($R_1 = 0, 1, \ldots$ oder $B-1$), dann ist R_1 die *erste* Ziffer *von rechts* von Y in der Basis B.	$Y = 12345$, $B = 8$ $Y/8 = 1543 + 1/8$, d.h. $Q_1 = 1543 \qquad R_1 = 1$
(ii) Dividiere Q_1 durch B: Quotient sei Q_2, Rest sei R_2, dann ist R_2 die *zweite* Ziffer *von rechts*.	$Q_1/8 = 192 + 7/8$, d.h. $Q_2 = 192 \qquad R_2 = 7$ $Q_3 = 24 \qquad R_3 = 0$ $Q_4 = 3 \qquad R_4 = 0$
(iii) Analog fortfahren bis der Quotient Null wird.	$Q_5 = 0 \qquad R_5 = 3$ Daher ist $Y = (30071)_8$
Der gebrochene Anteil Z	$Z = 0{,}6789$, $B = 8$
(i) Multipliziere Z mit B. Sei I_1 der ganze Anteil des Produkts ($I_1 = 0, 1, \ldots$ oder $B-1$) und F_1 der neue gebrochene Anteil, dann ist I_1 die *erste* Ziffer *von links* des gebrochenen Anteils Z in der Basis B.	$Z \cdot 8 = 5{,}4312$, d.h. $I_1 = 5 \qquad F_1 = 0{,}4312$
(ii) Multipliziere F_1 mit B. Sei I_2 der ganze und F_2 der gebrochene Anteil des Produkts, dann ist I_2 die *zweite* Ziffer des gebrochenen Anteils in der Basis B.	$F_1 \cdot 8 = 3{,}4496$, d.h. $I_2 = 3 \qquad F_2 = 0{,}4496$ $I_3 = 3 \qquad F_3 = 0{,}5968$ $I_4 = 4 \qquad F_4 = 0{,}7744$
(iii) Analog fortfahren bis das Produkt eine ganze Zahl ist oder bis die gewünschte Zahl von Stellen berechnet ist.	$I_5 = 6 \qquad F_5 = 0{,}1952$ Somit $Z \approx (0{,}5335)_8$ und $X \approx (30071{,}5335)_8$

Binärsystem (Ziffern 0 and 1)

Addition: $0+0=0 \quad 0+1=1+0=1 \quad 1+1=10$

Multiplikation: $0 \cdot 0 = 0 \cdot 1 = 1 \cdot 0 = 0 \quad 1 \cdot 1 = 1$

Potenzen von 2 in Dezimaldarstellung

$n=$	$2^n=$	$2^{-n}=$
0	1	1
1	2	0,5
2	4	0,25
3	8	0,125
4	16	0,0625
5	32	0,03125
6	64	0,015625
7	128	0,007812 5
8	256	0,003906 25
9	512	0,001953 125
10	1024	0,000976 5625
11	2048	0,000488 28125
12	4096	0,000244 140625
13	8192	0,000122 070312 5
14	16384	0,000061 035156 25
15	32768	0,000030 517578 125
16	65536	0,000015 258789 0625
17	131072	0,000007 629394 53125
18	262144	0,000003 814697 265625
19	524288	0,000001 907348 632812 5
20	1 048576	0,000000 953674 316406 25
21	2 097152	0,000000 476837 158203 125
22	4 194304	0,000000 238418 579101 5625
23	8 388608	0,000000 119209 289550 78125
24	16 777216	0,000000 059604 644775 390625
25	33 554432	0,000000 029802 322387 695312 5
26	67 108864	0,000000 014901 161193 847656 25
27	134 217728	0,000000 007450 580596 923828 125
28	268 435456	0,000000 003725 290298 461914 0625
29	536 870912	0,000000 001862 645149 230957 03125
30	1073 741824	0,000000 000931 322574 615478 515625
31	2147 483648	0,000000 000465 661287 307739 257812 5
32	4294 967296	0,000000 000232 830643 653869 628906 25
33	8589 934592	0,000000 000116 415321 826934 814453 125
34	17179 869184	0,000000 000058 207660 913467 407226 5625
35	34359 738368	0,000000 000029 103830 456733 703613 28125
36	68719 476736	0,000000 000014 551915 228366 851806 640625
37	137438 953472	0,000000 000007 275957 614183 425903 320312 5
38	274877 906944	0,000000 000003 637978 807091 712951 660156 25
39	549755 813888	0,000000 000001 818989 403545 856475 830078 125
40	1 099511 627776	0,000000 000000 909494 701772 928237 915039 0625
41	2 199023 255552	0,000000 000000 454747 350886 464118 957519 53125
42	4 398046 511104	0,000000 000000 227373 675443 232059 478759 765625
43	8 796093 022208	0,000000 000000 113686 837721 616029 739379 882812 5
44	17 592186 044416	0,000000 000000 056843 418860 808014 869689 941406 25
45	35 184372 088832	0,000000 000000 028421 709430 404007 434844 970703 125
46	70 368744 177664	0,000000 000000 014210 854715 202003 717422 485351 5625
47	140 737488 355328	0,000000 000000 007105 427357 601001 858711 242675 78125
48	281 474976 710656	0,000000 000000 003552 713678 800500 929355 621337 890625
49	562 949953 421312	0,000000 000000 001776 356839 400250 464677 810668 945312 5
50	1125 899906 842624	0,000000 000000 000888 178419 700125 232338 905334 472656 25

2.2 Zahlentheorie

Hexadezimalsystem (Basis 16)

(Ziffern: 0, 1, 2, 3, 4, 5, 6, 7, 8, 9, A = 10, B = 11, C = 12, D = 13, E = 14 und F = 15)

Additionstafel

	1	2	3	4	5	6	7	8	9	A	B	C	D	E	F	
1	2	3	4	5	6	7	8	9	A	B	C	D	E	F	10	1
2	3	4	5	6	7	8	9	A	B	C	D	E	F	10	11	2
3	4	5	6	7	8	9	A	B	C	D	E	F	10	11	12	3
4	5	6	7	8	9	A	B	C	D	E	F	10	11	12	13	4
5	6	7	8	9	A	B	C	D	E	F	10	11	12	13	14	5
6	7	8	9	A	B	C	D	E	F	10	11	12	13	14	15	6
7	8	9	A	B	C	D	E	F	10	11	12	13	14	15	16	7
8	9	A	B	C	D	E	F	10	11	12	13	14	15	16	17	8
9	A	B	C	D	E	F	10	11	12	13	14	15	16	17	18	9
A	B	C	D	E	F	10	11	12	13	14	15	16	17	18	19	A
B	C	D	E	F	10	11	12	13	14	15	16	17	18	19	1A	B
C	D	E	F	10	11	12	13	14	15	16	17	18	19	1A	1B	C
D	E	F	10	11	12	13	14	15	16	17	18	19	1A	1B	1C	D
E	F	10	11	12	13	14	15	16	17	18	19	1A	1B	1C	1D	E
F	10	11	12	13	14	15	16	17	18	19	1A	1B	1C	1D	1E	F
	1	2	3	4	5	6	7	8	9	A	B	C	D	E	F	

z.B. B + 6 = 11

Multiplikationstafel

	1	2	3	4	5	6	7	8	9	A	B	C	D	E	F	
1	1	2	3	4	5	6	7	8	9	A	B	C	D	E	F	1
2	2	4	6	8	A	C	E	10	12	14	16	18	1A	1C	1E	2
3	3	6	9	C	F	12	15	18	1B	1E	21	24	27	2A	2D	3
4	4	8	C	10	14	18	1C	20	24	28	2C	30	34	38	3C	4
5	5	A	F	14	19	1E	23	28	2D	32	37	3C	41	46	4B	5
6	6	C	12	18	1E	24	2A	30	36	3C	42	48	4E	54	5A	6
7	7	E	15	1C	23	2A	31	38	3F	46	4D	54	5B	62	69	7
8	8	10	18	20	28	30	38	40	48	50	58	60	68	70	78	8
9	9	12	1B	24	2D	36	3F	48	51	5A	63	6C	75	7E	87	9
A	A	14	1E	28	32	3C	46	50	5A	64	6E	78	82	8C	96	A
B	B	16	21	2C	37	42	4D	58	63	6E	79	84	8F	9A	A5	B
C	C	18	24	30	3C	48	54	60	6C	78	84	90	9C	A8	B4	C
D	D	1A	27	34	41	4E	5B	68	75	82	8F	9C	A9	B6	C3	D
E	E	1C	2A	38	46	54	62	70	7E	8C	9A	A8	B6	C4	D2	E
F	F	1E	2D	3C	4B	5A	69	78	87	96	A5	B4	C3	D2	E1	F
	1	2	3	4	5	6	7	8	9	A	B	C	D	E	F	

z.B. B · 6 = 42

Spezielle Zahlen in verschiedenen Zahlsystemen

B = 2: π = 11,001001 000011 111101 101010 100010 001000 010110 100011…
         e = 10,101101 111110 000101 010001 011000 101000 101011 101101…
         γ = 0,100100 111100 010001 100111 111000 110111 110110 110110…
         $\sqrt{2}$ = 1,011010 100000 100111 100110 011001 111111 001110 111100…
         ln 2 = 0,101101 010111 001000 010111 111101 111101 000111 001111…

B = 3: π = 10,010211 012222…
         e = 2,201101 121221…
         γ = 0,120120 210100…
         $\sqrt{2}$ = 1,102011 221222…
         ln 2 = 0,200201 022012…

B = 12: π = 3,184809 493B91…
         e = 2,875236 069821…
         γ = 0,6B1518 8A6760…
         $\sqrt{2}$ = 1,4B7917 0A07B8…
         ln 2 = 0,839912 483369…

B = 8: π = 3,110375 524210 264302…
         e = 2,557605 213050 535512…
         γ = 0,447421 477067 666061…
         $\sqrt{2}$ = 1,324047 463177 167462…
         ln 2 = 0,542710 277574 071736…

B = 16: π = 3,243F6A 8885A3…
         e = 2,B7E151 628AED…
         γ = 0,93C467 E37DB0…
         $\sqrt{2}$ = 1,6A09E6 67F3BC…
         ln 2 = 0,B17217 F7D1CF…

Potenzen von 16 im Dezimalsystem

(Ziffern: 0, 1, 2, 3, 4, 5, 6, 7, 8, 9, A = 10, B = 11, C = 12, D = 13, E = 14 und F = 15)

$n=$	$16^n=$	16^{-n}
0	1	1
1	16	0,0625
2	256	0,0039 0625
3	4096	0,0002 4414 0625
4	65536	0,0000 1525 8789 0625
5	1 048576	0,0000 0095 3674 3164 0625
6	16 777216	0,0000 0005 9604 6447 7539 0625
7	268 435456	0,0000 0000 3725 2902 9846 1914 0625
8	4294 967296	0,0000 0000 0232 8306 4365 3869 6289 0625
9	68719 476736	0,0000 0000 0014 5519 1522 8366 8518 0664 0625
10	1 099511 627776	0,0000 0000 0000 9094 9470 1772 9282 3791 5039 0625
11	17 592186 044416	0,0000 0000 0000 0568 4341 8860 8080 1486 9689 9414 0625
12	281 474976 710656	0,0000 0000 0000 0035 5271 3678 8005 0092 9355 6213 3789 0625
13	4503 599627 370496	
14	72057 594037 927936	
15	1 152921 504606 846976	
16	18 446744 073709 551616	
17	295 147905 179352 825856	
18	4722 366482 869645 213696	
19	75557 863725 914323 419136	
20	1 208925 819614 629174 706176	

Potenzen von 10 im Hexadezimalsystem

$n=$		$10^n=$	$10^{-n}=$(korrekt auf 16 Stellen)
Dec		Hex	Hex
0		1	1
1		A	0,1999 9999 9999 999A
2		64	0,028F 5C28 F5C2 8F5C 3
3		3E8	0,0041 8937 4BC6 A7EF 9E
4		2710	0,0006 8DB8 BAC7 10CB 296
5		1 86A0	0,0000 A7C5 AC47 1B47 8423
6		F 4240	0,0000 10C6 F7A0 B5ED 8D37
7		98 9680	0,0000 01AD 7F29 ABCA F485 8
8		5F5 E100	0,0000 002A F31D C461 1873 BF
9		3B9A CA00	0,0000 0004 4B82 FA09 B5A5 2CC
10		2 540B E400	0,0000 0000 6DF3 7F67 5EF6 EADF
11		17 4876 E800	0,0000 0000 0AFE BFF0 BCB2 4AAF F
12		E8 D4A5 1000	0,0000 0000 0119 7998 12DE A111 9
13		918 4E72 A000	0,0000 0000 001C 25C2 6849 7681 C2
14		5AF3 107A 4000	0,0000 0000 0002 D093 70D4 2573 604
15		3 8D7E A4C6 8000	0,0000 0000 0000 480E BE7B 9D58 566D
16		23 86F2 6FC1 0000	0,0000 0000 0000 0734 ACA5 F622 6F0A E

2.3 Komplexe Zahlen

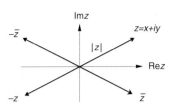

Imaginäre Einheit i

$$i^2 = -1$$

Die imaginäre Einheit wird oft auch j genannt.

Kartesische Darstellung

Komplexe Zahlen z haben die Form $z = x + iy$, wobei x und y reelle Zahlen sind.

$x = \operatorname{Re} z$ (*Realteil* von z)

$y = \operatorname{Im} z$ (*Imaginärteil* von z)

$\overline{z} = x - iy$ (*Konjugiertes* von z)

$|z| = \sqrt{x^2 + y^2}$ (*Betrag* von z)

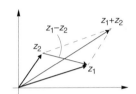

$|z_1 - z_2| = $ *Abstand* zwischen den Punkten z_1 und z_2.

$$z_1 + z_2 = (x_1 + iy_1) + (x_2 + iy_2) = (x_1 + x_2) + i(y_1 + y_2)$$

$$z_1 - z_2 = (x_1 + iy_1) - (x_2 + iy_2) = (x_1 - x_2) + i(y_1 - y_2)$$

$$z_1 \cdot z_2 = (x_1 + iy_1)(x_2 + iy_2) = (x_1 x_2 - y_1 y_2) + i(x_1 y_2 + x_2 y_1)$$

$$\frac{z_1}{z_2} = \frac{x_1 + iy_1}{x_2 + iy_2} = \frac{(x_1 + iy_1)(x_2 - iy_2)}{(x_2 + iy_2)(x_2 - iy_2)} = \frac{(x_1 x_2 + y_1 y_2) + i(x_2 y_1 - x_1 y_2)}{x_2^2 + y_2^2}$$

$$\overline{\overline{z}} = z \qquad z\overline{z} = |z|^2 \qquad \overline{z_1 \pm z_2} = \overline{z_1} \pm \overline{z_2} \qquad \overline{z_1 z_2} = \overline{z_1} \cdot \overline{z_2} \qquad \overline{\left(\frac{z_1}{z_2}\right)} = \frac{\overline{z_1}}{\overline{z_2}}$$

$$\big||z_1| - |z_2|\big| \leq |z_1 \pm z_2| \leq |z_1| + |z_2| \qquad |z_1 z_2| = |z_1| \cdot |z_2| \qquad \left|\frac{z_1}{z_2}\right| = \frac{|z_1|}{|z_2|}$$

Polardarstellung

$r =$ *Betrag* von z
$\theta =$ *Argument* von z (nur erklärt für $z \neq 0$)
$z = x + iy = r(\cos\theta + i\sin\theta) = re^{i\theta}$

$\begin{cases} x = r\cos\theta \\ y = r\sin\theta \end{cases}$
$\begin{cases} r = \sqrt{x^2 + y^2} \\ \theta = \begin{cases} \arccos(x/r), & \text{falls } y \geq 0 \\ -\arccos(x/r), & \text{falls } y < 0 \\ \text{unbestimmt}, & \text{falls } r = 0 \end{cases} \end{cases}$

$z_1 \cdot z_2 = r_1 e^{i\theta_1} \cdot r_2 e^{i\theta_2} = r_1 r_2 e^{i(\theta_1 + \theta_2)}$ $\quad \arg(z_1 z_2) = \arg z_1 + \arg z_2$

$\dfrac{z_1}{z_2} = \dfrac{r_1 e^{i\theta_1}}{r_2 e^{i\theta_2}} = \dfrac{r_1}{r_2} e^{i(\theta_1 - \theta_2)}$ $\quad \arg \dfrac{z_1}{z_2} = \arg z_1 - \arg z_2$

(Beträge multiplizieren (dividieren) und Argumente addieren (subtrahieren)!)

$z^n = (re^{i\theta})^n = r^n e^{in\theta}$ $\quad \bar{z} = r e^{-i\theta}$ $\quad \arg z^n = n \arg z$

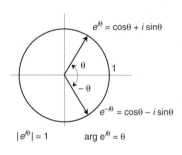
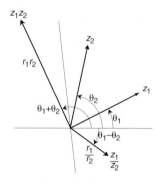

De-Moivre-Formel

$(\cos\theta + i\sin\theta)^n = \cos n\theta + i\sin n\theta$

Euler-Formel

$\cos\theta = \dfrac{e^{i\theta} + e^{-i\theta}}{2}$ $\quad \sin\theta = \dfrac{e^{i\theta} - e^{-i\theta}}{2i}$ $\quad e^{i\theta} = \cos\theta + i\sin\theta$

Komplexe Analysis, siehe Kap. 14.

2.4 Algebraische Gleichungen

Eine algebraische Gleichung besitzt die Form

(2.1) $\quad P(z) = a_n z^n + a_{n-1} z^{n-1} + \ldots + a_1 z + a_0 = 0 \quad$ (a_i komplexe Zahlen).

Der *Grad* der Gleichung ist n (wenn $a_n \neq 0$). Die *Ableitung* von $P(z)$ ist

$$P'(z) := n a_n z^{n-1} + (n-1) a_{n-1} z^{n-2} + \ldots + 2 a_2 z + a_1.$$

Nullstellen und Wurzeln

Eine Zahl r heißt *Nullstelle der Vielfachheit m* des Polynoms $P(z)$, wenn es ein Polynom $Q(z)$ mit $Q(r) \neq 0$ gibt, so daß

$$P(z) = (z-r)^m Q(z)$$

Ebenso heißt r *Wurzel* der Vielfachheit m der Gleichung $P(z) = 0$.
(Ein Algorithmus zur Bestimmung von $Q(z)$, siehe Abschn. 5.2).
Ist r eine Wurzel der Vielfachheit m ($m \geq 1$) der Gleichung $P(z) = 0$, dann ist r eine Wurzel der Vielfachheit $m-1$ der Gleichung $P'(z) = 0$.

Faktorisierungssatz

1. $P(z)$ besitzt den Faktor $(z-r) \iff P(r) = 0$
2. $P(z)$ besitzt den Faktor $(z-r)^m \iff P(r) = P'(r) = \ldots = P^{(m-1)}(r) = 0$

Fundamentalsatz der Algebra

Eine algebraische Gleichung $P(z) = 0$ vom Grad n hat in $\mathbb{C}$ genau n Wurzeln (Vielfachheit mitgezählt). Sind $r_1, \ldots, r_n$ die Wurzeln, dann gilt

$$P(z) = a_n (z - r_1) \ldots (z - r_n)$$

Beziehung zwischen Wurzeln und Koeffizienten

Sind $r_1, \ldots, r_n$ die Wurzeln von (2.1), dann gilt

$$\begin{cases} r_1 + r_2 + \ldots + r_n = -\dfrac{a_{n-1}}{a_n} \\ r_1 r_2 + r_1 r_3 + \ldots + r_{n-1} r_n = \sum_{i<j} r_i r_j = \dfrac{a_{n-2}}{a_n} \\ r_1 r_2 \ldots r_n = (-1)^n \dfrac{a_0}{a_n} \end{cases}$$

Gleichungen mit reellen Koeffizienten

Seien alle a_i in (2.1) reell.

> 1. Ist z eine nichtreelle Wurzel von (2.1), dann auch $\bar{z}$, d.h. $P(z)=0 \Rightarrow P(\bar{z})=0$
>
> 2. $P(z)$ kann in reelle Polynome vom Grad höchstens 2 faktorisiert werden
>
> 3. Sind alle a_i ganzzahlig und ist $r=p/q$ (p, q relativ prim) eine rationale Wurzel von (2.1), dann ist p ein Teiler von a_0 und q ein Teiler von a_n (*Gauß*)
>
> 4. Die Anzahl der positiven reellen Wurzeln von (2.1), Vielfachheit mitgezählt, ist entweder gleich der Anzahl der Vorzeichenwechsel in der Folge a_0, a_1, ..., a_n oder gleich dieser Zahl minus einer geraden Zahl. Sind alle Wurzeln reell, so ist nur der erste Fall möglich (*Descartes-Vorzeichenregel*)

Quadratische Gleichungen

> $$ax^2+bx+c=0 \qquad\qquad x^2+px+q=0$$
>
> $$x = \frac{-b \pm \sqrt{b^2-4ac}}{2a} \qquad\qquad x = -\frac{p}{2} \pm \sqrt{\left(\frac{p}{2}\right)^2 - q}$$

$b^2-4ac>0 \Rightarrow$ zwei verschiedene reelle Wurzeln

$b^2-4ac<0 \Rightarrow$ zwei verschiedene komplexe Wurzeln $(\pm\sqrt{-d} = \pm i\sqrt{d})$

$b^2-4ac=0 \Rightarrow$ die Wurzeln sind reell und gleich.

Der Ausdruck b^2-4ac heißt *Diskriminante*.

Seien x_1 und x_2 die Wurzeln der Gleichung $x^2+px+q=0$, dann gilt (*Viëta*)

$$\begin{cases} x_1+x_2=-p \\ x_1 x_2 = q \end{cases}$$

Kubische Gleichungen

Die Gleichung $az^3+bz^2+cz+d=0$ führt mit der Substitution $z=x-\dfrac{b}{3a}$ auf

(2.2) $\qquad x^3+px+q=0$.

Setzt man $\qquad D = \left(\dfrac{p}{3}\right)^3 + \left(\dfrac{q}{2}\right)^2, \qquad$ dann hat die Gleichung (2.2)

(*i*)   eine reelle Wurzel, falls $D>0$,
(*ii*) drei reelle Wurzeln, von denen mindestens zwei gleich sind, falls $D=0$,
(*iii*) drei verschiedene Wurzeln, falls $D<0$.

2.4 Algebraische Gleichungen

Setzt man $\quad u = \sqrt[3]{-\frac{q}{2} + \sqrt{D}}, \qquad v = \sqrt[3]{-\frac{q}{2} - \sqrt{D}}, \quad$ wobei gelten soll:

(i) $D > 0$: $\sqrt{D} > 0$, u und v reell
(ii) $D = 0$: $u = v$ reell
(iii) $D < 0$: $\sqrt{D}$ rein imaginär, u und v konjugiert zueinander, d.h. $u + v$ reell,

dann sind die Wurzeln von (2.2)

$$x_1 = u + v \qquad x_{2,3} = -\frac{u+v}{2} \pm \frac{u-v}{2} i\sqrt{3} \qquad (\text{Cardano-Formel})$$

Sind x_1, x_2, x_3 die Wurzeln der Gleichung $x^3 + rx^2 + sx + t = 0$, dann gilt

$$\begin{cases} x_1 + x_2 + x_3 = -r \\ x_1 x_2 + x_1 x_3 + x_2 x_3 = s \\ x_1 x_2 x_3 = -t \end{cases}$$

Reine Gleichungen

Eine *reine Gleichung* hat die Gestalt

$$z^n = c, \quad c \text{ komplex}.$$

1. Spezialfall $n = 2$: $z^2 = a + ib$.

   Wurzeln:

$$z = \pm \sqrt{a+ib} = \begin{cases} \pm \left[\sqrt{\frac{r+a}{2}} + i\sqrt{\frac{r-a}{2}} \right], b \geq 0 \\ \pm \left[\sqrt{\frac{r+a}{2}} - i\sqrt{\frac{r-a}{2}} \right], b \leq 0 \end{cases}, \qquad r = \sqrt{a^2 + b^2}$$

2. Allgemeiner Fall: Lösung in *Polarform* mit $c = re^{i\theta}$

$$z^n = c = re^{i(\theta + 2k\pi)}, \quad r \geq 0$$

Wurzeln: $z = \sqrt[n]{r}\, e^{i(\theta + 2k\pi)/n} = \sqrt[n]{r}\left(\cos\frac{\theta + 2k\pi}{n} + i\sin\frac{\theta + 2k\pi}{n}\right),$

$k = 0, 1, \ldots, n-1$

Bemerkung. Die Wurzeln liegen auf den Ecken eines *regulären n-Ecks* in **C**.

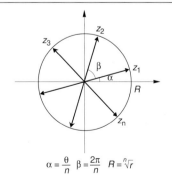

$\alpha = \frac{\theta}{n} \quad \beta = \frac{2\pi}{n} \quad R = \sqrt[n]{r}$

3 Geometrie und Trigonometrie

3.1 Ebene Figuren

Dreiecke

> a, b, c = Seiten, α, β, γ = Winkel, h = Höhe, $2p = a+b+c$ = Umfang,
> R = Umkreisradius, r = Inkreisradius, A = Fläche.

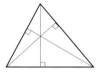

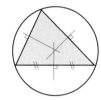
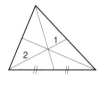

$$\frac{x}{y} = \frac{a}{b}$$

Sätze

1. (a) $\alpha + \beta + \gamma = 180°$
   (b) $\alpha < \beta < \gamma \Leftrightarrow a < b < c$

2. Jedes der folgenden Tripel schneidet sich in einem Punkt:
   (a) die Höhen
   (b) die Winkelhalbierenden (Mittelpunkt des Inkreises)
   (c) die Mittelsenkrechten (Mittelpunkt des Umkreises)
   (d) die Seitenhalbierenden (teilen sich im Verhältnis 2:1)

3. Zwei Dreiecke sind kongruent, wenn folgende Bestimmungen gleich sind:
   (a) drei Seiten
   (b) ein Winkel mit den beiden angrenzenden Seiten
   (c) eine Seite mit den beiden anliegenden Winkeln

4. Zwei Dreiecke sind ähnlich,
   $$\left(\text{d.h. } \frac{a}{a'} = \frac{b}{b'} = \frac{c}{c'} \text{ und } \alpha = \alpha', \beta = \beta', \gamma = \gamma'\right)$$
   wenn eine der folgenden Bedingungen erfüllt ist:

3.1 Ebene Figuren

(i) die Seiten sind proportional $\left(\dfrac{a}{a'} = \dfrac{b}{b'} = \dfrac{c}{c'}\right)$

(ii) je zwei der Seiten sind proportional und der von diesen eingeschlossene Winkel ist gleich ($\alpha = \alpha'$, $b/c = b'/c'$)

(iii) die Dreiecke stimmen in zwei Winkeln überein ($\alpha = \alpha'$, $\beta = \beta'$).

5. Sind zwei Dreiecke ähnlich, dann gilt

$$\frac{A}{A'} = \left(\frac{a}{a'}\right)^2 = \left(\frac{h}{h'}\right)^2 = \ldots$$

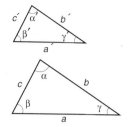

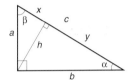

Formeln zur Dreiecksmessung

Rechtwinkliges Dreieck

$c^2 = a^2 + b^2$ (*Satz von Pythagoras*)

$A = \dfrac{ab}{2} \qquad h = \dfrac{ab}{c}, \; x = \dfrac{a^2}{c}, \; y = \dfrac{b^2}{c}$

$R = \dfrac{c}{2} \qquad r = \dfrac{a+b-c}{2}$

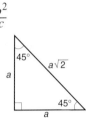

Gleichseitiges Dreieck

$A = \dfrac{a^2\sqrt{3}}{4} = \dfrac{h^2}{\sqrt{3}}$

$h = \dfrac{a\sqrt{3}}{2} \qquad R = \dfrac{a}{\sqrt{3}} \qquad r = \dfrac{a}{2\sqrt{3}}$

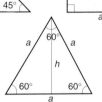

Allgemeines Dreieck

$A = \dfrac{ah}{2} = \dfrac{bc \sin\alpha}{2} = \sqrt{p(p-a)(p-b)(p-c)}$

(*Formel von Heron*)

$h_a = c \sin\beta = \dfrac{2\sqrt{p(p-a)(p-b)(p-c)}}{a}$

$m_a = \dfrac{1}{2}\sqrt{2b^2 + 2c^2 - a^2} \qquad s_a = \sqrt{bc\left[1 - \left(\dfrac{a}{b+c}\right)^2\right]}$

$R = \dfrac{abc}{4A} \qquad r = \dfrac{2A}{a+b+c} = \dfrac{A}{p}$

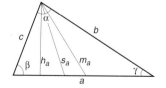

Trigonometrie am Dreieck

Für trigonometrische Formeln, siehe Abschn. 5.4.

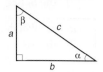

1. Rechtwinkliges Dreieck

(1) $\sin\alpha = \dfrac{a}{c}$, $\cos\alpha = \dfrac{b}{c}$, $\tan\alpha = \dfrac{a}{b}$, $\cot\alpha = \dfrac{b}{a}$

2. Allgemeines Dreieck

(2) $\dfrac{\sin\alpha}{a} = \dfrac{\sin\beta}{b} = \dfrac{\sin\gamma}{c} = \dfrac{1}{2R}$ (*Sinussatz*)

(3) $a^2 = b^2 + c^2 - 2bc\cos\alpha$ (*Cosinussatz*)

$\dfrac{a+b}{a-b} = \dfrac{\tan\dfrac{\alpha+\beta}{2}}{\tan\dfrac{\alpha-\beta}{2}}$ (*Tangenssatz*)

$A = \dfrac{bc\sin\alpha}{2}$ (*Flächenformel*)

(4) $\alpha + \beta + \gamma = 180°$ (*Winkelsumme*)

Bestimmung ebener Dreiecke

1. Rechtwinkliges Dreieck: Man verwende (1).
2. Allgemeines Dreieck:

	Gegeben		Methode: Bestimme
1.	Drei Seiten	a, b, c	α, β, γ aus (3) und (4)
2.	Zwei Seiten, der eingeschlossene Winkel	b, c, α	a aus (3); β (wenn $b<c$) aus (2); γ aus (4)
3.	Zwei Seiten, ein gegenüberliegender Winkel	b, c, β	γ aus (2); α aus (4); a aus (2). (Evtl. zwei Lösungen)
4.	Eine Seite, zwei Winkel	a, β, γ	α aus (4); b, c aus (2)

3.1 Ebene Figuren

Vierecke

> a, b, c, d = Seiten, $\quad \alpha, \beta, \gamma, \delta$ = Winkel, $\quad h$ = Höhe, $\quad e, f$ = Diagonalen,
> $2p = a+b+c+d$ = Umfang, $\quad R$ = Umkreis-, $\quad r$ = Inkreisradius, $\quad A$ = Fläche

Quadrat

$$A = a^2 = \frac{e^2}{2} \qquad R = \frac{a}{\sqrt{2}}$$

$$e = a\sqrt{2} \qquad r = \frac{a}{2}$$

Rechteck

$$A = ab$$

$$e = \sqrt{a^2 + b^2} \qquad R = \frac{e}{2}$$

Parallelogramm $(\alpha + \beta = 180°)$

$A = ah = ab \sin \alpha \qquad\qquad h = b \sin \alpha$
$e^2 + f^2 = 2(a^2 + b^2) \qquad\qquad$ (*Parallelogrammgesetz*)
$e = \sqrt{a^2 + b^2 + 2ab\cos\alpha} \qquad f = \sqrt{a^2 + b^2 - 2ab\cos\alpha}$

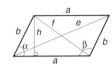

Raute

$$A = ah = a^2 \sin\alpha = \frac{1}{2}ef \qquad e^2 + f^2 = 4a^2$$

$$e = 2a \cos\frac{\alpha}{2} \qquad\qquad f = 2a \sin\frac{\alpha}{2}$$

Trapez

$$A = \frac{(a+c)h}{2} \qquad h = d\sin\alpha = b\sin\beta$$

$$e = \sqrt{a^2 + b^2 - 2ab\cos\beta} \qquad f = \sqrt{a^2 + d^2 - 2ad\cos\alpha}$$

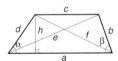

Allgemeines Viereck

$\alpha + \beta + \gamma + \delta = 360°$
$\theta = 90° \Leftrightarrow a^2 + c^2 = b^2 + d^2$
$$A = \frac{1}{2} ef \sin\theta = \frac{1}{4}(b^2 + d^2 - a^2 - c^2)\tan\theta =$$
$$= \frac{1}{4}\sqrt{4e^2f^2 - (b^2 + d^2 - a^2 - c^2)^2}$$

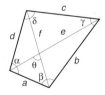

Tangentenviereck

$a + c = b + d \qquad A = pr$
Ist $\alpha + \gamma = \beta + \delta$, dann gilt
$A = \sqrt{abcd}$

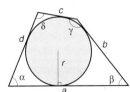

Sekantenviereck

$\alpha + \gamma = \beta + \delta = 180°$

$A = \sqrt{(p-a)(p-b)(p-c)(p-d)}$

$R = \dfrac{1}{4}\sqrt{\dfrac{(ac+bd)(ad+bc)(ab+cd)}{(p-a)(p-b)(p-c)(p-d)}}$

$e = \sqrt{\dfrac{(ad+bc)(ac+bd)}{ab+cd}} \qquad ef = ac+bd$

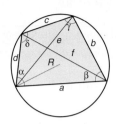

Polygone

Allgemeines Polygon (*n* Ecken)

Winkelsumme $= (n-2) \cdot 180°$ \qquad Anzahl der Diagonalen $= \dfrac{n(n-3)}{2}$

Reguläres Polygon (*n* Ecken)

a = Seite, α = Winkel, R = Umkreis-, r = Inkreisradius, A = Flächeninhalt

$\alpha = \dfrac{n-2}{n} \cdot 180° \qquad A = \dfrac{1}{4}na^2 \cot\dfrac{180°}{n}$

$r = \dfrac{a}{2}\cot\dfrac{180°}{n} \qquad R = \dfrac{a}{2\sin\dfrac{180°}{n}}$

Kreise

Sätze

1. (a) Peripheriewinkel über demselben Bogen sind gleich
   (b) Der Peripheriewinkel ist halb so groß wie der Zentriwinkel über demselben Bogen

2. Der Winkel zwischen Sehne und Tangente ist gleich dem Peripheriewinkel über der Sehne

3. Schneiden sich zwei Sehnen, so ist das Produkt der beiden Abschnitte für jede Sehne gleich

$ab = cd$

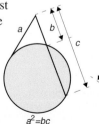
$a^2 = bc$

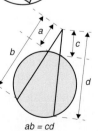
$ab = cd$

3.2 Körper

Formeln zur Kreismessung

r = Radius, d = Durchmesser, C = Umfang, s = Bogenlänge, A = Flächeninhalt, α = Winkel im Bogenmaß, Einheit ist rad (Radiant, siehe 5.4), der gestreckte Winkel 180° hat das Bogenmaß π rad (Kreiszahl $\pi = 3{,}14159\ldots$, siehe 19).

 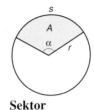 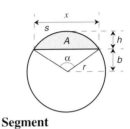

Kreis   **Sektor**   **Segment**

$C = 2\pi r = \pi d$ $s = \alpha r$ $x = 2r \sin \dfrac{\alpha}{2}$

$A = \pi r^2 = \dfrac{\pi d^2}{4}$ $A = \dfrac{sr}{2} = \dfrac{\alpha r^2}{2}$ $h = r\left(1 - \cos\dfrac{\alpha}{2}\right)$

$$h(2r - h) = \left(\dfrac{x}{2}\right)^2$$

$$h \approx \dfrac{x^2}{8r} \quad (h \ll r)$$

3.2 Körper

$$A = \dfrac{r^2}{2}(\alpha - \sin \alpha) = \dfrac{1}{2}(rs - bx)$$

Polyeder

a, b, c = Kanten, d = Diagonale, B = Grundfläche, O = Oberfläche, V = Volumen

Rechtwinkliges Parallelepiped (Quader)

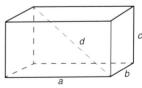

$d = \sqrt{a^2 + b^2 + c^2}$

$O = 2(ab + bc + ac)$ $\qquad V = abc$

Prisma

$V = Bh$

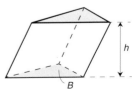

Pyramide

$V = \frac{1}{3}Bh$

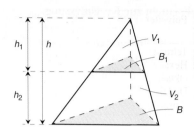

Pyramidenstumpf

$$\frac{V_1}{V} = \left(\frac{B_1}{B}\right)^{3/2} = \left(\frac{h_1}{h}\right)^3$$

$$V_2 = \frac{h_2}{3}(B + \sqrt{BB_1} + B_1)$$

Reguläre Polyeder

a=Kante, V=Volumen, S=Oberfläche, R=Umkugelradius, r=Inkugelradius

Tetraeder

$V = \dfrac{a^3\sqrt{2}}{12}$ $S = a^2\sqrt{3}$

$R = \dfrac{a\sqrt{6}}{4}$ $r = \dfrac{a\sqrt{6}}{12}$

Würfel

$V = a^3$ $S = 6a^2$

$R = \dfrac{a\sqrt{3}}{2}$ $r = \dfrac{a}{2}$

Oktaeder

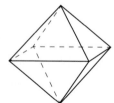

$V = \dfrac{a^3\sqrt{2}}{3}$ $S = 2a^2\sqrt{3}$

$R = \dfrac{a}{\sqrt{2}}$ $r = \dfrac{a}{\sqrt{6}}$

Dodekaeder

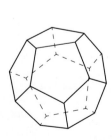

$V = \dfrac{a^3(15 + 7\sqrt{5})}{4}$

$S = 3a^2\sqrt{5(5 + 2\sqrt{5})}$

$R = \dfrac{a(1 + \sqrt{5})\sqrt{3}}{4}$

$r = \dfrac{a}{4}\sqrt{\dfrac{50 + 22\sqrt{5}}{5}}$

Ikosaeder

$V = \dfrac{5a^3}{12}(3 + \sqrt{5})$

$S = 5a^2\sqrt{3}$

$R = \dfrac{a}{4}\sqrt{2(5 + \sqrt{5})}$

$r = \dfrac{a}{2}\sqrt{\dfrac{7 + 3\sqrt{5}}{6}}$

3.2 Körper

Polyeder	Anzahl der Flächen F	Anzahl der Kanten E	Anzahl der Ecken V
Tetraeder	4	6	4
Hexaeder (Würfel)	6	12	8
Oktaeder	8	12	6
Dodekaeder	12	30	20
Ikosaeder	20	30	12

Für F, E und V gilt

$$F - E + V = 2 \qquad (Euler\text{-}Polyedersatz)$$

Diese Beziehung gilt auch für nichtreguläre Polyeder.

Zylinder

h = Höhe, r = Radius, B = Grundfläche, A = Mantelfläche, S = Oberfläche, V = Volumen

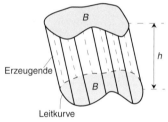

Allgemeiner Zylinder

$V = Bh$

Gerader Kreiszylinder

$B = \pi r^2 \qquad A = 2\pi rh$,

$S = 2\pi r(r+h) \qquad V = \pi r^2 h$

Kegel

h = Höhe, r = Radius, s = Länge der Erzeugenden,
B = Grund-, A = Mantel-, S = Oberfläche, V = Volumen

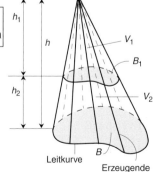

Allgemeiner Kegel

$$V = \frac{1}{3} Bh \qquad \frac{V_1}{V} = \left(\frac{B_1}{B}\right)^{3/2} = \left(\frac{h_1}{h}\right)^3$$

$$V_2 = \frac{h_2}{3}(B + \sqrt{BB_1} + B_1)$$

Gerader Kreiskegel

$s = \sqrt{r^2+h^2}$
$A = \pi r s$
$S = \pi r(r+s)$
$V = \dfrac{1}{3}\pi r^2 h$

Gerader Kreiskegelstumpf

$s = \sqrt{(r_1 - r_2)^2 + h^2}$
$A = \pi(r_1 + r_2)s$
$S = \pi[r_1^2 + (r_1 + r_2)s + r_2^2]$
$V = \dfrac{\pi h}{3}(r_1^2 + r_1 r_2 + r_2^2)$

Kugeln

r = Radius, S = Oberfläche, V = Volumen

Kugel

$S = 4\pi r^2 \qquad V = \dfrac{4}{3}\pi r^3$

Kugelabschnitt (Segment)

$a = r \sin \alpha \qquad\qquad h(2r - h) = a^2$

$h = r(1 - \cos \alpha) \qquad h \approx \dfrac{a^2}{2r} \quad (h \ll r)$

$S = 2\pi r h \qquad V = \dfrac{\pi}{3} h^2(3r - h) = \dfrac{\pi}{6} h(3a^2 + h^2)$

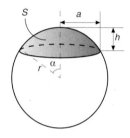

Kugelschicht

$S = 2\pi r h$

$V = \dfrac{\pi}{6} h(3a^2 + 3b^2 + h^2)$

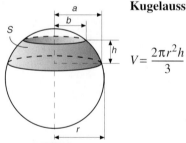

Kugelausschnitt

$V = \dfrac{2\pi r^2 h}{3}$

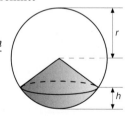

Kreistorus

$S = 4\pi^2 r_1 r_2$
$V = 2\pi^2 r_1 r_2^2$

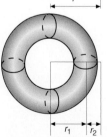

Räumlicher Winkel (in Steradiant)

$\omega = $ Oberfläche auf der Einheitskugel ($\omega \leq 4\pi$)

Kugelsegment

$\omega = 4\pi \sin^2 \dfrac{\alpha}{2}$

Sphärisches Dreieck

$\omega = \alpha + \beta + \gamma - \pi$ (*Sphärischer Exzeß*)

$\tan \dfrac{\omega}{2} = \dfrac{|\mathbf{a} \cdot (\mathbf{b} \times \mathbf{c})|}{1 + \mathbf{a} \cdot \mathbf{b} + \mathbf{b} \cdot \mathbf{c} + \mathbf{c} \cdot \mathbf{a}}$

(*Euler-Eriksson-Formel*)

3.3 Sphärische Trigonometrie

Sphärische Dreiecke

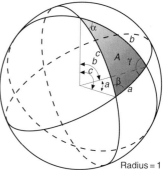

Radius = 1

$a, b, c = $ Seiten, $\alpha, \beta, \gamma = $ Winkel. Alle sechs als Winkel in Grad gemessen und kleiner als 180°

$s = \dfrac{1}{2}(a+b+c) \qquad \sigma = \dfrac{1}{2}(\alpha + \beta + \gamma)$

Ein *sphärisches Dreieck* wird durch drei Großkreise auf einer Kugel begrenzt, das sind Kreise mit Mittelpunkt im Kugelmittelpunkt.

Allgemeine Eigenschaften

(Zyklische Permutationen ergeben weitere Regeln)

(1) $0° < a+b+c < 360°$ \qquad (2) $180° < \alpha + \beta + \gamma < 540°$

(3) $\alpha < \beta < \gamma \Leftrightarrow a < b < c$ \qquad (4) $a+b > c$ \qquad (5) $\alpha + \beta < \gamma + 180°$

(6) $\dfrac{\sin \alpha}{\sin a} = \dfrac{\sin \beta}{\sin b} = \dfrac{\sin \gamma}{\sin c}$ \quad (*Sinussatz*)

(7) $\cos a = \cos b \cos c + \sin b \sin c \cos \alpha$
(8) $\cos \alpha = -\cos \beta \cos \gamma + \sin \beta \sin \gamma \cos a$ \quad (*1. und 2. Cosinussatz*)

Gleichungen von Delambre \qquad *Gleichungen von Neper*

(9a) $\sin \dfrac{\alpha}{2} \sin \dfrac{b+c}{2} = \sin \dfrac{a}{2} \cos \dfrac{\beta - \gamma}{2}$ \quad (10a) $\tan \dfrac{b+c}{2} \cos \dfrac{\beta + \gamma}{2} = \tan \dfrac{a}{2} \cos \dfrac{\beta - \gamma}{2}$

(9b) $\sin\dfrac{\alpha}{2}\cos\dfrac{b+c}{2}=\cos\dfrac{a}{2}\cos\dfrac{\beta+\gamma}{2}$ (10b) $\tan\dfrac{b-c}{2}\sin\dfrac{\beta+\gamma}{2}=\tan\dfrac{a}{2}\sin\dfrac{\beta-\gamma}{2}$

(9c) $\cos\dfrac{\alpha}{2}\sin\dfrac{b-c}{2}=\sin\dfrac{a}{2}\sin\dfrac{\beta-\gamma}{2}$ (10c) $\tan\dfrac{\beta+\gamma}{2}\cos\dfrac{b+c}{2}=\cot\dfrac{\alpha}{2}\cos\dfrac{b-c}{2}$

(9d) $\cos\dfrac{\alpha}{2}\cos\dfrac{b-c}{2}=\cos\dfrac{a}{2}\sin\dfrac{\beta+\gamma}{2}$ (10d) $\tan\dfrac{\beta-\gamma}{2}\sin\dfrac{b+c}{2}=\cot\dfrac{\alpha}{2}\sin\dfrac{b-c}{2}$

Halb-Winkel-Formeln

(11a) $\sin^2\dfrac{\alpha}{2}=\dfrac{\sin(s-b)\sin(s-c)}{\sin b\sin c}$ (11b) $\cos^2\dfrac{\alpha}{2}=\dfrac{\sin s\sin(s-a)}{\sin b\sin c}$

(11c) $\sin^2\dfrac{a}{2}=-\dfrac{\cos\sigma\cos(\sigma-\alpha)}{\sin\beta\sin\gamma}$ (11d) $\cos^2\dfrac{a}{2}=\dfrac{\cos(\sigma-\beta)\cos(\sigma-\gamma)}{\sin\beta\sin\gamma}$

Fläche des sphärischen Dreiecks

Sphärischer Exzeß $E=\alpha+\beta+\gamma-180°$

$$\tan\frac{E}{4}=\left(\tan\frac{s}{2}\tan\frac{s-a}{2}\tan\frac{s-b}{2}\tan\frac{s-c}{2}\right)^{1/2}$$

Fläche $A=\pi R^2 E/180$

Bestimmung sphärischer Dreiecke

Beachte Bedingungen (1)–(5) bei der Ermittlung der Lösung.

Gegeben		Methode: Bestimme
1. Drei Seiten	a, b, c	α, β, γ aus (7) oder (11)
2. Drei Winkel	α, β, γ	a, b, c aus (8) oder (11)
3. Zwei Seiten, der eingeschlossene Winkel	b, c, α	$\dfrac{\beta+\gamma}{2}$ und $\dfrac{\beta-\gamma}{2}$ aus (10), dann δ und γ; a aus (8) oder (11).
4. Zwei Winkel, die eingeschlossene Seite	β, γ, a	$\dfrac{b+c}{2}$ und $\dfrac{b-c}{2}$ aus (10), dann b und c; α aus (7) oder (11).
5. Zwei Seiten, ein gegenüberliegender Winkel	b, c, β	γ aus (6); α und a aus (10) (Evtl. zwei Lösungen)
6. Zwei Winkel, eine gegenüberliegende Seite	β, γ, b	c aus (6); α und a aus (10) (Evtl. zwei Lösungen)

3.4 Vektoren in der Geometrie

Neper-Regel für rechtwinklige sphärische Dreiecke
Sei $\gamma = 90°$

Der Sinus eines jeden Winkel ist gleich

1. dem Produkt der Tangens der beiden im Diagramm benachbarten Winkel
2. dem Produkt der Cosinus der beiden im Diagramm gegenüberliegenden Winkel

3.4 Vektoren in der Geometrie

Vektoren

Ein (geometrischer) *Vektor* in der Ebene oder im Raum ist charakterisiert durch *Richtung* und *Länge*.
Bezeichnung: $\mathbf{a}, \mathbf{b}, \ldots, \overrightarrow{AB}, \overrightarrow{CD}, \ldots$

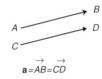

$\mathbf{a} = \mathbf{b} \Leftrightarrow \mathbf{a}$ und $\mathbf{b}$ gehen durch *Parallelverschiebung* auseinander hervor.

$|\mathbf{a}| = |\overrightarrow{AB}| = $ *Länge* von $\mathbf{a}$.

Orthonormale Basis

Sei $\mathbf{e}_x, \mathbf{e}_y$ (und $\mathbf{e}_z$) eine *orthonormale Basis* (ONS)
[d.h. $\mathbf{e}_x \perp \mathbf{e}_y, \mathbf{e}_y \perp \mathbf{e}_z, \mathbf{e}_z \perp \mathbf{e}_x, |\mathbf{e}_x| = |\mathbf{e}_y| = |\mathbf{e}_z| = 1$]
in der Ebene bzw. im Raum und *rechtsorientiert* (ONRS) [d.h. $[\mathbf{e}_x, \mathbf{e}_y, \mathbf{e}_z] = 1$].
Andere Bezeichnung: $\mathbf{i} = \mathbf{e}_x, \mathbf{j} = \mathbf{e}_y, \mathbf{k} = \mathbf{e}_z$

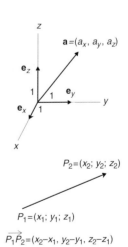

$\mathbf{a} = a_x \mathbf{e}_x + a_y \mathbf{e}_y + a_z \mathbf{e}_z = a_x \mathbf{i} + a_y \mathbf{j} + a_z \mathbf{k} = (a_x, a_y, a_z)$
$\mathbf{0} = (0, 0, 0), \mathbf{e}_x = (1, 0, 0), \mathbf{e}_y = (0, 1, 0), \mathbf{e}_z = (0, 0, 1)$
$|\mathbf{a}| = \sqrt{a_x^2 + a_y^2 + a_z^2}$
$P_1 = (x_1; y_1; z_1)$ und $P_2 = (x_2; y_2; z_2)$ Punkte $\Rightarrow$
$\overrightarrow{P_1 P_2} = (x_2 - x_1, y_2 - y_1, z_2 - z_1)$

Vektoralgebra

$\mathbf{a} = (a_x, a_y, a_z), \mathbf{b} = (b_x, b_y, b_z), \mathbf{c} = (c_x, c_y, c_z)$
in einem ONRS, s, t reelle Zahlen

Addition und Subtraktion

$\mathbf{a}+\mathbf{b}=(a_x+b_x,\ a_y+b_y,\ a_z+b_z)$

$\mathbf{a}-\mathbf{b}=(a_x-b_x,\ a_y-b_y,\ a_z-b_z)$

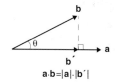

Multiplikation mit einem Skalar

$t\mathbf{a}=(ta_x,\ ta_y,\ ta_z)$

$\mathbf{a}+\mathbf{b}=\mathbf{b}+\mathbf{a}$	$(\mathbf{a}+\mathbf{b})+\mathbf{c}=\mathbf{a}+(\mathbf{b}+\mathbf{c})$	$s(t\mathbf{a})=(st)\mathbf{a}$
$t(\mathbf{a}+\mathbf{b})=t\mathbf{a}+t\mathbf{b}$	$(s+t)\mathbf{a}=s\mathbf{a}+t\mathbf{a}$	

Skalarprodukt

Die Zahl $\mathbf{a}\cdot\mathbf{b}$ ist definiert als $\mathbf{a}\cdot\mathbf{b}=|\mathbf{a}|\cdot|\mathbf{b}|\cos\theta = a_xb_x+a_yb_y+a_zb_z$

$\mathbf{a}\cdot\mathbf{b}=\mathbf{b}\cdot\mathbf{a}$	$(s\mathbf{a})\cdot(t\mathbf{b})=(st)(\mathbf{a}\cdot\mathbf{b})$
$\mathbf{a}\cdot(\mathbf{b}+\mathbf{c})=\mathbf{a}\cdot\mathbf{b}+\mathbf{a}\cdot\mathbf{c}$	
$\mathbf{a}\cdot\mathbf{a}=|\mathbf{a}|^2 \quad \mathbf{a}\cdot\mathbf{b}=0 \Leftrightarrow \mathbf{a}\perp\mathbf{b}$	

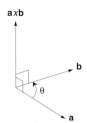

$\mathbf{a}\cdot\mathbf{b}=|\mathbf{a}|\cdot|\mathbf{b}'|$

Vektorprodukt

Der Vektor $\mathbf{a}\times\mathbf{b}$ ist definiert durch

(i) $|\mathbf{a}\times\mathbf{b}|=|\mathbf{a}|\cdot|\mathbf{b}|\cdot\sin\theta$
(ii) $\mathbf{a}\times\mathbf{b}$ ist orthogonal zu $\mathbf{a}$ und $\mathbf{b}$
(iii) $\mathbf{a}, \mathbf{b}, \mathbf{a}\times\mathbf{b}$ bilden ein Rechtssystem

$\mathbf{a}\times\mathbf{b}=(a_yb_z-a_zb_y,\ a_zb_x-a_xb_z,\ a_xb_y-a_yb_x)=\begin{vmatrix} \mathbf{e}_x & \mathbf{e}_y & \mathbf{e}_z \\ a_x & a_y & a_z \\ b_x & b_y & b_z \end{vmatrix}$

$\mathbf{a}\times\mathbf{b}=-\mathbf{b}\times\mathbf{a}$	$(\mathbf{a}\times\mathbf{b})\times\mathbf{c}\neq\mathbf{a}\times(\mathbf{b}\times\mathbf{c})$ i. allg.
$(s\mathbf{a})\times(t\mathbf{b})=(st)(\mathbf{a}\times\mathbf{b})$	$\mathbf{a}\times(\mathbf{b}+\mathbf{c})=\mathbf{a}\times\mathbf{b}+\mathbf{a}\times\mathbf{c}$
$\mathbf{a}\times\mathbf{a}=\mathbf{0} \quad \mathbf{e}_x\times\mathbf{e}_y=\mathbf{e}_z$	$\mathbf{e}_y\times\mathbf{e}_z=\mathbf{e}_x \quad \mathbf{e}_z\times\mathbf{e}_x=\mathbf{e}_y$

Spatprodukt

$[\mathbf{a},\mathbf{b},\mathbf{c}]=\mathbf{a}\cdot(\mathbf{b}\times\mathbf{c})=\begin{vmatrix} a_x & a_y & a_z \\ b_x & b_y & b_z \\ c_x & c_y & c_z \end{vmatrix}$

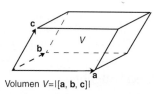

Volumen $V=|[\mathbf{a},\mathbf{b},\mathbf{c}]|$

$[\mathbf{a},\mathbf{b},\mathbf{c}]=[\mathbf{b},\mathbf{c},\mathbf{a}]=[\mathbf{c},\mathbf{a},\mathbf{b}]=-[\mathbf{c},\mathbf{b},\mathbf{a}]=-[\mathbf{b},\mathbf{a},\mathbf{c}]=-[\mathbf{a},\mathbf{c},\mathbf{b}]$
$[\mathbf{a},\mathbf{b},\mathbf{c}]=0\ (>0) \Leftrightarrow \mathbf{a},\mathbf{b},\mathbf{c}$ sind komplanar (bzw. bilden ein Rechtssystem)

Mehrfache Produkte

$\mathbf{a} \times (\mathbf{b} \times \mathbf{c}) = -(\mathbf{b} \times \mathbf{c}) \times \mathbf{a} = (\mathbf{a} \cdot \mathbf{c})\mathbf{b} - (\mathbf{a} \cdot \mathbf{b})\mathbf{c}$ *(Graßmann-Entwicklung)*

$(\mathbf{a} \times \mathbf{b}) \cdot (\mathbf{c} \times \mathbf{d}) = (\mathbf{a} \cdot \mathbf{c})(\mathbf{b} \cdot \mathbf{d}) - (\mathbf{b} \cdot \mathbf{c})(\mathbf{a} \cdot \mathbf{d})$ *(Lagrange-Identität)*

3.5 Ebene analytische Geometrie

$P = (x; y)$, $P_1 = (x_1; y_1)$, ... Punkte, $\mathbf{a} = (a_x, a_y)$ ... Vektoren

1. *Abstand* zwischen P_1 und $P_2 = \sqrt{(x_1 - x_2)^2 + (y_1 - y_2)^2}$

2. *Mittelpunkt* $P_m = \left(\dfrac{x_1 + x_2}{2}; \dfrac{y_1 + y_2}{2} \right)$

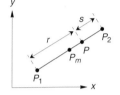

3. *P teilt P_1P_2 im Verhältnis r/s*: $P = \left(\dfrac{rx_2 + sx_1}{r + s}; \dfrac{ry_2 + sy_1}{r + s} \right)$

4. *Dreiecksschwerpunkt* (Seitenhalbierendenschnittpunkt)

$P_c = \left(\dfrac{x_1 + x_2 + x_3}{3}; \dfrac{y_1 + y_2 + y_3}{3} \right)$

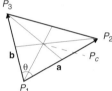

5. *Dreiecksfläche* =

$= \pm \dfrac{1}{2} \begin{vmatrix} a_x & a_y \\ b_x & b_y \end{vmatrix} = \pm \dfrac{1}{2} \begin{vmatrix} x_2 - x_1 & y_2 - y_1 \\ x_3 - x_1 & y_3 - y_1 \end{vmatrix} = \pm \dfrac{1}{2}(x_1y_2 + x_2y_3 + x_3y_1 - x_2y_1 - x_3y_2 - x_1y_3)$

6. *Fläche des Polygons* $P_1P_2 \ldots P_n =$

$= \pm \dfrac{1}{2}(x_1y_2 + x_2y_3 + \ldots + x_{n-1}y_n + x_ny_1 - x_2y_1 - x_3y_2 - \ldots - x_ny_{n-1} - x_1y_n)$

7. *Winkel θ zwischen zwei Vektoren*: $\cos \theta = \dfrac{\mathbf{a} \cdot \mathbf{b}}{|\mathbf{a}| \cdot |\mathbf{b}|} = \dfrac{a_xb_x + a_yb_y}{\sqrt{a_x^2 + a_y^2}\sqrt{b_x^2 + b_y^2}}$

Geraden

Richtungsvektor $\mathbf{v} = (\alpha, \beta)$

Richtungswinkel θ

Normalenvektor $\mathbf{n} = (A, B) \mathbin{/\mkern-6mu/} (-\beta, \alpha)$

Steigung $k = \tan \theta = \dfrac{\beta}{\alpha} = -\dfrac{A}{B} = \dfrac{y_2 - y_1}{x_2 - x_1}$

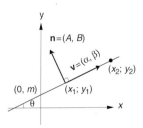

Darstellungen

8. *Allgemeine Form*: $Ax+By+C=0$, $\mathbf{n}=(A,B)$, $k=-\dfrac{A}{B}$

9. *Punkt-Steigungsform*: $y-y_1=k(x-x_1)$

10. *Steigungs–y-Abschnittsform*: $y=kx+m$

11. *Achsenabschnittsform*: $\dfrac{x}{a}+\dfrac{y}{b}=1$

12. *Normalform*: $\dfrac{Ax+By+C}{\sqrt{A^2+B^2}}=0$

13. *Parameterform*: $\mathbf{r}=\mathbf{r}_0+t\mathbf{v} \Leftrightarrow \begin{cases} x=x_0+\alpha t \\ y=y_0+\beta t \end{cases}$

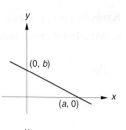
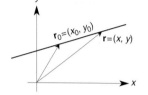

14. *Winkel* θ zwischen Geraden mit Steigungen k_1, k_2: $\tan\theta=\pm\dfrac{k_1-k_2}{1+k_1k_2}$

15. Zwei Geraden mit Steigungen k_1, k_2 sind *senkrecht* zueinander $\Leftrightarrow k_1k_2=-1$

16. *Abstand d von P_1 und* $Ax+By+C=0$: $d=\pm\dfrac{Ax_1+By_1+C}{\sqrt{A^2+B^2}}$

Kurven zweiter Ordnung (Kegelschnitte)

Allgemeine Form

(3.1) $\qquad Ax^2+2Bxy+Cy^2+2Dx+2Ey+F=0 \qquad (A,B,C)\neq(0,0,0)$

Normalform

$$x^2+py^2+q=0 \quad \text{oder} \quad x^2+2ry=0$$

Klassifikation (vgl. auch S.101)

Bedingung	Fall	Mögliche Kurven
$AC-B^2>0$	*elliptisch*	Ellipse (Kreis), Punkt, leere Menge
$AC-B^2=0$	*parabolisch*	Parabel, zwei parallele Geraden, Gerade
$AC-B^2<0$	*hyperbolisch*	Hyperbel, zwei schneidende Geraden

Normalform von (3.1) herstellen

(a) $B=0$: Quadratische Ergänzung, dann Typ in S. 81, 82 oder 101 ablesen:

$A(x+D/A)^2+C(y+E/C)^2 = D^2/A + E^2/C - F$, Mittelpunkt $(-D/A, -E/C)$

(b) $B\neq 0$: Spektralmethode aus 4.6 anwenden, dann weiter mit (a)

3.5 Ebene analytische Geometrie

Kreis

a. Mittelpunkt im Ursprung, Radius R: $x^2+y^2=R^2$

Parameterdarstellung: $\begin{cases} x=R\cos t \\ y=R\sin t \end{cases}$, $0\le t\le 2\pi$

Fläche $=\pi R^2$, Umfang $=2\pi R$.

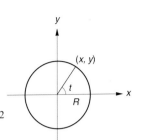

b. Mittelpunkt in (x_0, y_0), Radius R: $(x-x_0)^2+(y-y_0)^2=R^2$
Parameterdarstellung: $x=x_0+R\cos t$, $y=y_0+R\sin t$

c. Drei-Punkte-Formel

$$\begin{vmatrix} x^2+y^2 & x & y & 1 \\ x_1^2+y_1^2 & x_1 & y_1 & 1 \\ x_2^2+y_2^2 & x_2 & y_2 & 1 \\ x_3^2+y_3^2 & x_3 & y_3 & 1 \end{vmatrix}=0$$

Ellipse

$\boxed{2a=\text{große Achse}, 2b=\text{kleine Achse} \ (\text{wenn } a>b)}$

a. Mittelpunkt im Ursprung, große Achse längs x-Achse:

$$\frac{x^2}{a^2}+\frac{y^2}{b^2}=1$$

Parameterform: $\begin{cases} x=a\cos t \\ y=b\sin t \end{cases}$, $0\le t\le 2\pi$

Polarform: $r^2=\dfrac{a^2b^2}{a^2\sin^2\theta+b^2\cos^2\theta}$

Brennpunkte $F_1\,(c,0)$, $F_2\,(-c,0)$, $c=\sqrt{a^2-b^2}$

Exzentrizität $e=c/a$ ($0\le e<1$)

Fläche $=\pi ab = \pi a^2\sqrt{1-e^2}$

Umfang $=4a\,E(k)$ mit $k=\sqrt{a^2-b^2}/a$.   (Elliptisches Integral, Abschn. 12.5)

Umfang $\approx \pi(a+b)\left(1+\dfrac{3\lambda^2}{10+\sqrt{4-3\lambda^2}}\right)$, $\lambda=\dfrac{a-b}{a+b}$. Relativer Fehler $\approx \dfrac{3e^{20}}{2^{36}}$,

(Ramanujan-Formel) $e=$ Exzentrizität

Leitlinien $x=\pm\dfrac{a}{e}$ $(a>b)$

b. Mittelpunkt in (x_0, y_0): $\dfrac{(x-x_0)^2}{a^2}+\dfrac{(y-y_0)^2}{b^2}=1$

Parameterdarstellung: $x=x_0+a\cos t$, $y=y_0+b\sin t$.

Parabel

Scheitel im Ursprung

Brennpunkt in $(p, 0)$

Leitlinie $x = -p$

Exzentrizität $e = 1$

Gleichung: $y^2 = 4px$

Polardarstellung: $r = \dfrac{4p\cos\theta}{\sin^2\theta}$, $\theta \neq 0$

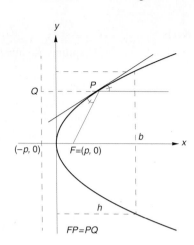

Abschnitt (Segment)

Fläche $= 2bh/3$

Bogenlänge $= \sqrt{b^2 + 16h^2}/2 + (b^2/8h)\ln[(4h + \sqrt{b^2 + 16h^2})/b]$

Rotation um x-Achse

Volumen $= \pi b^2 h/8$

Oberfläche $= \pi b[(b^2 + 16h^2)^{3/2} - b^3]/96h^2$

Hyperbel

$\boxed{2a = \text{reelle Achse}, \ 2b = \text{imaginäre Achse}}$

Mittelpunkt im Ursprung, reelle Achse längs der x-Achse

$$\frac{x^2}{a^2} - \frac{y^2}{b^2} = 1$$

Parameterdarstellung des rechten Zweiges: $\begin{cases} x = a \cosh t \\ y = b \sinh t \end{cases} \quad -\infty < t < \infty$

Polardarstellung: $r^2 = \dfrac{a^2 b^2}{b^2 \cos^2\theta - a^2 \sin^2\theta}$

Brennpunkte $F_1(c, 0)$, $F_2(-c, 0)$, $c = \sqrt{a^2 + b^2}$

Exzentrizität $e = c/a \quad (e > 1)$

Asymptoten $y = \pm bx/a$

Leitlinien $x = \pm \dfrac{a}{e}$

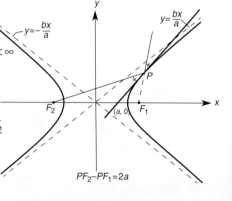

3.6 Analytische Geometrie des Raumes

$P=(x; y; z)$, $P_1=(x_1; y_1; z_1)$ ... Punkte, $\mathbf{a}=(a_x, a_y, a_z)$ ... Vektoren

1. *Abstand* zwischen P_1 und $P_2 =$

   $= \sqrt{(x_1-x_2)^2+(y_1-y_2)^2+(z_1-z_2)^2}$

2. *Mittelpunkt* $P_m = \left(\dfrac{x_1+x_2}{2}; \dfrac{y_1+y_2}{2}; \dfrac{z_1+z_2}{2}\right)$

3. P teilt P_1P_2 im *Verhältnis* r/s:

   $P = \left(\dfrac{rx_2+sx_1}{r+s}; \dfrac{ry_2+sy_1}{r+s}; \dfrac{rz_2+sz_1}{r+s}\right)$

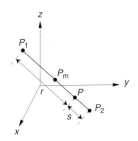

4. *Schwerpunkt* eines Tetraeders

   $P_c = \left(\dfrac{x_0+x_1+x_2+x_3}{4}; ...; ...\right)$

5. *Dreiecksfläche* $P_1P_2P_3 = \dfrac{1}{2}\left|\overrightarrow{P_1P_2} \times \overrightarrow{P_1P_3}\right|$

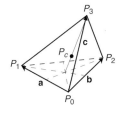

6. *Tetraedervolumen* $= \pm \dfrac{1}{6}[\mathbf{a}, \mathbf{b}, \mathbf{c}] = \pm \dfrac{1}{6}\begin{vmatrix} a_x & a_y & a_z \\ b_x & b_y & b_z \\ c_x & c_y & c_z \end{vmatrix}$

7. Winkel θ zwischen Vektoren: $\cos\theta = \dfrac{\mathbf{a}\cdot\mathbf{b}}{|\mathbf{a}|\cdot|\mathbf{b}|} = \dfrac{a_xb_x+a_yb_y+a_zb_z}{\sqrt{a_x^2+a_y^2+a_z^2}\sqrt{b_x^2+b_y^2+b_z^2}}$

Geraden und Ebenen

Geraden

Richtungsvektor $\mathbf{v}=(\alpha, \beta, \gamma)$, Punkt $P_0=(x_0; y_0; z_0)$

Gerade l gegeben durch

(1) Punkt $P_0=(x_0; y_0; z_0) \in l$ und Richtungsvektor $\mathbf{v}$

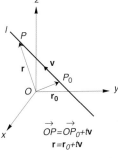

Gleichung: $\begin{cases} x=x_0+\alpha t \\ y=y_0+\beta t \\ z=z_0+\gamma t \end{cases} \Leftrightarrow \dfrac{x-x_0}{\alpha} = \dfrac{y-y_0}{\beta} = \dfrac{z-z_0}{\gamma}$

$\overrightarrow{OP} = \overrightarrow{OP_0}+t\mathbf{v}$
$\mathbf{r} = \mathbf{r}_0+t\mathbf{v}$

(2) zwei Punkte P_1, P_2. Setze $\mathbf{v} = \overrightarrow{P_1P_2} = (x_2-x_1, y_2-y_1, z_2-z_1)$ und nehme (1)

Ebenen

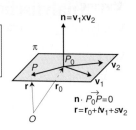

Normalenvektor $\mathbf{n}=(A, B, C)$, Punkt $P_0=(x_0; y_0; z_0)$,
Aufspannende Vektoren $\mathbf{v}_1=(\alpha_1, \beta_1, \gamma_1)$, $\mathbf{v}_2=(\alpha_2, \beta_2, \gamma_2)$

Allgemeine Gleichung: $Ax+By+Cz+D=0$

Ebene π gegeben durch

(3) $P_0=(x_0; y_0; z_0) \in \pi$ und Normalenvektor $\mathbf{n}$
$$A(x-x_0)+B(y-y_0)+C(z-z_0)=0$$

(4) $P_0 \in \pi$ und aufspannende Vektoren $\mathbf{v}_1$, $\mathbf{v}_2$ in der Ebene

(a) Berechne $\mathbf{n}=\mathbf{v}_1 \times \mathbf{v}_2$ und verwende (3) oder

(b) $\begin{vmatrix} x-x_0 & y-y_0 & z-z_0 \\ \alpha_1 & \beta_1 & \gamma_1 \\ \alpha_2 & \beta_2 & \gamma_2 \end{vmatrix} = 0$ oder

(c) $\begin{cases} x = x_0 + \alpha_1 t + \alpha_2 s \\ y = y_0 + \beta_1 t + \beta_2 s \\ z = z_0 + \gamma_1 t + \gamma_2 s \end{cases}$ (Parameterdarstellung)

(5) Drei Punkte $P_0, P_1, P_2 \in \pi$

Berechne $\mathbf{n} = \overrightarrow{P_0P_1} \times \overrightarrow{P_0P_2}$ und verwende (3).

(6) Achsenabschnitte:
$$\frac{x}{a}+\frac{y}{b}+\frac{z}{c} = 1 \quad \text{(Achsenabschnittsform)}$$

Winkel

Zwischen zwei Geraden: $\cos \theta = \dfrac{|\mathbf{v}_1 \cdot \mathbf{v}_2|}{|\mathbf{v}_1| \cdot |\mathbf{v}_2|}$

Zwischen Gerade und Ebene: $\cos(90°-\theta) = \dfrac{|\mathbf{v} \cdot \mathbf{n}|}{|\mathbf{v}| \cdot |\mathbf{n}|}$

Zwischen zwei Ebenen: $\cos \theta = \dfrac{|\mathbf{n}_1 \cdot \mathbf{n}_2|}{|\mathbf{n}_1| \cdot |\mathbf{n}_2|}$

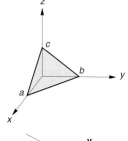
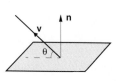
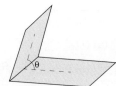

3.6 Analytische Geometrie des Raumes

Abstand

Von Punkt P_1 zur Gerade durch P_0:
$$d = \frac{|\mathbf{v} \times \overrightarrow{P_0 P_1}|}{|\mathbf{v}|}$$

Von Punkt P_1 zur Ebene durch Punkt P_0:
$$d = \frac{|\mathbf{n} \cdot \overrightarrow{P_0 P_1}|}{|\mathbf{n}|} = \frac{|A x_1 + B y_1 + C z_1 + D|}{\sqrt{A^2 + B^2 + C^2}}$$

Zwischen zwei nicht parallelen Geraden (P_1, P_2 beliebig auf je einer Geraden)
$$d = \frac{|\overrightarrow{P_1 P_2} \cdot (\mathbf{v}_1 \times \mathbf{v}_2)|}{|\mathbf{v}_1 \times \mathbf{v}_2|}$$

Orthogonale Zerlegung von a längs b

Sei $|\mathbf{b}| = 1$.

$\mathbf{a} = \mathbf{a_b} + \mathbf{a_b}^\perp$	
$\mathbf{a_b} = (\mathbf{b} \cdot \mathbf{a}) \mathbf{b}$	(Komponente von **a** in Richtung **b**)
$\mathbf{a_b}^\perp = (\mathbf{b} \times \mathbf{a}) \times \mathbf{b}$	(Komponente von **a** senkrecht **b**)

Orthogonale Projektion auf eine Gerade oder Ebene (siehe 4.7)

Flächenverhältnisse

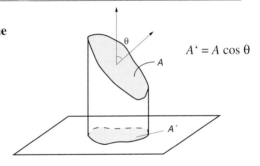

$A' = A \cos \theta$

Flächen zweiter Ordnung (Quadriken)

Allgemeine Form

(3.2) $\quad A x^2 + B y^2 + C z^2 + 2 D x y + 2 E x z + 2 F y z + 2 G x + 2 H y + 2 K z + L = 0$

Normalform
$$x^2 + p y^2 + q z^2 + r = 0 \quad \text{oder} \quad x^2 + p y^2 + 2 s z = 0$$

Klassifikation (siehe S. 86 und S. 102)

Normalform von (3.2) herstellen

(a) $(D, E, F) = (0, 0, 0)$: Quadratische Ergänzung, Typ aus S. 86, S. 102 ablesen

(b) $(D, E, F) \neq (0, 0, 0)$: Spektralmethode aus 4.6 anwenden, dann weiter mit (a)

Flächen zweiter Ordnung in Normalform

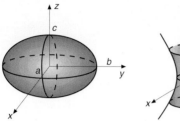
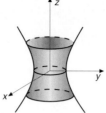
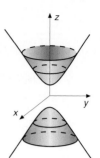

Ellipsoid

$$\frac{x^2}{a^2} + \frac{y^2}{b^2} + \frac{z^2}{c^2} = 1$$

$V = (4\pi abc)/3$

Einschaliges Hyperboloid

$$\frac{x^2}{a^2} + \frac{y^2}{b^2} - \frac{z^2}{c^2} = 1$$

Zweischaliges Hyperboloid

$$\frac{x^2}{a^2} + \frac{y^2}{b^2} - \frac{z^2}{c^2} = -1$$

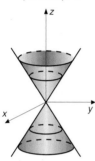

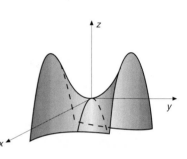

Elliptischer Kegel

$$\frac{x^2}{a^2} + \frac{y^2}{b^2} - \frac{z^2}{c^2} = 0$$

Elliptisches Paraboloid

$$z = \frac{x^2}{a^2} + \frac{y^2}{b^2}$$

Hyperbolisches Paraboloid

$$z = \frac{y^2}{b^2} - \frac{x^2}{a^2}$$

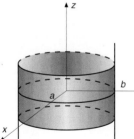
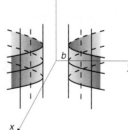

Elliptischer Zylinder

$$\frac{x^2}{a^2} + \frac{y^2}{b^2} = 1$$

Hyperbolischer Zylinder

$$\frac{x^2}{a^2} - \frac{y^2}{b^2} = -1$$

Parabolischer Zylinder

$$z = \frac{x^2}{a^2}$$

Nicht dargestellt sind die ausgearteten Flächen (siehe 4.6):
Ebenenpaar (parallel oder schneidend), Ebene, Gerade, Punkt, leere Menge.

4 Lineare Algebra

4.1 Matrizen

Grundlagen

Im folgenden werden nur reelle Vektoren und Matrizen betrachtet.

Spaltenvektor $\mathbf{a} = \begin{bmatrix} a_1 \\ \dots \\ a_n \end{bmatrix} \in \mathbf{R}^n$ \quad *Zeilenvektor* $\mathbf{a}^T = (a_1, \dots, a_n)$

Skalarprodukt $\mathbf{a}^T \mathbf{b} = a_1 b_1 + \dots + a_n b_n$

Norm (Länge) $|\mathbf{a}| = \sqrt{\mathbf{a}^T \mathbf{a}} = \sqrt{a_1^2 + \dots + a_n^2}$

Matrix vom Typ $m \times n$ \quad (A heißt *quadratisch von der Ordnung n*, falls $m=n$)

$$A = \begin{bmatrix} a_{11} & \dots & a_{1n} \\ \dots & & \\ a_{m1} & \dots & a_{mn} \end{bmatrix} = (a_{ij}) = [\mathbf{a}_1, \dots, \mathbf{a}_j, \dots, \mathbf{a}_n], \quad \mathbf{a}_j = \begin{bmatrix} a_{1j} \\ \dots \\ a_{mj} \end{bmatrix}$$

Transponierte von A: $A^T = \begin{bmatrix} a_{11} & \dots & a_{m1} \\ \dots & & \\ a_{1n} & \dots & a_{mn} \end{bmatrix}$, Typ $n \times m$ (Zeilen werden zu Spalten)

Diagonalmatrix $D = \begin{bmatrix} a_{11} & 0 & \dots & 0 \\ 0 & a_{22} & \dots & 0 \\ \dots & & \ddots & \\ 0 & 0 & \dots 0 & a_{nn} \end{bmatrix} = \text{diag}(a_{11}, \dots, a_{nn}) \quad (a_{ij} = 0, i \neq j)$

Einheitsmatrix $I = \text{diag}(1, 1, \dots, 1)$ vom Typ $n \times n$

Untere Dreiecksmatrix $T = \begin{bmatrix} a_{11} & 0 & 0 & \dots & 0 \\ a_{21} & a_{22} & 0 & \dots & 0 \\ \dots & & & & \\ a_{n1} & a_{n2} & & \dots & a_{nn} \end{bmatrix} \quad (a_{ij} = 0, i < j)$

Obere Dreiecksmatrix T^T, wenn T untere Dreiecksmatrix

Exponentialmatrix von A: $e^A = \sum_{n=0}^{\infty} \frac{1}{n!} A^n$ \quad (A quadratisch)

Inverse von A : A^{-1} erfüllt $AA^{-1} = A^{-1}A = I$ \quad (A quadratisch)
A ist *symmetrisch*, falls $A = A^T \Leftrightarrow a_{ij} = a_{ji}$, für alle i, j
A ist *orthogonal*, wenn A quadratisch ist und $A^T A = I \Leftrightarrow A^T = A^{-1}$

Matrixalgebra

1. Addition $C = A + B : c_{ij} = a_{ij} + b_{ij}$ (A, B, C vom selben Typ)
2. Subtraktion $C = A - B : c_{ij} = a_{ij} - b_{ij}$ (A, B, C vom selben Typ)
3. Multiplikation mit einer Zahl, $C = xA : c_{ij} = xa_{ij}$ (A, C vom selben Typ)
4. Produkt AB von zwei Matrizen:

   Ist $\text{Typ}(A) = m \times n$, $\text{Typ}(B) = n \times p$, dann ist $C = AB$ vom Typ $m \times p$ und

$$c_{ij} = \sum_{k=1}^{n} a_{ik} b_{kj}$$

Beachte: $AB = A[\mathbf{b}_1, \ldots, \mathbf{b}_p] = [A\mathbf{b}_1, \ldots, A\mathbf{b}_p]$

$A\mathbf{b} = b_1\mathbf{a}_1 + b_2\mathbf{a}_2 + \ldots + b_n\mathbf{a}_n$

$A + B = B + A$	$(A + B) + C = A + (B + C)$	$x(A + B) = xA + xB$
$AB \neq BA$ (i. allg.)	$(AB)C = A(BC)$	$IA = AI = A$
$A(B + C) = AB + AC$	$(A + B)C = AC + BC$	$(AB)^T = B^T A^T$
$(AB)^{-1} = B^{-1} A^{-1}$	$(A^{-1})^T = (A^T)^{-1}$	$(A + B)^T = A^T + B^T$
$e^{A+B} = e^A e^B$, falls $AB = BA$	$(e^A)^{-1} = e^{-A}$	$\dfrac{d}{dx} e^{xA} = A e^{xA}$

Differentiation

$A = A(x) = (a_{ij}(x))$, $B = B(x)$ $\Rightarrow$ (i) $A'(x) = (a_{ij}'(x))$ (ii) $(A + B)' = A' + B'$

(iii) $(AB)' = AB' + A'B$ (iv) $(A^2)' = AA' + A'A$ (v) $(A^{-1})' = -A^{-1} A' A^{-1}$

Matrixnormen, vgl. 16.2.

Rang

Elementare Zeilenumformungen

I. Vertauschung zweier Zeilen.
II. Multiplikation einer Zeile mit einer konstanten Zahl $\neq 0$.
III. Addition des beliebigen Vielfachen einer Zeile zu einer anderen Zeile.

Bezeichnung: $A \sim B$, wenn B durch endlich viele elementare Zeilenumformungen aus A hervorgeht.

4.1 Matrizen

Beispiel 1

$$A = \begin{bmatrix} 1 & 1 & 1 \\ 2 & -1 & 5 \\ -1 & 0 & -2 \end{bmatrix} \begin{array}{c} \text{\scriptsize$(-2)$}(+) \\ \\ \end{array} \sim \begin{bmatrix} 1 & 1 & 1 \\ 0 & -3 & 3 \\ 0 & 1 & -1 \end{bmatrix} \left(\tfrac{1}{3}\right) \sim \begin{bmatrix} 1 & 1 & 1 \\ 0 & -1 & 1 \\ 0 & 1 & -1 \end{bmatrix} (+) \sim \begin{bmatrix} 1 & 1 & 1 \\ 0 & -1 & 1 \\ 0 & 0 & 0 \end{bmatrix}$$

Zeilenstufenform und *Pivotelement* verdeutlicht die Figur

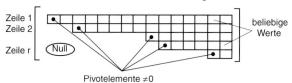

In jeder Zeile stehen links vor dem Pivotelement • nur Nullen, ebenso in den Spalten unter •. Liest man von oben nach unten, so rückt • pro Zeile um mindestens eine Stelle nach rechts.

Jede Matrix läßt sich mit elementaren Zeilenumformungen in eine Zeilenstufenform verwandeln. Die Anzahl r von Zeilen $\neq \mathbf{0}$ ist eindeutig bestimmt.

Definition des Ranges

Folgende Charakterisierungen des *Rangs* $r(A)$ einer Matrix A sind äquivalent:

1. Die Anzahl der Zeilen $\neq \mathbf{0}$ in der Zeilenstufenform $A' \sim A$
2. Die Anzahl linear unabhängiger Zeilen oder Spalten von A
3. Die Ordnung der größten Unterdeterminante $\neq 0$ von A

Beispiel 2. $r(A) = 2$ für A aus Bsp.1 oben.

$r(AB) \leq \min[r(A), r(B)] \qquad r(AA^T) = r(A^TA) = r(A)$

Spur

Ist A quadratisch vom Typ $n \times n$, dann ist die *Spur* (engl. *trace*) von A

$$\text{Spur } A = \sum_{i=1}^{n} a_{ii} \quad \text{(d.h. die Summe der Diagonalelemente)}.$$

Spur $(x_1 A + x_2 B) = x_1$ Spur $A + x_2$ Spur B	(x_1, x_2 skalar)
Spur $(AB) =$ Spur (BA)	(Typ$(A) = m \times n$, Typ$(B) = n \times m$)
Spur $A = \sum_{i=1}^{n} \lambda_i$	(λ_i Eigenwerte von A, siehe 4.5)

4.2 Determinanten

Definition

Die *Determinante n-ter Ordnung* einer quadratischen $n \times n$-Matrix A ist die Zahl

$$D = \det A = \begin{vmatrix} a_{11} & \cdots & a_{1n} \\ & \cdots & \\ a_{n1} & \cdots & a_{nn} \end{vmatrix} = \Sigma(-1)^{\alpha} a_{1p_1} \cdots a_{np_n} \quad (n!\text{ Summanden})$$

Die Summe erstreckt sich über alle *Permutationen* $(p_1, ..., p_n)$ von $(1, ..., n)$ und α ist die Anzahl der Paare (p_i, p_j) dieser Permutation mit $p_i > p_j$, falls $i < j$. (Oder α ist die Anzahl der nötigen Vertauschungen, um $(p_1, ..., p_n)$ in $(1, ..., n)$ zu bringen.)

Geometrische Interpretation. $|D|$ = Volumen des n-dimensionalen Parallelepipeds, das von den Spalten- (oder Zeilen-) Vektoren von A aufgespannt wird.

Spezialfälle

1. $n = 2$: $\begin{vmatrix} a_{11} & a_{12} \\ a_{21} & a_{22} \end{vmatrix} = a_{11}a_{22} - a_{12}a_{21}$

2. $n = 3$: $\begin{vmatrix} a_{11} & a_{12} & a_{13} \\ a_{21} & a_{22} & a_{23} \\ a_{31} & a_{32} & a_{33} \end{vmatrix} = a_{11}a_{22}a_{33} + a_{12}a_{23}a_{31} + a_{13}a_{21}a_{32} - a_{11}a_{23}a_{32} - a_{12}a_{21}a_{33} - a_{13}a_{22}a_{31}$

3. (Determinate in Dreiecksform)

$$\begin{vmatrix} a_{11} & a_{12} & \cdots & a_{1n} \\ 0 & a_{22} & \cdots & a_{2n} \\ & \cdots & & \\ 0 & 0 & \cdots & a_{nn} \end{vmatrix} = \begin{vmatrix} a_{11} & 0 & 0 & \cdots & 0 \\ a_{21} & a_{22} & 0 & \cdots & 0 \\ & \cdots & & & \\ a_{n1} & a_{n2} & & \cdots & a_{nn} \end{vmatrix} = a_{11}a_{22} \cdots a_{nn}$$

---

1. $\det A^T = \det A$ 2. $\det(AB) = (\det A)(\det B)$ 3. $\det A^{-1} = 1/\det A$
4. $\det I = 1$ 5. $\det(xA) = x^n \det A$ 6. $\det A = \lambda_1 \lambda_2 \cdots \lambda_n$ (λ_i Eigenwerte)

---

7. Werden alle Elemente einer Zeile (Spalte) mit einer Konstanten c multipliziert, dann multipliziert sich die Determinante auch mit c.
8. Vertauschung zweier Zeilen (Spalten) ändert das Vorzeichen der Determinante.
9. Die Determinante ändert sich nicht, wenn das Vielfache einer Zeile (Spalte) zu einer anderen Zeile (Spalte) addiert wird.
10. Die Determinante ist Null, wenn (a) alle Elemente einer Zeile (Spalte) Null sind oder (b) zwei Zeilen (Spalten) identisch sind.

Entwicklung einer Determinante. Kofaktor

Die *Unterdeterminante* D_{ij} der Ordnung $(n-1) \times (n-1)$ ergibt sich, wenn man die *i*-te Zeile und die *j*-te Spalte von D streicht.

Kofaktor $A_{ij} = (-1)^{i+j} D_{ij}$.

11. $\det A = a_{i1}A_{i1} + a_{i2}A_{i2} + \ldots + a_{in}A_{in}$ (Entwicklung nach der *i*-ten Zeile)
12. $\det A = a_{1j}A_{1j} + a_{2j}A_{2j} + \ldots + a_{nj}A_{nj}$ (Entwicklung nach der *j*-ten Spalte)

Beispiel.

$$\begin{vmatrix} 1 & 2 & 3 & 4 \\ 5 & 0 & 2 & 0 \\ 3 & 4 & 1 & 1 \\ 2 & 3 & 4 & 5 \end{vmatrix} = [\text{Entwicklg. n. 2.Zeile}] = 5 \cdot (-1)^{2+1} \begin{vmatrix} 2 & 3 & 4 \\ 4 & 1 & 1 \\ 3 & 4 & 5 \end{vmatrix} + 2 \cdot (-1)^{2+3} \begin{vmatrix} 1 & 2 & 4 \\ 3 & 4 & 1 \\ 2 & 3 & 5 \end{vmatrix}$$

Inverse einer Matrix

13. A^{-1} existiert $\Leftrightarrow$ $\det A \neq 0$ $\Leftrightarrow$ Zeilen (Spalten) von A sind linear unabhängig

Berechnung von A^{-1}

a) *Kofaktor-Methode*: $[A^{-1}]_{ij} = \dfrac{1}{\det A} A_{ji}$.

b) *Gauß-Jordan oder Jacobi-Methode*: Mit elementaren Zeilenumformungen

$$[A \mid I] = \begin{bmatrix} a_{11} \ldots a_{1n} & 1 \ldots 0 \\ \ldots & \ldots \\ a_{n1} \ldots a_{nn} & 0 \ldots 1 \end{bmatrix} \sim \begin{bmatrix} 1 \ldots 0 & b_{11} \ldots b_{1n} \\ \ldots & \ldots \\ 0 \ldots 1 & b_{n1} \ldots b_{nn} \end{bmatrix} = [I \mid B],$$

dann ist $B = A^{-1}$.

c) Spezialfall $n=2$: $\begin{bmatrix} a_{11} & a_{12} \\ a_{21} & a_{22} \end{bmatrix}^{-1} = \dfrac{1}{a_{11}a_{22} - a_{12}a_{21}} \begin{bmatrix} a_{22} & -a_{12} \\ -a_{21} & a_{11} \end{bmatrix}$.

Pseudoinverse, siehe 4.5.

Blockinversion

$$\begin{array}{c} \begin{array}{cc} (p) & (q) \end{array} \\ \begin{array}{c} (p) \\ (q) \end{array} \begin{bmatrix} A & 0 \\ \hline 0 & B \end{bmatrix}^{-1} \end{array} = \begin{array}{c} \begin{array}{cc} (p) & (q) \end{array} \\ \begin{array}{c} (p) \\ (q) \end{array} \begin{bmatrix} A^{-1} & 0 \\ \hline 0 & B^{-1} \end{bmatrix} \end{array} \quad (\text{Typ}(A) = p \times p, \text{Typ}(B) = q \times q)$$

4.3 Lineare Gleichungssysteme

Ein System von m linearen Gleichungen für n Unbekannte $x_1, \ldots, x_n$ hat die Form

$$(LG) \begin{cases} a_{11}x_1 + a_{12}x_2 + \ldots + a_{1n}x_n = b_1 \\ a_{21}x_1 + a_{22}x_2 + \ldots + a_{2n}x_n = b_2 \\ \ldots \\ a_{m1}x_1 + a_{m2}x_2 + \ldots + a_{mn}x_n = b_m \end{cases}$$

$\Leftrightarrow$

$$(LG) \quad A\mathbf{x} = \mathbf{b}, \quad A = \begin{bmatrix} a_{11} & \ldots & a_{1n} \\ \ldots & & \\ a_{m1} & \ldots & a_{mn} \end{bmatrix}, \mathbf{x} = \begin{bmatrix} x_1 \\ \ldots \\ x_n \end{bmatrix}, \mathbf{b} = \begin{bmatrix} b_1 \\ \ldots \\ b_m \end{bmatrix}$$

$\Leftrightarrow$

$$(LG) \quad x_1\mathbf{a}_1 + x_2\mathbf{a}_2 + \ldots + x_n\mathbf{a}_n = \mathbf{b}, \quad \mathbf{a}_j = \begin{bmatrix} a_{1j} \\ \ldots \\ a_{mj} \end{bmatrix}$$

(LG) heißt *homogen*, wenn alle $b_i = 0$, andernfalls *inhomogen*.
Die Matrix A heißt *Koeffizientenmatrix* und die Matrix

$$B = \begin{bmatrix} a_{11} & \ldots & a_{1n} & b_1 \\ \ldots & & & \\ a_{m1} & \ldots & a_{mn} & b_n \end{bmatrix} = [\mathbf{a}_1, \ldots, \mathbf{a}_n, \mathbf{b}]$$

ist die *erweiterte Koeffizientenmatrix*.

Anzahl von Lösungen

	Homogenes System		Inhomogenes System	
	Annahmen	Lösungsanzahl*	Annahmen	Lösungsanzahl*
$n<m$	$r(A)=n$	1	$r(A)<r(B)$	0
	$r(A)<n$	∞	$r(A)=r(B)=n$	1
			$r(A)=r(B)<n$	∞
$n=m$	$r(A)=n \Leftrightarrow$ $\det A \neq 0$	1	$r(A)=r(B)=n$ $\Leftrightarrow \det A \neq 0$	1
	$r(A)<n \Leftrightarrow$ $\det A = 0$	∞	$r(A)<r(B)$ $r(A)=r(B)<n$	0 ∞
$n>m$		∞	$r(A)<r(B)$ $r(A)=r(B)$	0 ∞
* Im Falle ∞ ist die Anzahl freier Variabler (Unbestimmter) genau $n-r(A)$.				

4.3 Lineare Gleichungssysteme

Gauß-Elimination

Durch elementare Zeilenumformungen [d.h.1.Zeilenvertauschung,2.Multiplikation einer Zeile mit einer Konstanten $\neq 0$, 3. Addieren einer Zeile zu einer andern] wird das System (*LG*) in *Zeilenstufenform* verwandelt. Hieraus bestimmt man die Unbekannten durch *Rückwärtssubstitution*, wobei zwei Arten von Variablen auftreten:

1. *Basisvariable, abhängige Variable*: durch Pivotstellen bestimmt.
2. *Freie Variable*: die restlichen Variablen.

> **Beispiel.**
> $$\begin{cases} x - y - 2z + u = 0 \\ x - 2y + z - u = -2 \\ 2x - y - z + 3u = 2 \end{cases} \Leftrightarrow \begin{cases} x - y - 2z + u = 0 \\ -y + 3z - 2u = -2 \\ y + 3z + u = 2 \end{cases} \Leftrightarrow$$
> $$\Leftrightarrow \begin{cases} x - y - 2z + u = 0 \quad (1) \\ -y + 3z - 2u = -2 \quad (2) \\ 6z - u = 0 \quad (3) \end{cases}$$
>
> Lösung:
> Setze $u = 6t$ (t beliebig) $\overset{(3)}{\Rightarrow} z = u/6 = t \overset{(2)}{\Rightarrow} y = 2 + 3z - 2u = 2 - 9t \overset{(1)}{\Rightarrow} x = y + 2z - u = 2 - 13t$
>
> (x, y, z sind Basisvariable, u ist freie Variable)

Quadratische Systeme

Ist in (*LG*) $m = n$ und $\det A \neq 0$, dann läßt sich die *eindeutige* Lösung direkt hinschreiben (Vorsicht: Explizit ist das meist ein viel zu großer Rechenaufwand):

1. $\mathbf{x} = A^{-1}\mathbf{b}$ (*inverse Matrix*) oder
2. $x_j = D_j/D$, $j = 1, \ldots, n$, wobei $D = \det A$ und D_j die Determinante ist, die dadurch entsteht, daß die j-te Spalte von D durch $b_1, \ldots, b_n$ ersetzt wird (*Cramer-Regel*).

Lineare Ausgleichsrechnung

Hat (*LG*) keine Lösung, dann bleibt für alle $\mathbf{x}$ ein *Defekt* $\mathbf{d} = A\mathbf{x} - \mathbf{b} \neq \mathbf{0}$.
Wird für ein $\mathbf{x}$ die *mittlere quadratische Abweichung*

$$\eta = \sqrt{\frac{1}{m}(\varepsilon_1^2 + \ldots + \varepsilon_n^2)} = \frac{1}{\sqrt{m}}|A\mathbf{x} - \mathbf{b}|$$

minimal, wobei

$$\begin{cases} \varepsilon_1 = a_{11}x_1 + \ldots + a_{1n}x_n - b_1 \\ \ldots \\ \varepsilon_m = a_{m1}x_1 + \ldots + a_{mn}x_n - b_m \end{cases},$$

so nennt man $\mathbf{x}$ eine *im quadratischen Mittel „beste Lösung"*.
Eine solche Lösung gibt es immer:

> **Satz**
> Jede Lösung des quadratischen $n \times n$-Systems
> $$A^T A \mathbf{x} = A^T \mathbf{b} \qquad (Gau\beta\text{-}Normalgleichung)$$
> ergibt eine im quadratischen Mittel beste Lösung von $A\mathbf{x} = \mathbf{b}$.
> Die Gauß-Normalgleichung hat für jedes A und $\mathbf{b}$ stets eine Lösung.

4.4 Lineare Koordinatentransformationen

Orthogonale Matrizen

Die Vektoren $\mathbf{a}, \mathbf{b}$ sind *orthogonal* ($\mathbf{a} \perp \mathbf{b}$), wenn $\mathbf{a}^T\mathbf{b} = a_1 b_1 + \ldots + a_n b_n = 0$

> *Definition.* Eine reelle quadratische Matrix P heißt *orthogonal*, wenn $P^T P = I$.

Sei $P = (p_{ij}) = [\mathbf{p}_1, \mathbf{p}_2, \ldots, \mathbf{p}_n]$, d.h. $\mathbf{p}_j$ sind die Spalten von P, dann gilt

> 1. P ist orthogonal $\Leftrightarrow$ Spalten von P sind normiert und paarweise orthogonal
> $\Leftrightarrow \mathbf{p}_i^T \mathbf{p}_j = 0$ ($i \neq j$), $|\mathbf{p}_i| = 1$.
> 2. P orthogonal $\Rightarrow$
>   (a) P^T ist orthogonal   (b) $P^{-1} = P^T$
>   (c) $\det P = \pm 1$ (d) $(P\mathbf{a})^T(P\mathbf{b}) = \mathbf{a}^T \mathbf{b}$
>   (e) $|P\mathbf{a}| = |\mathbf{a}|$ (f) $\mathbf{a} \perp \mathbf{b} \Leftrightarrow P\mathbf{a} \perp P\mathbf{b}$
>   (g) $|\lambda| = 1$ für jeden Eigenwert λ von P.
> 3. P, Q orthogonale $n \times n$-Matrizen $\Rightarrow PQ$ orthogonal.

Koordinatentransformationen

(Darstellung für den 3-dimensionalen Fall, beliebige Dimension analog, siehe 4.8.)
Gegeben: Zwei Koordinatensysteme mit den Basen $\mathbf{e}_x, \mathbf{e}_y, \mathbf{e}_z$ bzw. $\bar{\mathbf{e}}_x, \bar{\mathbf{e}}_y, \bar{\mathbf{e}}_z$.
Beziehung zwischen den Basisvektoren (P = Transformationsmatrix):

$$(4.1) \quad \begin{cases} \bar{\mathbf{e}}_x = p_{11}\mathbf{e}_x + p_{21}\mathbf{e}_y + p_{31}\mathbf{e}_z \\ \bar{\mathbf{e}}_y = p_{12}\mathbf{e}_x + p_{22}\mathbf{e}_y + p_{32}\mathbf{e}_z \\ \bar{\mathbf{e}}_z = p_{13}\mathbf{e}_x + p_{23}\mathbf{e}_y + p_{33}\mathbf{e}_z \end{cases}, \quad P = \begin{bmatrix} p_{11} & p_{12} & p_{13} \\ p_{21} & p_{22} & p_{23} \\ p_{31} & p_{32} & p_{33} \end{bmatrix} = [\bar{\mathbf{e}}_x, \bar{\mathbf{e}}_y, \bar{\mathbf{e}}_z]$$

Merke. Die Spalten von P sind die Basisvektoren $\bar{\mathbf{e}}_x, \bar{\mathbf{e}}_y, \bar{\mathbf{e}}_z$ in Komponentendarstellung bezüglich der Basis $\mathbf{e}_x, \mathbf{e}_y, \mathbf{e}_z$.

4.5 Eigenwerte. Diagonalisierung

Komponenten eines Vektors

Hat **v** die Komponenten (v_x, v_y, v_z) und $(\bar{v}_x, \bar{v}_y, \bar{v}_z)$ bezüglich der Basen $\mathbf{e}_x, \mathbf{e}_y, \mathbf{e}_z$ bzw. $\bar{\mathbf{e}}_x, \bar{\mathbf{e}}_y, \bar{\mathbf{e}}_z$, dann gilt

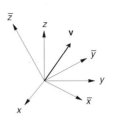

(4.2)
$$\begin{bmatrix} v_x \\ v_y \\ v_z \end{bmatrix} = P \begin{bmatrix} \bar{v}_x \\ \bar{v}_y \\ \bar{v}_z \end{bmatrix}$$

Beide Basen orthonormal (ON-Basis, vgl. S.104) $\Rightarrow$ P orthogonal.

Koordinaten eines Punktes

Hat der Punkt A die Koordinaten $(x; y; z)$ und $(\bar{x}; \bar{y}; \bar{z})$ bezüglich der Koordinatensysteme $(O, \mathbf{e}_x, \mathbf{e}_y, \mathbf{e}_z)$ bzw. $(\Omega, \bar{\mathbf{e}}_x, \bar{\mathbf{e}}_y, \bar{\mathbf{e}}_z)$, wobei $\Omega = (x_0; y_0; z_0)$ im x,y,z-System, dann gilt

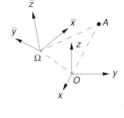

(4.3)
$$\begin{bmatrix} x \\ y \\ z \end{bmatrix} = \begin{bmatrix} x_0 \\ y_0 \\ z_0 \end{bmatrix} + P \begin{bmatrix} \bar{x} \\ \bar{y} \\ \bar{z} \end{bmatrix}$$

1. Basen der beiden Koordinatensysteme orthonormal $\Rightarrow$ P orthogonal
2. Beide Koordinatensysteme kartesisch $\Rightarrow$ P orthogonal, det $P = 1$ (Drehmatrix).

Gedrehtes Koordinatensystem in der Ebene

Koordinaten eines Punktes A

$$\begin{cases} x = \bar{x} \cos \alpha - \bar{y} \sin \alpha \\ y = \bar{x} \sin \alpha + \bar{y} \cos \alpha \end{cases} \Leftrightarrow \begin{cases} \bar{x} = x \cos \alpha + y \sin \alpha \\ \bar{y} = -x \sin \alpha + y \cos \alpha \end{cases}$$

Drehung um eine Gerade im Raum. Siehe 4.8.

4.5 Eigenwerte. Diagonalisierung

Definition

Die Zahl λ heißt *Eigenwert* der quadratischen Matrix A, wenn es einen Vektor $\mathbf{g} \neq \mathbf{0}$ gibt, so daß

(4.4) $\qquad A\mathbf{g} = \lambda \mathbf{g}$

$\mathbf{g}$ heißt *Eigenvektor* von A zum Eigenwert λ.

Die charakteristische Gleichung

λ ist Eigenwert von A $\Leftrightarrow$ $\det(A - \lambda I) = \begin{vmatrix} a_{11}-\lambda & a_{12} & \cdots & a_{1n} \\ a_{21} & a_{22}-\lambda & & \cdot \\ \cdots & & & \cdot \\ a_{n1} & \cdots & & a_{nn}-\lambda \end{vmatrix} = 0$

Produkt und Summe aller Eigenwerte
$$\lambda_1 \lambda_2 \cdots \lambda_n = \det A, \qquad \lambda_1 + \lambda_2 + \cdots + \lambda_n = \text{Spur } A.$$

Symmetrische Matrizen

A reell und symmetrisch $\Rightarrow$ ($A^T = A$)	(a) alle Eigenwerte sind reell (b) es gibt ein ONS aus Eigenvektoren von A (c) $\mathbf{a}^T(A\mathbf{b}) = (A\mathbf{a})^T \mathbf{b}$

Spektraltheorem für symmetrische Matrizen

Ist A symmetrisch und sind $\lambda_1, \ldots, \lambda_n$ die (nicht notwendig verschiedenen) Eigenwerte von A, dann gibt es Eigenvektoren $\mathbf{g}_1, \ldots, \mathbf{g}_n$, so daß

1. $|\mathbf{g}_i| = 1$ und $\mathbf{g}_i \perp \mathbf{g}_j$ ($i \neq j$), d.h. normiert und paarweise orthogonal (ONS),
2. $P := [\mathbf{g}_1, \mathbf{g}_2, \ldots, \mathbf{g}_n]$ ist eine orthogonale Matrix,
3. $P^T A P = D = \text{diag}(\lambda_1, \lambda_2, \ldots, \lambda_n)$,
4. $A = PDP^T$, $A^k = PD^k P^T = P \, \text{diag}(\lambda_1^k, \ldots, \lambda_n^k) P^T$,
5. $\lambda_{min} \leq \dfrac{\mathbf{x}^T A \mathbf{x}}{|\mathbf{x}|^2} \leq \lambda_{max}$, ($\mathbf{x} \neq \mathbf{0}$) (Gleichheit $\Leftrightarrow$ $\mathbf{x}$ = zugehöriger Eigenvektor).

Beispiel. $A = \begin{bmatrix} 1 & 0 & -4 \\ 0 & 5 & 4 \\ -4 & 4 & 3 \end{bmatrix}$. Charakt. Gleichung $\begin{vmatrix} 1-\lambda & 0 & -4 \\ 0 & 5-\lambda & 4 \\ -4 & 4 & 3-\lambda \end{vmatrix} = -\lambda^3 + 9\lambda^2 + 9\lambda - 81 = 0$

mit Wurzeln $\lambda_1 = 9$, $\lambda_2 = 3$, $\lambda_3 = -3$.

Zugehörige Eigenvektoren: $\lambda_1 = 9$: $A \begin{bmatrix} x \\ y \\ z \end{bmatrix} = 9 \begin{bmatrix} x \\ y \\ z \end{bmatrix} \Rightarrow \left. \begin{array}{r} -8x - 4z = 0 \\ -4y + 4z = 0 \\ -4x + 4y - 6z = 0 \end{array} \right\}$

mit allgemeiner Lösung $x = -t$, $y = 2t$, $z = 2t$. Wähle $\mathbf{g}_1 = \dfrac{1}{3} \begin{bmatrix} -1 \\ 2 \\ 2 \end{bmatrix}$. Analog $\mathbf{g}_2 = \dfrac{1}{3} \begin{bmatrix} 2 \\ 2 \\ -1 \end{bmatrix}$

und $\mathbf{g}_3 = \dfrac{1}{3} \begin{bmatrix} 2 \\ -1 \\ 2 \end{bmatrix}$, so daß $P = \dfrac{1}{3} \begin{bmatrix} -1 & 2 & 2 \\ 2 & 2 & -1 \\ 2 & -1 & 2 \end{bmatrix}$ und $D = P^T A P = \begin{bmatrix} 9 & 0 & 0 \\ 0 & 3 & 0 \\ 0 & 0 & -3 \end{bmatrix}$.

4.5 Eigenwerte. Diagonalisierung

Affine Diagonalisierung

Hat die quadratische Matrix A n verschiedene reelle Eigenwerte $\lambda_1, \ldots, \lambda_n$, dann ist sie *diagonalisierbar*, d.h.

(1) es gibt eine Basis des $\mathbf{R}^n$ aus Eigenvektoren $\mathbf{g}_1, \ldots, \mathbf{g}_n$ von A.

(2) $L^{-1}AL = D = \mathrm{diag}(\lambda_1, \ldots, \lambda_n)$, wobei $L=[\mathbf{g}_1, \ldots, \mathbf{g}_n]$.

Beachte. Im Falle mehrfacher Eigenwerte gibt es i.allg. *keine* Basis aus Eigenvektoren von A und die Diagonalform (2) ist *nicht* möglich (vgl. 4.10).

Verallgemeinertes Eigenwertproblem

Sei A invertierbar

(4.5) $\quad B\mathbf{g} = \lambda A\mathbf{g}, \; \mathbf{g} \neq \mathbf{0}$

(Das ist (4.4), wenn $A=I$.)

Die Zahl λ ist ein Eigenwert von (4.5) $\Leftrightarrow \det(B-\lambda A)=0$.

Verallgemeinertes Spektraltheorem

Seien (i) A, B symmetrisch, A positiv definit
und (ii) $\lambda_1, \ldots, \lambda_n$ Eigenwerte von (4.5), dann gilt

1. Alle Eigenwerte sind reell,
2. Es gibt eine Basis von zugehörigen Eigenvektoren $\mathbf{g}_1, \ldots, \mathbf{g}_n$, so daß
   $\mathbf{g}_i^T A \mathbf{g}_j = \delta_{ij}$ und $\mathbf{g}_i^T B \mathbf{g}_j = \lambda_j \delta_{ij}$,
3. Ist $L=[\mathbf{g}_1, \ldots, \mathbf{g}_n]$, dann ist $\det L \neq 0$ und es gilt
   $L^T A L = I, \quad L^T B L = \mathrm{diag}(\lambda_1, \ldots, \lambda_n)$ (*Simultane Diagonalisierung*)
4. $\lambda_{min} \leq \dfrac{\mathbf{x}^T B \mathbf{x}}{\mathbf{x}^T A \mathbf{x}} \leq \lambda_{max}, \; \mathbf{x} \neq \mathbf{0}$.

Singulärwertzerlegung

Jede $m \times n$-Matrix A kann zerlegt werden in

$\qquad A = QSP^T$,

wobei S eine $m \times n$ Matrix vom „Diagonaltyp", d.h. $s_{ij}=0, i \neq j$
$\qquad P$ eine $n \times n$ orthogonale Matrix,
$\qquad Q$ eine $m \times m$ orthogonale Matrix ist.

Bestimmung von P, Q und S

Die Matrix A^TA ist eine positiv semidefinite symmetrische $n\times n$-Matrix (mit nicht-negativen Eigenwerten λ_i). Seien $\lambda_1, \lambda_2, ..., \lambda_r > 0$ und $\lambda_{r+1}, ..., \lambda_n = 0$ und sei $\mathbf{g}_1, \mathbf{g}_2, ..., \mathbf{g}_n$ ein ONS zugehöriger Eigenvektoren im $\mathbf{R}^n$.

Bestimmung von P: Die Spalten von P sind die Vektoren $\mathbf{g}_1, ..., \mathbf{g}_n$, d.h. $P=[\mathbf{g}_1, ..., \mathbf{g}_n]$

Bestimmung von S: $s_{ii} = \mu_i = \sqrt{\lambda_i}$, $i=1, ..., r$ (*Singulärwerte* von A)

Restliche $s_{ij}=0$.

Bestimmung von Q: Setze $\mathbf{h}_i = \dfrac{1}{\mu_i} A\mathbf{g}_i$, $i=1, ..., r$, und vervollständige, falls $r<m$, mit den Vektoren $\mathbf{h}_{i+1}, ..., \mathbf{h}_m$ zu einem ONS des $\mathbf{R}^m$, dann ist $Q=[\mathbf{h}_1, ..., \mathbf{h}_m]$.

Eigenschaften

1. Rang von A = Anzahl der μ_i = Anzahl der $\lambda_i > 0$ (vgl. 4.1 und 4.8)
2. Euklidische Norm $\|A\| = \max \mu_i$ (vgl. 16.2)
3. Ist A quadratisch und invertierbar, dann ist die *Konditionszahl*

$$\kappa(A) = \frac{\max \mu_i}{\min \mu_i}$$ (vgl. 16.2)

Pseudoinverse

Die (eindeutig bestimmte) *Pseudoinverse* A^+ (vom Typ $n\times m$) einer beliebigen $m\times n$-Matrix A mit der Singulärwertzerlegung $A=QSP^T$ ist definiert durch

$$A^+ = PS^+Q^T,$$

wobei S^+ die $n\times m$-Matrix vom „Diagonaltyp" ist mit den Elementen $[S^+]_{ii} = \dfrac{1}{\mu_i}$, $i=1, ..., r$, und den restlichen Elementen $=0$

Bemerkungen.

1. Ist A *qudratisch* und *invertierbar* im gewöhnlichen Sinne, dann ist $A^+ = A^{-1}$.
2. A^TA invertierbar $\Rightarrow A^+ = (A^TA)^{-1}A^T$
3. AA^T invertierbar $\Rightarrow A^+ = A^T(AA^T)^{-1}$
4. Der Vektor $\mathbf{x}=A^+\mathbf{b}$ ist diejenige Lösung des linearen Gleichungssystems $A^TA\mathbf{x}=A^T\mathbf{b}$ mit minimaler Länge (Norm). (Vgl. 4.3 Ausgleichsrechnung.)

Eigenschaften

4. A hat Typ $m\times n \Rightarrow A^+$ hat Typ $n\times m$ — Rang A = Rang A^+
5. $(A^+)^+ = A$ — $AA^+A = A$ — $A^+AA^+ = A^+$
6. $(AA^+)^T = AA^+$ — $(A^+A)^T = A^+A$ — (d.h. AA^+ und A^+A sind symmetrisch)

> **Beispiel**
>
> $A = \begin{bmatrix} 1 & 0 \\ -1 & -1 \\ 0 & 1 \end{bmatrix} \Rightarrow A^T A = \begin{bmatrix} 2 & 1 \\ 1 & 2 \end{bmatrix}$ mit Eigenwerten $\lambda_1 = 3$ und $\lambda_2 = 1$.
>
> Zugehörige normierte Eigenvektoren sind $\mathbf{g}_1 = \dfrac{1}{\sqrt{2}} \begin{bmatrix} 1 \\ 1 \end{bmatrix}$ und $\mathbf{g}_2 = \dfrac{1}{\sqrt{2}} \begin{bmatrix} -1 \\ 1 \end{bmatrix}$.
>
> *Konstruktion der Matrizen*
>
> P: $P = [\mathbf{g}_1, \mathbf{g}_2] = \dfrac{1}{\sqrt{2}} \begin{bmatrix} 1 & -1 \\ 1 & 1 \end{bmatrix}$. $\quad S$: $\mu_1 = \sqrt{3}, \mu_2 = 1 \Rightarrow S = \begin{bmatrix} \sqrt{3} & 0 \\ 0 & 1 \\ 0 & 0 \end{bmatrix}$
>
> Q: $\mathbf{h}_1 = \dfrac{1}{\mu_1} A\mathbf{g}_1 = \dfrac{1}{\sqrt{6}} \begin{bmatrix} 1 \\ -2 \\ 1 \end{bmatrix}$, $\mathbf{h}_2 = \dfrac{1}{\mu_2} A\mathbf{g}_2 = \dfrac{1}{\sqrt{2}} \begin{bmatrix} -1 \\ 0 \\ 1 \end{bmatrix}$. Ergänze mit $\mathbf{h}_3 = \dfrac{1}{\sqrt{3}} \begin{bmatrix} 1 \\ 1 \\ 1 \end{bmatrix}$.
>
> $Q = [\mathbf{h}_1, \mathbf{h}_2, \mathbf{h}_3] = \begin{bmatrix} 1/\sqrt{6} & -1/\sqrt{2} & 1/\sqrt{3} \\ -2/\sqrt{6} & 0 & 1/\sqrt{3} \\ 1/\sqrt{6} & 1/\sqrt{2} & 1/\sqrt{3} \end{bmatrix}$
>
> Die Pseudoinverse ist somit $\quad A^+ = P S^+ Q^T = P \begin{bmatrix} 1/\sqrt{3} & 0 & 0 \\ 0 & 1 & 0 \end{bmatrix} Q^T = \dfrac{1}{3} \begin{bmatrix} 2 & -1 & -1 \\ -1 & -1 & 2 \end{bmatrix}$.

Alternative („sparsame") Singulärwertzerlegung

Mit obigen Bezeichnungen:

$$A = Q_1 S_1 P_1^T \quad \text{und} \quad A^+ = P_1 S_1^{-1} Q_1^T,$$

wobei $S_1 = \text{diag}[\mu_1, ..., \mu_r]$ vom Typ $r \times r$ und $S_1^{-1} = S_1^+ = \text{diag}[\mu_1^{-1}, ..., \mu_r^{-1}]$, sowie $P_1 = [\mathbf{g}_1, ..., \mathbf{g}_r]$ vom Typ $n \times r$ und $Q_1 = [\mathbf{h}_1, ..., \mathbf{h}_r]$ vom Typ $m \times r$.

4.6 Quadratische Formen

Dreidimensionaler Fall

Eine *quadratische Form* ist ein homogenes Polynom zweiten Grades,

$$Q = Q(\mathbf{x}) = Q(x, y, z) = a_{11} x^2 + a_{22} y^2 + a_{33} z^2 + 2 a_{12} xy + 2 a_{13} xz + 2 a_{23} yz =$$

$$= (x, y, z) \begin{bmatrix} a_{11} & a_{12} & a_{13} \\ a_{12} & a_{22} & a_{23} \\ a_{13} & a_{23} & a_{33} \end{bmatrix} \begin{bmatrix} x \\ y \\ z \end{bmatrix} = \mathbf{x}^T A \mathbf{x},$$

wobei A eine symmetrische Matrix ist.

Satz

> Seien (i) $\lambda_1, \lambda_2, \lambda_3$ die Eigenwerte von A,
> (ii) $\mathbf{g}_1, \mathbf{g}_2, \mathbf{g}_3$ ein ONS aus zugehörigen Eigenvektoren,
> (iii) $P = [\mathbf{g}_1, \mathbf{g}_2, \mathbf{g}_3]$ die zugehörige orthogonale Matrix,
> dann gilt
> 1. die Substitution $(x, y, z)^T = P(\bar{x}, \bar{y}, \bar{z})^T$ bringt die quadratische Form Q auf die Normalform
> $$Q = \lambda_1 \bar{x}^2 + \lambda_2 \bar{y}^2 + \lambda_3 \bar{z}^2$$
> 2. $\lambda_{min} |\mathbf{x}|^2 \leq Q \leq \lambda_{max} |\mathbf{x}|^2$ (Gleichheit $\Leftrightarrow$ $\mathbf{x}$ = zugehöriger Eigenvektor)

Allgemeiner Fall

Seien $A = (a_{ij})$ eine reelle symmetrische $n \times n$-Matrix, $\mathbf{x}^T = (x_1, ..., x_n)$,

$\lambda_1, ..., \lambda_n$ Eigenwerte von A, $\mathbf{g}_1, ..., \mathbf{g}_n$ ONS zugehöriger Eigenvektoren,

$P = [\mathbf{g}_1, ..., \mathbf{g}_n]$ zugehörige orthogonale Matrix,

$Q(\mathbf{x}) = \mathbf{x}^T A \mathbf{x}$ die durch A bestimmte quadratische Form,

dann gilt

> 1. Die Substitution $\mathbf{x} = P\bar{\mathbf{x}}$ mit $\bar{\mathbf{x}}^T = (\bar{x}_1, ..., \bar{x}_n)$ bringt Q auf die Normalform
> $$Q = \lambda_1 \bar{x}_1^2 + ... + \lambda_n \bar{x}_n^2 = \bar{\mathbf{x}}^T \text{diag}(\lambda_1, ..., \lambda_n) \bar{\mathbf{x}}$$
> 2. $\lambda_{min}|\mathbf{x}|^2 \leq Q(\mathbf{x}) \leq \lambda_{max}|\mathbf{x}|^2$ (Gleichheit $\Leftrightarrow$ $\mathbf{x}$ = zugehöriger Eigenvektor)

Definitheit

$$\text{Matrix } A = \begin{bmatrix} a_{11} & ... & a_{1k} & ... & a_{1n} \\ ... & & & & \\ a_{k1} & ... & a_{kk} & ... & \\ ... & & & & \\ a_{n1} & ... & & & a_{nn} \end{bmatrix}, \quad \text{Hauptuntermatrix } A_k = \begin{bmatrix} a_{11} & ... & a_{1k} \\ ... & & \\ a_{k1} & ... & a_{kk} \end{bmatrix}.$$

Die symmetrische Matrix A und die quadratische Form $Q(\mathbf{x}) = \mathbf{x}^T A \mathbf{x}$ heißen

1. *positiv definit* $\Leftrightarrow$ $Q(\mathbf{x}) > 0$ für alle $\mathbf{x} \neq \mathbf{0}$ $\Leftrightarrow$ alle Eigenwerte $\lambda_k > 0$
   $\Leftrightarrow$ alle $\det A_k > 0$ (*Jacobi*-Positivitätstest)
   (eine der Bedingungen genügt)

2. *positiv semidefinit*, wenn $Q(\mathbf{x}) \geq 0$ für alle $\mathbf{x}$ $\Leftrightarrow$ alle Eigenwerte $\lambda_k \geq 0$

3. *indefinit* $\Leftrightarrow$ Q nimmt positive und negative Werte an
   $\Leftrightarrow$ A hat positive und negative Eigenwerte

4.6 Quadratische Formen

4. *negativ definit* $\Leftrightarrow$ $-A$ bzw. $-Q$ sind positiv definit
   $\Leftrightarrow$ alle Eigenwerte $\lambda_k < 0$
   $\Leftrightarrow$ det $A_1 < 0$, det $A_2 > 0$, det $A_3 < 0$ usw. (>, < alternierend)
   (*Jacobi*-Positivitätstest)

Kurven zweiter Ordnung (vgl. 3.5)

Allgemeine Form

$$\mathbf{x}^T A \mathbf{x} + 2\mathbf{a}^T \mathbf{x} + a = 0 \qquad (n=2;\ A \neq 0;\ A = A^T)$$

Normalform

$$\lambda_1 \bar{x}^2 + \lambda_2 \bar{y}^2 + 2c\bar{y} + d = 0 \qquad (\lambda_1 \neq 0;\ \lambda_2 \neq 0 \Rightarrow c = 0;\ c \neq 0 \Rightarrow d = 0)$$

Klassifikation

λ_1	λ_2	c	d	Kurve	Fall
+	+	0	+	leere Menge	
+	+	0	–	Ellipse ($\lambda_1 = \lambda_2$, dann Kreis)	elliptisch
+	+	0	0	Punkt	
+	–	0	$\neq 0$	Hyperbel	hyperbolisch
+	–	0	0	Geradenpaar, sich schneidend	
+	0	$\neq 0$	0	Parabel	
+	0	0	+	leere Menge	parabolisch
+	0	0	–	Geradenpaar, parallel	
+	0	0	0	Gerade	

Beispiel

Bestimme Normalform und zugehöriges Koordinatensystem von $6x^2 + 4xy + 9y^2 = 1$.

$A = \begin{bmatrix} 6 & 2 \\ 2 & 9 \end{bmatrix}$, $\lambda_1 = 10, \lambda_2 = 5$, $\mathbf{g}_1 = \bar{\mathbf{e}}_x = \frac{1}{\sqrt{5}} \begin{bmatrix} 1 \\ 2 \end{bmatrix}$, $\mathbf{g}_2 = \bar{\mathbf{e}}_y = \frac{1}{\sqrt{5}} \begin{bmatrix} -2 \\ 1 \end{bmatrix}$

$P = \frac{1}{\sqrt{5}} \begin{bmatrix} 1 & -2 \\ 2 & 1 \end{bmatrix}$, det $P = 1$. Koordinatensubstitution $\begin{bmatrix} x \\ y \end{bmatrix} = P \begin{bmatrix} \bar{x} \\ \bar{y} \end{bmatrix}$.

Normalform: $10\bar{x}^2 + 5\bar{y}^2 = 1$

(Ellipse, Halbachsen $\frac{1}{\sqrt{10}}$ und $\frac{1}{\sqrt{5}}$)

$\bar{x}$-Achse: $y = 2x$, $\bar{y}$-Achse: $y = -x/2$.

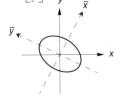

Flächen zweiter Ordnung (vgl. 3.6)

Allgemeine Form

$$\mathbf{x}^T A \mathbf{x} + 2\mathbf{a}^T \mathbf{x} + a = 0 \qquad (n = 3;\ A \neq 0;\ A = A^T)$$

Normalform

$$\lambda_1 \bar{x}^2 + \lambda_2 \bar{y}^2 + \lambda_3 \bar{z}^2 + 2 d\bar{z} + e = 0 \qquad (\lambda_1 \neq 0;\ \lambda_3 \neq 0 \Rightarrow d=0;\ d \neq 0 \Rightarrow e=0)$$

Klassifikation

λ_1	λ_2	λ_3	d	e	Fläche
+	+	+	0	+	leere Menge
+	+	+	0	−	Ellipsoid ($\lambda_1=\lambda_2=\lambda_3 \Rightarrow$ Kugel)
+	+	+	0	0	Punkt
+	+	−	0	+	zweischaliges Hyperboloid
+	+	−	0	−	einschaliges Hyperboloid
+	+	−	0	0	elliptischer Kegel
+	+	0	$\neq 0$	0	elliptisches Paraboloid
+	+	0	0	+	leere Menge
+	+	0	0	−	elliptischer Zylinder
+	+	0	0	0	Gerade
+	−	0	$\neq 0$	0	hyperbolisches Paraboloid
+	−	0	0	$\neq 0$	hyperbolischer Zylinder
+	−	0	0	0	Ebenenpaar, sich schneidend
+	0	0	$\neq 0$	0	parabolischer Zylinder
+	0	0	0	+	leere Menge
+	0	0	0	−	Ebenenpaar, parallel
+	0	0	0	0	Ebene

Beispiel

Man bestimme Normalform und zugehöriges kartesisches Koordinatensystem für die Fläche $5x^2 + 5y^2 + 8z^2 + 8xy + 4yz - 4xz = 1$. Warum liegt eine Drehfläche vor?

$$A = \begin{bmatrix} 5 & 4 & -2 \\ 4 & 5 & 2 \\ -2 & 2 & 8 \end{bmatrix}, \quad \lambda_1 = 0,\ \lambda_2 = \lambda_3 = 9. \quad \mathbf{g}_1 = \frac{1}{3}\begin{bmatrix} 2 \\ -2 \\ 1 \end{bmatrix},\ \mathbf{g}_2 = \frac{1}{3}\begin{bmatrix} 1 \\ 2 \\ 2 \end{bmatrix},\ \mathbf{g}_3 = \mathbf{g}_1 \times \mathbf{g}_2 = \frac{1}{3}\begin{bmatrix} -2 \\ -1 \\ 2 \end{bmatrix}.$$

$\lambda_2 = \lambda_3 \Rightarrow$ Drehfläche mit Drehachse in Richtung $\mathbf{g}_1$.

$P = [\mathbf{g}_1, \mathbf{g}_2, \mathbf{g}_3]$ ist Drehmatrix (det $P = 1$). Koordinatensubstitution: $\mathbf{x} = P \bar{\mathbf{x}}$.

Normalform: $9\bar{x}^2 + 9\bar{y}^2 = 1$ (Kreiszylinder).

4.7 Lineare Räume

Vektorräume

Eine Menge L von Elementen $\mathbf{x}, \mathbf{y}, \mathbf{z},\ldots$ heißt *linearer Raum* oder *Vektorraum* (über $\mathbf{R}$), wenn eine Addition und eine Multiplikation mit einem Skalar erklärt sind, so daß die folgenden Gesetze für alle $\mathbf{x}, \mathbf{y}, \mathbf{z} \in L$ und $\lambda, \mu \in \mathbf{R}$ erfüllt sind:

I. 1. $\mathbf{x} + \mathbf{y} \in L$ 2. $\mathbf{x} + \mathbf{y} = \mathbf{y} + \mathbf{x}$ 3. $(\mathbf{x} + \mathbf{y}) + \mathbf{z} = \mathbf{x} + (\mathbf{y} + \mathbf{z})$
    4. es gibt $\mathbf{0}$, so daß $\mathbf{x} + \mathbf{0} = \mathbf{x}$
    5. es gibt $-\mathbf{x}$, so daß $\mathbf{x} + (-\mathbf{x}) = \mathbf{0}$

II. 1. $\lambda \mathbf{x} \in L$ 2. $\lambda(\mu \mathbf{x}) = (\lambda \mu)\mathbf{x}$ 3. $(\lambda + \mu)\mathbf{x} = \lambda \mathbf{x} + \mu \mathbf{x}$
    4. $\lambda(\mathbf{x} + \mathbf{y}) = \lambda \mathbf{x} + \lambda \mathbf{y}$ 5. $1\mathbf{x} = \mathbf{x}$ 6. $0\mathbf{x} = \mathbf{0}$ 7. $\lambda \mathbf{0} = \mathbf{0}$

Test auf Unterraum

Eine nichtleere Teilmenge M von L ist selbst ein linearer Raum, wenn
1. $\mathbf{x}, \mathbf{y} \in M \Rightarrow \mathbf{x} + \mathbf{y} \in M$,   2. $\mathbf{x} \in M, \lambda \in \mathbf{R} \Rightarrow \lambda \mathbf{x} \in M$.

Linearkombinationen. Basis

1. $\mathbf{y} \in L$ ist eine *Linearkombination* der $\mathbf{x}_1, \ldots, \mathbf{x}_n$, wenn $\mathbf{y} = \lambda_1 \mathbf{x}_1 + \ldots + \lambda_n \mathbf{x}_n$.
2. Die *lineare Hülle* ist $\mathrm{LH}(\mathbf{x}_1, \ldots, \mathbf{x}_n) = \{\mathbf{y} \in L\,;\, \mathbf{y} = \lambda_1 \mathbf{x}_1 + \ldots + \lambda_n \mathbf{x}_n, \lambda_i \in \mathbf{R}\}$.
3. $\mathbf{x}_1, \ldots, \mathbf{x}_n$ heißen
   (i) *linear unabhängig*, wenn $\lambda_1 \mathbf{x}_1 + \ldots + \lambda_n \mathbf{x}_n = \mathbf{0} \Rightarrow \lambda_i = 0$ für alle i
   (ii) *linear abhängig*, wenn es $\lambda_1, \ldots, \lambda_n$ gibt, nicht alle Null, so daß
   $\lambda_1 \mathbf{x}_1 + \ldots + \lambda_n \mathbf{x}_n = \mathbf{0}$ ($\Leftrightarrow$ ein $\mathbf{x}_i$ ist eine Linearkombination der anderen)
4. $\mathbf{e}_1, \ldots, \mathbf{e}_n$ ist eine *Basis* des linearen Raumes L und L ist *n-dimensional*, wenn
   (i) $\mathbf{e}_1, \ldots, \mathbf{e}_n$ linear unabhängig sind,
   (ii) jedes $\mathbf{x} \in L$ kann (eindeutig) geschrieben werden als
   $\mathbf{x} = x_1 \mathbf{e}_1 + \ldots + x_n \mathbf{e}_n$.

Skalarprodukt

1. Sei L ein linearer Raum. Ein *Skalarprodukt* $(\mathbf{x}, \mathbf{y})$ [andere Bezeichnungen $\mathbf{x} \cdot \mathbf{y}$, $(\mathbf{x}|\mathbf{y})$, $\langle \mathbf{x}, \mathbf{y} \rangle$ usw.] ist eine Funktion $L \times L \to \mathbf{R}$ mit folgenden Eigenschaften für alle $\mathbf{x}, \mathbf{y}, \mathbf{z} \in L$ and $\lambda, \mu \in \mathbf{R}$:

---
1. $(\mathbf{x}, \mathbf{y}) = (\mathbf{y}, \mathbf{x})$ 2. $(\mathbf{x}, \lambda \mathbf{y} + \mu \mathbf{z}) = \lambda(\mathbf{x}, \mathbf{y}) + \mu(\mathbf{x}, \mathbf{z})$
3. $(\mathbf{x}, \mathbf{x}) \geq 0$ (Gleichheit $\Leftrightarrow \mathbf{x} = \mathbf{0}$)

---

2. *Länge* von $\mathbf{x}$: $|\mathbf{x}| = \sqrt{(\mathbf{x}, \mathbf{x})}$, $|c\mathbf{x}| = |c| \cdot |\mathbf{x}|$ (c skalar).
3. *Cauchy-Schwarz-Ungleichung*: $|(\mathbf{x}, \mathbf{y})| \leq |\mathbf{x}| \cdot |\mathbf{y}|$.
4. *Dreiecksungleichung*: $|\mathbf{x} + \mathbf{y}| \leq |\mathbf{x}| + |\mathbf{y}|$.

Orthonormalbasis (ON-Basis)

Sei L ein n-dimensionaler linearer Raum mit Skalarprodukt (*Euklidischer Raum*).

1. Eine Basis $\mathbf{e}_1, \ldots, \mathbf{e}_n$ heißt *orthonormal* (*ON-Basis*), wenn

$$(\mathbf{e}_i, \mathbf{e}_j) = \delta_{ij} = \begin{cases} 1, & i=j \\ 0, & i \neq j \end{cases}$$

2. $\mathbf{e}_1, \ldots, \mathbf{e}_n$ *ON*-Basis, $\mathbf{x} = \sum_{k=1}^{n} x_k \mathbf{e}_k$, $\mathbf{y} = \sum_{k=1}^{n} y_k \mathbf{e}_k \Rightarrow$

   (i) $x_k = (\mathbf{x}, \mathbf{e}_k)$ (ii) $|\mathbf{x}|^2 = \sum_{k=1}^{n} x_k^2$ (iii) $(\mathbf{x}, \mathbf{y}) = \sum_{k=1}^{n} x_k y_k$

Orthogonales Komplement

M Unterraum von L:

$M^\perp = \{ \mathbf{y} \in L;\ (\mathbf{x}, \mathbf{y}) = 0,\ \text{für alle}\ \mathbf{x} \in M \}$

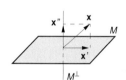

Orthogonale Projektion

M Unterraum von L, $\mathbf{e}_1, \ldots, \mathbf{e}_m$ ON-Basis von M:

$\mathbf{x}'$ ist die orthogonale Projektion von $\mathbf{x}$ auf M, wenn

$\mathbf{x} = \mathbf{x}' + \mathbf{x}''$ mit $\mathbf{x}' \in M$ und $\mathbf{x}'' \in M^\perp$.   Insbesondere ist $\mathbf{x}' = \sum_{k=1}^{m} (\mathbf{x}, \mathbf{e}_k) \mathbf{e}_k$

Gram - Schmidt - Orthogonalisierung

Gegeben: $\mathbf{v}_1, \ldots, \mathbf{v}_n$ Basis des linearen Raumes L mit Skalarprodukt.

Gesucht: ON-Basis $\mathbf{e}_1, \ldots, \mathbf{e}_n$ von L.

Bestimmung nach Gram – Schmidt:

(1) $\mathbf{e}_1 = \dfrac{1}{|\mathbf{v}_1|} \mathbf{v}_1$

(2) $\mathbf{f}_2 = \mathbf{v}_2 - (\mathbf{v}_2, \mathbf{e}_1) \mathbf{e}_1,\quad \mathbf{e}_2 = \dfrac{1}{|\mathbf{f}_2|} \mathbf{f}_2$

…

(k) $\mathbf{f}_k = \mathbf{v}_k - (\mathbf{v}_k, \mathbf{e}_1) \mathbf{e}_1 - \ldots - (\mathbf{v}_k, \mathbf{e}_{k-1}) \mathbf{e}_{k-1};\quad \mathbf{e}_k = \dfrac{1}{|\mathbf{f}_k|} \mathbf{f}_k$

…

Der Raum $\mathbf{R}^n$

Die Menge aller Spaltenvektoren $\mathbf{x} = (x_1, x_2 ..., x_n)^T$ heißt $\mathbf{R}^n$.
Die natürliche (kanonische) ON-Basis des $\mathbf{R}^n$ sind die Vektoren $\mathbf{e}_1 = (1, 0, ..., 0)^T$, $\mathbf{e}_2 = (0, 1, 0, ..., 0)^T, ..., \mathbf{e}_n = (0, ..., 0, 1)^T$. Es gilt $\mathbf{x} = x_1 \mathbf{e}_1 + x_2 \mathbf{e}_2 + ... + x_n \mathbf{e}_n$.

Addition: $\mathbf{x} + \mathbf{y} = (x_1, x_2 ..., x_n)^T + (y_1, y_2 ..., y_n)^T = (x_1 + y_1, x_2 + y_2, ..., x_n + y_n)^T$

Multiplikation mit Skalar: $c\mathbf{x} = c(x_1, x_2 ..., x_n)^T = (cx_1, cx_2, ..., cx_n)^T$

Skalarprodukt: $\mathbf{x} \cdot \mathbf{y} = \mathbf{x}^T \mathbf{y} = x_1 y_1 + x_2 y_2 + ... + x_n y_n$

Länge oder Norm: $|\mathbf{x}| = \sqrt{\mathbf{x}^T \mathbf{x}} = \sqrt{x_1^2 + x_2^2 + ... + x_n^2}$, $|c\mathbf{x}| = |c||\mathbf{x}|$

Satz von Pythagoras: $\mathbf{x} \cdot \mathbf{y} = 0 \Leftrightarrow |\mathbf{x} + \mathbf{y}|^2 = |\mathbf{x}|^2 + |\mathbf{y}|^2$

Cauchy-Schwarz-Ungleichung: $|\mathbf{x} \cdot \mathbf{y}| \leq |\mathbf{x}||\mathbf{y}|$

Dreiecksungleichung: $|\mathbf{x} + \mathbf{y}| \leq |\mathbf{x}| + |\mathbf{y}|$

Winkel θ zwischen x und y: $\cos \theta = \dfrac{\mathbf{x} \cdot \mathbf{y}}{|\mathbf{x}||\mathbf{y}|}$

Basisvervollständigung

Sei $\mathbf{v}_1, ..., \mathbf{v}_r$ eine Menge linear unabhängiger Vektoren in $\mathbf{R}^n$, $r < n$.

Problem. Bestimme $\mathbf{v}_{r+1}, ..., \mathbf{v}_n$, so daß $\mathbf{v}_1, ..., \mathbf{v}_n$ eine Basis von $\mathbf{R}^n$.

Lösung. Methode 1. Schreibe $\mathbf{v}_1, ..., \mathbf{v}_r$ als Spalten einer Matrix A vom Typ $n \times r$, d.h. $A = [\mathbf{v}_1, ..., \mathbf{v}_r]$. Ist $\mathbf{v}_{r+1}, ..., \mathbf{v}_n$ eine Basis des Kerns $N(A^T)$, d.h. $n - r$ linear unabhängige Lösungen des linearen Gleichungssystems $A^T \mathbf{x} = \mathbf{0}$ (vgl. Bsp. in 4.8). Dann ist $\mathbf{v}_1, ..., \mathbf{v}_n$ eine Basis des $\mathbf{R}^n$.

Methode 2. Setze $A = [\mathbf{v}_1, ..., \mathbf{v}_r, \mathbf{e}_1, ..., \mathbf{e}_n]$ und wende die Methode von Beispiel (*i*) auf Seite 110 an.

4.8 Lineare Abbildungen

Seien L, M lineare Räume. Eine Funktion $F: L \to M$ heißt *lineare Abbildung*, wenn

$F(\lambda \mathbf{x} + \mu \mathbf{y}) = \lambda F(\mathbf{x}) + \mu F(\mathbf{y})$
für alle $\mathbf{x}, \mathbf{y} \in L, \lambda, \mu \in \mathbf{R}$

Abbildungsmatrix

Annahme.   (*i*) $\mathbf{e}_1, ..., \mathbf{e}_n$ Basis von L, $\mathbf{f}_1, ..., \mathbf{f}_m$ Basis von M.

(*ii*) $F(\mathbf{e}_j) = \sum\limits_{i=1}^{m} a_{ij} \mathbf{f}_i$, $A = \begin{bmatrix} a_{11} & ... & a_{1j} & ... & a_{1n} \\ ... & & & & \\ a_{m1} & ... & a_{mj} & ... & a_{mn} \end{bmatrix} = [F(\mathbf{e}_1), ..., F(\mathbf{e}_n)]$

            $\underbrace{\phantom{a_{1j}}}_{F(\mathbf{e}_j)}$

Mit $\mathbf{x} = \sum_{j=1}^{n} x_j \mathbf{e}_j$ und $F(\mathbf{x}) = \sum_{i=1}^{m} y_i \mathbf{f}_i$ ist die Abbildung $\mathbf{x} \to F(\mathbf{x})$ somit bezüglich beider Basen eindeutig bestimmt durch die *Abbildungsmatrix A*. Es gilt

$$\begin{bmatrix} y_1 \\ \cdots \\ y_m \end{bmatrix} = \begin{bmatrix} a_{11} & \cdots & a_{1n} \\ & \cdots & \\ a_{m1} & \cdots & a_{mn} \end{bmatrix} \begin{bmatrix} x_1 \\ \cdots \\ x_n \end{bmatrix} \Leftrightarrow \mathbf{Y} = A\mathbf{X}$$

Inverse Abbildung

Ist $F: L \to M$ umkehrbar, dann wird
$F^{-1}: M \to L$ dargestellt durch die Matrix A^{-1}

Kompositum von Abbildungen

Haben $F: L \to M$, $G: M \to N$ die Abbildungsmatrizen A bzw. B, dann hat die Abbildung $G \circ F$ (definiert durch $(G \circ F)(\mathbf{x}) = G(F(\mathbf{x}))$ die Abbildungsmatrix BA.

Symmetrische Abbildungen

Sei L ein endlichdimensionaler Euklidischer Raum und $F: L \to L$ linear.

1. F heißt *symmetrisch*, wenn $(F\mathbf{x}, \mathbf{y}) = (\mathbf{x}, F\mathbf{y})$ für alle $\mathbf{x}, \mathbf{y} \in L$.

2. Die Zahl λ heißt *Eigenwert*, $\mathbf{x} \neq \mathbf{0}$ zugehöriger *Eigenvektor*, wenn $F\mathbf{x} = \lambda \mathbf{x}$.

3. *Spektraltheorem*
   Ist F eine symmetrische Abbildung, dann gibt es eine orthonormale Basis von L, die aus Eigenvektoren von F besteht. Die Abbildungsmatrix F in dieser Basis hat Diagonalgestalt mit den Eigenwerten längs der Diagonale.

4. *Projektionen*
   P ist Abbildungsmatrix einer orthogonalen Projektion $\Leftrightarrow P^2 = P$ und $P^T = P$
   $\Leftrightarrow P^2 = P$ und $|P\mathbf{x}| \leq |\mathbf{x}|$, für alle $\mathbf{x}$. Alle Eigenwerte sind 0 oder 1.
   Hat A linear unabhängige Spalten, dann ist $A^T A$ invertierbar und $P = A(A^T A)^{-1} A^T$ ist Abbildungsmatrix einer orthogonalen Projektion auf den Spaltenraum von A.

5. Die *orthogonale Projektion auf eine Ursprungsgerade im Raum* mit dem Richtungsvektor $\mathbf{v} = (a, b, c)$ hat die Abbildungsmatrix

$$P = \frac{1}{a^2 + b^2 + c^2} \begin{bmatrix} a^2 & ab & ac \\ ab & b^2 & bc \\ ac & bc & c^2 \end{bmatrix}, \text{d.h.} \begin{bmatrix} x' \\ y' \\ z' \end{bmatrix} = P \begin{bmatrix} x \\ y \\ z \end{bmatrix}.$$

4.8 Lineare Abbildungen

6. Die *orthogonale Projektion auf eine Ursprungsebene im Raum* mit dem Normalenvektor $\mathbf{n} = (A, B, C)$ hat die Abbildungsmatrix

$$P = \frac{1}{A^2 + B^2 + C^2} \begin{bmatrix} B^2+C^2 & -AB & -AC \\ -AB & A^2+C^2 & -BC \\ -AC & -BC & A^2+B^2 \end{bmatrix},$$

d.h. $(x', y', z')^T = P(x, y, z)^T$.

Drehungen im Raum

Drehung um eine Koordinatenachse

Abbildungsmatrix (bezüglich (x, y, z)-Basis) einer Drehung mit Winkel α und

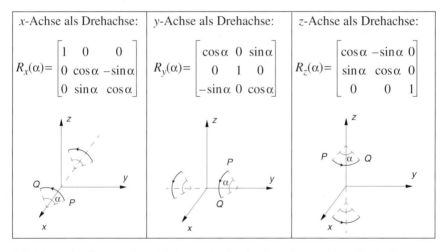

x-Achse als Drehachse:	y-Achse als Drehachse:	z-Achse als Drehachse:
$R_x(\alpha) = \begin{bmatrix} 1 & 0 & 0 \\ 0 & \cos\alpha & -\sin\alpha \\ 0 & \sin\alpha & \cos\alpha \end{bmatrix}$	$R_y(\alpha) = \begin{bmatrix} \cos\alpha & 0 & \sin\alpha \\ 0 & 1 & 0 \\ -\sin\alpha & 0 & \cos\alpha \end{bmatrix}$	$R_z(\alpha) = \begin{bmatrix} \cos\alpha & -\sin\alpha & 0 \\ \sin\alpha & \cos\alpha & 0 \\ 0 & 0 & 1 \end{bmatrix}$

Blickt man in die (positive) Richtung der Drehachse, dann erfolgt die Drehung bei positivem α im Uhrzeigersinn, sie bestimmt in diesem Sinne eine *Rechtsschraube*. Die Drehung um die x-Achse mit Winkel α bildet den Punkt $P = (p_x; p_y; p_z)$ auf den Punkt $Q = (q_x; q_y; q_z)$ mit $(q_x, q_y, q_z)^T = R_x(\alpha)(p_x, p_y, p_z)^T$ ab.

Charakterisierung. Die orthogonale Gruppe

Bezüglich einer ON-Basis im Raum gilt:

R ist Abbildungsmatrix einer Drehung $\Leftrightarrow$ R orthogonal und $\det R = 1$

Führt man zwei Drehungen (mit beliebigen Drehachsen durch den Ursprung) hintereinander aus, so ergibt sich wieder eine Drehung mit i.allg. anderer Drehachse und anderem Drehwinkel.

Die orthogonalen 3×3-Matrizen mit Determinante 1 bilden eine Gruppe, die *spezielle orthogonale Gruppe* SO(3), die Drehgruppe des $\mathbf{R}^3$.

Drehung um eine beliebige Gerade

(*i*) Gerade L gegeben durch Winkel θ und φ: Drehung um L mit Winkel α (Orientierung wie in Skizze) hat die Abbildungsmatrix

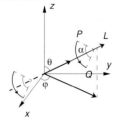

$$R = R_z(\varphi) R_y(\theta) R_z(\alpha) R_y(-\theta) R_z(-\varphi)$$

(Produkt von fünf Koordinatenachsendrehungen)

(*ii*) Gerade L in Parameterdarstellung: $x = at$, $y = bt$, $z = ct$. $\mathbf{v} = (a, b, c)^T$.

1. Methode. Drehung um L mit Winkel α hat die Abbildungsmatrix R von (*i*) mit

$$\cos\theta = \frac{c}{r},\ \sin\theta = \frac{\rho}{r},\ \cos\varphi = \frac{a}{\rho},\ \sin\varphi = \frac{b}{\rho}\ \text{mit}\ r = \sqrt{a^2 + b^2 + c^2},\ \rho = \sqrt{a^2 + b^2}$$

2. Methode. Man führe eine Koordinatentransformation vom (x, y, z)- zum $(\bar{x}, \bar{y}, \bar{z})$-System durch, so daß die $\bar{z}$-Achse in Richtung von $\mathbf{v}$ weist. Die (orthogonale) Transformationsmatrix P lautet (vgl. 4.4):

$$P = [\bar{\mathbf{e}}_x, \bar{\mathbf{e}}_y, \bar{\mathbf{e}}_z] = \begin{bmatrix} p_{11} & p_{12} & p_{13} \\ p_{21} & p_{22} & p_{23} \\ p_{31} & p_{32} & p_{33} \end{bmatrix} \text{ mit } \bar{\mathbf{e}}_z = \frac{1}{|\mathbf{v}|}\mathbf{v} = \begin{bmatrix} p_{13} \\ p_{23} \\ p_{33} \end{bmatrix} = \frac{1}{\sqrt{a^2 + b^2 + c^2}} \begin{bmatrix} a \\ b \\ c \end{bmatrix}$$

und $\bar{\mathbf{e}}_y = \begin{bmatrix} p_{12} \\ p_{22} \\ p_{32} \end{bmatrix} = \frac{1}{\sqrt{a^2 + b^2}} \begin{bmatrix} -b \\ a \\ 0 \end{bmatrix}$, $\quad \bar{\mathbf{e}}_x = \begin{bmatrix} p_{11} \\ p_{21} \\ p_{31} \end{bmatrix} = \bar{\mathbf{e}}_y \times \bar{\mathbf{e}}_z$.

Damit ist die Matrix der Drehung um L: $\quad R = P R_z(\alpha) P^T = P \begin{bmatrix} \cos\alpha & -\sin\alpha & 0 \\ \sin\alpha & \cos\alpha & 0 \\ 0 & 0 & 1 \end{bmatrix} P^T$.

3. Methode. Ist $P = (x;\ y;\ z)$ und $\mathbf{x} = (x, y, z)^T$, dann gilt

$$R\mathbf{x} = (\cos\alpha)\,\mathbf{x} + (1-\cos\alpha)\frac{\mathbf{v}\cdot\mathbf{x}}{|\mathbf{v}|^2}\mathbf{v} + \frac{\sin\alpha}{|\mathbf{v}|}\mathbf{v} \times \mathbf{x}$$

Bestimmung von Drehachse und Drehwinkel

Ist R die Abbildungsmatrix der Drehung mit Drehwinkel α und Achsenrichtung $\mathbf{v}$, dann gilt (Spur R : Spur von R, I : Einheitsmatrix):

$$\cos\alpha = (\text{Spur } R - 1)/2, \quad (R - I)\mathbf{v} = \mathbf{0}$$

Basiswechsel

(vgl. 4.4)

Seien $\mathbf{e}_1, ..., \mathbf{e}_n$ und $\bar{\mathbf{e}}_1, ..., \bar{\mathbf{e}}_n$ zwei Basen von L mit den Darstellungen

$$\begin{cases} \bar{\mathbf{e}}_i = \sum_{j=1}^n p_{ji}\,\mathbf{e}_j, & P=(p_{ij})=[\bar{\mathbf{e}}_1, ..., \bar{\mathbf{e}}_n] \\ \mathbf{e}_i = \sum_{j=1}^n q_{ji}\,\bar{\mathbf{e}}_j, & Q=(q_{ij}),\ Q=P^{-1}=[\mathbf{e}_1, ..., \mathbf{e}_n] \end{cases}$$

(1) *Vektorkomponenten*

Sei $\mathbf{x} = \sum_{i=1}^n x_i\,\mathbf{e}_i = \sum_{i=1}^n \bar{x}_i\,\bar{\mathbf{e}}_i,\quad \mathbf{X} = \begin{bmatrix} x_1 \\ x_2 \\ ... \\ x_n \end{bmatrix},\ \bar{\mathbf{X}} = \begin{bmatrix} \bar{x}_1 \\ \bar{x}_2 \\ ... \\ \bar{x}_n \end{bmatrix}$, dann gilt

$$\mathbf{X}=P\bar{\mathbf{X}} \qquad x_i = \sum_{j=1}^n p_{ij}\,\bar{x}_j$$

$$\bar{\mathbf{X}}=Q\mathbf{X} \qquad \bar{x}_i = \sum_{j=1}^n q_{ij}\,x_j$$

(2) *Abbildungsmatrizen*

Hat $F: L \to L$ die Abbildungsmatrizen A und $\bar{A}$ bezüglich der beiden Basen, dann

$$\bar{A} = P^{-1}AP, \quad \bar{a}_{ij} = \sum_{k,l} q_{il}\,a_{lk}\,p_{kj} \qquad\qquad A = P\bar{A}P^{-1}$$

$$\bar{A} = P^T AP, \quad \bar{a}_{ij} = \sum_{k,l} p_{li}\,a_{lk}\,p_{kj} \quad \text{(falls } P \text{ orthogonal)}\ A = P\bar{A}P^T$$

Rang und Kern

Gegeben $F: L \to M$ mit Abbildungsmatrix A.

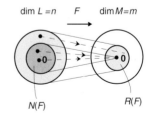

1. (a) *Kern (Nullraum)* von F
   $N(F) = \{\mathbf{x} \in L;\ F(\mathbf{x}) = \mathbf{0}\} \subset L$
   (b) $N(A) =$ Menge der Spaltenvektoren
   $\mathbf{X} \in \mathbf{R}^n$, so daß $A\mathbf{X} = \mathbf{0}$.
2. (a) *Rang (Bildraum)* von F
   $R(F) = \{F(\mathbf{x}) \in M;\ \mathbf{x} \in L\} \subset M$
   (b) $R(A) =$ Unterraum von $\mathbf{R}^m$, der von den Spalten von A aufgespannt wird.

Satz

1. dim L = dim $N(F)$ + dim $R(F)$ = dim $N(A)$ + dim $R(A)$
2. dim $R(A)$ = dim $R(A^T)$ = Rang(A)
3. Rang (A) = Rang (A^T) = Rang $(A^T A)$ = Rang (AA^T)
4. dim $N(A) = n -$ Rang (A)
5. $N(A) = N(A^T A)$
6. $R(A^T) = R(A^T A)$
7. $N(A) = R(A^T)^\perp \qquad R(A)^\perp = N(A^T)$
8. $R(A) = N(A^T)^\perp \qquad N(A)^\perp = R(A^T)$

Beispiel

Bestimme $R(A)$ und $N(A)$ folgender Matrix A.

Lösung: Mit elementaren Zeilenumformungen (vgl. 4.1) ergibt sich

$$A = \begin{bmatrix} 1 & 2 & 1 & 1 & 3 \\ 1 & 2 & 2 & 3 & 6 \\ 2 & 4 & 2 & 3 & 8 \end{bmatrix} \sim \begin{bmatrix} 1 & 2 & 1 & 1 & 3 \\ 0 & 0 & 1 & 2 & 3 \\ 0 & 0 & 0 & 1 & 2 \end{bmatrix} = B$$
↑ ↑↑   ↑ ↑↑

(*i*) $R(A)$ wird von *denjenigen Spalten von A* aufgespannt, welche Spalten mit einem Pivotelement in der Zeilenstufenform B entsprechen (mit Pfeil markiert).
D.h. $(1,1,2)^T$, $(1,2,2)^T$ und $(1,3,3)^T$ bilden eine Basis für $R(A)$ und dim $R(A) = 3$.

(*ii*) Lösung des Systems $A\mathbf{x} = \mathbf{0} \Leftrightarrow B\mathbf{x} = \mathbf{0} \Leftrightarrow \begin{cases} x_1 + 2x_2 + x_3 + x_4 + 3x_5 = 0 \\ x_3 + 2x_4 + 3x_5 = 0 \\ x_4 + 2x_5 = 0 \end{cases}$

ergibt $x_5 = t, x_4 = -2t, x_3 = t, x_2 = s, x_1 = -2t - 2s$ oder
$(x_1, x_2, x_3, x_4, x_5) = (-2t - 2s, s, t, -2t, t) = t(-2, 0, 1, -2, 1) + s(-2, 1, 0, 0, 0)$.

D.h. $(-2, 0, 1, -2, 1)^T$ und $(-2, 1, 0, 0, 0)^T$ bilden eine Basis für $N(A)$ und dim $N(A) = 2$.

4.9 Tensoren

Basiswechsel:

$$\bar{\mathbf{e}}_i = \sum_j p_i{}^j \mathbf{e}_j, \quad \mathbf{e}_i = \sum_j q_i{}^j \bar{\mathbf{e}}_j, \quad Q = (q_i{}^j) = P^{-1} = (p_i{}^j)^{-1}$$

Tensoren der Ordnung 1

1. $a = (a_i)$ *kovariant*, wenn $\bar{a}_i = \sum_j p_i{}^j a_j$ (Transformation als Basisvektoren).
2. $b = (b^i)$ *kontravariant*, wenn $\bar{b}^i = \sum_j q_j{}^i b^j$ (Transformation als Vektorkomponenten).

Tensoren der Ordnung 2

3. $A = (a_{ij})$ *kovariant,* wenn $\bar{a}_{ij} = \sum_{k,l} p_i^k p_j^l a_{kl}$

4. $B = (b^{ij})$ *kontravariant,* wenn $\bar{b}^{ij} = \sum_{k,l} q_k^i q_l^j b^{kl}$

5. $C = (c_i^{\ j})$ *gemischt,* wenn $\bar{c}_i^{\ j} = \sum_{k,l} p_i^k q_l^j c_k^{\ l}$

Tensoren höherer Ordnung sind analog definiert.

Spannungstensor (T_{ij}) und *Verzerrungstensor* (ε_{ij}) sind kovariante Tensoren zweiter Ordnung. Der *metrische Tensor* (*Maßtensor*) (g_{ij}) mit $g_{ij} = (\mathbf{e}_i, \mathbf{e}_j)$ ist ein kovarianter Tensor.

Tensoroperationen

1. *Summe* von Tensoren und *Multiplikation mit einem Skalar* komponentenweise.
2. *Tensorprodukt* $C = A \otimes B$.
   Beispiel. Falls $A = (a_j^{\ i})$, $B = (b_{ij})$, dann $c^i_{\ jkl} = a_j^{\ i} b_{kl}$ (gemischter Tensor der Ordnung 4).
3. *Verjüngung (Kontraktion).*
   Beispiel. $d_{jl} = \sum_k c^k_{\ jkl} = \sum_k a_j^{\ k} b_{kl}$.
4. *Spur.* Spur $A = \sum_i a_i^{\ i}$.

4.10 Komplexe Matrizen

In diesem Abschnitt sind Vektor- und Matrizenkomponenten komplexe Zahlen. Der Querstrich bedeutet stets „konjugiert komplex".

Vektoren in $\mathbf{C}^n$

Seien **a**, **b** Spaltenvektoren in $\mathbf{C}^n$

1. *Skalarprodukt* $\mathbf{a} * \mathbf{b} = \bar{a}_1 b_1 + \bar{a}_2 b_2 + \ldots + \bar{a}_n b_n$, $\mathbf{b} * \mathbf{a} = \overline{\mathbf{a} * \mathbf{b}}$
   $\mathbf{a} \perp \mathbf{b} \Leftrightarrow \mathbf{a} * \mathbf{b} = 0$ (**a** und **b** orthogonal).
2. *Länge (Norm)* $|\mathbf{a}|^2 = \mathbf{a} * \mathbf{a} = |a_1|^2 + |a_2|^2 + \ldots + |a_n|^2$, $|c\mathbf{a}| = |c| \cdot |\mathbf{a}|$, $c =$ komplexe Zahl.
3. *Cauchy-Schwarz-Ungleichung:* $|\mathbf{a} * \mathbf{b}| \leq |\mathbf{a}| \cdot |\mathbf{b}|$.
4. *Dreiecksungleichung:* $|\mathbf{a} + \mathbf{b}| \leq |\mathbf{a}| + |\mathbf{b}|$.
5. *Satz von Pythagoras:* $|\mathbf{a} + \mathbf{b}|^2 = |\mathbf{a}|^2 + |\mathbf{b}|^2 \Leftrightarrow \mathbf{a} \perp \mathbf{b}$.

Matrizen

6. Die *Adjungierte* A^* von $A = (a_{ij})$: $A^* = (\overline{a_{ji}})$.

$$
\begin{array}{ll}
(A+B)^* = A^* + B^* & (cA)^* = \bar{c} A^* \quad (c \in \mathbf{C}) \\
(AB)^* = B^* A^* & A^{**} = A \\
(AB)^{-1} = B^{-1} A^{-1} & (A^{-1})^* = (A^*)^{-1}
\end{array}
$$

Inverse Matrizen

Sei $C = A + iB$, A, B reelle Matrizen.

7. Existiert A^{-1}, dann ist $C^{-1} = (A + BA^{-1}B)^{-1} - iA^{-1}B(A + BA^{-1}B)^{-1}$.

8. Existiert B^{-1}, dann ist $C^{-1} = B^{-1}A(B + AB^{-1}A)^{-1} - i(B + AB^{-1}A)^{-1}$.

9. A, B singulär, C regulär: Ist r eine reelle Zahl, so daß $A + rB$ regulär ist, und setzt man $F = A + rB$ und $G = B - rA$, dann ist $C^{-1} = (1 - ir)(F + iG)^{-1}$. Rest wie in 7.

Differentiation von Matrizen

10. Ist $A = A(x) = (a_{ij}(x))$ und $B = B(x)$, dann gilt

    (i) $A'(x) = (a_{ij}'(x))$ (ii) $(A + B)' = A' + B'$

    (iii) $(AB)' = AB' + A'B$ (iv) $(A^2)' = AA' + A'A$

    (v) $(A^{-1})' = -A^{-1}A'A^{-1}$

Matrixnormen   vgl. 16.2.

Unitäre Matrizen

11. Die $n \times n$-Matrix U heißt *unitär*, wenn $U^*U = UU^* = I$ (= Einheitsmatrix).

12. Sei $U = [\mathbf{u}_1, \mathbf{u}_2, \ldots, \mathbf{u}_n]$ mit den Spaltenvektoren $\mathbf{u}_i$, dann gilt

    (i) U ist unitär $\Leftrightarrow$ die Spalten von U sind normiert und paarweise orthogonal, d.h. $\mathbf{u}_i * \mathbf{u}_j = \delta_{ij}$, $i, j = 1, 2, \ldots, n$.

    (ii) U unitär $\Rightarrow$

         (a) U^* is unitär   (b) $U^{-1} = U^*$

         (c) $|\det U| = 1$ (d) $(U\mathbf{a}) * (U\mathbf{b}) = \mathbf{a} * \mathbf{b}$

         (e) $|U\mathbf{a}| = |\mathbf{a}|$ (f) $\mathbf{a} \perp \mathbf{b} \Leftrightarrow U\mathbf{a} \perp U\mathbf{b}$

         (g) $|\lambda| = 1$ für alle Eigenwerte λ von U.

    (iii) U, V unitär und von gleicher Ordnung $\Rightarrow UV$ unitär.

Normale Matrizen

13. Eine $n \times n$-Matrix N heißt *normal*, wenn $N^*N = NN^*$.

14. Eine $n \times n$-Matrix H heißt *hermitesch*, wenn $H^* = H$.
    Eine $n \times n$-Matrix H heißt *schief-hermitesch*, wenn $H^* = -H$.

> H ist hermitesch $\Rightarrow iH$ ist schief-hermitessch
> H ist schief-hermitesch $\Rightarrow iH$ ist hermitesch
> H ist hermitesch $\Rightarrow H^{-1}$ ist hermitesch (falls existent)
> Hermitesche, schief-hermitesche und unitäre Matrizen sind normal.

15. Eine normale Matrix ist

    (i) hermitesch $\Leftrightarrow$ alle Eigenwerte sind reell
    (ii) schief-hermitesch $\Leftrightarrow$ alle Eigenwerte sind rein imaginär
    (iii) unitär $\Leftrightarrow$ alle Eigenwerte haben Betrag 1.

Spektraltheorie. Unitäre Transformationen

16. λ ist ein Eigenwert der $n \times n$-Matrix A, $\mathbf{g} \neq \mathbf{0}$ ein zugehöriger Eigenvektor, falls $A\mathbf{g} = \lambda \mathbf{g}$.
17. λ ist ein Eigenwert von $A \Leftrightarrow \det(A - \lambda I) = 0$.
18. *Satz von Gerschgorin*
    Alle Eigenwerte von A liegen in der Vereinigungsmenge der Kreisscheiben
    $$C_i = \{z \; ; \; |z - a_{ii}| \leq \sum_{j=1(j \neq i)}^{n} |a_{ij}|\}, \quad i = 1, \ldots, n.$$
19. *Satz von Perron*
    Eine Matrix mit lauter positiven Elementen hat mindestens einen positiven Eigenwert. Die Komponenten eines zugehörigen Eigenvektors sind alle nicht-negativ.
20. *Satz von Cayley-Hamilton*
    A erfüllt die charakteristische Gleichung
    $$P(\lambda) = \det(A - \lambda I) = (-1)^n \lambda^n + + c_{n-1} \lambda^{n-1} + \ldots + c_0 = 0, \text{ d.h.}$$
    $$P(A) = (-1)^n A^n + c_{n-1} A^{n-1} + \ldots + c_0 I = 0 \text{ (Nullmatrix)}.$$
21. *Lemma von Schur*
    Zu jeder $n \times n$-Matrix A gibt es eine unitäre Matrix U, so daß
    $$T = U^* A U$$
    obere Dreiecksgestalt hat. Die Diagonalelemente t_{ii} von T sind die Eigenwerte von A (mit ihrer Vielfachheit). T ist eine *Schur-Normalform* von A.

22.
> **Spektraltheorem** (*Unitäre Transformation auf Diagonalform*)
> Sei (*i*) N normal (*ii*) $\lambda_1, \lambda_2, \ldots, \lambda_n$ die Eigenwerte von N (mit Vielfachheiten).
> Dann gibt es zugehörige Eigenvektoren $\mathbf{g}_1, \mathbf{g}_2, \ldots, \mathbf{g}_n$, so daß
> (*a*) $\mathbf{g}_i \perp \mathbf{g}_j, i \neq j, |\mathbf{g}_i| = 1$ (paarweise orthogonal und normiert)
> (*b*) $U = [\mathbf{g}_1, \mathbf{g}_2, \ldots, \mathbf{g}_n]$ ist eine unitäre Matrix
> (*c*) $U^* N U = D = \text{diag}(\lambda_1, \lambda_2, \ldots, \lambda_n)$

23. Ist N normal, dann sind die Eigenvektoren zu verschiedenen Eigenwerten orthogonal.

Hermitesche Formen

Eine hermitesche Form ist ein homogenes Polynom zweiten Grades der Form
$$h = h(\mathbf{z}) = \mathbf{z}^* H \mathbf{z} = \sum_{i,j=1}^{n} h_{ij} z_i \overline{z_j} \quad (h_{ji} = \overline{h_{ij}})$$

24. Die Werte $h(\mathbf{z})$ sind für alle $\mathbf{z}$ in $\mathbf{C}^n$ reell.
25. Mit geeigneter unitärer Transformation (gemäß 22.) $\mathbf{z} = U\mathbf{w}$ ist $h = \sum_{k=1}^{n} \lambda_k |w_k|^2$.
26. $\lambda_{\min} |\mathbf{z}|^2 \leq h(\mathbf{z}) \leq \lambda_{\max} |\mathbf{z}|^2$ (Gleichheit $\Leftrightarrow \mathbf{z}$ = zugehöriger Eigenvektor).

27. *Trägheitssatz von Sylvester*
    Wird eine hermitesche Form auf zweierlei Arten als Summe von Quadraten geschrieben (z.B. durch quadratische Ergänzung oder durch eine unitäre Transformation), dann ist die Anzahl von positiven, negativen und Null-Koeffizienten in beiden Fällen gleich.

28. Eine hermitesche Form ist positiv definit, wenn
    $$h(\mathbf{z})>0 \text{ für alle } \mathbf{z}\neq\mathbf{0} \text{ ist oder alle } \lambda_k>0 \text{ sind}.$$

Matrixzerlegungen

29. Zu jeder quadratischen Matrix A gibt es eindeutig bestimmte hermitesche Matrizen H_1 und H_2 [$H_1=(A+A^*)/2$ und $H_2=(A-A^*)/2i$], so daß $A=H_1+iH_2$.

30. N ist normal $\Leftrightarrow N=H_1+iH_2$ mit hermiteschen Matrizen H_1, H_2, die vertauschbar sind (d.h. $H_1H_2=H_2H_1$).

31. Sind H_1 und H_2 hermitesch, dann gibt es eine unitäre Matrix U, die H_1 und H_2 simultan diagonalisiert (d.h. U^*H_1U und U^*H_2U sind diagonal) $\Leftrightarrow H_1H_2=H_2H_1$.

Nichtunitäre Transformationen

32. Hat die $n\times n$-Matrix A n linear unabhängige Eigenvektoren $\mathbf{g}_1, \mathbf{g}_2, \ldots, \mathbf{g}_n$, dann gilt
    $$L^{-1}AL=D=\text{diag}(\lambda_1,\lambda_2,\ldots,\lambda_n) \quad \text{mit} \quad L=[\mathbf{g}_1,\mathbf{g}_2,\ldots,\mathbf{g}_n].$$
    Man sagt „ A ist in der Basis $\mathbf{g}_1, \mathbf{g}_2, \ldots, \mathbf{g}_n$ (i.allg. nichtunitär) diagonalisierbar ".
    Dies ist z.B. der Fall, wenn die n Eigenwerte $\lambda_1, \lambda_2, \ldots, \lambda_n$ verschieden sind.

33. *Mehrfache Eigenwerte, Hauptvektoren*
    Ist λ ein k-facher Eigenwert der $n\times n$-Matrix A, so heißt $\mathbf{v}$ *Hauptvektor* von A zum Eigenwert λ, wenn
    $$(A-\lambda I)^k\mathbf{v}=\mathbf{0}.$$
    Zu einem k-fachen Eigenwert gibt es stets k linear unabhängige Hauptvektoren. Hauptvektoren zu verschiedenen Eigenwerten sind linear unabhängig.

34. *Jordan-Normalform*
    Für jede quadratische Matrix A gibt es eine nichtsinguläre Matrix S mit
    $$S^{-1}AS=J=\begin{bmatrix}J_1 & 0 & \ldots\ldots & 0\\ 0 & J_2 & 0 \ldots\ldots & 0\\ \ldots\ldots & & & \\ \ldots\ldots\ldots\ldots & & 0 & J_m\end{bmatrix},\quad J_i=\begin{bmatrix}\lambda_i & 1 & 0 & \ldots\ldots\ldots & 0\\ 0 & \lambda_i & 1 & 0 & \ldots\ldots & 0\\ \ldots\ldots & & & & \\ 0 & & \ldots\ldots & 0 & \lambda_i & 1\\ 0 & & \ldots\ldots\ldots & & 0 & \lambda_i\end{bmatrix}.$$
    Die J_i heißen *Jordan-Blöcke*. Hat der Eigenwert λ_i genau s linear unabängige Eigenvektoren, so steht λ_i in s verschiedenen Jordan-Blöcken.
    Die Spalten von S sind Hauptvektoren von A und bilden eine Basis des $\mathbf{C}^n$.

5 Die elementaren Funktionen

5.1 Überblick

Funktion $y=f(x)$	Definitionsbereich	Wertebereich	Umkehrfunktion $x=f^{-1}(y)$	Ableitung $f'(x)$	Stammfunktion $\int f(x)dx$
$y=x^n,\ n\in \mathbf{Z}^+$					
n gerade	alle x	$y\geq 0$	$x = \sqrt[n]{y},\ x\geq 0$	nx^{n-1}	$\dfrac{x^{n+1}}{n+1}$
n ungerade	alle x	alle y	$x = \sqrt[n]{y}$		
$y=x^{-n},\ n\in \mathbf{Z}^+$					$\dfrac{x^{1-n}}{1-n},\ n\neq 1$
n gerade	$x\neq 0$	$y>0$	$x = 1/\sqrt[n]{y},\ x>0$	$-\dfrac{n}{x^{n+1}}$	
n ungerade	$x\neq 0$	$y\neq 0$	$x = 1/\sqrt[n]{y}$		$\ln|x|,\ n=1$
$y=x^a,\ a\notin \mathbf{Z}$					
$a>0$	$x\geq 0$	$y\geq 0$	$x=y^{1/a}$	ax^{a-1}	$\dfrac{x^{a+1}}{a+1}$
$a<0$	$x>0$	$y>0$			
$y=e^x$	alle x	$y>0$	$x=\ln y$	e^x	e^x
$y=a^x\ (a>0, a\neq 1)$	alle x	$y>0$	$x=\log_a y = \dfrac{\ln y}{\ln a}$	$a^x \ln a$	$a^x/\ln a$
$y=\ln x$	$x>0$	alle y	$x=e^y$	$1/x$	$x\ln x - x$
$y={}^a\!\log x\ (a>0, a\neq 1)$	$x>0$	alle y	$x=a^y$	$1/(x\ln a)$	$(x\ln x - x)/\ln a$
$y=\sinh x$	alle x	alle y	$x=\ln(y+\sqrt{y^2+1})$	$\cosh x$	$\cosh x$
$y=\cosh x$	alle x	$y\geq 1$	$x=\ln(y+\sqrt{y^2-1}),\ (x\geq 0)$	$\sinh x$	$\sinh x$
$y=\tanh x$	alle x	$|y|<1$	$x=\dfrac{1}{2}\ln\dfrac{1+y}{1-y}$	$1/\cosh^2 x$	$\ln(\cosh x)$
$y=\coth x$	$x\neq 0$	$|y|>1$	$x=\dfrac{1}{2}\ln\dfrac{y+1}{y-1}$	$-1/\sinh^2 x$	$\ln|\sinh x|$
$y=\sin x$	alle x	$-1\leq y\leq 1$	$x=\arcsin y\ \left(-\dfrac{\pi}{2}\leq x\leq \dfrac{\pi}{2}\right)$	$\cos x$	$-\cos x$
$y=\cos x$	alle x	$-1\leq y\leq 1$	$x=\arccos y\ (0\leq x\leq \pi)$	$-\sin x$	$\sin x$
$y=\tan x$	$x\neq \dfrac{\pi}{2}+n\pi$	all y	$x=\arctan y\ \left(-\dfrac{\pi}{2}<x<\dfrac{\pi}{2}\right)$	$1/\cos^2 x$	$-\ln|\cos x|$
$y=\cot x$	$x\neq n\pi$	all y	$x=\text{arccot}\, y\ (0<x<\pi)$	$-1/\sin^2 x$	$\ln|\sin x|$
$y=\sec x = 1/\cos x$	$x\neq \dfrac{\pi}{2}+n\pi$	$|y|\geq 1$	$x=\arccos\dfrac{1}{y}\ (0\leq x\leq \pi)$	$\sin x \sec^2 x$	$\ln\left|\tan\left(\dfrac{x}{2}+\dfrac{\pi}{4}\right)\right|$
$y=\csc x = 1/\sin x$	$x\neq n\pi$	$|y|\geq 1$	$x=\arcsin\dfrac{1}{y}\ \left(-\dfrac{\pi}{2}\leq x\leq \dfrac{\pi}{2}\right)$	$-\cos x \csc^2 x$	$\ln\left|\tan\dfrac{x}{2}\right|$
$y=\arcsin x$	$-1\leq x\leq 1$	$-\dfrac{\pi}{2}\leq y\leq \dfrac{\pi}{2}$	$x=\sin y$	$\dfrac{1}{\sqrt{1-x^2}}$	$x\arcsin x + \sqrt{1-x^2}$
$y=\arccos x$	$-1\leq x\leq 1$	$0\leq y\leq \pi$	$x=\cos y$	$-\dfrac{1}{\sqrt{1-x^2}}$	$x\arccos x - \sqrt{1-x^2}$
$y=\arctan x$	alle x	$-\dfrac{\pi}{2}<y<\dfrac{\pi}{2}$	$x=\tan y$	$\dfrac{1}{1+x^2}$	$x\arctan x - \dfrac{1}{2}\ln(1+x^2)$
$y=\text{arccot}\, x$	alle x	$0<y<\pi$	$x=\cot y$	$-\dfrac{1}{1+x^2}$	$x\,\text{arccot}\,x + \dfrac{1}{2}\ln(1+x^2)$

5.2 Polynome und rationale Funktionen

Polynome

$P(x) = a_n x^n + a_{n-1} x^{n-1} + \ldots + a_1 x + a_0$

Grad $P(x) = n$, wenn $a_n \neq 0$

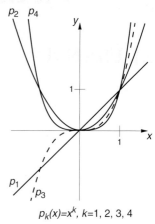

Asymptotisches Verhalten

$P(x) \sim a_n x^n$ (d.h. $\dfrac{P(x)}{a_n x^n} \to 1$) mit $x \to \pm\infty$ ($a_n \neq 0$)

Algebraische Gleichungen und Fundamentalsatz
vgl. 2.4

$p_k(x) = x^k$, $k = 1, 2, 3, 4$

Polynomdivision

Ist Grad $P_1(x) \geq$ Grad $P_2(x)$, dann gilt eindeutig

$$\frac{P_1(x)}{P_2(x)} = Q(x) + \frac{R(x)}{P_2(x)} \quad \text{oder} \quad P_1(x) = Q(x) P_2(x) + R(x),$$

wobei Grad $Q(x) =$ Grad $P_1(x) -$ Grad $P_2(x)$, Grad $R(x) <$ Grad $P_2(x)$.

$Q(x)$ ist der *Quotient* und $R(x)$ der *Rest*.

Beispiel

$$\frac{2x^3 - 3x^2 + 9x + 5}{x^2 - x + 3} = 2x - 1 + \frac{2x + 8}{x^2 - x + 3}:$$

$$
\begin{array}{r}
2x - 1 \\
x^2 - x + 3 \,\overline{\big)\, 2x^3 - 3x^2 + 9x + 5} \\
-(2x^3 - 2x^2 + 6x) \\
\hline
-x^2 + 3x + 5 \\
-(-x^2 + x - 3) \\
\hline
2x + 8
\end{array}
$$

Größter gemeinsamer Teiler

Der *Euklidische Algorithmus* zur Bestimmung des Polynoms mit maximalem Grad, das die zwei gegebenen Polynome $P(x)$ und $Q(x)$ teilt:

Sei Grad $P(x) \geq$ Grad $Q(x)$. Division von $P(x)$ durch $Q(x)$ gibt $P(x) = K_1(x) Q(x) + R_1(x)$, wobei Grad $R_1(x) <$ Grad $Q(x)$. Ist $R_1(x) \neq 0$, dann dividiere man $Q(x)$ durch $R_1(x)$, so daß $Q(x) = K_2(x) R_1(x) + R_2(x)$ mit Grad $R_2(x) <$ Grad $R_1(x)$. Fahre so fort, bis $R_j(x)$ der erste Rest ist, der Null wird. Dann ist $R_{j-1}(x)$ ein Polynom maximalen Grades, das $P(x)$ und $Q(x)$ teilt.

5.2 Polynome und rationale Funktionen

Rationale Funktionen

$$f(x) = \frac{P(x)}{Q(x)} = K(x) + \frac{R(x)}{Q(x)},$$

P, Q, K, R Polynom, Grad $R <$ Grad Q

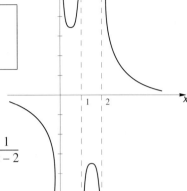

Asymptotisches Verhalten
$$f(x) - K(x) \to 0 \text{ mit } x \to \pm\infty.$$

Beispiel. $y = \dfrac{x^2 - 2x + 2}{x(x-1)(x-2)} = \dfrac{1}{x} - \dfrac{1}{x-1} + \dfrac{1}{x-2}$

Partialbrüche

Annahmen

(i) $R(x), Q(x)$ sind reelle Polynome, Grad $R <$ Grad Q,

(ii) $Q(x)$ ist in reelle Faktoren vom Grad ≤ 2 faktorisiert, d.h.
$Q(x) = C(x-r)^m (x-s)^n \ldots (x^2 + 2ax + b)^p (x^2 + 2cx + d)^q \ldots$, $(a^2 < b, c^2 < d)$.

Dann gilt

$$\begin{aligned}
\frac{R(x)}{Q(x)} =\ & \frac{R_1}{x-r} + \frac{R_2}{(x-r)^2} + \ldots + \frac{R_m}{(x-r)^m} + \\
& + \frac{S_1}{x-s} + \frac{S_2}{(x-s)^2} + \ldots + \frac{S_n}{(x-s)^n} + \ldots + \\
& + \frac{A_1 x + B_1}{(x^2 + 2ax + b)} + \ldots + \frac{A_p x + B_p}{(x^2 + 2ax + b)^p} + \\
& + \frac{C_1 x + D_1}{x^2 + 2cx + d} + \ldots + \frac{C_q x + D_q}{(x^2 + 2cx + d)^q} + \ldots,
\end{aligned}$$

wobei die Konstanten in den Zählern eindeutig bestimmt sind.

Beispiel zur Illustration der Koeffizientenbestimmung

$$\begin{aligned}
\frac{1}{(x^2+1)(x+1)^2} &= \frac{A}{x+1} + \frac{B}{(x+1)^2} + \frac{Cx+D}{x^2+1} = \\
&= \frac{A(x+1)(x^2+1) + B(x^2+1) + (Cx+D)(x+1)^2}{(x+1)^2(x^2+1)} = \\
&= \frac{(A+C)x^3 + (A+B+2C+D)x^2 + (A+C+2D)x + (A+B+D)}{(x+1)^2(x^2+1)}
\end{aligned}$$

Koeffizientenvergleich:
$A+C=0$, $A+B+2C+D=0$, $A+C+2D=0$, $A+B+D=1$
$\Rightarrow A=B=-C=1/2$, $D=0$. Damit ist
$$\frac{1}{(x^2+1)(x+1)^2} = \frac{1}{2(x+1)} + \frac{1}{2(x+1)^2} - \frac{x}{2(x^2+1)}$$

5.3 Logarithmus, Exponentialfunktion, Potenzen und Hyperbolische Funktionen

Logarithmische Funktionen

$y = \ln x$, $y' = \dfrac{1}{x}$ $(x>0)$

$y = \log_a x$, $y' = \dfrac{1}{x \ln a}$ $(a>0, a\neq 1)$

$\ln x = \displaystyle\int_1^x \frac{dt}{t}$, $x>0$

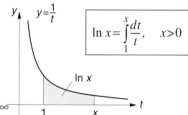

$\ln 1 = 0$, $\ln e = 1$, $\displaystyle\lim_{x\to 0^+} \ln x = -\infty$, $\displaystyle\lim_{x\to\infty} \ln x = \infty$

$\log_a x + \log_a y = \log_a xy$ $\qquad \log_a x - \log_a y = \log_a \dfrac{x}{y}$ $\qquad \log_a x^p = p \log_a x$

$\ln x + \ln y = \ln xy$ $\qquad\qquad \ln x - \ln y = \ln \dfrac{x}{y}$ $\qquad\qquad \ln x^p = p \ln x$

$\log_a \dfrac{1}{x} = -\log_a x$ $\quad \ln \dfrac{1}{x} = -\ln x$ $\quad \log_a x = \dfrac{\log_b x}{\log_b a} = \dfrac{\ln x}{\ln a}$

Komplexer Fall: $\log_e z = \ln|z| + i \arg z$

Umkehrfunktionen

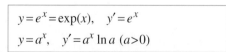

Exponentialfunktionen

Natürliche Basis $e = \displaystyle\lim_{n\to\infty} \left(1 + \frac{1}{n}\right)^n \approx 2.71828\,18285$

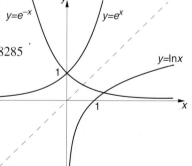

$y = e^x = \exp(x)$, $y' = e^x$

$y = a^x$, $y' = a^x \ln a$ $(a>0)$

$a^0 = 1$, $\displaystyle\lim_{x\to -\infty} e^x = 0$, $\displaystyle\lim_{x\to\infty} e^x = \infty$

5.3 Logarithmus, Exponentialfunktion, Potenzen und Hyperbolische Funktionen

$$a^x a^y = a^{x+y} \quad \frac{a^x}{a^y} = a^{x-y} \quad (a^x)^y = a^{xy} \quad (a>0)$$

$$a^x b^x = (ab)^x \quad a^{-x} = \frac{1}{a^x} \quad a^x = e^{x \ln a}$$

Komplexer Fall: $e^z = e^{x+iy} = e^x e^{iy} = e^x (\cos y + i \sin y)$

Umkehrfunktionen

$$y = e^x \Leftrightarrow x = \ln y, \quad y = a^x \Leftrightarrow x = \log_a y = \frac{\ln y}{\ln a}$$

Potenzfunktionen

$$y = x^a, \quad y' = a x^{a-1} \quad (x>0)$$

Komplexer Fall: $z^a = e^{a \ln z}$

Umkehrfunktionen

$$y = x^a \Leftrightarrow x = y^{1/a}$$

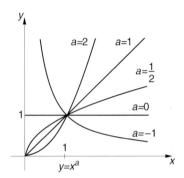
$y = x^a$

Hyperbolische Funktionen

Graphen und Definitionen:

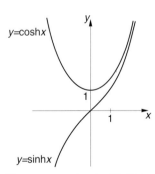

Die Kurve $y = \cosh x$ heißt *Kettenlinie*.

$y = \sinh x = \dfrac{e^x - e^{-x}}{2}$	$y = \cosh x = \dfrac{e^x + e^{-x}}{2}$	$y = \tanh x = \dfrac{e^x - e^{-x}}{e^x + e^{-x}}$	$y = \coth x = \dfrac{e^x + e^{-x}}{e^x - e^{-x}}$
$y' = \cosh x$	$y' = \sinh x$	$y' = 1/\cosh^2 x$	$y' = -1/\sinh^2 x$

Umwandlung

	sinh x	cosh x	tanh x	coth x
sinh $x=$	–	$\pm\sqrt{\cosh^2 x-1}$	$\dfrac{\tanh x}{\sqrt{1-\tanh^2 x}}$	$\pm\dfrac{1}{\sqrt{\coth^2 x-1}}$
cosh $x=$	$\sqrt{1+\sinh^2 x}$	–	$\dfrac{1}{\sqrt{1-\tanh^2 x}}$	$\dfrac{|\coth x|}{\sqrt{\coth^2 x-1}}$
tanh $x=$	$\dfrac{\sinh x}{\sqrt{1+\sinh^2 x}}$	$\pm\dfrac{\sqrt{\cosh^2 x-1}}{\cosh x}$	–	$\dfrac{1}{\coth x}$
coth $x=$	$\dfrac{\sqrt{1+\sinh^2 x}}{\sinh x}$	$\pm\dfrac{\cosh x}{\sqrt{\cosh^2 x-1}}$	$\dfrac{1}{\tanh x}$	–

Geometrische Interpretation

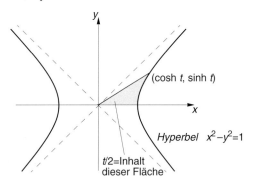

1. $\sinh(-x) = -\sinh x$
   $\cosh(-x) = \cosh x$
   $\tanh(-x) = -\tanh x$
   $\coth(-x) = -\coth x$

2. $\cosh^2 x - \sinh^2 x = 1$
   $\tanh x = \dfrac{\sinh x}{\cosh x}$
   $\coth x = \dfrac{\cosh x}{\sinh x} = \dfrac{1}{\tanh x}$

3. $\sinh(x\pm y) = \sinh x \cosh y \pm \cosh x \sinh y$
   $\cosh(x\pm y) = \cosh x \cosh y \pm \sinh x \sinh y$
   $\tanh(x\pm y) = \dfrac{\tanh x \pm \tanh y}{1 \pm \tanh x \tanh y}$
   $\coth(x\pm y) = \dfrac{1 \pm \coth x \coth y}{\coth x \pm \coth y}$

5.3 Logarithmus, Exponentialfunktion, Potenzen und Hyperbolische Funktionen

4. $\sinh 2x = 2 \sinh x \cosh x \qquad \sinh \frac{x}{2} = \pm \sqrt{\frac{\cosh x - 1}{2}}$

$\cosh 2x = \sinh^2 x + \cosh^2 x \qquad \cosh \frac{x}{2} = \sqrt{\frac{\cosh x + 1}{2}}$

$\tanh 2x = \frac{2 \tanh x}{1 + \tanh^2 x} \qquad \tanh \frac{x}{2} = \pm \sqrt{\frac{\cosh x - 1}{\cosh x + 1}} = \frac{\sinh x}{\cosh x + 1}$

$\coth 2x = \frac{\coth^2 x + 1}{2 \coth x} \qquad \coth \frac{x}{2} = \pm \sqrt{\frac{\cosh x + 1}{\cosh x - 1}} = \frac{\sinh x}{\cosh x - 1}$

5. $\sinh x + \sinh y = 2 \sinh \frac{x+y}{2} \cosh \frac{x-y}{2}$

$\sinh x - \sinh y = 2 \cosh \frac{x+y}{2} \sinh \frac{x-y}{2}$

$\cosh x + \cosh y = 2 \cosh \frac{x+y}{2} \cosh \frac{x-y}{2}$

$\cosh x - \cosh y = 2 \sinh \frac{x+y}{2} \sinh \frac{x-y}{2}$

$\tanh x \pm \tanh y = \frac{\sinh(x \pm y)}{\cosh x \cosh y} \qquad \coth x \pm \coth y = \frac{\sinh(x \pm y)}{\sinh x \sinh y}$

6. $\sinh x \sinh y = \frac{1}{2} [\cosh(x+y) - \cosh(x-y)]$

$\sinh x \cosh y = \frac{1}{2} [\sinh(x+y) + \sinh(x-y)]$

$\cosh x \cosh y = \frac{1}{2} [\cosh(x+y) + \cosh(x-y)]$

Komplexer Fall

7. $\sinh iy = i \sin y, \quad \cosh iy = \cos y, \quad \tanh iy = i \tan y, \quad \coth iy = -i \cot y$
8. $\sinh(x+iy), \cosh(x+iy), \tanh(x+iy), \coth(x+iy)$: Use 3 and 7.

Umkehrfunktionen

$$y = \sinh x \Leftrightarrow x = \text{arsinh } y = \ln(y + \sqrt{y^2 + 1})$$

$$y = \cosh x, \, x \geq 0 \Leftrightarrow x = \text{arcosh } y = \ln(y + \sqrt{y^2 - 1}), \, y \geq 1$$

$$y = \tanh x \Leftrightarrow x = \text{artanh } y = \frac{1}{2} \ln \frac{1+y}{1-y}, \, |y| < 1$$

$$y = \coth x \Leftrightarrow x = \text{arcoth } y = \frac{1}{2} \ln \frac{y+1}{y-1}, \, |y| > 1$$

5.4 Trigonometrische Funktionen und Arcusfunktionen

Trigonometrische Funktionen

Die trigonometrischen Funktionen sind am Einheitskreis erklärt. Der Winkel α wird in Grad oder Radiant gemessen. Voller Umlauf 360° ist 2π Radiant.

$$1° = \frac{\pi}{180} \text{ Radiant} \approx 0{,}017453 \text{ rad.} \quad 1 \text{ Radiant} = \frac{180°}{\pi} \approx 57{,}295780°$$

Grad:	30	45	60	90	120	135	150	180	210	225	240	270	300	315	330	360
Radiant:	$\frac{\pi}{6}$	$\frac{\pi}{4}$	$\frac{\pi}{3}$	$\frac{\pi}{2}$	$\frac{2\pi}{3}$	$\frac{3\pi}{4}$	$\frac{5\pi}{6}$	π	$\frac{7\pi}{6}$	$\frac{5\pi}{4}$	$\frac{4\pi}{3}$	$\frac{3\pi}{2}$	$\frac{5\pi}{3}$	$\frac{7\pi}{4}$	$\frac{11\pi}{6}$	2π

Definitionen

$$\sin\alpha = y \quad \cos\alpha = x$$
$$\tan\alpha = \frac{y}{x} \quad \cot\alpha = \frac{x}{y}$$

Ableitungen. $D \sin x = \cos x \qquad D \cos x = -\sin x$

$(D = \frac{d}{dx}) \quad D \tan x = 1 + \tan^2 x = \frac{1}{\cos^2 x} \qquad D \cot x = -1 - \cot^2 x = -\frac{1}{\sin^2 x}$

Sekansfunktionen: $\quad \sec x = \frac{1}{\cos x}, \quad \csc x = \frac{1}{\sin x}$

Trigonometrische Funktionen für einige Winkel im ersten Quadranten

Winkel	sin	cos	tan	cot
0° = 0	0	1	0	–
15° = π/12	$\frac{1}{4}(\sqrt{6} - \sqrt{2})$	$\frac{1}{4}(\sqrt{6} + \sqrt{2})$	$2 - \sqrt{3}$	$2 + \sqrt{3}$
30° = π/6	1/2	$\sqrt{3}/2$	$1/\sqrt{3}$	$\sqrt{3}$
45° = π/4	$1/\sqrt{2}$	$1/\sqrt{2}$	1	1
60° = π/3	$\sqrt{3}/2$	1/2	$\sqrt{3}$	$1/\sqrt{3}$
75° = 5π/12	$\frac{1}{4}(\sqrt{6} + \sqrt{2})$	$\frac{1}{4}(\sqrt{6} - \sqrt{2})$	$2 + \sqrt{3}$	$2 - \sqrt{3}$
90° = π/2	1	0	–	0

5.4 Trigonometrische Funktionen und Arcusfunktionen

Graphen

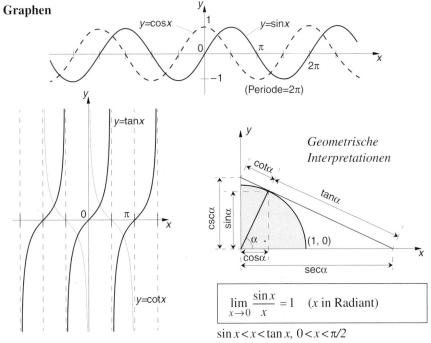

$$\lim_{x \to 0} \frac{\sin x}{x} = 1 \quad (x \text{ in Radiant})$$

$\sin x < x < \tan x, \ 0 < x < \pi/2$

Umwandlung

	$\sin \alpha$	$\cos \alpha$	$\tan \alpha$	$\cot \alpha$	$\sec \alpha$	$\csc \alpha$
$\sin \alpha =$	–	$\pm\sqrt{1-\cos^2\alpha}$	$\dfrac{\tan \alpha}{\pm\sqrt{1+\tan^2 a}}$	$\dfrac{1}{\pm\sqrt{1+\cot^2\alpha}}$	$\dfrac{\pm\sqrt{\sec^2\alpha-1}}{\sec\alpha}$	$\dfrac{1}{\csc\alpha}$
$\cos \alpha =$	$\pm\sqrt{1-\sin^2\alpha}$	–	$\dfrac{1}{\pm\sqrt{1+\tan^2\alpha}}$	$\dfrac{\cot\alpha}{\pm\sqrt{1+\cot^2\alpha}}$	$\dfrac{1}{\sec\alpha}$	$\dfrac{\pm\sqrt{\csc^2\alpha-1}}{\csc\alpha}$
$\tan \alpha =$	$\dfrac{\sin\alpha}{\pm\sqrt{1-\sin^2\alpha}}$	$\dfrac{\pm\sqrt{1-\cos^2\alpha}}{\cos\alpha}$	–	$\dfrac{1}{\cot\alpha}$	$\pm\sqrt{\sec^2\alpha-1}$	$\dfrac{1}{\pm\sqrt{\csc^2\alpha-1}}$
$\cot \alpha =$	$\dfrac{\pm\sqrt{1-\sin^2\alpha}}{\sin\alpha}$	$\dfrac{\cos\alpha}{\pm\sqrt{1-\cos^2\alpha}}$	$\dfrac{1}{\tan\alpha}$	–	$\dfrac{1}{\pm\sqrt{\sec^2\alpha-1}}$	$\pm\sqrt{\csc^2\alpha-1}$
$\sec \alpha =$	$\dfrac{1}{\pm\sqrt{1-\sin^2\alpha}}$	$\dfrac{1}{\cos\alpha}$	$\pm\sqrt{1+\tan^2\alpha}$	$\dfrac{\pm\sqrt{1+\cot^2\alpha}}{\cot\alpha}$	–	$\dfrac{\csc\alpha}{\pm\sqrt{\csc^2\alpha-1}}$
$\csc \alpha =$	$\dfrac{1}{\sin\alpha}$	$\dfrac{1}{\pm\sqrt{1-\cos^2\alpha}}$	$\dfrac{\pm\sqrt{1+\tan^2\alpha}}{\tan\alpha}$	$\pm\sqrt{1+\cot^2\alpha}$	$\dfrac{\sec\alpha}{\pm\sqrt{\sec^2\alpha-1}}$	–

Vereinfachungen

$x=$	$-\alpha$	$\frac{\pi}{2}-\alpha$	$\alpha\pm\frac{\pi}{2}$	$\pi-\alpha$	$\alpha\pm\pi$	$2\pi-\alpha$	$\alpha\pm2\pi$
$\sin x=$	$-\sin\alpha$	$\cos\alpha$	$\pm\cos\alpha$	$\sin\alpha$	$-\sin\alpha$	$-\sin\alpha$	$\sin\alpha$
$\cos x=$	$\cos\alpha$	$\sin\alpha$	$\mp\sin\alpha$	$-\cos\alpha$	$-\cos\alpha$	$\cos\alpha$	$\cos\alpha$
$\tan x=$	$-\tan\alpha$	$\cot\alpha$	$-\cot\alpha$	$-\tan\alpha$	$\tan\alpha$	$-\tan\alpha$	$\tan\alpha$
$\cot x=$	$-\cot\alpha$	$\tan\alpha$	$-\tan\alpha$	$-\cot\alpha$	$\cot\alpha$	$-\cot\alpha$	$\cot\alpha$

Z.B. $\cos(\pi-\alpha)=-\cos\alpha$

1. $\sin^2\alpha+\cos^2\alpha=1 \qquad \tan\alpha=\dfrac{\sin\alpha}{\cos\alpha} \qquad \cot\alpha=\dfrac{\cos\alpha}{\sin\alpha}=\dfrac{1}{\tan\alpha}$

   $\dfrac{1}{\cos^2\alpha}=1+\tan^2\alpha \qquad \dfrac{1}{\sin^2\alpha}=1+\cot^2\alpha$

2. $\sin(\alpha+\beta)=\sin\alpha\cos\beta+\cos\alpha\sin\beta \qquad \sin(\alpha-\beta)=\sin\alpha\cos\beta-\cos\alpha\sin\beta$
   $\cos(\alpha+\beta)=\cos\alpha\cos\beta-\sin\alpha\sin\beta \qquad \cos(\alpha-\beta)=\cos\alpha\cos\beta+\sin\alpha\sin\beta$

   $\tan(\alpha+\beta)=\dfrac{\tan\alpha+\tan\beta}{1-\tan\alpha\tan\beta} \qquad \tan(\alpha-\beta)=\dfrac{\tan\alpha-\tan\beta}{1+\tan\alpha\tan\beta}$

   $\cot(\alpha+\beta)=\dfrac{\cot\alpha\cot\beta-1}{\cot\alpha+\cot\beta} \qquad \cot(\alpha-\beta)=-\dfrac{\cot\alpha\cot\beta+1}{\cot\alpha-\cot\beta}$

3. $\sin\alpha+\sin\beta=2\sin\dfrac{\alpha+\beta}{2}\cos\dfrac{\alpha-\beta}{2} \qquad \sin\alpha-\sin\beta=2\sin\dfrac{\alpha-\beta}{2}\cos\dfrac{\alpha+\beta}{2}$

   $\cos\alpha+\cos\beta=2\cos\dfrac{\alpha+\beta}{2}\cos\dfrac{\alpha-\beta}{2} \qquad \cos\alpha-\cos\beta=-2\sin\dfrac{\alpha-\beta}{2}\sin\dfrac{\alpha+\beta}{2}$

4. $\sin\alpha\sin\beta=\dfrac{1}{2}[\cos(\alpha-\beta)-\cos(\alpha+\beta)]$

   $\sin\alpha\cos\beta=\dfrac{1}{2}[\sin(\alpha-\beta)+\sin(\alpha+\beta)]$

   $\cos\alpha\cos\beta=\dfrac{1}{2}[\cos(\alpha-\beta)+\cos(\alpha+\beta)]$

5. $\sin 2\alpha=2\sin\alpha\cos\alpha \qquad\qquad \sin^2\dfrac{\alpha}{2}=\dfrac{1-\cos\alpha}{2}$

   $\cos 2\alpha=\cos^2\alpha-\sin^2\alpha=$
   $=2\cos^2\alpha-1=1-2\sin^2\alpha \qquad \cos^2\dfrac{\alpha}{2}=\dfrac{1+\cos\alpha}{2}$

   $\tan 2\alpha=\dfrac{2\tan\alpha}{1-\tan^2\alpha} \qquad\qquad \tan\dfrac{\alpha}{2}=\dfrac{\sin\alpha}{1+\cos\alpha}=\pm\sqrt{\dfrac{1-\cos\alpha}{1+\cos\alpha}}$

   $\cot 2\alpha=\dfrac{\cot^2\alpha-1}{2\cot\alpha} \qquad\qquad \cot\dfrac{\alpha}{2}=\dfrac{\sin\alpha}{1-\cos\alpha}=\pm\sqrt{\dfrac{1+\cos\alpha}{1-\cos\alpha}}$

6. $\sin 3\alpha = 3\sin\alpha - 4\sin^3\alpha$ $\qquad\qquad \sin 4\alpha = 4\sin\alpha\cos\alpha - 8\sin^3\alpha\cos\alpha$
   $\cos 3\alpha = 4\cos^3\alpha - 3\cos\alpha$ $\qquad\qquad \cos 4\alpha = 8\cos^4\alpha - 8\cos^2\alpha + 1$
   $$\tan 3\alpha = \frac{3\tan\alpha - \tan^3\alpha}{1 - 3\tan^2\alpha} \qquad\qquad \tan 4\alpha = \frac{4\tan\alpha - 4\tan^3\alpha}{1 - 6\tan^2\alpha + \tan^4\alpha}$$

7. $\sin n\alpha = n\sin\alpha\cos^{n-1}\alpha - \binom{n}{3}\sin^3\alpha\cos^{n-3}\alpha + \binom{n}{5}\sin^5\alpha\cos^{n-5}\alpha - \ldots$
   $\cos n\alpha = \cos^n\alpha - \binom{n}{2}\sin^2\alpha\cos^{n-2}\alpha + \binom{n}{4}\sin^4\alpha\cos^{n-4}\alpha - \ldots$

8. $\sin^{2n}\alpha = \binom{2n}{n}\frac{1}{2^{2n}} + \frac{1}{2^{2n-1}}\sum_{k=1}^{n}(-1)^k\binom{2n}{n-k}\cos 2k\alpha$

   $\sin^{2n-1}\alpha = \frac{1}{2^{2n-2}}\sum_{k=1}^{n}(-1)^{k-1}\binom{2n-1}{n-k}\sin(2k-1)\alpha$

   $\cos^{2n}\alpha = \binom{2n}{n}\frac{1}{2^{2n}} + \frac{1}{2^{2n-1}}\sum_{k=1}^{n}\binom{2n}{n-k}\cos 2k\alpha$

   $\cos^{2n-1}\alpha = \frac{1}{2^{2n-2}}\sum_{k=1}^{n}\binom{2n-1}{n-k}\cos(2k-1)\alpha$

Komplexer Fall

9. $\sin iy = i\sinh y \quad \cos iy = \cosh y,$
   $\tan iy = i\tanh y \quad \cot iy = -i\coth y$

10. $\sin(x+iy)$, $\cos(x+iy)$, $\tan(x+iy)$, $\cot(x+iy)$: Verwende 2 mit 9.

11. $\cos x = \frac{1}{2}(e^{ix} + e^{-ix}) \quad \sin x = \frac{1}{2i}(e^{ix} - e^{-ix})$

Amplituden-Phasen-Polarform von $a\cos x + b\sin x$

(5.1) $\begin{cases} a\cos x + b\sin x = r\cos(x-\varphi) \\ a\sin x + b\cos x = r\sin(x+\varphi) \end{cases}$

mit $r = \sqrt{a^2 + b^2}$ und $\varphi = \begin{cases} \arccos(a/r), & \text{falls } b \geq 0 \\ -\arccos(a/r), & \text{falls } b < 0 \\ \text{unbestimmt}, & \text{falls } r = 0 \end{cases}$

Einfache trigonometrische Gleichungen

1. Ist x_0 eine (beliebige) spezielle Lösung einer der folgenden Gleichungen, dann lautet die allgemeine Lösung x:

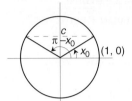
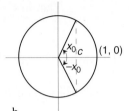
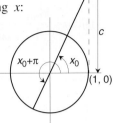

a.

$\sin x = c \ (-1 \leq c \leq 1)$

$x = \begin{cases} x_0 + 2n\pi \\ (\pi - x_0) + 2n\pi \end{cases} (n \in \mathbf{Z})$

$(x_0 = \arcsin c)$

b.

$\cos x = c \ (-1 \leq c \leq 1)$

$x = \pm x_0 + 2n\pi \ (n \in \mathbf{Z})$

$(x_0 = \arccos c)$

c.

$\tan x = c$

$x = x_0 + n\pi \ (n \in \mathbf{Z})$

$(x_0 = \arctan c)$

2. (i) $a \cos x + b \sin x = 0$

Division mit $\cos x$: $a + b \tan x = 0$
usw. dann 1c.

(ii) $a \cos x + b \sin x = c$

Mit (5.1): $r \cos(x - \varphi) = c$
usw. dann 1b.

Dreieckssätze

Siehe 3.1.

Inverse trigonometrische Funktionen (Arcusfunktionen)

Die Definition (*Hauptwerte*) der inversen trigonometrischen Funktionen

$$y = \arcsin x \Leftrightarrow x = \sin y, \ -1 \leq x \leq 1, \ -\frac{\pi}{2} \leq y \leq \frac{\pi}{2}$$

$$y = \arccos x \Leftrightarrow x = \cos y, \ -1 \leq x \leq 1, \ 0 \leq y \leq \pi$$

$$y = \arctan x \Leftrightarrow x = \tan y, \ -\infty < x < \infty, \ -\frac{\pi}{2} < y < \frac{\pi}{2}$$

$$y = \text{arccot } x \Leftrightarrow x = \cot y, \ -\infty < x < \infty, \ 0 < y < \pi$$

(Andere Bezeichnung: $\sin^{-1} x$, $\cos^{-1} x$, $\tan^{-1} x$ and $\cot^{-1} x$)

Ableitungen:

$D \arcsin x = \dfrac{1}{\sqrt{1-x^2}}$

$D \arccos x = -\dfrac{1}{\sqrt{1-x^2}}$

$(D = \dfrac{d}{dx})$

$D \arctan x = \dfrac{1}{1+x^2}$

$D \text{ arccot } x = -\dfrac{1}{1+x^2}$

Graphen

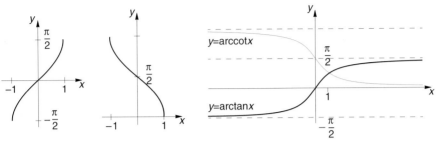

$y = \arcsin x$ $y = \arccos x$

Spezielle Werte

x	$\arcsin x$	$\arccos x$	$\arctan x$	$\text{arccot}\, x$
$-\infty$	–	–	$-\pi/2$	π
$-\sqrt{3}$	–	–	$-\pi/3$	$5\pi/6$
-1	$-\pi/2$	π	$-\pi/4$	$3\pi/4$
$-\sqrt{3}/2$	$-\pi/3$	$5\pi/6$		
$-1/\sqrt{2}$	$-\pi/4$	$3\pi/4$		
$-1/\sqrt{3}$			$-\pi/6$	$2\pi/3$
$-1/2$	$-\pi/6$	$2\pi/3$		
0	0	$\pi/2$	0	$\pi/2$
$1/2$	$\pi/6$	$\pi/3$		
$1/\sqrt{3}$			$\pi/6$	$\pi/3$
$1/\sqrt{2}$	$\pi/4$	$\pi/4$		
$\sqrt{3}/2$	$\pi/3$	$\pi/6$		
1	$\pi/2$	0	$\pi/4$	$\pi/4$
$\sqrt{3}$	–	–	$\pi/3$	$\pi/6$
∞	–	–	$\pi/2$	0

1. $\arcsin(-x) = -\arcsin x$ $\qquad$ $\arccos(-x) = \pi - \arccos x$
   $\arctan(-x) = -\arctan x$ $\qquad$ $\text{arccot}(-x) = \pi - \text{arccot}\, x$

2. $\arcsin x + \arccos x = \dfrac{\pi}{2}$ $\qquad$ $\arctan x + \text{arccot}\, x = \dfrac{\pi}{2}$

   $\arctan \dfrac{1}{x} = \begin{cases} \dfrac{\pi}{2} - \arctan x, & x > 0 \\ -\dfrac{\pi}{2} - \arctan x, & x < 0 \end{cases}$

3. $\arctan x + \arctan y = \arctan \dfrac{x+y}{1-xy} + \begin{cases} \pi, & xy > 1,\ x > 0 \\ 0, & xy < 1 \\ -\pi, & xy > 1,\ x < 0 \end{cases}$

Umwandlung $(x > 0)$

$x > 0$	arcsin	arccos	arctan	arccot
$\arcsin x =$	–	$\arccos \sqrt{1-x^2}$	$\arctan \dfrac{x}{\sqrt{1-x^2}}$	$\text{arccot}\, \dfrac{\sqrt{1-x^2}}{x}$
$\arccos x =$	$\arcsin \sqrt{1-x^2}$	–	$\arctan \dfrac{\sqrt{1-x^2}}{x}$	$\text{arccot}\, \dfrac{x}{\sqrt{1-x^2}}$
$\arctan x =$	$\arcsin \dfrac{x}{\sqrt{1+x^2}}$	$\arccos \dfrac{1}{\sqrt{1+x^2}}$	–	$\text{arccot}\, \dfrac{1}{x}$
$\text{arccot}\, x =$	$\arcsin \dfrac{1}{\sqrt{1+x^2}}$	$\arccos \dfrac{x}{\sqrt{1+x^2}}$	$\arctan \dfrac{1}{x}$	–

Hauptwerte von $\sec^{-1}$ und $\csc^{-1}$

$y = \sec^{-1} x \Leftrightarrow x = \sec y,\ |x| \geq 1,\ 0 \leq y \leq \pi,\ y \neq \dfrac{\pi}{2}$ $\qquad$ $\dfrac{dy}{dx} = \dfrac{1}{|x|\sqrt{x^2-1}}$

$y = \csc^{-1} x \Leftrightarrow x = \csc y,\ |x| \geq 1,\ -\dfrac{\pi}{2} \leq y \leq \dfrac{\pi}{2},\ y \neq 0$ $\qquad$ $\dfrac{dy}{dx} = -\dfrac{1}{|x|\sqrt{x^2-1}}$

$\sec^{-1} x = \cos^{-1} \dfrac{1}{x}$ $\qquad$ $\csc^{-1} x = \sin^{-1} \dfrac{1}{x}$

$\sec^{-1} x + \csc^{-1} x = \dfrac{\pi}{2}$

6 Differentialrechnung (Eine reelle Variable)

6.1 Grundbegriffe

Intervalle

$[a, b] = \{x \, ; \, a \leq x \leq b\}$; *abgeschlossenes Intervall*

$(a, b) = \,]a, b[\, = \{x \, ; \, a < x < b\}$: *offenes Intervall*

$[a, b) = \{x \, ; \, a \leq x < b\}$: *halboffenes Intervall*

$(a, \infty) = \{x \, ; \, x > a\}$: *nach oben unbeschränktes Intervall*

Eine Funktion $y = f(x)$

1. ist *gerade*, wenn $f(-x) = f(x)$ für alle $x \in D_f$
2. ist *ungerade*, wenn $f(-x) = -f(x)$ für alle $x \in D_f$
3. hat die *Periode p*, wenn $f(x+p) = f(x)$ für alle x
4. ist *wachsend [fallend]*, wenn $x_1 < x_2 \Rightarrow f(x_1) \leq f(x_2)$ $[f(x_1) \geq f(x_2)]$. In beiden Fällen heißt f *monoton*.
5. ist *konvex [konkav]*, wenn die Verbindungsstrecke für je zwei Punkte P und Q auf der Kurve $y = f(x)$ ganz über [ganz unter] der Kurve liegt
6. hat einen *Wendepunkt* bei $x = a$, wenn die Kurve in a von konvex nach konkav wechselt (oder umgekehrt)
7. hat ein *lokales Maximum [Minimum]* in $x = a$, wenn es eine Umgebung U von a gibt, so daß für alle $x \in U \cap D_f$ stets $f(x) \leq f(a)$ $[f(x) \geq f(a)]$ gilt
8. hat eine *Umkehrfunktion* f^{-1}, wenn für jedes $y \in R_f$ ein eindeutiges $x \in D_f$ existiert, so daß $f(x) = y$

$$y = f(x) \Leftrightarrow x = f^{-1}(y)$$
$$D_{f^{-1}} = R_f, \, R_{f^{-1}} = D_f$$

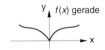

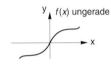

6.2 Grenzwerte und Stetigkeit

Grenzwert einer Funktion

Definitionen

1. $\lim_{x \to a} f(x) = A$ [$\lim_{x \to a+} f(x) = A$] :
   Für jedes $\varepsilon > 0$ gibt es ein $\delta > 0$, so daß $|f(x) - A| < \varepsilon$ für alle $x \in D_f$ mit $|x - a| < \delta$ [$a < x < a + \delta$].
   ($|x - a| < \delta$ ist gelegentlich durch die *punktierte Umgebung* $0 < |x - a| < \delta$ zu ersetzen.)

2. $\lim_{x \to \infty} f(x) = A$: Für jedes $\varepsilon > 0$ gibt es ein ω, so daß $|f(x) - A| < \varepsilon$ für alle $x > \omega$, $x \in D_f$.

3. $\lim_{x \to a} f(x) = \infty$: Für jedes M gibt es ein $\delta > 0$, so daß $f(x) > M$ für alle $x \in D_f$ mit $|x - a| < \delta$.

Andere Bezeichnung: $f(x) \to A$ für $x \to a$ [$f(a+)$], usw.

Existieren $\lim_{x \to a} f(x) = A$, $\lim_{x \to a} g(x) = B$ (als endliche Grenzwerte), dann gilt

1. $\lim (f(x) \pm g(x)) = A \pm B$
2. $\lim f(x) g(x) = AB$
3. $\lim \dfrac{f(x)}{g(x)} = \dfrac{A}{B}$ $(B \neq 0)$
4. $\lim [f(x)]^{g(x)} = A^B$ $(A > 0)$
5. $\lim h(f(x)) = h(A)$ ($h(t)$ stetig)
6. $f(x) \leq g(x) \Rightarrow A \leq B$
7. $A = B$, $f(x) \leq h(x) \leq g(x) \Rightarrow \lim h(x) = A$

Die L'Hospital-Regel

Gilt in einer (punktierten) Umgebung von a (oder ∞)

(i) $f(x)$ und $g(x)$ sind differenzierbar, $g(x) \neq 0$, $g'(x) \neq 0$,

(ii) $f(x)$ und $g(x) \to 0$ (oder ∞) für $x \to a$ (oder $x \to \infty$),

dann ist

$$\lim_{\substack{x \to a \\ (x \to \infty)}} \frac{f(x)}{g(x)} = \lim_{\substack{x \to a \\ (x \to \infty)}} \frac{f'(x)}{g'(x)} \text{, falls der zweite Grenzwert existiert.}$$

Unbestimmte Ausdrücke

Funktionen $f(x)$ der Form $\dfrac{u(x)}{v(x)}$, $u(x)v(x)$, $[u(x)]^{v(x)}$ und $u(x) - v(x)$ sind nicht wohl definiert in a (oder in ∞), wenn $f(a)$ einen folgenden Ausdruck annimmt:

(1) $\dfrac{0}{0}$ (2) $\dfrac{\infty}{\infty}$ (3) $0 \cdot \infty$ (4) $[0+]^0$ (5) ∞^0 (6) 1^∞ (7) $\infty - \infty$

6.2 Grenzwerte und Stetigkeit

Jedoch kann der Grenzwert $\lim_{x \to a} f(x)$ existieren und durch die l'Hospital-Regel berechnet werden, wenn man die Funktion wie folgt umformt:

$(3): uv = \dfrac{u}{1/v}$. $(4), (5), (6): u^v = e^{v \ln u}$. Hierbei ist der Exponent von der Gestalt (3).

Einige Standardgrenzwerte

$$\lim_{x \to \pm\infty} \left(1 + \frac{1}{x}\right)^x = e \qquad \lim_{x \to \pm\infty} \left(1 + \frac{t}{x}\right)^x = e^t \qquad \lim_{x \to \infty} x^{1/x} = 1$$

$$\lim_{x \to \infty} \frac{x^p}{a^x} = \lim_{x \to \infty} x^p e^{-qx} = 0 \quad (a > 1, q > 0) \qquad \lim_{x \to \infty} \frac{(\ln x)^p}{x^q} = 0 \quad (q > 0)$$

$$\lim_{x \to 0+} x^p |\ln x|^q = 0 \quad (p > 0) \qquad \lim_{m \to \infty} \frac{a^m}{m!} = 0$$

$$\lim_{x \to 0} \frac{\sin ax}{x} = a \qquad \lim_{x \to 0} \frac{a^x - 1}{x} = \ln a \qquad \lim_{x \to 0} \frac{\ln(1 + x)}{x} = 1$$

$$\lim_{x \to \infty} \frac{a_m x^m + \ldots + a_0}{b_n x^n + \ldots + b_0} = \begin{cases} 0, & \text{wenn } m < n \\ \dfrac{a_m}{b_n}, & \text{wenn } m = n \; (a_m, b_n \neq 0) \\ \pm\infty, & \text{wenn } m > n \end{cases}$$

Beispiele

I. (l'Hospital-Regel)

(a) $\lim_{x \to 0} \dfrac{1 - \cos x}{x^2} = \left[\dfrac{0}{0}\right] = \lim_{x \to 0} \dfrac{\sin x}{2x} = \left[\dfrac{0}{0}\right] = \lim_{x \to 0} \dfrac{\cos x}{2} = \dfrac{1}{2}$

(b) $\lim_{x \to \infty} \dfrac{\ln x}{\sqrt{x}} = \left[\dfrac{\infty}{\infty}\right] = \lim_{x \to \infty} \dfrac{\frac{1}{x}}{\frac{1}{2\sqrt{x}}} = \lim_{x \to \infty} \dfrac{2}{\sqrt{x}} = 0.$

II. (Taylor-Formel) $\lim_{x \to 0} \dfrac{1 - \cos x}{x^2} = \lim_{x \to 0} \dfrac{1 - \left(1 - \frac{x^2}{2} + O(x^4)\right)}{x^2} = \lim_{x \to 0} \left(\dfrac{1}{2} + O(x^2)\right) = \dfrac{1}{2}$

Stetigkeit

Definitionen

Eine Funktion $y = f(x)$ heißt
1. *stetig im Punkt* x_0, wenn $x_0 \in D_f$ und $\lim_{x \to x_0} f(x) = f(x_0)$
2. *stetig auf einem Intervall* I, wenn $f(x)$ stetig in jedem Punkt von I ist
3. *stückweise stetig* in $[a, b]$, wenn $f(x)$ bis auf endlich viele Punkte stetig ist und in den Unstetigstellen jeweils der links- und der rechtsseitige Grenzwert von f existiert

4. *gleichmäßig stetig* in einem Intervall I, wenn es zu jedem $\varepsilon > 0$ ein $\delta > 0$ gibt, so daß
$|f(x_1) - f(x_2)| < \varepsilon$ für alle $x_1, x_2 \in I$, sobald nur $|x_1 - x_2| < \delta$.

Sätze

1. f, g stetig $\Rightarrow f \pm g, fg, f/g, f \circ g$ stetig (wo sie definiert sind).
2. Jedes Kompositum elementarer Funktionen ist, wo es definiert ist, stetig.
3. $f(x)$ stetig auf einem abgeschlossenen Intervall $[a, b]$ $\Rightarrow$
   (a) $f(x)$ nimmt jeden Wert zwischen $f(a)$ und $f(b)$ an
   (b) $f(x)$ nimmt sein größten und kleinsten Wert (Supremum, Infimum) in $[a, b]$ an
   (c) $f(x)$ ist beschränkt in $[a, b]$
   (d) $f(x)$ ist gleichmäßig stetig in $[a, b]$.
4. $f'(x)$ beschränkt in einem Intervall I $\Rightarrow$ $f(x)$ gleichmäßig stetig in I.

6.3 Ableitungen

Die *Ableitung* $f'(x)$ einer Funktion $y = f(x)$ ist definiert durch

$$f'(x) = \lim_{\Delta x \to 0} \frac{f(x + \Delta x) - f(x)}{\Delta x} = \lim_{\Delta x \to 0} \frac{\Delta y}{\Delta x}$$

Andere Bezeichnungen:

$$y' = f'(x) = \frac{dy}{dx} = \frac{d}{dx} f(x) = Df(x),$$

$$\dot{y} = \frac{dy}{dt} \quad (y \text{ eine Funktion der Zeit } t)$$

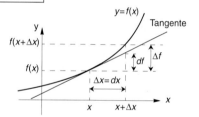

Höhere Ableitungen

$$y'' = f''(x) = \frac{d^2y}{dx^2} = D^2 f(x),$$

$$y^{(n)} = f^{(n)}(x) = \frac{d^n y}{dx^n} = D^n f(x) = [\text{rekursiv definiert: } D\{D^{n-1} f(x)\}].$$

Differential

Differenz $\quad \Delta f = f(x + \Delta x) - f(x)$
Differential $df = f'(x) dx$

$f(x)$ differenzierbar $\Rightarrow$ $\Delta f = f'(x) \Delta x + \varepsilon(x) \Delta x$, wobei $\varepsilon(x) \to 0$ für $\Delta x \to 0$

Gleichung der *Tangente* der Kurve $y = f(x)$ in $(a, f(a))$: $\quad y - f(a) = f'(a)(x - a)$

Gleichung der *Normale* der Kurve $y = f(x)$ in $(a, f(a))$: $\quad y - f(a) = -\dfrac{1}{f'(a)} (x - a)$

6.3 Ableitungen

Mittelwertsatz von Lagrange

Ist $f(x)$ (i) stetig in $[a, b]$, (ii) differenzierbar in (a, b),
dann gibt es ein $\xi \in (a, b)$, so daß $f(b)-f(a)=(b-a)f'(\xi)$.

Mittelwertsatz von Cauchy

Sind $f(x)$ und $g(x)$ (i) stetig in $[a, b]$, (ii) differenzierbar in (a, b),
dann gibt es ein $\xi \in (a, b)$, so daß $[f(b)-f(a)]g'(\xi)=[g(b)-g(a)]f'(\xi)$.

Differentiationsformeln

$f=f(x)$, $g=g(x)$, $D=d/dx$

Summe. Produkt. Quotient

$$D(f+g)=f'+g' \quad D(fg)=f'g+fg' \quad D\left(\frac{f}{g}\right)=\frac{f'g-fg'}{g^2}$$

$$D^n(fg)=\sum_{k=0}^{n}\binom{n}{k}f^{(n-k)}g^{(k)} \quad D(f^n g^m)=f^{n-1}g^{m-1}(ngf'+mfg')$$

$$D\left(\frac{f^n}{g^m}\right)=\frac{f^{n-1}}{g^{m+1}}\ (ngf'-mfg')$$

Logarithmische Differentiation. Potenzen

$f(x)=u(x)^a\,v(x)^b\,w(x)^c \ldots \Rightarrow$

(i) $\ln|f|=a\ln|u|+b\ln|v|+c\ln|w|+\ldots$

(ii) $\dfrac{df}{f}=a\dfrac{du}{u}+b\dfrac{dv}{v}+c\dfrac{dw}{w}+\ldots$

(iii) $\dfrac{f'(x)}{f(x)}=a\dfrac{u'(x)}{u(x)}+b\dfrac{v'(x)}{v(x)}+c\dfrac{w'(x)}{w(x)}+\ldots$

$$D(f^g)=De^{g\ln f}=f^g\left(\frac{f'g}{f}+g'\ln f\right)$$

Geschachtelte Funktionen. Kettenregel

$$Df(g(x))=f'(g(x))g'(x) \qquad \frac{dz}{dx}=\frac{dz}{dy}\cdot\frac{dy}{dx} \qquad \frac{d}{dx}=\frac{dy}{dx}\cdot\frac{d}{dy}$$

$$D^2f(g(x))=f''(g(x))[g'(x)]^2+f'(g(x))g''(x) \qquad \frac{d^2z}{dx^2}=\frac{d^2z}{dy^2}\left(\frac{dy}{dx}\right)^2+\frac{dz}{dy}\cdot\frac{d^2y}{dx^2}$$

Integrale

$$\frac{d}{dx}\int_a^x f(t)dt = f(x) \qquad \frac{d}{dx}\int_x^a f(t)dt = -f(x)$$

$$\frac{d}{dx}\int_{u(x)}^{v(x)} f(t)dt = f(v(x))v'(x) - f(u(x))u'(x)$$

$$\frac{d}{dx}\int_{u(x)}^{v(x)} F(x,t)dt = F(x,v)\frac{dv}{dx} - F(x,u)\frac{du}{dx} + \int_{u(x)}^{v(x)} \frac{\partial}{\partial x} F(x,t)dt \qquad \text{(Leibniz)}$$

Umkehrfunktion

$$\frac{dx}{dy} = \left(\frac{dy}{dx}\right)^{-1} \quad \frac{d^2x}{dy^2} = -\frac{d^2y}{dx^2}\bigg/\left(\frac{dy}{dx}\right)^3 \quad \frac{d^3x}{dy^3} = \left[3\left(\frac{d^2y}{dx^2}\right)^2 - \frac{dy}{dx}\frac{d^3y}{dx^3}\right]\bigg/\left(\frac{dy}{dx}\right)^5$$

Implizite Funktion

$y = y(x)$ sei implizit definiert durch die Gleichung $F(x, y) = 0$:

$$\frac{dy}{dx} = -\frac{F_x}{F_y}, \qquad \frac{d^2y}{dx^2} = -\frac{1}{F_y^3}[F_{xx}F_y^2 - 2F_{xy}F_xF_y + F_{yy}F_x^2]$$

Ableitungen elementarer Funktionen

$f(x)$	$f'(x)$	$f(x)$	$f'(x)$	$f(x)$	$f'(x)$
x^a	ax^{a-1}	$\sinh x$	$\cosh x$	$\sin x$	$\cos x$
$\dfrac{1}{x^a}$	$-\dfrac{a}{x^{a+1}}$	$\cosh x$	$\sinh x$	$\cos x$	$-\sin x$
$\sqrt{x}$	$\dfrac{1}{2\sqrt{x}}$	$\tanh x$	$\dfrac{1}{\cosh^2 x} = 1 - \tanh^2 x$	$\tan x$	$\dfrac{1}{\cos^2 x} = 1 + \tan^2 x$
$\dfrac{1}{x}$	$-\dfrac{1}{x^2}$	$\coth x$	$-\dfrac{1}{\sinh^2 x} = 1 - \coth^2 x$	$\cot x$	$-\dfrac{1}{\sin^2 x} = -1 - \cot^2 x$
$\dfrac{1}{x^2}$	$-\dfrac{2}{x^3}$	$\operatorname{arsinh} x$	$\dfrac{1}{\sqrt{x^2+1}}$	$\sec x$	$\sin x \sec^2 x$
e^x	e^x	$\operatorname{arcosh} x$	$\dfrac{1}{\sqrt{x^2-1}}$	$\csc x$	$-\cos x \csc^2 x$
a^x	$a^x \ln a$	$\operatorname{artanh} x$	$\dfrac{1}{1-x^2}$	$\arcsin x$	$\dfrac{1}{\sqrt{1-x^2}}$
$\ln |x|$	$\dfrac{1}{x}$	$\operatorname{arcoth} x$	$\dfrac{1}{1-x^2}$	$\arccos x$	$-\dfrac{1}{\sqrt{1-x^2}}$
$\log_a |x|$	$\dfrac{1}{x \ln a}$			$\arctan x$	$\dfrac{1}{1+x^2}$
				$\operatorname{arccot} x$	$-\dfrac{1}{1+x^2}$

Ableitungen von geschachtelten Funktionen $(u = u(x), u' = u'(x), D = d/dx)$

$Df(u) = u'f'(u) \quad Du^a = au^{a-1}u' \quad D\dfrac{1}{u^a} = -\dfrac{au'}{u^{a+1}} \quad De^u = u'e^u$

$D\ln|u| = \dfrac{u'}{u} \quad D\sin u = u'\cos u \quad D\sin^k u = ku'\sin^{k-1}u \cos u$

$D\cos u = -u'\sin u \quad D\cos^k u = -ku'\sin u \cos^{k-1}u \quad D\tan u = \dfrac{u'}{\cos^2 u}$

$D\cot u = -\dfrac{u'}{\sin^2 u} \quad D\arcsin u = \dfrac{u'}{\sqrt{1-u^2}} \quad D\arctan u = \dfrac{u'}{1+u^2}$

Höhere Ableitungen

$f(x)$	$f^{(k)}(x)$
$(x-a)^n$, n natürliche Zahl	$\begin{cases} n(n-1)\ldots(n-k+1)(x-a)^{n-k}, & k<n \\ n! &, k=n \\ 0 &, k>n \end{cases}$
$\dfrac{1}{(x-a)^n}$, n natürliche Zahl	$(-1)^k \cdot \dfrac{n(n+1)\ldots(n+k-1)}{(x-a)^{n+k}}$
x^a	$a(a-1)\ldots(a-k+1)x^{a-k}$
e^{ax}	$a^k e^{ax}$
$\ln|x|$	$(-1)^{k-1}(k-1)!\,x^{-k}$
$\sin ax$	$a^k \sin\left(ax + \dfrac{k\pi}{2}\right)$
$\cos ax$	$a^k \cos\left(ax + \dfrac{k\pi}{2}\right)$

6.4 Monotonie. Extremwerte von Funktionen

Sei $f(x)$ differenzierbar im Intervall I, dann gilt (in I):

$f'(x) > 0 \Rightarrow f(x)$ *strikt wachsend*
$f'(x) \geq 0 \Rightarrow f(x)$ *wachsend*
$f'(x) = 0 \Rightarrow f(x)$ *konstant*
$f'(x) \leq 0 \Rightarrow f(x)$ *abnehmend*
$f'(x) < 0 \Rightarrow f(x)$ *strikt abnehmend*.

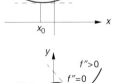

x_0 heißt *stationärer (kritischer) Punkt*, wenn $f'(x_0) = 0$.
Sei $f(x)$ zweimal differenzierbar im Intervall I, dann gilt (in I)
$f''(x) \geq 0 \Rightarrow f(x)$ *konvex*
$f''(x) \leq 0 \Rightarrow f(x)$ *konkav*.

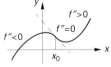

x_0 heißt *Wendepunkt*, wenn $f''(x)$ in x_0 das Vorzeichen wechselt.

Jensen-Ungleichung
Ist $f(x)$ konvex und $\lambda_1 + \ldots + \lambda_n = 1$, $\lambda_i > 0$, dann gilt
$$f(\lambda_1 x_1 + \ldots + \lambda_n x_n) \leq \lambda_1 f(x_1) + \ldots + \lambda_n f(x_n)$$

Notwendige und hinreichende Bedingungen für Extrema

Sei $f(x)$ differenzierbar.

Notwendige Bedingung

x_0 lokales Extremum (Maximum oder Minimum) von $f(x)$ $\Rightarrow$ $f'(x_0) = 0$.

Hinreichende Bedingung

1. *Vorzeichenwechsel der Ableitung*

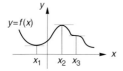
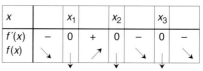

2. *Höhere Ableitungen*

   A. $f(x)$ hat lokales Maximum [Minimum] in x_0, wenn

   (i) $f'(x_0) = 0$ und (ii) $f''(x_0) < 0$ [>0] oder $f''(x_0) = \ldots = f^{(n-1)}(x_0) = 0$, $f^{(n)}(x_0) < 0$ [>0], n gerade

   B. x_0 ist ein Terrassenpunkt von $f(x)$, wenn

   (i) $f'(x_0) = 0$ und (ii) $f''(x_0) = \ldots = f^{(n-1)}(x_0) = 0$, $f^{(n)}(x_0) \neq 0$, n ungerade

Globale (absolute) Extrema

Kandidaten für globale Extrema einer Funktion $f(x)$ in einem Intervall (falls sie existieren) sind folgende Punkte:

1. Punkte mit $f'(x) = 0$
2. Punkte, in denen $f'(x)$ nicht existiert
3. Endpunkte des Intervalls.

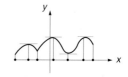

7 Integralrechnung

7.1 Unbestimmte Integrale

Stammfunktion

Eine Funktion $F(x)$ heißt *Stammfunktion* von $f(x)$ auf dem Intervall I, wenn $F'(x) = f(x)$ für alle $x \in I$. Jede Stammfunktion von $f(x)$ läßt sich in der Form $F(x) + C$ schreiben, wobei C eine willkürliche Konstante ist.

Bezeichnung. $F(x) = \int f(x)dx$. Die Funktion $f(x)$ heißt *Integrand*.

Beachte. Stammfunktionen von (geschachtelten) elementaren Funktionen sind i.a. nicht mehr elementar. Z.B. sind $\int e^{-x^2} dx$ und $\int \frac{\sin x}{x} dx$ nicht elementar.

Integrationsmethoden

Eigenschaften

A1.	$\int [af(x) + bg(x)]dx = a \int f(x)dx + b \int g(x)dx$	(*Linearität*)
A2.	$\int f(x)g'(x)dx = F(x)g(x) - \int F(x)g'(x)dx$	(*Partielle Integration*)
A3.	$\int f(g(x))g'(x)dx = \int f(t)dt,\ [t = g(x)]$	(*Substitutionsregel*)

Beispiel

$$\int \sin \sqrt{x}\, dx = [\text{Substitution: } \sqrt{x} = t \Leftrightarrow x = t^2;\ dx = 2t\,dt] =$$
$$= \int 2t \sin t\, dt = [\text{Partielle Integration}] = -2t \cos t + 2 \int \cos t\, dt =$$
$$= -2t \cos t + 2 \sin t + C = -2\sqrt{x} \cos \sqrt{x} + 2 \sin \sqrt{x} + C$$

A4.	$\int f(g(x))g'(x)dx = F(g(x))$
A5.	$\int f(ax+b)dx = \frac{1}{a} F(ax+b)$
A6.	$\int \frac{f'(x)}{f(x)} dx = \ln|f(x)|$
A7.	$f(x)$ ungerade $\Rightarrow F(x)$ gerade
A8.	$f(x)$ gerade $\Rightarrow F(x)$ ungerade (wenn $F(0) = 0$)

Elementare Stammfunktionen

B1.	$\int x^a dx = \dfrac{x^{a+1}}{a+1}$ $(a \neq -1)$	B2.	$\int \dfrac{dx}{x} = \ln|x|$
B3.	$\int e^x dx = e^x$	B4.	$\int \sin x \, dx = -\cos x$
B5.	$\int \cos x \, dx = \sin x$	B6.	$\int \dfrac{dx}{\sin^2 x} = -\cot x$
B7.	$\int \dfrac{dx}{\cos^2 x} = \tan x$	B8.	$\int \dfrac{dx}{a^2 + x^2} = \dfrac{1}{a} \arctan \dfrac{x}{a}$
B9.	$\int \dfrac{dx}{\sqrt{a^2 - x^2}} = \arcsin \dfrac{x}{a}$ $(a>0)$	B10.	$\int \dfrac{dx}{\sqrt{x^2 + a}} = \ln\left|x + \sqrt{x^2 + a}\right|$
B11.	$\int \sinh x \, dx = \cosh x$	B12.	$\int \cosh x \, dx = \sinh x$

Für einige Klassen von Funktionen wird im folgenden je eine Methode angegeben, wie man eine Stammfunktion bestimmt. Im wesentlichen wird dabei stets so umgeformt, daß eines der obigen Integrale entsteht. (In speziellen Fällen gibt es einfachere Methoden als die hier allgemein empfohlenen.)

Rationale Funktionen

Integral		Methode
C1.	$\int \dfrac{P(x)}{Q(x)} dx$	Mit Partialbruchzerlegung (siehe 5.2). C1 wird auf eine Polynomintegration, C2 und C3 zurückgeführt
C2.	$\int \dfrac{A \, dx}{(x-a)^n}$	$= \begin{cases} A \ln|x-a|, \; n=1 \\ -\dfrac{A}{(n-1)(x-a)^{n-1}}, \; n \geq 2 \end{cases}$
C3.	$\int \dfrac{Ax+B}{(x^2+2ax+b)^n} dx$ $(a^2 < b)$	Mit $x^2 + 2ax + b = (x+a)^2 + b - a^2$ und der Substitution $x + a = t$ wird C3 auf C4 und C5 zurückgeführt
C4.	$\int \dfrac{Ct}{(t^2+a^2)^n} dt$	$= \begin{cases} \dfrac{C}{2} \ln(t^2+a^2), \; n=1 \\ -\dfrac{C}{2(n-1)(t^2+a^2)^{n-1}}, \; n \geq 2 \end{cases}$
C5a.	$\int \dfrac{D}{(t^2+a^2)} dt$	$= \dfrac{D}{a} \arctan \dfrac{t}{a}$

Integral	Methode
C5b. $I_n = \int \dfrac{D}{(t^2+a^2)^n}\,dt$ ($n \geq 2$)	Rekursiv: $I_{n+1} = \dfrac{Dt}{2na^2(t^2+a^2)^n} + \dfrac{2n-1}{2na^2} I_n$ (Oder I_{n-1} nach a differenzieren)

Algebraische Funktionen

Integral	Methode
D1. $\int R\!\left(x,\sqrt[n]{\dfrac{ax+b}{cx+d}}\right) dx$ (R rationale Funktion)	Substitution: $t = \sqrt[n]{\dfrac{ax+b}{cx+d}},\ x = \dfrac{dt^n - b}{a - ct^n}$ bringt im Integranden eine rationale Funktion von t
D2. $\int \dfrac{dx}{\sqrt{ax^2+bx+c}}$ ($a \neq 0$)	Quadratische Ergänzung: $ax^2+bx+c = a\left(x+\dfrac{b}{2a}\right)^2 + c - \dfrac{b^2}{4a}$ und Substitution $t = x + \dfrac{b}{2a}$ führt D2 auf B9 (wenn $a<0$) oder auf B10 (wenn $a>0$)
D3. $\int \dfrac{P(x)}{\sqrt{ax^2+bx+c}}\,dx$ ($P(x)$ Polynom)	$= Q(x)\sqrt{ax^2+bx+c} + \int \dfrac{K\,dx}{\sqrt{ax^2+bx+c}}$ (Grad Q < Grad P) $Q(x)$ und K werden durch Differentiation und Koeffizientenvergleich bestimmt. Verbleibendes Integral mit D2
D4. $\int R(x, \sqrt{a^2-x^2})\,dx$	$x = a\sin t,\ dx = a\cos t\,dt,\ \sqrt{a^2-x^2} = a\cos t$
D5. $\int R(x, \sqrt{x^2+a^2})\,dx$	$x = a\tan t,\ dx = \dfrac{a\,dt}{\cos^2 t},\ \sqrt{x^2+a^2} = \dfrac{a}{\cos t}$ oder D7
D6. $\int R(x, \sqrt{x^2-a^2})\,dx$	$x = a\cosh t,\ dx = a\sinh t\,dt,\ \sqrt{x^2-a^2} = a\sinh t$ oder D7
D7. $\int R(x, \sqrt{ax^2+bx+c})\,dx$	$a>0$: Substitution: $\sqrt{ax^2+bx+c} = t + x\sqrt{a}$ $a<0$: Setze $ax^2+bx+c = a(x-p)(x-q) = a(x-p)^2 \dfrac{x-q}{x-p}$ und dann D1 anwenden. Alternative: Quadratische Ergänzung und D4 oder D6

Exponential- und Logarithmusfunktionen

Integral	Methode
E1. $\int R(e^{ax})dx$	Substitution: $e^{ax}=t,\ x=\dfrac{1}{a}\ln t,\quad dx=\dfrac{dt}{at}$
E2. $\int P(x)e^{ax}dx$ ($P(x)$ Polynom)	$=$ [partielle Integration] $=\dfrac{1}{a}P(x)e^{ax}-\dfrac{1}{a}\int P'(x)e^{ax}dx$ etc.
E3. $\int x^a(\ln x)^n\,dx$	$=\begin{cases}[\text{partielle Integration}]=\dfrac{x^{a+1}}{a+1}(\ln x)^n- \\ \qquad -\dfrac{n}{a+1}\int x^a(\ln x)^{n-1}dx\ \text{etc}\ \ (a\neq -1)\\[2pt] \dfrac{(\ln x)^{n+1}}{n+1}\quad (a=-1)\end{cases}$ oder $t=\ln x$ und E2
E4. $\int \dfrac{1}{x}f(\ln x)dx$	Substitution: $\ln x = t,\ \dfrac{dx}{x}=dt$

Trigonometrische Funktionen, Arcusfunktionen

Merke: Trigonometrische Integranden lassen sich durch die Formeln aus 5.4 sehr oft umformen und dann leicht integrieren.

Integral	Methode
F1. $\int f(\sin x)\cos x\, dx$	Substitution: $\sin x = t$, $\cos x\, dx = dt$
F2. $\int f(\cos x)\sin x\, dx$	Substitution: $\cos x = t$, $-\sin x\, dx = dt$
F3. $\int f(\tan x)\, dx$	Substitution: $\tan x = t$, $dx = \dfrac{dt}{1+t^2}$
F4. $\int R(\cos x, \sin x)\, dx$	Substitution: $\tan \dfrac{x}{2} = t$, $\sin x = \dfrac{2t}{1+t^2}$, $\cos x = \dfrac{1-t^2}{1+t^2}$, $dx = \dfrac{2\,dt}{1+t^2}$
F5. $\int \sin^n x\, dx$	$n \geq 3$ ungerade: $\sin^2 x = 1 - \cos^2 x$, dann F2. Oder 211, 235 aus 7.4 $n \geq 2$ gerade: $\sin^2 x = \dfrac{1}{2}(1 - \cos 2x)$ etc.
F6. $\int \cos^n x\, dx$	$n \geq 3$ ungerade: $\cos^2 x = 1 - \sin^2 x$, dann F1. Oder 212, 236 aus 7.4 $n \geq 2$ gerade: $\cos^2 x = \dfrac{1}{2}(1 + \cos 2x)$ etc.
F7. $\int P(x)\begin{bmatrix}\cos x \\ \sin x\end{bmatrix} dx$ ($P(x)$ Polynom)	partielle Integration, differenziere das Polynom (vgl. E2)
F8a. $\int P(x)e^{ax}\cos bx\, dx$	$= \operatorname{Re}\int P(x)e^{(a+ib)x}dx$. Mit E2.
F8b. $\int P(x)e^{ax}\sin bx\, dx$	$= \operatorname{Im}\int P(x)e^{(a+ib)x}dx$. Mit E2.
F9. $\int x^n \arctan x\, dx$	$= [\text{partielle Integration}] =$ $= \dfrac{x^{n+1}}{n+1}\arctan x - \dfrac{1}{n+1}\int \dfrac{x^{n+1}}{1+x^2}\, dx$. Mit C1.
F10. $\int x^n \arcsin x\, dx$	$= [\text{partielle Integration}] =$ $= \dfrac{x^{n+1}}{n+1}\arcsin x - \dfrac{1}{n+1}\int \dfrac{x^{n+1}}{\sqrt{1-x^2}}\, dx$. Mit D3.
F11. $\int f(\arcsin x)\, dx$	Substitution: $\arcsin x = t$, $x = \sin t$
F12. $\int f(\arctan x)\, dx$	Substitution: $\arctan x = t$, $x = \tan t$

7.2 Bestimmte Integrale

Riemann-Integral

Ist (i) $f(x)$ stetig in $[a, b]$, (ii) $F(x)$ eine Stammfunktion von $f(x)$, dann ist

$$\int_a^b f(x)\,dx = [F(x)]_a^b = F(b) - F(a)$$

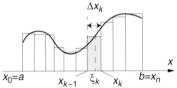

(*Bemerkung*. Hat $f(x)$ endlich viele Unstetigkeiten, dann ist das Integral die Summe der Integrale über die Teilintervalle, in denen $f(x)$ stetig ist.)

Riemann-Summen

Sei $a = x_0 < x_1 < \ldots < x_n = b$, $\Delta x_k = x_k - x_{k-1}$, $x_{k-1} \leq \xi_k \leq x_k$, $d = \max \Delta x_k$, dann ist

$$\int_a^b f(x)\,dx = \lim_{d \to 0} \sum_{k=1}^n f(\xi_k)\Delta x_k = \lim_{n \to \infty} \frac{b-a}{n} \sum_{k=1}^n f\!\left(a + \frac{k}{n}(b-a)\right)$$

Eigenschaften

1. $\int_b^a f(x)\,dx = -\int_a^b f(x)\,dx$ 2. $\int_a^a f(x)\,dx = 0$

3. $\int_a^b f(x)\,dx + \int_b^c f(x)\,dx = \int_a^c f(x)\,dx$ (*Additivität*)

4. $\int_a^b [\alpha f(x) + \beta g(x)]\,dx = \alpha \int_a^b f(x)\,dx + \beta \int_a^b g(x)\,dx$ (*Linearität*)

5. $\int_a^b f(x)g(x)\,dx = [F(x)g(x)]_a^b - \int_a^b F(x)g'(x)\,dx$ (*partielle Integration*)

6. $\int_a^b f(g(x))g'(x)\,dx = [t = g(x)] = \int_{g(a)}^{g(b)} f(t)\,dt$ (*Substitution*)

7. $f(x) \leq g(x) \Rightarrow \int_a^b f(x)\,dx \leq \int_a^b g(x)\,dx$

8. $\left|\int_a^b f(x)\,dx\right| \leq \int_a^b |f(x)|\,dx \leq M(b-a)$, $M = \max_{[a,b]} |f(x)|$

Mittelwertsatz

(i) $f(x)$, $g(x)$ stetig in $[a, b]$, (ii) $g(x)$ wechselt das Vorzeichen nicht, dann gibt es ein $\xi \in (a, b)$, so daß

9. $\int_a^b f(x)\,dx = f(\xi)(b-a)$ 10. $\int_a^b f(x)g(x)\,dx = f(\xi)\int_a^b g(x)\,dx$

Ungleichungen

11. $\int_a^b |fg| \leq \left[\int_a^b |f|^p\right]^{\frac{1}{p}} \left[\int_a^b |g|^q\right]^{\frac{1}{q}}, \quad \frac{1}{p} + \frac{1}{q} = 1, \ p, q > 1$ \quad *(Hölder-Ungleichung)*

12. $\int_a^b |fg| \leq \left[\int_a^b f^2\right]^{\frac{1}{2}} \left[\int_a^b g^2\right]^{\frac{1}{2}}$ \quad *(Cauchy-Schwarz-Ungleichung)*

13. $\left[\int_a^b |f+g|^p\right]^{\frac{1}{p}} \leq \left[\int_a^b |f|^p\right]^{\frac{1}{p}} + \left[\int_a^b |g|^p\right]^{\frac{1}{p}}, \ p \geq 1$ \quad *(Minkowski-Ungleichung)*

Uneigentliche Integrale

Folgende Integrale heißen *konvergent*, wenn der Limes existiert, sonst *divergent*:

Unendliches Intervall

(a) $\int_a^\infty f(x)\,dx = \lim_{R \to \infty} \int_a^R f(x)\,dx$

(b) *Cauchy-Hauptwert*: $(CHW) \int_{-\infty}^\infty f(x)\,dx = \lim_{R \to \infty} \int_{-R}^R f(x)\,dx$

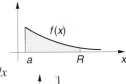

Unbeschränkter Integrand

(a) $\int_a^b f(x)\,dx = \lim_{\varepsilon \to 0+} \int_{a+\varepsilon}^b f(x)\,dx$

(b) *Cauchy-Hauptwert*: $(CHW) \int_a^b f(x)\,dx = \lim_{\varepsilon \to 0+} \left(\int_a^{c-\varepsilon} f(x)\,dx + \int_{c+\varepsilon}^b f(x)\,dx \right)$

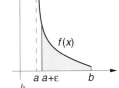

$\int_1^\infty \frac{dx}{x^p}$ und $\int_2^\infty \frac{dx}{x(\ln x)^p}$ sind $\begin{cases} \text{konvergent, wenn } p > 1 \\ \text{divergent, \quad wenn } p \leq 1 \end{cases}$

$\int_0^1 \frac{dx}{x^p}$ ist $\begin{cases} \text{konvergent, wenn } p < 1 \\ \text{divergent, \quad wenn } p \geq 1 \end{cases}$

Konvergenztests (−a oder b können ∞ sein)

(a) $0 \leq f(x) \leq g(x), \ \int_a^b g(x)\,dx$ konvergent $\Rightarrow \int_a^b f(x)\,dx$ konvergent

(b) $\int_a^b |f(x)|\,dx$ konvergent $\Rightarrow \int_a^b f(x)\,dx$ konvergent

Gleichmäßige Konvergenz

$\int_a^\infty f(x, t)dt$ konvergiert gleichmäßig für $x \in I$, wenn $\sup_{x \in I} |\int_R^\infty f(x, t)dt| \to 0$ mit $R \to \infty$

Test

(i) $|f(x, t)| \le g(t), x \in I$, (ii) $\int_a^\infty g(t)dt$ konvergent $\Rightarrow$

$\int_a^\infty f(x, t)dt$ gleichmäßig konvergent für $x \in I$

7.3 Anwendungen von Differential- und Integralrechnung

Ebene Kurven
(Kurven im Raum, vgl. 11.1)

A = Fläche, l = Bogenlänge, κ = Krümmung, $\rho = \dfrac{1}{|\kappa|}$ = Krümmungsradius,

(ξ, η) = Krümmungskreismittelpunkt

Kurven in Parameterdarstellung

$\left(\text{Punkt heißt Ableitung nach } t, \text{ d.h. } \dot{x} = \dfrac{dx}{dt}\right)$

Kurve C: $\begin{cases} x = x(t) \\ y = y(t) \end{cases}$, $a \le t \le b$

$A = \int_{x(a)}^{x(b)} y\, dx = \int_a^b y(t)\dot{x}(t)dt \quad (y \ge 0)$

$ds = \sqrt{\dot{x}^2 + \dot{y}^2}\, dt$

$dA = y\, dx$

$l = \int_C ds = \int_a^b \sqrt{\dot{x}(t)^2 + \dot{y}(t)^2}\, dt, \quad \dfrac{dy}{dx} = \dfrac{\dot{y}(t)}{\dot{x}(t)}, \quad \dfrac{d^2 y}{dx^2} = \dfrac{\dot{x}\ddot{y} - \ddot{x}\dot{y}}{\dot{x}^3}$

Asymptoten

(i) $y = kx + m$, wenn $\lim\limits_{t \to t_0} x(t) = \pm\infty$ und $k = \lim\limits_{t \to t_0} \dfrac{y(t)}{x(t)}$, $m = \lim\limits_{t \to t_0} [y(t) - kx(t)]$

(ii) Vertikale $x = x_0$, wenn $\lim\limits_{t \to t_0} x(t) = x_0$, $\lim\limits_{t \to t_0} y(t) = \pm\infty$

$\kappa = \dfrac{\dot{x}\ddot{y} - \ddot{x}\dot{y}}{(\dot{x}^2 + \dot{y}^2)^{3/2}} = \dfrac{u}{v^{3/2}} \qquad \begin{cases} \xi = x - \dfrac{\dot{y}v}{u} \\ \eta = y + \dfrac{\dot{x}v}{u} \end{cases} \qquad \kappa = \dfrac{d\alpha}{ds}$

Die *Evolute* ist der Ort der Krümmungskreismittelpunkte einer Kurve.

7.3 Anwendungen von Differential- und Integralrechnung

Kurven in expliziter Form $y = y(x)$

$$A = \int_a^b [f(x) - g(x)]dx \quad (f(x) \geq g(x))$$

$$l = \int_a^b \sqrt{1 + f'(x)^2}\, dx$$

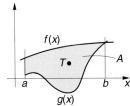

Asymptote $y = kx + m$: $k = \lim\limits_{x \to \pm\infty} \dfrac{y(x)}{x}$, $m = \lim\limits_{x \to \pm\infty} (y(x) - kx)$

$$\kappa = \dfrac{y''(x)}{[1 + y'(x)^2]^{3/2}} \qquad \begin{cases} \xi = x - \dfrac{y'(1 + y'^2)}{y''} \\ \eta = y + \dfrac{1 + y'^2}{y''} \end{cases}$$

Schwerpunkt $T = (T_x, T_y)$ $\begin{cases} T_x = \dfrac{1}{A}\int_a^b x[f(x) - g(x)]dx \\ T_y = \dfrac{1}{2A}\int_a^b [f^2(x) - g^2(x)]dx \end{cases}$

Trägheitsmoment um die y-Achse   *um die x-Achse*

(i) der Kurve $y = f(x)$ mit Dichte $\rho(x)$

$$I_y = \int_a^b x^2\, \rho(x)\sqrt{1 + f'(x)^2}\, dx \qquad I_x = \int_a^b f(x)^2\, \rho(x)\sqrt{1 + f'(x)^2}\, dx$$

(ii) des ebenen Bereichs mit konstanter Dichte ρ_0

$$I_y = \rho_0 \int_a^b x^2 [f(x) - g(x)]dx \quad (f(x) \geq g(x)) \qquad I_x = \rho_0/3 \int_a^b [f(x)^3 - g(x)^3]dx$$

Kurven in impliziter Form

$$C: F(x, y) = 0, \quad \dfrac{dy}{dx} = -\dfrac{F_x}{F_y}, \quad \dfrac{d^2y}{dx^2} = \dfrac{-F_y^2 F_{xx} + 2F_x F_y F_{xy} - F_x^2 F_{yy}}{F_y^3}$$

$$\kappa = \dfrac{-F_y^2 F_{xx} + 2F_x F_y F_{xy} - F_x^2 F_{yy}}{(F_x^2 + F_y^2)^{3/2}} = \dfrac{u}{v^{3/2}}$$

$$\begin{cases} \xi = x + \dfrac{F_x v}{u} \\ \eta = y + \dfrac{F_y v}{u} \end{cases}$$

Kurven in Polarkoordinaten $x = r\cos\theta,\, y = r\sin\theta$

$C: r = r(\theta),\ \alpha \le \theta \le \beta$

Merke. Die Kurve $r = r(\theta)$ kann in kartesische Parameterform verwandelt werden durch

$$\begin{cases} x = r(\theta)\cos\theta \\ y = r(\theta)\sin\theta \end{cases},\ \alpha \le \theta \le \beta$$

$$\frac{dy}{dx} = \frac{y'(\theta)}{x'(\theta)} = \frac{r'(\theta)\sin\theta + r(\theta)\cos\theta}{r'(\theta)\cos\theta - r(\theta)\sin\theta}$$

$$A = \frac{1}{2}\int_\alpha^\beta r^2(\theta)\,d\theta \qquad l = \int_\alpha^\beta \sqrt{r(\theta)^2 + r'(\theta)^2}\,d\theta$$

$$\tan\mu = \frac{r(\theta)}{r'(\theta)} \qquad \kappa = \frac{r^2 + 2r'^2 - rr''}{[r^2 + r'^2]^{3/2}} = \frac{u}{v^{3/2}}$$

$$\begin{cases} \xi = x - \dfrac{v(r\cos\theta + r'\sin\theta)}{u} \\ \eta = y - \dfrac{v(r\sin\theta - r'\cos\theta)}{u} \end{cases}$$

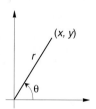

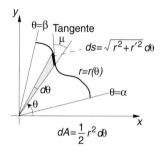

$\begin{cases} x = r\cos\theta \\ y = r\sin\theta \end{cases}$ $r^2 = x^2 + y^2$

Kurvenscharen

Gleichung der Schar ist $F(x, y, \lambda) = 0$, λ ist der Scharparameter.

Enveloppe

Die *Enveloppe* (*Einhüllende*) ergibt sich (durch Elimination von λ) aus dem Gleichungssystem

$$\begin{cases} F(x, y, \lambda) = 0 \\ F'_\lambda(x, y, \lambda) = 0 \end{cases}$$

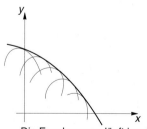

Die Enveloppe verläuft im allg. tangential zu jeder Kurve der Schar

Orthogonaltrajektorien

Differentialgleichung der

Kurvenschar	Schar der Orthogonaltrajektorien
Kartesische Koordinaten $F(x, y, y') = 0$	$F(x, y, -1/y') = 0$
Polarkoordinaten $F(\theta, r, r') = 0$	$F(\theta, r, -r^2/r') = 0$

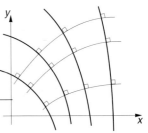

Orthogonaltrajektorien schneiden die Kurven der Schar senkrecht

Rotationskörper und -flächen

Allgemeine Volumenformel

$A(x) =$ Querschnittsfläche

$$V = \int_a^b A(x)\, dx$$

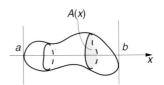

Volumen des Rotationskörpers

Rotation des Bereichs D um die x-Achse

$$V = \int_{x=a}^{x=b} \pi y^2\, dx$$

Rotation von D um die y-Achse

$$V = \int_{x=a}^{x=b} 2\pi x |y|\, dx \quad (0 < a < b)$$

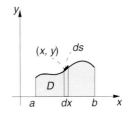

> *Guldin-Regel*:
> $V =$ (Fläche des gedrehten Bereichs) • (Weglänge, die der Schwerpunkt zurücklegt)

Oberfläche einer Rotationsfläche

Rotation der Kurve $y = y(x)$ um x-Achse

$$A = \int_{x=a}^{x=b} 2\pi |y|\, ds$$

Rotation der Kurve $y = y(x)$ um y-Achse

$$A = \int_{x=a}^{x=b} 2\pi x\, ds \quad (0 < a < b)$$

$$[ds = \sqrt{\dot{x}^2 + \dot{y}^2}\, dt, \quad ds = \sqrt{1 + y'(x)^2}\, dx, \quad ds = \sqrt{r^2 + (r')^2}\, d\theta]$$

> *Guldin-Regel*:
> $A =$ (Länge der gedrehten Kurve) • (Weglänge, die der Schwerpunkt zurücklegt)

Beispiele ebener Kurven

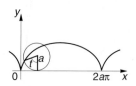
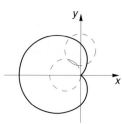
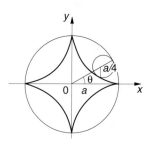

Zykloide
$$\begin{cases} x = a(t - \sin t) \\ y = a(1 - \cos t) \end{cases}$$

Kardioide
$$r = 2a(1 - \cos t)$$

Astroide
$$x^{2/3} + y^{2/3} = a^{2/3}$$
$$\begin{cases} x = a \cos^3 \theta \\ y = a \sin^3 \theta \end{cases}$$

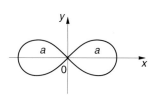
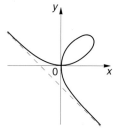
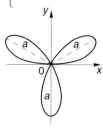

Lemniskate
$$(x^2 + y^2)^2 = a^2(x^2 - y^2)$$
$$r^2 = a^2 \cos 2\theta$$

Descartes-Blatt
$$x^3 + y^3 - 3axy = 0$$
$$\begin{cases} x = 3at/(1 + t^3) \\ y = 3at^2/(1 + t^3) \end{cases}$$
$$r = \frac{3a \sin\theta \cos\theta}{\sin^3\theta + \cos^3\theta}$$
[Asymptote: $x + y + a = 0$]

Dreiblatt
$$r = a \sin 3\theta$$

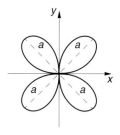
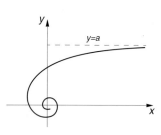
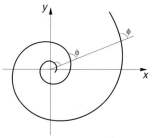

Vierblatt
$$r = a |\sin 2\theta|$$

Archimedes-Spirale
$$r = \frac{a}{\theta}$$

Logarithmische Spirale
$$r = e^{a\theta}$$
$$\phi = \arctan \frac{1}{a}$$

7.4 Tabelle von unbestimmten Integralen

In der folgenden Tabelle wird die Integrationskonstante C *nicht* aufgeführt. Die Zahlen m und n bezeichnen, wenn nicht anders angegeben, *willkürliche reelle* (nicht notwendig ganzzahlige) Konstante.

Algebraische und rationale Integranden

Integrale mit $ax+b$

1. $\int c\,dx = cx$

2. $\int x^n dx = \dfrac{x^{n+1}}{n+1} \quad (n \neq -1)$

3. $\int \dfrac{dx}{x} = \ln|x|$

4. $\int \dfrac{dx}{x^n} = -\dfrac{1}{(n-1)x^{n-1}} \quad (n \neq 1)$

5. $\int (ax+b)^n dx = \dfrac{(ax+b)^{n+1}}{a(n+1)} \quad (n \neq -1)$

6. $\int \dfrac{dx}{(ax+b)^n} = -\dfrac{1}{a(n-1)(ax+b)^{n-1}} \quad (n \neq 1)$

7. $\int \dfrac{dx}{ax+b} = \dfrac{1}{a}\ln|ax+b|$

8. $\int x(ax+b)^n dx = \dfrac{1}{a^2}\left(\dfrac{(ax+b)^{n+2}}{n+2} - \dfrac{b(ax+b)^{n+1}}{n+1}\right) \quad (n \neq -1, -2)$

9. $\int \dfrac{x}{(ax+b)^n} dx = \dfrac{1}{a^2}\left(\dfrac{b}{(n-1)(ax+b)^{n-1}} - \dfrac{1}{(n-2)(ax+b)^{n-2}}\right) \quad (n \neq 1, 2)$

10. $\int \dfrac{x}{ax+b} dx = \dfrac{x}{a} - \dfrac{b}{a^2}\ln|ax+b|$

11. $\int \dfrac{x^2}{ax+b} dx = \dfrac{x^2}{2a} - \dfrac{bx}{a^2} + \dfrac{b^2}{a^3}\ln|ax+b|$

12. $\int \dfrac{x^n}{ax+b} dx = \dfrac{x^n}{na} - \dfrac{bx^{n-1}}{(n-1)a^2} + \dfrac{b^2 x^{n-2}}{(n-2)a^3} - \ldots +$

    $+ (-1)^{n-1}\dfrac{b^{n-1}x}{a^n} + (-1)^n \dfrac{b^n}{a^{n+1}}\ln|ax+b| \quad (n=3,4,\ldots)$

13. $\int \dfrac{x}{(ax+b)^2} dx = \dfrac{b}{a^2(ax+b)} + \dfrac{1}{a^2}\ln|ax+b|$

14. $\int x^2 (ax+b)^n dx = \dfrac{1}{a^3}\left(\dfrac{(ax+b)^{n+3}}{n+3} - \dfrac{2b(ax+b)^{n+2}}{n+2} + \dfrac{b^2(ax+b)^{n+1}}{n+1}\right) \quad (n \neq -1, -2, -3)$

15. $\int \dfrac{x^2}{(ax+b)^n}\,dx =$

$= -\dfrac{1}{a^3}\left(\dfrac{b^2}{(n-1)(ax+b)^{n-1}} - \dfrac{2b}{(n-2)(ax+b)^{n-2}} + \dfrac{1}{(n-3)(ax+b)^{n-3}}\right)$ $(n \neq 1,2,3)$

16. $\int \dfrac{x^2}{ax+b}\,dx = \dfrac{1}{a^3}\left(\dfrac{(ax+b)^2}{2} - 2b(ax+b) + b^2 \ln|ax+b|\right)$

17. $\int \dfrac{x^2}{(ax+b)^2}\,dx = \dfrac{1}{a^3}\left(ax+b - 2b\ln|ax+b| - \dfrac{b^2}{ax+b}\right)$

18. $\int \dfrac{x^2}{(ax+b)^3}\,dx = \dfrac{1}{a^3}\left(\ln|ax+b| + \dfrac{2b}{ax+b} - \dfrac{b^2}{2(ax+b)^2}\right)$

19. $\int \dfrac{dx}{x(ax+b)} = -\dfrac{1}{b}\ln\left|\dfrac{ax+b}{x}\right|$

20. $\int \dfrac{dx}{x^2(ax+b)} = -\dfrac{1}{bx} + \dfrac{a}{b^2}\ln\left|\dfrac{ax+b}{x}\right|$

21. $\int \dfrac{dx}{x^3(ax+b)} = \dfrac{2ax-b}{2b^2x^2} - \dfrac{a^2}{b^3}\ln\left|\dfrac{ax+b}{x}\right|$

22. $\int \dfrac{dx}{x^n(ax+b)}\,dx = -\dfrac{1}{(n-1)bx^{n-1}} + \dfrac{a}{(n-2)b^2x^{n-2}} - \dfrac{a^2}{(n-3)b^3x^{n-3}} + \ldots +$

$+(-1)^{n-1}\dfrac{a^{n-2}}{b^{n-1}x} + (-1)^n\dfrac{a^{n-1}}{b^n}\ln\left|\dfrac{ax+b}{x}\right|$ $(n=4,5,\ldots)$

23. $\int \dfrac{dx}{x(ax+b)^2} = \dfrac{1}{b(ax+b)} - \dfrac{1}{b^2}\ln\left|\dfrac{ax+b}{x}\right|$

24. $\int \dfrac{dx}{x(ax+b)^n} = \dfrac{1}{b(n-1)(ax+b)^{n-1}} + \dfrac{1}{b}\int\dfrac{dx}{x(ax+b)^{n-1}}$ $(n \neq 1)$

25. $\int \dfrac{dx}{x^2(ax+b)^2} = -\dfrac{2ax+b}{b^2x(ax+b)} + \dfrac{2a}{b^3}\ln\left|\dfrac{ax+b}{x}\right|$

26. $\int \sqrt{ax+b}\,dx = \dfrac{2(ax+b)^{3/2}}{3a}$

27. $\int x\sqrt{ax+b}\,dx = \dfrac{2(ax+b)^{3/2}}{15a^2}(3ax-2b)$

28. $\int x^2\sqrt{ax+b}\,dx = \dfrac{2(ax+b)^{3/2}}{105a^3}(15a^2x^2 - 12abx + 8b^2)$

29. $\int x^n\sqrt{ax+b}\,dx = \dfrac{2}{a(2n+3)}\left(x^n(ax+b)^{3/2} - bn\int x^{n-1}\sqrt{ax+b}\,dx\right)$

30. $\int \dfrac{\sqrt{ax+b}}{x}\,dx = 2\sqrt{ax+b} + b\int\dfrac{dx}{x\sqrt{ax+b}}$ (Siehe 37)

7.4 Tabelle von unbestimmten Integralen

31. $\int \dfrac{\sqrt{ax+b}}{x^n} dx = -\dfrac{1}{b(n-1)}\left(\dfrac{(ax+b)^{3/2}}{x^{n-1}} + \dfrac{(2n-5)a}{2}\int \dfrac{\sqrt{ax+b}}{x^{n-1}} dx\right)$

32. $\int \dfrac{dx}{\sqrt{ax+b}} = \dfrac{2\sqrt{ax+b}}{a}$

33. $\int \dfrac{x}{\sqrt{ax+b}} dx = -\dfrac{2b\sqrt{ax+b}}{a^2} + \dfrac{2(ax+b)^{3/2}}{3a^2}$

34. $\int \dfrac{x^2}{\sqrt{ax+b}} dx = \dfrac{2b^2\sqrt{ax+b}}{a^3} - \dfrac{4b(ax+b)^{3/2}}{3a^3} + \dfrac{2(ax+b)^{5/2}}{5a^3}$

35. $\int \dfrac{x^n}{\sqrt{ax+b}} dx = \dfrac{2}{a(2n+1)}\left(x^n\sqrt{ax+b} - bn\int \dfrac{x^{n-1}}{\sqrt{ax+b}} dx\right)$

36. $\int \dfrac{dx}{x^n\sqrt{ax+b}} = -\dfrac{\sqrt{ax+b}}{(n-1)bx^{n-1}} - \dfrac{(2n-3)a}{(2n-2)b}\int \dfrac{dx}{x^{n-1}\sqrt{ax+b}}$ $(n \neq 1)$

37. $\int \dfrac{dx}{x\sqrt{ax+b}} = \begin{cases} \dfrac{1}{\sqrt{b}} \ln\left|\dfrac{\sqrt{ax+b}-\sqrt{b}}{\sqrt{ax+b}+\sqrt{b}}\right| & (b>0) \\ \dfrac{2}{\sqrt{-b}} \arctan\sqrt{\dfrac{ax+b}{-b}} & (b<0) \end{cases}$

38. $\int \dfrac{dx}{c+\sqrt{ax+b}} = \dfrac{2}{a}\left(\sqrt{ax+b} - c\ln\left|c+\sqrt{ax+b}\right|\right)$

39. $\int \dfrac{\sqrt{ax+b}}{c+\sqrt{ax+b}} dx = \dfrac{1}{a}\left(ax+b - 2c\sqrt{ax+b} + 2c^2\ln\left|c+\sqrt{ax+b}\right|\right)$

40. $\int \dfrac{x}{c+\sqrt{ax+b}} dx =$
$= \dfrac{1}{a^2}\left(2(c^2-b)\sqrt{ax+b} - c(ax+b) + \dfrac{2}{3}(ax+b)^{3/2} - 2c(c^2-b)\ln\left|c+\sqrt{ax+b}\right|\right)$

41. $\int \dfrac{dx}{\sqrt{ax+b}(c+\sqrt{ax+b})} = \dfrac{2}{a}\ln\left|c+\sqrt{ax+b}\right|$

42. $\int \dfrac{dx}{(ax+b)(c+\sqrt{ax+b})} = \dfrac{2}{ac}\ln\left|\dfrac{\sqrt{ax+b}}{c+\sqrt{ax+b}}\right|$

43. $\int \dfrac{dx}{(c+\sqrt{ax+b})^2} = \dfrac{2c}{a(c+\sqrt{ax+b})} + \dfrac{2}{a}\ln\left|c+\sqrt{ax+b}\right|$

44. $\int \dfrac{\sqrt{ax+b}}{(c+\sqrt{ax+b})^2} dx = \dfrac{2\sqrt{ax+b}}{a} - \dfrac{2c^2}{a(c+\sqrt{ax+b})} - \dfrac{4c}{a}\ln\left|c+\sqrt{ax+b}\right|$

45. $\int \dfrac{x}{(c+\sqrt{ax+b})^2} dx =$

$$= \dfrac{1}{a^2}\left(-4c\sqrt{ax+b} + ax + \dfrac{2c(c^2-b)}{c+\sqrt{ax+b}} + 2(3c^2-b)\ln|c+\sqrt{ax+b}|\right)$$

46. $\int \dfrac{dx}{\sqrt{ax+b}(c+\sqrt{ax+b})^2} = -\dfrac{2}{a(c+\sqrt{ax+b})}$

47. $\int \dfrac{dx}{(ax+b)(c+\sqrt{ax+b})^2} = \dfrac{1}{ac^2}\left(\dfrac{2c}{c+\sqrt{ax+b}} + 2\ln\left|\dfrac{\sqrt{ax+b}}{c+\sqrt{ax+b}}\right|\right)$

Integrale mit $ax+b$ **und** $cx+d$, $k = ad-bc \ne 0$

48. $\int \dfrac{dx}{(ax+b)^n(cx+d)^m} =$

$$= \dfrac{1}{k(m-1)}\left[\dfrac{1}{(ax+b)^{n-1}(cx+d)^{m-1}} + a(m+n-2)\int \dfrac{dx}{(ax+b)^n(cx+d)^{m-1}}\right]$$

$(m>1, n>0)$

49. $\int \dfrac{dx}{(ax+b)(cx+d)} = \dfrac{1}{k}\ln\left|\dfrac{ax+b}{cx+d}\right|$

50. $\int \dfrac{x}{(ax+b)(cx+d)} dx = -\dfrac{1}{k}\left(\dfrac{b}{a}\ln|ax+b| - \dfrac{d}{c}\ln|cx+d|\right)$

51. $\int \dfrac{dx}{(ax+b)^2(cx+d)} = -\dfrac{1}{k}\left(\dfrac{1}{ax+b} + \dfrac{c}{k}\ln\left|\dfrac{ax+b}{cx+d}\right|\right)$

52. $\int \dfrac{x}{(ax+b)^2(cx+d)} dx = \dfrac{b}{ak(ax+b)} + \dfrac{d}{k^2}\ln\left|\dfrac{ax+b}{cx+d}\right|$

53. $\int \dfrac{x^2}{(ax+b)^2(cx+d)} dx = -\dfrac{b^2}{a^2k(ax+b)} + \dfrac{1}{k^2}\left(\dfrac{d^2}{c}\ln|cx+d| - \dfrac{b(k+ad)}{a^2}\ln|ax+b|\right)$

54. $\int \dfrac{dx}{x(ax+b)(cx+d)} = \dfrac{1}{bd}\ln|x| - \dfrac{a}{bk}\ln|ax+b| + \dfrac{c}{dk}\ln|cx+d|$

55. $\int \dfrac{dx}{x^2(ax+b)(cx+d)} = -\dfrac{a^2d^2+b^2c^2}{b^2d^2k}\ln|x| - \dfrac{1}{bdx} + \dfrac{a^2}{b^2k}\ln|ax+b| + \dfrac{c^2}{d^2k}\ln|cx+d|$

56. $\int \dfrac{ax+b}{cx+d} dx = \dfrac{ax}{c} - \dfrac{k}{c^2}\ln|cx+d|$

57. $\int \dfrac{(ax+b)^n}{(cx+d)^m} dx = \dfrac{1}{k(m-1)}\left[\dfrac{(ax+b)^{n+1}}{(cx+d)^{m-1}} + (m-n-2)a\int \dfrac{(ax+b)^n}{(cx+d)^{m-1}} dx\right] =$

$$= -\dfrac{1}{(m-n-1)c}\left[\dfrac{(ax+b)^n}{(cx+d)^{m-1}} - kn\int \dfrac{(ax+b)^{n-1}}{(cx+d)^{m-1}} dx\right]$$

7.4 Tabelle von unbestimmten Integralen

58. $\int \sqrt{\dfrac{x+b}{x+d}}\,dx = \sqrt{x+b}\sqrt{x+d} + (b-d)\ln(\sqrt{x+b} + \sqrt{x+d})$

59. $\int \sqrt{\dfrac{b-x}{d+x}}\,dx = \sqrt{b-x}\sqrt{d+x} + (b+d)\arcsin\sqrt{\dfrac{d+x}{b+d}}$

60. $\int \dfrac{dx}{(cx+d)\sqrt{ax+b}} = \begin{cases} \dfrac{1}{\sqrt{-kc}} \ln\left|\dfrac{\sqrt{c(ax+b)} - \sqrt{-k}}{\sqrt{c(ax+b)} + \sqrt{-k}}\right| & (c>0,\, k<0) \\[2mm] \dfrac{2}{\sqrt{kc}} \arctan\sqrt{\dfrac{c(ax+b)}{k}} & (c,\, k>0) \end{cases}$

Integrale mit $a^2x^2+c^2$, $a^2x^2-c^2$, $a>0$, $c>0$

61. $A_1 = \int \dfrac{dx}{a^2x^2+c^2} = \dfrac{1}{ac}\arctan\dfrac{ax}{c}$

62. $B_1 = \int \dfrac{dx}{a^2x^2-c^2} = \dfrac{1}{2ac}\ln\left|\dfrac{ax-c}{ax+c}\right|$

63. $A_2 = \int \dfrac{dx}{(a^2x^2+c^2)^2} = \dfrac{x}{2c^2(a^2x^2+c^2)} + \dfrac{1}{2ac^3}\arctan\dfrac{ax}{c}$

64. $B_2 = \int \dfrac{dx}{(a^2x^2-c^2)^2} = -\dfrac{x}{2c^2(a^2x^2-c^2)} - \dfrac{1}{4ac^3}\ln\left|\dfrac{ax-c}{ax+c}\right|$

65. $A_n = \int \dfrac{dx}{(a^2x^2+c^2)^n} = \dfrac{x}{2(n-1)c^2(a^2x^2+c^2)^{n-1}} + \dfrac{2n-3}{2(n-1)c^2}A_{n-1}$

66. $B_n = \int \dfrac{dx}{(a^2x^2-c^2)^n} = -\dfrac{x}{2(n-1)c^2(a^2x^2-c^2)^{n-1}} - \dfrac{2n-3}{2(n-1)c^2}B_{n-1}$

67. $\int x(a^2x^2 \pm c^2)^n\,dx = \dfrac{(a^2x^2 \pm c^2)^{n+1}}{2(n+1)a^2} \quad (n \neq -1)$

68. $\int \dfrac{x}{a^2x^2 \pm c^2}\,dx = \dfrac{1}{2a^2}\ln\left|a^2x^2 \pm c^2\right|$

69. $\int \dfrac{x}{(a^2x^2 \pm c^2)^n}\,dx = -\dfrac{1}{2a^2(n-1)(a^2x^2 \pm c^2)^{n-1}} \quad (n \neq 1)$

70. $\int \dfrac{dx}{x(a^2x^2 \pm c^2)} = \pm\dfrac{1}{2c^2}\ln\left|\dfrac{x^2}{a^2x^2 \pm c^2}\right|$

71. $\int \dfrac{dx}{x^2(a^2x^2+c^2)} = -\dfrac{1}{c^2x} - \dfrac{a}{c^3}\arctan\dfrac{ax}{c}$

72. $\int \dfrac{dx}{x^2(a^2x^2-c^2)} = \dfrac{1}{c^2x} + \dfrac{a}{2c^3}\ln\left|\dfrac{ax-c}{ax+c}\right|$

73. $\int \dfrac{x^2}{a^2x^2+c^2}\,dx = \dfrac{x}{a^2} - \dfrac{c}{a^3}\arctan\dfrac{ax}{c}$

74. $\int \dfrac{x^2}{a^2x^2-c^2}dx = \dfrac{x}{a^2} + \dfrac{c}{2a^3}\ln\left|\dfrac{ax-c}{ax+c}\right|$

75. $\int \dfrac{x^n}{a^2x^2\pm c^2}dx = \dfrac{x^{n-1}}{a^2(n-1)} \mp \dfrac{c^2}{a^2}\int \dfrac{x^{n-2}}{a^2x^2\pm c^2}dx \quad (n\ne 1)$

76. $\int \dfrac{x^2}{(a^2x^2+c^2)^n}dx = -\dfrac{x}{2(n-1)a^2(a^2x^2+c^2)^{n-1}} + \dfrac{1}{2(n-1)a^2}A_{n-1}$ (siehe 65)

77. $\int \dfrac{x^2}{(a^2x^2-c^2)^n}dx = -\dfrac{x}{2(n-1)a^2(a^2x^2-c^2)^{n-1}} + \dfrac{1}{2(n-1)a^2}B_{n-1}$ (siehe 66)

78. $\int \dfrac{x^m}{(a^2x^2\pm c^2)^n}dx = \dfrac{1}{a^2}\int \dfrac{x^{m-2}}{(a^2x^2\pm c^2)^{n-1}}dx \mp \dfrac{c^2}{a^2}\int \dfrac{x^{m-2}}{(a^2x^2\pm c^2)^n}dx$

79. $\int \dfrac{dx}{x(a^2x^2\pm c^2)^n} = \pm\dfrac{1}{2c^2(n-1)(a^2x^2\pm c^2)^{n-1}} \pm \dfrac{1}{c^2}\int \dfrac{dx}{x(a^2x^2\pm c^2)^{n-1}} \quad (n\ne 1)$

80. $\int \dfrac{dx}{x^2(a^2x^2\pm c^2)^n} = \pm\dfrac{1}{c^2}\int \dfrac{dx}{x^2(a^2x^2\pm c^2)^{n-1}} \mp \dfrac{a^2}{c^2}\int \dfrac{dx}{(a^2x^2\pm c^2)^n}$ (siehe 65, 71; 66, 72)

81. $\int \dfrac{dx}{x^m(a^2x^2\pm c^2)^n} = \pm\dfrac{1}{c^2}\int \dfrac{dx}{x^m(a^2x^2\pm c^2)^{n-1}} \mp \dfrac{a^2}{c^2}\int \dfrac{dx}{x^{m-2}(a^2x^2\pm c^2)^n}$

82. $\int \dfrac{1}{(px+q)(a^2x^2+c^2)}dx = \dfrac{1}{a^2q^2+c^2p^2}\left(\dfrac{p}{2}\ln\dfrac{(px+q)^2}{a^2x^2+c^2} + \dfrac{aq}{c}\arctan\dfrac{ax}{c}\right)$

83. $\int \dfrac{1}{(px+q)(a^2x^2-c^2)}dx = \dfrac{1}{a^2q^2-c^2p^2}\left(\dfrac{p}{2}\ln\dfrac{(px+q)^2}{|a^2x^2-c^2|} + \dfrac{aq}{2c}\ln\left|\dfrac{ax-c}{ax+c}\right|\right)$

84. $\int \dfrac{x}{(px+q)(a^2x^2+c^2)}dx = \dfrac{1}{a^2q^2+c^2p^2}\left(-\dfrac{q}{2}\ln\dfrac{(px+q)^2}{a^2x^2+c^2} + \dfrac{cp}{a}\arctan\dfrac{ax}{c}\right)$

85. $\int \dfrac{x}{(px+q)(a^2x^2-c^2)}dx = \dfrac{1}{a^2q^2-c^2p^2}\left(-\dfrac{q}{2}\ln\dfrac{(px+q)^2}{|a^2x^2-c^2|} - \dfrac{cp}{2a}\ln\left|\dfrac{ax-c}{ax+c}\right|\right)$

86. $\int \dfrac{x^2}{(px+q)(a^2x^2+c^2)}dx =$

$= \dfrac{1}{a^2q^2+c^2p^2}\left(\dfrac{q^2}{p}\ln|px+q| + \dfrac{c^2p}{2a^2}\ln(a^2x^2+c^2) - \dfrac{cq}{a}\arctan\dfrac{ax}{c}\right)$

87. $\int \dfrac{x^2}{(px+q)(a^2x^2-c^2)}dx =$

$= \dfrac{1}{a^2q^2-c^2p^2}\left(\dfrac{q^2}{p}\ln|px+q| - \dfrac{c^2p}{2a^2}\ln\left|a^2x^2-c^2\right| + \dfrac{cq}{2a}\ln\left|\dfrac{ax-c}{ax+c}\right|\right)$

88. $\int \sqrt{a^2x^2\pm c^2}\,dx = \dfrac{1}{2}x\sqrt{a^2x^2\pm c^2} \pm \dfrac{c^2}{2a}\ln\left|ax+\sqrt{a^2x^2\pm c^2}\right|$

7.4 Tabelle von unbestimmten Integralen

89. $\int \dfrac{1}{\sqrt{a^2 x^2 \pm c^2}} dx = \dfrac{1}{a} \ln \left| ax + \sqrt{a^2 x^2 \pm c^2} \right|$

90. $\int \dfrac{x}{\sqrt{a^2 x^2 \pm c^2}} dx = \dfrac{1}{a^2} \sqrt{a^2 x^2 \pm c^2}$

91. $\int \dfrac{1}{x \sqrt{a^2 x^2 + c^2}} dx = -\dfrac{1}{c} \ln \left| \dfrac{\sqrt{a^2 x^2 + c^2} + c}{x} \right|$

92. $\dfrac{1}{x \sqrt{a^2 x^2 - c^2}} dx = \dfrac{1}{c} \arctan \dfrac{\sqrt{a^2 x^2 - c^2}}{c} \; \left(= \dfrac{1}{c} \arccos \dfrac{c}{ax}, \text{ wenn } x > 0 \right)$

93. $\int x \sqrt{a^2 x^2 \pm c^2} \, dx = \dfrac{1}{3 a^2} (a^2 x^2 \pm c^2)^{3/2}$

94. $\int x^2 \sqrt{a^2 x^2 \pm c^2} \, dx =$

$= \dfrac{x}{4 a^2} (a^2 x^2 \pm c^2)^{3/2} \mp \dfrac{c^2 x}{8 a^2} \sqrt{a^2 x^2 \pm c^2} - \dfrac{c^4}{8 a^3} \ln \left| ax + \sqrt{a^2 x^2 \pm c^2} \right|$

95. $\int \dfrac{\sqrt{a^2 x^2 + c^2}}{x} dx = \sqrt{a^2 x^2 + c^2} - c \ln \left| \dfrac{\sqrt{a^2 x^2 + c^2} + c}{x} \right|$

96. $\int \dfrac{\sqrt{a^2 x^2 - c^2}}{x} dx = \sqrt{a^2 x^2 - c^2} - c \arctan \dfrac{\sqrt{a^2 x^2 - c^2}}{c}$

97. $\int \dfrac{1}{x^2 \sqrt{a^2 x^2 \pm c^2}} dx = \mp \dfrac{\sqrt{a^2 x^2 \pm c^2}}{c^2 x}$

98. $\int \dfrac{x^n}{\sqrt{a^2 x^2 \pm c^2}} dx = \dfrac{x^{n-1} \sqrt{a^2 x^2 \pm c^2}}{n a^2} \mp \dfrac{(n-1) c^2}{n a^2} \int \dfrac{x^{n-2}}{\sqrt{a^2 x^2 \pm c^2}} dx \quad (n > 0)$

99. $\int x^n \sqrt{a^2 x^2 \pm c^2} \, dx =$

$= \dfrac{x^{n-1} (a^2 x^2 \pm c^2)^{3/2}}{(n+2) a^2} \mp \dfrac{(n-1) c^2}{(n+2) a^2} \int x^{n-2} \sqrt{a^2 x^2 \pm c^2} \, dx \quad (n > 0)$

100. $\int \dfrac{\sqrt{a^2 x^2 \pm c^2}}{x^n} dx = \mp \dfrac{(a^2 x^2 \pm c^2)^{3/2}}{(n-1) c^2 x^{n-1}} \mp \dfrac{(n-4) a^2}{(n-1) c^2} \int \dfrac{\sqrt{a^2 x^2 \pm c^2}}{x^{n-2}} dx \quad (n > 1)$

101. $\int \dfrac{1}{x^n \sqrt{a^2 x^2 \pm c^2}} dx =$

$= \mp \dfrac{\sqrt{a^2 x^2 \pm c^2}}{(n-1) c^2 x^{n-1}} \mp \dfrac{(n-2) a^2}{(n-1) c^2} \int \dfrac{1}{x^{n-2} \sqrt{a^2 x^2 \pm c^2}} dx \quad (n > 1)$

102. $\int \dfrac{1}{(x-b)\sqrt{x^2-b^2}}dx = -\dfrac{1}{b}\sqrt{\dfrac{x+b}{x-b}}$ (b hat beliebiges Vorzeichen)

103. $\int \dfrac{1}{(x-b)\sqrt{px^2+q}}dx = \left[x-b=\dfrac{1}{t}\right] = \mp \int \dfrac{1}{\sqrt{(pb^2+q)t^2+2pbt+p}}dt$

   ($-$ für $x>b$, $+$ für $x<b$, siehe 32 oder 170)

104. $\int \dfrac{1}{(x-b)^n \sqrt{px^2+q}}dx = \left[x-b=\dfrac{1}{t}\right] = \mp \int \dfrac{t^{n-1}}{\sqrt{(pb^2+q)t^2+2pbt+p}}dt$

   ($-$ für $x>b$, $+$ für $x<b$, siehe 35, 171 oder 172)

105. $\int (a^2x^2 \pm c^2)^{3/2} dx =$

   $= \dfrac{x}{4}(a^2x^2 \pm c^2)^{3/2} \pm \dfrac{3c^2 x}{8}\sqrt{a^2x^2 \pm c^2} + \dfrac{3c^4}{8a}\ln\left|ax+\sqrt{a^2x^2 \pm c^2}\right|$

106. $\int x(a^2x^2 \pm c^2)^{3/2} dx = \dfrac{1}{5a^2}(a^2x^2 \pm c^2)^{5/2}$

107. $\int x^2(a^2x^2 \pm c^2)^{3/2} dx = \dfrac{x^3}{6}(a^2x^2 \pm c^2)^{3/2} \pm \dfrac{c^2}{2}\int x^2 \sqrt{a^2x^2 \pm c^2}\, dx$ (siehe 94)

108. $\int x^3(a^2x^2 \pm c^2)^{3/2} dx = \dfrac{1}{7a^4}(a^2x^2 \pm c^2)^{7/2} \mp \dfrac{c^2}{5a^4}(a^2x^2 \pm c^2)^{5/2}$

109. $\int \dfrac{(a^2x^2+c^2)^{3/2}}{x}dx = \dfrac{1}{3}(a^2x^2+c^2)^{3/2} + c^2\sqrt{a^2x^2+c^2} - c^3 \ln\left|\dfrac{c+\sqrt{a^2x^2+c^2}}{x}\right|$

110. $\int \dfrac{(a^2x^2-c^2)^{3/2}}{x}dx = \dfrac{1}{3}(a^2x^2-c^2)^{3/2} - c^2\sqrt{a^2x^2-c^2} + c^3 \arctan \dfrac{\sqrt{a^2x^2-c^2}}{c}$

111. $\int \dfrac{1}{(a^2x^2 \pm c^2)^{3/2}}dx = \pm \dfrac{x}{c^2\sqrt{a^2x^2 \pm c^2}}$

112. $\int \dfrac{x}{(a^2x^2 \pm c^2)^{3/2}}dx = -\dfrac{1}{a^2\sqrt{a^2x^2 \pm c^2}}$

113. $\int \dfrac{x^2}{(a^2x^2 \pm c^2)^{3/2}}dx = -\dfrac{x}{a^2\sqrt{a^2x^2 \pm c^2}} + \dfrac{1}{a^3}\ln\left|ax+\sqrt{a^2x^2 \pm c^2}\right|$

114. $\int \dfrac{x^3}{(a^2x^2 \pm c^2)^{3/2}}dx = \pm \dfrac{c^2}{a^4 \sqrt{a^2x^2 \pm c^2}} + \dfrac{1}{a^4}\sqrt{a^2x^2 \pm c^2}$

115. $\int \dfrac{1}{x(a^2x^2+c^2)^{3/2}}dx = \dfrac{1}{c^2\sqrt{a^2x^2+c^2}} - \dfrac{1}{c^3}\ln\left|\dfrac{\sqrt{a^2x^2+c^2}+c}{x}\right|$

116. $\int \dfrac{1}{x(a^2x^2-c^2)^{3/2}}dx = -\dfrac{1}{c^2\sqrt{a^2x^2-c^2}} - \dfrac{1}{c^3}\arctan \dfrac{\sqrt{a^2x^2-c^2}}{c}$

117. $\int \dfrac{1}{x^2(a^2x^2 \pm c^2)^{3/2}} dx = -\dfrac{1}{c^4}\left(\dfrac{\sqrt{a^2x^2 \pm c^2}}{x} + \dfrac{a^2x}{\sqrt{a^2x^2 \pm c^2}}\right)$

118. $\int \dfrac{1}{x^3(a^2x^2 + c^2)^{3/2}} dx =$

$= -\dfrac{1}{2c^2}\left(\dfrac{1}{x^2\sqrt{a^2x^2 + c^2}} + \dfrac{3a^2}{c^2\sqrt{a^2x^2 + c^2}} + \dfrac{3a^2}{c^3}\ln\left|\dfrac{\sqrt{a^2x^2 + c^2} - c}{x}\right|\right)$

119. $\int \dfrac{1}{x^3(a^2x^2 - c^2)^{3/2}} dx =$

$= \dfrac{1}{2c^2}\left(\dfrac{1}{x^2\sqrt{a^2x^2 - c^2}} - \dfrac{3a^2}{c^2\sqrt{a^2x^2 - c^2}} - \dfrac{3a^2}{c^3}\arctan\dfrac{\sqrt{a^2x^2 - c^2}}{c}\right)$

Integrale mit $c^2 - a^2x^2$, $a > 0$, $c > 0$

120. $C_1 = \int \dfrac{dx}{c^2 - a^2x^2} = \dfrac{1}{2ac}\ln\left|\dfrac{c + ax}{c - ax}\right|$

121. $C_2 = \int \dfrac{dx}{(c^2 - a^2x^2)^2} = \dfrac{x}{2c^2(c^2 - a^2x^2)} + \dfrac{1}{4ac^3}\ln\left|\dfrac{c + ax}{c - ax}\right|$

122. $C_n = \int \dfrac{dx}{(c^2 - a^2x^2)^n} = \dfrac{x}{2(n-1)c^2(c^2 - a^2x^2)^{n-1}} + \dfrac{2n - 3}{2(n-1)c^2}C_{n-1}$

123. $\int x(c^2 - a^2x^2)^n dx = -\dfrac{(c^2 - a^2x^2)^{n+1}}{2(n+1)a^2}$ $(n \neq -1)$

124. $\int \dfrac{x}{c^2 - a^2x^2} dx = -\dfrac{1}{2a^2}\ln\left|c^2 - a^2x^2\right|$

125. $\int \dfrac{x}{(c^2 - a^2x^2)^n} dx = \dfrac{1}{2a^2(n-1)(c^2 - a^2x^2)^{n-1}}$ $(n \neq 1)$

126. $\int \dfrac{dx}{x(c^2 - a^2x^2)} = \dfrac{1}{2c^2}\ln\left|\dfrac{x^2}{c^2 - a^2x^2}\right|$

127. $\int \dfrac{dx}{x^2(c^2 - a^2x^2)} = -\dfrac{1}{c^2x} + \dfrac{a}{2c^3}\ln\left|\dfrac{c + ax}{c - ax}\right|$

128. $\int \dfrac{x^2}{c^2 - a^2x^2} dx = -\dfrac{x}{a^2} + \dfrac{c}{2a^3}\ln\left|\dfrac{c + ax}{c - ax}\right|$

129. $\int \dfrac{x^n}{c^2 - a^2x^2} dx = -\dfrac{x^{n-1}}{a^2(n-1)} + \dfrac{c^2}{a^2}\int \dfrac{x^{n-2}}{c^2 - a^2x^2} dx$ $(n \neq 1)$

130. $\int \dfrac{x^2}{(c^2 - a^2x^2)^n} dx =$

$= \dfrac{x}{2(n-1)a^2(c^2 - a^2x^2)^{n-1}} - \dfrac{1}{2(n-1)a^2}C_{n-1}$ (siehe 122)

131. $\int \dfrac{x^m}{(c^2 - a^2 x^2)^n} dx = -\dfrac{1}{a^2} \int \dfrac{x^{m-2}}{(c^2 - a^2 x^2)^{n-1}} dx + \dfrac{c^2}{a^2} \int \dfrac{x^{m-2}}{(c^2 - a^2 x^2)^n} dx$

132. $\int \dfrac{dx}{x(c^2 - a^2 x^2)^n} = \dfrac{1}{2c^2(n-1)(c^2 - a^2 x^2)^{n-1}} + \dfrac{1}{c^2} \int \dfrac{dx}{x(c^2 - a^2 x^2)^{n-1}}$ $(n \neq 1)$

133. $\int \dfrac{dx}{x^2(c^2 - a^2 x^2)^n} = \dfrac{1}{c^2} \int \dfrac{dx}{x^2(c^2 - a^2 x^2)^{n-1}} + \dfrac{a^2}{c^2} \int \dfrac{dx}{(c^2 - a^2 x^2)^n}$ (siehe 122, 127)

134. $\int \dfrac{dx}{x^m(c^2 - a^2 x^2)^n} = \dfrac{1}{c^2} \int \dfrac{dx}{x^m(c^2 - a^2 x^2)^{n-1}} + \dfrac{a^2}{c^2} \int \dfrac{dx}{x^{m-2}(c^2 - a^2 x^2)^n}$

135. $\int \dfrac{1}{(px + q)(c^2 - a^2 x^2)} dx = \dfrac{1}{c^2 p^2 - a^2 q^2}\left(\dfrac{p}{2}\ln\dfrac{(px+q)^2}{|c^2 - a^2 x^2|} + \dfrac{aq}{2c}\ln\left|\dfrac{c - ax}{c + ax}\right|\right)$

136. $\int \dfrac{x}{(px + q)(c^2 - a^2 x^2)} dx = \dfrac{1}{c^2 p^2 - a^2 q^2}\left(-\dfrac{q}{2}\ln\dfrac{(px+q)^2}{|c^2 - a^2 x^2|} - \dfrac{cp}{2a}\ln\left|\dfrac{c - ax}{c + ax}\right|\right)$

137. $\int \dfrac{x^2}{(px + q)(c^2 - a^2 x^2)} dx = \dfrac{1}{c^2 p^2 - a^2 q^2}\left(\dfrac{q^2}{p}\ln|px + q| - \dfrac{c^2 p}{2a^2}\ln|c^2 - a^2 x^2| + \dfrac{cq}{2a}\ln\left|\dfrac{c - ax}{c + ax}\right|\right)$

138. $\int \sqrt{c^2 - a^2 x^2}\, dx = \dfrac{1}{2} x \sqrt{c^2 - a^2 x^2} + \dfrac{c^2}{2a}\arcsin\dfrac{ax}{c}$

139. $\int \dfrac{1}{\sqrt{c^2 - a^2 x^2}} dx = \dfrac{1}{a}\arcsin\dfrac{ax}{c}$

140. $\int \dfrac{x}{\sqrt{c^2 - a^2 x^2}} dx = -\dfrac{1}{a^2}\sqrt{c^2 - a^2 x^2}$

141. $\int \dfrac{1}{x\sqrt{c^2 - a^2 x^2}} dx = -\dfrac{1}{c}\ln\left|\dfrac{\sqrt{c^2 - a^2 x^2} + c}{x}\right|$

142. $\int x\sqrt{c^2 - a^2 x^2}\, dx = -\dfrac{1}{3a^2}(c^2 - a^2 x^2)^{3/2}$

143. $\int x^2 \sqrt{c^2 - a^2 x^2}\, dx = -\dfrac{x}{4a^2}(c^2 - a^2 x^2)^{3/2} + \dfrac{c^2 x}{8a^2}\sqrt{c^2 - a^2 x^2} + \dfrac{c^4}{8a^3}\arcsin\dfrac{ax}{c}$

144. $\int \dfrac{\sqrt{c^2 - a^2 x^2}}{x} dx = \sqrt{c^2 - a^2 x^2} - c\ln\left|\dfrac{\sqrt{c^2 - a^2 x^2} + c}{x}\right|$

145. $\int \dfrac{1}{x^2\sqrt{c^2 - a^2 x^2}} dx = -\dfrac{\sqrt{c^2 - a^2 x^2}}{c^2 x}$

146. $\int \dfrac{x^n}{\sqrt{c^2 - a^2 x^2}} dx = -\dfrac{x^{n-1}\sqrt{c^2 - a^2 x^2}}{na^2} + \dfrac{(n-1)c^2}{na^2} \int \dfrac{x^{n-2}}{\sqrt{c^2 - a^2 x^2}} dx$ $(n > 0)$

7.4 Tabelle von unbestimmten Integralen

147. $\int x^n \sqrt{c^2 - a^2 x^2}\, dx =$

$$= -\frac{x^{n-1}(c^2 - a^2 x^2)^{3/2}}{(n+2)a^2} + \frac{(n-1)c^2}{(n+2)a^2} \int x^{n-2} \sqrt{c^2 - a^2 x^2}\, dx \qquad (n > 0)$$

148. $\int \frac{\sqrt{c^2 - a^2 x^2}}{x^n}\, dx = -\frac{(c^2 - a^2 x^2)^{3/2}}{(n-1)c^2 x^{n-1}} + \frac{(n-4)a^2}{(n-1)c^2} \int \frac{\sqrt{c^2 - a^2 x^2}}{x^{n-2}}\, dx \qquad (n > 1)$

149. $\int \frac{1}{x^n \sqrt{c^2 - a^2 x^2}}\, dx = -\frac{\sqrt{c^2 - a^2 x^2}}{(n-1)c^2 x^{n-1}} + \frac{(n-2)a^2}{(n-1)c^2} \int \frac{1}{x^{n-2}\sqrt{c^2 - a^2 x^2}}\, dx \qquad (n > 1)$

150. $\int \frac{1}{(x-b)\sqrt{px^2 + q}}\, dx = \left[x - b = \frac{1}{t} \right] = \mp \int \frac{1}{\sqrt{(pb^2 + q)t^2 + 2pbt + p}}\, dt$

(− für $x > b$, + für $x < b$, siehe 32 oder 170)

151. $\int \frac{1}{(x-b)^n \sqrt{px^2 + q}}\, dx = \left[x - b = \frac{1}{t} \right] = \mp \int \frac{t^{n-1}}{\sqrt{(pb^2 + q)t^2 + 2pbt + p}}\, dt$

(− für $x > b$, + für $x < b$, siehe 35, 171 oder 172)

152. $\int (c^2 - a^2 x^2)^{3/2}\, dx = \frac{x}{4}(c^2 - a^2 x^2)^{3/2} + \frac{3c^2 x}{8}\sqrt{c^2 - a^2 x^2} + \frac{3c^4}{8a} \arcsin\frac{ax}{c}$

153. $\int x(c^2 - a^2 x^2)^{3/2}\, dx = -\frac{1}{5a^2}(c^2 - a^2 x^2)^{5/2}$

154. $\int x^2 (c^2 - a^2 x^2)^{3/2}\, dx = \frac{x^3}{6}(c^2 - a^2 x^2)^{3/2} + \frac{c^2}{2} \int x^2 \sqrt{c^2 - a^2 x^2}\, dx \qquad$ (siehe 143)

155. $\int x^3 (c^2 - a^2 x^2)^{3/2}\, dx = \frac{1}{7a^4}(c^2 - a^2 x^2)^{7/2} - \frac{c^2}{5a^4}(c^2 - a^2 x^2)^{5/2}$

156. $\int \frac{(c^2 - a^2 x^2)^{3/2}}{x}\, dx = \frac{1}{3}(c^2 - a^2 x^2)^{3/2} + c^2 \sqrt{c^2 - a^2 x^2} - c^3 \ln\left|\frac{c + \sqrt{c^2 - a^2 x^2}}{x}\right|$

157. $\int \frac{1}{(c^2 - a^2 x^2)^{3/2}}\, dx = \frac{x}{c^2 \sqrt{c^2 - a^2 x^2}}$

158. $\int \frac{x}{(c^2 - a^2 x^2)^{3/2}}\, dx = \frac{1}{a^2 \sqrt{c^2 - a^2 x^2}}$

159. $\int \frac{x^2}{(c^2 - a^2 x^2)^{3/2}}\, dx = \frac{x}{a^2 \sqrt{c^2 - a^2 x^2}} - \frac{1}{a^3} \arcsin\frac{ax}{c}$

160. $\int \frac{x^3}{(c^2 - a^2 x^2)^{3/2}}\, dx = \frac{c^2}{a^4 \sqrt{c^2 - a^2 x^2}} + \frac{1}{a^4}\sqrt{c^2 - a^2 x^2}$

161. $\int \frac{1}{x(c^2 - a^2 x^2)^{3/2}}\, dx = \frac{1}{c^2 \sqrt{c^2 - a^2 x^2}} + \frac{1}{c^3} \ln\left|\frac{\sqrt{c^2 - a^2 x^2} - c}{x}\right|$

162. $\displaystyle\int\frac{1}{x^2(c^2-a^2x^2)^{3/2}}dx = -\frac{1}{c^4}\left(\frac{\sqrt{c^2-a^2x^2}}{x}-\frac{a^2x}{\sqrt{c^2-a^2x^2}}\right)$

163. $\displaystyle\int\frac{1}{x^3(c^2-a^2x^2)^{3/2}}dx = -\frac{1}{2c^2}\left(\frac{1}{x^2\sqrt{c^2-a^2x^2}}-\frac{3a^2}{c^2\sqrt{c^2-a^2x^2}}-\frac{3a^2}{c^3}\ln\left|\frac{\sqrt{c^2-a^2x^2}-c}{x}\right|\right)$

Integrale mit ax^2+bx+c, $k=4ac-b^2$

Beachte. Quadratische Ergänzung $ax^2+bx+c = a\left(x+\dfrac{b}{2a}\right)^2 + c - \dfrac{b^2}{4a}$ und

Substitution $t = x + \dfrac{b}{2a}$ ergibt $ax^2+bx+c = at^2 + b_1$

164. $\displaystyle\int\frac{dx}{ax^2+bx+c} = \begin{cases} \dfrac{1}{\sqrt{-k}}\ln\left|\dfrac{2ax+b-\sqrt{-k}}{2ax+b+\sqrt{-k}}\right| & (4ac<b^2) \\[2mm] \dfrac{2}{\sqrt{k}}\arctan\dfrac{2ax+b}{\sqrt{k}} & (4ac>b^2) \\[2mm] -\dfrac{2}{2ax+b} & (4ac=b^2) \end{cases}$

165. $\displaystyle\int\frac{x}{ax^2+bx+c}dx = \frac{1}{2a}\ln|ax^2+bx+c| - \frac{b}{2a}\int\frac{dx}{ax^2+bx+c}$

166. $\displaystyle\int\frac{dx}{(ax^2+bx+c)^2} = \frac{2ax+b}{k(ax^2+bx+c)} + \frac{2a}{k}\int\frac{dx}{ax^2+bx+c}$

167. $\displaystyle\int\frac{x}{(ax^2+bx+c)^2}dx = -\frac{bx+2c}{k(ax^2+bx+c)} - \frac{b}{k}\int\frac{dx}{ax^2+bx+c}$

168. $\displaystyle\int\frac{dx}{x(ax^2+bx+c)} = \frac{1}{2c}\ln\left|\frac{x^2}{ax^2+bx+c}\right| - \frac{b}{2c}\int\frac{dx}{ax^2+bx+c}$

169. $\displaystyle\int\frac{dx}{x^2(ax^2+bx+c)} = \frac{b}{2c^2}\ln\left|\frac{ax^2+bx+c}{x^2}\right| - \frac{1}{cx} + \left(\frac{b^2}{2c^2}-\frac{a}{c}\right)\int\frac{dx}{ax^2+bx+c}$

170. $\displaystyle\int\frac{dx}{\sqrt{ax^2+bx+c}} = \begin{cases} \dfrac{1}{\sqrt{a}}\ln\left|2ax+b+2\sqrt{a(ax^2+bx+c)}\right| & (a>0) \\[2mm] \dfrac{1}{\sqrt{-a}}\arcsin\dfrac{-2ax-b}{\sqrt{-k}} & (a<0) \end{cases}$

171. $\displaystyle\int\frac{x}{\sqrt{ax^2+bx+c}}dx = \frac{\sqrt{ax^2+bx+c}}{a} - \frac{b}{2a}\int\frac{dx}{\sqrt{ax^2+bx+c}}$

172. $\displaystyle\int\frac{x^2}{\sqrt{ax^2+bx+c}}dx = \frac{x\sqrt{ax^2+bx+c}}{2a} - \frac{3b}{4a}\int\frac{x}{\sqrt{ax^2+bx+c}}dx - \frac{c}{2a}\int\frac{dx}{\sqrt{ax^2+bx+c}}$

7.4 Tabelle von unbestimmten Integralen

173. $\displaystyle\int\frac{dx}{x\sqrt{ax^2+bx+c}} = \begin{cases} -\dfrac{1}{\sqrt{c}}\ln\left|\dfrac{\sqrt{ax^2+bx+c}+\sqrt{c}}{x} + \dfrac{b}{2\sqrt{c}}\right| & (c>0) \\[2mm] \dfrac{1}{\sqrt{-c}}\arcsin\dfrac{bx+2c}{x\sqrt{-k}} & (c<0) \\[2mm] -\dfrac{2\sqrt{ax^2+bx+c}}{bx} & (c=0) \end{cases}$

174. $\displaystyle\int\frac{dx}{x^2\sqrt{ax^2+bx+c}} = -\frac{\sqrt{ax^2+bx+c}}{cx} - \frac{b}{2c}\int\frac{dx}{x\sqrt{ax^2+bx+c}}$

175. $\displaystyle\int\frac{dx}{(x-d)^n\sqrt{ax^2+bx+c}} = \left[x-d=\frac{1}{t}\right] = \mp\int\frac{t^{n-1}}{\sqrt{(ad^2+bd+c)t^2+(2ad+b)t+a}}\,dt$

    (− für $x>d$, + für $x<d$)

176. $\displaystyle\int\sqrt{ax^2+bx+c}\,dx = \frac{2ax+b}{4a}\sqrt{ax^2+bx+c} + \frac{k}{8a}\int\frac{dx}{\sqrt{ax^2+bx+c}}$

177. $\displaystyle\int x\sqrt{ax^2+bx+c}\,dx = \frac{(ax^2+bx+c)^{3/2}}{3a} - \frac{b}{2a}\int\sqrt{ax^2+bx+c}\,dx$

178. $\displaystyle\int x^2\sqrt{ax^2+bx+c}\,dx = \left(x-\frac{5b}{6a}\right)\frac{(ax^2+bx+c)^{3/2}}{4a} + \frac{5b^2-4ac}{16a^2}\int\sqrt{ax^2+bx+c}\,dx$

179. $\displaystyle\int\frac{dx}{(ax^2+bx+c)^{3/2}} = \frac{2(2ax+b)}{k\sqrt{ax^2+bx+c}}$

180. $\displaystyle\int\frac{dx}{(ax^2+bx+c)^{n+1}} = \frac{2ax+b}{kn(ax^2+bx+c)^n} + \frac{2(2n-1)a}{kn}\int\frac{dx}{(ax^2+bx+c)^n}$

181. $\displaystyle\int\frac{x}{(ax^2+bx+c)^{n+1}}\,dx = -\frac{bx+2c}{kn(ax^2+bx+c)^n} - \frac{(2n-1)b}{kn}\int\frac{dx}{(ax^2+bx+c)^n}$

182. $\displaystyle\int\frac{x^m}{(ax^2+bx+c)^n}\,dx =$

$= \begin{cases} -\dfrac{x^{m-1}}{a(2n-m-1)(ax^2+bx+c)^{n-1}} - \dfrac{(n-m)b}{(2n-m-1)a}\int\dfrac{x^{m-1}}{(ax^2+bx+c)^n}\,dx + \\[2mm] \quad + \dfrac{(m-1)c}{(2n-m-1)a}\int\dfrac{x^{m-2}}{(ax^2+bx+c)^n}\,dx \qquad (m\neq 2n-1) \\[2mm] \dfrac{1}{a}\int\dfrac{x^{m-2}}{(ax^2+bx+c)^{n-1}}\,dx - \dfrac{b}{a}\int\dfrac{x^{m-1}}{(ax^2+bx+c)^n}\,dx - \dfrac{c}{a}\int\dfrac{x^{m-2}}{(ax^2+bx+c)^n}\,dx \\[2mm] \qquad\qquad\qquad\qquad\qquad\text{(für alle } m,n\text{)} \end{cases}$

183. $\displaystyle\int\frac{dx}{x^m(ax^2+bx+c)^n} = -\frac{1}{(m-1)cx^{m-1}(ax^2+bx+c)^{n-1}} -$

$\qquad - \dfrac{(n+m-2)b}{(m-1)c}\int\dfrac{dx}{x^{m-1}(ax^2+bx+c)^n} - \dfrac{(2n+m-3)a}{(m-1)c}\int\dfrac{dx}{x^{m-2}(ax^2+bx+c)^n}$

184. $\int \dfrac{dx}{x(ax^2+bx+c)^n} = \dfrac{1}{2c(n-1)(ax^2+bx+c)^{n-1}} - \dfrac{b}{2c}\int \dfrac{dx}{(ax^2+bx+c)^n} +$
    $+ \dfrac{1}{c}\int \dfrac{dx}{x(ax^2+bx+c)^{n-1}}$

185. $\int (ax^2+bx+c)^n dx = \dfrac{(2ax+b)(ax^2+bx+c)^n}{2(2n+1)a} + \dfrac{nk}{2(2n+1)a}\int (ax^2+bx+c)^{n-1} dx$

186. $\int x(ax^2+bx+c)^n dx = \dfrac{(ax^2+bx+c)^{n+1}}{2(n+1)a} - \dfrac{b}{2a}\int (ax^2+bx+c)^n dx$

Integrale mit $x^3 \pm a^3$

(Im Falle $x^3 - a^3$ ersetze man a durch $-a$)

187. $\int \dfrac{dx}{x^3+a^3} = \dfrac{1}{3a^2}\left[\dfrac{1}{2}\ln\dfrac{(x+a)^2}{x^2-ax+a^2} + \sqrt{3}\arctan\dfrac{2x-a}{a\sqrt{3}}\right]$

188. $\int \dfrac{dx}{(x^3+a^3)^2} = \dfrac{x}{3a^3(x^3+a^3)} + \dfrac{2}{3a^3}\int \dfrac{dx}{x^3+a^3}$

189. $\int \dfrac{x}{x^3+a^3}dx = \dfrac{1}{3a}\left[-\dfrac{1}{2}\ln\dfrac{(x+a)^2}{x^2-ax+a^2} + \sqrt{3}\arctan\dfrac{2x-a}{a\sqrt{3}}\right]$

190. $\int \dfrac{x^2}{x^3+a^3}dx = \dfrac{1}{3}\ln|x^3+a^3|$

191. $\int \dfrac{dx}{x(x^3+a^3)} = \dfrac{1}{3a^3}\ln\left|\dfrac{x^3}{x^3+a^3}\right|$

192. $\int \dfrac{dx}{x^2(x^3+a^3)} = -\dfrac{1}{a^3x} - \dfrac{1}{a^3}\int \dfrac{x}{x^3+a^3}dx$

Integrale mit $x^4 \pm a^4$

193. $\int \dfrac{dx}{x^4+a^4} = \dfrac{1}{2\sqrt{2}a^3}\left[\dfrac{1}{2}\ln\dfrac{x^2+ax\sqrt{2}+a^2}{x^2-ax\sqrt{2}+a^2} + \arctan\dfrac{ax\sqrt{2}}{a^2-x^2} + (n\pi)*\right]$

194. $\int \dfrac{dx}{x^4-a^4} = \dfrac{1}{2a^3}\left[\dfrac{1}{2}\ln\left|\dfrac{x-a}{x+a}\right| - \arctan\dfrac{x}{a}\right]$

195. $\int \dfrac{x}{x^4+a^4}dx = \dfrac{1}{2a^2}\arctan\dfrac{x^2}{a^2}$

196. $\int \dfrac{x}{x^4-a^4}dx = \dfrac{1}{4a^2}\ln\left|\dfrac{x^2-a^2}{x^2+a^2}\right|$

197. $\int \dfrac{x^2}{x^4+a^4}dx = \dfrac{1}{2\sqrt{2}a}\left[\dfrac{1}{2}\ln\dfrac{x^2-ax\sqrt{2}+a^2}{x^2+ax\sqrt{2}+a^2} + \arctan\dfrac{ax\sqrt{2}}{a^2-x^2} + (n\pi)*\right]$

* Addiere π, wenn $-a$ oder a überschritten wird

7.4 Tabelle von unbestimmten Integralen

198. $\int \dfrac{x^2}{x^4 - a^4} dx = \dfrac{1}{2a}\left[\dfrac{1}{2}\ln\left|\dfrac{x-a}{x+a}\right| + \arctan\dfrac{x}{a}\right]$

199. $\int \dfrac{x^3}{x^4 \pm a^4} dx = \dfrac{1}{4}\ln\left|x^4 \pm a^4\right|$

Integrale mit $u = ax^n + b$

200. $\int \dfrac{dx}{x(ax^n + b)} = \dfrac{1}{bn}\ln\left|\dfrac{x^n}{u}\right|$

201. $\int \dfrac{dx}{x\sqrt{ax^n + b}} = \begin{cases} \dfrac{1}{n\sqrt{b}} \ln\left|\dfrac{\sqrt{u} - \sqrt{b}}{\sqrt{u} + \sqrt{b}}\right| & (b > 0) \\[1em] \dfrac{2}{n\sqrt{-b}} \arctan\sqrt{\dfrac{u}{-b}} & (b < 0) \end{cases}$

202. $\int x^m (ax^n + b)^p dx = \dfrac{1}{m + np + 1}[x^{m+1} u^p + npb \int x^m u^{p-1} dx] =$

$ = \dfrac{1}{bn(p+1)}[-x^{m+1} u^{p+1} + (m + np + n + 1) \int x^m u^{p+1} dx] =$

$ = \dfrac{1}{a(m + np + 1)}[x^{m-n+1} u^{p+1} - (m-n+1)b \int x^{m-n} u^p dx] =$

$ = \dfrac{1}{b(m+1)}[x^{m+1} u^{p+1} - (m + np + n + 1)b \int x^{m+n} u^p dx]$

(m, n, p beliebig reell)

Transzendente Integranden

Integrale mit $\sin ax$, $\cos ax$

$\left(\text{Für Integrale mit } \sec x, \csc x \text{ setze man } \sec x = \dfrac{1}{\cos x}, \csc x = \dfrac{1}{\sin x}\right)$

203. $\int \sin ax \, dx = -\dfrac{1}{a}\cos ax$

204. $\int \cos ax \, dx = \dfrac{1}{a}\sin ax$

205. $\int \sin^2 ax \, dx = \dfrac{x}{2} - \dfrac{\sin 2ax}{4a}$

206. $\int \cos^2 ax \, dx = \dfrac{x}{2} + \dfrac{\sin 2ax}{4a}$

207. $\int \sin^3 ax \, dx = -\dfrac{1}{a}\cos ax + \dfrac{1}{3a}\cos^3 ax$

208. $\int \cos^3 ax \, dx = \dfrac{1}{a}\sin ax - \dfrac{1}{3a}\sin^3 ax$

209. $\int \sin^4 ax \, dx = \dfrac{3x}{8} - \dfrac{\sin 2ax}{4a} + \dfrac{\sin 4ax}{32a}$

210. $\int \cos^4 ax \, dx = \dfrac{3x}{8} + \dfrac{\sin 2ax}{4a} + \dfrac{\sin 4ax}{32a}$

211. $\int \sin^n ax \, dx = -\dfrac{1}{na}\sin^{n-1} ax \, \cos ax + \dfrac{n-1}{n}\int \sin^{n-2} ax \, dx$

212. $\int \cos^n ax \, dx = \dfrac{1}{na}\sin ax \, \cos^{n-1} ax + \dfrac{n-1}{n}\int \cos^{n-2} ax \, dx$

213. $\int \sin ax \, \cos^n ax \, dx = \begin{cases} -\dfrac{\cos^{n+1} ax}{a(n+1)} & (n \neq -1) \\ -\dfrac{1}{a}\ln|\cos ax| & (n = -1) \end{cases}$

214. $\int \sin^n ax \, \cos ax \, dx = \begin{cases} \dfrac{\sin^{n+1} ax}{a(n+1)} & (n \neq -1) \\ \dfrac{1}{a}\ln|\sin ax| & (n = -1) \end{cases}$

215. $\int \sin^m x \, \cos^n x \, dx = \begin{cases} \dfrac{\sin^{m+1} x \, \cos^{n-1} x}{m+n} + \dfrac{n-1}{m+n}\int \sin^m x \, \cos^{n-2} x \, dx \text{ oder} \\ -\dfrac{\sin^{m-1} x \, \cos^{n+1} x}{m+n} + \dfrac{m-1}{m+n}\int \sin^{m-2} x \, \cos^n x \, dx \end{cases}$

216. $\int x \sin ax \, dx = \dfrac{1}{a^2}(\sin ax - ax \cos ax)$

217. $\int x \cos ax \, dx = \dfrac{1}{a^2}(\cos ax + ax \sin ax)$

218. $\int x^2 \sin ax \, dx = \dfrac{1}{a^3}(2\cos ax + 2ax \sin ax - a^2 x^2 \cos ax)$

219. $\int x^2 \cos ax \, dx = \dfrac{1}{a^3}(-2\sin ax + 2ax \cos ax + a^2 x^2 \sin ax)$

220. $\int x^n \sin ax \, dx = -\dfrac{1}{a}x^n \cos ax + \dfrac{n}{a}\int x^{n-1} \cos ax \, dx$

221. $\int x^n \cos ax \, dx = \dfrac{1}{a}x^n \sin ax - \dfrac{n}{a}\int x^{n-1} \sin ax \, dx$

222. $\int x \sin^2 ax \, dx = \dfrac{x^2}{4} - \dfrac{x \sin 2ax}{4a} - \dfrac{\cos 2ax}{8a^2}$

223. $\int x \cos^2 ax \, dx = \dfrac{x^2}{4} + \dfrac{x \sin 2ax}{4a} + \dfrac{\cos 2ax}{8a^2}$

7.4 Tabelle von unbestimmten Integralen

224. $\int \sin mx \, \sin nx \, dx = \dfrac{\sin(m-n)x}{2(m-n)} - \dfrac{\sin(m+n)x}{2(m+n)} \qquad (m^2 \neq n^2)$

225. $\int \sin mx \, \cos nx \, dx = -\dfrac{\cos(m-n)x}{2(m-n)} - \dfrac{\cos(m+n)x}{2(m+n)} \qquad (m^2 \neq n^2)$

226. $\int \cos mx \, \cos nx \, dx = \dfrac{\sin(m-n)x}{2(m-n)} + \dfrac{\sin(m+n)x}{2(m+n)} \qquad (m^2 \neq n^2)$

227. $\int \csc ax \, dx = \int \dfrac{dx}{\sin ax} = \dfrac{1}{a} \ln \left| \tan \dfrac{ax}{2} \right|$

228. $\int \csc^2 ax \, dx = -\dfrac{1}{a} \cot ax$

229. $\int \sec ax \, dx = \int \dfrac{dx}{\cos ax} = \dfrac{1}{a} \ln \left| \tan \left(\dfrac{ax}{2} + \dfrac{\pi}{4} \right) \right|$

230. $\int \sec^2 ax \, dx = \dfrac{1}{a} \tan ax$

231. $\int \dfrac{dx}{\sin^2 ax} = -\dfrac{1}{a} \cot ax$

232. $\int \sec ax \, \tan ax \, dx = \int \dfrac{\sin ax}{\cos^2 ax} dx = \dfrac{1}{a} \sec ax = \dfrac{1}{a \cos ax}$

233. $\int \dfrac{dx}{\cos^2 ax} = \dfrac{1}{a} \tan ax$

234. $\int \csc ax \, \cot ax \, dx = \int \dfrac{\cos ax}{\sin^2 ax} dx = -\dfrac{1}{a} \csc ax = -\dfrac{1}{a \sin ax}$

235. $\int \dfrac{dx}{\sin^n ax} = -\dfrac{\cos ax}{a(n-1)\sin^{n-1} ax} + \dfrac{n-2}{n-1} \int \dfrac{dx}{\sin^{n-2} ax}$

236. $\int \dfrac{dx}{\cos^n ax} = \dfrac{\sin ax}{a(n-1)\cos^{n-1} ax} + \dfrac{n-2}{n-1} \int \dfrac{dx}{\cos^{n-2} ax}$

237. $\int \dfrac{dx}{\sin ax \, \cos ax} = \dfrac{1}{a} \ln |\tan ax|$

238. $\int \dfrac{dx}{\sin ax \, \cos^2 ax} = \dfrac{1}{a} \left(\dfrac{1}{\cos ax} + \ln \left| \tan \dfrac{ax}{2} \right| \right)$

239. $\int \dfrac{dx}{\sin^2 ax \, \cos ax} = \dfrac{1}{a} \left(-\dfrac{1}{\sin ax} + \ln \left| \tan \left(\dfrac{ax}{2} + \dfrac{\pi}{4} \right) \right| \right)$

240. $\int \dfrac{dx}{\sin^m x \, \cos^n x} = \begin{cases} -\dfrac{1}{(m-1)\sin^{m-1} x \, \cos^{n-1} x} + \dfrac{m+n-2}{m-1} \int \dfrac{dx}{\sin^{m-2} x \, \cos^n x}, \text{ oder} \\[2ex] \dfrac{1}{(n-1)\sin^{m-1} x \, \cos^{n-1} x} - \dfrac{m+n-2}{n-1} \int \dfrac{dx}{\sin^m x \, \cos^{n-2} x} \end{cases}$

241. $\int \dfrac{\sin^m x}{\cos^n x} dx = \begin{cases} \dfrac{\sin^{m+1} x}{(n-1)\cos^{n-1} x} - \dfrac{m-n+2}{n-1} \int \dfrac{\sin^m x}{\cos^{n-2} x} dx \text{ oder} \\ -\dfrac{\sin^{m-1} x}{(m-n)\cos^{n-1} x} + \dfrac{m-1}{m-n} \int \dfrac{\sin^{m-2} x}{\cos^n x} dx \end{cases}$

242. $\int \dfrac{\cos^n x}{\sin^m x} dx = \begin{cases} -\dfrac{\cos^{n+1} x}{(m-1)\sin^{m-1} x} - \dfrac{n-m+2}{m-1} \int \dfrac{\cos^n x}{\sin^{m-2} x} dx \text{ oder} \\ \dfrac{\cos^{n-1} x}{(n-m)\sin^{m-1} x} + \dfrac{n-1}{n-m} \int \dfrac{\cos^{n-2} x}{\sin^m x} dx \end{cases}$

243. $\int \dfrac{x}{\sin^2 ax} dx = -\dfrac{x}{a} \cot ax + \dfrac{1}{a^2} \ln|\sin ax|$

244. $\int \dfrac{x}{\cos^2 ax} dx = \dfrac{x}{a} \tan ax + \dfrac{1}{a^2} \ln|\cos ax|$

245. $\int \dfrac{1}{1+\sin ax} dx = -\dfrac{1}{a} \tan\left(\dfrac{\pi}{4} - \dfrac{ax}{2}\right)$

246. $\int \dfrac{1}{1-\sin ax} dx = \dfrac{1}{a} \tan\left(\dfrac{\pi}{4} + \dfrac{ax}{2}\right)$

247. $\int \dfrac{1}{1+\cos ax} dx = \dfrac{1}{a} \tan \dfrac{ax}{2}$

248. $\int \dfrac{1}{1-\cos ax} dx = -\dfrac{1}{a} \cot \dfrac{ax}{2}$

249. $\int \dfrac{1}{b + c \sin ax} dx = \begin{cases} \dfrac{2}{a\sqrt{b^2-c^2}} \arctan \dfrac{b \tan \dfrac{ax}{2} + c}{\sqrt{b^2-c^2}} & (b^2 > c^2) \\ \dfrac{1}{a\sqrt{c^2-b^2}} \ln \left| \dfrac{b \tan \dfrac{ax}{2} + c - \sqrt{c^2-b^2}}{b \tan \dfrac{ax}{2} + c + \sqrt{c^2-b^2}} \right| & (b^2 < c^2) \end{cases}$

250. $\int \dfrac{dx}{\sin x(b + c \sin x)} = \dfrac{1}{b} \ln\left|\tan \dfrac{x}{2}\right| - \dfrac{c}{b} \int \dfrac{dx}{b + c \sin x}$

251. $\int \dfrac{dx}{\sin x(1 + \sin x)} = \ln\left|\tan \dfrac{x}{2}\right| - \tan\left(\dfrac{x}{2} - \dfrac{\pi}{4}\right)$

252. $\int \dfrac{dx}{\sin x(1 - \sin x)} = \ln\left|\tan \dfrac{x}{2}\right| + \tan\left(\dfrac{x}{2} + \dfrac{\pi}{4}\right)$

253. $\int \dfrac{dx}{(b + c \sin x)^2} = \dfrac{c \cos x}{(b^2 - c^2)(b + c \sin x)} + \dfrac{b}{b^2 - c^2} \int \dfrac{dx}{b + c \sin x}$

254. $\int \dfrac{\sin x \, dx}{(b + c \sin x)^2} = \dfrac{b \cos x}{(c^2 - b^2)(b + c \sin x)} + \dfrac{c}{c^2 - b^2} \int \dfrac{dx}{b + c \sin x}$

7.4 Tabelle von unbestimmten Integralen

255. $\int \dfrac{\cos x \, dx}{(b + c\sin x)^2} = -\dfrac{1}{c(b + c\sin x)}$

256. $\int \dfrac{1}{b + c\cos ax} dx = \begin{cases} \dfrac{2}{a\sqrt{b^2 - c^2}} \arctan \dfrac{(b-c)\tan\frac{ax}{2}}{\sqrt{b^2 - c^2}} & (b^2 > c^2) \\[2ex] \dfrac{1}{a\sqrt{c^2 - b^2}} \ln \left| \dfrac{(c-b)\tan\frac{ax}{2} + \sqrt{c^2 - b^2}}{(c-b)\tan\frac{ax}{2} - \sqrt{c^2 - b^2}} \right| & (b^2 < c^2) \end{cases}$

257. $\int \dfrac{dx}{\cos x(b + c\cos x)} = \dfrac{1}{b} \ln\left| \tan\left(\dfrac{x}{2} + \dfrac{\pi}{4}\right) \right| - \dfrac{c}{b} \int \dfrac{dx}{b + c\cos x}$

258. $\int \dfrac{dx}{\cos x(1 + \cos x)} = \ln\left| \tan\left(\dfrac{x}{2} + \dfrac{\pi}{4}\right) \right| - \tan\dfrac{x}{2}$

259. $\int \dfrac{dx}{\cos x(1 - \cos x)} = \ln\left| \tan\left(\dfrac{x}{2} + \dfrac{\pi}{4}\right) \right| - \cot\dfrac{x}{2}$

260. $\int \dfrac{dx}{(b + c\cos x)^2} = \dfrac{c\sin x}{(c^2 - b^2)(b + c\cos x)} - \dfrac{b}{c^2 - b^2} \int \dfrac{dx}{b + c\cos x}$

261. $\int \dfrac{\cos x \, dx}{(b + c\cos x)^2} = \dfrac{b\sin x}{(b^2 - c^2)(b + c\cos x)} - \dfrac{c}{b^2 - c^2} \int \dfrac{dx}{b + c\cos x}$

262. $\int \dfrac{\sin x \, dx}{(b + c\cos x)^2} = \dfrac{1}{c(b + c\cos x)}$

263. $\int \dfrac{dx}{b\cos x + c\sin x} = \dfrac{1}{r} \ln\left| \tan\dfrac{x + \varphi}{2} \right|$

$r = \sqrt{b^2 + c^2}$, $\varphi = \arctan\dfrac{b}{c}$ $(c > 0)$

264. $\int \dfrac{dx}{a + b\cos x + c\sin x} = [x + \varphi = t] = \int \dfrac{dt}{a + r\sin t}$ $(r, \varphi \text{ wie in 263})$ $(c > 0)$

265. $\int \dfrac{\sin ax}{b + c\cos ax} dx = -\dfrac{1}{ac} \ln|b + c\cos ax|$

266. $\int \dfrac{\cos ax}{b + c\sin ax} dx = \dfrac{1}{ac} \ln|b + c\sin ax|$

267. $\int \dfrac{\sin ax}{b + c\sin ax} dx = \dfrac{x}{c} - \dfrac{b}{c} \int \dfrac{dx}{b + c\sin ax}$

268. $\int \dfrac{\cos ax}{b + c\cos ax} dx = \dfrac{x}{c} - \dfrac{b}{c} \int \dfrac{dx}{b + c\cos ax}$

269. $\int \dfrac{dx}{a\sin^2 x + b} = \int \dfrac{dx}{(a + b)\sin^2 x + b\cos^2 x}$ (siehe 233, 271 oder 272)

270. $\int \dfrac{dx}{a\cos^2 x + b} = \int \dfrac{dx}{(a + b)\cos^2 x + b\sin^2 x}$ (siehe 231, 271 oder 272)

271. $\int \dfrac{dx}{a^2 \cos^2 x + b^2 \sin^2 x} = \dfrac{1}{ab} \arctan\left(\dfrac{b}{a} \tan x\right)$

272. $\int \dfrac{dx}{a^2 \cos^2 x - b^2 \sin^2 x} = \dfrac{1}{2ab} \ln\left|\dfrac{b \tan x + a}{b \tan x - a}\right|$

273. $\int \dfrac{\sin x}{a \cos^2 x + b} dx = [t = \cos x] = -\int \dfrac{dt}{at^2 + b}$ (siehe 61, 62 oder 120)

274. $\int \dfrac{\cos x}{a \sin^2 x + b} dx = [t = \sin x] = \int \dfrac{dt}{at^2 + b}$ (siehe 61, 62 oder 120)

Tritt in 275 – 282 $\cos^2 x$ anstelle von $\sin^2 x$ auf, so setze man $\cos^2 x = 1 - \sin^2 x$.

275. $\int \sin x \sqrt{a \sin^2 x + b}\, dx = -\dfrac{\cos x}{2}\sqrt{a \sin^2 x + b} - \dfrac{a+b}{2\sqrt{a}} \arcsin \dfrac{\sqrt{a} \cos x}{\sqrt{a+b}}$ $(a>0)$

276. $\int \sin x \sqrt{b - a \sin^2 x}\, dx = -\dfrac{\cos x}{2}\sqrt{b - a \sin^2 x} -$

$\qquad - \dfrac{a-b}{2\sqrt{a}} \ln\left|\sqrt{a} \cos x + \sqrt{b - a \sin^2 x}\right|$ $(a>0)$

277. $\int \dfrac{\sin x}{\sqrt{a \sin^2 x + b}} dx = -\dfrac{1}{\sqrt{a}} \arcsin \dfrac{\sqrt{a} \cos x}{\sqrt{a+b}}$ $(a>0)$

278. $\int \dfrac{\sin x}{\sqrt{b - a \sin^2 x}} dx = -\dfrac{1}{\sqrt{a}} \ln\left|\sqrt{a} \cos x + \sqrt{b - a \sin^2 x}\right|$ $(a>0)$

279. $\int \cos x \sqrt{a \sin^2 x + b}\, dx = \dfrac{\sin x}{2}\sqrt{a \sin^2 x + b} + \dfrac{b}{2\sqrt{a}} \ln\left|\sqrt{a} \sin x + \sqrt{a \sin^2 x + b}\right|$ $(a>0)$

280. $\int \cos x \sqrt{b - a \sin^2 x}\, dx = \dfrac{\sin x}{2}\sqrt{b - a \sin^2 x} + \dfrac{b}{2\sqrt{a}} \arcsin\left(\sqrt{\dfrac{a}{b}} \sin x\right)$ $(a>0)$

281. $\int \dfrac{\cos x}{\sqrt{a \sin^2 x + b}} dx = \dfrac{1}{\sqrt{a}} \ln\left|\sqrt{a} \sin x + \sqrt{a \sin^2 x + b}\right|$ $(a>0)$

282. $\int \dfrac{\cos x}{\sqrt{b - a \sin^2 x}} dx = \dfrac{1}{\sqrt{a}} \arcsin\left(\sqrt{\dfrac{a}{b}} \sin x\right)$ $(a>0)$

Integrale mit $\tan ax$ **and** $\cot ax = \dfrac{1}{\tan ax}$

283. $\int \tan ax\, dx = -\dfrac{1}{a} \ln|\cos ax|$

284. $\int \tan^2 ax\, dx = \dfrac{1}{a} \tan ax - x$

285. $\int \tan^3 ax\, dx = \dfrac{1}{2a} \tan^2 ax + \dfrac{1}{a} \ln|\cos ax|$

7.4 Tabelle von unbestimmten Integralen

286. $\int \tan^n ax \, dx = \dfrac{1}{a(n-1)} \tan^{n-1} ax - \int \tan^{n-2} ax \, dx$

287. $\int \tan^n ax \, \sec^2 ax \, dx = \int \dfrac{\tan^n ax}{\cos^2 ax} dx = \dfrac{1}{a(n+1)} \tan^{n+1} ax \quad (n \neq -1)$

288. $\int \dfrac{\sec^2 ax}{\tan ax} dx = \int \dfrac{dx}{\cos^2 ax \, \tan ax} = \dfrac{1}{a} \ln |\tan ax|$

289. $\int x \tan^2 ax \, dx = \dfrac{x}{a} \tan ax + \dfrac{1}{a^2} \ln |\cos ax| - \dfrac{x^2}{2}$

290. $\int \dfrac{dx}{b + c \tan x} = \dfrac{1}{b^2 + c^2} (bx + c \ln |b \cos x + c \sin x|)$

291. $\int \dfrac{dx}{\sqrt{b + c \tan^2 x}} = \dfrac{1}{\sqrt{b-c}} \arcsin \left(\sqrt{\dfrac{b-c}{b}} \sin x \right) \quad (b > 0, b^2 > c^2)$

292. $\int \cot ax \, dx = \int \dfrac{dx}{\tan ax} = \dfrac{1}{a} \ln |\sin ax|$

293. $\int \cot^2 ax \, dx = -\dfrac{1}{a} \cot ax - x$

294. $\int \cot^3 ax \, dx = -\dfrac{1}{2a} \cot^2 ax - \dfrac{1}{a} \ln |\sin ax|$

295. $\int \cot^n ax \, dx = -\dfrac{1}{a(n-1)} \cot^{n-1} ax - \int \cot^{n-2} ax \, dx$

296. $\int \cot^n ax \, \csc^2 ax \, dx = \int \dfrac{\cot^n ax}{\sin^2 ax} dx = -\dfrac{1}{a(n+1)} \cot^{n+1} ax \quad (n \neq -1)$

297. $\int \dfrac{\csc^2 ax}{\cot ax} dx = \int \dfrac{dx}{\sin^2 ax \, \cot ax} = -\dfrac{1}{a} \ln |\cot ax|$

298. $\int x \cot^2 ax \, dx = -\dfrac{x}{a} \cot ax + \dfrac{1}{a^2} \ln |\sin ax| - \dfrac{x^2}{2}$

Integrale mit Arcusfunktionen

($\arcsin x = \sin^{-1} x$, $\arccos x = \cos^{-1} x$, $\arctan x = \tan^{-1} x$, $\text{arccot} \, x = \cot^{-1} x$)

299. $\int \arcsin ax \, dx = x \arcsin ax + \dfrac{1}{a} \sqrt{1 - a^2 x^2}$

300. $\int (\arcsin ax)^2 dx = x (\arcsin ax)^2 - 2x + \dfrac{2}{a} \sqrt{1 - a^2 x^2} \, \arcsin ax$

301. $\int x \arcsin ax \, dx = \dfrac{1}{4a^2} (2a^2 x^2 \arcsin ax - \arcsin ax + ax \sqrt{1 - a^2 x^2})$

302. $\int x^2 \arcsin ax \, dx = \dfrac{1}{9a^3} (3a^3 x^3 \arcsin ax + (a^2 x^2 + 2) \sqrt{1 - a^2 x^2})$

303. $\int \dfrac{\arcsin ax}{x^2} dx = -\dfrac{1}{x} \arcsin ax - a \ln \left| \dfrac{1 + \sqrt{1 - a^2 x^2}}{ax} \right|$

304. $\int \arccos ax \, dx = x \arccos ax - \dfrac{1}{a}\sqrt{1 - a^2 x^2}$

305. $\int (\arccos ax)^2 dx = x(\arccos ax)^2 - 2x - \dfrac{2}{a}\sqrt{1 - a^2 x^2} \arccos ax$

306. $\int x \arccos ax \, dx = \dfrac{1}{4a^2}(2a^2 x^2 \arccos ax - \arccos ax - ax\sqrt{1 - a^2 x^2})$

307. $\int x^2 \arccos ax \, dx = \dfrac{1}{9a^3}(3a^3 x^3 \arccos ax - (a^2 x^2 + 2)\sqrt{1 - a^2 x^2})$

308. $\int \dfrac{\arccos ax}{x^2} dx = -\dfrac{1}{x} \arccos ax + a \ln \left| \dfrac{1 + \sqrt{1 - a^2 x^2}}{ax} \right|$

309. $\int \arctan ax \, dx = \dfrac{1}{2a}[2ax \arctan ax - \ln(1 + a^2 x^2)]$

310. $\int \text{arccot}\, ax \, dx = \dfrac{1}{2a}[2ax \,\text{arccot}\, ax + \ln(1 + a^2 x^2)]$

311. $\int x \arctan ax \, dx = \dfrac{1}{2a^2}[(1 + a^2 x^2) \arctan ax - ax]$

312. $\int x^2 \arctan ax \, dx = \dfrac{1}{6a^3}[2a^3 x^3 \arctan ax - a^2 x^2 + \ln(1 + a^2 x^2)]$

313. $\int \dfrac{\arctan ax}{x^2} dx = -\dfrac{1}{x} \arctan ax - \dfrac{a}{2} \ln \dfrac{1 + a^2 x^2}{a^2 x^2}$

314. $\int \sec^{-1} ax \, dx = x \sec^{-1} ax - \dfrac{1}{a} \ln \left| ax + \sqrt{a^2 x^2 - 1} \right|$

315. $\int \csc^{-1} ax \, dx = x \csc^{-1} ax + \dfrac{1}{a} \ln \left| ax + \sqrt{a^2 x^2 - 1} \right|$

316. $\int x \sec^{-1} ax \, dx = \dfrac{x^2}{2} \sec^{-1} ax - \dfrac{1}{2a^2}\sqrt{a^2 x^2 - 1}$

317. $\int x \csc^{-1} ax \, dx = \dfrac{x^2}{2} \csc^{-1} ax + \dfrac{1}{2a^2}\sqrt{a^2 x^2 - 1}$

Integrale mit Exponentialfunktionen (auch mit sin and cos kombiniert)

318. $\int e^{ax} dx = \dfrac{1}{a} e^{ax}$

319. $\int a^x dx = \int e^{x \ln a} dx = \dfrac{a^x}{\ln a}$

7.4 Tabelle von unbestimmten Integralen

320. $\int xe^{ax}dx = \dfrac{e^{ax}}{a^2}(ax-1)$

321. $\int x^2 e^{ax}dx = \dfrac{e^{ax}}{a^3}(a^2x^2 - 2ax + 2)$

322. $\int x^n e^{ax}dx = \dfrac{e^{ax}}{a^{n+1}}[(ax)^n - n(ax)^{n-1} + n(n-1)(ax)^{n-2} - \ldots + (-1)^n n!]$

$\hfill (n = 1,2,3,\ldots)$

323. $\int \dfrac{dx}{b+ce^{ax}} = \dfrac{1}{ab}(ax - \ln|b + ce^{ax}|)$

324. $\int \dfrac{e^{ax}}{b+ce^{ax}}dx = \dfrac{1}{ac}\ln|b + ce^{ax}|$

325. $\int \dfrac{dx}{(b+ce^{ax})^2} = \dfrac{x}{b^2} + \dfrac{1}{ab(b+ce^{ax})} - \dfrac{1}{ab^2}\ln|b + ce^{ax}|$

326. $\int \dfrac{e^{ax}}{(b+ce^{ax})^2}dx = -\dfrac{1}{ac(b+ce^{ax})}$

327. $\int xe^{ax^2}dx = \dfrac{1}{2a}e^{ax^2}$

328. $\int x^{2n+1}e^{ax^2}dx = [t = x^2] = \dfrac{1}{2}\int t^n e^{at}dt$ (siehe 322)

329. $\int \dfrac{xe^{ax}}{(1+ax)^2}dx = \dfrac{e^{ax}}{a^2(1+ax)}$

330. $\int e^{ax}\sin bx\, dx = \dfrac{e^{ax}}{a^2+b^2}(a\sin bx - b\cos bx)$

331. $\int e^{ax}\sin^n bx\, dx = \dfrac{e^{ax}\sin^{n-1}bx}{a^2+n^2b^2}(a\sin bx - nb\cos bx) + \dfrac{n(n-1)b^2}{a^2+n^2b^2}\int e^{ax}\sin^{n-2}bx\, dx$

332. $\int e^{ax}\cos bx\, dx = \dfrac{e^{ax}}{a^2+b^2}(a\cos bx + b\sin bx)$

333. $\int e^{ax}\cos^n bx\, dx = \dfrac{e^{ax}\cos^{n-1}bx}{a^2+n^2b^2}(a\cos bx + nb\sin bx) +$

$\quad + \dfrac{n(n-1)b^2}{a^2+n^2b^2}\int e^{ax}\cos^{n-2}bx\, dx$

334. $\int xe^{ax} \sin bx \, dx = \dfrac{xe^{ax}}{a^2+b^2}(a \sin bx - b \cos bx) -$

$$- \dfrac{e^{ax}}{(a^2+b^2)^2}[(a^2-b^2)\sin bx - 2ab \cos bx]$$

335. $\int xe^{ax} \cos bx \, dx = \dfrac{xe^{ax}}{a^2+b^2}(a \cos bx + b \sin bx) -$

$$- \dfrac{e^{ax}}{(a^2+b^2)^2}[(a^2-b^2)\cos bx + 2ab \sin bx]$$

Integrale mit Logarithmusfunktionen

336. $\int \ln ax \, dx = x \ln ax - x$

337. $\int (\ln ax)^2 dx = x(\ln ax)^2 - 2x \ln ax + 2x$

338. $\int (\ln ax)^n dx = x(\ln ax)^n - n \int (\ln ax)^{n-1} dx$

339. $\int x^n \ln ax \, dx = x^{n+1} \left[\dfrac{\ln ax}{n+1} - \dfrac{1}{(n+1)^2} \right] \quad (n \neq -1)$

340. $\int \dfrac{\ln ax}{x} dx = \dfrac{1}{2}(\ln ax)^2$

341. $\int \dfrac{dx}{x \ln ax} = \ln(\ln ax)$

342. $\int \dfrac{(\ln ax)^n}{x} dx = \dfrac{(\ln ax)^{n+1}}{n+1} \quad (n \neq -1)$

343. $\int \dfrac{\ln ax}{x^n} dx = -\dfrac{1}{x^{n-1}}\left[\dfrac{\ln ax}{n-1} + \dfrac{1}{(n-1)^2} \right] \quad (n \neq 1)$

344. $\int x^n (\ln ax)^m dx = \dfrac{x^{n+1}}{n+1}(\ln ax)^m - \dfrac{m}{n+1}\int x^n (\ln ax)^{m-1} dx \quad (n \neq -1)$

345. $\int \ln(ax+b) dx = \dfrac{ax+b}{a}\ln(ax+b) - x$

346. $\int \ln(x^2+a^2) dx = x \ln(x^2+a^2) - 2x + 2a \arctan\dfrac{x}{a}$

347. $\int \ln(x^2-a^2) dx = x \ln(x^2-a^2) - 2x + a \ln\dfrac{x+a}{x-a}$

348. $\int x \ln(x^2 \pm a^2) dx = \dfrac{1}{2}(x^2 \pm a^2)\ln(x^2 \pm a^2) - \dfrac{1}{2}x^2$

349. $\int \ln\left|x + \sqrt{x^2+a}\right| dx = x \ln\left|x + \sqrt{x^2+a}\right| - \sqrt{x^2+a}$

7.4 Tabelle von unbestimmten Integralen

350. $\int x \ln\left|x + \sqrt{x^2+a}\right| dx = \left(\frac{x^2}{2} + \frac{a}{4}\right) \ln\left|x + \sqrt{x^2+a}\right| - \frac{x\sqrt{x^2+a}}{4}$

351. $\int \sin(\ln ax) dx = \frac{x}{2}[\sin(\ln ax) - \cos(\ln ax)]$

352. $\int \cos(\ln ax) dx = \frac{x}{2}[\sin(\ln ax) + \cos(\ln ax)]$

Integrale mit hyperbolischen Funktionen und Areafunktionen

353. $\int \sinh ax \, dx = \frac{1}{a} \cosh ax$

354. $\int \cosh ax \, dx = \frac{1}{a} \sinh ax$

355. $\int \tanh ax \, dx = \frac{1}{a} \ln(\cosh ax)$

356. $\int \coth ax \, dx = \frac{1}{a} \ln|\sinh ax|$

357. $\int \sinh^2 ax \, dx = \frac{1}{4a}(\sinh 2ax - 2ax)$

358. $\int \sinh^n ax \, dx = \frac{1}{an} \sinh^{n-1} ax \cosh ax - \frac{n-1}{n} \int \sinh^{n-2} ax \, dx$

359. $\int \operatorname{csch} ax \, dx = \int \frac{dx}{\sinh ax} = \frac{1}{a} \ln\left|\tanh \frac{ax}{2}\right|$

360. $\int \operatorname{sech}^2 ax \, dx = \int \frac{dx}{\cosh^2 ax} = \frac{1}{a} \tanh ax$

361. $\int \operatorname{sech} ax \tanh ax \, dx = \int \frac{\sinh ax}{\cosh^2 ax} dx = -\frac{1}{a} \operatorname{sech} ax$

362. $\int \cosh^2 ax \, dx = \frac{1}{4a}(\sinh 2ax + 2ax)$

363. $\int \cosh^n ax \, dx = \frac{1}{an} \cosh^{n-1} ax \sinh ax + \frac{n-1}{n} \int \cosh^{n-2} ax \, dx$

364. $\int \operatorname{sech} ax \, dx = \int \frac{dx}{\cosh ax} = \frac{2}{a} \arctan e^{ax}$

365. $\int \operatorname{csch}^2 ax \, dx = \int \frac{dx}{\sinh^2 ax} = -\frac{1}{a} \coth ax$

366. $\int \operatorname{csch} ax \coth ax \, dx = \int \frac{\cosh ax}{\sinh^2 ax} dx = -\operatorname{csch} ax$

367. $\int \tanh^2 ax \, dx = x - \frac{1}{a} \tanh ax$

368. $\int \coth^2 ax \, dx = x - \frac{1}{a} \coth ax$

369. $\int \text{arsinh} x \, dx = \int \sinh^{-1} x \, dx = \int \ln(x + \sqrt{x^2+1}) dx = x \, \text{arsinh} x - \sqrt{x^2+1}$

370. $\int \text{arcosh} x \, dx = \int \cosh^{-1} x \, dx = \int \ln(x + \sqrt{x^2-1}) dx = x \, \text{arcosh} x - \sqrt{x^2-1}$

371. $\int \text{artanh} \, x \, dx = \int \tanh^{-1} x \, dx = x \, \text{artanh} \, x + \frac{1}{2} \ln(x^2-1)$

372. $\int \text{arcoth} \, x \, dx = \int \coth^{-1} x \, dx = x \, \text{arcoth} \, x + \frac{1}{2} \ln(x^2-1)$

373. $\int \text{sech}^{-1} x \, dx = x \, \text{sech}^{-1} x + \sin^{-1} x$

374. $\int x \, \text{sech}^{-1} x \, dx = \frac{x^2}{2} \text{sech}^{-1} x - \frac{1}{2}\sqrt{1-x^2}$

375. $\int \text{csch}^{-1} x \, dx = x \, \text{csch}^{-1} x + \text{sgn} x \, \sinh^{-1} x$

376. $\int x \, \text{csch}^{-1} x \, dx = \frac{x^2}{2} \text{csch}^{-1} x + \frac{1}{2} \text{sgn} x \sqrt{1+x^2}$

7.5 Tabelle von bestimmten Integralen

$\Gamma(x)$ ist die Gammafunktion, siehe 12.5. Semifakultät !! , siehe S. 45.
$\gamma = 0.5772156649 \ldots$ ist die Euler-Konstante, siehe 12.5.
Weitere, insbesondere Elliptische Integrale, siehe 12.5.

Integranden mit algebraischen Funktionen

1. $\int_0^1 x^{m-1}(1-x)^{n-1} dx = \frac{\Gamma(m)\Gamma(n)}{\Gamma(m+n)}$ $(m, n > 0)$

2. $\int_a^b (x-a)^{m-1}(b-x)^{n-1} dx = (b-a)^{m+n-1} \frac{\Gamma(m)\Gamma(n)}{\Gamma(m+n)}$ $(a < b, m, n > 0)$

3. $\int_0^1 \frac{x^n}{1+x} dx = (-1)^n \left[\ln 2 - 1 + \frac{1}{2} - \ldots + \frac{(-1)^n}{n} \right]$ $(n = 1, 2, 3, \ldots)$

4. $\int_0^1 \frac{dx}{(1-x^n)^{1/n}} = \frac{\pi}{n \sin \frac{\pi}{n}}$ $(n > 1)$

5. $\int_0^1 \frac{x^a}{\sqrt{1-x^2}} dx = \frac{\sqrt{\pi} \Gamma((a+1)/2)}{2\Gamma((a+2)/2)}$ $(a > -1)$

7.5 Tabelle von bestimmten Integralen

6. $\int_0^1 \dfrac{x^{a-1}}{(1-x)^a} dx = \dfrac{\pi}{\sin a\pi}$ $(0 < a < 1)$

7. $\int_0^1 \dfrac{dx}{\sqrt{1-x^a}} = \dfrac{\sqrt{\pi}\,\Gamma\left(\dfrac{1}{a}\right)}{a\,\Gamma\left(\dfrac{1}{a}+\dfrac{1}{2}\right)}$

8. $\int_0^\infty \dfrac{dx}{1+x^a} = \dfrac{\pi}{a\sin\dfrac{\pi}{a}}$ $(a > 1)$

9. $\int_0^\infty \dfrac{dx}{x^a(1+x)} = \dfrac{\pi}{\sin a\pi}$ $(0 < a < 1)$

10. $\int_0^\infty \dfrac{x^{\alpha-1}}{1+x^\beta} dx = \dfrac{\pi}{\beta\sin\left(\dfrac{\alpha\pi}{\beta}\right)}$ $(0 < \alpha < \beta)$

11. $\int_0^\infty \dfrac{dx}{a^2+x^2} = \dfrac{\pi}{2a}$ $(a > 0)$

12. $\int_0^\infty \dfrac{dx}{(a^2+x^2)^n} = \dfrac{\pi(2n-3)!!}{2a^{2n-1}(2n-2)!!}$ $(a > 0,\ n = 2, 3, \ldots)$

13. $\int_0^\infty \dfrac{dx}{(a^2+x^2)(b^2+x^2)} = \dfrac{\pi}{2ab(a+b)}$ $(a, b > 0)$

14. $\int_0^\infty \dfrac{x^{m-1}}{(ax+b)^{m+n}} dx = \dfrac{\Gamma(m)\Gamma(n)}{a^m b^n \Gamma(m+n)}$ $(a, b, m, n > 0)$

15. $\int_0^\infty \dfrac{dx}{ax^2+2bx+c} = \dfrac{1}{\sqrt{ac-b^2}}\left[\dfrac{\pi}{2} - \arctan\dfrac{b}{\sqrt{ac-b^2}}\right]$ $(a, ac-b^2 > 0)$

16. $\int_0^\infty \dfrac{dx}{ax^4+2bx^2+c} = \dfrac{\pi}{2\sqrt{cd}},\ \ d = 2(b+\sqrt{ac})$ $(a, c, d > 0)$

Integranden mit trigonometrischen Funktionen (und algebraischen Funktionen)

17. $\int_0^{\pi/2} \sin^n x\, dx = \int_0^{\pi/2} \cos^n x\, dx = \begin{cases} \dfrac{(n-1)!!}{n!!}, & n = 1, 3, 5, \ldots \\ \dfrac{(n-1)!!}{n!!} \cdot \dfrac{\pi}{2}, & n = 2, 4, 6, \ldots \end{cases}$

18. $\int_0^{\pi/2} \sin^a x\, dx = \int_0^{\pi/2} \cos^a x\, dx = \dfrac{\sqrt{\pi}}{2} \dfrac{\Gamma\left(\dfrac{a+1}{2}\right)}{\Gamma\left(\dfrac{a+2}{2}\right)}$ $(a > -1)$

19. $\displaystyle\int_0^\pi x\sin^n x\,dx = \begin{cases}\dfrac{(n-1)!!}{n!!}\,\pi, & n=1,3,5,\ldots \\[2mm] \dfrac{(n-1)!!}{n!!}\cdot\dfrac{\pi^2}{2}, & n=2,4,6,\ldots \\[2mm] \dfrac{\pi^{3/2}}{2}\cdot\dfrac{\Gamma\left(\dfrac{n+1}{2}\right)}{\Gamma\left(\dfrac{n+2}{2}\right)}, & n>-1\end{cases}$

20. $\displaystyle\int_0^{\pi/2}\sin^{2\alpha+1}x\,\cos^{2\beta+1}x\,dx = \dfrac{\Gamma(\alpha+1)\Gamma(\beta+1)}{2\Gamma(\alpha+\beta+2)}$

21. $\displaystyle\int_0^\pi \sin mx\sin nx\,dx = \begin{cases}0 & (m\neq n\text{ ganzzahlig}) \\ \dfrac{\pi}{2} & (m=n\text{ ganzzahlig})\end{cases}$

22. $\displaystyle\int_0^\pi \cos mx\cos nx\,dx = \begin{cases}0 & (m\neq n\text{ ganzzahlig}) \\ \dfrac{\pi}{2} & (m=n\text{ ganzzahlig})\end{cases}$

23. $\displaystyle\int_0^\pi \sin mx\cos nx\,dx = \begin{cases}0 & (m,n\text{ ganzzahlig, }m+n\text{ gerade}) \\ \dfrac{2m}{m^2-n^2} & (m,n\text{ ganzzahlig, }m+n\text{ ungerade})\end{cases}$

24. $\displaystyle\int_0^{\pi/2}\dfrac{dx}{1+a\,\cos x} = \int_0^{\pi/2}\dfrac{dx}{1+a\,\sin x} = \dfrac{\arccos a}{\sqrt{1-a^2}}\quad(|a|<1)$

25. $\displaystyle\int_0^\pi \dfrac{dx}{1+a\,\cos x} = \dfrac{\pi-2\arcsin a}{\sqrt{1-a^2}}\quad(-1<a<1)$

26. $\displaystyle\int_0^\pi \dfrac{dx}{1+a\,\cos x} = \dfrac{\pi}{\sqrt{1-a^2}}\quad(-1<a<1)$

27. $\displaystyle\int_0^{\pi/2}\dfrac{dx}{a^2\cos^2 x+b^2\sin^2 x} = \dfrac{\pi}{2ab}\quad(a,b>0)$

28a. $\displaystyle\int_0^\infty \sin x^2\,dx = \int_0^\infty \cos x^2\,dx = \dfrac{\sqrt{2\pi}}{4}$

28b. $\displaystyle\int_0^\infty \sin x^a\,dx = \Gamma\!\left(1+\dfrac{1}{a}\right)\sin\dfrac{\pi}{2a}\quad \int_0^\infty \cos x^a\,dx = \Gamma\!\left(1+\dfrac{1}{a}\right)\cos\dfrac{\pi}{2a}\quad(a>1)$

29. $\displaystyle\int_0^\infty \dfrac{\sin ax}{x}\,dx = \dfrac{\pi}{2}\quad(a>0)$

30. $\displaystyle\int_0^\infty \dfrac{\sin x}{\sqrt{x}}\,dx = \int_0^\infty \dfrac{\cos x}{\sqrt{x}}\,dx = \sqrt{\dfrac{\pi}{2}}$

31. $\displaystyle\int_0^\infty \dfrac{\sin^2 x}{x^2}\,dx = \dfrac{\pi}{2}$

7.5 Tabelle von bestimmten Integralen

32. $\int_0^\infty \dfrac{\sin^3 x}{x^3} dx = \dfrac{3\pi}{8}$

33. $\int_0^\infty \dfrac{\sin^4 x}{x^4} dx = \dfrac{\pi}{3}$

34. $\int_0^\infty \dfrac{\sin x}{x^\alpha} dx = \dfrac{\pi}{2\Gamma(\alpha)\sin\alpha\pi/2}$ $\quad (0 < \alpha < 2)$

35. $\int_0^\infty \dfrac{\cos x}{x^\alpha} dx = \dfrac{\pi}{2\Gamma(\alpha)\cos\alpha\pi/2}$ $\quad (0 < \alpha < 1)$

36. $\int_0^\infty \dfrac{\cos ax - \cos bx}{x} dx = \ln\dfrac{b}{a}$

37. $\int_0^\infty \dfrac{x \sin ax}{b^2 + x^2} dx = \dfrac{\pi}{2} e^{-ab}$ $\quad (a, b > 0)$

38. $\int_0^\infty \dfrac{\cos ax}{b^2 + x^2} dx = \dfrac{\pi}{2b} e^{-ab}$ $\quad (a, b > 0)$

Integrale mit Exponential- und Logarithmusfunktionen (gemischt mit algebraischen und trigonometrischen Funktionen)

39. $\int_0^\infty x^n e^{-x} dx = n!$ $\quad (n = 0, 1, 2, \ldots)$

40. $\int_0^\infty x^n e^{-ax} dx = \begin{cases} \dfrac{\Gamma(n+1)}{a^{n+1}} & (n > -1, a > 0) \\ \dfrac{n!}{a^{n+1}} & (n = 0, 1, 2, \ldots, a > 0) \end{cases}$

41. $\int_0^\infty e^{-ax^2} dx = \dfrac{1}{2}\sqrt{\dfrac{\pi}{a}} \qquad \int_{-\infty}^\infty e^{2bx - ax^2} dx = \sqrt{\dfrac{\pi}{a}} e^{b^2/a}$ $\quad (a > 0)$

42. $\int_0^\infty x^n e^{-ax^2} dx = \begin{cases} \dfrac{1}{2}\Gamma\left(\dfrac{n+1}{2}\right) / a^{\frac{n+1}{2}} & (n > -1, a > 0) \\ \dfrac{(2k-1)!!}{2^{k+1} a^k}\sqrt{\dfrac{\pi}{a}} & (n = 2k, k \text{ ganzzahlig}, a > 0) \\ \dfrac{k!}{2a^{k+1}} & (n = 2k+1, k \text{ ganzzahlig}, a > 0) \end{cases}$

43. $\int_0^\infty e^{-ax} \sin bx\, dx = \dfrac{b}{a^2 + b^2}$ $\quad (a > 0)$

44. $\int_0^\infty e^{-ax} \cos bx\, dx = \dfrac{a}{a^2 + b^2}$ $\quad (a > 0)$

45. $\int_0^\infty x e^{-ax} \sin bx\, dx = \dfrac{2ab}{(a^2 + b^2)^2}$ $\quad (a > 0)$

46. $\int_0^\infty xe^{-ax}\cos bx\, dx = \dfrac{a^2-b^2}{(a^2+b^2)^2}$ $(a>0)$

47. $\int_0^\infty \dfrac{e^{-ax}\sin bx}{x}dx = \arctan\dfrac{b}{a}$ $(a>0)$

48. $\int_0^1 (\ln x)^n dx = (-1)^n n!$ $(n=1,2,3,\ldots)$

49. $\int_0^1 \ln|\ln x|\,dx = \int_0^\infty e^{-x}\ln x\, dx = -\gamma$

50. $\int_0^1 \dfrac{\ln x}{x-1}dx = \dfrac{\pi^2}{6}$

51. $\int_0^1 \dfrac{\ln x}{x+1}dx = -\dfrac{\pi^2}{12}$

52. $\int_0^1 \dfrac{\ln x}{\sqrt{1-x^2}}dx = -\dfrac{\pi}{2}\ln 2$

53. $\int_0^1 x^m\left(\ln\dfrac{1}{x}\right)^n dx = \dfrac{\Gamma(n+1)}{(m+1)^{n+1}}$ $(m>-1, n>-1)$

54. $\int_0^\infty \dfrac{\sin x}{x}\ln x\, dx = -\dfrac{\pi}{2}\gamma$

55. $\int_0^{\pi/2} \ln(\sin x)dx = \int_0^{\pi/2} \ln(\cos x)dx = -\dfrac{\pi}{2}\ln 2$

56. $\int_0^{\pi/4} \ln(1+\tan x)dx = \dfrac{\pi}{8}\ln 2$

8 Folgen und Reihen

8.1 Zahlenfolgen

Bezeichnungen. $\{a_n\}_1^\infty$ oder $(a_n)_{n\geq 1}$ oder $a_1, a_2, a_3, ..., a_n, ...$

Grenzwert. Die Folge $\{a_n\}_1^\infty$ hat den Grenzwert A, $\lim_{n\to\infty} a_n = A$ oder $a_n \to A$ für $n \to \infty$, wenn *für jede* Zahl $\varepsilon > 0$ eine natürliche Zahl N *existiert*, so daß
$$|a_n - A| < \varepsilon \text{ für alle } n > N.$$
Existiert der Grenzwert, so heißt die Folge *konvergent*, andernfalls *divergent*.
(Für Regeln und Sätze zur Bestimmung von Grenzwerten, vgl. entsprechende Regeln und Sätze für Funktionen in 6.2.)

$\overline{\lim}_{n\to\infty} a_n = \lim_{n\to\infty} \sup a_n = \lim_{n\to\infty} (\sup_{k\geq n} a_k)$ existiert für alle Folgen ($\pm\infty$ möglich).

$\underline{\lim}_{n\to\infty} a_n = \lim_{n\to\infty} \inf a_n = \lim_{n\to\infty} (\inf_{k\geq n} a_k)$ existiert für alle Folgen ($\pm\infty$ möglich).

Sätze

1. $\{a_n\}_1^\infty$ monoton und beschränkt $\Rightarrow$ $\lim_{n\to\infty} a_n$ existiert (und ist endlich).
2. $\lim_{n\to\infty} a_n$ existiert $\Leftrightarrow$ $\lim_{\substack{m\to\infty \\ n\to\infty}} |a_m - a_n| = 0$ (*Cauchy-Bedingung*, d.h.

    für jedes $\varepsilon > 0$ gibt es ein N, so daß $|a_m - a_n| < \varepsilon$ für alle $m, n > N$)

Beispiele

1. $\lim_{n\to\infty} a^n = \begin{cases} 0, & \text{wenn } |a| < 1 \\ \infty, & \text{wenn } a > 1 \end{cases}$

2. $\lim_{n\to\infty} \sqrt[n]{a} = \lim_{n\to\infty} \sqrt[n]{n^a} = \lim_{n\to\infty} \sqrt[n]{p(n)} = 1$ (a = positiv konstant, $p(n)$ Polynom)

3. $\lim_{n\to\infty} \dfrac{a^n}{n!} = 0$ (a konstant)

4. $a_n = \left(1 + \dfrac{1}{n}\right)^n$ ist wachsend und $a_n \to e = 2{,}71828...$ mit $n \to \infty$.

5. $a_{n+1} = \sqrt{\dfrac{1+a_n}{2}}$, $a_1 = 0$, *rekursiv* bestimmte Folge.

    $\{a_n\}_1^\infty$ ist wachsend und beschränkt
    $\Rightarrow \lim_{n\to\infty} a_n = A$ existiert und
    $A = \sqrt{\dfrac{1+A}{2}} \Rightarrow A = 1$

8.2 Funktionenfolgen

Punktweise Konvergenz

Die Folge $\{f_n(x)\}_1^\infty$ heißt *punktweise konvergent* gegen $f(x)$ auf dem Intervall I, wenn für jedes *feste* $x \in I$ gilt: $\lim_{n \to \infty} f_n(x) = f(x)$ [$f(x)$=Grenzfunktion].

1. Satz von Arzelà

Sei (i) $f_n(x) \to f(x)$ punktweise auf $[a, b]$
   (ii) $|f_n(x)| < M$, für alle n und $x \in [a, b]$
   (iii) $f_n(x)$, $f(x)$ integrierbar,
dann gilt
$$\lim_{n \to \infty} \int_a^b f_n(x)dx = \int_a^b f(x)dx$$

Gleichmäßige Konvergenz

Die Folge $\{f_n(x)\}_1^\infty$ heißt *gleichmäßig konvergent* gegen $f(x)$ auf dem Intervall I, wenn für jedes $\varepsilon > 0$ ein N existiert, so daß $|f_n(x) - f(x)| < \varepsilon$ für alle $n > N$ und $x \in I$, d.h. wenn $\sup_{x \in I} |f_n(x) - f(x)| \to 0$ mit $n \to \infty$.

Beispiel. $f_n(x) = \dfrac{x}{nx + 1} \to 0$ gleichmäßig für $x \in [0, 1]$, da

$\sup_{x \in [0.1]} |f_n(x)| = \dfrac{1}{n+1} \to 0$ mit $n \to \infty$.

2. Satz von Dini

Sei (i) $\{f_n(x)\}_1^\infty$ wachsend, d.h. $f_n(x) \leq f_{n+1}(x)$, für alle n, x (oder fallend)
  (ii) $f_n(x) \to f(x)$ punktweise auf $[a, b]$
  (iii) $f_n(x)$, $f(x)$ stetig auf $[a, b]$. Dann ist die Konvergenz gleichmäßig

Weitere Tatsachen

Sei $f_n(x)$ stetig für jedes n und $f_n(x) \to f(x)$ gleichmäßig auf $[a, b]$. Dann gilt:

3. $f(x)$ ist stetig auf $[a, b]$.

4. $\lim_{n \to \infty} \int_a^b f_n(x)dx = \int_a^b f(x)dx$

5. $\{f_n'(x)\}_1^\infty$ konvergiert gleichmäßig $\Rightarrow f'(x)$ existiert und ist gleich $\lim_{n \to \infty} f_n'(x)$.

8.3 Zahlenreihen

Eine *unendliche Reihe* $\sum_{k=1}^{\infty} a_k = a_1 + a_2 + a_3 + \ldots$ heißt *konvergent* mit Summe s, wenn die Folge der *Partialsummen* $s_n = \sum_{k=1}^{n} a_k$ konvergiert und den Grenzwert s besitzt. (Andernfalls ist die Reihe *divergent*.)

1. $\sum_{n=1}^{\infty} a_n$ konvergent $\Rightarrow a_n \to 0$ mit $n \to \infty$.

Partielle Summation (Abelsche Summation)

2. $\sum_{k=1}^{n} a_k b_k = A_n b_{n+1} - \sum_{k=1}^{n} A_k (b_{k+1} - b_k)$, wobei $A_n = \sum_{k=1}^{n} a_k$

Integralabschätzungen

3. $f(x)$ wachsend: $\int_{m-1}^{n} f(x)\,dx \leq \sum_{k=m}^{n} f(k) \leq \int_{m}^{n+1} f(x)\,dx$

4. $f(x)$ fallend: $\int_{m}^{n+1} f(x)\,dx \leq \sum_{k=m}^{n} f(k) \leq \int_{m-1}^{n} f(x)\,dx$

Standardreihen

$\sum_{n=1}^{\infty} \frac{1}{n^p}$ ist konvergent $\Leftrightarrow p > 1$ (p konstant)

$\sum_{n=0}^{\infty} x^n = \frac{1}{1-x}$ ist konvergent $\Leftrightarrow |x| < 1$

Konvergenztest

Reihen mit nichtnegativen Gliedern

5. (*Vergleichstest*) Sei $0 \leq a_n \leq b_n$, dann gilt:

   (a) $\sum_{1}^{\infty} b_n$ *konvergent* $\Rightarrow \sum_{1}^{\infty} a_n$ *konvergent*

   (b) $\sum_{1}^{\infty} a_n$ *divergent* $\Rightarrow \sum_{1}^{\infty} b_n$ *divergent*

6. Sei $a_n, b_n > 0$, $\lim_{n \to \infty} \frac{a_n}{b_n} = c \neq 0, \infty$ (oder $a_n \sim b_n$), dann gilt:

   $\sum_{1}^{\infty} a_n$ *konvergent* $\Leftrightarrow \sum_{1}^{\infty} b_n$ *konvergent*

7. (*Integraltest*) Sei $f(x)$ positiv und für $x \geq N$ wachsend, dann gilt:

   $\sum_{n=N}^{\infty} f(n)$ *konvergent* $\Leftrightarrow \int_{N}^{\infty} f(x)\,dx$ *konvergent*

Reihen mit beliebigen (komplexen) Gliedern

8. $\sum_{1}^{\infty} |a_n|$ konvergent $\Rightarrow \sum_{1}^{\infty} a_n$ konvergent

9. (*Quotiententest*) Sei $\lim_{n\to\infty} \left|\dfrac{a_{n+1}}{a_n}\right| = c$, dann gilt:

    (a) $c<1 \Rightarrow \sum_{1}^{\infty} |a_n|$ konvergent (b) $c>1 \Rightarrow \sum_{1}^{\infty} a_n$ divergent

10. (*Wurzeltest*) Sei $\lim_{n\to\infty} \sqrt[n]{|a_n|} = c$, dann gilt:

    (a) $c<1 \Rightarrow \sum_{1}^{\infty} |a_n|$ konvergent (b) $c>1 \Rightarrow \sum_{1}^{\infty} a_n$ divergent

11. (*Leibniz-Test*) Sei (*i*) $\{a_n\}$ fallend (*ii*) $a_n \to 0$, $n \to \infty$, dann ist

    $$\sum_{1}^{\infty} (-1)^n a_n \text{ konvergent}$$

12. (*Dirichlet-Test*) Sei (*i*) $A_n = \sum_{k=1}^{n} a_k$ eine beschränkte (komplexe) Folge, (*ii*) $\{b_n\}$ eine monoton fallende Nullfolge, dann ist

    $$\sum_{1}^{\infty} a_n b_n \text{ konvergent}$$

13. (*Abel-Test*) Sei (*i*) $\sum_{1}^{\infty} a_n$ konvergent (*ii*) $\{b_n\}$ monoton und konvergent, dann ist $\sum_{1}^{\infty} a_n b_n$ konvergent

Beispiele

1. $\sum_{n=1}^{\infty} \dfrac{1}{n(\ln n)^p}$ $\begin{cases} \text{konv. für } p>1 \\ \text{div. für } p\leq 1 \end{cases}$ (Integraltest)

2. $\sum_{n=1}^{\infty} \left(1 - \cos\dfrac{1}{n}\right)$ konv.

    $\left(\text{Vergleichstest: } 1 - \cos\dfrac{1}{n} = \dfrac{1}{2n^2} + O\left(\dfrac{1}{n^4}\right) \sim \dfrac{1}{2n^2} \text{ und } \sum_{1}^{\infty} \dfrac{1}{n^2} \text{ konv.}\right)$

3. $\sum_{1}^{\infty} \dfrac{(-1)^n}{\sqrt{n}}$ konv. (Leibniz-Test)

4. $\sum_{k=1}^{\infty} \dfrac{1}{\sqrt{k}} e^{ikx}$ konv. für $x \neq 2m\pi$ (Dirichlet-Test, vgl. 8.6.18)

Unendliche Produkte

Ein *unendliches Produkt* $\prod_{k=1}^{\infty}(1+a_k) = (1+a_1)(1+a_2)\ldots$ mit $1+a_k \neq 0$ konvergiert gegen $p \neq 0$, wenn $\lim_{n\to\infty} \prod_{k=1}^{n}(1+a_k) = p$.

1. $\prod_{1}^{\infty}(1+|a_k|)$ konvergent $\Rightarrow \prod_{1}^{\infty}(1+a_k)$ konvergent

2. $\prod_{1}^{\infty}(1+|a_k|)$ konvergent $\Leftrightarrow \sum_{1}^{\infty} |a_k|$ konvergent

8.4 Funktionenreihen

Gleichmäßige Konvergenz

Die Reihe $\sum_{k=1}^{\infty} f_k(x)$ $[=s(x)]$ *konvergiert gleichmäßig auf I*, wenn die Folge $s_n(x) = \sum_{k=1}^{n} f_k(x)$ auf I gleichmäßig gegen $s(x)$ konvergiert $(\sup_{x \in I} |\sum_{k=n}^{\infty} f_k(x)| \to 0$ mit $n \to \infty)$.

Tests

1. (*Weierstraß-M-Test*)   Sei (i) $|f_n(x)| \leq M_n$, $x \in I$ (ii) $\sum_{1}^{\infty} M_n$ konvergent
  $\Rightarrow \sum_{1}^{\infty} f_n(x)$ auf I *gleichmäßig konvergent*.

2. (*Dirichlet-Test*)   Sei (i) $F_n(x) = \sum_{k=1}^{n} f_k(x)$, $|F_n(x)| \leq M$, $x \in I$
   (ii) $g_{n+1}(x) \leq g_n(x)$, $x \in I$ (iii) $g_n(x) \to 0$ gleichmäßig, $x \in I$

   $\Rightarrow \sum_{1}^{\infty} f_n(x) g_n(x)$ auf I *gleichmäßig konvergent*.

Sätze

Sei $s(x) = \sum_{n=1}^{\infty} f_n(x)$ ($f_n(x)$ stetig) gleichmäßig konvergent auf $[a, b]$, dann gilt

3. $s(x)$ ist stetig,

4. $\int_a^b s(x) dx = \sum_{n=1}^{\infty} \int_a^b f_n(x) dx$

5. $\sum_{1}^{\infty} f_n'(x)$ gleichmäßig konvergent auf I $\Rightarrow$ $s'(x) = \sum_{1}^{\infty} f_n'(x)$.

Potenzreihen

Eine Potenzreihe einer reellen (oder komplexen) Variablen x hat die Gestalt (a_n kann komplex sein)

$$f(x) = \sum_{n=0}^{\infty} a_n (x - x_0)^n, \quad a_n = \frac{f^{(n)}(x_0)}{n!}$$

Speziell, wenn $x_0 = 0$:

(8.1) $f(x) = \sum_{n=0}^{\infty} a_n x^n = a_0 + a_1 x + a_2 x^2 + \ldots, \quad a_n = \frac{f^{(n)}(0)}{n!}$

Konvergenzradius R

$\frac{1}{R} = \lim_{n \to \infty} \sup \sqrt[n]{|a_n|} = [\lim_{n \to \infty} \sqrt[n]{|a_n|} = \lim_{n \to \infty} \left|\frac{a_{n+1}}{a_n}\right|$,
wenn diese Grenzwerte existieren.]

$|x| < R$ für komplexes x

Eigenschaften. (Sei $R>0$)

1. Die Potenzreihe (8.1)

    (i) *konvergiert* für $|x|<R$ und *konvergiert gleichmäßig* für $|x|\leq R-\varepsilon$, $\varepsilon>0$
    (ii) *divergiert* für $|x|>R$

    (Konvergenzuntersuchungen für $|x|=R$: Siehe Tests in 8.3).

2. Die Reihe (8.1) kann beliebig oft gliedweise differenziert oder integriert werden und die resultierenden Reihen haben alle den Konvergenzradius R, d.h.

$$f'(x) = \sum_{n=1}^{\infty} na_n x^{n-1}, |x|<R$$

$$\int f(x)dx = \sum_{n=0}^{\infty} \frac{a_n x^{n+1}}{n+1} + C, |x|<R$$

3. (*Eindeutigkeitssatz, Koeffizientenvergleich*)

$$\sum_0^{\infty} a_n x^n = \sum_0^{\infty} b_n x^n \Rightarrow a_n = b_n \text{ für alle } n.$$

4. (*Multiplikation* von Potenzreihen)

$$\sum_0^{\infty} a_n x^n, |x|<R_1; \sum_0^{\infty} b_n x^n, |x|<R_2 \Rightarrow$$

$$\left(\sum_0^{\infty} a_n x^n\right)\left(\sum_0^{\infty} b_n x^n\right) = \sum_0^{\infty} c_n x^n, \quad c_n = \sum_{k=0}^{n} a_k b_{n-k}, \ |x|<\min(R_1, R_2)$$

5. (*Abel-Grenzwertsatz*)

    (i) $f(x) = \sum_0^{\infty} a_n x^n$, $-R<x<R$ \quad (ii) $\sum_0^{\infty} a_n R^n = s$ (konvergent) $\Rightarrow \lim_{x \to R^-} f(x) = s$.

Beispiel

Für welche (komplexen) x konvergiert $\sum_1^{\infty} \frac{x^n}{n}$?

Lösung:

A. $\frac{1}{R} = \lim_{n \to \infty} \frac{1}{\sqrt[n]{n}} = 1 \Rightarrow R=1$.

B. Der Rand $|x|=1$: (a) $x=1$: $\sum_1^{\infty} \frac{1}{n}$ divergent.

   (b) $x=-1$: $\sum_1^{\infty} \frac{(-1)^n}{n}$ konvergent. (Leibniz-Test 8.3.11).

   (c) $x \neq 1$: $\sum_1^{\infty} \frac{x^n}{n}$ konvergent mit Dirichlet-Test (8.3.12), da

   (i) $\frac{1}{n} \searrow 0$ \quad (ii) $\left|\sum_{k=1}^{n} x^k\right| = \left|\frac{x(1-x^n)}{1-x}\right| \leq \frac{2}{|1-x|}$.

Antwort: $|x| \leq 1$, $x \neq 1$.

8.5 Taylor-Reihen

Taylor-Formel

Seien $f(x)$ mit seinen ersten $n+1$ Ableitungen in einem Intervall um $x=a$ stetig, dann gilt in diesem Intervall:

$$(8.2) \quad f(x) = f(a) + \frac{f'(a)}{1!}(x-a) + \frac{f''(a)}{2!}(x-a)^2 + \ldots + \frac{f^{(n)}(a)}{n!}(x-a)^n + R_{n+1}(x),$$

$$\text{wobei } R_{n+1}(x) = \int_a^x \frac{(x-t)^n}{n!} f^{(n+1)}(t)\,dt = \frac{f^{(n+1)}(\xi)}{(n+1)!}(x-a)^{n+1},$$

(ξ zwischen a und x)

MacLaurin-Formel

$$f(x) = f(0) + \frac{f'(0)}{1!}x + \frac{f''(0)}{2!}x^2 + \ldots + \frac{f^{(n)}(0)}{n!}x^n + \frac{x^{n+1}}{(n+1)!}f^{(n+1)}(\theta x), \; (0 < \theta < 1)$$

Beachte: $f(x)$ ist $\begin{cases} \text{ungerade: nur ungerade Potenzen von } x \\ \text{gerade: nur gerade Potenzen von } x \end{cases}$

Taylor-Reihen

Wenn $R_n(x) \to 0$ mit $n \to \infty$, dann gilt

$$f(x) = \sum_{k=0}^{\infty} \frac{f^{(k)}(a)}{k!}(x-a)^k \qquad \text{[Taylor-Reihe]}$$

$$f(x) = \sum_{k=0}^{\infty} \frac{f^{(k)}(0)}{k!} x^k \qquad \text{[MacLaurin-Reihe]}$$

Das Ordo-Konzept (die Symbole groß O und klein o)

1. $f(x) = O(x^a)$ für $x \to 0$ heißt: $f(x) = x^a H(x)$, wobei $H(x)$ in einer Umgebung von $x=0$ beschränkt ist.
2. $f(x) = o(x^a)$ für $x \to 0$ heißt: $f(x)/x^a \to 0$ mit $x \to 0$.

1. $O(x^4) \pm O(x^4) = O(x^4)$ 2. $O(x^3) \pm O(x^4) = O(x^3)$
3. $x^2 O(x^3) = O(x^5) = x^5 O(1)$ 4. $O(x^2)\,O(x^3) = O(x^5)$

Analoge Regeln für klein o.

Beispiel.

$$e^x = 1 + x + \frac{x^2}{2} + \begin{cases} O(x^3) \\ o(x^2) \end{cases} = 1 + x + \frac{x^2}{2} + \begin{cases} x^3 O(1) \\ x^2 o(1) \end{cases}$$

Asymptotisch äquivalent

$$f(x) \sim g(x) \text{ mit } x \to a \text{ heißt: } \frac{f(x)}{g(x)} \to 1 \text{ mit } x \to a$$

Methoden der Taylor-Reihenentwicklung

Direkte Methode ist die Anwendung von (8.2). Folgende Beispiele zeigen, wie man oft schneller rechnen kann. Stets ist die Taylor-Entwicklung um den Punkt a mit vorgegebener Ordnung n des Restglieds gesucht.

1. *(Substitution)* $f(x) = e^{-2x^2}, a = 0, n = 6.$

$$f(x) = [t = -2x^2] = e^t = 1 + t + \frac{t^2}{2} + O(t^3) = 1 - 2x^2 + 2x^4 + O(x^6).$$

2. *(Multiplikation)* $f(x) = e^x \sin x, a = 0, n = 5.$

$$f(x) = \left(1 + x + \frac{x^2}{2} + \frac{x^3}{6} + O(x^4)\right)\left(x - \frac{x^3}{6} + O(x^5)\right) = x + x^2 + \frac{x^3}{3} + O(x^5)$$

3. *(Division)* a) mit Hilfe der geometrischen Reihe: $f(x) = \dfrac{x}{\arctan x}, a = 0, n = 6.$

$$f(x) = \frac{x}{x - \frac{x^3}{3} + \frac{x^5}{5} + O(x^7)} = \frac{1}{1 - \left(\frac{x^2}{3} - \frac{x^4}{5} + O(x^6)\right)} = \left[t = \frac{x^2}{3} - \frac{x^4}{5} + O(x^6)\right] =$$

$$= 1 + t + t^2 + O(t^3) = 1 + \frac{x^2}{3} - \frac{4x^4}{45} + O(x^6)$$

b) mit „Polynomdivision":

$$\begin{array}{l}
 1 + x^2/3 - 4x^4/45 + \ldots \\
x - x^3/3 + x^5/5 \ \Big|\ x \\
 -(x - x^3/3 + x^5/5) \\
 \overline{x^3/3 - x^5/5} \\
 -(x^3/3 - x^5/9 + x^7/15) \\
 \overline{-4x^5/45 - x^7/15} \\
 -(-4x^5/45 + \ldots)
\end{array}$$

c) Ansatz mit unbestimmten Koeffizienten und Koeffizientenvergleich.

4. *(Tayor-Reihe einsetzen)* $f(x) = \ln(\cos x), a = 0, n = 6.$

$$f(x) = \ln\left[1 + \left(-\frac{x^2}{2} + \frac{x^4}{24} + O(x^6)\right)\right] = \left[t = -\frac{x^2}{2} + \frac{x^4}{24} + O(x^6)\right] =$$

$$= t - \frac{t^2}{2} + O(t^3) = -\frac{x^2}{2} - \frac{x^4}{12} + O(x^6)$$

5. *(Umformungen)* (a) $f(x) = \sqrt{9 + x}, a = 0, n = 3.$

$$f(x) = 3\sqrt{1 + \frac{x}{9}} = 3\left(1 + \frac{1}{2} \cdot \frac{x}{9} - \frac{1}{8} \cdot \frac{x^2}{81} + O(x^3)\right) = 3 + \frac{x}{6} - \frac{x^2}{216} + O(x^3)$$

8.5 Taylor-Reihen

(b) $f(x) = e^{(x-1)^2}$, $a = 0$, $n = 3$.

$$f(x) = e^{x^2 - 2x + 1} = e \cdot e^{x^2 - 2x} = [t = x^2 - 2x] = e \cdot e^t =$$

$$= e\left(1 + t + \frac{t^2}{2} + O(t^3)\right) = e(1 - 2x + 3x^2) + O(x^3).$$

6. $f(x) = \tan x$, $a = \frac{\pi}{4}$, $n = 3$.

Methode 1

$$f\left(\frac{\pi}{4}\right) = 1, \ f'(x) = 1 + \tan^2 x, \ f'\left(\frac{\pi}{4}\right) = 2 \text{ etc. } f''\left(\frac{\pi}{4}\right) = 4,$$

$$\Rightarrow f(x) = 1 + 2\left(x - \frac{\pi}{4}\right) + 2\left(x - \frac{\pi}{4}\right)^2 + O\left[\left(x - \frac{\pi}{4}\right)^3\right].$$

Methode 2

$$f(x) = \left[x = \frac{\pi}{4} + t\right] = \tan\left(\frac{\pi}{4} + t\right) = \frac{1 + \tan t}{1 - \tan t} = \frac{1 + t + O(t^3)}{1 - (t + O(t^3))} =$$

$$= [\text{geom. Reihe}] = (1 + t + O(t^3))(1 + t + t^2 + O(t^3)) = 1 + 2t + 2t^2 + O(t^3).$$

7. (*Asymptotisches Verhalten*) $a_n = \sqrt[n]{n}$, $n \to \infty$

$$a_n = e^{\frac{1}{n}\ln n} \sim \left[\text{Beachte: } \frac{\ln n}{n} \to 0 \text{ mit } n \to \infty\right] \sim 1 + \frac{\ln n}{n} + \frac{\ln^2 n}{2n^2}$$

8. Differentiation und Integration von gegebenen Reihen, z.B.

$$\frac{1}{(1-x)^2} = \frac{d}{dx}\left[\frac{1}{1-x}\right] = \frac{d}{dx}(1 + x + x^2 + \ldots) = 1 + 2x + 3x^2 + \ldots$$

Reihenoperationen

Sei $s = a_1 x + a_2 x^2 + a_3 x^3 + \ldots$ und $t = b_0 + b_1 x + b_2 x^2 + \ldots$

$t =$	b_0	b_1	b_2	b_3	b_4
$\dfrac{1}{1-s}$	1	a_1	$a_2 + a_1 b_1$	$a_3 + a_2 b_1 + a_1 b_2$	$a_4 + a_3 b_1 + a_2 b_2 + a_1 b_3$
$(1+s)^{1/2}$	1	$\frac{1}{2}a_1$	$\frac{1}{2}a_2 - \frac{1}{8}a_1^2$	$\frac{1}{2}a_3 - \frac{1}{4}a_1 a_2 + \frac{1}{16}a_1^3$	$\frac{1}{2}a_4 - \frac{1}{4}a_1 a_3 - \frac{1}{8}a_2^2 + \frac{3}{16}a_1^2 a_2 - \frac{5}{128}a_1^4$
$(1+s)^{-1/2}$	1	$-\frac{1}{2}a_1$	$\frac{3}{8}a_1^2 - \frac{1}{2}a_2$	$\frac{3}{4}a_1 a_2 - \frac{1}{2}a_3 - \frac{5}{16}a_1^3$	$\frac{3}{4}a_1 a_3 + \frac{3}{8}a_2^2 - \frac{1}{2}a_4 - \frac{15}{16}a_1^2 a_2 + \frac{35}{128}a_1^4$
e^s	1	a_1	$a_2 + \frac{1}{2}a_1^2$	$a_3 + a_1 a_2 + \frac{1}{6}a_1^3$	$a_4 + a_1 a_3 + \frac{1}{2}a_2^2 + \frac{1}{2}a_1^2 a_2 + \frac{1}{24}a_1^4$
$\ln(1+s)$	0	a_1	$a_2 - \frac{1}{2}a_1^2$	$a_3 - a_1 a_2 + \frac{1}{3}a_1^3$	$a_4 - \frac{1}{2}a_2^2 - a_1 a_3 + a_1^2 a_2 - \frac{1}{4}a_1^4$
$\cos s$	1	0	$-\frac{1}{2}a_1^2$	$-a_1 a_2$	$-\frac{1}{2}a_2^2 - a_1 a_3 + \frac{1}{24}a_1^4$
$\sin s$	0	a_1	a_2	$a_3 - \frac{1}{6}a_1^3$	$a_4 - \frac{1}{2}a_1^2 a_2$

8.6 Spezielle Summen und Reihen

Euler-MacLaurin-Summationsformel (siehe 16.6).

Verschiedene Summen und Reihen

Arithmetische Reihe: $a_n = a_{n-1} + d = a_1 + (n-1)d$ (d = Differenz)

1. $\sum\limits_{k=1}^{n} a_k = \sum\limits_{k=1}^{n} [a_1 + (k-1)d] = \dfrac{n(a_1 + a_n)}{2} = \dfrac{n[2a_1 + (n-1)d]}{2}$

Geometrische Reihe: $a_n = a_{n-1} \cdot x = a_0 x^n$ (x = Quotient)

2. $\sum\limits_{k=0}^{n-1} ax^k = a + ax + \ldots + ax^{n-1} = a \cdot \dfrac{x^n - 1}{x - 1} = a \cdot \dfrac{1 - x^n}{1 - x}$ ($x \neq 1$)

3. $\sum\limits_{k=0}^{\infty} ax^k = a + ax + ax^2 + \ldots = \dfrac{a}{1 - x}$ ($-1 < x < 1$)

4. $\sum\limits_{k=1}^{\infty} k^m x^k = (1-x)^{-m-1} \sum\limits_{j=1}^{m} a_j^{(m)} x^j$ ($m = 1, 2, 3, \ldots$), $-1 < x < 1$

   $a_1^{(m)} = a_m^{(m)} = 1$, $a_j^{(m)} = j\, a_j^{(m-1)} + (m - j + 1)\, a_{j-1}^{(m-1)}$, $j = 2, \ldots, m-1$

Tafel der $a_j^{(m)}$

m \ j	1	2	3	4	5	6	7	8	9	10
1	1									
2	1	1								
3	1	4	1							
4	1	11	11	1						
5	1	26	66	26	1					
6	1	57	302	302	57	1				
7	1	120	1191	2416	1191	120	1			
8	1	247	4293	15619	15619	4293	247	1		
9	1	502	14608	88234	156190	88234	14608	502	1	
10	1	1013	47840	455192	1310354	1310354	455192	47840	1013	1

Z.B. $\sum\limits_{k=1}^{\infty} k^5 x^k = (1-x)^{-6}(x + 26x^2 + 66x^3 + 26x^4 + x^5)$

$\sum\limits_{k=1}^{\infty} kx^k = \dfrac{x}{(1-x)^2}$, $(-1 < x < 1)$

5. $\sum\limits_{k=1}^{\infty} \dfrac{x^k}{k} = -\ln(1-x)$ ($-1 \leq x < 1$)

8.6 Spezielle Summen und Reihen

Binomische Ausdrücke (vgl. 2.1)

6. $\sum_{k=0}^{n} \binom{n}{k} a^{n-k} b^k = (a+b)^n$

7. $\sum_{k=0}^{n} \binom{n}{k} = 2^n$

8. $\sum_{k=0}^{n} k \binom{n}{k} = n 2^{n-1}$

9. $\sum_{k=0}^{n} k^2 \binom{n}{k} = (n^2 + n) 2^{n-2}$

Potenzsummen

10. $\sum_{k=1}^{n} k = 1 + 2 + 3 + \ldots + n = \dfrac{n(n+1)}{2}$

11. $\sum_{k=1}^{n} k^2 = 1^2 + 2^2 + 3^2 + \ldots + n^2 = \dfrac{n(n+1)(2n+1)}{6}$

12. $\sum_{k=1}^{n} k^3 = 1^3 + 2^3 + 3^3 + \ldots + n^3 = \dfrac{n^2(n+1)^2}{4}$

13. $\sum_{k=1}^{n} k^m = \dfrac{n^{m+1}}{m+1} + \dfrac{n^m}{2} + \dfrac{1}{2}\binom{m}{1} B_2 n^{m-1} + \dfrac{1}{4}\binom{m}{3} B_4 n^{m-3} + \dfrac{1}{6}\binom{m}{5} B_6 n^{m-5} + \ldots$

(positive Potenzen von *n*), B_k sind die Bernoulli-Zahlen (vgl. 12.3)

Reihen mit reziproken Potenzen

14. $\sum_{k=1}^{n} \dfrac{1}{k} - \ln n \to \gamma \approx 0{,}5772$ mit $n \to \infty$ (γ = Euler-Konstante)

Partialsummen $H_n = 1 + \dfrac{1}{2} + \dfrac{1}{3} + \ldots + \dfrac{1}{n}$ *der harmonischen Reihe*

n	H_n
10	2,92896 82539 68253 96825 39683
100	5,18737 75176 39620 26080 51177
1000	7,48547 08605 50344 91265 65182
10000	9,78760 60360 44382 26417 84779
100000	12,09014 61298 63427 94736 32194
10^6	14,39272 67228 65723 63138 11275
10^7	16,69531 13658 59851 81539 91189
10^8	18,99789 64138 53898 32441 71104
10^9	21,30048 15023 47944 01668 51018

15.

$$S_m = \sum_{k=1}^{\infty} \frac{1}{k^m} = 1 + \frac{1}{2^m} + \frac{1}{3^m} + \frac{1}{4^m} + \ldots, \quad m \geq 2 \qquad S_{2n} = \frac{2^{2n-1} \pi^{2n}}{(2n)!} |B_{2n}|$$

$$T_m = \sum_{k=1}^{\infty} (-1)^{k-1} \frac{1}{k^m} = 1 - \frac{1}{2^m} + \frac{1}{3^m} - \frac{1}{4^m} + \ldots, \quad m \geq 1 \qquad T_m = \left(1 - \frac{1}{2^{m-1}}\right) S_m$$

$$U_m = \sum_{k=1}^{\infty} \frac{1}{(2k-1)^n} = 1 + \frac{1}{3^m} + \frac{1}{5^m} + \frac{1}{7^m} + \ldots, \quad m \geq 2 \qquad U_m = \left(1 - \frac{1}{2^m}\right) S_m$$

$$V_m = \sum_{k=1}^{\infty} (-1)^{k-1} \frac{1}{(2k-1)^n} = 1 - \frac{1}{3^m} + \frac{1}{5^m} - \frac{1}{7^m} + \ldots, \quad m \geq 1$$

$$V_{2n+1} = \frac{\pi^{2n+1}}{2^{2n+2}(2n)!} |E_{2n}|$$

(B_i = Bernoulli-Zahlen, E_i = Euler-Zahlen, vgl. 12.3)

Exakte Werte

$S_2 = \frac{\pi^2}{6}$ $\quad S_4 = \frac{\pi^4}{90}$ $\quad S_6 = \frac{\pi^6}{945}$ $\quad S_8 = \frac{\pi^8}{9450}$ $\quad S_{10} = \frac{\pi^{10}}{93555}$

$T_2 = \frac{\pi^2}{12}$ $\quad T_4 = \frac{7\pi^4}{720}$ $\quad T_6 = \frac{31\pi^6}{30240}$ $\quad T_8 = \frac{127\pi^8}{1209600}$ $\quad T_{10} = \frac{73\pi^{10}}{6842880}$

$U_2 = \frac{\pi^2}{8}$ $\quad U_4 = \frac{\pi^4}{96}$ $\quad U_6 = \frac{\pi^6}{960}$ $\quad U_8 = \frac{17\pi^8}{161280}$ $\quad U_{10} = \frac{31\pi^{10}}{2903040}$

$V_1 = \frac{\pi}{4}$ $\quad V_3 = \frac{\pi^3}{32}$ $\quad V_5 = \frac{5\pi^5}{1536}$ $\quad V_7 = \frac{61\pi^7}{184320}$ $\quad V_9 = \frac{277\pi^9}{8257536}$

Wertetabelle

m	S_m	T_m	U_m	V_m
1	∞	0,693 147 180 560	∞	0,785 398 163 397
2	1,644 934 066 848	0,822 467 033 424	1,233 700 550 136	0,915 965 594 177
3	1,202 056 903 160	0,901 542 677 370	1,051 799 790 265	0,968 946 146 259
4	1,082 323 233 711	0,947 032 829 497	1,014 678 031 604	0,988 944 551 741
5	1,036 927 755 143	0,972 119 770 447	1,004 523 762 795	0,996 157 828 077
6	1,017 343 061 984	0,985 551 091 297	1,001 447 076 641	0,998 685 222 218
7	1,008 349 277 382	0,992 593 819 923	1,000 471 548 652	0,999 554 507 891
8	1,004 077 356 198	0,996 233 001 853	1,000 155 179 025	0,999 849 990 247
9	1,002 008 392 826	0,998 094 297 542	1,000 051 345 184	0,999 949 684 187
10	1,000 994 575 128	0,999 039 507 598	1,000 017 041 363	0,999 983 164 026
11	1,000 494 188 604	0,999 517 143 498	1,000 005 666 051	0,999 994 374 974
12	1,000 246 086 553	0,999 757 685 144	1,000 001 885 849	0,999 998 122 351
13	1,000 122 713 348	0,999 878 542 763	1,000 000 628 055	0,999 999 373 584
14	1,000 061 248 135	0,999 939 170 346	1,000 000 209 241	0,999 999 791 087
15	1,000 030 588 236	0,999 969 551 213	1,000 000 069 725	0,999 999 930 341

Exponentialsummen

16. $\sum_{k=1}^{n} e^{kx} = e^x \cdot \dfrac{e^{nx}-1}{e^x-1} = \dfrac{\sinh\dfrac{nx}{2}}{\sinh\dfrac{x}{2}} e^{(n+1)x/2} \quad (x \neq 0)$

17. $\sum_{k=0}^{\infty} e^{-kx} = \dfrac{1}{1-e^{-x}} \quad (x > 0)$

18. $\sum_{k=1}^{n} e^{ikx} = e^{ix} \cdot \dfrac{1-e^{inx}}{1-e^{ix}} = \dfrac{\sin\dfrac{nx}{2}}{\sin\dfrac{x}{2}} \cdot e^{i(n+1)x/2} \quad (x \neq 2m\pi)$

Trigonometrische Summen

19. $\sum_{k=1}^{n} \sin kx = \operatorname{Im} \sum_{k=0}^{n} e^{ikx} = \dfrac{\sin\dfrac{nx}{2} \sin\dfrac{(n+1)x}{2}}{\sin\dfrac{x}{2}}$ (vgl. 18)

20. $\sum_{k=0}^{n} \cos kx = \operatorname{Re} \sum_{k=0}^{n} e^{ikx} = \dfrac{\cos\dfrac{nx}{2} \sin\dfrac{(n+1)x}{2}}{\sin\dfrac{x}{2}}$ (vgl. 18)

21. $\sum_{k=1}^{n-1} r^k \sin kx = \operatorname{Im} \sum_{k=0}^{n-1} (re^{ix})^k = \dfrac{r\sin x(1 - r^n \cos nx) - (1 - r\cos x)r^n \sin nx}{1 - 2r\cos x + r^2}$

22. $\sum_{k=0}^{n-1} r^k \cos kx = \operatorname{Re} \sum_{k=0}^{n-1} (re^{ix})^k = \dfrac{(1 - r\cos x)(1 - r^n \cos nx) + r^{n+1} \sin x \sin nx}{1 - 2r\cos x + r^2}$

23. $\sum_{k=1}^{n-1} \sin\dfrac{k\pi}{n} = \cot\dfrac{\pi}{2n}$

Einige spezielle Zahlen

24. $e = \sum_{k=0}^{\infty} \dfrac{1}{k!} = 2{,}7182818284\ldots$ (transzendent)

25. $\pi = 4 \arctan 1 = 4 \sum_{k=0}^{\infty} \dfrac{(-1)^k}{2k+1} = 3{,}1415926535\ldots$ (transzendent)

26. $\ln 2 = \sum_{k=1}^{\infty} \dfrac{(-1)^{k-1}}{k} = \sum_{k=1}^{\infty} \dfrac{1}{k \cdot 2^k} = 0{,}69315\ldots$ (transzendent)

27. $\gamma = \lim_{n \to \infty} \left(\sum_{k=1}^{n} \dfrac{1}{k} - \ln n \right) = 0{,}577215665\ldots$ (Euler-Konstante, irrational, transzendent?)

Tabelle von Potenzreihenentwicklungen

(Mitunter ist das Restglied $R_n(x)$ angegeben)
(B_n = Bernoulli-Zahlen, E_n = Euler-Zahlen, vgl. 12.3)

Funktion	Potenzreihenentwicklung	Konvergenz-intervall
	Algebraische Funktionen $\binom{\alpha}{n} = \dfrac{\alpha(\alpha-1)\ldots(\alpha-n+1)}{n!}$, α reelle Zahl	
$(1+x)^\alpha$	$1 + \alpha x + \dfrac{\alpha(\alpha-1)}{2!}x^2 + \dfrac{\alpha(\alpha-1)(\alpha-2)}{3!}x^3 + \ldots + \binom{\alpha}{n}x^n + \ldots$ $R_n(x) = \binom{\alpha}{n}(1+\theta x)^{\alpha-n}x^n,\ 0<\theta<1$	$-1 < x < 1$
$\dfrac{1}{1-x}$	$1 + x + x^2 + x^3 + \ldots + x^n + \ldots$	$-1 < x < 1$
$\dfrac{1}{1+x}$	$1 - x + x^2 - x^3 + \ldots + (-1)^n x^n + \ldots$	$-1 < x < 1$
$\dfrac{1}{a-bx}$	$\dfrac{1}{a}\left[1 + \dfrac{bx}{a} + \left(\dfrac{bx}{a}\right)^2 + \ldots + \left(\dfrac{bx}{a}\right)^n + \ldots\right]$ oder $-\dfrac{1}{bx}\left[1 + \dfrac{a}{bx} + \left(\dfrac{a}{bx}\right)^2 + \ldots + \left(\dfrac{a}{bx}\right)^n + \ldots\right]$	$\|x\| < \left\|\dfrac{a}{b}\right\|$ $\|x\| > \left\|\dfrac{a}{b}\right\|$
$\dfrac{1}{(1-x)^2}$	$1 + 2x + 3x^2 + \ldots + (n+1)x^n + \ldots$	$-1 < x < 1$
$\sqrt{1+x}$	$1 + \dfrac{x}{2} - \dfrac{x^2}{8} + \dfrac{x^3}{16} - \dfrac{5x^4}{128} + \ldots + \binom{1/2}{n}x^n + \ldots$	$-1 \leq x \leq 1$
$\dfrac{1}{\sqrt{1+x}}$	$1 - \dfrac{x}{2} + \dfrac{3x^2}{8} - \dfrac{5x^3}{16} + \dfrac{35x^4}{128} - \ldots + \binom{-1/2}{n}x^n + \ldots$	$-1 < x \leq 1$

Beachte: $n \notin \mathbf{N} \Rightarrow \left|\binom{\alpha}{n}\right| \sim C_\alpha n^{-\alpha-1}$ für $n \to \infty$ und C_α unabhängig von n, daher konvergiert die Reihe für $(1+x)^\alpha$ in $x=-1$ für $\alpha>0$. (Werte der Koeffizienten, siehe S. 195)

	Exponential-, hyperbolische, Logarithmus-, Area-Funktionen	
e^x	$1 + x + \dfrac{x^2}{2!} + \dfrac{x^3}{3!} + \ldots + \dfrac{x^n}{n!} + \ldots$ $R_n(x) = \dfrac{e^{\theta x}}{n!}x^n,\ 0<\theta<1$	$-\infty < x < \infty$
a^x	$1 + x\ln a + \dfrac{(x\ln a)^2}{2!} + \ldots + \dfrac{(x\ln a)^n}{n!} + \ldots$	$-\infty < x < \infty$

8.6 Spezielle Summen und Reihen

$\dfrac{1}{e^x-1}$	$\dfrac{1}{x} - \dfrac{1}{2} + \dfrac{x}{12} - \dfrac{x^3}{30\cdot 4!} + \ldots + \dfrac{B_{2n} x^{2n-1}}{(2n)!} + \ldots$	$-2\pi < x < 2\pi,\ x \neq 0$
$\sinh x$	$x + \dfrac{x^3}{3!} + \dfrac{x^5}{5!} + \ldots + \dfrac{x^{2n+1}}{(2n+1)!} + \ldots$	$-\infty < x < \infty$
$\cosh x$	$1 + \dfrac{x^2}{2!} + \dfrac{x^4}{4!} + \ldots + \dfrac{x^{2n}}{(2n)!} + \ldots$	$-\infty < x < \infty$
$\tanh x$	$x - \dfrac{x^3}{3} + \dfrac{2x^5}{15} - \dfrac{17 x^7}{315} + \ldots + \dfrac{2^{2n}(2^{2n}-1)}{(2n)!} B_{2n} x^{2n-1} + \ldots$	$-\dfrac{\pi}{2} < x < \dfrac{\pi}{2}$
$\coth x$	$\dfrac{1}{x} + \dfrac{x}{3} - \dfrac{x^3}{45} + \dfrac{2x^5}{945} + \ldots + \dfrac{2^{2n} B_{2n}}{(2n)!} x^{2n-1} + \ldots$	$-\pi < x < \pi,\ x \neq 0$
$\dfrac{1}{\sinh x}$	$\dfrac{1}{x} - \dfrac{x}{6} + \dfrac{7 x^3}{360} - \ldots - \dfrac{2^{2n}-2}{(2n)!} B_{2n} x^{2n-1} + \ldots$	$-\pi < x < \pi,\ x \neq 0$
$\dfrac{1}{\cosh x}$	$1 - \dfrac{x^2}{2} + \dfrac{5 x^4}{24} - \ldots + \dfrac{E_{2n}}{(2n)!} x^{2n} + \ldots$	$-\dfrac{\pi}{2} < x < \dfrac{\pi}{2}$
$\ln(1+x)$	$x - \dfrac{x^2}{2} + \dfrac{x^3}{3} - \dfrac{x^4}{4} + \ldots + (-1)^{n-1} \dfrac{x^n}{n} + \ldots$ $R_n(x) = \dfrac{(-1)^{n-1}}{1+\theta x} \cdot \dfrac{x^n}{n},\ 0 < \theta < 1$	$-1 < x \leq 1$
$\ln(a+x)$	$\ln a + \dfrac{x}{a} - \dfrac{1}{2}\left(\dfrac{x}{a}\right)^2 + \dfrac{1}{3}\left(\dfrac{x}{a}\right)^3 - \ldots + \dfrac{(-1)^{n-1}}{n}\left(\dfrac{x}{a}\right)^n + \ldots$	$-a < x \leq a$
$\ln(1+x)$	$\dfrac{x}{1+x} + \dfrac{1}{2}\left(\dfrac{x}{1+x}\right)^2 + \ldots + \dfrac{1}{n}\left(\dfrac{x}{1+x}\right)^n + \ldots$	$x > -\dfrac{1}{2}$
$\operatorname{arsinh} x$	$x - \dfrac{x^3}{6} + \dfrac{3 x^5}{40} - \ldots + (-1)^n \cdot \dfrac{(2n-1)!!}{(2n)!!} \dfrac{x^{2n+1}}{2n+1} + \ldots$	$-1 < x < 1$
$\operatorname{arcosh} x$	$\ln|2x| - \dfrac{1}{4 x^2} - \dfrac{3}{32 x^4} - \ldots - \dfrac{(2n-1)!!}{(2n)!!} \cdot \dfrac{1}{2n x^{2n}} - \ldots$	$|x| > 1$
$\operatorname{artanh} x$	$x + \dfrac{x^3}{3} + \dfrac{x^5}{5} + \ldots + \dfrac{x^{2n+1}}{2n+1} + \ldots$	$-1 < x < 1$
$\operatorname{arcoth} x$	$\dfrac{1}{x} + \dfrac{1}{3 x^3} + \dfrac{1}{5 x^5} + \ldots + \dfrac{1}{(2n+1) x^{2n+1}} + \ldots$	$|x| > 1$

	Trigonometrische Funktionen und Arcusfunktionen	
$\sin x$	$x - \dfrac{x^3}{3!} + \dfrac{x^5}{5!} - \dfrac{x^7}{7!} + \ldots + (-1)^n \dfrac{x^{2n+1}}{(2n+1)!} + \ldots$ $R_{2n+1}(x) = (-1)^n \dfrac{\cos \theta x}{(2n+1)!} x^{2n+1},\ 0 < \theta < 1$	$-\infty < x < \infty$

$\cos x$	$1 - \dfrac{x^2}{2!} + \dfrac{x^4}{4!} - \dfrac{x^6}{6!} + \ldots + (-1)^n \dfrac{x^{2n}}{(2n)!} + \ldots$ $R_{2n}(x) = (-1)^n \dfrac{\cos\theta x}{(2n)!} x^{2n},\ 0<\theta<1$	$-\infty < x < \infty$
$\tan x$	$x + \dfrac{x^3}{3} + \dfrac{2x^5}{15} + \dfrac{17x^7}{315} + \ldots + (-1)^{n-1} \dfrac{2^{2n}(2^{2n}-1)}{(2n)!} B_{2n} x^{2n-1} + \ldots$	$-\dfrac{\pi}{2} < x < \dfrac{\pi}{2}$
$\cot x$	$\dfrac{1}{x} - \dfrac{x}{3} - \dfrac{x^3}{45} - \dfrac{2x^5}{945} - \ldots + (-1)^n \dfrac{2^{2n}}{(2n)!} B_{2n} x^{2n-1} + \ldots$	$-\pi < x < \pi,$ $x \neq 0$
$\sec x = \dfrac{1}{\cos x}$	$1 + \dfrac{x^2}{2!} + \dfrac{5x^4}{4!} + \dfrac{61x^6}{6!} + \ldots + (-1)^n \dfrac{E_{2n}}{(2n)!} x^{2n} + \ldots$	$-\dfrac{\pi}{2} < x < \dfrac{\pi}{2}$
$\csc x = \dfrac{1}{\sin x}$	$\dfrac{1}{x} + \dfrac{x}{3!} + \dfrac{7x^3}{3 \cdot 5!} + \dfrac{31x^5}{3 \cdot 7!} + \ldots + (-1)^{n-1} \dfrac{2^{2n}-2}{(2n)!} B_{2n} x^{2n-1} + \ldots$	$-\pi < x < \pi,$ $x \neq 0$
$\arcsin x$	$x + \dfrac{x^3}{6} + \dfrac{3x^5}{40} + \ldots + \dfrac{(2n-1)!!}{(2n)!!} \cdot \dfrac{x^{2n+1}}{2n+1} + \ldots$	$-1 < x < 1$
$\arctan x$	$x - \dfrac{x^3}{3} + \dfrac{x^5}{5} - \dfrac{x^7}{7} + \ldots + (-1)^n \dfrac{x^{2n+1}}{2n+1} + \ldots$ $R_{2n+1}(x) = (-1)^n \dfrac{1}{1+\theta^2 x^2} \cdot \dfrac{x^{2n+1}}{2n+1},\ 0<\theta<1$	$-1 \leq x \leq 1$
$\arccos x$	$= \dfrac{\pi}{2} - \arcsin x$	
$\arccot x$	$= \dfrac{\pi}{2} - \arctan x$	

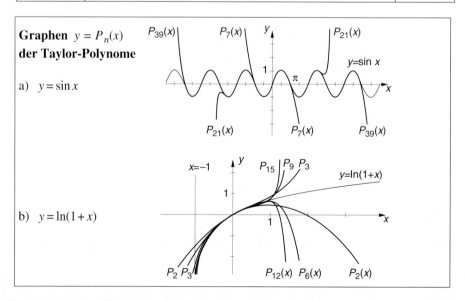

Graphen $y = P_n(x)$ **der Taylor-Polynome**

a) $y = \sin x$

b) $y = \ln(1+x)$

8.6 Spezielle Summen und Reihen

Binomialkoeffizienten $\binom{a}{k}$ **für gebrochenes** a

a \ k	0	1	2	3	4	5	6
1/2	1	1/2	−1/8	1/16	−5/128	7/256	−21/1024
−1/2	1	−1/2	3/8	−5/16	35/128	−63/256	231/1024
3/2	1	3/2	3/8	−1/16	3/128	−3/256	7/1024
−3/2	1	−3/2	15/8	−35/16	315/128	−693/256	3003/1024
5/2	1	5/2	15/8	5/16	−5/128	3/256	−5/1024
−5/2	1	−5/2	35/8	−105/16	1155/128	−3003/256	15015/1024
1/3	1	1/3	−1/9	5/81	−10/243	22/729	−154/6561
−1/3	1	−1/3	2/9	−14/81	35/243	−91/729	728/6561
2/3	1	2/3	−1/9	4/81	−7/243	14/729	−91/6561
−2/3	1	−2/3	5/9	−40/81	110/243	−308/729	2618/6561
4/3	1	4/3	2/9	−4/81	5/243	−8/729	44/6561
−4/3	1	−4/3	14/9	−140/81	455/243	−1456/729	13832/6561
5/3	1	5/3	5/9	−5/81	5/243	−7/729	35/6561
−5/3	1	−5/3	20/9	−220/81	770/243	−2618/729	26180/6561
1/4	1	1/4	−3/32	7/128	−77/2048	231/8192	−1463/65536
−1/4	1	−1/4	5/32	−15/128	195/2048	−663/8192	4641/65536
3/4	1	3/4	−3/32	5/128	−45/2048	117/8192	−663/65536
−3/4	1	−3/4	21/32	−77/128	1155/2048	−4389/8192	33649/65536
1/5	1	1/5	−2/25	6/125	−21/625	399/15625	−1596/78125
−1/5	1	−1/5	3/25	−11/125	44/625	−924/15625	4004/78125
1/6	1	1/6	−5/72	55/1296	−935/31104	4301/186624	−124729/6718464
1/7	1	1/7	−3/49	13/343	−65/2401	351/16807	−1989/117649
1/8	1	1/8	−7/128	35/1024	−805/32768	4991/262144	−64883/4194304
1/9	1	1/9	−4/81	68/2187	−442/19683	3094/177147	−68068/4782969
1/10	1	1/10	−9/200	57/2000	−1653/80000	64467/4000000	−1052961/80000000

a \ k	7	8	9
1/2	33/2048	−429/32768	715/65536
−1/2	−429/2048	6435/32768	−12155/65536
3/2	−9/2048	99/32768	−143/65536
−3/2	−6435/2048	109395/32768	−230945/65536
5/2	5/2048	−45/32768	55/65536
−5/2	−36465/2048	692835/32768	−1616615/65536
1/3	374/19683	−935/59049	21505/1594323
−1/3	−1976/19683	5434/59049	−135850/1594323
2/3	208/19683	−494/59049	10868/1594323
−2/3	−7480/19683	21505/59049	−559130/1594323
4/3	−88/19683	187/59049	−3740/1594323
−4/3	−43472/19683	135850/59049	−3803800/1594323
5/3	−65/19683	130/59049	−2470/1594323
−5/3	−86020/19683	279565/59049	−8107385/1594323
1/4	4807/262144	−129789/8388608	447051/33554432
−1/4	−16575/262144	480675/8388608	−1762475/33554432
3/4	1989/262144	−49725/8388608	160225/33554432
−3/4	−129789/262144	4023459/8388608	−15646785/33554432
1/5	6612/39065	−28101/1953125	121771/9765625
−1/5	−17732/390625	79794/1953125	−363506/9765625
1/6	623645/40310784	−25569445/1934917632	1201763915/104485552128
1/7	81549/5764801	−489294/40353607	2990130/282475249
1/8	435643/33554432	−23960365/2147483648	167722555/17179869184
1/9	515372/43046721	−3994133/387420489	283583443/31381059609
1/10	8874957/800000000	−612372033/64000000000	5375265623/64000000000

9 Gewöhnliche Differentialgleichungen (DGLn)

9.1 Allgemeine Grundlagen

Terminologie

Gewöhnliche Differentialgleichung (DGL) nennt man eine Gleichung, in der eine unbekannte Funktion einer Variablen mit ihren Ableitungen vorkommt.

Ordnung der DGL ist die Ordnung der höchsten vorkommenden Ableitung der unbekannten Funktion.

Explizite DGL n-ter Ordnung für die Funktion $y = y(x)$ ist

(9.1) $\quad y^{(n)} = f(x, y, y', \ldots, y^{(n-1)})$, $\quad x \in I \subseteq \mathbf{R}$, $(y, y', \ldots, y^{(n-1)}) \in B \subseteq \mathbf{R}^n$,

mit der *allgemeinen Lösung*

(9.2) $\quad y = y(x, C_1, C_2, \ldots, C_n)$, $\quad x \in I^* \subseteq I$,

wobei die C_i willkürliche (und unabhängige) Konstante sind.

Partikuläre (spezielle) Lösungen von (9.1) ergeben sich aus (9.2) durch spezielle Wahlen der n Konstanten.

Die Konstanten C_i in (9.2) lassen sich i. allg. eindeutig bestimmen aus

(i) n Anfangswerten $y(x_0) = a_0$, $y'(x_0) = a_1$, $\ldots$, $y^{(n-1)}(x_0) = a_{n-1}$ (*Anfangswertproblem*)

oder

(ii) n Randwerten von $y(x)$ und seinen Ableitungen an zwei verschiedenen Punkten x_1, x_2 (*Randwertproblem*).

Eine *lineare* DGL n-ter Ordnung hat die Gestalt

(9.3) $\quad L[y] = a_n(x) y^{(n)} + a_{n-1}(x) y^{(n-1)} + \ldots + a_0(x) y = g(x)$.

Gemeinsamer Definitionsbereich der $a_i(x)$ und $g(x)$ sei das Intervall I. Die DGL (9.3) heißt

(i) *homogen*, wenn $g(x) = 0$ auf I,
(ii) *inhomogen*, wenn $g(x)$ auf I nicht identisch verschwindet.

Linearer Differentialoperator n. Ordnung: $D = a_n(x) D^n + a_{n-1}(x) D^{n-1} + \ldots + a_0(x)$, $D = \dfrac{d}{dx}$.

Ein *DGL-System* 1. Ordnung im $\mathbf{R}^n$ hat die Gestalt

(9.4) $\quad \mathbf{y}' = \mathbf{f}(x, \mathbf{y}) \quad \text{mit} \quad \mathbf{y} = \begin{bmatrix} y_1 \\ \ldots \\ y_2 \end{bmatrix} \quad \text{und} \quad \mathbf{f}(x, \mathbf{y}) = \begin{bmatrix} f_1(x, y_1, \ldots, y_n) \\ \ldots \\ f_n(x, y_1, \ldots, y_n) \end{bmatrix}$.

(9.1), (9.4) heißen *autonom*, wenn die unabhängige Variable x nicht explizit vorkommt:

(9.5) $\quad y^{(n)} = f(y, y', \ldots, y^{(n-1)})$
(9.6) $\quad \mathbf{y}' = \mathbf{f}(\mathbf{y})$.

Grundprinzipien

Äquivalentes DGL-System

$y(x)$ Lösung von (9.1) $\Leftrightarrow$ $\mathbf{y}(x) = (y(x), y'(x), \ldots, y^{(n-1)}(x))$ ist Lösung des DGL-Systems $y_1' = y_2,\quad y_2' = y_3,\quad \ldots,\quad y_n' = f(x, y_1, \ldots, y_n)$

Existenz- und Eindeutigkeitssatz

(9.7) $\quad \begin{cases} \mathbf{y}'(x) = \mathbf{f}(x, \mathbf{y}) \\ \mathbf{y}(x_0) = \mathbf{y}_0 \end{cases}$ (*Cauchy-Problem*)

(*i*) $\quad f_i(x, \mathbf{y})$ stetig und $|f_i(x, \mathbf{y})| < B$ in $D = \{(x, \mathbf{y})\,;\ |x - x_0| \le a,\ |y_i - y_{0,i}| \le b\} \subset \mathbf{R}^{n+1}$,

(*ii*) $\quad f_i(x, \mathbf{y})$ erfüllt bzgl. $\mathbf{y}$ eine (gleichmäßige) Lipschitz-Bedingung auf D, d.h.
$$|f_i(x, \mathbf{y}) - f_i(x, \bar{\mathbf{y}})| < c\,|\mathbf{y} - \bar{\mathbf{y}}| \quad (c = \text{konstant}), \text{ dann gilt}$$

1. im Intervall $|x - x_0| < d := \min(a, b/B)$ gibt es genau eine Lösung $\mathbf{y}(x)$ von (9.7),

2. für zwei Lösungen $\mathbf{y}_1$ und $\mathbf{y}_2$ von $\mathbf{y}'(x) = \mathbf{f}(x, \mathbf{y})$ gilt für $|x - x_0| < d$
$$|\mathbf{y}_1(x) - \mathbf{y}_2(x)| \le |\mathbf{y}_1(x_0) - \mathbf{y}_2(x_0)|\,e^{|x - x_0|}.$$

Lineare DGL-Systeme

(9.8) $\quad \mathbf{y}'(x) = A(x)\mathbf{y}(x) + \mathbf{g}(x) \quad$ ($n \times n$-Matrix $A(x)$ und Vektor $\mathbf{g}(x)$ stetig auf I)

Zugehöriges homogenes DGL-System ist

(9.9) $\quad \mathbf{y}'(x) = A(x)\mathbf{y}(x)$.

Fundamentalsystem (*Lösungsbasis*) von (9.9) sind n Lösungen $\mathbf{y}_1(x), \ldots, \mathbf{y}_n(x)$ von (9.9), die für jedes $x \in I$ linear unabhängig sind.

Fundamentalmatrix $\quad Y(x) = [\mathbf{y}_1(x), \ldots, \mathbf{y}_n(x)]$.

Wronski-Determinante $\quad W(x) = \det Y(x)$.

1. *Existenz.* Die Lösungen von (9.8) und (9.9) sind alle auf ganz I definiert.

2. *Superpositionsprinzip.* $\mathbf{y}_1'(x) = A(x)\mathbf{y}_1(x) + \mathbf{g}_1(x)$ und $\mathbf{y}_2'(x) = A(x)\mathbf{y}_2(x) + \mathbf{g}_2(x) \Rightarrow$
$\mathbf{y}(x) = \alpha\mathbf{y}_2(x) + \beta\mathbf{y}_1(x)$ ist Lösung von $\mathbf{y}'(x) = A(x)\mathbf{y}(x) + [\alpha\mathbf{g}_1(x) + \beta\mathbf{g}_2(x)]$, $\alpha, \beta \in \mathbf{R}$.

3. *Struktursatz.* Die Lösungen von (9.9) bilden einen Vektorraum der Dimension n.

4. $Y(x)$ Fundamentalmatrix von (9.9) $\Leftrightarrow Y'(x) = A(x)Y(x)$ und $W(x_0) \ne 0$ für ein $x_0 \in I$.

5. *Liouville-Formel.* $\quad W(x) = W(x_0)\exp\left(\int_{x_0}^{x} \operatorname{Spur} A(t)\,dt\right)$.

6. $Y(x)$ Fundamentalmatrix von (9.9) $\Rightarrow$ allgemeine Lösung von (9.8) ist
$$\mathbf{y}(x) = Y(x)\mathbf{C} + Y(x)\int_{x_0}^{x} Y^{-1}(t)\mathbf{g}(t)\,dt,\quad \mathbf{C} = \text{beliebiger konstanter Vektor}$$

7. $A(x) = A$ (konstant) $\Rightarrow$ allgemeine Lösung von (9.8) ist
$$\mathbf{y}(x) = e^{Ax}\mathbf{C} + e^{Ax}\int_{x_0}^{x} e^{-At}\mathbf{g}(t)\,dt \quad \text{(vgl. 9.4)}$$

Lineare DGLn höherer Ordnung

(9.10) $\quad L[y] = a_n(x)y^{(n)} + a_{n-1}(x)y^{(n-1)} + \ldots + a_0(x)y = g(x)$

Auf dem Intervall I sollen die $a_k(x)$ und die rechte Seite $g(x)$ stetig sein und $a_n(x) \neq 0$.
Die zugehörige homogene DGL lautet

(9.11) $\quad L[y] = a_n(x)y^{(n)} + a_{n-1}(x)y^{(n-1)} + \ldots + a_0(x)y = 0$.

n Lösungen $y_1(x), \ldots, y_n(x)$ von (9.11) bilden ein *Fundamentalsystem* von (9.11) (eine *Lösungsbasis*), wenn sie linear unabhängig sind, d.h. wenn die

Wronski-Determinante $W(x) = \det \begin{bmatrix} y_1 & y_2 & \ldots & y_n \\ y_1' & y_2' & \ldots & y_n' \\ \ldots & \ldots & \ldots & \ldots \\ y_1^{(n-1)} & y_2^{(n-1)} & \ldots & y_n^{(n-1)} \end{bmatrix} \neq 0$ für alle $x \in I$.

---

1. *Existenz.* Die Lösungen von (9.10), (9.11) existieren für alle $x \in I$.
2. *Superpositionsprinzip.* $L[y_1] = g_1(x)$ und $L[y_2] = g_2(x) \Rightarrow y(x) = \alpha y_2(x) + \beta y_1(x)$ ist Lösung von $L[y] = \alpha g_1(x) + \beta g_2(x)$ für jedes $\alpha, \beta \in \mathbf{R}$.
3. *Struktursatz* 1. Die Lösungen von (9.11) bilden einen n-dimensionalen Vektorraum.
4. $y_1(x), \ldots, y_n(x)$ ist Fundamentalsystem von (9.11) $\Leftrightarrow$
   $L[y_1] = \ldots = L[y_n] = 0$ und $W(x_0) \neq 0$ für ein $x_0 \in I$.
5. *Liouville-Formel.* $W(x) = W(x_0) \exp\left(-\int_{x_0}^{x} \frac{a_{n-1}(t)}{a_n(t)} dt\right)$.
6. *Struktursatz* 2. Allgemeine Lösung von (9.10) ist $y(x) = y_p(x) + y_h(x)$, wobei $y_h(x)$ die allgemeine Lösung von (9.11) und $y_p(x)$ eine spezielle Lösung von (9.10) ist.
7. *Komplexifizierung.* Sind die $a_k(x)$ alle reell und ist $y(x)$ eine komplexe Lösung von (9.11), so sind auch $\operatorname{Re} y(x)$ und $\operatorname{Im} y(x)$ Lösungen von (9.11).
8. *Reduktion der Ordnung.* Ist $\varphi(x)$ eine Lösung von (9.11), dann führt der *Ansatz* $y(x) = c(x)\varphi(x)$ in (9.11) auf eine lineare homogene DGL $(n-1)$-ter Ordnung für $c'(x)$.

Beispiel
$\qquad y''' + 3y'' + 3y' + y = 0$, spezielle Lösung ist $\varphi(x) = e^{-x}$.
Ansatz $y(x) = c(x)\,e^{-x} \Rightarrow y' = (c'-c)e^{-x}$, $y'' = (c''-2c'+c)e^{-x}$, $y''' = (c'''-3c''+3c'-c)e^{-x}$.
In die DGL eingesetzt $\Rightarrow c'''e^{-x} = 0 \Rightarrow c(x) = C_1 x^2 + C_2 x + C_3$.

9.2 Differentialgleichungen 1. Ordnung

Spezielle Typen	Lösung oder Lösungsmethode
1. $y' = f(x)$	$y = \int f(x)\,dx + C$
2. $f(y)\dfrac{dy}{dx} = g(x)$ (*trennbare DGL*)	$\Leftrightarrow f(y)dy = g(x)dx; \int f(y)dy = \int g(x)dx + C;$ $F(y) = G(x) + C$ (Trennbarkeitstest: $f(x, y) = g(x)h(y) \Leftrightarrow f f''_{xy} = f'_x f'_y$)
3. $y' + a(x)y = f(x)$ (*lineare DGL*)	$y(x) = e^{-A(x)}(\int e^{A(x)} f(x)\,dx + C)$, wobei $A(x) = \int a(x)\,dx$

Spezielle rechte Seiten für $y' - ay = f(x)$	
Rechte Seite $f(x)$	Allgemeine Lösung $y(x)$
$P(x)$, Polynom vom Grad n	$-\dfrac{P(x)}{a} - \dfrac{P'(x)}{a^2} - \ldots - \dfrac{P^{(n)}(x)}{a^{n+1}} + Ce^{ax}$
Ae^{kx}	$\dfrac{Ae^{kx}}{k-a} + Ce^{ax}, k \neq a$ $(Ax + C)e^{ax}, k = a$
$A\cos\omega x + B\sin\omega x$	$-\dfrac{Aa + B\omega}{a^2 + \omega^2}\cos\omega x + \dfrac{A\omega - Ba}{a^2 + \omega^2}\sin\omega x + Ce^{ax}$
$e^{kx}(A\cos\omega x + B\sin\omega x)$ $\alpha = k - a$	$(\alpha^2 + \omega^2)^{-1} e^{kx}[(A\alpha - B\omega)\cos\omega x + (B\alpha + A\omega)\sin\omega x] + Ce^{ax}$
$A\delta(x - c)$	$Ae^{a(x-c)}\theta(x-c) + Ce^{ax}$ [$\delta(x)$ und $\theta(x)$, siehe 12.6]

4. $y' + yf(x) = y^a g(x)$ ($a \neq 0, a \neq 1$) (*Bernoulli-Gleichung*)	Substitution $z = y^{1-a}$, $z' = (1-a)y^{-a} \cdot y'$, ergibt DGL vom Typ 3: $z' + (1-a)z f(x) = (1-a)g(x)$.
5. $y' = f\left(\dfrac{y}{x}\right)$	Substitution $y = xz$, $y' = xz' + z$, ergibt DGL vom Typ 2: $\dfrac{dz}{f(z) - z} = \dfrac{dx}{x}$.
6. $y' = f(ax + by)$	Substitution $z = ax + by$, $\dfrac{dz}{dx} = a + b\dfrac{dy}{dx}$, ergibt DGL vom Typ 2.
7. $y' = f\left(\dfrac{ax + by + c}{px + qy + r}\right)$	(*i*) $c = r = 0$: Typ 5. (*ii*) $aq = bp$: Typ 6. (*iii*) Subst. $x = u + \alpha$, $y = v + \beta$, $\dfrac{dy}{dx} = \dfrac{dv}{du}$, wobei α, β Lösung von $\begin{cases} a\alpha + b\beta + c = 0 \\ p\alpha + q\beta + r = 0 \end{cases}$ ergibt DGL vom Typ 5 in u und v.

8. $\dfrac{dy}{dx} = -\dfrac{P(x,y)}{Q(x,y)}$ $\Leftrightarrow$ $P(x,y)dx + Q(x,y)dy = 0$ mit $P_y = Q_x$ (*Exakte DGL*)	Es gibt $F(x,y)$, so daß $F_x = P$, $F_y = Q$. $F(x,y)$ aus diesen Gleichungen durch Integration bestimmen. Allgemeine Lösung: $F(x,y) = C$.

Beispiele

Typ 2. $(x^2+1)\dfrac{dy}{dx} - xy = 0;\ \int \dfrac{dy}{y} = \int \dfrac{x\,dx}{x^2+1};\ \ln|y| = \dfrac{1}{2}\ln(x^2+1) + C_1;$

$|y| = C_2\sqrt{x^2+1},\ y = C\sqrt{x^2+1}$

Typ 3. $y' + \dfrac{3}{x}y = x\ (x > 0),\ F(x) = \int \dfrac{3}{x}dx = 3\ln x\ \Rightarrow\ e^{F(x)} = x^3$

$y(x) = \dfrac{1}{x^3}(\int x^3 \cdot x\,dx + C) = \dfrac{x^2}{5} + \dfrac{C}{x^3}$

Typ 7. $y' = \dfrac{4x+5y+1}{1-5x-4y}$. Subst. $x = u+1,\ y = v(u)-1 \Rightarrow v' = -\dfrac{4u+5v}{5u+4v}$.

Subst. $v = uz(u) \Rightarrow uz' = -\dfrac{5+4z}{4z^2+10z+4} \Rightarrow (2y+x+1)(y+2x-1) = C$

Typ 8. $P\,dx + Q\,dy = (4x^3+2xy+y^2)dx + (x^2+2xy-4y^3)dy = 0,$

$P_y = Q_x = 2x+2y \Rightarrow$ exakt. $F_x = P \Rightarrow F = x^4+x^2y+xy^2+\varphi(y) \Rightarrow$

$F_y = x^2+2xy+\varphi'(y) = Q \Rightarrow \varphi'(y) = -4y^3 \Rightarrow \varphi(y) = -y^4+C$

Lösung: $x^4+x^2y+xy^2-y^4 = C$

9.3 Differentialgleichungen 2. Ordnung

Spezielle Typen	Lösung oder Lösungsmethode
1. $y'' = f(x, y')$	Substitution $z = y'$ ergibt DGL 1.Ordg. für z: $z' = f(x, z)$
2. $y'' = f(y, y')$ (*autonome DGL*, vgl. 9.5)	Substitution $p = \dfrac{dy}{dx},\ \dfrac{d^2y}{dx^2} = p \cdot \dfrac{dp}{dy}$, ergibt eine DGL 1.Ordg. für $p(y)$: $p\dfrac{dp}{dy} - f(y,p) = 0$. Ist $p(y)$ hieraus berechnet, dann stellt $\dfrac{dy}{dx} = p(y)$ eine trennbare DGL für $y(x)$ dar.

9.3 Differentialgleichungen 2. Ordnung

Spezielle Typen	Lösung oder Lösungsmethode
3. $y'' + f(x)y' + g(x)y = R(x)$	(*Variation der Konstanten*) Ist $\varphi(x)$ spezielle Lösung der homogenen DGL $$y'' + f(x)y' + g(x)y = 0,$$ dann führt der Ansatz $y = z\varphi(x)$ auf eine DGL 1.Ordg für $z'(x)$: $\varphi z'' + (2\varphi' + f\varphi)z' = R$.
4. $y'' + ay' + by = 0$ (a, b reelle Konstante) *Charakteristische Gleichung:* (∗) $r^2 + ar + b = 0$	r_1, r_2 sind die Wurzeln von (∗). (i) $r_1 \neq r_2$ reell: $y = C_1 e^{r_1 x} + C_2 e^{r_2 x}$ (ii) $r = r_1 = r_2$: $y = (C_1 x + C_2) e^{rx}$ (iii) $r_1 = \alpha + i\beta$, $r_2 = \alpha - i\beta$, $\beta \neq 0$: $\quad y = e^{\alpha x}(C_1 \cos \beta x + C_2 \sin \beta x) = e^{\alpha x} C \cos(\beta x + \theta)$
5. $y'' + ay' + by = R(x)$ (a, b reelle Konstante) (r_1, r_2 wie in Typ 4)	$y_p + y_h =$ (spezielle Lösung der inhomogenen DGL) + $\qquad\qquad$ + (allgemeine Lösung der homogenen DGL) (i) $y_p = \dfrac{1}{r_1 - r_2} [e^{r_1 x} \int e^{-r_1 x} R(x) dx - e^{r_2 x} \int e^{-r_2 x} R(x) dx]$ (ii) $y_p = xe^{rx} \int e^{-rx} R(x) dx - e^{rx} \int x e^{-rx} R(x) dx$ (iii) $y_p = \dfrac{1}{\beta} e^{\alpha x}[\sin \beta x \int e^{-\alpha x} \cos \beta x \, R(x) dx -$ $\qquad\qquad - \cos \beta x \int e^{-\alpha x} \sin \beta x \, R(x) dx]$

Spezielle rechte Seiten

$y'' + ay' + by = P(x)$, $P(x)$ Polynom vom Grad n	
Bedingung	$y_p(x) =$
$b \neq 0$	$\dfrac{1}{b}\left[P(x) - \dfrac{a}{b}P'(x) + \dfrac{a^2 - b}{b^2}P''(x) - \dfrac{a^3 - 2ab}{b^3}P'''(x) + \ldots + \right.$ $\left. + (-1)^n \dfrac{a^n - \binom{n-1}{1}a^{n-2}b + \binom{n-2}{2}a^{n-4}b^2 - \ldots}{b^n} P^{(n)}(x)\right]$
$a \neq 0$, $b = 0$	$\dfrac{1}{a}\left[\int P(x)dx - \dfrac{P(x)}{a} + \dfrac{P'(x)}{a^2} - \dfrac{P''(x)}{a^3} + \ldots + (-1)^n \dfrac{P^{(n-1)}(x)}{a^n}\right]$

$y'' + ay' + by = Ae^{kx}$	
Bedingung	$y_p(x) =$
$k^2 + ak + b \neq 0$, d.h. k ist *keine* charakteristische Wurzel	$\dfrac{Ae^{kx}}{k^2 + ak + b}$
$k^2 + ak + b = 0$, $2k + a \neq 0$ d.h. k ist *einfache* charakteristische Wurzel	$\dfrac{Axe^{kx}}{2k + a}$
$k^2 + ak + b = 0$, $2k + a = 0$ d.h. k ist *doppelte* charakteristische Wurzel	$\dfrac{Ax^2 e^{kx}}{2}$

$y'' + ay' + by = A \sin \omega x$	
Bedingung	$y_p(x) =$
$a \neq 0$ oder $b \neq \omega^2$	$A \dfrac{(b - \omega^2)\sin \omega x - a\omega \cos \omega x}{(b - \omega^2)^2 + a^2 \omega^2}$
$a = 0$ und $b = \omega^2$ d.h. die DGL ist $y'' + \omega^2 y = A \sin \omega x$	$-\dfrac{Ax}{2\omega} \cos \omega x$

$y'' + ay' + by = A \cos \omega x$	
Bedingung	$y_p(x) =$
$a \neq 0$ oder $b \neq \omega^2$	$A \dfrac{(b - \omega^2)\cos \omega x + a\omega \sin \omega x}{(b - \omega^2)^2 + a^2 \omega^2}$
$a = 0$ und $b = \omega^2$ d.h. die DGL ist $y'' + \omega^2 y = A \cos \omega x$	$\dfrac{Ax}{2\omega} \sin \omega x$

$y'' + ay' + by = Ae^{kx} \sin \omega x$	
Bedingung	$y_p(x) =$
$a \neq -2k$ oder $b \neq k^2 + \omega^2$: Setze $P = b + ak + k^2 - \omega^2$ und $Q = (a + 2k)\omega$	$Ae^{kx} \dfrac{P \sin \omega x - Q \cos \omega x}{P^2 + Q^2}$
$a = -2k$ und $b = k^2 + \omega^2$, d.h. die DGL ist $y'' - 2ky' + (k^2 + \omega^2)y = Ae^{kx} \sin \omega x$	$-\dfrac{Ax}{2\omega} e^{kx} \cos \omega x$

9.3 Differentialgleichungen 2. Ordnung

$y'' + ay' + by = A\, e^{kx} \cos \omega x$	
Bedingung	$y_p(x) =$
$a \neq -2k$ or $b \neq k^2 + \omega^2$: Setze $P = b + ak + k^2 - \omega^2$, $Q = (a + 2k)\omega$	$Ae^{kx} \dfrac{P \cos \omega x + Q \sin \omega x}{P^2 + Q^2}$
$a = -2k$ and $b = k^2 + \omega^2$, d.h. die DGL ist $y'' - 2ky' + (k^2 + \omega^2)y = Ae^{kx} \cos \omega x$	$\dfrac{Ax}{2\omega} e^{kx} \sin \omega x$

$y'' + ay' + by = A\, \delta(x-c)$	
Charakteristische Wurzeln:	$y_p(x) =$
$r_1 \neq r_2$ reell	$\dfrac{A}{r_1 - r_2} (e^{r_1(x-c)} - e^{r_2(x-c)}) \theta(x-c)$
$r_1 = r_2 = r$ reell	$A(x-c) e^{r(x-c)} \theta(x-c)$
$r = \alpha \pm i\beta$, $\beta \neq 0$	$\dfrac{A}{\beta} e^{\alpha(x-c)} \sin(\beta(x-c)) \theta(x-c)$

6. $x^2 y'' + axy' + by = R(x)$ a, b Konstante, $x > 0$ (Euler-DGL)	Die Substitution $x = e^t$ ergibt eine DGL vom Typ 5: $\dfrac{d^2 y}{dt^2} + (a-1) \dfrac{dy}{dt} + by = R(e^t)$.

Weitere Beispiele von DGLn 2. Ordnung findet man in Kapitel 12.

Lösung durch Potenzreihenentwicklung

7. *Hypergeometrische DGL (Gauß)*

$$x(1-x)y'' - [(a+b+1)x - c] y' - aby = 0 \quad (a, b, c \text{ Konstante})$$

Potenzreihenentwicklung für $|x| < 1$: $y = C_1 y_1 + C_2 y_2$, wobei

$$y_1 = F(a, b, c, x) = 1 + \frac{ab}{c} \cdot \frac{x}{1!} + \frac{a(a+1)\, b(b+1)}{c(c+1)} \cdot \frac{x^2}{2!} + \ldots$$

$$y_2 = x^{1-c} F(a-c+1, b-c+1, 2-c, x), \quad c \neq 0, 1, 2, \ldots$$

8. *Konfluente hypergeometrische DGL (Kummer)*

$$xy'' + (c-x)y' - by = 0 \quad (b, c \text{ Konstante})$$

Lösung für $|x| < \infty$: $y = C_1 y_1 + C_2 y_2$, wobei

$$y_1 = F(b, c, x) = 1 + \frac{b}{c} \cdot \frac{x}{1!} + \frac{b(b+1)}{c(c+1)} \cdot \frac{x^2}{2!} + \ldots$$

$$y_2 = x^{1-c} F(b-c+1, 2-c, x), \quad c \neq 0, 1, 2, \ldots$$

9.4 Lineare Differentialgleichungen

Die lineare DGL mit konstanten Koeffizienten

Lineare DGL für $y=y(x)$ mit reellen konstanten Koeffizienten a_i :

(9.12) $\quad y^{(n)}+a_{n-1}y^{(n-1)}+\ldots+a_1y'+a_0y=R(x),$

in Operatorschreibweise:

$$P(D)y=R(x) \quad \text{mit} \quad P(D)=D^n+a_{n-1}D^{n-1}+\ldots+a_1D+a_0 , \quad D=\frac{d}{dx} .$$

Allgemeine Lösung von (9.12)

$\quad y(x) = y_p(x)+y_h(x) = $ (spezielle Lösung der inhomogenen DGL) +

$\qquad\qquad\qquad\qquad$ (allgemeine Lösung der homogenen DGL)

Die homogene lineare DGL mit konstanten Koeffizienten

(9.13) $\quad y^{(n)}+a_{n-1}y^{(n-1)}+\ldots+a_1y'+a_0y=0 \quad$ oder $\quad P(D)y=0$

Charakteristische Gleichung

(9.14) $\quad r^n+a_{n-1}r^{n-1}+\ldots+a_1r+a_0=0$

mit Wurzeln $r_1, \ldots, r_k$ der jeweiligen Vielfachheit $m_1, \ldots, m_k$.

Allgemeine Lösung von (9.13)

$$y_h(x)=P_1(x)\,e^{r_1x} + \ldots + P_k(x)\,e^{r_kx} ,$$

wobei $P_j(x)=$ beliebiges Polynom vom Grad $\leq m_j-1$.

Spezialfall. Alle Wurzeln sind *einfach*.

$\quad y_h(x)=C_1e^{r_1x}+\ldots+C_ne^{r_nx}, \quad C_j=$ beliebige Konstante.

Beachte. Wenn (z.B.) $r_1=\alpha+i\beta$, $r_2=\alpha-i\beta$, $m=m_1=m_2$, dann ist

$$P_1(x)e^{r_1x}+P_2(x)e^{r_2x}=e^{\alpha x}(Q_1(x)\cos\beta x+Q_2(x)\sin\beta x),$$

wobei $Q_1(x), Q_2(x)=$ beliebiges Polynom vom Grad $\leq m-1$.

Beispiele

1. $y'''-y=0$. Charakteristische Gleichung $r^3-1=0 \Rightarrow r_1=1,\ r_{2,3}=\frac{1}{2}(-1\pm i\sqrt{3}\,)$

   $y_h=Ae^x+e^{-x/2}(B\cos\sqrt{3}x/2+C\sin\sqrt{3}x/2)$

2. $y'''+3y''+3y'+y=0 \Leftrightarrow (D+1)^3y=0$. Charakteristische Wurzeln $r=-1$ (dreifach)

   $y_h=(Ax^2+Bx+C)e^{-x}$

9.4 Lineare Differentialgleichungen

Spezielle Ansätze (vgl. Tabelle von 9.3)

Die rechte Seite $R(x)$ von (9.12) ist

1. Polynom

(9.15) $\quad\boxed{P(D)y = Q(x) \qquad (\text{Grad } Q(x) = m)}$

(i) $a_0 \neq 0$: Ansatz $y_p = k_m x^m + \ldots + k_1 x + k_0$. Koeffizientenvergleich für $k_0, \ldots, k_m$.

(ii) $a_0 = \ldots = a_{k-1} = 0$, $a_k \neq 0$. Ansatz $y_p = k_m x^{m+k} + \ldots + k_0 x^k$.

2. Exponentialfunktion

(9.16) $\quad\boxed{P(D)y = Q(x)e^{kx} \qquad (k = \text{konstant}, Q(x) \text{ Polynom})}$

Ansatz $y(x) = e^{kx} z(x)$. Ergibt DGL vom Typ (9.15) für $z(x)$: $P(D+k)z = Q(x)$.

3. Trigonometrische Funktionen

$\boxed{\begin{array}{l} P(D)y_1 = Q(x)e^{kx}\cos\omega x \\ P(D)y_2 = Q(x)e^{kx}\sin\omega x \end{array} \qquad (k, \omega = \text{reelle Konstante}, Q(x) \text{ reelles Polynom})}$

Komplexifizierung. $P(D)Y = Q(x)e^{(k+i\omega)x}$ ist DGL vom Typ (9.16) für $Y(x)$.
Ist Y_p eine Lösung, dann gilt $y_{1p} = \operatorname{Re} Y_p$, $y_{2p} = \operatorname{Im} Y_p$

Spezialfall. $P(D)y = Q(x) \begin{Bmatrix} \cos\omega x \\ \sin\omega x \end{Bmatrix}$.

Ansatz $y_p = x^s[Q_1(x)\cos\omega x + Q_2(x)\sin\omega x]$ mit Grad $Q_1 =$ Grad $Q_2 =$ Grad Q und $s = $ Vielfachheit von $i\omega$ als Wurzel von (9.14) [$s = 0$, falls $i\omega$ keine Wurzel von (9.14)].

4. Unstetige Funktionen

Z.B. die Einheitssprungfunktion (*Heaviside-Funktion*)

$$\theta(x-a) = \begin{cases} 1, x > a \\ 0, x < a \end{cases}$$

und die Impulsfunktion (*Dirac-Deltafunktion*) $\delta(x-a) = \theta'(x-a)$ usw.:
Versuche den Ansatz $y_p(x) = u(x)\theta(x-a) + A\delta(x-a) + B\delta'(x-a) + \ldots$

5. Beliebige Funktionen

(i) *Darstellung mit Impulsantwort $h(x)$,*
das ist die Lösung von $P(D)h = 0$ mit $h(0) = h'(0) = \ldots = h^{(n-2)}(0) = 0$, $h^{(n-1)}(0) = 1$:

$$y_p(x) = \int_a^x h(x-t)R(t)\,dt \qquad \text{mit passend gewähltem } a.$$

(*ii*) *Operatorfaktorisierung*

Z.B. $(D-a)(D-b)y = R(x)$ führt auf zwei DGLn 1.Ordnung:

$$(D-a)z = R(x) \text{ und } (D-b)y = z$$

6. Periodische Funktionen (siehe 13.1)

Die Euler-DGL

$$a_n x^n D^n y + a_{n-1} x^{n-1} D^{n-1} y + \ldots + a_1 x D y + a_0 y = R(x),$$

$$a_i = \text{konstant}, \, D = \frac{d}{dx}, \, (x>0)$$

Ansatz $x = e^t$, d.h. $t = \ln x$, ergibt

$$xD = \frac{d}{dt}, \quad x^2 D^2 = \frac{d}{dt}\left(\frac{d}{dt}-1\right), \ldots, \quad x^k D^k = \frac{d}{dt}\left(\frac{d}{dt}-1\right)\ldots\left(\frac{d}{dt}-k+1\right)$$

Damit ergibt sich eine DGL mit konstanten Koeffizienten für $y(t)$.

Lineare DGL-Systeme mit konstanten Koeffizienten

Die Eliminationsmethode

Beispiel. Ein DGL-System für $y(x)$, $z(x)$:

(9.17) $\quad \begin{cases} P_{11}(D)\,y + P_{12}(D)\,z = R_1 \\ P_{21}(D)\,y + P_{22}(D)\,z = R_2 \end{cases}$

$P_{22}(D)$ „mal" 1. Gleichung $- P_{12}(D)$ „mal" 2.Gleichung ergibt (9.10) für $y(x)$:

$$\{P_{11}(D)P_{22}(D) - P_{12}(D)P_{21}(D)\}y(x) = P_{22}(D)R_1(x) - P_{12}(D)R_2(x).$$

Beachte. Lösung muß in (9.17) geprüft werden.

Homogenes DGL-System 1.Ordnung mit konstanter Matrix

Die Matrixmethode

(9.18) $\quad \mathbf{y}'(t) = A\mathbf{y}(t) \quad \text{mit} \quad \mathbf{y}(t) = \begin{bmatrix} y_1(t) \\ \ldots \\ y_n(t) \end{bmatrix}$ und A konstante $n \times n$-Matrix.

1. Ist λ *Eigenwert* von A (d.h. $\det(A - \lambda I) = 0$) und $\mathbf{v}$ zugehöriger *Eigenvektor* (d.h. $A\mathbf{v} = \lambda \mathbf{v}$, $\mathbf{v} \neq \mathbf{0}$), dann ist $\mathbf{y}(t) = e^{\lambda t}\mathbf{v}$ eine spezielle Lösung von (9.18).

9.4 Lineare Differentialgleichungen

2. Hat A n linear unabhängige Eigenvektoren $\mathbf{v}_1, \mathbf{v}_2, \ldots, \mathbf{v}_n$ zu den (nicht notwendig verschiedenen) Eigenwerten $\lambda_1, \lambda_2, \ldots, \lambda_n$, dann hat die allgemeine Lösung von (9.18) die Gestalt

(9.19) $\quad \mathbf{y}(t) = C_1 e^{\lambda_1 t} \mathbf{v}_1 + C_2 e^{\lambda_2 t} \mathbf{v}_2 + \ldots + C_n e^{\lambda_n t} \mathbf{v}_n$, $C_1, C_2, \ldots, C_n$ Konstante

3. Ist λ ein k-facher Eigenwert von A (d.h. k-fache Wurzel von $\det(A - \lambda I) = 0$) und sind $\mathbf{h}_1, \mathbf{h}_2, \ldots \mathbf{h}_k$ k linear unabhängige Hauptvektoren zu λ (vgl. 33 in 4.10), dann sind in (9.19) die k Summanden mit dem Faktor $e^{\lambda t}$ zu ersetzen durch die k linear unabhängigen Lösungen von (9.18) der folgenden Gestalt

$$C_j e^{\lambda t}\left(\mathbf{h}_j + t(A-\lambda I)\mathbf{h}_j + \frac{t^2}{2!}(A-\lambda I)^2 \mathbf{h}_j + \ldots + \frac{t^{k-1}}{(k-1)!}(A-\lambda I)^{k-1}\mathbf{h}_j\right), j=1,2,\ldots,k.$$

Beispiel ($n=2$). $\quad \mathbf{y}' = A\mathbf{y} \quad \text{mit} \quad A = \begin{bmatrix} 7 & -1 \\ 9 & 1 \end{bmatrix}$.

$\lambda = 4$ ist doppelter Eigenwert mit nur einem linear unabhängigen Eigenvektor $\mathbf{v} = s\begin{bmatrix} 1 \\ 3 \end{bmatrix}$, $s \neq 0$. Jeder dazu linear unabhängige Vektor ist ein Hauptvektor $\mathbf{h}_2$, z.B. $\mathbf{h}_2 = s\begin{bmatrix} 1 \\ 0 \end{bmatrix}$, $s \neq 0$.

Allgemeine Lösung ist also

$$\mathbf{y}(t) = C_1 e^{4t}\begin{bmatrix} 1 \\ 3 \end{bmatrix} + C_2 e^{4t}\left(\begin{bmatrix} 1 \\ 0 \end{bmatrix} + t\begin{bmatrix} 3 \\ 9 \end{bmatrix}\right) = C_1 e^{4t}\begin{bmatrix} 1 \\ 3 \end{bmatrix} + C_2 e^{4t}\begin{bmatrix} 1+3t \\ 9t \end{bmatrix}.$$

Spezialfälle

1. A hat einen *einzigen* (und damit n-fachen) Eigenwert. Dann ist jeder Vektor $\neq \mathbf{0}$ ein Hauptvektor von A. Man wähle einfach $\mathbf{h}_1 = \mathbf{e}_1, \ldots, \mathbf{h}_n = \mathbf{e}_n$.
2. λ ist ein k-facher Eigenwert mit nur *einem* linear unabhängigen Eigenvektor $\mathbf{v}$. Dann bestimmen die linearen Gleichungssysteme
$$(A-\lambda I)\mathbf{h}_1 = \mathbf{0}, \quad (A-\lambda I)\mathbf{h}_2 = \mathbf{h}_1, \ldots, (A-\lambda I)\mathbf{h}_k = \mathbf{h}_{k-1}$$
k linear unabhängige Hauptvektoren $\mathbf{h}_j$ zu λ (wobei $\mathbf{h}_1 = \mathbf{v}$).

Inhomogenes DGL-System 1. Ordnung

(9.20) $\quad \mathbf{y}'(t) = A\mathbf{y}(t) + \mathbf{g}(t)$

hat die allgemeine Lösung $\mathbf{y} = \mathbf{y}_h + \mathbf{y}_p$, wobei $\mathbf{y}_h$ die allgemeine Lösung des zugehörigen homogenen Systems (9.18) und $\mathbf{y}_p$ eine spezielle Lösung von (9.20) bezeichnet. Die Lösung $\mathbf{y}_p$ kann mit speziellen Ansätzen (siehe oben) oder durch eine explizite Formel (vgl. Methode mit Exponentialmatrix) gefunden werden.

Die Methode mit der Exponentialmatrix (vgl. S.87)

> Sei A konstant und quadratisch, dann gilt
> 1. $\mathbf{y}'(t) = A\mathbf{y}(t) \Leftrightarrow \mathbf{y}(t) = e^{At}\mathbf{C}$ ($\mathbf{C}$ beliebiger konstanter Vektor)
> 2. $\mathbf{y}'(t) = A\mathbf{y}(t), \mathbf{y}(0) = \mathbf{y}_0 \Leftrightarrow \mathbf{y}(t) = e^{At}\mathbf{y}_0$
> 3. $\mathbf{y}'(t) = A\mathbf{y}(t) + \mathbf{g}(t) \Leftrightarrow \mathbf{y}(t) = e^{At}\mathbf{C} + e^{At}\int e^{-At}\mathbf{g}(t)dt$
> 4. $\mathbf{y}'(t) = A\mathbf{y}(t) + \mathbf{g}(t), \mathbf{y}(0) = \mathbf{y}_0 \Leftrightarrow \mathbf{y}(t) = e^{At}\mathbf{y}_0 + e^{At}\int_0^t e^{-A\tau}\mathbf{g}(\tau)d\tau$

Beispiele

1. $A = \text{diag}(\alpha, \beta, ..., \gamma) \Rightarrow e^{At} = \text{diag}(e^{\alpha t}, e^{\beta t}, ..., e^{\gamma t})$.

2. $A = \begin{bmatrix} 0 & -1 \\ 1 & 0 \end{bmatrix} \Rightarrow e^{At} = \begin{bmatrix} \cos t & -\sin t \\ \sin t & \cos t \end{bmatrix}$.

Ein DGL-System 2. Ordnung

(9.21) $A\mathbf{x}''(t) + B\mathbf{x}(t) = \mathbf{0}$, A, B konstante $n \times n$-Matrizen

Existiert A^{-1}, dann kann (9.21) geschrieben werden als

(9.22) $\mathbf{x}''(t) + C\mathbf{x}(t) = \mathbf{0}$, $C = A^{-1}B$.

Ist C diagonalisierbar (siehe 4.5), d.h. $L^{-1}CL = [P^TCP$, wenn C symmetrisch ist$] = \text{diag}(\lambda_1, \lambda_2, ..., \lambda_n) = D$, dann ergibt die Substitution $\mathbf{x} = L\mathbf{r}$ aus (9.22):

$\mathbf{r}''(t) + D\mathbf{r}(t) = \mathbf{0} \Leftrightarrow r_k''(t) + \lambda_k r_k(t) = 0, k = 1, ..., n$.

> **Annahme**
> (i) A, B konstante $n \times n$-Matrizen, A invertierbar.
> (ii) $\mathbf{v}_1, \mathbf{v}_2, ..., \mathbf{v}_n$ linear unabhängige Eigenvektoren zu den Eigenwerten $\lambda_1, \lambda_2, ..., \lambda_n$ des Eigenwertproblems
>
> $B\mathbf{v} = \lambda A\mathbf{v}$ [λ ist Eigenwert $\Leftrightarrow \det(B - \lambda A) = 0$]
>
> (iii) $r_k = r_k(t)$ allgemeine Lösung von $r_k'' + \lambda_k r_k = 0$.
>
> **Behauptung**
> Allgemeine Lösung von $A\mathbf{x}''(t) + B\mathbf{x}(t) = \mathbf{0}$ ist
>
> $\mathbf{x}(t) = r_1(t)\mathbf{v}_1 + r_2(t)\mathbf{v}_2 + ... + r_n(t)\mathbf{v}_n$
>
> *Spezialfall.* Alle $\lambda_k > 0$, $\omega_k = \sqrt{\lambda_k}$, dann ist
> $r_k(t) = a_k \cos \omega_k t + b_k \sin \omega_k t = c_k \cos(\omega_k t - \delta_k)$
>
> ω_k = Eigenfrequenzen $\mathbf{v}_k$ = Oszillationsrichtungen
> r_k = Normalkoordinaten c_k = Amplituden
> δ_k = Phasenkonstante

9.4 Lineare Differentialgleichungen

Anfangswertprobleme (Laplace-Transformation)

(9.23) $\quad\begin{cases} y^{(n)} + a_{n-1} y^{(n-1)} + \ldots + a_1 y' + a_0 y = f(t), \quad t > 0, \quad y = y(t), \quad a_i \text{ konstant} \\ y(0) = y_0, \, y'(0) = y_1, \, \ldots, \, y^{(n-1)}(0) = y_{n-1} \end{cases}$
(9.24)

Methode 1
(i) Die allgemeine Lösung von (9.23) bestimmen.
(ii) Die Integrationskonstanten C_j so bestimmen, daß (9.24) erfüllt ist.

Methode 2
Laplace-Transformation auf (9.23) *und* (9.24) anwenden (vgl. 13.5).

Beispiel

$\begin{cases} y'' + y = f(t) \\ y(0) = 0, \, y'(0) = 1 \end{cases}$

Laplace-Transformation liefert

$s^2 Y(s) - 1 + Y(s) = \dfrac{1}{s^2} - \dfrac{e^{-s}}{s^2} \Rightarrow$

$Y(s) = \dfrac{1}{s^2} - \left(\dfrac{1}{s^2} - \dfrac{1}{s^2+1} \right) e^{-s} \Rightarrow$

$y(t) = t - [(t-1) - \sin(t-1)] \theta(t-1) = \begin{cases} t, \, 0 < t < 1 \\ 1 + \sin(t-1), \, t \geq 1 \end{cases}$

$f(t) = t - (t-1) \theta(t-1) = \begin{cases} t, \, 0 < t < 1 \\ 1, \, t \geq 1 \end{cases}$

Randwertprobleme

(9.25) $\quad \begin{cases} L[y](x) = \sum\limits_{k=0}^{n} a_k(x) y^{(k)}(x) = h(x), \, a < x < b \\ B_k y \equiv \sum\limits_{i=0}^{n-1} [\alpha_{ik} y^{(i)}(a) + \beta_{ik} y^{(i)}(b)] = c_k, \, k = 1, \ldots, n \; (\alpha_{ik}, \beta_{ik}, c_k \text{ konstant}) \end{cases}$

wobei $h(x)$, $a_k(x)$ auf $[a, b]$ stetige Funktionen sind und $a_n(x) \neq 0$.

Satz

(9.25) ist lösbar $\Leftrightarrow$ $\det(B_i y_j) \neq 0$ für jede Lösungsbasis $y_1, \ldots, y_n$ von $L[y] = 0$

Green-Funktion

Die Green-Funktion $G(x, \xi)$ ist (falls $n \geq 2$) die in dem Quadrat $a \leq x, \xi \leq b$ stetige Lösung des Randwertproblems

(9.26) $\quad \begin{cases} L[G](x, \xi) = \delta(x - \xi), \, a < \xi < b \\ B_k G(x, \xi) = 0, \quad\quad\quad\; a < \xi < b, \, k = 1, \ldots, n \end{cases}$

Hierin bezeichnet $\delta(x)$ die Dirac-Deltafunktion auf **R**, siehe 12.6.

Satz
Ist $\det(B_i y_j) \neq 0$ für eine Lösungsbasis $y_1, \ldots, y_n$ von $L[y] = 0$, dann hat die Lösung von (9.25) für homogene Randbedingungen $c_k = 0$ die Darstellung

(9.27) $$y(x) = \int_a^b G(x, \xi) h(\xi) d\xi$$

Beispiel
$$L[y] = (1+x)y'' + y', \quad 0 < x < 1, \quad y'(0) = y(1) = 0$$
Bestimmung der Green-Funktion:
$$(1+x)y'' + y' = \delta(x-\xi) \iff \frac{d}{dx}\{(1+x)y'\} = \delta(x-\xi).$$
Damit $(1+x)y' = \theta(x-\xi) + A$. $y'(0) = 0 \Rightarrow A = 0$.
$$y' = \frac{\theta(x-\xi)}{1+x} \Rightarrow y = [\ln(1+x) - \ln(1+\xi)]\theta(x-\xi) + B \quad \text{(vgl. 12.6)}.$$
$y(1) = 0 \Rightarrow B = \ln(1+\xi) - \ln 2$. D.h.
$$G(x, \xi) = \begin{cases} \ln(1+x) - \ln 2, & 0 \leq \xi \leq x \leq 1 \\ \ln(1+\xi) - \ln 2, & 0 \leq x \leq \xi \leq 1 \end{cases}$$

Tabelle von Green-Funktionen

Für die allgemeine Lösung der DGL $y'' + ay' + by = \delta(x-\xi)$ siehe Tabelle in 9.3.
In den folgenden Beispielen ist das Randwertproblem jeweils *selbstadjungiert* (vgl. 12.1), daher ist $G(x, \xi)$ symmetrisch, d.h. $G(x, \xi) = G(\xi, x)$.

Differentialoperator $L[y]$ im Intervall $(0, a)$	Randbedingungen	$G(x, \xi), (x \leq \xi)$ $[G(\xi, x), (\xi \leq x)]$
$D^2 y$	$y(0) = y(a) = 0$ $y(0) = y'(a) = 0$ $y'(0) = y(a) = 0$	$(\xi a - 1)x \quad [(xa-1)\xi, \xi \leq x]$ $-x$ $\xi - a$
	$\begin{cases} y(0) + y(a) = 0 \\ y'(0) + y'(a) = 0 \end{cases}$	$(\xi - x)/2 - a/4$
$(D^2 - k^2)y$	$y(0) = y(a) = 0$ $y(0) = y'(a) = 0$ $y'(0) = y(a) = 0$	$-\sinh kx \sinh k(a-\xi)/(k \sinh ka)$ $-\sinh kx \cosh k(a-\xi)/(k \cosh ka)$ $-\cosh kx \sinh k(a-\xi)/(k \cosh ka)$
$(D^2 + k^2)y$	$y(0) = y(a) = 0$ $y(0) = y'(a) = 0$ $y'(0) = y(a) = 0$	$-\sin kx \sin k(a-\xi)/(k \sin ka)$ $-\sin kx \cos k(a-\xi)/(k \cos ka)$ $-\cos kx \sin k(a-\xi)/(k \cos ka)$
$D^4 y$	$\begin{cases} y(0) = y'(0) = \\ = y(a) = y'(a) = 0 \end{cases}$	$x^2(a-\xi)^2(3a\xi - (2\xi + a)x)/6a^3$

Integralgleichungen

1. Das Cauchy-Problem (9.7) ist äquivalent mit der Integralgleichung

$$\mathbf{y}(x) = \int_{x_0}^{x} \mathbf{f}(t, \mathbf{y}(t))dt + \mathbf{y}_0$$

Beispiel. $y(x) = \int_0^x t^2 y(t)dt + x^2 + 1 \iff \begin{cases} y'(x) = x^2 y(x) + 2x \\ y(0) = 1 \end{cases}$ [Differentiation!]

2. *Fredholm-Gleichungen*

   1. Art: $\int_a^b K(x,t)y(t)dt = h(x)$ 2. Art: $y(x) - \int_a^b K(x,t)y(t)dt = h(x)$ (vgl. 12.7)

3. *Volterra-Gleichungen*

   1. Art: $\int_a^x K(x,t)y(t)dt = h(x)$ 2. Art: $y(x) - \int_a^x K(x,t)y(t)dt = h(x)$

9.5 Autonome Systeme

Stabilität

(9.28) $\dot{\mathbf{x}} = \dfrac{d}{dt}\mathbf{x} = \mathbf{f}(\mathbf{x})$, $\mathbf{x} = \mathbf{x}(t) \in \mathbf{R}^n$, $\mathbf{f}: \mathbf{R}^n \to \mathbf{R}^n$ stetig differenzierbar

Bezeichnet t die Zeit, dann bschreibt (9.28) ein zeitunabhängiges Gesetz für eine Bewegung im $\mathbf{R}^n$.

Die autonome DGl n-ter Ordnung

(9.29) $x^{(n)} = f(x, \dot{x}, \ddot{x}, \ldots, x^{(n-1)})$

hat als *äquivalentes DGL-System* 1.Ordnung (siehe 9.1)

(9.30) $\dot{x}_1 = x_2$, $\dot{x}_2 = x_3$, $\ldots$, $\dot{x}_n = f(x_1, \ldots, x_n)$.

Phasenbahnen der DGL (9.28) sind die Kurven im $\mathbf{R}^n$, auf denen die Lösungen verlaufen. Die *Phasenbahnen* der DGL (9.29) sind die Phasenbahnen des äquivalenten DGL-Systems (9.30).

Die Menge aller Phasenbahnen nennt man *Phasenportrait*.

1. Verschiedene Phasenbahnen schneiden sich nicht.
2. Mit $\mathbf{x}(t)$ ist für alle reellen Konstanten c auch $\mathbf{x}(t-c)$ eine Lösung von (9.28).

Eine konstante Lösung $\mathbf{x}(t) = \mathbf{a}$ von (9.28) bzw. $x(t) = a$ von (9.29) nennt man *Gleichgewichtslösung* (GGL) (*stationäre Lösung, Gleichgewichtspunkt, -zustand*).

$\mathbf{a}$ GGL von (9.28) $\Leftrightarrow$ $\mathbf{f}(\mathbf{a}) = \mathbf{0}$; a GGL von (9.29) $\Leftrightarrow$ $f(a, 0, ..., 0) = 0$.

Eine GGL von (9.28) ist

(*i*)   *stabil*, wenn es zu jedem $\varepsilon > 0$ ein $\delta > 0$ gibt, so daß
$$|\mathbf{x}(0) - \mathbf{a}| < \delta \Rightarrow |\mathbf{x}(t) - \mathbf{a}| < \varepsilon \quad \text{für alle } t \geq 0,$$

(*ii*)   *asymptotisch stabil*, wenn sie stabil ist und wenn es ein $\delta > 0$ gibt, so daß
$$|\mathbf{x}(0) - \mathbf{a}| < \delta \Rightarrow \lim_{t \to \infty} \mathbf{x}(t) = \mathbf{a},$$

(*iii*)   *instabil*, wenn sie nicht stabil ist.

a (asympt.) stabile GGl von (9.29) $\Leftrightarrow$ $(a, 0, ...0)$ (asympt.) stabile GGL von (9.30).

Stabilitätssatz 1

> Für das autonome DGL-System $\dot{\mathbf{x}} = A\mathbf{x} + \mathbf{b}$ ist die Stabilität einer GGL $\mathbf{a}$ unabhängig vom Vektor $\mathbf{b}$ allein durch die Eigenwerte λ von A bestimmt:
>
> 1. Re $\lambda < 0$ für alle λ $\Leftrightarrow$ $\mathbf{a}$ asymptotisch stabil.
> 2. Re $\lambda > 0$ für ein λ $\Rightarrow$ $\mathbf{a}$ instabil.
> 3. Re $\lambda \leq 0$ für alle λ und für alle λ mit Re $\lambda = 0$
>   ist die Anzahl der linear unabhängigen $\Leftrightarrow$ $\mathbf{a}$ stabil.
>   Eigenvektoren gleich der Vielfachheit von λ

Hurwitz-Kriterium

Sind die Koeffizienten des Polynoms $p(x) = x^n + a_{n-1} x^{n-1} + ... + a_1 x + a_0$ alle reell, so gilt für die Wurzeln λ der Gleichung $p(\lambda) = 0$:

(*i*) Re $\lambda < 0$ für alle λ $\Rightarrow$ $a_k > 0$ ($k = 0, ..., n-1$)

(*ii*) Re $\lambda < 0$ für alle λ $\Leftrightarrow$ $a_k > 0$ ($k = 0, ..., n-1$) und det $H_k > 0$ ($k = 1, ..., n-1$)

mit

$$H_1 = a_1, \quad H_2 = \begin{bmatrix} a_1 & a_0 \\ a_3 & a_2 \end{bmatrix}, ..., H_{n-1} = \begin{bmatrix} a_1 & a_0 & 0 & . & . & 0 \\ a_3 & a_2 & a_1 & a_0 & 0 & .. & 0 \\ a_5 & a_4 & a_3 & a_2 & a_1 & a_0 & . & 0 \\ . & . & . & . & . & . & . \\ a_{2n-3} & a_{2n-4} & a_{2n-5} & . & . & a_{n-1} \end{bmatrix},$$

wobei $a_n = 1$ und $a_m = 0$ für $m > n$ zu setzen ist.

> **Beispiel**
>
> $x^3 + 4x^2 + ax + b = 0$ hat alle Wurzeln in Re $\lambda < 0$, wenn die drei Bedingungen erfüllt sind: $a > 0$, $b > 0$ und det $H_2 = 4a - b > 0$.

9.5 Autonome Systeme

Inhomogene DGL $\dot{\mathbf{x}} = A\mathbf{x} + \mathbf{b}(t)$

(i) Die Lösungen $\mathbf{x}(t)$ sind beschränkt für $t \to \infty$, wenn die Matrix A die Voraussetzung 3. des Stabilitätssatzes 1 erfüllt und wenn $\int_{t_0}^{\infty} |\mathbf{b}(t)| dt < \infty$, oder wenn alle Eigenwerte in $\text{Re}\,\lambda < 0$ liegen und $\int_a^{a+1} |\mathbf{b}(t)| dt$ für alle a beschränkt ist.

(ii) $|\mathbf{x}(t)| \to 0$ für $t \to \infty$, wenn $\text{Re}\,\lambda < 0$ für alle Eigenwerte und $\lim_{a \to \infty} \int_a^{a+1} |\mathbf{b}(t)| dt = 0$.

Stabilitätssatz 2

> Ist $\mathbf{a}$ eine GGL von $\dot{\mathbf{x}} = \mathbf{f}(\mathbf{x})$ und $\mathbf{f}(\mathbf{x})$ in einer Umgebung von $\mathbf{a}$ stetig partiell differenzierbar mit der Funktionalmatrix $A = D\mathbf{f}(\mathbf{a})$ (vgl. 10.6), so gilt:
> 1. $\text{Re}\,\lambda < 0$ für alle Eigenwerte λ von A $\Rightarrow$ $\mathbf{a}$ asymptotisch stabil.
> 2. $\text{Re}\,\lambda > 0$ für einen Eigenwert λ von A $\Rightarrow$ $\mathbf{a}$ instabil.

Beachte. Die Charakterisierung 3 von Stabilitätssatz 1 ist auf nichtlineare DGL-Systeme nicht anwendbar.

> **Beispiel** (Räuber-Beute-Modell von *Volterra-Lotka*)
> $$\dot{x} = x(a - by), \quad \dot{y} = -y(c - dx), \quad a, b, c, d > 0.$$
> GGLn sind $(0,0)$ und $\mathbf{a} = (c/d, a/b)$.
> Ableitung: $D\mathbf{f}(\mathbf{x}) = \begin{bmatrix} a - by & -bx \\ dy & -c + dx \end{bmatrix} \Rightarrow D\mathbf{f}(\mathbf{0}) = \begin{bmatrix} a & 0 \\ 0 & -c \end{bmatrix}, \quad D\mathbf{f}(\mathbf{a}) = \begin{bmatrix} 0 & -bc/d \\ ad/b & 0 \end{bmatrix}$.
> Eigenwerte für **0**: $\lambda_1 = a > 0$ $\Rightarrow$ GGL **0** ist instabil.
> Eigenwerte für **a**: $\lambda_{1,2} = \pm i\sqrt{ac}$ $\Rightarrow$ keine Aussage mit Stabilitätssatz 2 möglich.

Der ebene Fall

(9.31) $\quad \dot{\mathbf{x}} = \begin{bmatrix} \dot{x} \\ \dot{y} \end{bmatrix} = \begin{bmatrix} f_1(x, y) \\ f_2(x, y) \end{bmatrix}$

(9.32) $\quad \ddot{x} = f(x, \dot{x})$

Elimination von t. Mit $y' = \dfrac{\dot{y}}{\dot{x}}$ [$\dot{x} = v(x)$, $\ddot{x} = v'v$] ergibt sich aus (9.31) [(9.32)] eine DGL 1.Ordnung:

(9.33) $\quad f_2(x, y) - f_1(x, y) y' = 0 \qquad$ *Bahnen-DGL* von (9.31)

(9.34) $\quad v v' = f(x, v) \qquad$ *Phasen-DGL* von (9.32) in der *Phasenebene*

> **Durchlaufsinn auf den Phasenbahnen**
> für (9.33): Im Punkt (x,y) Richtung von $(f_1(x,y), f_2(x,y))^T$ eintragen.
> für (9.34): In der oberen (x,v)-Ebene *nach rechts*, in der unteren (x,v)-Ebene *nach links*.

Eine GGL **a** von (9.31) heißt *Zentrum*, falls es eine Umgebung von **a** gibt, in der keine weitere GGL liegt und in der alle Phasenbahnen geschlossen sind.

a Zentrum $\Rightarrow$ **f(a) = 0**, div **f(a)** = 0 und det D**f(a)** ≥ 0 (vgl. 10.6).

Hat die allgemeine Lösung der Bahnen-DGL (9.33) die Gestalt $F(x,y) = C$ = konst. und ist **a** eine isolierte Extremstelle von $F(x,y)$, dann ist **a** ein Zentrum von (9.31).

Beispiel (Räuber-Beute-Modell)

$$\dot{x} = x(a - by), \quad \dot{y} = -y(c - dx), \text{ mit } a, b, c, d > 0. \text{ Die Bahnen-DGL}$$

$$y' = -\frac{y(c - dx)}{x(a - by)} \text{ ist trennbar} \Rightarrow \text{ allg. Lösung ist } by - a\ln y + dx - c\ln x = C.$$

In der GGL **a** = $(c/d, a/b)$ nimmt C seinen minimalen Wert an $\Rightarrow$ **a** ist Zentrum.

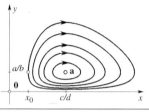 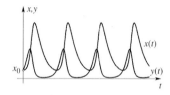

Eine geschlossene Phasenbahn von (9.31) bzw. (9.32) nennt man *Grenzzyklus*, wenn benachbarte Bahnen alle in ihr einmünden.

Satz von Poincaré - Bendixson

> Sei B ein beschränkter, abgeschlossener ebener Bereich, der keine GGL von (9.31) enthält und **x**(t) eine Lösungskurve von (9.31), die für $t > 0$ in B liegt, dann gilt: **x**(t) nähert sich für $t \to \infty$ einem Grenzzyklus oder stellt selbst eine geschlossene Bahn dar.

Beispiel (*Van der Pol* - Oszillator)

$$\ddot{x} + \alpha(x^2 - 1)\dot{x} + \beta x = 0$$

$x = x(t)$, $\alpha, \beta > 0$ konstant.

Einzige GGL $a = 0$ ist instabil.
Mit passendem r und R kann auf

$$B = \{(x,v) \, ; \, r^2 < x^2 + y^2 < R \,\}$$

der Satz von Poincaré-Bendixson angewandt werden.
In der Phasenebene gibt es genau einen Grenzzyklus.
Unabhängig vom Anfangswert mündet jede Lösung für $t \to \infty$ in diesen Grenzzyklus.

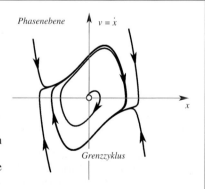

9.6 Lineare Differenzengleichungen

Differenzen- (oder *Rekurrenz-*) *gleichung* der *Ordnung N* (a_i reelle Konstante)

(9.35) $\quad x(n+N) + a_{N-1}x(n+N-1) + \ldots + a_0 x(n) = R(n), n = 0, 1, 2, \ldots$

oder

$$P(T)\,x(n) = R(n)$$

mit dem *Translationsoperator* $P(T) = T^N + a_{N-1}T^{N-1} + \ldots + a_1 T + a_0$, wobei $T^k x(n) = x(n+k)$.

Allgemeine Lösung

$x(n) = x_p(n) + x_h(n) =$ Spezielle Lösung + Allgemeine Lösung der homogenen Gleichung

---

Andere Bezeichnung von (9.35):

$$x_{n+N} + a_{N-1}x_{n+N-1} + \ldots + a_0 x_n = R_n, n = 0, 1, 2, \ldots$$

Homogene Gleichungen

(9.36) $\quad x(n+N) + a_{N-1}x(n+N-1) + \ldots + a_0 x(n) = 0$ oder $P(T)x(n) = 0$.

(9.37) $\quad$ *Charakteristische Gleichung*: $r^N + a_{N-1} r^{N-1} + \ldots + a_0 = 0$

mit Wurzeln $r_1, \ldots, r_k$, jeweils der Vielfachheit $m_1, \ldots, m_k$.

Allgemeine Lösung von (9.36)

$$x_h(n) = P_1(n)r_1^n + \ldots + P_k(n)r_k^n,$$

wobei $P_j(n)$ beliebige Polynome (in n) vom Grad $\leq m_j - 1$.

Spezialfall. Alle Wurzeln sind einfach, dann ist

$$x_h(n) = C_1 r_1^n + \ldots + C_N r_N^n, \ C_j = \text{beliebige Konstante.}$$

Ist $r_1 = \rho e^{i\theta}$, $r_2 = \rho e^{-i\theta}$, $m = m_1 = m_2$, dann gilt

$$P_1(n)r_1^n + P_2(n)r_2^n = \rho^n (Q_1(n)\cos n\theta + Q_2(n)\sin n\theta),$$

Beispiel

Die Fibonacci-Zahlen $x(n) = F_{n+1}$ (vgl. 2.2) sind definiert durch

(9.38) $\quad x(n+2) = x(n) + x(n+1), n \geq 0$
(9.39) $\quad x(0) = x(1) = 1$

Die charakteristische Gleichung von (9.38): $r^2 - r - 1 = 0$, Wurzeln: $a = (1 + \sqrt{5})/2$ und $b = (1 - \sqrt{5})/2$. Daher ist $x(n) = Aa^n + Bb^n$.
Mit (9.39) ergibt sich $A = a/\sqrt{5}$ und $B = -b/\sqrt{5}$. Daher ist $F_n = (a^n - b^n)/\sqrt{5}, n \geq 1$.

Spezielle Lösungen

Die rechte Seite $R(n)$ von (9.35) ist

1. Polynom

$$R(n) = b_q n^q + b_{q-1} n^{q-1} + \ldots + b_0 \quad \text{Polynom in } n \text{ vom Grad } q.$$

Ansatz: $\quad x_p(n) = n^m (k_q n^q + k_{q-1} n^{q-1} + \ldots + k_0),$

wenn $r = 1$ Wurzel der Vielfachheit m von (9.37) ist [$m = 0$, wenn $r = 1$ keine Wurzel].
Die Koeffizienten $k_0, \ldots, k_q$ ergeben sich aus (9.35) mit Koeffizientenvergleich.

2. Exponentialfunktion

$$R(n) = Q(n) c^n \quad (c = \text{konstant}, Q(n) = \text{Polynom vom Grad } q)$$

Ansatz: $\quad x(n) = c^n y(n)$.

Transformiert (9.35) in $P(cT) y(n) = Q(n)$. Fortsetzung mit **1**.
[Oder $x(n) = n^m (k_q n^q + k_{q-1} n^{q-1} + \ldots + k_0) c^n$, wenn $r = c$ Wurzel d. Vielfachheit m von (9.37)]

> **Beispiel**
>
> Die Substitution $x(n) = 2^n y(n)$ transformiert die Differenzengleichung
>
> $$x(n+2) - 4x(n) = n\, 2^n \Leftrightarrow (T^2 - 4) x(n) = n\, 2^n \text{ in}$$
>
> $$((2T)^2 - 4) y(n) = n \Leftrightarrow (T^2 - 1) y(n) = n/4 \Leftrightarrow y(n+2) - y(n) = n/4$$

3. Trigonometrische Funktion

$$R_1(n) = Q(n) c^n \cos n\theta \quad \text{oder} \quad R_2(n) = Q(n) c^n \sin n\theta$$
$$(c, \theta = \text{reelle Konstanten}, Q(n) = \text{reelles Polynom})$$

Ersetze $R(n)$ in (9.22) durch $R^*(n) = Q(n)(c e^{i\theta})^n$. Bestimme $x_p^*(n)$ wie in **2**. Das ergibt $x_{1p}(n) = \operatorname{Re} x_p^*(n)$ und $x_{2p}(n) = \operatorname{Im} x_p^*(n)$.

4. Beliebige Funktion

Für gegebnes $x(0), \ldots, x(N-1)$ bestimme man (eindeutig) rekursiv $x(n), n \geq N$ aus (9.35).

Beispiel. $\quad x(n+1) - a x(n) = R(n), n = 0, 1, 2, \ldots$ hat eine spezielle Lösung

$$x(0) = 0,\ x(n) = \sum_{k=0}^{n-1} a^{n-k-1} R(k),\ n = 1, 2, 3, \ldots$$

Siehe auch 13.4 (z-Transformation).

10 Mehrdimensionale Analysis

10.1 Der Raum $\mathbf{R}^n$

Der Euklidische Raum $\mathbf{R}^n$

Eigenschaften

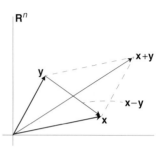

1. $\mathbf{R}^n$ ist die Menge der (reellen) n-Tupel $\mathbf{x} = (x_1, \ldots, x_n)$
2. Addition und Multiplikation mit einem Skalar λ
   $$\mathbf{x} + \mathbf{y} = (x_1 + y_1, \ldots, x_n + y_n), \quad \lambda \mathbf{x} = (\lambda x_1, \ldots, \lambda x_n)$$
3. Skalarprodukt. $\mathbf{x} \cdot \mathbf{y} = x_1 y_1 + x_2 y_2 + \ldots + x_n y_n$
4. Norm und Abstand
   $$|\mathbf{x}| = \sqrt{\mathbf{x} \cdot \mathbf{x}} = \sqrt{x_1^2 + \ldots + x_n^2}, \quad |\mathbf{x} - \mathbf{y}| = \sqrt{(x_1 - y_1)^2 + \ldots + (x_n - y_n)^2}$$
5. Winkel θ zwischen $\mathbf{x}$ und $\mathbf{y}$. $\quad \cos \theta = \dfrac{\mathbf{x} \cdot \mathbf{y}}{|\mathbf{x}| \cdot |\mathbf{y}|}$
6. Cauchy-Schwarz-Ungleichung. $|\mathbf{x} \cdot \mathbf{y}| \leq |\mathbf{x}| \cdot |\mathbf{y}|$
7. Dreiecksungleichung. $\quad \big||\mathbf{x}| - |\mathbf{y}|\big| \leq |\mathbf{x} + \mathbf{y}| \leq |\mathbf{x}| + |\mathbf{y}|$

Topologische Grundlagen

Umgebung innerer Punkt äußerer Punkt Randpunkt Rand Häufungspunkt Offene Menge abgeschlossene Menge abgeschlossene Hülle beschränkte Menge kompakte Menge zusammenhängende Menge Gebiet

$\mathbf{a}, \mathbf{b}, \mathbf{c}, \ldots$ seien Punkte (Vektoren) im $\mathbf{R}^n$ und S sei eine Punktmenge.

Definitionen

1. *Umgebung* eines Punktes $\mathbf{p}$ ist eine offene Kugel B mit Mittelpunkt $\mathbf{p}$, d.h. $B = \{\mathbf{x} : |\mathbf{x} - \mathbf{p}| < \delta, \delta > 0\}$. Die Umgebung heißt *punktiert*, wenn $\mathbf{p}$ nicht zu B gehört.
2. $\mathbf{a} \in S$ ist *innerer Punkt* von S, wenn es eine Umgebung von $\mathbf{a}$ gibt, die ganz in S liegt.
3. $\mathbf{b} \notin S$ ist *äußerer Punkt* von S, wenn es eine Umgebung von $\mathbf{b}$ gibt, die keinen Punkt von S enthält.
4. $\mathbf{c}$ ist *Randpunkt* von S, wenn jede Umgebung von $\mathbf{c}$ mindestens einen inneren und mindestens einen äußeren Punkt von S enthält. Rand $\partial S = \{\text{Randpunkte von } S\}$.
5. $\mathbf{p}$ heißt *Häufungspunkt* von S, wenn jede punktierte Umgebung von $\mathbf{p}$ mindestens einen Punkt von S enthält.

6. S heißt *offen*, wenn S nur innere Punkte besitzt.
7. S heißt *abgeschlossen*, wenn jeder Randpunkt zu S gehört (d.h. das Komplement von S ist offen). Die *abgeschlossene Hülle* $\bar{S}$ von S ist die Vereinigung $\bar{S} = S \cup \partial S$.
8. S ist *beschränkt*, wenn es eine Konstante M gibt, so daß $|\mathbf{x}| < M$ für jedes $\mathbf{x} \in S$.
9. S ist *kompakt*, wenn S beschränkt und abgeschlossen ist.
10. S ist *zusammenhängend*, wenn je zwei Punkte in S durch einen stetigen Weg in S verbunden werden können.
11. S ist *einfach zusammenhängend*, wenn jede geschlossene Kurve in S stetig auf einen Punkt zusammengezogen werden kann, ohne S zu verlassen.
12. S ist ein *Gebiet* oder ein *offener Bereich*, wenn S offen und zusammenhängend ist.

Sätze

13. Die Vereinigung von beliebig vielen offenen Mengen ist wieder offen. Der Durchschnitt von beliebig vielen abgeschlossenen Mengen ist wieder abgeschlossen.
14. Der Durchschnitt von endlich vielen offenen Mengen ist offen.
    Die Vereinigung von endlich vielen abgeschlossenen Mengen ist abgeschlossen.
15. (*Bolzano-Weierstraß*) Jede beschränkte unendliche Menge hat einen Häufungspunkt.
16. (*Heine-Borel*) Sei S kompakt und sei $\{A_i\}$ eine Familie von offenen Mengen, die S überdeckt, dann überdecken bereits endlich viele A_i die Menge S.

10.2 Flächen. Tangentialebenen

Graph einer Funktion

$z = f(x, y)$, Normalenvektor $\mathbf{n} = (-f_x, -f_y, 1)$

Tangentialebene in (a, b, c), $c = f(a, b)$

$$z - c = f_x(a, b)(x - a) + f_y(a, b)(y - b)$$

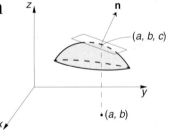

Bemerkungen

(i) Der Graph von $z = f(x, y)$ ist eine *Drehfläche* um die z-Achse $\Leftrightarrow f(x, y)$ hängt nur von $(x^2 + y^2)$ ab

(ii) Die Gleichung der Drehfläche, die entsteht, wenn $z = f(x)$ [oder $f(y)$] um die z-Achse rotiert, ist

$$z = f(r) = f(\sqrt{x^2 + y^2}) \quad \text{(siehe Skizze)}$$

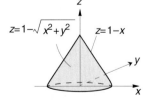

Niveauflächen

$$F(x, y, z) = C, \quad \mathbf{n} = \operatorname{grad} F = (F_x, F_y, F_z)$$

Tangentialebene. $\quad F_x(a, b, c)(x-a) + F_y(a, b, c)(y-b) + F_z(a, b, c)(z-c) = 0$

Niveaukurven. $\quad F(x, y) = C, \quad \mathbf{n} = \operatorname{grad} F = (F_x, F_y)$

Flächen in Parameterdarstellung

$$\begin{cases} x = x(u, v) \\ y = y(u, v), \\ z = z(u, v) \end{cases} \quad \mathbf{r} = (x, y, z)$$

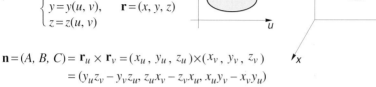

$$\mathbf{n} = (A, B, C) = \mathbf{r}_u \times \mathbf{r}_v = (x_u, y_u, z_u) \times (x_v, y_v, z_v)$$
$$= (y_u z_v - y_v z_u, z_u x_v - z_v x_u, x_u y_v - x_v y_u)$$

Tangentialebene. $\quad A(x-a) + B(y-b) + C(z-c) = 0$

10.3 Grenzwert und Stetigkeit

Funktion $f : \mathbf{R}^n \supseteq D_f \to \mathbf{R}$. $\quad y = f(\mathbf{x}) = f(x_1, x_2, \ldots, x_n)$

Definition

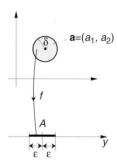

$$\lim_{\mathbf{x} \to \mathbf{a}} f(\mathbf{x}) = A \quad \Leftrightarrow$$

Für jedes $\varepsilon > 0$ gibt es ein $\delta > 0$, so daß $|f(\mathbf{x}) - A| < \varepsilon$ für alle $\mathbf{x} \in D_f$

mit $|\mathbf{x} - \mathbf{a}| = \sqrt{(x_1 - a_1)^2 + \ldots + (x_n - a_n)^2} < \delta$

Beispiel

1. $\displaystyle\lim_{(x,y) \to (0,0)} \frac{x^2 y^2}{x^2 + y^2} = [x = r\cos\theta, y = r\sin\theta] = \lim_{r \to 0+} (r^2 \cos^2\theta \sin^2\theta) = 0$
   gleichmäßig in θ

2. $\displaystyle\lim_{(x,y) \to (0,0)} \frac{xy}{x^2 + y^2}$ existiert nicht, da (i) $f(x, 0) \to 0$ mit $x \to 0$

   (ii) $f(x, x) \to \dfrac{1}{2}$ mit $x \to 0$.

Das Stetigkeitskonzept für Funktionen einer Variablen ordnet sich hier unter (vgl. 6.2)

Satz

Ist $f(\mathbf{x}) = f(x_1, \ldots, x_n)$ stetig auf der kompakten Menge D, dann gilt
 (i) $f(\mathbf{x})$ ist beschränkt auf D
 (ii) $f(\mathbf{x})$ nimmt Supremum (Maximum) und Infimum (Minimum) auf D an

10.4 Differentiation

Partielle Ableitungen

Betrachte $f: D \to \mathbf{R}$, wobei $D \subseteq \mathbf{R}^2$ (bzw. $D \subseteq \mathbf{R}^n$) und D offen.

> *Definition*
> $$f_x(a,b) = \lim_{h \to 0} \frac{f(a+h,b) - f(a,b)}{h} \qquad f_y(a,b) = \lim_{k \to 0} \frac{f(a,b+k) - f(a,b)}{k}$$

Andere Bezeichnungen: $f_x = f'_x = D_x f = \dfrac{\partial f}{\partial x} = \left(\dfrac{\partial f}{\partial x}\right)_{y(=\text{konstant})}$

Höhere Ableitungen:

$$f_{xx} = f''_{xx} = \frac{\partial^2 f}{\partial x^2} = D_x f_x, \quad f_{yx} = f''_{yx} = \frac{\partial^2 f}{\partial x \partial y} = D_x f_y, \quad f_{yy} = f''_{yy} = \frac{\partial^2 f}{\partial y^2} = D_y f_y \text{ usw.}$$

Bezeichnung. $f \in C^k(D) \Leftrightarrow f$ hat in D stetige partielle Ableitungen der Ordnung $\leq k$

Satz von Schwarz. $f \in C^2(D) \Rightarrow f_{xy} = f_{yx}$.

Beispiel. $f(x,y) = x^3 - 2xy^2 + 3y^4 \Rightarrow$
$\quad f_x = 3x^2 - 2y^2, \; f_y = -4xy + 12y^3, \; f_{xx} = 6x, \; f_{xy} = f_{yx} = -4y, \; f_{yy} = -4x + 36y^2.$

> **Differentiation von $f(x,y)$ nach $g(x,y)$, wobei $h(x,y)$ konstant bleibt**
>
> $\left(\dfrac{\partial f}{\partial g}\right)_h (P) = \lim_{Q \to P} \dfrac{f(Q) - f(P)}{g(Q) - g(P)}$
>
> $\left(\dfrac{\partial f}{\partial g}\right)_h = \{$Setze $u = g(x,y), v = h(x,y)$. Drücke f durch u und v aus und differenziere f nach u, wobei v konstant bleibt$\} = \left(\dfrac{\partial f}{\partial u}\right)_v$.
>
> Z.B. $\left(\dfrac{\partial(xy)}{\partial(x+y)}\right)_{x-y} = \{u = x+y, v = x-y \Leftrightarrow x = \dfrac{u+v}{2}, y = \dfrac{u-v}{2};$
>
> $f = xy = \dfrac{u^2 - v^2}{4}\} = \left(\dfrac{\partial f}{\partial u}\right)_v = \dfrac{u}{2} = \dfrac{x+y}{2}$
>
> Mit der Kettenregel ist $\left(\dfrac{\partial f}{\partial u}\right)_v = \left(\dfrac{\partial f}{\partial x}\right)_y \left(\dfrac{\partial x}{\partial u}\right)_v + \left(\dfrac{\partial f}{\partial y}\right)_x \left(\dfrac{\partial y}{\partial u}\right)_v$

Differenzierbarkeit (Lineare Approximation)

$f(x,y)$ heißt (*total*) *differenzierbar* in (x,y), wenn
$$\Delta f = f(x+h, y+k) - f(x,y) = h f_x(x,y) + k f_y(x,y) + \sqrt{h^2 + k^2}\, \varepsilon(h,k),$$
wobei $\varepsilon(h,k) \to 0$ mit $(h,k) \to (0,0)$.

(Analog für $f: \mathbf{R}^n \to \mathbf{R}$)

Differential: $df = \dfrac{\partial f}{\partial x} dx + \dfrac{\partial f}{\partial y} dy$

Satz. D Umgebung von $(x,y), f \in C^1(D) \Rightarrow f(x,y)$ ist differenzierbar in (x,y).

Gradient

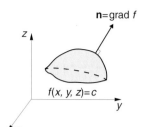

Sei $f: \mathbf{R}^3 \to \mathbf{R}$ (analog für $f: \mathbf{R}^n \to \mathbf{R}$). Der Vektor $\nabla f = \operatorname{grad} f = (f_x, f_y, f_z)$ ist orthogonal zur entsprechenden Niveaufläche $f(x, y, z) = C$.

Richtungsableitung

Der Richtungsvektor $\mathbf{e} = (e_x, e_y, e_z)$ habe die Länge 1.

$$\partial_{\mathbf{e}} f(a, b, c) = \lim_{t \to 0} \frac{1}{t} [f(a + te_x, b + te_y, c + te_z) - f(a, b, c)] =$$

$$= \frac{d}{dt} f(a + te_x, b + te_y, c + te_z)|_{t=0} = \mathbf{e} \cdot \operatorname{grad} f(a, b, c)$$

(wenn grad f stetig ist)

1. $\partial_{\mathbf{e}} f$ ist maximal [minimal] in Richtung $\mathbf{e} = \dfrac{\operatorname{grad} f}{|\operatorname{grad} f|} \quad \left[\mathbf{e} = -\dfrac{\operatorname{grad} f}{|\operatorname{grad} f|} \right]$.
2. $\max \partial_{\mathbf{e}} f = |\operatorname{grad} f|$, $\min \partial_{\mathbf{e}} f = -|\operatorname{grad} f|$.

Kettenregeln

1. $z = z(x, y)$, $x = x(t)$, $y = y(t)$:

$$\frac{dz}{dt} = \frac{\partial z}{\partial x} \cdot \frac{dx}{dt} + \frac{\partial z}{\partial y} \cdot \frac{dy}{dt} \qquad \frac{d}{dt} = \frac{dx}{dt} \frac{\partial}{\partial x} + \frac{dy}{dt} \frac{\partial}{\partial y}$$

$$\frac{d^2 z}{dt^2} = \frac{\partial z}{\partial x} \cdot \frac{d^2 x}{dt^2} + \frac{dx}{dt} \left(\frac{\partial^2 z}{\partial x^2} \cdot \frac{dx}{dt} + \frac{\partial^2 z}{\partial x \partial y} \cdot \frac{dy}{dt} \right) +$$

$$+ \frac{\partial z}{\partial y} \cdot \frac{d^2 y}{dt^2} + \frac{dy}{dt} \left(\frac{\partial^2 z}{\partial x \partial y} \cdot \frac{dx}{dt} + \frac{\partial^2 z}{\partial y^2} \cdot \frac{dy}{dt} \right)$$

2. $z = z(x, y)$, $x = x(u, v)$, $y = y(u, v)$: 4. x, y, z voneinander abhängig:

$$\begin{cases} \dfrac{\partial z}{\partial u} = \dfrac{\partial z}{\partial x} \cdot \dfrac{\partial x}{\partial u} + \dfrac{\partial z}{\partial y} \cdot \dfrac{\partial y}{\partial u} \\ \dfrac{\partial z}{\partial v} = \dfrac{\partial z}{\partial x} \cdot \dfrac{\partial x}{\partial v} + \dfrac{\partial z}{\partial y} \cdot \dfrac{\partial y}{\partial v} \end{cases}$$

(i) $\left(\dfrac{\partial x}{\partial y}\right)_z = 1 \Big/ \left(\dfrac{\partial y}{\partial x}\right)_z$ etc.

(ii) $\left(\dfrac{\partial x}{\partial y}\right)_z \left(\dfrac{\partial y}{\partial z}\right)_x \left(\dfrac{\partial z}{\partial x}\right)_y = -1$

3. $f = f(x_1, \ldots, x_n)$, $x_k = x_k(u_1, \ldots, u_m)$, $k = 1, \ldots, n$

$$\frac{\partial f}{\partial u_j} = \sum_{k=1}^{n} \frac{\partial f}{\partial x_k} \cdot \frac{\partial x_k}{\partial u_j}, \quad j = 1, \ldots, m.$$

Mittelwertsatz

Hat $f: \mathbf{R}^n \to \mathbf{R}$ stetige partielle Ableitungen, dann gilt

$$f(\mathbf{x} + \mathbf{h}) - f(\mathbf{x}) = \mathbf{h} \cdot \operatorname{grad} f(\mathbf{x} + \theta \mathbf{h}), \quad 0 < \theta < 1$$

Taylor-Formel

$f: \mathbf{R}^2 \to \mathbf{R}$.

Hat $f(x,y)$ in einem Gebiet, das die Verbindungsstrecke von (a, b) und $(a+h, b+k)$ enthält, stetige partielle Ableitungen der Ordnung $\leq n$, dann gilt

(10.1) $\quad f(a+h, b+k) = f(a, b) + hf_x(a, b) + kf_y(a, b) +$

$$+ \frac{1}{2}[h^2 f_{xx}(a, b) + 2hk f_{xy}(a, b) + k^2 f_{yy}(a, b)] + \ldots + R_n =$$

$$= \sum_{j=0}^{n-1} \frac{1}{j!}\left(h\frac{\partial}{\partial x} + k\frac{\partial}{\partial y}\right)^j f(a, b) + R_n$$

mit $\quad R_n = \frac{1}{n!}\left(h\frac{\partial}{\partial x} + k\frac{\partial}{\partial y}\right)^n f(a+\theta h, b+\theta k), \; 0 < \theta < 1,$

oder $\quad R_n = (h^2+k^2)^{n/2} B(h, k)$, wobei $B(h, k)$ in einer Umgebung von $(0, 0)$ beschränkt ist

---

$f: \mathbf{R}^n \to \mathbf{R}$.

Multiindex $\mathbf{j} = (j_1, \ldots, j_n)$, $D_{\mathbf{j}} f = D_{j_1} \ldots D_{j_n} f$, $\mathbf{h}^{\mathbf{j}} = h_1^{j_1} \ldots h_n^{j_n}$, $\mathbf{j}! = j_1! \ldots j_n!$

$$f(\mathbf{a}+\mathbf{h}) = \sum_{j_1+\ldots+j_n \leq m-1} \frac{1}{\mathbf{j}!} (D_{\mathbf{j}} f)\mathbf{h}^{\mathbf{j}} + R_m$$

mit $\quad R_m = |\mathbf{h}|^m B(\mathbf{h})$, wobei $B(\mathbf{h})$ in einer Umgebung von $\mathbf{0}$ beschränkt ist.

Beispiel

Taylor-Polynom $T_2(x, y)$ der Ordnung 2 in $(1, 0)$ für $f(x, y) = \ln(x-y)$.

Methode 1. Mit (10.1): $f(1, 0) = 0$; $f_x = \frac{1}{x-y} \Rightarrow f_x(1, 0) = 1$ usw. ergibt

$$P_2(x, y) = 0 + 1 \cdot (x-1) - 1 \cdot y + \frac{1}{2}[-1(x-1)^2 + 2(x-1)y - 1 \cdot y^2]$$

Methode 2. Mit bekannter MacLaurin-Entwicklung:

$$f(x, y) = [x = 1+h, y = k] = \ln(1+h-k) =$$

$$= [t = h-k] = \ln(1+t) = t - \frac{t^2}{2} + \ldots = h - k - \frac{1}{2}(h-k)^2 + \ldots = \text{usw.}$$

Satz über implizite Funktionen

(i) $F(x_1, \ldots, x_n)$ stetig partiell differenzierbar in Gebiet $G \subseteq \mathbf{R}^n$,

(ii) $F(a_1, \ldots, a_n) = 0$,

(iii) $\dfrac{\partial}{\partial x_n} F(a_1, \ldots, a_n) \neq 0$,

dann gibt es in $\mathbf{R}^{n-1}$ eine Umgebung B von $(a_1, \ldots, a_{n-1})$ und auf B eine partiell differenzierbare Funktion $f: B \to \mathbf{R}$, so daß

(i) $f(a_1, ..., a_{n-1}) = a_n$,
(ii) $F(x_1, ..., x_{n-1}, f(x_1,..., x_{n-1})) = 0$ für alle $(x_1,..., x_{n-1}) \in B$,

(iii) $\dfrac{\partial f}{\partial x_1} = -\dfrac{F_{x_1}}{F_{x_n}}, ..., \dfrac{\partial f}{\partial x_{n-1}} = -\dfrac{F_{x_{n-1}}}{F_{x_n}}$ in B.

Beispiel

> Taylor-Polynom $T_2(x,y)$ der Ordnung 2 von $z = z(x,y)$ in $(0,0)$ mit $z(0,0) = 0$, so daß
> (∗) $xy + xz + \sin z = 0$.
>
> Lösung. $\dfrac{\partial}{\partial z}\{xy + xz + \sin z\} = x + \cos z = 1$ in $(0,0,0) \Rightarrow z = z(x,y)$ existiert in einer Umgebung von $(x,y) = (0,0)$. Differentiation von (∗):
>
> $D_x(\ast)$: $y + xz_x + z + z_x \cos z = 0 \Rightarrow z_x(0,0) = 0$
> $D_y(\ast)$: $x + xz_y + z_y \cos z = 0 \Rightarrow z_y(0,0) = 0$
> $D_{xy}(\ast)$: $1 + xz_{xy} + z_y + z_{xy} \cos z - z_x z_y \sin z = 0 \Rightarrow z_{xy}(0,0) = -1$
> Analog $z_{xx}(0,0) = z_{yy}(0,0) = 0$. Mit (10.1) ist $T_2(x,y) = -xy$

10.5 Extremstellen von Funktionen

Alle Funktionen seien differenzierbar.

Extremum im Innern eines Gebiets

Notwendige Bedingung

a. $f: \mathbf{R}^2 \to \mathbf{R}$. Hat $f(x,y)$ ein lokales Maximum oder Minimum im inneren Punkt (a,b) von D_f, dann ist

$$f_x(a,b) = f_y(a,b) = 0,$$

d.h. (a,b) ist *stationärer Punkt*.

b. $f: \mathbf{R}^n \to \mathbf{R}$. Alle ersten partiellen Ableitungen $= 0$ in einer inneren Extremstelle.

Hinreichende Bedingungen

> a. $f: \mathbf{R}^2 \to \mathbf{R}$. Sei (a,b) ein stationärer Punkt von f.
> Sei $D = f_{xx} f_{yy} - (f_{xy})^2$, dann gilt
>
> (i) $D(a,b) > 0$, $f_{xx}(a,b) > 0 \Rightarrow (a,b)$ ist eine Minimalstelle
> (ii) $D(a,b) > 0$, $f_{xx}(a,b) < 0 \Rightarrow (a,b)$ ist eine Maximalstelle
> (iii) $D(a,b) < 0$ $\Rightarrow (a,b)$ ist ein Sattelpunkt
> (iv) $D(a,b) = 0$ $\Rightarrow$ keine Aussage

b. $f: \mathbf{R}^n \to \mathbf{R}$. Sei $P = (a_1, \ldots, a_n)$ stationärer Punkt von f.

Hesse-Matrix $A = (a_{ij})$ mit $a_{ij} = \dfrac{\partial^2}{\partial x_i \partial x_j} f(P)$, dann gilt [vgl. 4.6]

(i) $Q = \mathbf{x}^T A \mathbf{x}$ positiv (negativ) definit $\Rightarrow$ P lokale Minimum-(Maximum-)stelle

(ii) $Q = \mathbf{x}^T A \mathbf{x}$ indefinit $\Rightarrow$ P Sattelpunkt.

Extrema mit Nebenbedingungen

Problem. Extremstellen von $f(x, y, z)$ unter der Nebenbedingung $g(x, y, z) = 0$.

1. Substitution

Auflösen der Nebenbedingungsgleichung (z.B.) nach z führt auf ein Problem für Extremstellen von $h(x, y) = f(x, y, z(x, y))$ im Innern.

2. Lagrange-Multiplikatorregel

a. *Spezialfall $n = 2$*

Notwendige Bedingung für ein Maximum oder Minimum von $f(x, y)$ mit Nebenbedingung $g(x, y) = 0$:

$$\begin{cases} f_x + \lambda g_x = 0 \\ f_y + \lambda g_y = 0 \\ g = 0 \end{cases} \quad \text{oder} \quad \begin{cases} g_x = 0 \\ g_y = 0 \\ g = 0 \end{cases} \quad \text{(Ausartungsfall)}$$

b. *Allgemeiner Fall*

Notwendige Bedingung für Maximum oder Minimum von $f(x_1, \ldots, x_n)$ unter den Nebenbedingungen

$$g_1(x_1, \ldots, x_n) = 0, \ldots, g_k(x_1, \ldots, x_n) = 0, \quad k < n$$

$$\begin{cases} \dfrac{\partial}{\partial x_i}(f + \lambda_1 g_1 + \ldots + \lambda_k g_k) = 0, \, i = 1, \ldots, n \\ g_j = 0, \, j = 1, \ldots, k \end{cases} \quad \text{oder (Ausartungsfall)}$$

$$\begin{cases} \dfrac{\partial(g_1, \ldots, g_k)}{\partial(x_{i_1}, \ldots, x_{i_k})} = \ldots = 0 \end{cases} \quad [\text{alle } \binom{n}{k} \text{ Funktionaldeterminanten von } g_1, \ldots, g_k \text{ bezüglich } k \text{ von den Variablen } x_1, \ldots, x_n].$$

3. Methode mit Funktionaldeterminanten

Problem 2b. Lösung von

$$\begin{cases} \dfrac{\partial(f, g_1, \ldots, g_k)}{\partial(x_{i_1}, \ldots, x_{i_{k+1}})} = \ldots = 0 \end{cases} \quad [\text{alle } \binom{n}{k+1} \text{ Funktionaldeterminanten von } f, g_1, \ldots, g_k \text{ bezüglich } k+1 \text{ von den Variablen } x_1, \ldots, x_n].$$

10.6 Vektorwertige Funktionen

Funktionen $f: \mathbf{R}^n \to \mathbf{R}^m$

Bezeichnung. $\mathbf{y} = \mathbf{f}(\mathbf{x}) = (f_1(\mathbf{x}), ..., f_m(\mathbf{x}))^T$, $\mathbf{x} = (x_1, ..., x_n) \in \mathbf{R}^n$, $\mathbf{y} = (y_1, ..., y_m) \in \mathbf{R}^m$

Grenzwert. $\lim\limits_{\mathbf{x} \to \mathbf{a}} \mathbf{f}(\mathbf{x}) = \mathbf{A} = (A_1, ..., A_m)^T \iff \lim\limits_{\mathbf{x} \to \mathbf{a}} f_k(\mathbf{x}) = A_k$, $k = 1, ..., m$

Stetigkeit. $\mathbf{f}(\mathbf{x})$ ist stetig in $\mathbf{a} \in D_f$, wenn $\lim\limits_{\mathbf{x} \to \mathbf{a}} \mathbf{f}(\mathbf{x}) = \mathbf{f}(\mathbf{a})$

Totale Ableitung. $D\mathbf{f}(\mathbf{x}) = \mathbf{f}'(\mathbf{x}) = \begin{bmatrix} \dfrac{\partial f_1}{\partial x_1} & \cdots & \dfrac{\partial f_1}{\partial x_n} \\ \cdots & & \\ \dfrac{\partial f_m}{\partial x_1} & \cdots & \dfrac{\partial f_m}{\partial x_n} \end{bmatrix}$ ($m \times n$-Matrix)
Funktionalmatrix, Jacobi-Matrix

Differenzierbarkeit (Lineare Approximation)

$\dfrac{\partial f_i}{\partial x_j}$ stetig $\Rightarrow$ $\mathbf{f}(\mathbf{a}+\mathbf{h}) - \mathbf{f}(\mathbf{a}) = \mathbf{f}'(\mathbf{a})\mathbf{h} + |\mathbf{h}|\mathbf{e}(\mathbf{h})$, wobei $|\mathbf{e}(\mathbf{h})| \to 0$ mit $\mathbf{h} \to \mathbf{0}$

Differential. $d\mathbf{f} = \mathbf{f}'(\mathbf{a})\mathbf{h}$, $\mathbf{h} = (h_1, ..., h_n)^T$

Kettenregel. $\mathbf{g}: \mathbf{R}^n \to \mathbf{R}^m$, $\mathbf{f}: \mathbf{R}^m \to \mathbf{R}^p$:

$D\mathbf{f}(\mathbf{g}(\mathbf{x})) = \mathbf{f}'(\mathbf{g}(\mathbf{x}))\mathbf{g}'(\mathbf{x})$ [Matrixmultiplikation]

Mittelwertsatz. ($\mathbf{f}$ differenzierbar). Für jedes $\mathbf{v} \in \mathbf{R}^m$ gibt es $0 < \theta < 1$, so daß

$[\mathbf{f}(\mathbf{a}+\mathbf{h}) - \mathbf{f}(\mathbf{a})] \cdot \mathbf{v} = \mathbf{f}'(\mathbf{a} + \theta \mathbf{h})\mathbf{h} \cdot \mathbf{v}$ (Skalarprodukt)

Satz über implizite Funktionen

Annahmen

(i) $f_k(x_1, ..., x_n, y_1, ..., y_m)$, $k = 1, ..., m$, haben in einer Umgebung des Punktes $\mathbf{p} = (a_1, ..., a_n, b_1, ..., b_m) \in \mathbf{R}^{n+m}$ stetige partielle Ableitungen nach $y_1, ..., y_m$

(ii) $f_k(\mathbf{p}) = 0$, $k = 1, ..., m$,

(iii) $\dfrac{\partial(f_1, ..., f_m)}{\partial(y_1, ..., y_m)} = \det\left(\dfrac{\partial f_k}{\partial y_j}\right) \neq 0$ in $\mathbf{p}$.

Dann gibt es eine Umgebung $B \subset \mathbf{R}^n$ von $(a_1, ..., a_n)$ und m partiell differenzierbare Funktionen $y_k(x_1, ..., x_n)$, $k = 1, ..., m$, auf B, so daß

(i) $y_k(a_1, ..., a_n) = b_k$, $k = 1, ..., m$,

(ii) $\begin{cases} f_1(x_1, ..., x_n, y_1(x_1, ..., x_n), ..., y_m(x_1, ..., x_n)) = 0, \\ \cdots \\ f_m(x_1, ..., x_n, y_1(x_1, ..., x_n), ..., y_m(x_1, ..., x_n)) = 0, \end{cases}$ $(x_1, ..., x_n) \in B$

(iii) Für jedes j ist der Vektor $(\partial y_1/\partial x_j, ..., \partial y_m/\partial x_j)$ eindeutig bestimmt durch das lineare Gleichungssystem $\dfrac{\partial f_i}{\partial x_j} + \sum\limits_{k=1}^{m} \dfrac{\partial f_i}{\partial y_k} \cdot \dfrac{\partial y_k}{\partial x_j} = 0$, $i = 1, ..., m$.

Funktionen $f: \mathbf{R}^n \to \mathbf{R}^n$

Bezeichnung. $\mathbf{y} = \mathbf{y}(\mathbf{x})$: $\begin{cases} y_1 = y_1(x_1, \ldots, x_n) \\ \cdots \\ y_n = y_n(x_1, \ldots, x_n) \end{cases}$

Funktional- (Jacobi-) Matrix. $\left(\dfrac{\partial y_i}{\partial x_j}\right) = \begin{bmatrix} \dfrac{\partial y_1}{\partial x_1} & \cdots & \dfrac{\partial y_1}{\partial x_n} \\ \cdots & & \\ \dfrac{\partial y_n}{\partial x_1} & \cdots & \dfrac{\partial y_n}{\partial x_n} \end{bmatrix}$

Funktional- (Jacobi-) Determinante. $J = \dfrac{\partial(y_1, \ldots, y_n)}{\partial(x_1, \ldots, x_n)} = \det\left(\dfrac{\partial y_i}{\partial x_j}\right) = \begin{vmatrix} \dfrac{\partial y_1}{\partial x_1} & \cdots & \dfrac{\partial y_1}{\partial x_n} \\ \cdots & & \\ \dfrac{\partial y_n}{\partial x_1} & \cdots & \dfrac{\partial y_n}{\partial x_n} \end{vmatrix}$

---

1. *Kettenregel.* $\left(\dfrac{\partial z_i}{\partial x_j}\right) = \left(\dfrac{\partial z_i}{\partial y_j}\right)\left(\dfrac{\partial y_i}{\partial x_j}\right)$ [Matrixmultiplikation]

2. $\left(\dfrac{\partial x_i}{\partial y_j}\right) = \left(\dfrac{\partial y_i}{\partial x_j}\right)^{-1}$ [Matrixinversion]

3. $\dfrac{\partial(z_1, \ldots, z_n)}{\partial(x_1, \ldots, x_n)} = \dfrac{\partial(z_1, \ldots, z_n)}{\partial(y_1, \ldots, y_n)} \cdot \dfrac{\partial(y_1, \ldots, y_n)}{\partial(x_1, \ldots, x_n)}$

4. $\dfrac{\partial(x_1, \ldots, x_n)}{\partial(y_1, \ldots, y_n)} = 1 \Big/ \dfrac{\partial(y_1, \ldots, y_n)}{\partial(x_1, \ldots, x_n)}$

Beispiele

1. $\begin{cases} x = r\cos\theta \\ y = r\sin\theta \end{cases} \Rightarrow \dfrac{\partial(x, y)}{\partial(r, \theta)} = r$

2. $\begin{cases} x = r\sin\theta\cos\varphi \\ y = r\sin\theta\sin\varphi \\ z = r\cos\theta \end{cases} \Rightarrow \dfrac{\partial(x, y, z)}{\partial(r, \theta, \varphi)} = r^2\sin\theta$

3. $\begin{cases} x = au + bv \\ y = cu + dv \end{cases} \Rightarrow \dfrac{\partial(x, y)}{\partial(u, v)} = ad - bc, \quad \dfrac{\partial(u, v)}{\partial(x, y)} = \dfrac{1}{ad - bc}$

Lokale Volumen- (Flächen-)verzerrung

$m(\Omega) =$ Volumen (Fläche) von Ω.
Kann Ω_x auf Ω_y 1-1-deutig abgebildet werden durch
$\begin{cases} y_1 = y_1(x_1, \ldots, x_n) \\ \cdots \\ y_n = y_n(x_1, \ldots, x_n), \end{cases}$ dann gilt

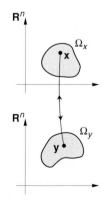

10.7 Doppelintegrale

> 1. $\dfrac{m(\Omega_y)}{m(\Omega_x)} \to \left|\dfrac{\partial(y_1, \ldots, y_n)}{\partial(x_1, \ldots, x_n)}\right|$ mit maximalem Durchmesser $\operatorname{diam}(\Omega_x) \to 0$
>
> 2. $m(\Omega_y) \approx \left|\dfrac{\partial(y_1, \ldots, y_n)}{\partial(x_1, \ldots, x_n)}\right| \cdot m(\Omega_x)$ für „kleine" Ω_x und Ω_y.

Gradient. $f: \mathbf{R}^n \to \mathbf{R}$: $\operatorname{grad} f = \nabla f = \left(\dfrac{\partial f}{\partial x_1}, \ldots, \dfrac{\partial f}{\partial x_n}\right)$

Divergenz. $\mathbf{f}: \mathbf{R}^n \to \mathbf{R}^n$: $\operatorname{div} \mathbf{f} = \nabla \cdot \mathbf{f} = \dfrac{\partial f_1}{\partial x_1} + \ldots + \dfrac{\partial f_n}{\partial x_n}$

Rotation. $\mathbf{f}: \mathbf{R}^3 \to \mathbf{R}^3$: $\operatorname{rot} \mathbf{f} = \nabla \times \mathbf{f} = \left(\dfrac{\partial f_3}{\partial x_2} - \dfrac{\partial f_2}{\partial x_3},\; \dfrac{\partial f_1}{\partial x_3} - \dfrac{\partial f_3}{\partial x_1},\; \dfrac{\partial f_2}{\partial x_1} - \dfrac{\partial f_1}{\partial x_2}\right)$

Formeln mit grad, div, rot, siehe 11.2.

Satz über implizite Funktionen

Sei

(i) $\mathbf{y} = \mathbf{f}(\mathbf{x})$ stetig differenzierbar

(ii) $J = \dfrac{\partial(y_1, \ldots, y_n)}{\partial(x_1, \ldots, x_n)} \neq 0$ in $\mathbf{a}$.

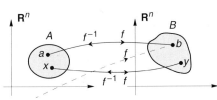

Dann gibt es offene Mengen A, B ($\mathbf{a} \in A$, $\mathbf{b} = \mathbf{f}(\mathbf{a}) \in B$) und eine eindeutig bestimmte Umkehrfunktion $\mathbf{f}^{-1}: B \to A$, so daß

(i) $\mathbf{f}$, $(\mathbf{f}^{-1})$ 1-1-deutig auf A, (B)

$\mathbf{f}: \begin{cases} y_1 = y_1(x_1, \ldots, x_n) \\ \ldots \\ y_n = y_n(x_1, \ldots, x_n) \end{cases}$ $\mathbf{f}^{-1}: \begin{cases} x_1 = x_1(y_1, \ldots, y_n) \\ \ldots \\ x_n = x_n(y_1, \ldots, y_n) \end{cases}$

(ii) $\mathbf{f}^{-1}$ stetig differenzierbar und

(a) $\left(\dfrac{\partial x_i}{\partial y_j}\right) = \left(\dfrac{\partial y_i}{\partial x_j}\right)^{-1}$ [Matrixinversion]

d.h. $D\mathbf{f}^{-1}(\mathbf{y}) = [D\mathbf{f}(\mathbf{x})]^{-1}$

(b) $\dfrac{\partial(x_1, \ldots, x_n)}{\partial(y_1, \ldots, y_n)} = 1 / \dfrac{\partial(y_1, \ldots, y_n)}{\partial(x_1, \ldots, x_n)}$

10.7 Doppelintegrale

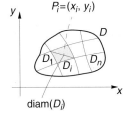

D eine beschränkte (meßbare) Menge, $f(x, y)$ stetig und beschränkt auf D, $A(D) = $ Flächeninhalt von D.

Riemann-Summe

$$s_n = \sum_{i=1}^n f(x_i, y_i) A(D_i) \to \iint_D f(x,y)\, dx\, dy \quad \text{mit} \quad \max_i \operatorname{diam}(D_i) \to 0$$

Iterierte Integration

$$\iint_D f(x,y)\,dxdy = \int_a^b \left[\int_{\alpha(x)}^{\beta(x)} f(x,y)dy\right] dx =$$
$$= \int_a^b dx \int_{\alpha(x)}^{\beta(x)} f(x,y)dy$$
(Analog mit vertauschten Variablen)

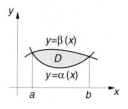

Beispiel

$$\iint_D 6x^2 y\,dxdy = \int_0^1 x^2 dx \int_{x^2}^x 6y\,dy = \int_0^1 x^2 dx [3y^2]_{x^2}^x =$$
$$= 3\int_0^1 x^2(x^2 - x^4)dx = 6/35$$

$$\iint_D 6x^2 y\,dxdy = \int_0^1 y\,dy \int_y^{\sqrt{y}} 6x^2\,dx = \int_0^1 y\,dy[2x^3]_y^{\sqrt{y}} =$$
$$= 2\int_0^1 y(y^{3/2} - y^3)dy = 6/35$$

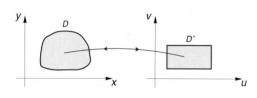

Substitution

$D \leftrightarrow D'$ 1-1-deutig mit

$$\begin{cases} x = x(u,v) \\ y = y(u,v) \end{cases} \Leftrightarrow \begin{cases} u = u(x,y) \\ v = v(x,y) \end{cases}$$

$$J = \frac{\partial(x,y)}{\partial(u,v)} = \begin{vmatrix} x_u & x_v \\ y_u & y_v \end{vmatrix} \ne 0$$

$$\iint_D f(x,y)\,dxdy = \iint_{D'} f(x(u,v), y(u,v)) \left|\frac{\partial(x,y)}{\partial(u,v)}\right| dudv$$

Spezielle Substitutionen

1. *Polarkoordinaten*

$$\begin{cases} x = r\cos\theta \\ y = r\sin\theta \end{cases}, \quad dxdy = r\,dr\,d\theta \quad x^2 + y^2 = r^2,\; r > 0$$

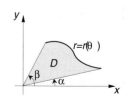

$$\iint_D f(x,y)\,dxdy = \int_\alpha^\beta d\theta \int_0^{r(\theta)} f(r\cos\theta, r\sin\theta)r\,dr$$

10.7 Doppelintegrale

2. Lineare Transformation

$$\begin{cases} u = ax+by \\ v = cx+dy \end{cases}, \quad dxdy = \frac{dudv}{|ad-bc|}$$

$$\iint_D f(x,y)\,dxdy = \frac{1}{|ad-bc|} \iint_{D'} f(x(u,v), y(u,v))\,dudv, \quad |ad-bc| > 0.$$

Uneigentliche Integrale

Sei $f(x,y) \geq 0$ und f unbeschränkt auf D oder D unbeschränkt. Sei $\{D_n\}_1^\infty$ mit
(i) D_n beschränkt und f beschränkt auf D_n, (ii) $D_n \subset D_{n+1}$, (iii) $D = \bigcup_{n=1}^\infty D_n$.

Definition

$$\iint_D f(x,y)\,dxdy = \lim_{n\to\infty} \iint_{D_n} f(x,y)\,dxdy,$$

wenn der Grenzwert der rechten Seite unabhängig von der Folge $\{D_n\}_1^\infty$ existiert.

Satz von Fubini

Sei $f(x,y) \geq 0$ in $D = (a,b) \times (c,d)$ mit endlichem oder unendlichem a, b, c, d.
Konvergiert eines der drei Integrale $I = \iint_D f\,dxdy,\ I_1 = \int_a^b dx \int_c^d f\,dy,\ I_2 = \int_c^d dy \int_a^b f\,dx$,
so konvergieren alle und es gilt $I = I_1 = I_2$.

Beispiel

$$I = \int_{-\infty}^\infty e^{-x^2}dx = \sqrt{\pi}, \quad \text{weil} \quad I^2 = \int_{-\infty}^\infty e^{-x^2}dx \int_{-\infty}^\infty e^{-y^2}dy = \iint_{\mathbf{R}^2} e^{-x^2-y^2}dxdy =$$

$$= \int_0^{2\pi} d\theta \int_0^\infty re^{-r^2}dr = 2\pi \left[-\frac{1}{2}e^{-r^2}\right]_0^\infty = \pi$$

Anwendungen

Geometrie

1. *Flächeninhalt.* $A(D) = \iint_D dxdy$

2. *Volumen*

$$V(D) = \iint_D [f(x,y) - g(x,y)]\,dxdy$$

Projektionskurve: $f(x,y) = g(x,y)$

3. *Oberflächeninhalt* von $z = f(x,y)$ über D \qquad Oberflächeninhalt von $\mathbf{r} = \mathbf{r}(u,v)$

$$A = \iint_D \sqrt{1 + f_x^2 + f_y^2}\,dxdy \qquad = \iint_{D'} |\mathbf{r}_u \times \mathbf{r}_v|\,dudv$$

Masse. $\rho(x, y)$ = Massendichte des ebenen Bereichs D
$$m(D) = \iint_D \rho(x, y) \, dxdy$$

Schwerpunkt $C = (x_c, y_c)$

(*i*) Homogener Körper

$$\begin{cases} x_c = \dfrac{1}{A(D)} \iint_D x \, dxdy \\ y_c = \dfrac{1}{A(D)} \iint_D y \, dxdy \end{cases}$$

(*ii*) Dichteverteilung $\rho(x, y)$

$$\begin{cases} x_c = \dfrac{1}{m(D)} \iint_D x\, \rho(x, y) \, dxdy \\ y_c = \dfrac{1}{m(D)} \iint_D y\, \rho(x, y) \, dxdy \end{cases}$$

Trägheitsmomente ($\rho(x, y)$ = Dichte)

(*i*) um die x-Achse: $I_x = \iint_D y^2 \rho(x, y) \, dxdy$

(*ii*) um die y-Achse: $I_y = \iint_D x^2 \rho(x, y) \, dxdy$

(*iii*) polares Moment um den Ursprung: $I_0 = I_x + I_y = \iint_D (x^2 + y^2)\, \rho(x, y) \, dxdy$

10.8 Dreifachintegrale

Iterierte Integration

Zwei Möglichkeiten (vgl. Beispiel unten):

1. $\Omega = \{(x, y, z): \varphi(x, y) \leq z \leq \psi(x, y), (x, y) \in D\}$

$$\iiint_\Omega f\, d\Omega = \iiint_\Omega f(x, y, z) \, dxdydz = \iint_D dxdy \int_{\varphi(x,y)}^{\psi(x,y)} f(x, y, z) \, dz$$

2. $\Omega = \{(x, y, z): (x, y) \in D_z,\ a \leq z \leq b\}$

$$\iiint_\Omega f\, d\Omega = \iiint_\Omega f(x, y, z) \, dxdydz = \int_a^b dz \iint_{D_z} f(x, y, z) \, dxdy$$

Beispiel

Ω = Kegel: $\sqrt{x^2 + y^2} \leq z \leq 1$

1. $\displaystyle\iiint_\Omega z \, dxdydz = \iint_D dxdy \int_{\sqrt{x^2+y^2}}^{1} z \, dz =$

   $= \dfrac{1}{2} \iint_D (1 - x^2 - y^2) \, dxdy = [\text{Polarkoord.}] =$

   $= \dfrac{1}{2} \int_0^{2\pi} d\theta \int_0^1 (1 - r^2) r \, dr = \dfrac{\pi}{4}$

2. $\displaystyle\iiint_\Omega z \, dxdydz = \int_0^1 z \, dz \iint_{D_z} dxdy = \int_0^1 z \cdot \pi z^2 \, dz = \dfrac{\pi}{4}$

Substitution

Gibt es eine 1-1-deutige Abbildung von Ω im (x, y, z)-Raum nach Ω' im (u, v, w)-Raum und ist

$$\frac{\partial(x, y, z)}{\partial(u, v, w)} \neq 0, \quad \text{dann gilt}$$

$$\iiint_\Omega f(x, y, z)\, dxdydz = \iiint_{\Omega'} f(x, y, z) \left|\frac{\partial(x, y, z)}{\partial(u, v, w)}\right| dudvdw$$

Spezielle Substitutionen

1. *Kugelkoordinaten*

$$\begin{cases} x = r\sin\theta\,\cos\varphi \\ y = r\sin\theta\,\sin\varphi \\ z = r\cos\theta \end{cases} \quad dxdydz = r^2\sin\theta\,drd\theta\,d\varphi$$
$$x^2 + y^2 + z^2 = r^2$$

2. *Zylinderkoordinaten*

$$\begin{cases} x = \rho\cos\varphi \\ y = \rho\sin\varphi \\ z = z \end{cases} \quad dxdydz = \rho d\rho d\varphi\,dz$$
$$x^2 + y^2 = \rho^2$$

Anwendungen

Geometrie

Volumen. $V(\Omega) = \iiint_\Omega dxdydz$

Masse. $\rho(x, y, z) =$ Dichteverteilung im Körper Ω.

$$m(\Omega) = \iiint_\Omega \rho(x, y, z)\, dxdydz$$

Schwerpunkt $C = (x_C, y_C, z_C)$

(i) Homogener Körper: $x_C = \dfrac{1}{V(\Omega)} \iiint_\Omega x\, dxdydz, \qquad y_C, z_C$ analog

(ii) Dichte $\rho(x, y, z)$: $x_C = \dfrac{1}{m(\Omega)} \iiint_\Omega x\, \rho(x, y, z) dxdydz, \qquad y_C, z_C$ analog

Trägheitsmomente ($\rho = \rho(x, y, z) =$ Dichte, $I = \int r^2 dm$)

(i) um die x-Achse: $I_x = \iiint_\Omega \rho(y^2 + z^2)\, dxdydz$

(ii) um die y-Achse: $I_y = \iiint_\Omega \rho(z^2 + x^2)\, dxdydz$

(iii) um die z-Achse: $I_z = \iiint_\Omega \rho(x^2 + y^2)\, dxdydz$

(iv) polares Moment um den Ursprung: $I_0 = \dfrac{1}{2}(I_x + I_y + I_z)$

Schwerpunkte und Trägheitsmomente

Körper (homogen)	Schwerpunkt	Trägheitsmomente m = Masse des Körpers
Gerader Stab	$x_c = l/2$ $y_c = 0$	$I_x = 0$ $I_y = \dfrac{ml^2}{3}$ $I_v = \dfrac{ml^2}{12}$
Rechteck	$x_c = \dfrac{a}{2}$ $y_c = \dfrac{b}{2}$	$I_x = \dfrac{mb^2}{3}$ $I_y = \dfrac{ma^2}{3}$ $I_u = \dfrac{mb^2}{12}$ $I_v = \dfrac{ma^2}{12}$
Dreieck	$x_c = \dfrac{c-b}{3}$ $y_c = \dfrac{h}{3}$	$I_x = \dfrac{mh^2}{6}$ $I_y = \dfrac{m(b^3+c^3)}{6a}$ $I_u = \dfrac{mh^2}{18}$ $I_w = \dfrac{mh^2}{2}$
Kreis	$x_c = a$ $y_c = a$	$I_x = I_y = \dfrac{5ma^2}{4}$ $I_u = I_v = \dfrac{ma^2}{4}$
Kreissektor	$x_c = \dfrac{2a\sin\alpha}{3\alpha}$ $y_c = 0$	$I_x = \dfrac{ma^2}{4}\left(1 - \dfrac{\sin 2\alpha}{2\alpha}\right)$ $I_y = \dfrac{ma^2}{4}\left(1 + \dfrac{\sin 2\alpha}{2\alpha}\right)$
Kreisring	$x_c = b$ $y_c = b$	$I_x = I_y = I_u + mb^2$ $I_u = I_v = \dfrac{m(a^2+b^2)}{4}$
Prisma	$x_c = a/2$ $y_c = b/2$ $z_c = c/2$	$I_y = \dfrac{m}{3}(a^2+c^2)$ $I_u = \dfrac{m}{12}(a^2+c^2)$ $I_v = \dfrac{m}{12}(a^2+4c^2)$

10.8 Dreifachintegrale

Körper (homogen)	Schwerpunkt	Trägheitsmomente m = Masse des Körpers
Kugel	$x_c = y_c = z_c = 0$	$I_x = I_y = I_z = \dfrac{2mR^2}{5}$ $I_u = \dfrac{7mR^2}{5}$
Kugelschale	$x_c = y_c = z_c = 0$	$I_x = I_y = I_z = \dfrac{2mR^2}{3}$ $I_u = \dfrac{5mR^2}{3}$
Zylinder	$x_c = y_c = 0$ $z_c = h/2$	$I_x = I_y = \dfrac{m}{12}(3R^2 + 4h^2)$ $I_z = \dfrac{mR^2}{2}$ $I_u = \dfrac{m}{12}(3R^2 + h^2)$
Zylindermantel (offen)	$x_c = y_c = 0$ $z_c = h/2$	$I_x = I_y = \dfrac{m}{6}(3R^2 + 2h^2)$ $I_z = mR^2$ $I_u = \dfrac{m}{12}(6R^2 + h^2)$
Kegel	$x_c = y_c = 0$ $z_c = h/4$	$I_x = I_y = \dfrac{m}{20}(3R^2 + 2h^2)$ $I_z = \dfrac{3mR^2}{10}$ $I_u = \dfrac{3m}{80}(4R^2 + h^2)$ $I_v = \dfrac{3m}{20}(R^2 + 4h^2)$
Kegelmantel (offen)	$x_c = y_c = 0$ $z_c = 2h/3$	$I_v = \dfrac{m}{4}(R^2 + 2h^2)$ $I_u = \dfrac{m}{18}(9R^2 + 10h^2)$ $I_z = \dfrac{mR^2}{2}$

10.9 Partielle Differentialgleichungen

Eine partielle Differentialgleichung (*PDG*) ist eine Gleichung, die partielle Ableitungen einer unbekannten Funktion von zwei oder mehreren unabhängigen Variablen enthält.
Sie heißt *linear*, wenn die Funktion und ihre Ableitungen nur linear auftreten.
Sie heißt *quasilinear*, wenn nur die Ableitungen linear auftreten.

(Quasi) lineare PDGn 1. Ordnung

(10.2) $a(x,y)u_x + b(x,y)u_y = c(x,y,u), \quad u = u(x,y)$

Bestimmung der allgemeinen Lösung

(*i*) Suche die Charakteristiken: $\dfrac{dy}{dx} = \dfrac{b(x,y)}{a(x,y)}$ mit allgemeiner Lösung $\xi(x,y) = C$

(*ii*) Führe die Koordinatentransformation aus

$$\begin{cases} \xi = \xi(x,y) \\ \eta = \text{passende Funktion von } x, y \text{ (z.B. } \eta = x \text{ oder } \eta = y) \end{cases}$$

(*iii*) Die Gleichung (10.2) erhält damit die Gestalt

$$(a\eta_x + b\eta_y)\frac{\partial u}{\partial \eta} = c,$$

das ist eine gewöhnliche DGL für u.

Beachte. Die allgemeine Lösung $u = u(\xi, \eta)$ enthält eine beliebige Funktion von ξ.

Beispiel

$$xu_x + yu_y = u$$

Charakteristiken: $\dfrac{dy}{dx} = \dfrac{y}{x} \Rightarrow \int \dfrac{dy}{y} = \int \dfrac{dx}{x} \Rightarrow \dfrac{y}{x} = C$

Setzt man $\xi = y/x$, $\eta = x$, dann wird die PDG transformiert in

$$\eta \frac{\partial u}{\partial \eta} = u.$$

Trennung der Variablen ergibt $u = \eta f(\xi) = xf\left(\dfrac{y}{x}\right)$ (*f* beliebige Funktion)

(Quasi) lineare PDGn 2. Ordnung

(10.3) $a(x,y)u_{xx} + 2b(x,y)u_{xy} + c(x,y)u_{yy} = f(x,y,u,u_x,u_y)$

Klassifikation von (10.3)
1. *Elliptisch*, wenn $ac - b^2 > 0$ (z.B. $\Delta u = u_{xx} + u_{yy} = 0$, die Laplace-Gleichung)
2. *Parabolisch*, wenn $ac - b^2 = 0$ (z.B. $u_t = \alpha^2 u_{xx}$, die Wärmeleitungsgleichung)
3. *Hyperbolisch*, wenn $ac - b^2 < 0$ (z.B. $u_{tt} = c^2 u_{xx}$, die Wellengleichung)

Charakteristiken

$$a\left(\frac{dy}{dx}\right)^2 - 2b\frac{dy}{dx} + c = 0 \Rightarrow \frac{dy}{dx} = \frac{1}{a}(b \pm \sqrt{b^2 - ac}).$$

(10.3) hat (*i*) keine reellen Charakteristiken (elliptisch), (*ii*) eine einparametrige Schar (parabolisch), (*iii*) eine zweiparametrige Schar von Charakteristiken (hyperbolisch).

Beispiele von Anfangs- und Randwertproblemen
Die Wellengleichung

Beispiel 1. $u_{tt} - c^2 u_{xx} = 0$, $c = $ konstant

Die Transformation $\xi = x + ct$, $\eta = x - ct$ ergibt $u_{\xi\eta} = 0$ mit der allgemeinen Lösung $u = f(\xi) + g(\eta) = = f(x + ct) + g(x - ct)$.

Das Anfangswertproblem
$$\begin{cases} u_{tt} = c^2 u_{xx}, \ t > 0, \ -\infty < x < \infty \\ u(x, 0) = \varphi(x), \ -\infty < x < \infty \end{cases}$$

hat die Lösung
$$u(x, t) = \frac{1}{2} [\varphi(x + ct) + \varphi(x - ct)] + \frac{1}{2c} \int_{x-ct}^{x+ct} \psi(s) ds \quad (d'\text{Alembert-Formel})$$

Das Dirichlet-Problem

Sei Ω ein *Normalgebiet*, d.h. Ω ist beschränkt, einfach zusammenhängend und in Ω gilt der Satz von Gauß. Dann besitzt das Randwertproblem (u stetig in $\Omega \cup \partial\Omega$)

$$\begin{cases} \Delta u = u_{xx} + u_{yy} = 0 \quad \text{in } \Omega, \text{ d.h. } u \text{ ist eine } \textit{harmonische Funktion in } \Omega \\ u = f \quad \text{auf } \partial\Omega \ (f \text{ stetig}) \end{cases}$$

eine eindeutige Lösung.

Poisson-Integralformeln

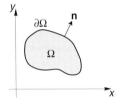

1. Ω Einheitskreis. Lösung:

$$u = u(r, \theta) = \frac{1}{2\pi} \int_0^{2\pi} \frac{(1 - r^2) f(\varphi) d\varphi}{1 - 2r\cos(\theta - \varphi) + r^2}$$

2. Ω Obere Halbebene. Lösung:

$$u(x, y) = \frac{1}{\pi} \int_{-\infty}^{\infty} \frac{y f(t)}{y^2 + (x - t)^2} dt$$

3. Ω allgemein. Siehe konforme Abbildungen in 14.5.

Das Neumann-Problem

(10.4) $\quad \begin{cases} \Delta u = 0 \text{ in } \Omega \\ \dfrac{\partial u}{\partial n} = g \text{ auf } \partial\Omega \end{cases}$

Notwendige Bedingung für die Existenz einer Lösung: $\oint_{\partial\Omega} g(s) ds = 0$. In diesem Falle hat das Problem (bis auf eine additive Konstante) eine eindeutige Lösung.

Poisson-Integralformeln

1. Ω Einheitskreis. Lösung:

$$u = u(r, \theta) = -\frac{1}{2\pi} \int_0^{2\pi} \ln(1 - 2r\cos(\theta - \varphi) + r^2) g(\varphi) d\varphi + C$$

2. Ω Obere Halbebene. Lösung:

$$u(x, y) = \frac{1}{2\pi} \int_{-\infty}^{\infty} \ln[(x - t)^2 + y^2] g(t) dt + C$$

3. Ω allgemein. Siehe konforme Abbildungen in 14.5.

Darstellung mit Orthogonalreihen
Lösung durch Trennung der Variablen (Fourier-Methode)

Beispiel 2. (*Wärmeleitung in einem Stab*)

$$\begin{cases} (PDG) & u_t = \alpha^2 u_{xx}, \ t > 0, \ 0 < x < L \quad \text{(Homogene PDG)} \\ (RB) & u(0, t) = u(L, t) = 0, \ t > 0 \quad \text{(Homogene Randbedingungen)} \\ (AW) & u(x, 0) = g(x), \ 0 \leq x \leq L \end{cases}$$

(i) Trennung der Variablen: *Ansatz* $u(x, t) = X(x)T(t) \Rightarrow$ [in (*PDG*)]

(10.5) $\quad \dfrac{T'(t)}{\alpha^2 T(t)} = \dfrac{X''(x)}{X(x)} = \lambda \quad$ (λ = Separationskonstante)

(ii) $(RB) \Rightarrow \left. \begin{matrix} X'' - \lambda X = 0 \\ X(0) = X(L) = 0 \end{matrix} \right\} \Rightarrow \begin{cases} X_n(x) = \sin\dfrac{n\pi x}{L}, \ n = 1, 2, 3, \ldots & \text{(Eigenfunktionen)} \\ \lambda_n = -\dfrac{n^2\pi^2}{L^2}, \ n = 1, 2, 3, \ldots & \text{(Eigenwerte)} \end{cases}$

(iii) $(10.5) \Rightarrow T' + \dfrac{\alpha^2 n^2 \pi^2}{L^2} T = 0 \Rightarrow T_n(t) = c_n e^{-\alpha^2 n^2 \pi^2 t/L^2}$

(iv) *Superposition* $\quad u(x, t) = \sum_{n=1}^{\infty} T_n(t) X_n(x) = \sum_{n=1}^{\infty} c_n e^{-\alpha^2 n^2 \pi^2 t/L^2} \sin\dfrac{n\pi x}{L}$

Für jede Wahl von c_n erfüllt $u(x, t)$ (*PDG*) + (*RB*), da (*PDG*) und (*RB*) homogen sind.

(v) $(AW) \Rightarrow g(x) = \sum_{n=1}^{\infty} c_n \sin\dfrac{n\pi x}{L} \Rightarrow c_n = \dfrac{2}{L} \int_0^L g(x) \sin\dfrac{n\pi x}{L} dx$

10.9 Partielle Differentialgleichungen

Beispiel 3. (Allgemeiner als Beispiel 2)

$$\begin{cases} (PDG) & \dfrac{\partial u}{\partial t} - \dfrac{\partial^2 u}{\partial x^2} = f(x,t),\ 0 < x < L,\ t > 0 \quad \text{(Inhomogene PDG)} \\ (RB) & u(0,t) = u(L,t) = 0 \quad\quad\quad\quad \text{(Homogene Randbedingungen)} \\ (AW) & u(x,0) = g(x) \end{cases}$$

Wegen der speziellen Form von (*RB*) setzt man (vgl. Bsp.2 oder Tabelle in 12.1)

$$u(x,t) = \sum_{n=1}^{\infty} u_n(t) \sin \dfrac{n\pi x}{L} \ .$$

Entwickelt man $f(x,t)$ und $g(x)$ in diese Art von Fourier-Reihen, d.h.

$$f(x,t) = \sum_{n=1}^{\infty} f_n(t) \sin \dfrac{n\pi x}{L} \quad \text{und} \quad g(x) = \sum_{n=1}^{\infty} g_n \sin \dfrac{n\pi x}{L},$$

und setzt in (*PDG*) und (*AW*) ein, so ergibt sich ein Anfangswertproblem mit gewöhnlicher Differentialgleichung für u_n

$$\begin{cases} u_n'(t) + \dfrac{n^2 \pi^2}{L^2} u_n(t) = f_n(t), & n = 1, 2, 3, \ldots \\ u_n(0) = g_n \end{cases}$$

Beispiel 4. (Dirichlet-Problem in einer Kugel)
Kugelkoordinaten $u = u(r, \theta, \varphi) = u(r, \theta)$ mit der Annahme, daß u unabhängig von φ ist. Setze $\xi = \cos\theta$:

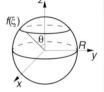

$$\begin{cases} (PDG) & \Delta u = \dfrac{1}{r^2} \dfrac{\partial}{\partial r}\left(r^2 \dfrac{\partial u}{\partial r}\right) + \dfrac{1}{r^2} \dfrac{\partial}{\partial \xi}\left((1-\xi^2)\dfrac{\partial u}{\partial \xi}\right) = 0,\ 0 < r < R \\ (RB) & u(R, \xi) = f(\xi),\ -1 < \xi < 1 \end{cases}$$

Allgemeine Lösung von (*PDG*) ist $u(r, \xi) = \sum_{n=0}^{\infty} (A_n r^n + B_n r^{-n-1}) P_n(\xi)$ mit den Legendre-Polynomen $P_n(\xi)$ (vgl. 12.2).

$A_n = \dfrac{2n+1}{2R^n} \int_{-1}^{1} f(\xi) P_n(\xi) d\xi$ und B_n ergeben sich als Fourier-Koeffizienten bzgl. P_n aus (*RB*) (vgl. 12.1) ($B_n = 0$, wenn u beschränkt ist für $r \to 0$).

Beispiel 5 (Schwingungen einer Kreismembran)
Polarkoordinaten $u = u(r, \theta, t) = u(r, t)$ mit der Annahme, daß u unabhängig von θ ist:

$$\begin{cases} (PDG) & \Delta u = u_{rr} + \dfrac{1}{r} u_r = \dfrac{1}{c^2} u_{tt},\ 0 < r < R,\ t > 0 \\ (RB) & u(R, t) = 0,\ t > 0 \\ (AW\ 1) & u(r, 0) = f(r),\ 0 \le r \le R \end{cases}$$

Trennung der Variablen (α_n Nullstellen von $J_0(x)$, siehe 12.4) $\Rightarrow$

$$u(r,t) = \sum_{n=1}^{\infty} \left(A_n \cos \dfrac{\alpha_n}{R} t + B_n \sin \dfrac{\alpha_n}{R} t\right) J_0\!\left(\dfrac{\alpha_n}{R} r\right),$$

wobei J_0 eine Bessel-Funktion ist und $A_n = \dfrac{2}{R^2 J_1(\alpha_n)^2} \int_0^R r f(r) J_0\!\left(\dfrac{\alpha_n r}{R}\right) dr$, $B_n = 0$
sich als Fourier-Bessel-Koeffizienten aus den beiden (*AW*) ergeben.

Lösung durch Integraltransformationen

Beispiel 6. ($\hat{u}(\omega)$ Fourier-Transformierte von $u(x)$)

$\begin{cases} (PDG) & \Delta u = u_{xx} + u_{yy} = 0, \qquad -\infty < x < \infty, \, 0 < y < 1 \\ (RB) & u(x, 0) = f(x), \, u(x, 1) = 0, \quad -\infty < x < \infty \end{cases}$

Ansatz. $u(x, y) = \dfrac{1}{2\pi} \displaystyle\int_{-\infty}^{\infty} \hat{u}(\omega, y) e^{i\omega x} d\omega \Rightarrow$ [mit PDG]

$\hat{u}_{yy} - \omega^2 \hat{u} = 0 \Rightarrow \hat{u} = A(\omega) \cosh \omega y + B(\omega) \sinh \omega y \Rightarrow$

$u(x, y) = \dfrac{1}{2\pi} \displaystyle\int_{-\infty}^{\infty} (A(\omega) \cosh \omega y + B(\omega) \sinh \omega y) e^{i\omega x} d\omega$

$(RB\ 1) \Rightarrow A(\omega) = \hat{f}(\omega)$

$(RB\ 2) \Rightarrow B(\omega) = -A(\omega) \dfrac{\cosh \omega}{\sinh \omega} = -\hat{f}(\omega) \dfrac{\cosh \omega}{\sinh \omega}$

$\Rightarrow u(x, y) = \dfrac{1}{2\pi} \displaystyle\int_{-\infty}^{\infty} \hat{f}(\omega) \dfrac{\sinh(\omega(1-y))}{\sinh \omega} e^{i\omega x} d\omega$

Beispiel 7. ($U(s)$ Laplace-Transformierte von $u(t)$)

$\begin{cases} (PDG) & u_{xx} = u'_t, \quad x > 0, \, t > 0 \\ (RB) & u_x(0, t) = f(t), \, \lim\limits_{x \to \infty} u(x, t) = 0, \, t > 0 \\ (AW) & u(x, 0) = 0, \, x > 0 \end{cases}$

Laplace-Transformation von (PDG) bezüglich $t \Rightarrow$

$\dfrac{\partial^2}{\partial x^2} U(x, s) = s U(x, s) \Rightarrow U(x, s) = A(s) e^{x\sqrt{s}} + B(s) e^{-x\sqrt{s}}$

$(RB2) \Rightarrow A(s) = 0; \ \dfrac{\partial U}{\partial x} = -B(s) \sqrt{s} e^{-x\sqrt{s}}, \ (BC1) \Rightarrow B(s) = -\dfrac{1}{\sqrt{s}} F(s) \Rightarrow$

$U(x, s) = -\dfrac{F(s)}{\sqrt{s}} e^{-x\sqrt{s}} \Rightarrow$

$u(x, t) = -\displaystyle\int_0^t \dfrac{1}{\sqrt{\pi \tau}} e^{-x^2/4\tau} f(t - \tau) d\tau$

Green-Funktionen

Bezeichnungen. $\mathbf{x} = (x_1, x_2, \ldots, x_n)$, $\mathbf{y} = (y_1, y_2, \ldots, y_n) \in \mathbf{R}^n$, $\int u(\mathbf{x}) d\mathbf{x}$ Mehrfachintegral, $\Omega \subset \mathbf{R}^n$, $L = L_x$ (L_x bedeutet, daß L bezüglich $\mathbf{x}$ operiert) linearer Differentialoperator mit glatten Koeffizienten, B lineare, homogene Randbedingungen, $\delta(\mathbf{x})$ Dirac-Deltafunktion im $\mathbf{R}^n$, d.h. $\delta(\mathbf{x}) = 0$, $\mathbf{x} \neq \mathbf{0}$, $\int_{\mathbf{R}^n} \delta(\mathbf{x}) d\mathbf{x} = 1$.

10.9 Partielle Differentialgleichungen

Fundamental- bzw. Grundlösungen

Problem

(10.6) $Lu(\mathbf{x}) = f(\mathbf{x})$, $\mathbf{x} \in \mathbf{R}^n$ (keine Randbedingungen)

Fundamentallösung (*Grundlösung*) $K(\mathbf{x})$ *von* L ist eine Lösung von

$$LK(\mathbf{x}) = \delta(\mathbf{x}), \quad \mathbf{x} \in \mathbf{R}^n.$$

Dann ist (wenn Faltung existiert) $u(\mathbf{x}) = K(\mathbf{x}) * f(\mathbf{x}) = \int_{\mathbf{R}^n} K(\mathbf{x} - \mathbf{y}) f(\mathbf{y}) d\mathbf{y}$ Lösung von (10.6).

Beispiel. Fundamentallösungen des Laplace-Operator $-\Delta$

$$K(\mathbf{x}) = K(x_1, x_2) = -\frac{1}{2\pi} \ln |\mathbf{x}| = -\frac{1}{4\pi} \ln \left| x_1^2 + x_2^2 \right| \quad \text{in } \mathbf{R}^2$$

$$K(\mathbf{x}) = K(x_1, x_2, x_3) = \frac{1}{4\pi |\mathbf{x}|} = \frac{1}{4\pi \sqrt{x_1^2 + x_2^2 + x_3^2}} \quad \text{in } \mathbf{R}^3$$

Green-Funktionen

(Green-Funktion für gewöhnliche Differentialgleichungen, siehe 9.4)

Problem

(10.7) $Lu(\mathbf{x}) = f(\mathbf{x})$, $\mathbf{x} \in \Omega$, $Bu(\mathbf{x}) = 0$, $\mathbf{x} \in \partial\Omega$

Die *Green-Funktion* $G(\mathbf{x}, \mathbf{y})$ ist Lösung des Problems

$$L_x G(\mathbf{x}, \mathbf{y}) = \delta(\mathbf{x} - \mathbf{y}), \quad \mathbf{x}, \mathbf{y} \in \Omega,$$

$$B_x G(\mathbf{x}, \mathbf{y}) = 0, \quad \mathbf{x} \in \partial\Omega, \; \mathbf{y} \in \Omega.$$

Dann ist $u(\mathbf{x}) = \int_\Omega G(\mathbf{x}, \mathbf{y}) f(\mathbf{y}) d\mathbf{y}$ eine Lösung von (10.7).

Dirichlet-Problem für Laplace-Operator

Ist $G(\mathbf{x}, \mathbf{y})$ die Green-Funktion für das Problem

$$-\Delta u = f \text{ in } \Omega, \; u = 0 \text{ auf } \partial\Omega,$$

d.h. $-\Delta_x G(\mathbf{x}, \mathbf{y}) = \delta(\mathbf{x} - \mathbf{y})$, $\mathbf{x}, \mathbf{y} \in \Omega$, $G(\mathbf{x}, \mathbf{y}) = 0$, $\mathbf{x} \in \partial\Omega$, $\mathbf{y} \in \Omega$, dann ist

$$u(\mathbf{x}) = \int_\Omega G(\mathbf{x}, \mathbf{y}) f(\mathbf{y}) d\mathbf{y} - \int_{\partial\Omega} \frac{\partial G}{\partial n_y}(\mathbf{x}, \mathbf{y}) g(\mathbf{y}) dS_y$$

Lösung des Problems

$$-\Delta u = f \text{ in } \Omega,$$
$$u = g \text{ auf } \partial\Omega.$$

Beispiel. Green-Funktionen für den Laplace-Operator

Problem. $-\Delta_x G(\mathbf{x}, \mathbf{y}) = \delta(\mathbf{x} - \mathbf{y})$ $\mathbf{x}, \mathbf{y} \in \Omega$, $G(\mathbf{x}, \mathbf{y}) = 0$, $\mathbf{x} \in \partial\Omega$, $\mathbf{y} \in \Omega$ mit

(i) Halbebene $\Omega = \{\mathbf{x} = (x_1, x_2) : x_2 > 0\} \subset \mathbf{R}^2$:

$$G = (\mathbf{x}, \mathbf{y}) = G(x_1, x_2, y_1, y_2) = -\frac{1}{2\pi} (\ln|\mathbf{x} - \mathbf{y}| - \ln|\mathbf{x} - \bar{\mathbf{y}}|),$$

$\mathbf{y} = (y_1, y_2)$, $\bar{\mathbf{y}} = (y_1, -y_2)$

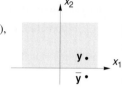

(ii) Halbraum $\Omega = \{\mathbf{x} = (x_1, x_2, x_3) : x_3 > 0\} \subset \mathbf{R}^3$:

$$G = (\mathbf{x}, \mathbf{y}) = G(x_1, x_2, x_3, y_1, y_2, y_3) = \frac{1}{4\pi}\left(\frac{1}{|\mathbf{x} - \mathbf{y}|} - \frac{1}{|\mathbf{x} - \bar{\mathbf{y}}|}\right),$$

$\mathbf{y} = (y_1, y_2, y_3)$, $\bar{\mathbf{y}} = (y_1, y_2, -y_3)$

(iii) Kreisscheibe $\Omega = \{\mathbf{x} = (x_1, x_2) : |\mathbf{x}| = \sqrt{x_1^2 + x_2^2} < \rho\} \subset \mathbf{R}^2$:

$$G = (\mathbf{x}, \mathbf{y}) = -\frac{1}{2\pi}(\ln|\mathbf{x} - \mathbf{y}| - \ln|\mathbf{x} - \bar{\mathbf{y}}| - \ln\frac{|\bar{\mathbf{y}}|}{\rho}),$$

$$\bar{\mathbf{y}} = \frac{\rho^2}{|\mathbf{y}|^2}\mathbf{y}$$

$|\mathbf{y}||\bar{\mathbf{y}}| = \rho^2$

(iv) Kugel $\Omega = \{\mathbf{x} = (x_1, x_2, x_3) : |\mathbf{x}| = \sqrt{x_1^2 + x_2^2 + x_3^2} < \rho\} \subset \mathbf{R}^3$:

$$G(\mathbf{x}, \mathbf{y}) = \frac{1}{4\pi}\left(\frac{1}{|\mathbf{x} - \mathbf{y}|} - \frac{\rho}{|\bar{\mathbf{y}}|}\frac{1}{|\mathbf{x} - \bar{\mathbf{y}}|}\right), \quad \bar{\mathbf{y}} = \frac{\rho^2}{|\mathbf{y}|^2}\mathbf{y}$$

10.10 Vertauschung von Grenzprozessen

Gleichmäßige (glm.) Konvergenz   (vgl. 8.4 und 7.2)

1. *M-Test von Weierstraß*

(i) $f_n(x)$ stetig, $|f_n(x)| \leq M_n$ auf $[a, b]$
(ii) $\sum_{n=1}^{\infty} M_n$ konvergent
$\Rightarrow \sum_{n=1}^{\infty} f_n(x)$ glm. konvergent auf $[a, b]$

2. *Grenzwertsätze von Abel*

$\sum_{n=0}^{\infty} a_n$ konvergent $\Rightarrow$ $\sum_{n=0}^{\infty} a_n x^n$ glm. konvergent für $0 \leq x \leq 1$

$\int_0^{\infty} f(t)\,dt$ konvergent $\Rightarrow$ $\int_0^{\infty} e^{-st} f(t)\,dt$ glm. konvergent für $0 \leq s < \infty$

Funktionenreihen

1. Stetigkeit

(i) $f_n(x)$ stetig auf $[a, b]$
(ii) $\sum_{n=1}^{\infty} f_n(x)$ glm.konv. auf $[a, b]$
$\Rightarrow \lim_{x \to c} \sum_{n=1}^{\infty} f_n(x) = \sum_{n=1}^{\infty} f_n(c), \; c \in [a, b]$

2. Gliedweise Integration

(i) $f_n(x)$ stetig auf $[a, b]$
(ii) $s(x) = \sum_{n=1}^{\infty} f_n(x)$ glm.konv. auf $[a, b]$
$\Rightarrow \int_a^b s(x)\,dx = \sum_{n=1}^{\infty} \int_a^b f_n(x)\,dx$

3. Gliedweise Differentiation

(i) $f_n(x)$ stetig auf $[a, b]$
(ii) $s(x) = \sum_{n=1}^{\infty} f_n(x)$ konvergent auf $[a, b]$
(iii) $\sum_{n=1}^{\infty} f_n'(x)$ glm. konvergent auf $[a, b]$
$\Rightarrow s'(x) = \sum_{n=1}^{\infty} f_n'(x)$

Vertauschung von Integration und Differentiation

1. Satz von Leibniz (vgl. 6.3)

$f(x, y)$ und $f_x(x, y)$ stetig auf $[a, b] \times [c, d]$ $\Rightarrow \dfrac{d}{dx} \int_c^d f(x, y)\,dy = \int_c^d f_x(x, y)\,dy, \quad x \in [a, b]$

2. c oder/und d unendlich, dann müssen die beiden Integrale auf der linken und der rechten Seite gleichmäßig bezüglich $x \in [a, b]$ konvergieren (vgl. 7.2).

Vertauschung zweier Integrationen

1. Satz von Fubini (vgl. 10.7)

$f(x, y)$ stetig auf $[a, b] \times [c, d]$ $\Rightarrow \int_c^d \left(\int_a^b f(x, y)\,dx \right) dy = \int_a^b \left(\int_c^d f(x, y)\,dy \right) dx$

2. c oder/und d unendlich, dann gilt der Satz von Fubini, wenn das uneigentliche Integral $\int_c^d f(x, y)\,dy$ gleichmäßig bezüglich $x \in [a, b]$ konvergiert (vgl. 7.2).

3. Beide Integrale uneigentlich (vgl. 10.7)

(i) $f(x, y)$ stetig auf $\mathbf{R}^2$
(ii) $\iint_{\mathbf{R}^2} |f(x, y)|\,dx\,dy < \infty$
$\Rightarrow \int_{-\infty}^{\infty} \left(\int_{-\infty}^{\infty} f(x, y)\,dx \right) dy = \int_{-\infty}^{\infty} \left(\int_{-\infty}^{\infty} f(x, y)\,dy \right) dx$

11 Vektoranalysis

[In diesem Kapitel werden alle Vektoren (anders als in 10.6) als Zeilenvektoren dargestellt.]

11.1 Kurven

Vektorwertige Funktionen $\mathbf{R} \to \mathbf{R}^m$

$$\mathbf{f}(t)=[f_1(t), ..., f_m(t)], \quad \dot{\mathbf{f}}(t)=\frac{d\mathbf{f}}{dt}=[\dot{f}_1(t), ..., \dot{f}_m(t)]$$

$$\frac{d}{dt}\{a\mathbf{f}+b\mathbf{g}\}=a\dot{\mathbf{f}}+b\dot{\mathbf{g}} \qquad \frac{d}{dt}\{h(t)\mathbf{f}(t)\}=\dot{h}(t)\mathbf{f}(t)+h(t)\dot{\mathbf{f}}(t)$$

$$\frac{d}{dt}\{\mathbf{f}\cdot\mathbf{g}\}=\dot{\mathbf{f}}\cdot\mathbf{g}+\mathbf{f}\cdot\dot{\mathbf{g}} \qquad \frac{d}{dt}(\mathbf{f}\times\mathbf{g})=\dot{\mathbf{f}}\times\mathbf{g}+\mathbf{f}\times\dot{\mathbf{g}} \qquad (m=3)$$

$$\frac{d}{dt}[\mathbf{f},\mathbf{g},\mathbf{h}]=[\dot{\mathbf{f}},\mathbf{g},\mathbf{h}]+[\mathbf{f},\dot{\mathbf{g}},\mathbf{h}]+[\mathbf{f},\mathbf{g},\dot{\mathbf{h}}] \qquad \frac{d}{dt}h(\mathbf{f}(t))=\nabla h((\mathbf{f}(t))\cdot\dot{\mathbf{f}}(t)$$

$$\mathbf{f}(t+h)=\mathbf{f}(t)+h\dot{\mathbf{f}}(t)+\frac{h^2}{2!}\ddot{\mathbf{f}}(t)+...+\frac{h^n}{n!}\mathbf{f}^{(n)}(t)+...$$

Kurven im Raum

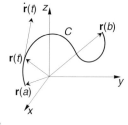

Kurve C: $\mathbf{r}=\mathbf{r}(t)=(x(t), y(t), z(t))$, $a \leq t \leq b$

Tangentenvektor

$$\dot{\mathbf{r}}(t) = \lim_{\Delta t \to 0} \frac{\mathbf{r}(t+\Delta t)-\mathbf{r}(t)}{\Delta t} = (\dot{x}(t), \dot{y}(t), \dot{z}(t))$$

Länge der Kurve $= s = \int_C ds = \int_a^b |\dot{\mathbf{r}}(t)|\, dt = \int_a^b \sqrt{\dot{x}^2+\dot{y}^2+\dot{z}^2}\, dt$

Bogenlängenelement $ds = |d\mathbf{r}| = |\dot{\mathbf{r}}|\, dt = v\, dt$

Bewegung eines Teilchens

$\mathbf{r}=\mathbf{r}(t) = $ *Ortsvektor*, $\mathbf{t}=$ *Tangenteneinheitsvektor*, $\mathbf{n}=$ *Hauptnormaleneinheitsvektor*

$\mathbf{v} = \dot{\mathbf{r}} = v\mathbf{t} = $ *Geschwindigkeitsvektor*, $v=\dot{s}=|\dot{\mathbf{r}}| = $ *Geschwindigkeit*

$\mathbf{a} = \dot{\mathbf{v}} = \ddot{\mathbf{r}} = a_t\mathbf{t}+a_n\mathbf{n} = $ *Beschleunigung* mit *Tangentialkomponente*

$a_t = \dot{v} = \dfrac{\mathbf{v}\cdot\mathbf{a}}{v} = \dfrac{\dot{\mathbf{r}}\cdot\ddot{\mathbf{r}}}{|\dot{\mathbf{r}}|}$ und *Normalkomponente* $a_n = \kappa v^2 = \dfrac{|\mathbf{v}\times\mathbf{a}|}{v} = \dfrac{|\dot{\mathbf{r}}\times\ddot{\mathbf{r}}|}{|\dot{\mathbf{r}}|}$

Drehung um eine Achse. $\mathbf{v}=\dot{\mathbf{r}}=\boldsymbol{\omega}\times\mathbf{r}$

11.1 Kurven

Differentialgeometrie

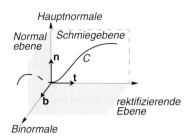

Im Bild liegen C, **t**, **n** in der Zeichenebene und **b** weist nach vorne

Bestimmung	Allgemeiner Parameter t	Bogenlänge $s = \int_c^t \sqrt{\dot{x}^2 + \dot{y}^2 + \dot{z}^2}\, dt$ als Parameter
Tangenten-einheitsvektor	$\mathbf{t} = \dfrac{\dot{\mathbf{r}}}{|\dot{\mathbf{r}}|} = \dfrac{\dot{\mathbf{r}}}{v}$	$\mathbf{t} = \mathbf{r}' = \dfrac{d\mathbf{r}}{ds}$
Hauptnormalen-einheitsvektor	$\mathbf{n} = \dfrac{\ddot{\mathbf{r}} - \dot{v}\mathbf{t}}{|\ddot{\mathbf{r}} - \dot{v}\mathbf{t}|}$	$\mathbf{n} = \dfrac{\mathbf{r}''}{|\mathbf{r}''|}$
Binormalen-einheitsvektor	$\mathbf{b} = \mathbf{t} \times \mathbf{n}$	$\mathbf{b} = \mathbf{t} \times \mathbf{n}$
Krümmung	$\kappa = \dfrac{|\dot{\mathbf{r}} \times \ddot{\mathbf{r}}|}{|\dot{\mathbf{r}}|^3}$	$\kappa = |\mathbf{r}''|$
Krümmungsradius	$\rho_\kappa = \dfrac{1}{\kappa}$	$\rho_\kappa = \dfrac{1}{\kappa}$
Torsion (Windung)	$\tau = \dfrac{\dot{\mathbf{r}} \cdot (\ddot{\mathbf{r}} \times \dddot{\mathbf{r}})}{|\dot{\mathbf{r}} \times \ddot{\mathbf{r}}|^2}$	$\tau = \dfrac{\mathbf{r}' \cdot (\mathbf{r}'' \times \mathbf{r}''')}{|\mathbf{r}''|^2}$
Torsionsradius	$\rho_\tau = \dfrac{1}{\tau}$	$\rho_\tau = \dfrac{1}{\tau}$

Frenet-Formeln

$\dot{\mathbf{t}} = \kappa v \mathbf{n}, \quad \dot{\mathbf{n}} = -\kappa v \mathbf{t} + \tau v \mathbf{b}, \quad \dot{\mathbf{b}} = -\tau v \mathbf{n}$

($v = 1$, falls $s =$ Bogenlänge als Parameter)

Bemerkung. C ist eine Gerade $\Leftrightarrow \kappa \equiv 0$

C verläuft in einer Ebene $\Leftrightarrow \tau \equiv 0$

Beispiel. Schraubenlinie

$\mathbf{r}(t) = (a\cos t, a\sin t, bt), c = \sqrt{a^2+b^2}$

$\dot{\mathbf{r}}(t) = (-a\sin t, a\cos t, b), v = c$

$\ddot{\mathbf{r}}(t) = (-a\cos t, -a\sin t, 0)$

$\dddot{\mathbf{r}}(t) = (a\sin t, -a\cos t, 0)$

$\dot{\mathbf{r}} \times \ddot{\mathbf{r}}(t) = (ab\sin t, -ab\cos t, a^2)$

$\kappa = \dfrac{a}{c^2}, \tau = \dfrac{b}{c^2}$

$s = \displaystyle\int_0^{t_0} |\dot{\mathbf{r}}(t)|\, dt = c t_0$

$\mathbf{t} = \dfrac{1}{c}(-a\sin t, a\cos t, b),\ \mathbf{n} = -(\cos t, \sin t, 0),\ \mathbf{b} = \dfrac{1}{c}(b\sin t, -b\cos t, a)$

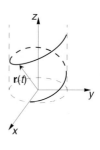

11.2 Vektorfelder

$\mathbf{r} = (x, y, z), \quad \mathbf{F} = (P, Q, R), \quad \mathbf{e}_x, \mathbf{e}_y, \mathbf{e}_z$ ONR-Basis.

Vektorfeld. $\mathbf{F}(\mathbf{r}) = (P(x,y,z), Q(x,y,z), R(x,y,z)): \mathbf{R}^3 \to \mathbf{R}^3$

Skalarfeld. $\Phi(\mathbf{r}) = \Phi(x, y, z): \mathbf{R}^3 \to \mathbf{R}$

1. grad $\Phi = \nabla\Phi = (\Phi_x, \Phi_y, \Phi_z)$

   Nablaoperator $\nabla = \left(\dfrac{\partial}{\partial x}, \dfrac{\partial}{\partial y}, \dfrac{\partial}{\partial z}\right) =$

   $= \mathbf{e}_x \dfrac{\partial}{\partial x} + \mathbf{e}_y \dfrac{\partial}{\partial y} + \mathbf{e}_z \dfrac{\partial}{\partial z}$

   In jedem Punkt **r** ist ein Vektor **F** angeheftet

2. div $\mathbf{F} = \nabla \cdot \mathbf{F} = P_x + Q_y + R_z$

3. rot $\mathbf{F} = \nabla \times \mathbf{F} = (R_y - Q_z,\ P_z - R_x,\ Q_x - P_y)$

4. $\Delta\Phi = \nabla \cdot \nabla\Phi = \text{div grad } \Phi = \Phi_{xx} + \Phi_{yy} + \Phi_{zz}$ (*Laplace-Operator*)

5. *Biharmonischer Operator*

   $\Delta^2 \Phi = \nabla^4 \Phi = \dfrac{\partial^4 \Phi}{\partial x^4} + \dfrac{\partial^4 \Phi}{\partial y^4} + \dfrac{\partial^4 \Phi}{\partial z^4} + 2\left(\dfrac{\partial^4 \Phi}{\partial x^2 \partial y^2} + \dfrac{\partial^4 \Phi}{\partial y^2 \partial z^2} + \dfrac{\partial^4 \Phi}{\partial x^2 \partial z^2}\right)$

6. **F** besitzt im Gebiet G ein *skalares Potential* Φ $\Leftrightarrow$ **F** = grad Φ in G $\Leftrightarrow$ **F** ist *Gradientenfeld* in G [Φ ist ein *Potential* von **F**].
   In einem konvexen Gebiet G gilt dies genau dann, wenn rot **F** = **0** in G.

7. **F** besitzt im Gebiet G ein *Vektorpotential* **G** $\Leftrightarrow$ **F** = rot **G** in G.
   In einem konvexen Gebiet G gilt dies genau dann, wenn div **F** = 0 in G.

11.2 Vektorfelder

Rechenregeln für den Operator ∇

Linearität	
1. $\nabla(\alpha\Phi +\beta\Psi)=\alpha \nabla\Phi +\beta \nabla\Psi$	$\mathrm{grad}(\alpha\Phi +\beta\Psi)=\alpha \mathrm{~grad~}\Phi +\beta \mathrm{~grad~}\Psi$
2. $\nabla\cdot (\alpha \mathbf{F} +\beta \mathbf{G})=\alpha \nabla\cdot \mathbf{F} +\beta \nabla\cdot \mathbf{G}$	$\mathrm{div}(\alpha \mathbf{F} +\beta \mathbf{G})=\alpha \mathrm{~div~}\mathbf{F} +\beta \mathrm{~div~}\mathbf{G}$
3. $\nabla\times(\alpha \mathbf{F} +\beta \mathbf{G})=\alpha \nabla\times \mathbf{F} +\beta \nabla\times\mathbf{G}$	$\mathrm{rot}(\alpha \mathbf{F} +\beta \mathbf{G})=\alpha \mathrm{~rot~}\mathbf{F} +\beta \mathrm{~rot~}\mathbf{G}$
Operation auf Produkten	
4. $\nabla(\Phi\Psi)=\Phi \nabla\Psi +\Psi \nabla\Phi$	$\mathrm{grad}(\Phi\Psi)=\Phi \mathrm{~grad~}\Psi +\Psi \mathrm{~grad~}\Phi$
5. $\nabla(\mathbf{F}\cdot \mathbf{G})=(\mathbf{F}\cdot \nabla)\mathbf{G}+(\mathbf{G}\cdot \nabla)\mathbf{F}+ \\ +\mathbf{F}\times(\nabla\times\mathbf{G})+\mathbf{G}\times(\nabla\times\mathbf{F})$	$\mathrm{grad}(\mathbf{F}\cdot \mathbf{G})=(\mathbf{F}\cdot \mathrm{grad})\mathbf{G}+ \\ +(\mathbf{G}\cdot \mathrm{grad})\mathbf{F}+\mathbf{F}\times\mathrm{rot~}\mathbf{G}+\mathbf{G}\times\mathrm{rot~}\mathbf{F}$
6. $\nabla\cdot (\Phi \mathbf{F})=\Phi \nabla\cdot \mathbf{F}+(\nabla\Phi)\cdot \mathbf{F}$	$\mathrm{div}(\Phi \mathbf{F})=\Phi \mathrm{~div~}\mathbf{F}+\mathbf{F}\cdot \mathrm{grad~}\Phi$
7. $\nabla\cdot (\mathbf{F}\times\mathbf{G})=\mathbf{G}\cdot \nabla\times\mathbf{F}-\mathbf{F}\cdot \nabla\times\mathbf{G}$	$\mathrm{div}(\mathbf{F}\times\mathbf{G})=\mathbf{G}\cdot \mathrm{rot~}\mathbf{F}-\mathbf{F}\cdot \mathrm{rot~}\mathbf{G}$
8. $\nabla\times(\Phi \mathbf{F})=\Phi \nabla\times\mathbf{F}+(\nabla\Phi)\times\mathbf{F}$	$\mathrm{rot}(\Phi \mathbf{F})=\Phi \mathrm{~rot~}\mathbf{F}+(\mathrm{grad~}\Phi)\times\mathbf{F}$
9. $\nabla\times(\mathbf{F}\times\mathbf{G})=(\mathbf{G}\cdot \nabla)\mathbf{F}-(\mathbf{F}\cdot \nabla)\mathbf{G}+ \\ +\mathbf{F}(\nabla\cdot \mathbf{G})-\mathbf{G}(\nabla\cdot \mathbf{F})$	$\mathrm{rot}(\mathbf{F}\times\mathbf{G})=(\mathbf{G}\cdot \mathrm{grad})\mathbf{F}- \\ -(\mathbf{F}\cdot \mathrm{grad})\mathbf{G}+\mathbf{F}\mathrm{~div~}\mathbf{G}-\mathbf{G}\mathrm{~div~}\mathbf{F}$
Zweifache Anwendung von ∇	
10. $\nabla\cdot (\nabla\times\mathbf{F})=0$	$\mathrm{div~rot~}\mathbf{F}=0$
11. $\nabla\times(\nabla\Phi)=\mathbf{0}$	$\mathrm{rot~grad~}\Phi =\mathbf{0}$
12. $\nabla\times(\nabla\times\mathbf{F})=\nabla(\nabla\cdot \mathbf{F})-\nabla^2\mathbf{F}$	$\mathrm{rot~rot~}\mathbf{F}=\mathrm{grad~div~}\mathbf{F}-\Delta\mathbf{F}$

Orthogonale krummlinige Koordinaten

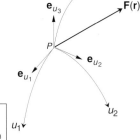

Annahme: In einem Gebiet mit kartesischem (x, y, z)-Koordinatensystem (Einheitsbasisvektoren $\mathbf{e}_x, \mathbf{e}_y, \mathbf{e}_z$) ist durch

(11.1) $\quad \begin{cases} x=x(u_1, u_2, u_3) \\ y=y(u_1, u_2, u_3) \\ z=z(u_1, u_2, u_3) \end{cases}$ $\quad \boxed{\begin{aligned}\mathbf{F}(P) &= F_x\mathbf{e}_x + F_y\mathbf{e}_y + F_z\mathbf{e}_z \\ &= F_{u_1}\mathbf{e}_{u_1}+ F_{u_2}\mathbf{e}_{u_2}+ F_{u_3}\mathbf{e}_{u_3}\end{aligned}}$

eine 1-1-deutige Koordinatentransformation gegeben, so daß sich die Flächen $u_i = \mathrm{const}$, $i = 1, 2, 3$, in jedem Punkt $P=(x; y; z)$ unter rechtem Winkel schneiden. Die Schnittkurven heißen *Koordinatenlinien*.

Die *lokalen Einheitsbasisvektoren* $\mathbf{e}_{u_1}, \mathbf{e}_{u_2}, \mathbf{e}_{u_3}$ bilden das *lokale ON-System*.

Bedingung für (11.1), so daß ein orthogonales (u_1, u_2, u_3)-System vorliegt:

$$\boxed{\frac{\partial \mathbf{r}}{\partial u_i}\cdot \frac{\partial \mathbf{r}}{\partial u_j}=0, i\neq j, \mathbf{r}=(x, y, z)}$$

Das System ist rechtsorientiert $\Leftrightarrow \dfrac{\partial (x, y, z)}{\partial (u_1, u_2, u_3)}>0$

Differentialformeln in orthogonalen Koordinatensystemen
Allgemeine Koordinaten (u_1, u_2, u_3)

$$\mathbf{e}_{u_i} = \frac{\nabla u_i}{|\nabla u_i|} = \left(\left|\frac{\partial \mathbf{r}}{\partial u_i}\right|\right)^{-1} \frac{\partial \mathbf{r}}{\partial u_i}$$

> Vektorfeld. $\mathbf{F}(P) = F_x \mathbf{e}_x + F_y \mathbf{e}_y + F_z \mathbf{e}_z = F_{u_1} \mathbf{e}_{u_1} + F_{u_2} \mathbf{e}_{u_2} + F_{u_3} \mathbf{e}_{u_3}$
>
> Skalarfeld. $u(P)$

Setzt man $\quad h_i = \left|\dfrac{\partial \mathbf{r}}{\partial u_i}\right| = \dfrac{1}{|\nabla u_i|} = \sqrt{\left(\dfrac{\partial x}{\partial u_i}\right)^2 + \left(\dfrac{\partial y}{\partial u_i}\right)^2 + \left(\dfrac{\partial z}{\partial u_i}\right)^2}$, $i = 1, 2, 3$,

dann gilt

(i) $\quad F_{u_i} = h_i^{-1}\left(F_x \dfrac{\partial x}{\partial u_i} + F_y \dfrac{\partial y}{\partial u_i} + F_z \dfrac{\partial z}{\partial u_i}\right), i = 1, 2, 3.$

      (*Beziehung zwischen den Vektorkomponenten*)

(iia) $d\mathbf{r} = h_1 du_1 \mathbf{e}_{u_1} + h_2 du_2 \mathbf{e}_{u_2} + h_3 du_3 \mathbf{e}_{u_3}$ (*Verschiebungsvektor*)

(b) $ds^2 = |d\mathbf{r}|^2 = h_1^2 du_1^2 + h_2^2 du_2^2 + h_3^2 du_3^2$ (*Bogenlängenelement*)

(c) $h_1 h_2 \, du_1 du_2, \quad h_2 h_3 \, du_2 du_3, \quad h_3 h_1 \, du_3 du_1$ (*Oberflächenelemente*)

(d) $dV = h_1 h_2 h_3 \, du_1 du_2 du_3$ (*Volumenelement*)

(iii) $\quad \text{grad } u = \nabla u = \sum\limits_{i=1}^{3} \dfrac{1}{h_i} \dfrac{\partial u}{\partial u_i} \mathbf{e}_{u_i}$

(iv) $\quad \text{div } \mathbf{F} = \nabla \cdot \mathbf{F} = \dfrac{1}{h_1 h_2 h_3} \sum\limits_{i=1}^{3} \dfrac{\partial}{\partial u_i}\left(\dfrac{h_1 h_2 h_3}{h_i} F_{u_i}\right)$

(v) $\quad \text{rot } \mathbf{F} = \nabla \times \mathbf{F} = \dfrac{1}{h_1 h_2 h_3} \begin{vmatrix} h_1 \mathbf{e}_{u_1} & h_2 \mathbf{e}_{u_2} & h_3 \mathbf{e}_{u_3} \\ \dfrac{\partial}{\partial u_1} & \dfrac{\partial}{\partial u_2} & \dfrac{\partial}{\partial u_3} \\ h_1 F_{u_1} & h_2 F_{u_2} & h_3 F_{u_3} \end{vmatrix}$

(vi) $\quad \Delta u = \nabla^2 u = \dfrac{1}{h_1 h_2 h_3} \sum\limits_{i=1}^{3} \dfrac{\partial}{\partial u_i}\left(\dfrac{h_1 h_2 h_3}{h_i^2} \dfrac{\partial u}{\partial u_i}\right)$

Kartesische Koordinaten (x, y, z)

$h_1 = h_2 = h_3 = 1$

(ii) $ds^2 = dx^2 + dy^2 + dz^2$

(iii) $\text{grad } u = \dfrac{\partial u}{\partial x} \mathbf{e}_x + \dfrac{\partial u}{\partial y} \mathbf{e}_y + \dfrac{\partial u}{\partial z} \mathbf{e}_z \quad (\mathbf{e}_x = \mathbf{i}, \mathbf{e}_y = \mathbf{j}, \mathbf{e}_z = \mathbf{k})$

(iv) $\text{div } \mathbf{F} = \dfrac{\partial F_x}{\partial x} + \dfrac{\partial F_y}{\partial y} + \dfrac{\partial F_z}{\partial z}$

(v) $\text{rot } \mathbf{F} = \left(\dfrac{\partial F_z}{\partial y} - \dfrac{\partial F_y}{\partial z}\right) \mathbf{e}_x + \left(\dfrac{\partial F_x}{\partial z} - \dfrac{\partial F_z}{\partial x}\right) \mathbf{e}_y + \left(\dfrac{\partial F_y}{\partial x} - \dfrac{\partial F_x}{\partial y}\right) \mathbf{e}_z$

(vi) $\Delta u = \dfrac{\partial^2 u}{\partial x^2} + \dfrac{\partial^2 u}{\partial y^2} + \dfrac{\partial^2 u}{\partial z^2}$

11.2 Vektorfelder

Verschobene und gedrehte Koordinaten (ξ, η, ζ)

$$\begin{cases} x = \xi_0 + a_{11}\xi + a_{12}\eta + a_{13}\zeta \\ y = \eta_0 + a_{21}\xi + a_{22}\eta + a_{23}\zeta \\ z = \zeta_0 + a_{31}\xi + a_{32}\eta + a_{33}\zeta \end{cases} \quad (a_{ij}) \text{ orthogonale Matrix}$$

$h_1 = h_2 = h_3 = 1$

(i) $\begin{cases} F_\xi = a_{11}F_x + a_{21}F_y + a_{31}F_z \\ F_\eta = a_{12}F_x + a_{22}F_y + a_{32}F_z \\ F_\zeta = a_{13}F_x + a_{23}F_y + a_{33}F_z \end{cases}$

(iia) $d\mathbf{r} = d\xi\, \mathbf{e}_\xi + d\eta\, \mathbf{e}_\eta + d\zeta\, \mathbf{e}_\zeta$ (*Verschiebungsvektor*)
(b) $ds^2 = d\xi^2 + d\eta^2 + d\zeta^2$ (*Bogenlängenelement*)
(c) $d\xi d\eta, d\eta d\zeta, d\zeta d\xi$ (*Oberflächenelemente*)
(d) $dV = d\xi d\eta d\zeta$ (*Volumenelement*)

(iii) $\operatorname{grad} u = \dfrac{\partial u}{\partial \xi}\mathbf{e}_\xi + \dfrac{\partial u}{\partial \eta}\mathbf{e}_\eta + \dfrac{\partial u}{\partial \zeta}\mathbf{e}_\zeta$

(iv) $\operatorname{div} \mathbf{F} = \dfrac{\partial F_\xi}{\partial \xi} + \dfrac{\partial F_\eta}{\partial \eta} + \dfrac{\partial F_\zeta}{\partial \zeta}$

(v) $\operatorname{rot} \mathbf{F} = \left(\dfrac{\partial F_\zeta}{\partial \eta} - \dfrac{\partial F_\eta}{\partial \zeta} \right) \mathbf{e}_\xi + \left(\dfrac{\partial F_\xi}{\partial \zeta} - \dfrac{\partial F_\zeta}{\partial \xi} \right) \mathbf{e}_\eta + \left(\dfrac{\partial F_\eta}{\partial \xi} - \dfrac{\partial F_\xi}{\partial \eta} \right) \mathbf{e}_\zeta$

(vi) $\Delta u = \dfrac{\partial^2 u}{\partial \xi^2} + \dfrac{\partial^2 u}{\partial \eta^2} + \dfrac{\partial^2 u}{\partial \zeta^2}$

Zylinderkoordinaten (ρ, φ, z)
(**Polarkoordinaten in der Ebene**: Einfach z weglassen)

Koordinatentransformation
$x = \rho \cos\varphi, \quad y = \rho \sin\varphi, \quad z = z$

$\rho = \sqrt{x^2 + y^2}, \quad \varphi = \tan^{-1}\dfrac{y}{x}$ (passender Zweig), $z = z$

$h_1 = 1,\ h_2 = \rho,\ h_3 = 1$

Beziehung zwischen Basisvektoren

$\begin{cases} \mathbf{e}_x = \mathbf{e}_\rho \cos\varphi - \mathbf{e}_\varphi \sin\varphi \\ \mathbf{e}_y = \mathbf{e}_\rho \sin\varphi + \mathbf{e}_\varphi \cos\varphi \\ \mathbf{e}_z = \mathbf{e}_z \end{cases}$

$\begin{cases} \mathbf{e}_\rho = \mathbf{e}_x \cos\varphi + \mathbf{e}_y \sin\varphi \\ \mathbf{e}_\varphi = -\mathbf{e}_x \sin\varphi + \mathbf{e}_y \cos\varphi \\ \mathbf{e}_z = \mathbf{e}_z \end{cases}$

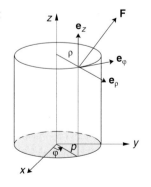

(i) Beziehung zwischen Vektorkomponenten:

$$\begin{cases} F_x = F_\rho \cos\varphi - F_\varphi \sin\varphi \\ F_y = F_\rho \sin\varphi + F_\varphi \cos\varphi \\ F_z = F_z \end{cases} \Leftrightarrow \begin{cases} F_\rho = F_x \cos\varphi + F_y \sin\varphi \\ F_\varphi = -F_x \sin\varphi + F_y \cos\varphi \\ F_z = F_z \end{cases}$$

(iia) $d\mathbf{r} = \mathbf{e}_\rho d\rho + \mathbf{e}_\varphi \rho\, d\varphi + \mathbf{e}_z dz$ (*Verschiebungsvektor*)

(iib) $ds^2 = d\rho^2 + \rho^2 d\varphi^2 + dz^2$ (*Bogenlängenelement*)

(iic) $\rho\, d\rho\, d\varphi,\ \rho\, d\varphi\, dz,\ dz\, d\rho$ (*Oberflächenelemente*)

(iid) $dV = \rho\, d\rho\, d\varphi\, dz$ (*Volumenelement*)

(iii) $\operatorname{grad} u = \nabla u = \dfrac{\partial u}{\partial \rho}\mathbf{e}_\rho + \dfrac{1}{\rho}\dfrac{\partial u}{\partial \varphi}\mathbf{e}_\varphi + \dfrac{du}{dz}\mathbf{e}_z$

(iv) $\operatorname{div} \mathbf{F} = \nabla \cdot \mathbf{F} = \dfrac{1}{\rho}\dfrac{\partial(\rho F_\rho)}{\partial \rho} + \dfrac{1}{\rho}\dfrac{\partial F_\varphi}{\partial \varphi} + \dfrac{\partial F_z}{\partial z}$

(v) $\operatorname{rot} \mathbf{F} = \nabla \times \mathbf{F} = \left(\dfrac{1}{\rho}\dfrac{\partial F_z}{\partial \varphi} - \dfrac{\partial F_\varphi}{\partial z}\right)\mathbf{e}_\rho + \left(\dfrac{\partial F_\rho}{\partial z} - \dfrac{\partial F_z}{\partial \rho}\right)\mathbf{e}_\varphi +$
$\qquad + \dfrac{1}{\rho}\left(\dfrac{\partial(\rho F_\varphi)}{\partial \rho} - \dfrac{\partial F_\rho}{\partial \varphi}\right)\mathbf{e}_z$

(vi) $\Delta u = \nabla^2 u = \dfrac{1}{\rho}\dfrac{\partial}{\partial \rho}\left(\rho\dfrac{\partial u}{\partial \rho}\right) + \dfrac{1}{\rho^2}\dfrac{\partial^2 u}{\partial \varphi^2} + \dfrac{\partial^2 u}{\partial z^2} = u_{\rho\rho} + \dfrac{1}{\rho}u_\rho + \dfrac{1}{\rho^2}u_{\varphi\varphi} + u_{zz}$

Kugelkoordinaten (r, θ, φ)

Koordinatentransformation
$x = r\sin\theta\cos\varphi,\ y = r\sin\theta\sin\varphi,\ z = r\cos\theta$
$r = \sqrt{x^2 + y^2 + z^2},\ \theta = \arccos(z/\sqrt{x^2 + y^2 + z^2}),\ \varphi = \tan^{-1}(y/x)$ (pass. Zweig)
$h_1 = 1,\ h_2 = r,\ h_3 = r\sin\theta$

Beziehung zwischen Basisvektoren

$\begin{cases} \mathbf{e}_x = \mathbf{e}_r \sin\theta\cos\varphi + \mathbf{e}_\theta \cos\theta\cos\varphi - \mathbf{e}_\varphi \sin\varphi \\ \mathbf{e}_y = \mathbf{e}_r \sin\theta\sin\varphi + \mathbf{e}_\theta \cos\theta\sin\varphi + \mathbf{e}_\varphi \cos\varphi \\ \mathbf{e}_z = \mathbf{e}_r \cos\theta - \mathbf{e}_\theta \sin\theta \end{cases}$

$\begin{cases} \mathbf{e}_r = \mathbf{e}_x \sin\theta\cos\varphi + \mathbf{e}_y \sin\theta\sin\varphi + \mathbf{e}_z \cos\theta \\ \mathbf{e}_\theta = \mathbf{e}_x \cos\theta\cos\varphi + \mathbf{e}_y \cos\theta\sin\varphi - \mathbf{e}_z \sin\theta \\ \mathbf{e}_\varphi = -\mathbf{e}_x \sin\varphi + \mathbf{e}_y \cos\varphi \end{cases}$

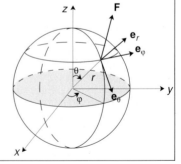

(i) Beziehung zwischen Vektorkomponenten

$\begin{cases} F_x = F_r \sin\theta\cos\varphi + F_\theta \cos\theta\cos\varphi - F_\varphi \sin\varphi \\ F_y = F_r \sin\theta\sin\varphi + F_\theta \cos\theta\sin\varphi + F_\varphi \cos\varphi \\ F_z = F_r \cos\theta - F_\theta \sin\theta \end{cases} \Leftrightarrow$

$\begin{cases} F_r = F_x \sin\theta\cos\varphi + F_y \sin\theta\sin\varphi + F_z \cos\theta \\ F_\theta = F_x \cos\theta\cos\varphi + F_y \cos\theta\sin\varphi - F_z \sin\theta \\ F_\varphi = -F_x \sin\varphi + F_y \cos\varphi \end{cases}$

(iia) $d\mathbf{r} = \mathbf{e}_r dr + \mathbf{e}_\theta r d\theta + \mathbf{e}_\varphi r \sin\theta d\varphi$ (*Verschiebungsvektor*)
(iib) $ds^2 = dr^2 + r^2 d\theta^2 + r^2 \sin^2\theta d\varphi^2$ (*Bogenlängenelement*)
(iic) $r dr d\theta,\; r^2 \sin\theta d\theta d\varphi,\; r\sin\theta d\varphi dr$ (*Oberflächenelemente*)
(iid) $dV = r^2 \sin\theta dr d\theta d\varphi$ (*Volumenelement*)

(iii) $\operatorname{grad} u = \nabla u = \dfrac{\partial u}{\partial r}\mathbf{e}_r + \dfrac{1}{r}\dfrac{\partial u}{\partial \theta}\mathbf{e}_\theta + \dfrac{1}{r\sin\theta}\dfrac{du}{d\varphi}\mathbf{e}_\varphi$

(iv) $\operatorname{div} \mathbf{F} = \nabla \cdot \mathbf{F} = \dfrac{1}{r^2}\dfrac{\partial(r^2 F_r)}{\partial r} + \dfrac{1}{r\sin\theta}\dfrac{\partial(F_\theta \sin\theta)}{\partial \theta} + \dfrac{1}{r\sin\theta}\dfrac{\partial F_\varphi}{\partial \varphi}$

(v) $\operatorname{rot} \mathbf{F} = \nabla \times \mathbf{F} = \dfrac{1}{r\sin\theta}\left(\dfrac{\partial(F_\varphi \sin\theta)}{\partial \theta} - \dfrac{\partial F_\theta}{\partial \varphi}\right)\mathbf{e}_r +$

$\quad + \dfrac{1}{r\sin\theta}\left(\dfrac{\partial F_r}{\partial \varphi} - \sin\theta\dfrac{\partial(r F_\varphi)}{\partial r}\right)\mathbf{e}_\theta + \dfrac{1}{r}\left(\dfrac{\partial(r F_\theta)}{\partial r} - \dfrac{\partial F_r}{\partial \theta}\right)\mathbf{e}_\varphi$

(vi) $\Delta u = \nabla^2 u = \dfrac{1}{r^2}\dfrac{\partial}{\partial r}\left(r^2 \dfrac{\partial u}{\partial r}\right) + \dfrac{1}{r^2 \sin\theta}\dfrac{\partial}{\partial \theta}\left(\sin\theta\dfrac{\partial u}{\partial \theta}\right) + \dfrac{1}{r^2 \sin^2\theta}\dfrac{\partial^2 u}{\partial \varphi^2} =$

$\quad = \dfrac{\partial^2 u}{\partial r^2} + \dfrac{2}{r}\dfrac{\partial u}{\partial r} + \dfrac{1}{r^2}\left[\dfrac{\partial}{\partial \xi}\left((1-\xi^2)\dfrac{\partial u}{\partial \xi}\right) + \dfrac{1}{1-\xi^2}\dfrac{\partial^2 u}{\partial \varphi^2}\right]$, wenn $\xi = \cos\theta$

11.3 Kurvenintegrale

Differentialformen

$f, g: \mathbf{R}^n \to \mathbf{R},\; h: \mathbf{R} \to \mathbf{R}$.

Differentialform $\omega = f dg = f\left(\dfrac{\partial g}{\partial x_1} dx_1 + \ldots + \dfrac{\partial g}{\partial x_n} dx_n\right)$

1. $d(af + bg) = a\, df + b\, dg$	2. $d(fg) = f\, dg + g\, df$
3. $d\left(\dfrac{f}{g}\right) = \dfrac{g\, df - f\, dg}{g^2}$	4. $d(h(f)) = h'(f) df$

Exakte Differentialformen

Im $\mathbf{R}^2$: $\omega = P\, dx + Q\, dy$ ist *exakt*, wenn es eine *Stammfunktion* $\Phi(x,y)$ von ω gibt, so daß $\Phi_x = P$, $\Phi_y = Q$, (d.h. $\omega = d\Phi$).
Test: $P\, dx + Q\, dy$ exakt $\Leftrightarrow P_y = Q_x$ (in einfach zusammenhängendem Gebiet).

In $\mathbf{R}^3$: $\omega = P\, dx + Q\, dy + R\, dz$ ist *exakt*, wenn es eine *Stammfunktion* $\Phi(x,y,z)$ gibt, so daß $\Phi_x = P$, $\Phi_y = Q$, $\Phi_z = R$, (d.h. $\omega = d\Phi$).
Test: $P\, dx + Q\, dy + R\, dz$ exakt $\Leftrightarrow \operatorname{rot}(P, Q, R) = \mathbf{0} \Leftrightarrow P_y = Q_x,\; P_z = R_x,\; Q_z = R_y$
(in einem einfach zusammenhängenden Gebiet).

Kurvenintegrale

Vorgabe. Kurve C: $\mathbf{r} = \mathbf{r}(t) = (x(t), y(t), z(t))$, $a \leq t \leq b$

$d\mathbf{r} = (dx, dy, dz)$, $ds = |d\mathbf{r}| = \sqrt{\dot{x}^2 + \dot{y}^2 + \dot{z}^2}\, dt$

Vektorfeld $\mathbf{F} = \mathbf{F}(\mathbf{r}) =$
$= (P(x,y,z), Q(x,y,z), R(x,y,z))$

Skalarfeld $\Phi(\mathbf{r}) = \Phi(x, y, z)$.

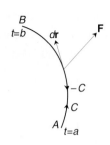

Die 4 Arten von Kurvenintegralen

1. $\int_C \mathbf{F} \cdot d\mathbf{r}$ 2. $\int_C \Phi |d\mathbf{r}|$ 3. $\int_C \mathbf{F} \times d\mathbf{r}$ 4. $\int_C \Phi\, d\mathbf{r}$

1. Kurvenintegral (Fluß von F tangential längs C)

$$\int_C \omega = \int_C \mathbf{F} \cdot d\mathbf{r} = \int_C P\,dx + Q\,dy + R\,dz =$$
$$= \int_a^b \left(P\frac{dx}{dt} + Q\frac{dy}{dt} + R\frac{dz}{dt} \right) dt$$

Eigenschaften: (i) $\int_{-C} \omega = -\int_C \omega$ (ii) $\int_{C_1+C_2} \omega = \int_{C_1} \omega + \int_{C_2} \omega$

(iii) $\int_C d\Phi = \int_C \nabla\Phi \cdot d\mathbf{r} = \Phi(B) - \Phi(A)$

(iv) ω exakt $\Rightarrow \int_C \omega = \Phi(B) - \Phi(A)$, Φ Stammfunktion von ω

Beispiel. Berechne $I = \int_C y\,dx + z\,dy - x^2\,dz$, $C: (x, y, z) = (\cos t, \sin t, t)$, $0 \leq t \leq 2\pi$.
Lösung: $dx = -\sin t\,dt$, $dy = \cos t\,dt$, $dz = dt$. D.h. $I = \int_0^{2\pi} (-\sin^2 t + t\cos t - \cos^2 t)dt = -2\pi$

Green-Formel in der Ebene

Annahme. (i) C einmal positiv durchlaufene geschlossene Kurve (ii) P, Q stetig differenzierbar auf C und in D. Dann gilt

$$\oint_C P\,dx + Q\,dy = \iint_D \left(\frac{\partial Q}{\partial x} - \frac{\partial P}{\partial y} \right) dx\,dy$$

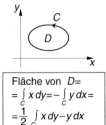

Fläche von $D =$
$= \int_C x\,dy = -\int_C y\,dx =$
$= \frac{1}{2} \int_C x\,dy - y\,dx$

11.3 Kurvenintegrale

> **Satz**
>
> Sind P, Q in einem einfach zusammenhängenden Gebiet D stetig differenzierbar, dann sind folgende Bedingungen äquivalent:
>
> (i) $P\,dx + Q\,dy$ ist exakt
>
> (ii) $\dfrac{\partial P}{\partial y} = \dfrac{\partial Q}{\partial x}$
>
> (iii) $\oint_C P\,dx + Q\,dy = 0$ (für jede geschlossene Kurve C in D)
>
> (iv) $\int_{C_1} P\,dx + Q\,dy$ hängt nur vom Anfangs- und Endpunkt von C_1 ab (alles in D)

Satz von Stokes (vgl. 11.4)

Die restlichen Kurvenintegrale

2. $\displaystyle\int_C \Phi\,|d\mathbf{r}| = \int_C \Phi\,ds = \int_a^b \Phi(\mathbf{r}(t)) \left|\frac{d\mathbf{r}}{dt}\right| dt =$

   $\displaystyle = \int_a^b \Phi(x(t), y(t), z(t))\, \sqrt{\left(\frac{dx}{dt}\right)^2 + \left(\frac{dy}{dt}\right)^2 + \left(\frac{dz}{dt}\right)^2}\; dt$

3. $\displaystyle\int_C \mathbf{F} \times d\mathbf{r} = \int_a^b \mathbf{F}(\mathbf{r}(t)) \times \frac{d\mathbf{r}}{dt}\, dt$ (vektorwertig)

4. $\displaystyle\int_C \Phi\, d\mathbf{r} = \int_a^b \Phi(\mathbf{r}(t)) \frac{d\mathbf{r}}{dt}\, dt$ (vektorwertig)

Anwendungen

(i) Bogenlänge $l(C)$ der Kurve C: $\displaystyle l(C) = \int_C ds = \int_a^b \sqrt{\dot{x}^2 + \dot{y}^2 + \dot{z}^2}\, dt$

(ii) Schwerpunkt $S = (x_S, y_S, z_S)$ der homogenen Kurve C: $\displaystyle x_S = \frac{1}{l(C)} \int_C x\,ds$, y_S, z_S analog.

11.4 Oberflächenintegrale

Flächen

Flächen lassen sich auf dreierlei Arten bestimmen:

A. *Graph einer Funktion* $S: z = z(x, y)$, $(x, y) \in D$

$$\hat{\mathbf{n}} = \pm \frac{(z_x, z_y, -1)}{\sqrt{1 + z_x^2 + z_y^2}}, \; (|\hat{\mathbf{n}}| = 1), \; d\mathbf{S} = \hat{\mathbf{n}} dS =$$

$$= \pm (z_x, z_y, -1) \, dxdy, \; dS = \sqrt{1 + z_x^2 + z_y^2} \, dxdy$$

B. *Parameterdarstellung*

$S: \mathbf{r} = \mathbf{r}(u, v) = (x(u, v), y(u, v), z(u, v))$, $(u, v) \in D$

$$\hat{\mathbf{n}} = \pm \frac{\mathbf{r}_u \times \mathbf{r}_v}{|\mathbf{r}_u \times \mathbf{r}_v|}, (|\hat{\mathbf{n}}| = 1), \; d\mathbf{S} = \hat{\mathbf{n}} dS = \pm \mathbf{r}_u \times \mathbf{r}_v \, dudv$$

$$dS = |\mathbf{r}_u \times \mathbf{r}_v| \, dudv$$

C. *Niveaufläche*

$$S: f(x, y, z) = C, \; \hat{\mathbf{n}} = \pm \frac{\text{grad } f}{|\text{grad } f|}, \; (|\hat{\mathbf{n}}| = 1)$$

Oberflächenintegrale

Vorgabe. Fläche S wie oben.

Vektorfeld $\mathbf{F} = \mathbf{F}(\mathbf{r}) = (P, Q, R) = (P(x, y, z), Q(x, y, z), R(x, y, z))$.

Skalarfeld $\Phi = \Phi(\mathbf{r})$.

Die 4 Arten von Oberflächenintegralen

| 1. $\iint_S \mathbf{F} \cdot d\mathbf{S}$ | 2. $\iint_S \Phi \, dS$ | 3. $\iint_S \mathbf{F} \times d\mathbf{S}$ | 4. $\iint_S \Phi \, d\mathbf{S}$ |

1. Oberflächenintegral (Fluß von $\mathbf{F}$ normal zu S)

A. $\iint_S \mathbf{F} \cdot d\mathbf{S} = \iint_S \mathbf{F} \cdot \hat{\mathbf{n}} \, dS = \pm \iint_D \left(-P \frac{\partial z}{\partial x} - Q \frac{\partial z}{\partial y} + R \right) dxdy$

(+ für „nach oben" weisende Richtung des Normalenvektors)

B. $\iint_S \mathbf{F} \cdot d\mathbf{S} = \iint_S \mathbf{F} \cdot \hat{\mathbf{n}} \, dS = \iint_D \mathbf{F}(\mathbf{r}(u, v)) \cdot (\mathbf{r}_u \times \mathbf{r}_v) \, dudv$

11.4 Oberflächenintegrale

Andere Bezeichnung:

$$\iint_S \mathbf{F} \cdot d\mathbf{S} = \iint_S P\,dydz + Q\,dzdx + R\,dxdy =$$

$$= \pm \iint_{D_{yz}} P[x(y,z), y, z]\,dydz \pm \iint_{D_{xz}} Q[x, y(x,z), z]\,dxdz \pm$$

$$\pm \iint_{D_{xy}} R[x, y, z(x,y)]\,dxdy, \quad (D_{xy} = \text{Projektion von } S \text{ in die } xy\text{-Ebene, etc.})$$

Hierbei sind die letzten Integrale „gewöhnliche" Doppelintegrale. Vorzeichen +, wenn der Normalenvektor von S in Richtung der positiven x-Achse, y-Achse bzw. z-Achse weist (d.h. die erste, zweite bzw. dritte Komponente des Normalenvektors von S ist positiv).

Bemerkung. $\iint_S P\,dydz = -\iint_S P\,dzdy$ etc.

Beispiel

$S = S_1 + S_2 + S_3$ geschlossener Zylinder

S_1: $\mathbf{r} = (\cos u, \sin u, v)$, D: $0 \le u \le 2\pi$, $0 \le v \le 1$
  $\mathbf{r}_u = (-\sin u, \cos u, 0)$, $\mathbf{r}_v = (0, 0, 1)$
  $\mathbf{r}_u \times \mathbf{r}_v = (\cos u, \sin u, 0)$

S_2: $z = 1$, S_3: $z = 0$, D_{xy}: $x^2 + y^2 \le 1$

$$\iint_S \mathbf{r} \cdot d\mathbf{S} = \iint_S x\,dydz + y\,dzdx + z\,dxdy$$

$$\iint_{S_1} = \iint_D (\cos u, \sin u, v) \cdot (\cos u, \sin u, 0)\,dudv =$$

$$= \iint_D (\cos^2 u + \sin^2 u)\,dudv = \iint_D dudv = 2\pi$$

$$\iint_{S_2} = +\iint_{D_{xy}} z\,dxdy = \iint_{D_{xy}} 1\,dxdy = \pi, \quad \iint_{S_3} = -\iint_{D_{xy}} z\,dxdy = -\iint_{D_{xy}} 0\,dxdy = 0$$

D.h. $\iint_S \mathbf{r} \cdot d\mathbf{S} = 3\pi$.

Andere (und schnellere) Lösung: Satz von Gauss.

S_1: $x^2 + y^2 = 1$
S_2: $z = 1$
S_3: $z = 0$

2.

A. $\iint_S \Phi\,dS = \iint_D \Phi(x, y, z(x,y))\sqrt{1 + z_x^2 + z_y^2}\,dxdy$

B. $\iint_S \Phi\,dS = \iint_D \Phi(\mathbf{r}(u,v))|\mathbf{r}_u \times \mathbf{r}_v|\,dudv$

Anwendungen

Oberflächeninhalt $A(S)$ der Fläche S:

$$A(S) = \iint_S dS \stackrel{(A)}{=} \iint_D \sqrt{1 + z_x^2 + z_y^2}\,dxdy \stackrel{(B)}{=} \iint_D |\mathbf{r}_u \times \mathbf{r}_v|\,dudv$$

Schwerpunkt $C = (x_C, y_C, z_C)$ der homogenen Fläche: $x_C = \dfrac{1}{A(s)} \iint_S x\,dS$, y_C, z_C analog

3. $\iint\limits_S \mathbf{F} \times d\mathbf{S} = \iint\limits_D \mathbf{F}(\mathbf{r}(u,v)) \times (\mathbf{r}_u \times \mathbf{r}_v) \, du \, dv$ \qquad (vektorwertig)

4. $\iint\limits_S \Phi \, d\mathbf{S} = \iint\limits_D \Phi(\mathbf{r}(u,v))(\mathbf{r}_u \times \mathbf{r}_v) \, du \, dv$ \qquad (vektorwertig)

Integralsätze

(Alle Funktionen stetig differenzierbar)

1. *Satz von Stokes* ($C = \partial S$ geschlossene Kurve im Raum)

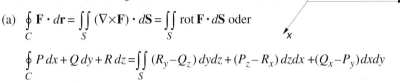

   (a) $\oint\limits_C \mathbf{F} \cdot d\mathbf{r} = \iint\limits_S (\nabla \times \mathbf{F}) \cdot d\mathbf{S} = \iint\limits_S \operatorname{rot} \mathbf{F} \cdot d\mathbf{S}$ oder

   $\oint\limits_C P \, dx + Q \, dy + R \, dz = \iint\limits_S (R_y - Q_z) \, dy \, dz + (P_z - R_x) \, dz \, dx + (Q_x - P_y) \, dx \, dy$

   (b) $\oint\limits_C \mathbf{F} \times d\mathbf{r} = -\iint\limits_S (d\mathbf{S} \times \nabla) \times \mathbf{F}$

   (c) $\oint\limits_C \Phi \, d\mathbf{r} = \iint\limits_S (d\mathbf{S} \times \nabla) \Phi$

2. *Satz von Gauss* ($S = \partial V$ geschlossene Fläche)

   (a) $\oiint\limits_S \mathbf{F} \cdot d\mathbf{S} = \oiint\limits_S \mathbf{F} \cdot \hat{\mathbf{n}} \, dS = \iiint\limits_V (\nabla \cdot \mathbf{F}) dV = \iiint\limits_V \operatorname{div} \mathbf{F} \, dV$ oder

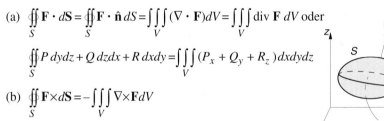

   $\oiint\limits_S P \, dy \, dz + Q \, dz \, dx + R \, dx \, dy = \iiint\limits_V (P_x + Q_y + R_z) \, dx \, dy \, dz$

   (b) $\oiint\limits_S \mathbf{F} \times d\mathbf{S} = -\iiint\limits_V \nabla \times \mathbf{F} \, dV$

   (c) $\oiint\limits_S \Phi \, d\mathbf{S} = \iiint\limits_V \nabla \Phi \, dV$

3. *Formeln von Green*

   (a) $\oiint\limits_S u \frac{\partial v}{\partial n} dS = \iiint\limits_V \nabla u \cdot \nabla v \, dV + \iiint\limits_V u \Delta v \, dV$

   (b) $\oiint\limits_S \left(u \frac{\partial v}{\partial n} - v \frac{\partial u}{\partial n} \right) dS = \iiint\limits_V (u \Delta v - v \Delta u) dV$

   (c) Formel von Green in der Ebene. $\oint\limits_C P \, dx + Q \, dy = \iint\limits_D (Q_x - P_y) dx \, dy$

Beachte. Die *Normalableitung* $\frac{\partial u}{\partial n}$ ist die *Richtungsableitung* von u in Richtung der äußeren Normalen (vgl. 10.4).

12 Orthogonalreihen. Spezielle Funktionen

12.1 Orthogonale Systeme

Intervall. (a, b) endlich oder unendlich

Funktionen. $f(x)$ reell und stückweise stetig auf (a, b)

Gewichtsfunktion. $w(x) \geq 0$ reell und stetig auf (a, b)

Skalarprodukt. $(f, g)_w = \int_a^b f(x)\, g(x) w(x) dx$

Norm. $\|f\|_w^2 = (f, f)_w$

Orthogonalsystem (OS) *bezüglich* $w(x)$. Funktionenfolge $\{\varphi_k(x)\}_1^\infty$ auf (a, b) mit

(i) $(\varphi_k, \varphi_n)_w = 0$, falls $n \neq k$ (φ_k, φ_n sind w-orthogonal)

(ii) $N_k = \|\varphi_k\|_w^2 > 0$

Fourier-Koeffizienten von f. $c_k = \dfrac{1}{N_k}(f, \varphi_k)_w$, $k = 1, 2, \ldots$

Fourier-Reihe von f. $\sum_{k=1}^\infty c_k \varphi_k(x)$

Vollständiges Orthogonalsystem (VOS) *bezüglich* $w(x)$. $\{\varphi_k(x)\}_1^\infty$ ist OS mit
$(f, \varphi_k)_w = 0$ für alle k $\Rightarrow$ $f \equiv 0$

Satz

1. (*Bessel-Ungleichung*) $\{\varphi_k(x)\}_1^\infty$ ist OS $\Rightarrow$ $\sum_{k=1}^\infty N_k c_k^2 \leq \|f\|_w^2$

2. (*Parseval-Gleichung*) $\{\varphi_k(x)\}_1^\infty$ ist VOS $\Leftrightarrow$ $\sum_{k=1}^\infty N_k c_k^2 = \|f\|_w^2$

3. (*Fourier-Entwicklung*) $\{\varphi_k(x)\}_1^\infty$ ist VOS $\Rightarrow$ $f(x) = \sum_{k=1}^\infty c_k \varphi_k(x)$

Beachte. 3. gilt nicht punktweise in x, sondern nur *im quadratischen Mittel*, d.h.

$$\lim_{n \to \infty} \int_a^b \left[f(x) - \sum_{k=1}^n c_k \varphi_k(x) \right]^2 w(x)\, dx = 0.$$

Approximation im quadratischen Mittel

> Sei $s_n(x) = a_1\varphi_1(x) + \ldots + a_n\varphi_n(x)$ mit beliebigen a_k, dann gilt
>
> 4. $Q_n = \|f - s_n\|_w^2 = \int_a^b [f(x) - s_n(x)]^2 w(x)\,dx$ ist *minimal* $\Leftrightarrow a_k = c_k, k = 1, \ldots, n$
>
> 5. $\min Q_n = \int_a^b f^2(x)w(x)\,dx - \sum_{k=1}^n N_k c_k^2 = \|f\|_w^2 - \|s_n\|_w^2$, $a_k = c_k, k = 1, \ldots, n$

Orthogonalsysteme in Vektorräumen

(Vgl. 4.7 und Abschnitt 5 in 12.7)

Euklidischer Vektorraum oder Hilbert-Raum H

(u, v) Skalarprodukt der Vektoren u und v und $\|u\| = \sqrt{(u, u)}$ die Norm von u

$\{\varphi_k\}_1^n$ Orthogonalsystem in H, d.h. $(\varphi_i, \varphi_j) = 0$ für $i \neq j$

$V = \left\{ \sum_{k=1}^n a_k\varphi_k ; a_k \text{ konstant} \right\}$ die *lineare Hülle* der $\{\varphi_k\}_1^n$

$Pu = \sum_{k=1}^n \dfrac{(u, \varphi_k)}{\|\varphi_k\|^2} \varphi_k$ die *orthogonale Projektion* von u auf V

> **Projektionssatz**
>
> a) $Pu \in V$
>
> b) $(u - Pu) \perp V$, d.h $(u - Pu, v) = (u - Pu, \varphi_k) = 0$ für alle $v \in V$, $k = 1, 2, \ldots, n$
>
> c) $\min_{v \in V} \|u - v\|^2 = \|u - Pu\|^2 = \|u\|^2 - \|Pu\|^2 = \|u\|^2 - \sum_{k=1}^n \dfrac{|(u, \varphi_k)|^2}{\|\varphi_k\|^2}$ (Pythagoras)

(*Bessel-Ungleichung*) $\|Pu\|^2 \leq \|u\|^2$

(*Parseval-Gleichung*)   Ist $\{\varphi_k\}_1^\infty$ vollständig, dann gilt $\|Pu\|^2 = \|u\|^2$

Das Sturm-Liouville-Eigenwertproblem

Annahmen.

(*i*) $p(x), p'(x), q(x), w(x)$ reellwertig und stetig in $[a, b]$

(*ii*) $p(x) > 0$, $q(x) \geq 0$ in $[a, b]$, $w(x) > 0$ in (a, b)

(*iii*) $\alpha, \beta, \gamma, \delta$ reelle Konstante, $\alpha^2 + \beta^2 > 0$, $\gamma^2 + \delta^2 > 0$

12.1 Orthogonale Systeme

Das Sturm-Liouville-Eigenwertproblem

Bestimme die Eigenwerte λ und die zugehörigen Eigenfunktionen $\varphi(x) \not\equiv 0$ des Randwertproblems

$$\begin{cases} -\dfrac{d}{dx}\{p(x)\varphi'(x)\} + q(x)\varphi(x) = \lambda\, w(x)\varphi(x) \\ \alpha\varphi'(a) + \beta\varphi(a) = 0 \\ \gamma\varphi'(b) + \delta\varphi(b) = 0 \end{cases}$$

6. Die Eigenwerte λ_k erfüllen $0 \leq \lambda_1 < \lambda_2 < \lambda_3 < \ldots$,

$$\lim_{n \to \infty} \frac{n^2}{\lambda_n} = \frac{1}{\pi^2}\left(\int_a^b \sqrt{\frac{w(x)}{p(x)}}\,dx\right)^2.$$

7. Eigenfunktionen zu verschiedenen Eigenwerten sind w-orthogonal.

8. Die Menge $\{\varphi_k(x)\}_1^\infty$ der Eigenfunktionen ist ein VOS bezüglich der Gewichtsfunktion $w(x)$.

9. Entwicklung von $f(x)$ nach Eigenfunktionen: Siehe 3.

Beispiele trigonometrischer Systeme auf dem Intervall [0, a]

Differentialgleichung: $\varphi''(x) + \lambda\varphi(x) = 0,\ 0 < x < a$

Randwerte	Eigenwerte	Eigenfunktionen	$\beta_k =$	$N_k = \|\varphi_k\|^2 =$
$\varphi(0) = \varphi(a) = 0$	$\lambda_k = \beta_k^2$	$\varphi_k(x) = \sin \beta_k x$	$k\pi/a,\ k=1,2,3,\ldots$	$a/2$
$\varphi'(0) = \varphi(a) = 0$	$\lambda_k = \beta_k^2$	$\varphi_k(x) = \cos \beta_k x$	$(k+1/2)\pi/a,\ k=0,1,2,\ldots$	$a/2$
$\varphi(0) = \varphi'(a) = 0$	$\lambda_k = \beta_k^2$	$\varphi_k(x) = \sin \beta_k x$	$(k+1/2)\pi/a,\ k=0,1,2,\ldots$	$a/2$
$\varphi'(0) = \varphi'(a) = 0$	$\lambda_k = \beta_k^2$	$\varphi_k(x) = \cos \beta_k x$	$k\pi/a,\ k=0,1,2,\ldots$	$a,\ k=0;\ a/2,\ k \geq 1$
$\begin{cases}\varphi(0)=0,\\ \varphi'(a)+c\varphi(a)=0\\ (c>0 \text{ konstant})\end{cases}$	$\lambda_k = \beta_k^2$	$\varphi_k(x) = \sin \beta_k x$	β_k die positiven Wurzeln von $\tan a\beta = -\beta/c$	$[a+c/(c^2+\beta_k^2)]/2$
$\begin{cases}\varphi'(0)=0,\\ \varphi'(a)+c\varphi(a)=0\\ (c>0 \text{ konstant})\end{cases}$	$\lambda_k = \beta_k^2$	$\varphi_k(x) = \cos \beta_k x$	β_k die positiven Wurzeln von $\tan a\beta = c/\beta$	$[a+c/(c^2+\beta_k^2)]/2$

Ein verallgemeinertes Eigenwertproblem

Bezeichnung: $(u|v) = \int_a^b u(x)v(x)\,dx$

Betrachte das Eigenwertproblem (A, B reelle lineare gewöhnliche Differentialoperatoren)

(EP) $\begin{cases} \text{(DGL)}\ B\,v(x) = \lambda A\,v(x),\ a < x < b \\ \text{(RB)}\ \text{Reelle lineare und homogene Randbedingungen für } v \text{ und} \\ \qquad\quad\text{die Ableitungen von } v \text{ in } a \text{ und } b \end{cases}$

Raum der Testfunktionen $V = \{$Funktionen, die (RB) erfüllen$\}$.

Der Operator A ist

(i) *symmetrisch*, wenn $(Au|v) = (u|Av)$ für alle $u, v \in V$
(ii) *positiv definit [semidefinit]*, wenn

$$(Av|v) > 0 \; [(Av|v) \geq 0] \text{ für alle } v \in V, v \not\equiv 0$$

Das Eigenwertproblem (EP) ist

(i) *selbstadjungiert*, wenn A und B symmetrisch sind
(ii) *total definit*, wenn A und B positiv definit sind
(iii) *positiv semidefinit*, wenn A positiv definit und B positiv semidefinit ist.

Bemerkung. Sturm-Liouville-(EP) ist selbstadjungiert und positiv semidefinit.

Sei (EP) selbstadjungiert.

10. Sind u, v Eigenfunktionen von (EP) zu verschiedenen Eigenwerten, dann gilt $(Au|v) = (Bu|v) = 0$.

11. Ist (EP) total definit [positiv semidefinit], dann ist jeder Eigenwert > 0 [≥ 0].

Rayleigh-Quotient. $R(v) = \dfrac{(Bv|v)}{(Av|v)}$

Annahmen

(i) (EP) ist selbstadjungiert und positiv semidefinit und Ordnung$(B) > $ Ordnung(A)

(ii) $0 \leq \lambda_1 \leq \lambda_2 \leq \ldots$ und $v_1, v_2, \ldots$ sind zugehörige Eigenwerte und -funktionen von (EP).

Dann gilt
$$\lambda_n = \min R(v) = R(v_n),$$
wobei das Minimum über alle $v \in V$ zu nehmen ist mit

$$(Av|v_k) = 0, k = 1, \ldots, n-1.$$

Das Minimum wird von den Eigenfunktionen zu λ_n angenommen.

Iteration

Ist (EP) selbstadjungiert und total definit, sowie Ordnung $(B) > $ Ordnung (A), dann gilt:
Iteration für λ_1 und v_1:

$$\begin{cases} \text{Wähle } u_0 \in V \\ u_k: Bu_k = Au_{k-1} \text{ mit } (RB), v_1 \approx u_k \; (k \text{ groß genug}) \; \lambda_1 \approx u_k(x)/u_{k+1}(x). \end{cases}$$

Schwarz-Konstanten. $a_k = (u_{k-m}|Au_m)$ unabhängig von m.

Schwarz-Quotienten. $\mu_k = a_{k-1}/a_k \searrow \lambda_1$.

$$\mu_k - \lambda_1 \leq \frac{\mu_k}{\lambda_2 - \mu_k} (\mu_{k-1} - \mu_k), \text{ wenn } \lambda_2 > \mu_k$$

12.2 Orthogonale Polynome

Legendre-Polynome $P_n(x)$

Explizite Form. $P_n(x) = 2^{-n} \sum_{k=0}^{[n/2]} (-1)^k \binom{n}{k} \binom{2n-2k}{n} x^{n-2k}, n = 0, 1, 2, \ldots$

Rodrigues-Formel. $P_n(x) = \dfrac{1}{n! 2^n} D^n\{(x^2-1)^n\}$

$|P_n(x)| \leq 1, -1 \leq x \leq 1; P_n(-x) = (-1)^n P_n(x); P_n(1) = 1, P_n(0) = \begin{cases} 0, & n \text{ ungerade} \\ (-1)^{n/2} \dfrac{(n-1)!!}{n!!}, & n \text{ gerade} \end{cases}$

Orthogonalität. $\displaystyle\int_{-1}^{1} P_k(x) P_n(x) dx = \dfrac{2}{2n+1} \delta_{kn}$

Orthogonalreihen

$$f(x) = \sum_{n=0}^{\infty} c_n P_n(x), \quad c_n = \dfrac{2n+1}{2} \int_{-1}^{1} f(x) P_n(x) dx$$

Rekursionsformeln

$$(n+1) P_{n+1}(x) = (2n+1) x P_n(x) - n P_{n-1}(x)$$
$$(x^2-1) P_n'(x) = n x P_n(x) - n P_{n-1}(x)$$
$$P_{n+1}'(x) - P_{n-1}'(x) = (2n+1) P_n(x)$$
$$\int P_n(x) dx = \dfrac{P_{n+1}(x) - P_{n-1}(x)}{2n+1} + C$$

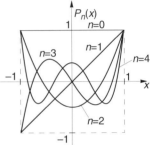

Erzeugende Funktion

$$(1 - 2xt + t^2)^{-1/2} = \sum_{n=0}^{\infty} P_n(x) t^n, |t| < 1, |x| \leq 1$$

Differentialgleichung. $y = P_n(x)$ erfüllt

$$(1-x^2) y'' - 2x y' + n(n+1) y = 0$$

$P_n = P_n(x)$:

$P_0 = 1$
$P_1 = x$
$P_2 = (3x^2 - 1)/2$
$P_3 = (5x^3 - 3x)/2$
$P_4 = (35x^4 - 30x^2 + 3)/8$
$P_5 = (63x^5 - 70x^3 + 15x)/8$
$P_6 = (231x^6 - 315x^4 + 105x^2 - 5)/16$
$P_7 = (429x^7 - 693x^5 + 315x^3 - 35x)/16$
$P_8 = (6435x^8 - 12012x^6 + 6930x^4 - 1260x^2 + 35)/128$
$P_9 = (12155x^9 - 25740x^7 + 18018x^5 - 4620x^3 + 315x)/128$
$P_{10} = (46189x^{10} - 109395x^8 + 90090x^6 - 30030x^4 + 3465x^2 - 63)/256$

$x^{10} = (256 P_{10} + 2176 P_8 + 7904 P_6 + 1550 P_4 + 16150 P_2 + 4199 P_0)/46189$
$x^9 = (128 P_9 + 960 P_7 + 2992 P_5 + 4760 P_3 + 3315 P_1)/12155$
$x^8 = (128 P_8 + 832 P_6 + 2160 P_4 + 2600 P_2 + 715 P_0)/6435$
$x^7 = (16 P_7 + 88 P_5 + 182 P_3 + 143 P_1)/429$
$x^6 = (16 P_6 + 72 P_4 + 110 P_2 + 33 P_0)/231$
$x^5 = (8 P_5 + 28 P_3 + 27 P_1)/63$
$x^4 = (8 P_4 + 20 P_2 + 7 P_0)/35$
$x^3 = (2 P_3 + 3 P_1)/5$
$x^2 = (2 P_2 + P_0)/3$
$x = P_1$
$1 = P_0$

$(x = \cos\theta)$

$P_0(\cos\theta) = 1$ $\qquad P_1(\cos\theta) = \cos\theta$
$P_2(\cos\theta) = (1 + 3\cos 2\theta)/4$ $\qquad P_3(\cos\theta) = (3\cos\theta + 5\cos 3\theta)/8$
$P_4(\cos\theta) = (9 + 20\cos 2\theta + 35\cos 4\theta)/64$ $\quad P_5(\cos\theta) = (30\cos\theta + 35\cos 3\theta + 63\cos 5\theta)/128$

Orthogonale Polynome auf einem endlichen Intervall

Die Polynome $P_n\left(\frac{x-m}{\sigma}\right)$, $n = 0, 1, 2, \ldots$ bestimmen ein Orthogonalsystem auf dem Intervall $(m-\sigma, m+\sigma)$ mit der *Orthogonalitätsrelation*

$$\int_{m-\sigma}^{m+\sigma} P_n\left(\frac{x-m}{\sigma}\right) P_k\left(\frac{x-m}{\sigma}\right) dx = \frac{2\sigma}{2n+1} \delta_{nk}$$

Für das Intervall (a, b) setze man $m = \frac{1}{2}(a+b)$ und $\sigma = \frac{1}{2}(b-a)$

Die zugeordneten Legendre-Funktionen $P_n^m(x)$

$y = P_n^m(x) = (1-x^2)^{m/2} D^m P_n(x)$, $0 \le m \le n$, erfüllen die *Differentialgleichung*

$$(1-x^2)y'' - 2xy' + \left[n(n+1) - \frac{m^2}{1-x^2}\right] y = 0$$

Orthogonalität. $\quad \int_{-1}^{1} P_k^m(x) P_n^m(x) dx = \frac{(n+m)!}{(n-m)!} \cdot \frac{2}{2n+1} \delta_{kn}$

Erzeugende Funktion

$$(2m-1)!!(1-x^2)^{m/2} t^m (1-2xt+t^2)^{-m-1/2} = \sum_{n=m}^{\infty} P_n^m(x) t^n, \; |t| < 1, |x| \le 1$$

Rekursionsformeln

$$(n-m+1)P_{n+1}^m(x) = (2n+1)x P_n^m(x) - (n+m) P_{n-1}^m(x)$$

$$P_n^{m+1}(x) = 2mx(1-x^2)^{-1/2} P_n^m(x) - (n-m+1)(n+m) P_n^{m-1}(x)$$

Orthogonalreihen

$$f(x) = \sum_{n=m}^{\infty} c_n P_n^m(x), \quad c_n = \frac{2n+1}{2} \cdot \frac{(n-m)!}{(n+m)!} \int_{-1}^{1} f(x) P_n^m(x) dx$$

Kugelflächenfunktionen

$y(\varphi, \theta) = \cos m\varphi \, P_n^m(\cos\theta)$ und $y(\varphi, \theta) = \sin m\varphi \, P_n^m(\cos\theta)$ erfüllen für jedes m die *partielle Differentialgleichung*

$$\frac{1}{\sin\theta} \frac{\partial}{\partial \theta}\left(\sin\theta \frac{\partial y}{\partial \theta}\right) + \frac{1}{\sin^2\theta} \frac{\partial^2 y}{\partial \varphi^2} + n(n+1)y = 0$$

Tschebyschev-Polynome $T_n(x)$ und $U_n(x)$

$T_n(x) = \cos(n \arccos x)$ $\qquad U_n(x) = \dfrac{\sin[(n+1)\arccos x]}{\sqrt{1-x^2}}$, $-1 < x < 1$, $n = 0, 1, 2, \ldots$

$T_n(\cos\theta) = \cos n\theta$ $\qquad U_n(\cos\theta) = \dfrac{\sin(n+1)\theta}{\sin\theta}$

$T_n(-x) = (-1)^n T_n(x), \quad |T_n(x)| \le 1$

$U_n(-x) = (-1)^n U_n(x), \quad |U_n(x)| \le n+1$

12.2 Orthogonale Polynome

Orthogonalität

$$\int_{-1}^{1} T_k(x)T_n(x)\frac{dx}{\sqrt{1-x^2}} = \begin{cases} 0, & k \neq n \\ \pi, & k=n=0 \\ \pi/2, & k=n \neq 0 \end{cases} \qquad \int_{-1}^{1} U_k(x)U_n(x)\sqrt{1-x^2}\,dx = \frac{\pi}{2}\delta_{kn}$$

Orthogonalreihen

$$f(x) = \frac{1}{2}c_0 + \sum_{n=1}^{\infty} c_n T_n(x), \quad c_n = \frac{2}{\pi}\int_{-1}^{1}\frac{f(x)T_n(x)}{\sqrt{1-x^2}}dx$$

$$f(x) = \sum_{n=0}^{\infty} c_n U_n(x), \quad c_n = \frac{2}{\pi}\int_{-1}^{1} f(x)U_n(x)\sqrt{1-x^2}\,dx$$

Rekursionsformeln

$T_{n+1}(x) = 2x\,T_n(x) - T_{n-1}(x)$ $\qquad U_{n+1}(x) = 2x\,U_n(x) - U_{n-1}(x)$

$T_n(x) = U_n(x) - xU_{n-1}(x)$ $\qquad (1-x^2)U_{n-1}(x) = xT_n(x) - T_{n+1}(x)$

Erzeugende Funktion

$$\frac{1-xt}{1-2xt+t^2} = \sum_{n=0}^{\infty} T_n(x)t^n, \qquad |x|<1, |t|<1$$

$$\frac{1}{1-2xt+t^2} = \sum_{n=0}^{\infty} U_n(x)t^n, \qquad |x|<1, |t|<1$$

Differentialgleichung

$$(1-x^2)y'' - xy' + n^2 y = 0, \quad -1 < x < 1$$

Allgemeine Lösung: $y = AT_n(x) + BU_{n-1}(x)\sqrt{1-x^2}$

$U_n(x)$ löst die DGL $(1-x^2)y'' - 3xy' + n(n+2)y = 0$

$T_n(x) = 0 \Leftrightarrow x = x_k = \cos((k+1/2)\pi/n),\ k=0,1,\ldots,n-1.$
$|T_n(x)| = 1 \Leftrightarrow x = x'_k = \cos(k\pi/n),\ k=0,1,\ldots,n.$
$T_n = T_n(x):$

$T_0 = 1$	$x^{10} = (T_{10} + 10T_8 + 45T_6 + 120T_4 + 210T_2 + 126T_0)/512$
$T_1 = x$	$x^9 = (T_9 + 9T_7 + 36T_5 + 84T_3 + 126T_1)/256$
$T_2 = 2x^2 - 1$	$x^8 = (T_8 + 8T_6 + 28T_4 + 56T_2 + 35T_0)/128$
$T_3 = 4x^3 - 3x$	$x^7 = (T_7 + 7T_5 + 21T_3 + 35T_1)/64$
$T_4 = 8x^4 - 8x^2 + 1$	$x^6 = (T_6 + 6T_4 + 15T_2 + 10T_0)/32$
$T_5 = 16x^5 - 20x^3 + 5x$	$x^5 = (T_5 + 5T_3 + 10T_1)/16$
$T_6 = 32x^6 - 48x^4 + 18x^2 - 1$	$x^4 = (T_4 + 4T_2 + 3T_0)/8$
$T_7 = 64x^7 - 112x^5 + 56x^3 - 7x$	$x^3 = (T_3 + 3T_1)/4$
$T_8 = 128x^8 - 256x^6 + 160x^4 - 32x^2 + 1$	$x^2 = (T_2 + T_0)/2$
$T_9 = 256x^9 - 576x^7 + 432x^5 - 120x^3 + 9x$	$x = T_1$
$T_{10} = 512x^{10} - 1280x^8 + 1120x^6 - 400x^4 + 50x^2 - 1$	$1 = T_0$

$U_n = U_n(x):$

$U_0 = 1$	$x^{10} = (U_{10} + 9U_8 + 35U_6 + 75U_4 + 90U_2 + 42U_0)/1024$
$U_1 = 2x$	$x^9 = (U_9 + 8U_7 + 27U_5 + 48U_3 + 42U_1)/512$
$U_2 = 4x^2 - 1$	$x^8 = (U_8 + 7U_6 + 20U_4 + 28U_2 + 14U_0)/256$
$U_3 = 8x^3 - 4x$	$x^7 = (U_7 + 6U_5 + 14U_3 + 14U_1)/128$
$U_4 = 16x^4 - 12x^2 + 1$	$x^6 = (U_6 + 5U_4 + 9U_2 + 5U_0)/64$
$U_5 = 32x^5 - 32x^3 + 6x$	$x^5 = (U_5 + 4U_3 + 5U_1)/32$
$U_6 = 64x^6 - 80x^4 + 24x^2 - 1$	$x^4 = (U_4 + 3U_2 + 2U_0)/16$
$U_7 = 128x^7 - 192x^5 + 80x^3 - 8x$	$x^3 = (U_3 + 2U_1)/8$
$U_8 = 256x^8 - 448x^6 + 240x^4 - 40x^2 + 1$	$x^2 = (U_2 + U_0)/4$
$U_9 = 512x^9 - 1024x^7 + 672x^5 - 160x^3 + 10x$	$x = U_1/2$
$U_{10} = 1024x^{10} - 2304x^8 + 1792x^6 - 560x^4 + 60x^2 - 1$	$1 = U_0$

Verschobene Tschebyschev-Polynome $T_n^*(x)$ und $U_n^*(x)$

$T_n^*(x) = T_n(2x-1) = T_{2n}(\sqrt{x})$, $0 \le x \le 1$ $U_n^*(x) = U_n(2x-1)$, $0 \le x \le 1$

Orthogonalität

$$\int_0^1 T_k^*(x)T_n^*(x)(x-x^2)^{-1/2}dx = \begin{cases} 0, & k \ne n \\ \pi, & k = n \\ \pi/2, & k = n \ne 0 \end{cases} \qquad \int_0^1 U_k^*(x)U_n^*(x)(x-x^2)^{1/2}dx = (\pi/8)\delta_{kn}$$

Rekursionsformeln

$T_{n+1}^*(x) = (4x-2)T_n^*(x) - T_{n-1}^*(x)$ $U_{n+1}^*(x) = (4x-2)U_n^*(x) - U_{n-1}^*(x)$

Differentialgleichung

$T_n^*(x)$ löst die DGL $U_n^*(x)$ löst die DGL

$(x-x^2)y'' - (x-1/2)y' + n^2 y = 0$ $(x-x^2)y'' - 3(x-1/2)y' + n(n+2)y = 0$

$T_n^* = T_n^*(x)$:

$T_0^* = 1$ $x^7 = (T_7^* + 14T_6^* + 91T_5^* + 364T_4^* + 1001T_3^* + 2002T_2^* + 3003T_1^* + 1716T_0^*)/8192$
$T_1^* = 2x-1$ $x^6 = (T_6^* + 12T_5^* + 66T_4^* + 220T_3^* + 495T_2^* + 792T_1^* + 462T_0^*)/2048$
$T_2^* = 8x^2 - 8x + 1$ $x^5 = (T_5^* + 10T_4^* + 45T_3^* + 120T_2^* + 210T_1^* + 126T_0^*)/512$
$T_3^* = 32x^3 - 48x^2 + 18x - 1$ $x^4 = (T_4^* + 8T_3^* + 28T_2^* + 56T_1^* + 35T_0^*)/128$
$T_4^* = 128x^4 - 256x^3 + 160x^2 - 32x + 1$ $x^3 = (T_3^* + 6T_2^* + 15T_1^* + 10T_0^*)/32$
$T_5^* = 512x^5 - 1280x^4 + 1120x^3 - 400x^2 + 50x - 1$ $x^2 = (T_2^* + 4T_1^* + 3T_0^*)/8$
$T_6^* = 2048x^6 - 6144x^5 + 6912x^4 - 3584x^3 + 840x^2 - 72x + 1$ $x = (T_1^* + T_0^*)/2$
$T_7^* = 8192x^7 - 28672x^6 + 39424x^5 - 26880x^4 + 9408x^3 - 1568x^2 + 98x - 1$ $1 = T_0^*$

$U_n^* = U_n^*(x)$:

$U_0^* = 1$ $x^7 = (U_7^* + 14U_6^* + 90U_5^* + 350U_4^* + 910U_3^* + 1638U_2^* + 2002U_1^* + 1430U_0^*)/16384$
$U_1^* = 4x-2$ $x^6 = (U_6^* + 12U_5^* + 65U_4^* + 208U_3^* + 429U_2^* + 572U_1^* + 429U_0^*)/4096$
$U_2^* = 16x^2 - 16x + 3$ $x^5 = (U_5^* + 10U_4^* + 44U_3^* + 110U_2^* + 165U_1^* + 132U_0^*)/1024$
$U_3^* = 64x^3 - 96x^2 + 40x - 4$ $x^4 = (U_4^* + 8U_3^* + 27U_2^* + 48U_1^* + 42U_0^*)/256$
$U_4^* = 256x^4 - 512x^3 + 336x^2 - 80x + 5$ $x^3 = (U_3^* + 6U_2^* + 14U_1^* + 14U_0^*)/64$
$U_5^* = 1024x^5 - 2560x^4 + 2304x^3 - 896x^2 + 140x - 6$ $x^2 = (U_2^* + 4U_1^* + 5U_0^*)/16$
$U_6^* = 4096x^6 - 12288x^5 + 14080x^4 - 7680x^3 + 2016x^2 - 224x + 7$ $x = (U_1^* + 2U_0^*)/4$
$U_7^* = 16384x^7 - 57344x^6 + 79872x^5 - 56320x^4 + 21120x^3 - 4032x^2 + 336x - 8$ $1 = U_0^*$

Hermite-Polynome $H_n(x)$

Rodrigues-Formel. $H_n(x) = (-1)^n e^{x^2} D^n(e^{-x^2})$, $n = 0, 1, 2, \ldots$

Hermite-Funktionen. $h_n(x) = e^{-x^2/2} H_n(x)$

Orthogonalität

$$\int_{-\infty}^{\infty} H_k(x)H_n(x)e^{-x^2}dx = \int_{-\infty}^{\infty} h_k(x)h_n(x)dx = n! \, 2^n \sqrt{\pi} \, \delta_{kn}$$

Orthogonalreihen

$$f(x) = \sum_{n=0}^{\infty} c_n H_n(x), \quad c_n = \frac{1}{n! 2^n \sqrt{\pi}} \int_{-\infty}^{\infty} f(x)H_n(x)e^{-x^2}dx$$

12.2 Orthogonale Polynome

Rekursionsformeln

$$H_{n+1}(x) = 2x\,H_n(x) - 2nH_{n-1}(x)$$

$$H_n'(x) = 2nH_{n-1}(x) \qquad (e^{-x^2}H_n(x))' = -e^{-x^2}H_{n+1}(x)$$

Erzeugende Funktion

$$e^{2tx-t^2} = \sum_{n=0}^{\infty} H_n(x)\frac{t^n}{n!}, \qquad -\infty < x < \infty,\ -\infty < t < \infty$$

Differentialgleichung

$y = H_n(x)$ erfüllt $\qquad y'' - 2xy' + 2ny = 0$

$y = h_n(x)$ erfüllt $\qquad y'' + (2n + 1 - x^2)y = 0$

$H_n = H_n(x)$:

$H_0 = 1$

$H_1 = 2x$

$H_2 = 4x^2 - 2$

$H_3 = 8x^3 - 12x$

$H_4 = 16x^4 - 48x^2 + 12$

$H_5 = 32x^5 - 160x^3 + 120x$

$H_6 = 64x^6 - 480x^4 + 720x^2 - 120$

$H_7 = 128x^7 - 1344x^5 + 3360x^3 - 1680x$

$H_8 = 256x^8 - 3584x^6 + 13440x^4 - 13440x^2 + 1680$

$H_9 = 512x^9 - 9216x^7 + 48384x^5 - 80640x^3 + 30240x$

$H_{10} = 1024x^{10} - 23040x^8 + 161280x^6 - 403200x^4 + 302400x^2 - 30240$

$x^{10} = (H_{10} + 90H_8 + 2520H_6 + 25200H_4 + 75600H_2 + 30240H_0)/1024$

$x^9 = (H_9 + 72H_7 + 1512H_5 + 10080H_3 + 15120H_1)/512$

$x^8 = (H_8 + 56H_6 + 840H_4 + 3360H_2 + 1680H_0)/256$

$x^7 = (H_7 + 42H_5 + 420H_3 + 840H_1)/128$

$x^6 = (H_6 + 30H_4 + 180H_2 + 120H_0)/64$

$x^5 = (H_5 + 20H_3 + 60H_1)/32$

$x^4 = (H_4 + 12H_2 + 12H_0)/16$

$x^3 = (H_3 + 6H_1)/8$

$x^2 = (H_2 + 2H_0)/4$

$x = H_1/2$

$1 = H_0$

Laguerre-Polynome $L_n(x), L_n^{(\alpha)}(x)$

Rodrigues-Formel

$$L_n^{(\alpha)}(x) = \frac{x^{-\alpha}e^x}{n!}D^n(x^{n+\alpha}e^{-x}), \qquad L_n(x) = L_n^{(0)}(x),\ n = 0, 1, 2, \ldots$$

Laguerre-Funktion. $l_n(x) = e^{-x/2}L_n(x)$

Orthogonalität

$$\int_0^{\infty} L_k^{(\alpha)}(x)\,L_n^{(\alpha)}(x)x^{\alpha}e^{-x}dx = \frac{\Gamma(1+\alpha+n)}{n!}\delta_{kn} \qquad (\alpha > -1)$$

$$\int_0^{\infty} L_k(x)L_n(x)e^{-x}dx = \int_0^{\infty} l_k(x)\,l_n(x)dx = \delta_{kn}$$

Orthogonalreihen

$$f(x) = \sum_{n=0}^{\infty} c_n L_n^{(\alpha)}(x),\quad c_n = \frac{n!}{\Gamma(1+\alpha+n)}\int_0^{\infty} f(x)L_n^{(\alpha)}(x)x^{\alpha}e^{-x}dx$$

$$f(x) = \sum_{n=0}^{\infty} c_n L_n(x),\quad c_n = \int_0^{\infty} f(x)L_n(x)e^{-x}dx$$

Rekursionsformeln

$$(n+1)L_{n+1}^{(\alpha)}(x) = (2n+\alpha+1-x)\,L_n^{(\alpha)}(x) - (n+\alpha)\,L_{n-1}^{(\alpha)}(x)$$

$$\frac{d}{dx}\,L_n^{(\alpha)}(x) = -\,L_{n-1}^{(\alpha+1)}(x)$$

Erzeugende Funktion

$$(1-t)^{-\alpha-1}\exp\left(-\frac{xt}{1-t}\right) = \sum_{n=0}^{\infty} L_n^{(\alpha)}(x)t^n, \quad |t|<1$$

Differentialgleichung

$y = L_n^{(\alpha)}(x)$ erfüllt
$$xy'' + (1+\alpha-x)y' + ny = 0$$

$L_n = L_n(x)$:

$L_0 = 1$
$L_1 = 1-x$
$L_2 = 1-2x+x^2/2$
$L_3 = 1-3x+3x^2/2-x^3/6$
$L_4 = 1-4x+3x^2-2x^3/3+x^4/24$
$L_5 = 1-5x+5x^2-5x^3/3+5x^4/24-x^5/120$
$L_6 = 1-6x+15x^2/2-10x^3/3+5x^4/8-x^5/20+x^6/720$
$L_7 = 1-7x+21x^2/2-35x^3/6+35x^4/24-7x^5/40+7x^6/720-x^7/5040$

$x^7 = 5040L_0 - 35280L_1 + 105840L_2 - 176400L_3 + 176400L_4 - 105840L_5 + 35280L_6 - 5040L_7$
$x^6 = 720L_0 - 4320L_1 + 10800L_2 - 14400L_3 + 10800L_4 - 4320L_5 + 720L_6$
$x^5 = 120L_0 - 600L_1 + 1200L_2 - 1200L_3 + 600L_4 - 120L_5$
$x^4 = 24L_0 - 96L_1 + 144L_2 - 96L_3 + 24L_4$
$x^3 = 6L_0 - 18L_1 + 18L_2 - 6L_3$
$x^2 = 2L_0 - 4L_1 + 2L_2$
$x = L_0 - L_1$
$1 = L_0$

Jacobi-Polynome $P_n^{(\alpha,\beta)}(x)$

Rodrigues-Formel

$$P_n^{(\alpha,\beta)}(x) = \frac{(-1)^n}{2^n n!}\,(1-x)^{-\alpha}(1+x)^{-\beta}D^n\{(1-x)^{n+\alpha}(1+x)^{n+\beta}\}$$

Explizite Darstellung

$$P_n^{(\alpha,\beta)}(x) = 2^{-n}\sum_{k=0}^{n}\binom{n+\alpha}{k}\binom{n+\beta}{n-k}(x-1)^{n-k}(x+1)^k$$

Orthogonalität

$$\int_{-1}^{1} P_k^{(\alpha,\beta)}(x)\,P_n^{(\alpha,\beta)}(x)(1-x)^\alpha(1+x)^\beta dx = \frac{2^{\alpha+\beta+1}\Gamma(n+\alpha+1)\Gamma(n+\beta+1)}{(2n+\alpha+\beta+1)n!\,\Gamma(n+\alpha+\beta+1)}\delta_{kn}$$

Erzeugende Funktion
$$u^{-1}(1-t+u)^{-\alpha}(1+t+u)^{-\beta} = \sum_{n=0}^{\infty} 2^{-\alpha-\beta}P_n^{(\alpha,\beta)}(x)t^n, \quad |x|<1, |t|<1$$

$$u = \sqrt{1-2xt+t^2}$$

Differentialgleichung

$y = P_n^{(\alpha,\beta)}(x)$ erfüllt
$$(1-x^2)y'' + [\beta-\alpha-(\alpha+\beta+2)x]y' + n(n+\alpha+\beta+1)y = 0$$

12.3 Bernoulli- und Euler-Polynome

Bernoulli-Polynome $B_n(x)$

Erzeugende Funktion

$$\frac{te^{xt}}{e^t - 1} = \sum_{n=0}^{\infty} B_n(x) \frac{t^n}{n!}, \quad |t| < 2\pi$$

Beziehungen. $B_n'(x) = nB_{n-1}(x); \quad B_n(x+1) - B_n(x) = nx^{n-1}$

$$B_0(x) = 1 \quad B_1(x) = x - \frac{1}{2} \quad B_2(x) = x^2 - x + \frac{1}{6} \quad B_3(x) = x^3 - \frac{3}{2}x^2 + \frac{1}{2}x$$

$$B_4(x) = x^4 - 2x^3 + x^2 - \frac{1}{30} \quad B_5(x) = x^5 - \frac{5}{2}x^4 + \frac{5}{3}x^3 - \frac{1}{6}x$$

Bernoulli-Zahlen B_n

$$B_n = B_n(0), \quad B_{2n+1} = 0, \quad B_{2n} = (-1)^{n+1} \frac{2(2n)!}{\pi^{2n}(2^{2n} - 1)} \sum_{k=0}^{\infty} (2k+1)^{-2n}, n \geq 1$$

Asymptotisches Verhalten $(n \to \infty)$

$$B_{2n} \sim (-1)^{n+1} \cdot \frac{2(2n)!}{(2\pi)^{2n}} \sim (-1)^{n+1} \cdot 4\sqrt{\pi n}\left(\frac{n}{\pi e}\right)^{2n}$$

n	B_n	n	B_n	n	B_n
0	1	6	1/42	14	7/6
1	$-1/2$	8	$-1/30$	16	$-3617/510$
2	1/6	10	5/66	18	43867/798
4	$-1/30$	12	$-691/2730$	20	$-174611/330$

Euler-Polynome $E_n(x)$

Erzeugende Funktion

$$\frac{2e^{xt}}{e^t + 1} = \sum_{n=0}^{\infty} E_n(x) \frac{t^n}{n!}, \quad |t| < \pi$$

Beziehungen. $E_n'(x) = nE_{n-1}(x); \quad E_n(x+1) + E_n(x) = 2x^n$

$$E_0(x) = 1 \quad E_1(x) = x - \frac{1}{2} \quad E_2(x) = x^2 - x \quad E_3(x) = x^3 - \frac{3}{2}x^2 + \frac{1}{4}$$

$$E_4(x) = x^4 - 2x^3 + x \quad E_5(x) = x^5 - \frac{5}{2}x^4 + \frac{5}{2}x^2 - \frac{1}{2}$$

Euler-Zahlen E_n

$$E_n = 2^n E_n\left(\frac{1}{2}\right) \in \mathbf{Z}\,. \quad E_{2n+1} = 0, \quad E_{2n} = (-1)^n \frac{(2n)!\, 2^{2n+2}}{\pi^{2n+1}} \sum_{k=0}^{\infty} (-1)^k (2k+1)^{-2n-1}, n \geq 0$$

Erzeugende Funktion

$$\frac{2e^{t/2}}{e^t + 1} = \sum_{n=0}^{\infty} 2^{-n} E_n \frac{t^n}{n!}$$

Asymptotisches Verhalten $(n \to \infty)$

$$E_{2n} \sim (-1)^n \cdot \frac{(2n)!\, 2^{2n+2}}{\pi^{2n+1}} \sim (-1)^n \cdot 8 \sqrt{\frac{n}{\pi}} \left(\frac{4n}{\pi e}\right)^{2n}$$

n	E_n	n	E_n	n	E_n
0	1	8	1385	16	1 93915 12145
2	-1	10	-50521	18	$-240\,48796\,75441$
4	5	12	2702765	20	37037 11882 37525
6	-61	14	$-1993\,60981$	22	$-69\,34887\,43931\,37901$

12.4 Bessel-Funktionen

Bessel-Funktionen 1. Art $J_p(x)$

$$\begin{cases} J_p(x) = \sum_{k=0}^{\infty} \frac{(-1)^k}{k!\,\Gamma(p+k+1)} \left(\frac{x}{2}\right)^{p+2k}, \quad (p \in \mathbf{R},\ 0 < x < \infty) \\ J_n(x) = \sum_{k=0}^{\infty} \frac{(-1)^k}{k!\,(n+k)!} \left(\frac{x}{2}\right)^{n+2k} = \frac{1}{\pi} \int_0^{\pi} \cos(x \sin\varphi - n\varphi)\,d\varphi = \\ \qquad = \frac{1}{2\pi} \int_{-\pi}^{\pi} e^{i(x \sin\varphi - n\varphi)}\,d\varphi, \quad n = 0, 1, 2, \ldots \\ J_{-n}(x) = (-1)^n J_n(x), \quad n = 1, 2, 3, \ldots \end{cases}$$

Speziell

$$J_0(x) = 1 - \frac{x^2}{2^2} + \frac{x^4}{2^2 \cdot 4^2} - \frac{x^6}{2^2 \cdot 4^2 \cdot 6^2} + \ldots$$

$$J_1(x) = \frac{x}{2} - \frac{x^3}{2^2 \cdot 4} + \frac{x^5}{2^2 \cdot 4^2 \cdot 6} - \frac{x^7}{2^2 \cdot 4^2 \cdot 6^2 \cdot 8} + \ldots$$

$$J_0'(x) = -J_1(x)$$

Zugeordnete Funktionen

Bessel-Funktionen 2. Art (Weber-Funktionen) $Y_p(x)$ (Neumann-Fktn. $N_p(x)$)

$$\begin{cases} Y_p(x) = \dfrac{J_p(x)\cos p\pi - J_{-p}(x)}{\sin p\pi}, \quad p \in \mathbf{R}, \\[2ex] Y_n(x) = \lim_{p \to n} Y_p(x) = \dfrac{2}{\pi}\left(\gamma + \ln \dfrac{x}{2}\right) J_n(x) - \dfrac{1}{\pi} \sum_{k=0}^{n-1} \dfrac{(n-k-1)!}{k!} \left(\dfrac{x}{2}\right)^{2k-n} - \\[2ex] \quad - \dfrac{1}{\pi} \sum_{k=0}^{\infty} (H_k + H_{k+n}) \dfrac{(-1)^k}{k!(n+k)!} \left(\dfrac{x}{2}\right)^{2k+n} = \dfrac{1}{\pi} \int_0^\pi \sin(x \sin t - nt)\,dt - \\[2ex] \quad - \dfrac{1}{\pi} \int_0^\infty [e^{nt} + (-1)^n e^{-nt}] e^{-x \sinh t}\,dt, \quad n = 0, 1, 2, \ldots, \\[2ex] \text{wobei } H_m = \sum_{j=1}^{m} \dfrac{1}{j},\ H_0 = 0,\ \gamma = \text{Euler-Konstante}. \\[2ex] Y_{-n}(x) = (-1)^n Y_n(x),\ n = 1, 2, 3, \ldots \end{cases}$$

Bessel-Funktionen 3. Art (Hankel-Funktionen)

$$H_p^{(1)}(x) = J_p(x) + iY_p(x) \qquad H_p^{(2)}(x) = J_p(x) - iY_p(x)$$

Modifizierte Bessel-Funktionen

$$I_n(x) = i^{-n} J_n(ix) = \sum_{k=0}^{\infty} \dfrac{1}{k!(n+k)!} \left(\dfrac{x}{2}\right)^{n+2k} = \dfrac{1}{\pi} \int_0^\pi e^{x \cos t} \cos nt\,dt$$

Speziell

$$I_0(x) = 1 + \dfrac{x^2}{2^2} + \dfrac{x^4}{2^2 \cdot 4^2} + \dfrac{x^6}{2^2 \cdot 4^2 \cdot 6^2} + \ldots$$

$$I_1(x) = \dfrac{x}{2} + \dfrac{x^3}{2^2 \cdot 4} + \dfrac{x^5}{2^2 \cdot 4^2 \cdot 6} + \dfrac{x^7}{2^2 \cdot 4^2 \cdot 6^2 \cdot 8} + \ldots$$

$$I_0'(x) = I_1(x)$$

$$K_n(x) = \dfrac{\pi}{2} i^{n+1} H_n^{(1)}(ix) = \dfrac{\pi}{2} i^{n+1} [J_n(ix) + iY_n(ix)] = \int_0^\infty e^{-x \cosh t} \cosh nt\,dt$$

$$= (-1)^{n+1} \left(\ln \dfrac{x}{2} + \gamma\right) I_n(x) + \dfrac{1}{2} \sum_{k=0}^{n-1} (-1)^k (n-k-1)! \left(\dfrac{x}{2}\right)^{2k-n} +$$

$$+ (-1)^n \dfrac{1}{2} \sum_{k=0}^{\infty} (H_k + H_{n+k}) \dfrac{1}{k!(n+k)!} \left(\dfrac{x}{2}\right)^{2k+n},$$

wobei $H_m = \sum_{j=1}^{m} \dfrac{1}{j},\ H_0 = 0$

Kelvin-Funktionen

$$\text{Ber}(x) = \sum_{k=0}^{\infty} \frac{(-1)^k}{[(2k)!]^2} \left(\frac{x}{2}\right)^{4k}$$

$$\text{Bei}(x) = \sum_{k=0}^{\infty} \frac{(-1)^k}{[(2k+1)!]^2} \left(\frac{x}{2}\right)^{4k+2}$$

$$\boxed{\text{Ber}(x) + i\,\text{Bei}(x) = J_0(e^{3\pi i/4} x)}$$

$$\text{Ker}(x) = -\left(\ln\frac{x}{2} + \gamma\right) \text{Ber}(x) + \frac{\pi}{4} \text{Bei}(x) + 1 + \sum_{k=1}^{\infty} \frac{(-1)^k}{[(2k)!]^2} H_{2k} \left(\frac{x}{2}\right)^{4k}$$

$$\text{Kei}(x) = -\left(\ln\frac{x}{2} + \gamma\right) \text{Bei}(x) - \frac{\pi}{4} \text{Ber}(x) + \sum_{k=0}^{\infty} \frac{(-1)^k}{[(2k+1)!]^2} H_{2k+1} \left(\frac{x}{2}\right)^{4k+2}$$

wobei $H_m = \sum_{j=1}^{m} \frac{1}{j}$,

$$\boxed{\text{Ker}(x) + i\,\text{Kei}(x) = K_0(e^{\pi i/4} x)}$$

Graphen

Bessel-Funktionen

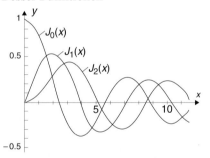
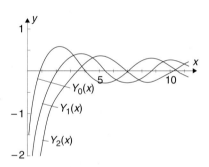

Modifizierte Bessel-Funktionen

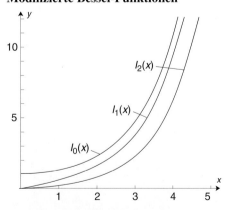
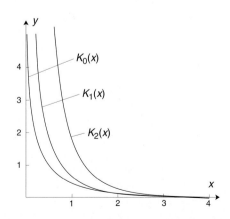

Kelvin-Funktionen

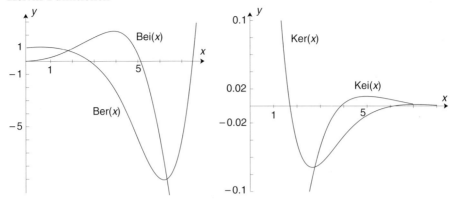

Differentialgleichungen

1. $x^2 y'' + xy' + (a^2 x^2 - p^2) y = 0 \Leftrightarrow y'' + \dfrac{y'}{x} + \left(a^2 - \dfrac{p^2}{x^2}\right) y = 0 \Leftrightarrow$

   $\Leftrightarrow \dfrac{1}{x} (xy')' + \left(a^2 - \dfrac{p^2}{x^2}\right) y = 0$

   Lösung: $y = A J_p(ax) + B Y_p(ax)$ [Beachte. $|Y_p(x)| \to \infty$ mit $x \to 0+$]

2. $x^2 y'' + xy' - (a^2 x^2 + n^2) y = 0 \Leftrightarrow y'' + \dfrac{y'}{x} - \left(a^2 + \dfrac{n^2}{x^2}\right) y = 0 \Leftrightarrow$

   $\Leftrightarrow \dfrac{1}{x} (xy')' - \left(a^2 + \dfrac{n^2}{x^2}\right) y = 0$

   Lösung: $y = A I_n(ax) + B K_n(ax)$

3. $x^2 y'' + xy' - ia^2 x^2 y = 0 \Leftrightarrow \dfrac{1}{x} (xy')' - ia^2 y = 0$

   Lösung: $y = A[\text{Ber}(ax) + i\text{Bei}(ax)] + B[\text{Ker}(ax) + i\text{Kei}(ax)]$

Transformierte Bessel-DGLn

DGL	Lösung ($C_p = A J_p + B Y_p$)
$(xy')' + (a^2 x - p^2/x) y = 0$	$y = C_p(ax)$
$x^2 y'' + (a^2 x^2 - p^2 + 1/4) y = 0$	$y = x^{1/2} C_p(ax)$
$xy'' - (2p-1) y' + a^2 xy = 0$	$y = x^p C_p(ax)$
$y'' + a^2 x^{p-2} y = 0$	$y = x^{1/2} C_{1/p}(2a x^{p/2}/p))$
$y'' + (a^2 e^{2x} - p^2) y = 0$	$y = C_p(a e^x)$
$x^2 y'' + (2p+1) xy' + (b^2 x^{2r} + c^2) y = 0$	$y = x^{-p} \{ C_{q/r}(bx^r/r) \}$, $q = \sqrt{p^2 - q^2}$

Ersetzt man in der DGL a^2 durch $-a^2$, dann ist in den Lösungen J_p und Y_p durch I_p bzw. K_p zu ersetzen.

Erzeugende Funktion

$$\exp\left[\frac{x}{2}\left(t - \frac{1}{t}\right)\right] = \sum_{-\infty}^{\infty} J_n(x) t^n \qquad e^{ix \sin \varphi} = \sum_{-\infty}^{\infty} J_n(x) e^{in\varphi}$$

$$\exp\left[\frac{x}{2}\left(t + \frac{1}{t}\right)\right] = \sum_{-\infty}^{\infty} I_n(x) t^n$$

Speziell
$\cos x = J_0(x) - 2J_2(x) + 2J_4(x) - 2J_6(x) + \ldots$
$\sin x = 2J_1(x) - 2J_3(x) + 2J_5(x) - \ldots$
$\cosh x = I_0(x) + 2I_2(x) + 2I_4(x) + 2I_6(x) + \ldots$
$\sinh x = 2I_1(x) + 2I_3(x) + 2I_5(x) + \ldots$

Rekursionsformeln

Für jede *Zylinderfunktion* $C_p(x) = J_p(x)$, $Y_p(x)$, $H_p^{(1)}(x)$ oder $H_p^{(2)}(x)$ gilt

$$C_{p-1}(x) + C_{p+1}(x) = \frac{2p}{x} C_p(x) \qquad C_{p-1}(x) - C_{p+1}(x) = 2C_p'(x)$$

$$xC_p'(x) = pC_p(x) - xC_{p+1}(x) = xC_{p-1}(x) - pC_p(x)$$

$$\frac{d}{dx}\{x^p C_p(x)\} = x^p C_{p-1}(x) \qquad \frac{d}{dx}\{x^{-p} C_p(x)\} = -x^{-p} C_{p+1}(x)$$

Speziell. $J_0'(x) = -J_1(x)$, $Y_0'(x) = -Y_1(x)$

$$\int C_n^2(x) x \, dx = \frac{1}{2} x^2 [C_n'(x)]^2 + \frac{1}{2} (x^2 - n^2) C_n^2(x)$$

$$\int x^{1+n} C_n(x) dx = x^{1+n} C_{n+1}(x) = -x^{1-n}[C_n'(x) - \frac{n}{x} C_n(x)]$$

$$\int x^{1-n} C_n(x) dx = -x^{1-n} C_{n-1}(x) = -x^{1-n}[C_n'(x) + \frac{n}{x} C_n(x)]$$

$$\int x^n C_0(x) dx = x^n C_1(x) + (n-1)x^{n-1} C_0(x) - (n-1)^2 \int x^{n-2} C_0(x) dx$$

$$\int C_n(\alpha x) C_n(\beta x) x \, dx = \frac{x[\alpha C_n(\beta x) C_n'(\alpha x) - \beta C_n(\alpha x) C_n'(\beta x)]}{\beta^2 - \alpha^2}$$

$$\int C_n^2(\alpha x) x \, dx = \frac{x^2}{2}\left[C_n'(\alpha x)^2 + \left(1 - \frac{n^2}{\alpha^2 x^2}\right) C_n(\alpha x)^2\right]$$

$$I_{n+1}(x) = I_{n-1}(x) - \frac{2n}{x} I_n(x) = 2I_n'(x) - I_{n-1}(x)$$

$$K_{n+1}(x) = K_{n-1}(x) + \frac{2n}{x} K_n(x) = -2K_n'(x) - K_{n-1}(x)$$

12.4 Bessel-Funktionen

Funktionen halber Ordnung

$$J_{1/2}(x) = \sqrt{\frac{2}{\pi x}} \sin x \qquad J_{-1/2}(x) = \sqrt{\frac{2}{\pi x}} \cos x$$

$$I_{1/2}(x) = \sqrt{\frac{2}{\pi x}} \sinh x \qquad I_{-1/2}(x) = \sqrt{\frac{2}{\pi x}} \cosh x$$

Weitere Bessel-Funktionen halber Ordnung erhält man aus obigen Rekursionsformeln.

Asymptotisches Verhalten

1. $x \to \infty$:

$$J_n(x) = \sqrt{\frac{2}{\pi x}} \left[\cos\left(x - \frac{\pi}{4} - \frac{n\pi}{2}\right) + O\left(\frac{1}{x}\right) \right]$$

$$Y_n(x) = \sqrt{\frac{2}{\pi x}} \left[\sin\left(x - \frac{\pi}{4} - \frac{n\pi}{2}\right) + O\left(\frac{1}{x}\right) \right]$$

$$I_n(x) = \frac{e^x}{\sqrt{2\pi x}} \left[1 + O\left(\frac{1}{x}\right) \right] \qquad K_n(x) = \sqrt{\frac{\pi}{2x}} e^{-x} \left[1 + O\left(\frac{1}{x}\right) \right]$$

2. $x \to 0+$:

$$J_n(x) \sim \frac{1}{n!}\left(\frac{x}{2}\right)^n \qquad Y_0(x) \sim \frac{2}{\pi} \ln x \qquad Y_n(x) \sim -\frac{(n-1)!}{\pi}\left(\frac{2}{x}\right)^n, \; n > 0$$

$$I_n(x) \sim \frac{1}{n!}\left(\frac{x}{2}\right)^n \qquad K_0(x) \sim -\ln x \qquad K_n(x) \sim \frac{(n-1)!}{2}\left(\frac{2}{x}\right)^n, \; n > 0$$

Nullstellen

Die Funktionen $J_n(x)$ und $J_n'(x)$, $n = 0, 1, 2, \ldots$ haben unendlich viele einfache positive Nullstellen. Für $0 \leq n \leq 7$ sind die wichtigsten unten tabelliert.

Orthogonalreihen mit Bessel-Funktionen

Sei $p \geq 0$ und $w(x) = x$ Gewichtsfunktion über dem Intervall $[0, a]$, $a > 0$.

(i) Sind $\alpha_1, \alpha_2, \alpha_3, \ldots$ die positiven Wurzeln der Gleichung $J_p(x) = 0$,

dann ist $\left\{ J_p\left(\frac{\alpha_k x}{a}\right) \right\}_1^\infty$ bezüglich $w(x) = x$ ein VOS über $[0, a]$ und

$$\left\| J_p\left(\frac{\alpha_k x}{a}\right) \right\|_{w=x}^2 = \frac{a^2 J_{p+1}(\alpha_k)^2}{2} \text{ . Damit gilt für } 0 \leq x \leq a \text{ (vgl. 12.1)}$$

$$f(x) = \sum_{k=1}^\infty c_k J_p\left(\frac{\alpha_k x}{a}\right), \quad c_k = \frac{2}{a^2 J_{p+1}(\alpha_k)^2} \int_0^a f(x) \, J_p\left(\frac{\alpha_k x}{a}\right) x \, dx$$

(ii) Sind $\beta_1, \beta_2, \beta_3, \ldots$ die positiven Wurzeln der Gleichung $cJ_p(x) + xJ_p'(x) = 0$ ($c > -p$), dann gilt

$$f(x) = \sum_{k=1}^{\infty} c_k J_p\left(\frac{\beta_k x}{a}\right), \quad c_k = \frac{2\beta_k^2}{a^2(\beta_k^2 - p^2 + c^2)J_p(\beta_k)^2} \int_0^a f(x) \, J_p\left(\frac{\beta_k x}{a}\right) x \, dx$$

(iii) Sind $\beta_1, \beta_2, \beta_3, \ldots$ die positiven Wurzeln der Gleichung $-pJ_p(x) + xJ_p'(x) = 0$. (Beachte den Spezialfall $J_0'(x) = 0$ für $p = 0$), dann gilt

$$f(x) = c_0 x^p + \sum_{k=1}^{\infty} c_k J_p\left(\frac{\beta_k x}{a}\right),$$

$$c_0 = \frac{2p+2}{a^{2p+2}} \int_0^a f(x) x^{p+1} dx, \quad c_k = \frac{2}{a^2 J_p(\beta_k)^2} \int_0^a f(x) \, J_p\left(\frac{\beta_k x}{a}\right) x \, dx, \, k \geq 1$$

Anwendung. Schwingungen einer Kreismembran (siehe Bsp.5 in 10.9).

Beispiele von Eigenwertproblemen

1. Dirichlet-Bedingung. (Singuläres) Eigenwertproblem.

$$\begin{cases} (xy'(x))' + (\lambda x - n^2/x)\, y(x) = 0, & 0 < x < a,\, n = 0, 1, 2, \ldots \\ y(0) \text{ beschränkt} \\ y(a) = 0 \end{cases}$$

Eigenwerte. $\lambda_k = \left(\frac{\alpha_k}{a}\right)^2$, wobei $J_n(\alpha_k) = 0$, $k = 1, 2, 3, \ldots$

Eigenfunktionen. $J_n\left(\frac{\alpha_k x}{a}\right)$, $k = 1, 2, 3, \ldots$

Orthogonalreihen. $f(x) = \sum_{k=1}^{\infty} c_k J_n\left(\frac{\alpha_k x}{a}\right), \quad c_k = \frac{2}{a^2 J_{n+1}(\alpha_k)^2} \int_0^a f(x) \, J_n\left(\frac{\alpha_k x}{a}\right) x \, dx$

2. Neumann-Bedingung. (Singuläres) Eigenwertproblem.

$$\begin{cases} (xy'(x))' + (\lambda x - n^2/x)\, y(x) = 0, & 0 < x < a,\, n = 0, 1, 2, \ldots \\ y(0) \text{ beschränkt} \\ y'(a) = 0 \end{cases}$$

Eigenwerte. $\lambda_k = \left(\frac{\beta_k}{a}\right)^2$, wobei $J_n'(\beta_k) = 0$, $k = 1, 2, 3, \ldots$ (und $\lambda_0 = 0$ für $n = 0$)

Eigenfunktionen. $J_n\left(\frac{\beta_k x}{a}\right)$, $k = 1, 2, 3, \ldots$ (und konstante Funktion 1 für $n = 0$)

Orthogonalreihen.

$$f(x) = \sum_{k=1}^{\infty} c_k J_n\left(\frac{\beta_k x}{a}\right), \quad c_k = \frac{2\beta_k^2}{a^2(\beta_k^2 - n^2)J_n(\beta_k)^2} \int_0^a f(x) \, J_n\left(\frac{\beta_k x}{a}\right) x \, dx \quad (n \geq 1)$$

$$f(x) = c_0 + \sum_{k=1}^{\infty} c_k J_0\left(\frac{\beta_k x}{a}\right),$$

$$c_0 = \frac{2}{a^2} \int_0^a f(x) x \, dx, \quad c_k = \frac{2}{a^2 J_0(\beta_k)^2} \int_0^a f(x) \, J_0\left(\frac{\beta_k x}{a}\right) x \, dx, \quad (n = 0)$$

Sphärische Bessel-Funktionen

$$j_n(x) = \sqrt{\frac{\pi}{2x}}\, J_{n+1/2}(x) = x^n \left(-\frac{1}{x}\frac{d}{dx}\right)^n \frac{\sin x}{x} = \frac{x^n}{2^{n+1}\, n!} \int_0^\pi \cos(x \cos t) \sin^{2n+1} t\, dt$$

$$y_n(x) = (-1)^{n+1} \sqrt{\frac{\pi}{2x}}\, J_{-n-1/2}(x) = \sqrt{\frac{\pi}{2x}}\, Y_{n+1/2}(x) = -x^n \left(-\frac{1}{x}\frac{d}{dx}\right)^n \frac{\cos x}{x}$$

$$h_n^{(1)}(x) = j_n(x) + i y_n(x) = \sqrt{\frac{\pi}{2x}}\, H_{n+1/2}^{(1)}(x)$$

$$h_n^{(2)}(x) = j_n(x) - i y_n(x) = \sqrt{\frac{\pi}{2x}}\, H_{n+1/2}^{(2)}(x)$$

$$j_0(x) = \frac{\sin x}{x} \qquad\qquad y_0(x) = -\frac{\cos x}{x}$$

$$j_1(x) = \frac{\sin x}{x^2} - \frac{\cos x}{x} \qquad\qquad y_1(x) = -\frac{\sin x}{x} - \frac{\cos x}{x^2}$$

$$j_2(x) = \left(\frac{3}{x^3} - \frac{1}{x}\right)\sin x - \frac{3}{x^2}\cos x \qquad y_2(x) = \left(-\frac{3}{x^3} + \frac{1}{x}\right)\cos x - \frac{3}{x^2}\sin x$$

Rekursionsformeln

Für jede Funktion $f_n(x) = j_n(x)$, $y_n(x)$, $h_n^{(1)}(x)$ oder $h_n^{(2)}(x)$ gilt

---

$$f_{n+1}(x) = (2n+1) f_n(x)/x - f_{n-1}(x)$$

$$f_n'(x) = \frac{n}{2n+1} f_{n-1}(x) - \frac{n+1}{2n+1} f_{n+1}(x) = f_{n-1}(x) - \frac{n+1}{x} f_n(x) = \frac{n}{x} f_n(x) - f_{n+1}(x)$$

Differentialgleichung

$$x^2 y'' + 2x y' + (a^2 x^2 - n(n+1)) y = 0$$

Lösung: $y = A j_n(ax) + B y_n(ax)$

Nullstellen

Die Funktionen $j_n(x)$ und $j_n'(x)$, $n = 0, 1, 2, \ldots$, haben unendlich viele einfache positive Nullstellen. Für $0 \le n \le 7$ sind die wichtigsten unten tabelliert. Beachte. $j_n(x) = 0 \Leftrightarrow J_{n+1/2}(x) = 0$.

Beispiele von Eigenwertproblemen

1. **Dirichlet-Bedingung.** (Singuläres) Eigenwertproblem.

$$\begin{cases} (x^2 y'(x))' + (\lambda x^2 - n(n+1)) y(x) = 0, & 0 < x < a, n = 0, 1, 2, \dots \\ y(0) \text{ beschränkt} \\ y(a) = 0 \end{cases}$$

Eigenwerte. $\lambda_k = \left(\dfrac{\alpha_k}{a}\right)^2$, wobei $j_n(\alpha_k) = 0$, $\quad k = 1, 2, 3, \dots$

Eigenfunktionen. $j_n\!\left(\dfrac{\alpha_k x}{a}\right)$, $k = 1, 2, 3, \dots$

Orthogonalreihen. $f(x) = \sum\limits_{k=1}^{\infty} c_k j_n\!\left(\dfrac{\alpha_k x}{a}\right)$, $c_k = \dfrac{2}{a^3 j_{n+1}(\alpha_k)^2} \int\limits_0^a f(x) j_n\!\left(\dfrac{\alpha_k x}{a}\right) x^2 dx$

2. **Neumann-Bedingung.** (Singuläres) Eigenwertproblem.

$$\begin{cases} (x^2 y'(x))' + (\lambda x^2 - n(n+1)) y(x) = 0, & 0 < x < a, n = 0, 1, 2, \dots \\ y(0) \text{ beschränkt} \\ y'(a) = 0 \end{cases}$$

Eigenwerte. $\lambda_k = \left(\dfrac{\beta_k}{a}\right)^2$, wobei $j_n'(\beta_k) = 0$, $k = 1, 2, 3, \dots$ (und $\lambda_0 = 0$ für $n = 0$)

Eigenfunktionen. $j_n\!\left(\dfrac{\beta_k x}{a}\right)$, $k = 1, 2, 3, \dots$ (und konstante Funktion 1 für $n = 0$)

Orthogonalreihen

$$f(x) = \sum_{k=1}^{\infty} c_k j_n\!\left(\dfrac{\beta_k x}{a}\right), \quad c_k = \dfrac{2\beta_k^2}{a^3(\beta_k^2 - n(n+1)) j_n(\beta_k)^2} \int_0^a f(x) j_n\!\left(\dfrac{\beta_k x}{a}\right) x^2 dx \quad (n \geq 1)$$

$$f(x) = c_0 + \sum_{k=1}^{\infty} c_k j_0\!\left(\dfrac{\beta_k x}{a}\right),$$

$$c_0 = \dfrac{3}{a^3} \int_0^a f(x) x^2 dx, \quad c_k = \dfrac{2}{a^3 j_0(\beta_k)^2} \int_0^a f(x) j_0\!\left(\dfrac{\beta_k x}{a}\right) x^2 dx, k \geq 1 \quad (n = 0)$$

Wertetabelle der
Bessel- und der modifizierten Bessel-Funktionen

x	$J_0(x)$	$J_1(x)$	$Y_0(x)$	$Y_1(x)$	$e^{-x}I_0(x)$	$e^{-x}I_1(x)$	$e^{x}K_0(x)$	$e^{x}K_1(x)$
0,0	+ 1,000000	+ 0,000000	$-\infty$	$-\infty$	1,0000	0,0000	∞	∞
0,1	+ 0,997502	+ 0,049938	− 1,5342	− 6,4590	0,9071	0,0453	2,6823	10,890
0,2	+ 0,990025	+ 0,099501	− 1,0811	− 3,3238	0,8269	0,0823	2,1408	5,8334
0,3	+ 0,977626	+ 0,148319	− 0,8073	− 2,2931	0,7576	0,1124	1,8526	4,1252
0,4	+ 0,960398	+ 0,196027	− 0,6060	− 1,7809	0,6974	0,1368	1,6627	3,2587
0,5	+ 0,938470	+ 0,242268	− 0,4445	− 1,4715	0,6450	0,1564	1,5241	2,7310
0,6	+ 0,912005	+ 0,286701	− 0,3085	− 1,2604	0,5993	0,1722	1,4167	2,3739
0,7	+ 0,881201	+ 0,328996	− 0,1907	− 1,1032	0,5593	0,1847	1,3301	2,1150
0,8	+ 0,846287	+ 0,368842	− 0,0868	− 0,9781	0,5241	0,1945	1,2582	1,9179
0,9	+ 0,807524	+ 0,405950	+ 0,0056	− 0,8731	0,4932	0,2021	1,1972	1,7624
1,0	+ 0,765198	+ 0,440051	+ 0,0883	− 0,7812	0,4658	0,2079	1,1445	1,6362
1,1	+ 0,719622	+ 0,470902	+ 0,1622	− 0,6981	0,4414	0,2122	1,0983	1,5314
1,2	+ 0,671133	+ 0,498289	+ 0,2281	− 0,6211	0,4198	0,2153	1,0575	1,4429
1,3	+ 0,620086	+ 0,522023	+ 0,2865	− 0,5485	0,4004	0,2173	1,0210	1,3670
1,4	+ 0,566855	+ 0,541948	+ 0,3379	− 0,4791	0,3831	0,2185	0,9881	1,3011
1,5	+ 0,511828	+ 0,557937	+ 0,3824	− 0,4123	0,3674	0,2190	0,9582	1,2432
1,6	+ 0,455402	+ 0,569896	+ 0,4204	− 0,3476	0,3533	0,2190	0,9309	1,1919
1,7	+ 0,397985	+ 0,577765	+ 0,4520	− 0,2847	0,3405	0,2186	0,9059	1,1460
1,8	+ 0,339986	+ 0,581517	+ 0,4774	− 0,2237	0,3289	0,2177	0,8828	1,1048
1,9	+ 0,281819	+ 0,581157	+ 0,4968	− 0,1644	0,3182	0,2166	0,8615	1,0675
2,0	+ 0,223891	+ 0,576725	+ 0,5104	− 0,1070	0,3085	0,2153	0,8416	1,0335
2,1	+ 0,166607	+ 0,568292	+ 0,5183	− 0,0517	0,2996	0,2137	0,8230	1,0024
2,2	+ 0,110362	+ 0,555963	+ 0,5208	+ 0,0015	0,2913	0,2121	0,8057	0,9738
2,3	+ 0,055540	+ 0,539873	+ 0,5181	+ 0,0523	0,2837	0,2103	0,7894	0,9474
2,4	+ 0,002508	+ 0,520185	+ 0,5104	+ 0,1005	0,2766	0,2085	0,7740	0,9229
2,5	− 0,048384	+ 0,497094	+ 0,4981	+ 0,1459	0,2700	0,2066	0,7595	0,9002
2,6	− 0,096805	+ 0,470818	+ 0,4813	+ 0,1884	0,2639	0,2047	0,7459	0,8790
2,7	− 0,142449	+ 0,441601	+ 0,4605	+ 0,2276	0,2582	0,2027	0,7329	0,8591
2,8	− 0,185036	+ 0,409709	+ 0,4359	+ 0,2635	0,2528	0,2007	0,7206	0,8405
2,9	− 0,224312	+ 0,375427	+ 0,4079	+ 0,2959	0,2478	0,1988	0,7089	0,8230
3,0	− 0,260052	+ 0,339059	+ 0,3769	+ 0,3247	0,2430	0,1968	0,6978	0,8066
3,1	− 0,292064	+ 0,300921	+ 0,3431	+ 0,3496	0,2385	0,1949	0,6871	0,7910
3,2	− 0,320188	+ 0,261343	+ 0,3071	+ 0,3707	0,2343	0,1930	0,6770	0,7763
3,3	− 0,344296	+ 0,220663	+ 0,2691	+ 0,3879	0,2302	0,1911	0,6673	0,7623
3,4	− 0,364296	+ 0,179226	+ 0,2296	+ 0,4010	0,2264	0,1892	0,6580	0,7491
3,5	− 0,380128	+ 0,137378	+ 0,1890	+ 0,4102	0,2228	0,1874	0,6490	0,7365
3,6	− 0,391769	+ 0,095466	+ 0,1477	+ 0,4154	0,2193	0,1856	0,6405	0,7245
3,7	− 0,399230	+ 0,053834	+ 0,1061	+ 0,4167	0,2160	0,1838	0,6322	0,7130
3,8	− 0,402556	+ 0,012821	+ 0,0645	+ 0,4141	0,2129	0,1821	0,6243	0,7021
3,9	− 0,401826	− 0,027244	+ 0,0234	+ 0,4078	0,2099	0,1804	0,6167	0,6916

x	$J_0(x)$	$J_1(x)$	$Y_0(x)$	$Y_1(x)$	$e^{-x}I_0(x)$	$e^{-x}I_1(x)$	$e^{x}K_0(x)$	$e^{x}K_1(x)$
4,0	− 0,397150	− 0,066043	− 0,0169	+ 0,3979	0,2070	0,1788	0,6093	0,6816
4,1	− 0,388670	− 0,103273	− 0,0561	+ 0,3846	0,2042	0,1771	0,6022	0,6720
4,2	− 0,376557	− 0,138647	− 0,0938	+ 0,3680	0,2016	0,1755	0,5953	0,6627
4,3	− 0,361011	− 0,171897	− 0,1296	+ 0,3484	0,1990	0,1740	0,5887	0,6539
4,4	− 0,342257	− 0,202776	− 0,1633	+ 0,3260	0,1966	0,1725	0,5823	0,6454
4,5	− 0,320543	− 0,231060	− 0,1947	+ 0,3010	0,1942	0,1710	0,5761	0,6371
4,6	− 0,296138	− 0,256553	− 0,2235	+ 0,2737	0,1919	0,1695	0,5701	0,6292
4,7	− 0,269331	− 0,279081	− 0,2494	+ 0,2445	0,1897	0,1681	0,5643	0,6216
4,8	− 0,240425	− 0,298500	− 0,2723	+ 0,2136	0,1876	0,1667	0,5586	0,6143
4,9	− 0,209738	− 0,314695	− 0,2921	+ 0,1812	0,1855	0,1653	0,5531	0,6071
5,0	− 0,177597	− 0,327579	− 0,3085	+ 0,1479	0,1835	0,1640	0,5478	0,6003
5,1	− 0,144335	− 0,337097	− 0,3216	+ 0,1137	0,1816	0,1627	0,5426	0,5936
5,2	− 0,110289	− 0,343223	− 0,3313	+ 0,0792	0,1797	0,1614	0,5376	0,5872
5,3	− 0,075803	− 0,345961	− 0,3374	+ 0,0445	0,1779	0,1601	0,5327	0,5810
5,4	− 0,041210	− 0,345345	− 0,3402	+ 0,0101	0,1762	0,1589	0,5280	0,5749
5,5	− 0,006844	− 0,341438	− 0,3395	− 0,0238	0,1745	0,1577	0,5233	0,5690
5,6	+ 0,026971	− 0,334333	− 0,3354	− 0,0568	0,1728	0,1565	0,5188	0,5634
5,7	+ 0,059920	− 0,324148	− 0,3282	− 0,0887	0,1712	0,1554	0,5144	0,5578
5,8	+ 0,091703	− 0,311028	− 0,3177	− 0,1192	0,1697	0,1542	0,5101	0,5525
5,9	+ 0,122033	− 0,295142	− 0,3044	− 0,1481	0,1681	0,1531	0,5059	0,5473
6,0	+ 0,150645	− 0,276684	− 0,2882	− 0,1750	0,1667	0,1521	0,5019	0,5422
6,1	+ 0,177291	− 0,255865	− 0,2694	− 0,1998	0,1652	0,1510	0,4979	0,5372
6,2	+ 0,201747	− 0,232917	− 0,2483	− 0,2223	0,1638	0,1499	0,4940	0,5324
6,3	+ 0,223812	− 0,208087	− 0,2251	− 0,2422	0,1624	0,1489	0,4902	0,5277
6,4	+ 0,243311	− 0,181638	− 0,1999	− 0,2596	0,1611	0,1479	0,4865	0,5232
6,5	+ 0,260095	− 0,153841	− 0,1732	− 0,2741	0,1598	0,1469	0,4828	0,5187
6,6	+ 0,274043	− 0,124980	− 0,1452	− 0,2857	0,1585	0,1460	0,4793	0,5144
6,7	+ 0,285065	− 0,095342	− 0,1162	− 0,2945	0,1573	0,1450	0,4758	0,5102
6,8	+ 0,293096	− 0,065219	− 0,0864	− 0,3002	0,1561	0,1441	0,4724	0,5060
6,9	+ 0,298102	− 0,034902	− 0,0563	− 0,3029	0,1549	0,1432	0,4691	0,5020
7,0	+ 0,300079	− 0,004683	− 0,0259	− 0,3027	0,1537	0,1423	0,4658	0,4981
7,1	+ 0,299051	+ 0,025153	+ 0,0042	− 0,2995	0,1526	0,1414	0,4627	0,4942
7,2	+ 0,295071	+ 0,054327	+ 0,0339	− 0,2934	0,1515	0,1405	0,4595	0,4905
7,3	+ 0,288217	+ 0,082570	+ 0,0628	− 0,2846	0,1504	0,1397	0,4565	0,4868
7,4	+ 0,278596	+ 0,109625	+ 0,0907	− 0,2731	0,1494	0,1389	0,4535	0,4832
7,5	+ 0,266340	+ 0,135248	+ 0,1173	− 0,2591	0,1483	0,1380	0,4505	0,4797
7,6	+ 0,251602	+ 0,159214	+ 0,1424	− 0,2428	0,1473	0,1372	0,4476	0,4762
7,7	+ 0,234559	+ 0,181313	+ 0,1658	− 0,2243	0,1463	0,1364	0,4448	0,4729
7,8	+ 0,215408	+ 0,201357	+ 0,1872	− 0,2039	0,1453	0,1357	0,4420	0,4696
7,9	+ 0,194362	+ 0,219179	+ 0,2065	− 0,1817	0,1444	0,1349	0,4393	0,4663
8,0	+ 0,171651	+ 0,234636	+ 0,2235	− 0,1581	0,1434	0,1341	0,4366	0,4631
8,1	+ 0,147517	+ 0,247608	+ 0,2381	− 0,1331	0,1425	0,1334	0,4340	0,4600
8,2	+ 0,122215	+ 0,257999	+ 0,2501	− 0,1072	0,1416	0,1327	0,4314	0,4570
8,3	+ 0,096006	+ 0,265739	+ 0,2595	− 0,0806	0,1407	0,1320	0,4289	0,4540
8,4	+ 0,069157	+ 0,270786	+ 0,2662	− 0,0535	0,1399	0,1312	0,4264	0,4511
8,5	+ 0,041939	+ 0,273122	+ 0,2702	− 0,0262	0,1390	0,1305	0,4239	0,4482
8,6	+ 0,014623	+ 0,272755	+ 0,2715	+ 0,0011	0,1382	0,1299	0,4215	0,4454
8,7	− 0,012523	+ 0,269719	+ 0,2700	+ 0,0280	0,1373	0,1292	0,4192	0,4426
8,8	− 0,039234	+ 0,264074	+ 0,2659	+ 0,0544	0,1365	0,1285	0,4168	0,4399
8,9	− 0,065253	+ 0,255902	+ 0,2592	+ 0,0799	0,1357	0,1279	0,4145	0,4372

12.4 Bessel-Funktionen

x	$J_0(x)$	$J_1(x)$	$Y_0(x)$	$Y_1(x)$	$e^{-x}I_0(x)$	$e^{-x}I_1(x)$	$e^{x}K_0(x)$	$e^{x}K_1(x)$
9,0	− 0,090334	+ 0,245312	+ 0,2499	+ 0,1043	0,1350	0,1272	0,4123	0,4346
9,1	− 0,114239	+ 0,232431	+ 0,2383	+ 0,1275	0,1342	0,1266	0,4101	0,4321
9,2	− 0,136748	+ 0,217409	+ 0,2245	+ 0,1491	0,1334	0,1260	0,4079	0,4295
9,3	− 0,157655	+ 0,200414	+ 0,2086	+ 0,1691	0,1327	0,1253	0,4058	0,4270
9,4	− 0,176772	+ 0,181632	+ 0,1907	+ 0,1871	0,1320	0,1247	0,4036	0,4246
9,5	− 0,193929	+ 0,161264	+ 0,1712	+ 0,2032	0,1313	0,1241	0,4016	0,4222
9,6	− 0,208979	+ 0,139525	+ 0,1502	+ 0,2171	0,1305	0,1235	0,3995	0,4198
9,7	− 0,221795	+ 0,116639	+ 0,1279	+ 0,2287	0,1299	0,1230	0,3975	0,4175
9,8	− 0,232276	+ 0,092840	+ 0,1045	+ 0,2379	0,1292	0,1224	0,3955	0,4152
9,9	− 0,240341	+ 0,068370	+ 0,0804	+ 0,2447	0,1285	0,1218	0,3936	0,4130
10,0	− 0,245936	+ 0,043473	+ 0,0557	+ 0,2490	0,1278	0,1213	0,3916	0,4108
10,1	− 0,249030	+ 0,018396	+ 0,0307	+ 0,2508	0,1272	0,1207	0,3897	0,4086
10,2	− 0,249617	− 0,006616	+ 0,0056	+ 0,2502	0,1265	0,1202	0,3879	0,4064
10,3	− 0,247717	− 0,031318	− 0,0193	+ 0,2471	0,1259	0,1196	0,3860	0,4043
10,4	− 0,243372	− 0,055473	− 0,0437	+ 0,2416	0,1253	0,1191	0,3842	0,4023
10,5	− 0,236648	− 0,078850	− 0,0675	+ 0,2337	0,1247	0,1186	0,3824	0,4002
10,6	− 0,227635	− 0,101229	− 0,0904	+ 0,2236	0,1241	0,1181	0,3806	0,3982
10,7	− 0,216443	− 0,122399	− 0,1122	+ 0,2114	0,1235	0,1175	0,3789	0,3962
10,8	− 0,203202	− 0,142167	− 0,1326	+ 0,1973	0,1229	0,1170	0,3772	0,3943
10,9	− 0,188062	− 0,160350	− 0,1516	+ 0,1813	0,1223	0,1165	0,3755	0,3923
11,0	− 0,171190	− 0,176785	− 0,1688	+ 0,1637	0,1217	0,1161	0,3738	0,3904
11,1	− 0,152768	− 0,191328	− 0,1843	+ 0,1446	0,1212	0,1156	0,3721	0,3886
11,2	− 0,132992	− 0,203853	− 0,1977	+ 0,1243	0,1206	0,1151	0,3705	0,3867
11,3	− 0,112068	− 0,214255	− 0,2091	+ 0,1029	0,1201	0,1146	0,3689	0,3849
11,4	− 0,090215	− 0,222451	− 0,2183	+ 0,0807	0,1195	0,1142	0,3673	0,3831
11,5	− 0,067654	− 0,228379	− 0,2252	+ 0,0579	0,1190	0,1137	0,3657	0,3813
11,6	− 0,044616	− 0,232000	− 0,2299	+ 0,0348	0,1185	0,1132	0,3642	0,3796
11,7	− 0,021331	− 0,233300	− 0,2322	+ 0,0114	0,1179	0,1128	0,3627	0,3779
11,8	+ 0,001967	− 0,232285	− 0,2322	− 0,0118	0,1174	0,1123	0,3612	0,3762
11,9	+ 0,025049	− 0,228983	− 0,2298	− 0,0347	0,1169	0,1119	0,3597	0,3745
12,0	+ 0,047689	− 0,223447	− 0,2252	− 0,0571	0,1164	0,1115	0,3582	0,3728
12,1	+ 0,069667	− 0,215749	− 0,2184	− 0,0787	0,1159	0,1110	0,3567	0,3712
12,2	+ 0,090770	− 0,205982	− 0,2095	− 0,0994	0,1154	0,1106	0,3553	0,3696
12,3	+ 0,110798	− 0,194259	− 0,1986	− 0,1189	0,1150	0,1102	0,3539	0,3680
12,4	+ 0,129561	− 0,180710	− 0,1858	− 0,1371	0,1145	0,1098	0,3525	0,3664
12,5	+ 0,146884	− 0,165484	− 0,1712	− 0,1538	0,1140	0,1094	0,3511	0,3649
12,6	+ 0,162607	− 0,148742	− 0,1551	− 0,1689	0,1136	0,1090	0,3497	0,3633
12,7	+ 0,176588	− 0,130662	− 0,1375	− 0,1821	0,1131	0,1086	0,3484	0,3618
12,8	+ 0,188701	− 0,111432	− 0,1187	− 0,1935	0,1126	0,1082	0,3470	0,3603
12,9	+ 0,198842	− 0,091248	− 0,0989	− 0,2028	0,1122	0,1078	0,3457	0,3589
13,0	+ 0,206926	− 0,070318	− 0,0782	− 0,2101	0,1118	0,1074	0,3444	0,3574
13,1	+ 0,212888	− 0,048852	− 0,0569	− 0,2152	0,1113	0,1070	0,3431	0,3560
13,2	+ 0,216686	− 0,027067	− 0,0352	− 0,2182	0,1109	0,1066	0,3418	0,3545
13,3	+ 0,218298	− 0,005177	− 0,0134	− 0,2190	0,1105	0,1062	0,3406	0,3531
13,4	+ 0,217725	+ 0,016599	+ 0,0085	− 0,2176	0,1100	0,1059	0,3393	0,3518
13,5	+ 0,214989	+ 0,038049	+ 0,0301	− 0,2140	0,1096	0,1055	0,3381	0,3504
13,6	+ 0,210133	+ 0,058965	+ 0,0512	− 0,2084	0,1092	0,1051	0,3368	0,3490
13,7	+ 0,203221	+ 0,079143	+ 0,0717	− 0,2007	0,1088	0,1048	0,3356	0,3477
13,8	+ 0,194336	+ 0,098391	+ 0,0913	− 0,1912	0,1084	0,1044	0,3344	0,3464
13,9	+ 0,183580	+ 0,116525	+ 0,1099	− 0,1798	0,1080	0,1040	0,3333	0,3450

12 Orthogonalreihen. Spezielle Funktionen

x	$J_0(x)$	$J_1(x)$	$Y_0(x)$	$Y_1(x)$	$e^{-x}I_0(x)$	$e^{-x}I_1(x)$	$e^{x}K_0(x)$	$e^{x}K_1(x)$
14,0	+ 0,1711	+ 0,1334	+ 0,1272	− 0,1666	0,1076	0,1037	0,3321	0,3437
14,1	+ 0,1570	+ 0,1488	+ 0,1431	− 0,1520	0,1072	0,1034	0,3309	0,3425
14,2	+ 0,1414	+ 0,1626	+ 0,1575	− 0,1359	0,1068	0,1030	0,3298	0,3412
14,3	+ 0,1245	+ 0,1747	+ 0,1703	− 0,1186	0,1065	0,1027	0,3286	0,3399
14,4	+ 0,1065	+ 0,1850	+ 0,1812	− 0,1003	0,1061	0,1023	0,3275	0,3387
14,5	+ 0,0875	+ 0,1934	+ 0,1903	− 0,0810	0,1057	0,1020	0,3264	0,3375
14,6	+ 0,0679	+ 0,1999	+ 0,1974	− 0,0612	0,1053	0,1017	0,3253	0,3363
14,7	+ 0,0476	+ 0,2043	+ 0,2025	− 0,0408	0,1050	0,1013	0,3242	0,3351
14,8	+ 0,0271	+ 0,2066	+ 0,2056	− 0,0202	0,1046	0,1010	0,3231	0,3339
14,9	+ 0,0064	+ 0,2069	+ 0,2065	+ 0,0005	0,1043	0,1007	0,3221	0,3327
15,0	− 0,0142	+ 0,2051	+ 0,2055	+ 0,0211	0,1039	0,1004	0,3210	0,3315
15,1	− 0,0346	+ 0,2013	+ 0,2023	+ 0,0413	0,1035	0,1001	0,3200	0,3304
15,2	− 0,0544	+ 0,1955	+ 0,1972	+ 0,0609	0,1032	0,0997	0,3189	0,3292
15,3	− 0,0736	+ 0,1879	+ 0,1902	+ 0,0799	0,1029	0,0994	0,3179	0,3281
15,4	− 0,0919	+ 0,1784	+ 0,1813	+ 0,0979	0,1025	0,0991	0,3169	0,3270
15,5	− 0,1092	+ 0,1672	+ 0,1706	+ 0,1148	0,1022	0,0988	0,3159	0,3259
15,6	− 0,1253	+ 0,1544	+ 0,1584	+ 0,1305	0,1018	0,0985	0,3149	0,3248
15,7	− 0,1401	+ 0,1402	+ 0,1446	+ 0,1447	0,1015	0,0982	0,3139	0,3237
15,8	− 0,1533	+ 0,1247	+ 0,1295	+ 0,1575	0,1012	0,0979	0,3129	0,3226
15,9	− 0,1650	+ 0,1080	+ 0,1132	+ 0,1686	0,1009	0,0976	0,3119	0,3216
16,0	− 0,1749	+ 0,0904	+ 0,0958	+ 0,1780	0,1005	0,0973	0,3110	0,3205
16,1	− 0,1830	+ 0,0720	+ 0,0776	+ 0,1855	0,1002	0,0971	0,3100	0,3195
16,2	− 0,1893	+ 0,0530	+ 0,0588	+ 0,1912	0,0999	0,0968	0,3091	0,3185
16,3	− 0,1936	+ 0,0335	+ 0,0394	+ 0,1949	0,0996	0,0965	0,3081	0,3174
16,4	− 0,1960	+ 0,0199	+ 0,0139	+ 0,1967	0,0993	0,0962	0,3072	0,3164
16,5	− 0,1964	− 0,0058	+ 0,0002	+ 0,1965	0,0990	0,0959	0,3063	0,3154
16,6	− 0,1948	− 0,0252	− 0,0194	+ 0,1943	0,0987	0,0957	0,3054	0,3144
16,7	− 0,1913	− 0,0444	− 0,0386	+ 0,1903	0,0984	0,0954	0,3045	0,3135
16,8	− 0,1860	− 0,0629	− 0,0574	+ 0,1843	0,0981	0,0951	0,3036	0,3125
16,9	− 0,1788	− 0,0807	− 0,0754	+ 0,1766	0,0978	0,0948	0,3027	0,3115
17,0	− 0,1699	− 0,0977	− 0,0926	+ 0,1672	0,0975	0,0946	0,3018	0,3106
17,1	− 0,1593	− 0,1135	− 0,1088	+ 0,1562	0,0972	0,0943	0,3009	0,3096
17,2	− 0,1472	− 0,1281	− 0,1238	+ 0,1437	0,0969	0,0941	0,3001	0,3087
17,3	− 0,1337	− 0,1414	− 0,1375	+ 0,1298	0,0966	0,0938	0,2992	0,3077
17,4	− 0,1190	− 0,1532	− 0,1497	+ 0,1147	0,0963	0,0935	0,2984	0,3068
17,5	− 0,1031	− 0,1634	− 0,1604	+ 0,0986	0,0961	0,0933	0,2975	0,3059
17,6	− 0,0863	− 0,1719	− 0,1694	+ 0,0816	0,0958	0,0930	0,2967	0,3050
17,7	− 0,0688	− 0,1787	− 0,1767	+ 0,0638	0,0955	0,0928	0,2959	0,3041
17,8	− 0,0506	− 0,1837	− 0,1822	+ 0,0456	0,0952	0,0925	0,2950	0,3032
17,9	− 0,0321	− 0,1868	− 0,1858	+ 0,0269	0,0950	0,0923	0,2942	0,3023
18,0	− 0,0134	− 0,1880	− 0,1876	+ 0,0081	0,0947	0,0920	0,2934	0,3015
18,1	+ 0,0054	− 0,1874	− 0,1874	− 0,0106	0,0944	0,0918	0,2926	0,3006
18,2	+ 0,0241	− 0,1848	− 0,1854	− 0,0291	0,0942	0,0916	0,2918	0,2997
18,3	+ 0,0423	− 0,1805	− 0,1816	− 0,0473	0,0939	0,0913	0,2910	0,2989
18,4	+ 0,0601	− 0,1744	− 0,1760	− 0,0649	0,0937	0,0911	0,2903	0,2980
18,5	+ 0,0772	− 0,1666	− 0,1687	− 0,0818	0,0934	0,0908	0,2895	0,2972
18,6	+ 0,0934	− 0,1572	− 0,1597	− 0,0977	0,0931	0,0906	0,2887	0,2964
18,7	+ 0,1086	− 0,1463	− 0,1491	− 0,1126	0,0929	0,0904	0,2879	0,2955
18,8	+ 0,1226	− 0,1340	− 0,1372	− 0,1263	0,0926	0,0901	0,2872	0,2947
18,9	+ 0,1353	− 0,1204	− 0,1239	− 0,1386	0,0924	0,0899	0,2864	0,2939

12.4 Bessel-Funktionen

x	$J_0(x)$	$J_1(x)$	$Y_0(x)$	$Y_1(x)$	$e^{-x}I_0(x)$	$e^{-x}I_1(x)$	$e^{x}K_0(x)$	$e^{x}K_1(x)$
19,0	+ 0,1466	− 0,1057	− 0,1095	− 0,1496	0,0921	0,0897	0,2857	0,2931
19,1	+ 0,1564	− 0,0900	− 0,0941	− 0,1590	0,0919	0,0895	0,2850	0,2923
19,2	+ 0,1646	− 0,0735	− 0,0778	− 0,1667	0,0917	0,0892	0,2842	0,2915
19,3	+ 0,1711	− 0,0564	− 0,0608	− 0,1727	0,0914	0,0890	0,2835	0,2907
19,4	+ 0,1759	− 0,0388	− 0,0433	− 0,1771	0,0912	0,0888	0,2828	0,2900
19,5	+ 0,1789	− 0,0209	− 0,0255	− 0,1796	0,0909	0,0886	0,2821	0,2892
19,6	+ 0,1800	− 0,0029	− 0,0075	− 0,1803	0,0907	0,0884	0,2813	0,2884
19,7	+ 0,1794	+ 0,0151	+ 0,0105	− 0,1792	0,0905	0,0881	0,2806	0,2877
19,8	+ 0,1770	+ 0,0328	+ 0,0283	− 0,1764	0,0902	0,0879	0,2799	0,2869
19,9	+ 0,1729	+ 0,0501	+ 0,0457	− 0,1718	0,0900	0,0877	0,2792	0,2862
20,0	+ 0,1670	+ 0,0668	+ 0,0626	− 0,1655	0,0898	0,0875	0,2785	0,2854

$$J_0(x) \approx \sqrt{\frac{2}{\pi x}}\left[\cos\left(x - \frac{\pi}{4}\right) + \frac{1}{8x}\sin\left(x - \frac{\pi}{4}\right)\right], \quad \text{Fehler} < 0{,}0001 \text{ für } x > 20$$

$$J_1(x) \approx \sqrt{\frac{2}{\pi x}}\left[\sin\left(x - \frac{3\pi}{4}\right) - \frac{3}{8x}\cos\left(x - \frac{3\pi}{4}\right)\right], \quad \text{Fehler} < 0{,}0001 \text{ für } x > 20$$

$$Y_0(x) \approx \sqrt{\frac{2}{\pi x}}\left[\sin\left(x - \frac{\pi}{4}\right) - \frac{1}{8x}\cos\left(x - \frac{\pi}{4}\right)\right], \quad \text{Fehler} < 0{,}0001 \text{ für } x > 20$$

$$Y_1(x) \approx \sqrt{\frac{2}{\pi x}}\left[\sin\left(x - \frac{3\pi}{4}\right) + \frac{3}{8x}\cos\left(x - \frac{3\pi}{4}\right)\right], \quad \text{Fehler} < 0{,}0001 \text{ für } x > 20$$

$$J_n(x) = \frac{2(n-1)}{x} J_{n-1}(x) - J_{n-2}(x) \quad J_0'(x) = -J_1(x)$$

$$Y_n(x) = \frac{2(n-1)}{x} Y_{n-1}(x) - Y_{n-2}(x) \quad Y_0'(x) = -Y_1(x)$$

Für $x > 20$, $I_0(x) \approx e^x\left(1 + \frac{1}{8x}\right)/\sqrt{2\pi x}$ $\qquad I_1(x) \approx e^x\left(1 - \frac{3}{8x}\right)/\sqrt{2\pi x}$

$$K_0(x) \approx e^{-x}\sqrt{\frac{\pi}{2x}}\left(1 - \frac{1}{8x}\right) \qquad K_1(x) \approx e^{-x}\sqrt{\frac{\pi}{2x}}\left(1 + \frac{3}{8x}\right)$$

$$I_n(x) = I_{n-2}(x) - \frac{2(n-1)}{x} I_{n-1}(x) \qquad I_0'(x) = I_1(x)$$

$$K_n(x) = K_{n-2}(x) + \frac{2(n-1)}{x} K_{n-1}(x) \qquad K_0'(x) = -K_1(x)$$

Nullstellen $\alpha_k = \alpha_{nk}$ **von** $J_n(x)$ **und zugehörige Werte** $J_n'(\alpha_{nk}) = -J_{n+1}(\alpha_{nk})$

k	α_{0k}	$J_0'(\alpha_{0k})$	α_{1k}	$J_1'(\alpha_{1k})$	α_{2k}	$J_2'(\alpha_{2k})$	α_{3k}	$J_3'(\alpha_{3k})$
1	2,4048	−0,5191	3,8317	−0,4028	5,1356	−0,3397	6,3802	−0,2983
2	5,5201	0,3403	7,0156	0,3001	8,4172	0,2714	9,7610	0,2494
3	8,6537	−0,2715	10,1735	−0,2497	11,6198	−0,2324	13,0152	−0,2183
4	11,7915	0,2325	13,3237	0,2184	14,7960	0,2065	16,2235	0,1964
5	14,9309	−0,2065	16,4706	−0,1965	17,9598	−0,1877	19,4094	−0,1800
6	18,0711	0,1877	19,6159	0,1801	21,1170	0,1733	22,5827	0,1672
7	21,2116	−0,1733	22,7601	−0,1672	24,2701	−0,1617	25,7482	−0,1567
8	24,3525	0,1617	25,9037	0,1567	27,4206	0,1522	28,9084	0,1480
9	27,4935	−0,1522	29,0468	−0,1480	30,5692	−0,1442	32,0649	−0,1406
10	30,6346	0,1442	32,1897	0,1406	33,7165	0,1373	35,2187	0,1342

k	α_{4k}	$J_4'(\alpha_{4k})$	α_{5k}	$J_5'(\alpha_{5k})$	α_{6k}	$J_6'(\alpha_{6k})$	α_{7k}	$J_7'(\alpha_{7k})$
1	7,5883	−0,2684	8,7715	−0,2454	9,9361	−0,2271	11,0864	−0,2121
2	11,0647	0,2319	12,3386	0,2174	13,5893	0,2052	14,8213	0,1948
3	14,3725	−0,2064	15,7002	−0,1961	17,0038	−0,1873	18,2876	−0,1794
4	17,6160	0,1877	18,9801	0,1799	20,3208	0,1731	21,6415	0,1669
5	20,8269	−0,1732	22,2178	−0,1671	23,5861	−0,1616	24,9349	−0,1566
6	24,0190	0,1617	25,4303	0,1567	26,8202	0,1521	28,1912	0,1479
7	27,1991	−0,1522	28,6266	−0,1480	30,0337	−0,1441	31,4228	−0,1405
8	30,3710	0,1442	31,8117	0,1406	33,2330	0,1373	34,6371	0,1342
9	33,5371	−0,1373	34,9888	−0,1342	36,4220	−0,1313	37,8387	−0,1286
10	36,6990	0,1313	38,1599	0,1286	39,6032	0,1261	41,0308	0,1237

Nullstellen $\beta_k = \beta_{nk}$ **von** $J_n'(x)$ **und zugehörige Werte** $J_n(\beta_{nk})$

k	β_{0k}	$J_0(\beta_{0k})$	β_{1k}	$J_1(\beta_{1k})$	β_{2k}	$J_2(\beta_{2k})$	β_{3k}	$J_3(\beta_{3k})$
1	0,0000	1,0000	1,8412	0,5819	3,0542	0,4865	4,2012	0,4344
2	3,8317	−0,4028	5,3314	−0,3461	6,7061	−0,3135	8,0152	−0,2912
3	7,0156	0,3001	8,5363	0,2733	9,9695	0,2547	11,3459	0,2407
4	10,1735	−0,2497	11,7060	−0,2333	13,1704	−0,2209	14,5858	−0,2110
5	13,3237	0,2184	14,8636	0,2070	16,3475	0,1979	17,7887	0,1904
6	16,4706	−0,1965	18,0155	−0,1880	19,5129	−0,1810	20,9725	−0,1750
7	19,6159	0,1801	21,1644	0,1735	22,6716	0,1678	24,1449	0,1630
8	22,7601	−0,1672	24,3113	−0,1618	25,8260	−0,1572	27,3101	−0,1531
9	25,9037	0,1567	27,4571	0,1523	28,9777	0,1484	30,4703	0,1449
10	29,0468	−0,1480	30,6019	−0,1442	32,1273	−0,1409	33,6269	−0,1378

k	β_{4k}	$J_4(\beta_{4k})$	β_{5k}	$J_5(\beta_{5k})$	β_{6k}	$J_6(\beta_{6k})$	β_{7k}	$J_7(\beta_{7k})$
1	5,3176	0,3997	6,4156	0,3741	7,5013	0,3541	8,5778	0,3379
2	9,2824	−0,2744	10,5199	−0,2611	11,7349	−0,2502	12,9324	−0,2410
3	12,6819	0,2296	13,9872	0,2204	15,2682	0,2126	16,5294	0,2059
4	15,9641	−0,2028	17,3128	−0,1958	18,6374	−0,1898	19,9419	−0,1845
5	19,1960	0,1840	20,5755	0,1785	21,9317	0,1736	23,2681	0,1693
6	22,4010	−0,1699	23,8036	−0,1653	25,1839	−0,1613	26,5450	−0,1576
7	25,5898	0,1587	27,0103	0,1548	28,4098	0,1514	29,7907	0,1482
8	28,7678	−0,1495	30,2028	−0,1462	31,6179	−0,1432	33,0152	−0,1404
9	31,9385	0,1417	33,3854	0,1388	34,8134	0,1362	36,2244	0,1338
10	35,1039	−0,1351	36,5608	−0,1326	37,9996	−0,1302	39,4223	−0,1281

12.4 Bessel-Funktionen

Nullstellen $\alpha_k = \alpha_{nk}$ **von** $j_n(x)$ **und zugehörige Werte** $j_n'(\alpha_{nk}) = -j_{n+1}(\alpha_{nk})$

k	α_{0k}	$j_0'(\alpha_{0k})$	a_{1k}	$j_1'(\alpha_{1k})$	a_{2k}	$j_2'(\alpha_{2k})$	a_{3k}	$j_3'(\alpha_{3k})$
1	3,1416	-0,3183	4,4934	-0,2172	5,7635	-0,1655	6,9879	-0,1338
2	6,2832	0,1592	7,7253	0,1284	9,0950	0,1079	10,4171	0,0933
3	9,4248	-0,1061	10,9041	-0,0913	12,3229	-0,0803	13,6980	-0,0718
4	12,5664	0,0796	14,0662	0,0709	15,5146	0,0641	16,9236	0,0585
5	15,7080	-0,0637	17,2208	-0,0580	18,6890	-0,0533	20,1218	-0,0493
6	18,8496	0,0531	20,3713	0,0490	21,8539	0,0456	23,3042	0,0427
7	21,9911	-0,0455	23,5195	-0,0425	25,0128	-0,0399	26,4768	-0,0376
8	25,1327	0,0398	26,6661	0,0375	28,1678	0,0354	29,6426	0,0336
9	28,2743	-0,0354	29,8116	-0,0335	31,3201	-0,0319	32,8037	-0,0304
10	31,4159	0,0318	32,9564	0,0303	34,4705	0,0290	35,9614	0,0277

k	α_{4k}	$j_4'(\alpha_{4k})$	α_{5k}	$j_5'(\alpha_{5k})$	α_{6k}	$j_6'(\alpha_{6k})$	α_{7k}	$j_7'(\alpha_{7k})$
1	8,1820	-0,1123	9,3558	-0,0966	10,5128	-0,0848	11,6570	-0,0754
2	11,7049	0,0822	12,9665	0,0735	14,2074	0,0664	15,4313	0,0606
3	15,0397	-0,0650	16,3547	-0,0594	17,6480	-0,0547	18,9230	-0,0507
4	18,3013	0,0538	19,6532	0,0499	20,9835	0,0465	22,2953	0,0435
5	21,5254	-0,0459	22,9046	-0,0430	24,2628	-0,0405	25,6029	-0,0382
6	24,7276	0,0401	26,1278	0,0378	27,5079	0,0358	28,8704	0,0340
7	27,9156	-0,0356	29,3326	-0,0338	30,7304	-0,0322	32,1112	-0,0307
8	31,0939	0,0320	32,5247	0,0305	33,9371	0,0292	35,3332	0,0280
9	34,2654	-0,0291	35,7076	-0,0278	37,1323	-0,0267	38,5414	-0,0257
10	37,4317	0,0266	38,8836	0,0256	40,3189	0,0246	41,7391	0,0238

Nullstellen $\beta_k = \beta_{nk}$ **von** $j_n'(x)$ **und zugehörige Werte** $j_n(\beta_{nk})$

k	β_{0k}	$j_0(\beta_{0k})$	β_{1k}	$j_1(\beta_{1k})$	β_{2k}	$j_2(\beta_{2k})$	β_{3k}	$j_3(\beta_{3k})$
1	0,0000	1,0000	2,0816	0,4362	3,3421	0,3068	4,5141	0,2417
2	4,4934	-0,2172	5,9404	-0,1681	7,2899	-0,1396	8,5838	-0,1205
3	7,7253	0,1284	9,2058	0,1086	10,6139	0,0950	11,9727	0,0850
4	10,9041	-0,0913	12,4044	-0,0806	13,8461	-0,0726	15,2445	-0,0663
5	14,0662	0,0709	15,5792	0,0642	17,0429	0,0589	18,4681	0,0545
6	17,2208	-0,0580	18,7426	-0,0534	20,2219	-0,0496	21,6666	-0,0464
7	20,3713	0,0490	21,8997	0,0457	23,3905	0,0428	24,8501	0,0404
8	23,5195	-0,0425	25,0528	-0,0399	26,5526	-0,0377	28,0239	-0,0358
9	26,6661	0,0375	28,2034	0,0355	29,7103	0,0337	31,1910	0,0321
10	29,8116	-0,0335	31,3521	-0,0319	32,8649	-0,0305	34,3534	-0,0292

k	β_{4k}	$j_4(\beta_{4k})$	β_{5k}	$j_5(\beta_{5k})$	b_{6k}	$j_6(\beta_{6k})$	b_{7k}	$j_7(\beta_{7k})$
1	5,6467	0,2016	6,7565	0,1740	7,8511	0,1537	8,9348	0,1380
2	9,8404	-0,1067	11,0702	-0,0961	12,2793	-0,0877	13,4720	-0,0808
3	13,2956	0,0772	14,5906	0,0709	15,8631	0,0658	17,1175	0,0614
4	16,6093	-0,0612	17,9472	-0,0570	19,2627	-0,0534	20,5594	-0,0503
5	19,8624	0,0509	21,2311	0,0479	22,5781	0,0452	23,9064	0,0429
6	23,0828	-0,0437	24,4748	-0,0413	25,8461	-0,0393	27,1992	-0,0375
7	26,2833	0,0383	27,6937	0,0364	29,0843	0,0348	30,4575	0,0333
8	29,4706	-0,0341	30,8960	-0,0326	32,3025	-0,0313	33,6922	-0,0300
9	32,6489	0,0308	34,0866	0,0295	35,5063	0,0284	36,9099	0,0274
10	35,8205	-0,0280	37,2686	-0,0270	38,6996	-0,0260	40,1151	-0,0251

Wertetabelle der Ber, Bei, Ker und Kei Funktionen

x	Ber(x)	Bei(x)	Ker(x)	Kei(x)	x	Ber(x)	Bei(x)	Ker(x)	Kei(x)
0.0	1,000000	0,000000	∞	−0,785398	5,0	−6,230082	0,116034	−0,011512	0,011188
0.1	0,999998	0,002500	2,420474	−0,776851	5,1	−6,610653	−0,346663	−0,009865	0,011052
0.2	0,999975	0,010000	1,733143	−0,758125	5,2	−6,980346	−0,865840	−0,008359	0,010821
0.3	0,999873	0,022500	1,337219	−0,733102	5,3	−7,334363	−1,444260	−0,006989	0,010512
0.4	0,999600	0,039998	1,062624	−0,703800	5,4	−7,667394	−2,084517	−0,005749	0,010139
0.5	0,999023	0,062493	0,855906	−0,671582	5,5	−7,973596	−2,788980	−0,004632	0,009716
0.6	0,997975	0,089980	0,693121	−0,637449	5,6	−8,246576	−3,559747	−0,003632	0,009255
0.7	0,996249	0,122449	0,561378	−0,602175	5,7	−8,479372	−4,398579	−0,002740	0,008766
0.8	0,993601	0,159886	0,452882	−0,566368	5,8	−8,664445	−5,306845	−0,001952	0,008258
0.9	0,989751	0,202269	0,362515	−0,530511	5,9	−8,793667	−6,285446	−0,001258	0,007739
1.0	0,984382	0,249566	0,286706	−0,494995	6,0	−8,858316	−7,334747	−0,000653	0,007216
1.1	0,977138	0,301731	0,222845	−0,460130	6,1	−8,849080	−8,454495	−0,000130	0,006696
1.2	0,967629	0,358704	0,168946	−0,426164	6,2	−8,756062	−9,643739	0,000319	0,006183
1.3	0,955429	0,420406	0,123455	−0,393292	6,3	−8,568793	−10,900737	0,000699	0,005681
1.4	0,940075	0,486734	0,085126	−0,361665	6,4	−8,276250	−12,222863	0,001017	0,005194
1.5	0,921072	0,557560	0,052935	−0,331396	6,5	−7,866891	−13,606512	0,001278	0,004724
1.6	0,897891	0,632726	0,026030	−0,302565	6,6	−7,328688	−15,046993	0,001488	0,004274
1.7	0,869971	0,712037	0,003691	−0,275229	6,7	−6,649176	−16,538425	0,001653	0,003846
1.8	0,836722	0,795262	−0,014696	−0,249417	6,8	−5,815515	−18,073624	0,001777	0,003440
1.9	0,797524	0,882122	−0,029661	−0,225142	6,9	−4,814556	−19,643992	0,001866	0,003058
2.0	0,751734	0,972292	−0,041665	−0,202400	7,0	−3,632930	−21,239403	0,001922	0,002700
2.1	0,698685	1,065388	−0,051107	−0,181173	7,1	−2,257144	−22,848079	0,001951	0,002366
2.2	0,637690	1,160970	−0,058339	−0,161431	7,2	−0,673695	−24,456480	0,001956	0,002057
2.3	0,568049	1,258529	−0,063670	−0,143136	7,3	1,130800	−26,049184	0,001940	0,001770
2.4	0,489048	1,357485	−0,067373	−0,126241	7,4	3,169457	−27,608771	0,001907	0,001507
2.5	0,399968	1,457182	−0,069688	−0,110696	7,5	5,454962	−29,115712	0,001860	0,001267
2.6	0,300092	1,556878	−0,070826	−0,096443	7,6	7,999382	−30,548263	0,001800	0,001048
2.7	0,188706	1,655742	−0,070974	−0,083422	7,7	10,813965	−31,882362	0,001731	0,000850
2.8	0,065112	1,752851	−0,070296	−0,071571	7,8	13,908912	−33,091540	0,001655	0,000671
2.9	−0,071368	1,847176	−0,068939	−0,060825	7,9	17,293128	−34,146834	0,001572	0,000512
3.0	−0,221380	1,937587	−0,067029	−0,051122	8,0	20,973956	−35,016725	0,001486	0,000370
3.1	−0,385531	2,022839	−0,064679	−0,042395	8,1	24,956881	−35,667081	0,001397	0,000244
3.2	−0,564376	2,101573	−0,061985	−0,034582	8,2	29,245215	−36,061120	0,001306	0,000134
3.3	−0,758407	2,172310	−0,059033	−0,027620	8,3	33,839755	−36,159401	0,001216	0,000038
3.4	−0,968039	2,233446	−0,055897	−0,021446	8,4	38,738423	−35,919830	0,001126	−0,000044
3.5	−1,193598	2,283250	−0,052639	−0,016003	8,5	43,935873	−35,297700	0,001037	−0,000115
3.6	−1,435305	2,319804	−0,049316	−0,011231	8,6	49,423085	−34,245761	0,000951	−0,000174
3.7	−1,693260	2,341298	−0,045972	−0,007077	8,7	55,186932	−32,714319	0,000868	−0,000223
3.8	−1,967423	2,345433	−0,042647	−0,003487	8,8	61,209725	−30,651388	0,000787	−0,000263
3.9	−2,257599	2,330022	−0,039374	−0,000411	8,9	67,468741	−28,002868	0,000710	−0,000295
4.0	−2,563417	2,292690	−0,036179	0,002198	9,0	73,935730	−24,712783	0,000637	−0,000319
4.1	−2,884306	2,230943	−0,033084	0,004386	9,1	80,576411	−20,723570	0,000568	−0,000337
4.2	−3,219480	2,142168	−0,030108	0,006194	9,2	87,349953	−15,976414	0,000503	−0,000349
4.3	−3,567911	2,023647	−0,027262	0,007661	9,3	94,208443	−10,411662	0,000442	−0,000355
4.4	−3,928307	1,872564	−0,024557	0,008826	9,4	101,096360	−3,969285	0,000386	−0,000357
4.5	−4,299087	1,686017	−0,022000	0,009721	9,5	107,950032	3,410573	0,000333	−0,000356
4.6	−4,678357	1,461037	−0,019595	0,010379	9,6	114,697114	11,786984	0,000285	−0,000351
4.7	−5,063886	1,194601	−0,017344	0,010829	9,7	121,256066	21,217532	0,000240	−0,000343
4.8	−5,453076	0,883657	−0,015248	0,011097	9,8	127,535652	31,757531	0,000200	−0,000333
4.9	−5,842942	0,525147	−0,013305	0,011210	9,9	133,434460	43,459153	0,000163	−0,000321

Für $x \geq 10$, siehe nächste Seite.

Für $x \geq 10$:

$$\mathrm{Ber}(x) \approx \frac{e^{x/\sqrt{2}}}{\sqrt{2\pi x}}\left[\cos\left(\frac{x}{\sqrt{2}}-\frac{\pi}{8}\right)+\frac{1}{8x}\cos\left(\frac{x}{\sqrt{2}}-\frac{3\pi}{8}\right)\right]$$

$$\mathrm{Bei}(x) \approx \frac{e^{x/\sqrt{2}}}{\sqrt{2\pi x}}\left[\sin\left(\frac{x}{\sqrt{2}}-\frac{\pi}{8}\right)+\frac{1}{8x}\sin\left(\frac{x}{\sqrt{2}}-\frac{3\pi}{8}\right)\right]$$

$$\mathrm{Ker}(x) \approx e^{-x/\sqrt{2}}\sqrt{\frac{\pi}{2x}}\left[\cos\left(\frac{x}{\sqrt{2}}+\frac{\pi}{8}\right)-\frac{1}{8x}\cos\left(\frac{x}{\sqrt{2}}+\frac{3\pi}{8}\right)\right]$$

$$\mathrm{Kei}(x) \approx e^{-x/\sqrt{2}}\sqrt{\frac{\pi}{2x}}\left[\sin\left(\frac{x}{\sqrt{2}}+\frac{\pi}{8}\right)+\frac{1}{8x}\sin\left(\frac{x}{\sqrt{2}}+\frac{3\pi}{8}\right)\right]$$

12.5 Durch Integrale erklärte Funktionen

Gammafunktion $\Gamma(z)$

$\Gamma(z)$ ist eine analytische Funktion in ganz $\mathbf{C}$ mit Ausnahme der Pole 1.Ordnung $0, -1, -2, \ldots$

$$\Gamma(z) = \lim_{n \to \infty} \frac{n^z n!}{z(z+1)(z+2)\ldots(z+n)}$$

$$\Gamma(z) = \int_0^\infty t^{z-1} e^{-t} dt, \; \mathrm{Re}\, z > 0$$

$$\Gamma(z) = \int_1^\infty t^{z-1} e^{-t} dt + \sum_{n=0}^\infty \frac{(-1)^n}{n!(z+n)}, \quad z \neq 0, -1, -2, \ldots$$

$$\frac{\Gamma'(z)}{\Gamma(z)} = -\frac{1}{z} - \gamma + \sum_{n=1}^\infty \left(\frac{1}{n} - \frac{1}{z+n}\right), \quad \gamma = \text{Euler-Konstante}$$

$$\Gamma(z+1) = z\Gamma(z) \quad \Gamma(n) = (n-1)!, \quad n = 1, 2, 3, \ldots \quad \Gamma\left(\frac{1}{2}\right) = \sqrt{\pi}$$

$$\Gamma\left(n+\frac{1}{2}\right) = \frac{(2n-1)!!\sqrt{\pi}}{2^n} \qquad \Gamma\left(-n+\frac{1}{2}\right) = \frac{(-1)^n 2^n \sqrt{\pi}}{(2n-1)!!}, \quad n = 1, 2, 3, \ldots$$

$$\Gamma(z)\Gamma(1-z) = \frac{\pi}{\sin \pi z} \qquad \Gamma\left(\frac{1}{2}+z\right)\Gamma\left(\frac{1}{2}-z\right) = \frac{\pi}{\cos \pi z}$$

$$\Gamma(2z) = \frac{1}{\sqrt{\pi}}\, 2^{2z-1} \Gamma(z)\, \Gamma\left(z+\frac{1}{2}\right) \qquad \Gamma'(1) = -\gamma$$

Asymptotisches Verhalten (*Stirling-Formel*)

$$\Gamma(z) = \sqrt{2\pi}\, e^{-z} z^{z-1/2} \left[1 + \frac{1}{12z} + \frac{1}{288z^2} - \frac{139}{51840z^3} + O\!\left(\frac{1}{z^4}\right)\right], \ |\arg z| < \pi, \ |z| \to \infty$$

Betafunktion $B(p,q)$

$$B(p,q) = \frac{\Gamma(p)\Gamma(q)}{\Gamma(p+q)} = \int_0^1 t^{p-1}(1-t)^{q-1}\,dt = 2\int_0^{\pi/2} \sin^{2p-1}t \cos^{2q-1}t\, dt \quad (\operatorname{Re} p, \operatorname{Re} q > 0)$$

Wertettabelle für $\Gamma(x)$

Werte von $\Gamma(x)$ außerhalb $1 \le x \le 2$ erhält man rekursiv mit $\Gamma(x+1) = x\Gamma(x)$.

x	$\Gamma(x)$	x	$\Gamma(x)$	x	$\Gamma(x)$	x	$\Gamma(x)$
1,00	1,00000	1,25	0,90640	1,50	0,88623	1,75	0,91906
,01	0,99433	,26	0,90440	,51	0,88659	,76	0,92137
,02	0,98884	,27	0,90250	,52	0,88704	,77	0,92376
,03	0,98355	,28	0,90072	,53	0,88757	,78	0,92623
,04	0,97844	,29	0,89904	,54	0,88818	,79	0,92877
1,05	0,97350	1,30	0,89747	1,55	0,88887	1,80	0,93138
,06	0,96874	,31	0,89600	,56	0,88964	,81	0,93408
,07	0,96415	,32	0,89464	,57	0,89049	,82	0,93685
,08	0,95973	,33	0,89338	,58	0,89142	,83	0,93969
,09	0,95546	,34	0,89222	,59	0,89243	,84	0,94261
1,10	0,95135	1,35	0,89115	1,60	0,89352	1,85	0,94561
,11	0,94740	,36	0,89018	,61	0,89468	,86	0,94869
,12	0,94359	,37	0,88931	,62	0,89592	,87	0,95184
,13	0,93993	,38	0,88854	,63	0,89724	,88	0,95507
,14	0,93642	,39	0,88785	,64	0,89864	,89	0,95838
1,15	0,93304	1,40	0,88726	1,65	0,90012	1,90	0,96177
,16	0,92980	,41	0,88676	,66	0,90167	,91	0,96523
,17	0,92670	,42	0,88636	,67	0,90330	,92	0,96877
,18	0,92373	,43	0,88604	,68	0,90500	,93	0,97240
,19	0,92089	,44	0,88581	,69	0,90678	,94	0,97610
1,20	0,91817	1,45	0,88566	1,70	0,90864	1,95	0,97988
,21	0,91558	,46	0,88560	,71	0,91057	,96	0,98374
,22	0,91311	,47	0,88563	,72	0,91258	,97	0,98768
,23	0,91075	,48	0,88575	,73	0,91467	,98	0,99171
,24	0,90852	,49	0,88595	,74	0,91683	,99	0,99581
						2,00	1,00000

Elliptische Integrale
Elliptische Integrale 1. Gattung

$$F(k, \varphi) = \int_0^\varphi \frac{d\theta}{\sqrt{1 - k^2 \sin^2\theta}} = \int_0^x \frac{dt}{\sqrt{(1 - t^2)(1 - k^2 t^2)}} \qquad (k^2 < 1,\ x = \sin\varphi)$$

Elliptische Integrale 2. Gattung

$$E(k, \varphi) = \int_0^\varphi \sqrt{1 - k^2 \sin^2\theta}\ d\theta = \int_0^x \sqrt{\frac{1 - k^2 t^2}{1 - t^2}}\ dt \qquad (k^2 < 1,\ x = \sin\varphi)$$

Elliptische Integrale 3. Gattung

$$\pi(k, n, \varphi) = \int_0^\varphi \frac{d\theta}{(1 + n\sin^2\theta)\sqrt{1 - k^2 \sin^2\theta}} =$$

$$= \int_0^x \frac{dt}{(1 + nt^2)\sqrt{(1 - t^2)(1 - k^2 t^2)}} \qquad (k^2 < 1,\ x = \sin\varphi)$$

Vollständige elliptische Integrale

$$K = K(k) = F\left(k, \frac{\pi}{2}\right) = \int_0^{\pi/2} \frac{d\theta}{\sqrt{1 - k^2 \sin^2\theta}} \qquad (k^2 < 1)$$

$$E = E(k) = E\left(k, \frac{\pi}{2}\right) = \int_0^{\pi/2} \sqrt{1 - k^2 \sin^2\theta}\ d\theta \qquad (k^2 < 1)$$

Legendre-Beziehung $(k' = \sqrt{1 - k^2})$

$$E(k)K(k') + E(k')K(k) - K(k)K(k') = \frac{\pi}{2}$$

Differentialgleichungen

$$k(1 - k^2)\frac{d^2 K}{dk^2} + (1 - 3k^2)\frac{dK}{dk} - kK = 0$$

$$k(1 - k^2)\frac{d^2 E}{dk^2} + (1 - k^2)\frac{dE}{dk} + kE = 0$$

Wertetabelle für die vollständigen elliptischen Integrale

$k = \sin \alpha$ (α in Grad)

α	K	E	α	K	E	α	K	E
0°	1,5708	1,5708	50°	1,9356	1,3055	81°,0	3,2553	1,0338
1	1,5709	1,5707	51	1,9539	1,2963	81,2	3,2771	1,0326
2	1,5713	1,5703	52	1,9729	1,2870	81,4	3,2995	1,0314
3	1,5719	1,5697	53	1,9927	1,2776	81,6	3,3223	1,0302
4	1,5727	1,5689	54	2,0133	1,2681	81,8	3,3458	1,0290
5	1,5738	1,5678	55	2,0347	1,2587	82,0	3,3699	1,0278
6	1,5751	1,5665	56	2,0571	1,2492	82,2	3,3946	1,0267
7	1,5767	1,5649	57	2,0804	1,2397	82,4	3,4199	1,0256
8	1,5785	1,5632	58	2,1047	1,2301	82,6	3,4460	1,0245
9	1,5805	1,5611	59	2,1300	1,2206	82,8	3,4728	1,0234
10	1,5828	1,5589	60	2,1565	1,2111	83,0	3,5004	1,0223
11	1,5854	1,5564	61	2,1842	1,2015	83,2	3,5288	1,0213
12	1,5882	1,5537	62	2,2132	1,1920	83,4	3,5581	1,0202
13	1,5913	1,5507	63	2,2435	1,1826	83,6	3,5884	1,0192
14	1,5946	1,5476	64	2,2754	1,1732	83,8	3,6196	1,0182
15	1,5981	1,5442	65	2,3088	1,1638	84,0	3,6519	1,0172
16	1,6020	1,5405	65,5	2,3261	1,1592	84,2	3,6852	1,0163
17	1,6061	1,5367	66,0	2,3439	1,1545	84,4	3,7198	1,0153
18	1,6105	1,5326	66,5	2,3622	1,1499	84,6	3,7557	1,0144
19	1,6151	1,5283	67,0	2,3809	1,1453	84,8	3,7930	1,0135
20	1,6200	1,5238	67,5	2,4001	1,1408	85,0	3,8317	1,0127
21	1,6252	1,5191	68,0	2,4198	1,1362	85,2	3,8721	1,0118
22	1,6307	1,5141	68,5	2,4401	1,1317	85,4	3,9142	1,0110
23	1,6365	1,5090	69,0	2,4610	1,1272	85,6	3,9583	1,0102
24	1,6426	1,5037	69,5	2,4825	1,1228	85,8	4,0044	1,0094
25	1,6490	1,4981	70,0	2,5046	1,1184	86,0	4,0528	1,0086
26	1,6557	1,4924	70,5	2,5273	1,1140	86,2	4,1037	1,0079
27	1,6627	1,4864	71,0	2,5507	1,1096	86,4	4,1574	1,0072
28	1,6701	1,4803	71,5	2,5749	1,1053	86,6	4,2142	1,0065
29	1,6777	1,4740	72,0	2,5998	1,1011	86,8	4,2744	1,0059
30	1,6858	1,4675	72,5	2,6256	1,0968	87,0	4,3387	1,0053
31	1,6941	1,4608	73,0	2,6521	1,0927	87,2	4,4073	1,0047
32	1,7028	1,4539	73,5	2,6796	1,0885	87,4	4,4811	1,0041
33	1,7119	1,4469	74,0	2,7081	1,0844	87,6	4,5609	1,0036
34	1,7214	1,4397	74,5	2,7375	1,0804	87,8	4,6477	1,0031
35	1,7312	1,4323	75,0	2,7681	1,0764	88,0	4,7427	1,0026
36	1,7415	1,4248	75,5	2,7998	1,0725	88,2	4,8478	1,0021
37	1,7522	1,4171	76,0	2,8327	1,0686	88,4	4,9654	1,0017
38	1,7633	1,4092	76,5	2,8669	1,0648	88,6	5,0988	1,0014
39	1,7748	1,4013	77,0	2,9026	1,0611	88,8	5,2527	1,0010
40	1,7868	1,3931	77,5	2,9397	1,0574	89,0	5,4349	1,0008
41	1,7992	1,3849	78,0	2,9786	1,0538	89,1	5,5402	1,0006
42	1,8122	1,3765	78,5	3,0192	1,0502	89,2	5,6579	1,0005
43	1,8256	1,3680	79,0	3,0617	1,0468	89,3	5,7914	1,0004
44	1,8396	1,3594	79,5	3,1064	1,0434	89,4	5,9455	1,0003
45	1,8541	1,3506	80,0	3,1534	1,0401	89,5	6,1278	1,0002
46	1,8691	1,3418	80,2	3,1729	1,0388	89,6	6,3509	1,0001
47	1,8848	1,3329	80,4	3,1928	1,0375	89,7	6,6385	1,0001
48	1,9011	1,3238	80,6	3,2132	1,0363	89,8	7,0440	1,0000
49	1,9180	1,3147	80,8	3,2340	1,0350	89,9	7,7371	1,0000

Integralexponentielle

1. $E_1(x) = \int_x^\infty \frac{e^{-t}}{t} dt = \int_1^\infty \frac{e^{-xt}}{t} dt = -\gamma - \ln x - \sum_{n=1}^\infty \frac{(-1)^n x^n}{nn!}$ $(x > 0)$

2. $E_n(x) = \int_1^\infty \frac{e^{-xt}}{t^n} dt$ $(x > 0, n = 0, 1, 2, \ldots)$ $E_{n+1}(x) = \frac{1}{n}[e^{-x} - xE_n(x)]$, $n = 1, 2, \ldots$

3. $\text{Ei}(x) = \int_{-\infty}^x \frac{e^t}{t} dt = \gamma + \ln x + \sum_{n=1}^\infty \frac{x^n}{nn!}$ $(x > 0,$ Cauchy-H.W., $\gamma =$ Euler-Konstante)

4. $\text{li}(x) = \int_0^x \frac{dt}{\ln t} = \text{Ei}(\ln x)$, $(x > 1,$ Cauchy-H.W.)

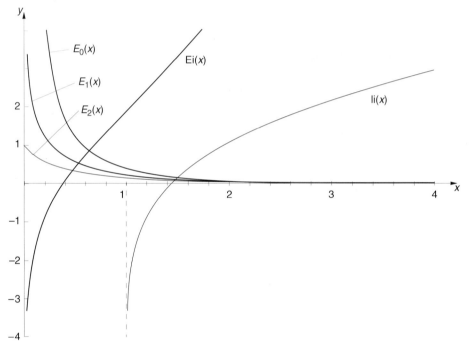

Asymptotisches Verhalten $(x \to \infty)$

$E_n(x) \sim \frac{e^{-x}}{x}$ $\text{Ei}(x) \sim \frac{e^x}{x}$ $\text{li}(x) \sim \frac{x}{\ln x}$

Fehlerfunktion

5. $\text{erf}(x) = \frac{2}{\sqrt{\pi}} \int_0^x e^{-t^2} dt = \frac{2}{\sqrt{\pi}} \sum_{n=0}^\infty \frac{(-1)^n}{n!(2n+1)} x^{2n+1}$ (Vgl. Tafel in 17.8.)

6. $\text{erfc}(x) = 1 - \text{erf}(x)$

Integralsinus, Integralcosinus

7. $\mathrm{Si}(x) = \int_0^x \frac{\sin t}{t} dt = \sum_{n=0}^{\infty} \frac{(-1)^n x^{2n+1}}{(2n+1)(2n+1)!}$

8. $\mathrm{Ci}(x) = -\int_x^{\infty} \frac{\cos t}{t} dt = \gamma + \ln x + \sum_{n=1}^{\infty} \frac{(-1)^n x^{2n}}{2n(2n)!}$ \quad $(x>0)$

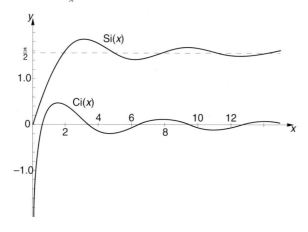

Fresnel-Integrale

9. $C(x) = \int_0^x \cos \frac{\pi t^2}{2} dt = \sum_{n=0}^{\infty} \frac{(-1)^n (\pi/2)^{2n}}{(2n)!(4n+1)} x^{4n+1}$

10. $S(x) = \int_0^x \sin \frac{\pi t^2}{2} dt = \sum_{n=0}^{\infty} \frac{(-1)^n (\pi/2)^{2n+1}}{(2n+1)!(4n+3)} x^{4n+3}$

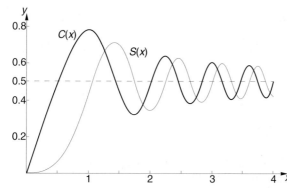

Wertetabelle für
Integralexponentelle, Integralsinus, Integralcosinus und Fresnel-Integrale

x	$E_1(x)$	Ei(x)	Si(x)	Ci(x)	$C(x)$	$S(x)$
0,00	∞	$-\infty$	0,000000	$-\infty$	0,00000	0,00000
0,02	3,354708	$-$3,314707	0,020000	$-$3,334907	0,02000	0,00000
0,04	2,681264	$-$2,601257	0,039996	$-$2,642060	0,04000	0,00003
0,06	2,295307	$-$2,175283	0,059988	$-$2,237095	0,06000	0,00011
0,08	2,026941	$-$1,866884	0,079972	$-$1,950113	0,08000	0,00027
0,10	1,822924	$-$1,622813	0,099944	$-$1,727868	0,10000	0,00052
0,12	1,659542	$-$1,419350	0,119904	$-$1,546646	0,11999	0,00090
0,14	1,524146	$-$1,243841	0,139848	$-$1,393793	0,13999	0,00144
0,16	1,409187	$-$1,088731	0,159773	$-$1,261759	0,15997	0,00214
0,18	1,309796	$-$0,949148	0,179676	$-$1,145672	0,17995	0,00305
0,20	1,222651	$-$0,821761	0,199556	$-$1,042206	0,19992	0,00419
0,22	1,145380	$-$0,704195	0,219409	$-$0,948988	0,21987	0,00557
0,24	1,076235	$-$0,594697	0,239233	$-$0,864266	0,23980	0,00723
0,26	1,013889	$-$0,491932	0,259026	$-$0,786710	0,25971	0,00920
0,28	0,957308	$-$0,394863	0,278783	$-$0,715286	0,27958	0,01148
0,30	0,905677	$-$0,302669	0,298504	$-$0,649173	0,29940	0,01412
0,32	0,858335	$-$0,214683	0,318185	$-$0,587710	0,31917	0,01713
0,34	0,814746	$-$0,130363	0,337824	$-$0,530355	0,33888	0,02053
0,36	0,774462	$-$0,049258	0,357418	$-$0,476661	0,35851	0,02436
0,38	0,737112	$+$0,029011	0,376965	$-$0,426252	0,37805	0,02863
0,40	0,702380	0,104765	0,396461	$-$0,378809	0,39748	0,03336
0,42	0,669997	0,178278	0,415906	$-$0,334062	0,41679	0,03858
0,44	0,639733	0,249787	0,435295	$-$0,291776	0,43595	0,04431
0,46	0,611387	0,319497	0,454627	$-$0,251749	0,45494	0,05056
0,48	0,584784	0,387589	0,473898	$-$0,213803	0,47375	0,05737
0,50	0,559774	0,454220	0,493107	$-$0,177784	0,49234	0,06473
0,52	0,536220	0,519531	0,512252	$-$0,143554	0,51070	0,07268
0,54	0,514004	0,583646	0,531328	$-$0,110990	0,52878	0,08122
0,56	0,493020	0,646677	0,550335	$-$0,079986	0,54656	0,09037
0,58	0,473173	0,708726	0,569269	$-$0,050441	0,56401	0,10014
0,60	0,454380	0,769881	0,588129	$-$0,022271	0,58110	0,11054
0,62	0,436562	0,830226	0,606911	$+$0,004606	0,59777	0,12158
0,64	0,419652	0,889836	0,625614	$+$0,030260	0,61401	0,13325
0,66	0,403586	0,948778	0,644235	$+$0,054758	0,62976	0,14557
0,68	0,388309	1,007116	0,662772	$+$0,078158	0,64499	0,15854
0,70	0,373769	1,064907	0,681222	0,100515	0,65965	0,17214
0,72	0,359918	1,122205	0,699584	0,121879	0,67370	0,18637
0,74	0,346713	1,179058	0,717854	0,142296	0,68709	0,20122
0,76	0,334115	1,235513	0,736031	0,161810	0,69978	0,21668
0,78	0,322088	1,291613	0,754112	0,180458	0,71171	0,23273
0,80	0,310597	1,347397	0,772096	0,198279	0,72284	0,24934
0,82	0,299611	1,402902	0,789979	0,215305	0,73313	0,26649
0,84	0,289103	1,458164	0,807761	0,231568	0,74252	0,28415
0,86	0,279045	1,513216	0,825438	0,247098	0,75096	0,30228
0,88	0,269413	1,568089	0,843009	0,261923	0,75841	0,32084
0,90	0,260184	1,622812	0,860471	0,276068	0,76482	0,33978

x	$E_1(x)$	Ei(x)	Si(x)	Ci(x)	$C(x)$	$S(x)$
1,00	0,219384	1,895118	0,946083	0,337404	0,77989	0,43826
1,05	0,201873	2,031087	0,987775	0,362737	0,77591	0,48805
1,10	0,185991	2,167378	1,028685	0,384873	0,76381	0,53650
1,15	0,171555	2,304288	1,068785	0,404045	0,74356	0,58214
1,20	0,158408	2,442092	1,108047	0,420459	0,71544	0,62340
1,25	0,146413	2,581048	1,146446	0,434301	0,68009	0,65866
1,30	0,135451	2,721399	1,183958	0,445739	0,63855	0,68633
1,35	0,125417	2,863377	1,220559	0,454927	0,59227	0,70501
1,40	0,116219	3,007207	1,256227	0,462007	0,54310	0,71353
1,45	0,107777	3,153106	1,290941	0,467109	0,49326	0,71111
1,50	0,100020	3,301285	1,324684	0,470356	0,44526	0,69750
1,55	0,092882	3,451955	1,357435	0,471862	0,40177	0,67308
1,60	0,086308	3,605320	1,389180	0,471733	0,36546	0,63889
1,65	0,080248	3,761588	1,419904	0,470070	0,33880	0,59675
1,70	0,074655	3,920963	1,449592	0,466968	0,32383	0,54920
1,75	0,069489	4,083654	1,478233	0,462520	0,32193	0,49938
1,80	0,064713	4,249868	1,505817	0,456811	0,33363	0,45094
1,85	0,060295	4,419816	1,532333	0,449925	0,35838	0,40769
1,90	0,056204	4,593714	1,557775	0,441940	0,39447	0,37335
1,95	0,052414	4,771779	1,582137	0,432934	0,43906	0,35114
x	$xe^x E_1(x)$	xe^{-x}Ei(x)	Si(x)	Ci(x)	$C(x)$	$S(x)$
2,0	0,722657	1,340965	1,605413	0,422981	0,48825	0,34342
2,1	0,730792	1,371487	1,648699	0,400512	0,58156	0,37427
2,2	0,738431	1,397422	1,687625	0,375075	0,63629	0,45570
2,3	0,745622	1,419172	1,722207	0,347176	0,62656	0,55315
2,4	0,752405	1,437118	1,752486	0,317292	0,55496	0,61969
2,5	0,758815	1,451625	1,778520	0,285871	0,45741	0,61918
2,6	0,764883	1,463033	1,800394	0,253337	0,38894	0,54999
2,7	0,770637	1,471662	1,818212	0,220085	0,39249	0,45292
2,8	0,776102	1,477808	1,832007	0,186488	0,46749	0,39153
2,9	0,781300	1,481746	1,842190	0,152895	0,56238	0,41014
3,0	0,786251	1,483729	1,848653	+ 0,119630	0,60572	0,49631
3,1	0,790973	1,483990	1,851659	+ 0,086992	0,56159	0,58182
3,2	0,795481	1,482740	1,851401	+ 0,055257	0,46632	0,59335
3,3	0,799791	1,480174	1,848081	+ 0,024678	0,40569	0,51929
3,4	0,803916	1,476469	1,841914	− 0,004518	0,43849	0,42965
3,5	0,807868	1,471782	1,833125	− 0,032129	0,53257	0,41525
3,6	0,811657	1,466260	1,821948	− 0,057974	0,58795	0,49231
3,7	0,815294	1,460030	1,808622	− 0,081901	0,54195	0,57498
3,8	0,818789	1,453211	1,793390	− 0,103778	0,44809	0,56562
3,9	0,822149	1,445906	1,776501	− 0,123499	0,42233	0,47520
4,0	0,825383	1,438208	1,758203	− 0,140982	0,49843	0,42052
4,1	0,828497	1,430201	1,738744	− 0,156165	0,57370	0,47580
4,2	0,831499	1,421957	1,718369	− 0,169013	0,54172	0,56320
4,3	0,834394	1,413542	1,697320	− 0,179510	0,44944	0,55400
4,4	0,837188	1,405012	1,675834	− 0,187660	0,43833	0,46227
4,5	0,839887	1,396419	1,654140	− 0,193491	0,52603	0,43427
4,6	0,842496	1,387805	1,632460	− 0,197047	0,56724	0,51619
4,7	0,845018	1,379209	1,611005	− 0,198391	0,49143	0,56715
4,8	0,847459	1,370663	1,589975	− 0,197604	0,43380	0,49675
4,9	0,849822	1,362196	1,569559	− 0,194780	0,50016	0,43507

12.5 Durch Integrale erklärte Funktionen

x	$xe^x E_1(x)$	$xe^{-x}\mathrm{Ei}(x)$	$\mathrm{Si}(x)$	$\mathrm{Ci}(x)$	$C(x)$	$S(x)$
5,0	0,852111	1,353831	1,549931	– 0,190030	0,56363	0,49919
5,1	0,854330	1,345589	1,531253	– 0,183476		
5,2	0,856481	1,337487	1,513671	– 0,175254	Für $x > 5$,	
5,3	0,858568	1,329538	1,497315	– 0,165506		
5,4	0,860594	1,321754	1,482300	– 0,154386		
5,5	0,862562	1,314144	1,468724	– 0,142053		
5,6	0,864473	1,306714	1,456668	– 0,128672		
5,7	0,866331	1,299471	1,446198	– 0,114411		
5,8	0,868138	1,292416	1,437359	– 0,099441		
5,9	0,869895	1,285554	1,430184	– 0,083933		
6,0	0,871606	1,278884	1,424688	– 0,068057		
6,1	0,873271	1,272406	1,420867	– 0,051983		
6,2	0,874892	1,266120	1,418707	– 0,035873		
6,3	0,876472	1,260024	1,418174	– 0,019888		
6,4	0,878012	1,254115	1,419223	– 0,004181		
6,5	0,879513	1,248391	1,421794	+ 0,011102		
6,6	0,880977	1,242848	1,425816	+ 0,025823		
6,7	0,882405	1,237482	1,431205	+ 0,039855		
6,8	0,883799	1,232290	1,437868	+ 0,053081		
6,9	0,885159	1,227267	1,445702	+ 0,065392		
7,0	0,886488	1,222408	1,454597	0,076695		
7,1	0,887785	1,217709	1,464433	0,086907		
7,2	0,889053	1,213166	1,475089	0,095957		
7,3	0,890292	1,208774	1,486436	0,103789		
7,4	0,891503	1,204527	1,498345	0,110358		
7,5	0,892688	1,200421	1,510682	0,115633		
7,6	0,893846	1,196452	1,523314	0,119598		
7,7	0,894980	1,192615	1,536109	0,122246		
7,8	0,896089	1,188905	1,548937	0,123586		
7,9	0,897174	1,185317	1,561671	0,123638		
8,0	0,898237	1,181848	1,574187	0,122434		
8,1	0,899278	1,178493	1,586367	0,120017		
8,2	0,900297	1,175247	1,598099	0,116440		
8,3	0,901296	1,172106	1,609278	0,111767		
8,4	0,902275	1,169068	1,619807	0,106071		
8,5	0,903234	1,166127	1,629597	0,099431		
8,6	0,904174	1,163279	1,638570	0,091936		
8,7	0,905096	1,160522	1,646655	0,083679		
8,8	0,906000	1,157852	1,653792	0,074760		
8,9	0,906887	1,155266	1,659934	0,065280		
9,0	0,907758	1,152759	1,665040	0,055348		
9,1	0,908611	1,150330	1,669084	0,045069		
9,2	0,909450	1,147974	1,672049	0,034555		
9,3	0,910272	1,145690	1,673930	0,023913		
9,4	0,911080	1,143474	1,674729	0,013252		
9,5	0,911873	1,141323	1,674463	+ 0,002678		
9,6	0,912652	1,139236	1,673157	– 0,007707		
9,7	0,913417	1,137210	1,670845	– 0,017804		
9,8	0,914169	1,135241	1,667570	– 0,027519		
9,9	0,914907	1,133329	1,663384	– 0,036764		

$$C(x) = 0{,}5 + \left(\frac{1}{\pi x} - \frac{3}{\pi^3 x^5}\right)\sin\frac{\pi x^2}{2} - \left(\frac{1}{\pi^2 x^3} - \frac{15}{\pi^4 x^7}\right)\cos\frac{\pi x^2}{2} + \varepsilon(x),\text{ wobei } |\varepsilon(x)| < x^{-9}$$

$$S(x) = 0{,}5 - \left(\frac{1}{\pi x} - \frac{3}{\pi^3 x^5}\right)\cos\frac{\pi x^2}{2} - \left(\frac{1}{\pi^2 x^3} - \frac{15}{\pi^4 x^7}\right)\sin\frac{\pi x^2}{2} + \varepsilon(x),\text{ wobei } |\varepsilon(x)| < x^{-9}$$

x	$xe^x E_1(x)$	$xe^{-x}\mathrm{Ei}(x)$	$\mathrm{Si}(x)$	$\mathrm{Ci}(x)$
10,0	0,915633	1,131470	1,658348	− 0,045456
10,2	0,917048	1,127906	1,645995	− 0,060892
10,4	0,918416	1,124534	1,631117	− 0,073320
10,6	0,919739	1,121340	1,614391	− 0,082368
10,8	0,921020	1,118309	1,596541	− 0,087809
11,0	0,922260	1,115431	1,578307	− 0,089563
11,2	0,923461	1,112694	1,560416	− 0,087693
11,4	0,924625	1,110089	1,543557	− 0,082402
11,6	0,925754	1,107606	1,528354	− 0,074015
11,8	0,926850	1,105237	1,515347	− 0,062967
12,0	0,927914	1,102975	1,504971	− 0,049780
12,2	0,928946	1,100811	1,497547	− 0,035042
12,4	0,929950	1,098740	1,493270	− 0,019383
12,6	0,930925	1,096756	1,492206	− 0,003444
12,8	0,931874	1,094854	1,494297	+ 0,012138
13,0	0,932796	1,093027	1,499362	0,026764
13,2	0,933694	1,091273	1,507111	0,039889
13,4	0,934567	1,089586	1,517161	0,051043
13,6	0,935418	1,087962	1,529047	0,059845
13,8	0,936247	1,086399	1,542249	0,066018
14,0	0,937055	1,084892	1,556211	0,069397
14,2	0,937843	1,083438	1,570362	0,069926
14,4	0,938611	1,082035	1,584141	0,067666
14,6	0,939360	1,080680	1,597016	0,062781
14,8	0,940091	1,079370	1,608505	0,055536
15,0	0,940804	1,078103	1,618194	0,046279
15,2	0,941501	1,076877		
15,4	0,942181	1,075690		
15,6	0,942846	1,074541		
15,8	0,943495	1,073426		
16,0	0,944130	1,072345		
16,2	0,944750	1,071296		
16,4	0,945357	1,070278		
16,6	0,945951	1,069289		
16,8	0,946532	1,068328		
17,0	0,947100	1,067394		
17,2	0,947656	1,066485		
17,4	0,948201	1,065601		
17,6	0,948735	1,064741		
17,8	0,949257	1,063903		
18,0	0,949769	1,063087		
19,0	0,952181	1,059305		
20,0	0,954371	1,055956		
50	0,980755	1,020852		
100	0,990194	1,010206		
200	0,995049	1,005051		
∞	1,000000	1,000000		

12.6 Sprung- und Impulsfunktionen

Heaviside-Sprungfunktion $\theta(t)$ oder $H(t)$

$$\theta(t) = H(t) = \begin{cases} 1, t>0 \\ 0, t<0 \end{cases} \quad \theta(t-a) = \begin{cases} 1, t>a \\ 0, t<a \end{cases}$$

$$\operatorname{sgn}(t) = 2\theta(t) - 1 = \begin{cases} 1, t>0 \\ -1, t<0 \end{cases}$$

$$f(t)[\theta(t-a) - \theta(t-b)] = \begin{cases} 0, t<a \\ f(t), a<t<b \\ 0, t>b \end{cases}$$

$$\int f(t)\theta(t-a)dt = (F(t) - F(a))\theta(t-a) + C$$

F Stammfunktion von f.

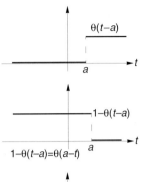

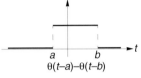

Dirac-Deltafunktion $\delta(t)$

Die verallgemeinerte Funktion $\delta(t)$ hat folgende Eigenschaften (vgl. 12.9):

1. $\delta(t) = 0, (t \neq 0), \quad \delta(0) = +\infty$

2. $\int_{-\infty}^{\infty} \delta(t) dt = 1 \qquad \int_{-\infty}^{\infty} |\delta^{(n)}(t)| dt = \infty, n \geq 1$

3. $\delta(-t) = \delta(t) \qquad (\delta \text{ ist gerade})$

4. $\delta\left(\dfrac{t}{a}\right) = a\delta(t), a > 0$

5. $\theta'(t) = \delta(t), \quad \dfrac{d}{dt} \operatorname{sgn}(t) = 2\delta(t)$

Ist $f(t)$ stetig in $t = a$, dann gilt

6. $f(t)\delta(t-a) = f(a)\delta(t-a)$

7. $\int_{-\infty}^{\infty} f(t)\delta(t-a)dt = f(a) \qquad \int \delta(t-a)dt = \theta(t-a) + C$

Ist $f'(t)$ stetig in $t = a$, dann gilt

8. $f(t)\delta'(t-a) = f(a)\delta'(t-a) - f'(a)\delta(t-a)$

9. $\int_{-\infty}^{\infty} f(t)\delta'(t-a)dt = -\int_{-\infty}^{\infty} f'(t)\delta(t-a)dt = -f'(a)$

Ist $f^{(n)}(t)$ stetig in $t = a$, dann gilt

10. $\int_{-\infty}^{\infty} f(t)\delta^{(n)}(t-a)dt = (-1)^n f^{(n)}(a)$

$$f(t)\delta^{(n)}(t-a) = \sum_{k=0}^{n} (-1)^k \binom{n}{k} f^{(k)}(a)\delta^{(n-k)}(t-a)$$

11. $f * \delta^{(n)}(t) = f^{(n)}(t), n = 0, 1, 2, \ldots \qquad (t-a)^n \delta^{(n)}(t-a) = (-1)^n n! \delta(t-a)$

12. $t^n f(t) = 0 \Rightarrow f(t) = C_0 \delta(t) + C_1 \delta'(t) + \ldots + C_{n-1} \delta^{(n-1)}(t), n = 1, 2, 3, \ldots$

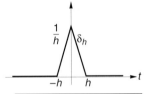

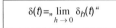

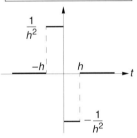

Beispiel
Bestimme die 3. Ableitung $f'''(t)$ im verallgemeinerten Sinne von $f(t) = e^{-|t|}$.
Lösung: $\quad f'(t) = -\operatorname{sgn}(t)\, e^{-|t|}$
$\qquad f''(t) = -2\delta(t)e^{-|t|} + (\operatorname{sgn}(t))^2 e^{-|t|} = -2\delta(t) + e^{-|t|}$
$\qquad f'''(t) = -2\delta'(t) - \operatorname{sgn}(t)\, e^{-|t|}$

12.7 Funktionalanalysis

Räume

1. *Linearer Raum* oder *Vektorraum*.
2. *Metrischer Raum*. Menge mit Abstandsfunktion.
3. *Normierter Raum*. Linearer Raum mit Norm (Abstand).
4. *Banach-Raum*. Vollständiger normierter Raum.
5. *Hilbert-Raum*. Banach-Raum mit Skalarprodukt.

1. Lineare Räume. (Siehe 4.7.)

2. Metrische Räume

Eine Menge M von Punkten $u, v, \ldots$ ist ein *metrischer Raum*, wenn es eine Abstandsfunktion $d(u, v)$ in M gibt, so daß für alle $u, v, w \in M$ gilt

(i) $d(u, v) \geq 0 \quad [= 0 \Leftrightarrow u = v]$
(ii) $d(v, u) = d(u, v)$
(iii) $d(u, v) \leq d(u, w) + d(w, v)$

Konvergenz
1. $u_n \to u$ mit $n \to \infty$, wenn $d(u_n, u) \to 0$ mit $n \to \infty$ ($u, u_n \in M$)
2. Eine Folge $\{u_n\}_1^\infty$ in M ist eine *Cauchy-Folge*, wenn $\lim\limits_{m,n \to \infty} d(u_m, u_n) = 0$, d.h. für jedes $\varepsilon > 0$ gibt es ein N, so daß $d(u_m, u_n) < \varepsilon$ für alle $m, n > N$.
3. M ist *vollständig*, wenn jede Cauchy-Folge in M einen Grenzwert in M besitzt.

Topologie
Sei S eine Teilmenge von M.
1. $u_0 \in S$ ist *innerer Punkt* von S, wenn es ein $\delta > 0$ gibt, so daß $u \in S$ für alle $u \in M$ mit $d(u, u_0) < \delta$.
2. $u_0 \in M$ is *Häufungspunkt* von S, wenn es eine Folge $\{u_n\}$ in $S \setminus \{u_0\}$ mit $\lim\limits_{n \to \infty} u_n = u_0$ gibt.
3. S ist *offen*, wenn jeder Punkt von S ein innerer Punkt ist.
4. Die *abgeschlossene Hülle* $\bar{S}$ (von S) ergibt sich durch Hinzufügung aller Häufungspunkte.
5. S ist *abgeschlossen* $\Leftrightarrow S = \bar{S} \Leftrightarrow$ das Komplement $M \setminus S$ ist offen.
6. S ist *kompakt*, wenn jede Folge in S eine Teilfolge besitzt, die in S konvergiert.
   S ist *relativkompakt*, wenn jede Folge in S eine Teilfolge besitzt, die in M konvergiert.
7. S ist *dicht* in M, wenn jeder Punkt von M Grenzwert einer Folge in S ist. Oder: S ist dicht in M, wenn es zu jedem $u \in M$ und $\varepsilon > 0$ ein $v \in S$ gibt mit $d(u, v) < \varepsilon$.
8. M ist *separabel*, wenn M eine abzählbare dichte Teilmenge enthält.
9. S ist *konvex*, wenn für jedes $u, v \in S$ und für alle t, $0 \leq t \leq 1$, auch $tu + (1-t)v \in S$.

3. Normierte Räume

Ein linearer Raum L mit Elementen $u, v, \ldots$ ist ein *normierter Raum*, wenn es eine Norm $\|\cdot\|$ auf L gibt, so daß für alle $u, v \in L$ gilt

(i) $\|u\| \geq 0 \quad [=0 \Leftrightarrow u=0]$
(ii) $\|\alpha u\| = |\alpha| \cdot \|u\|$ (α skalar)
(iii) $\|u+v\| \leq \|u\| + \|v\|$

Mit der Abstandsfunktion $d(u,v) = \|u-v\|$ ist L ein metrischer Raum.

4. Banach-Räume

Ein vollständiger normierter Raum heißt *Banach-Raum*.

> *Beispiele von Banach-Räumen*
> 1. Jeder endlichdimensionale normierte Raum (z.B. $\mathbf{R}^n$).
> 2. $C([a,b]) = \{$stetige Funktionen auf $[a,b]\}$ mit Norm $\|f\| = \max\limits_{a \leq x \leq b} |f(x)|$
> 3. Die $L_p(\Omega)$-Räume, $1 \leq p \leq \infty$, mit der gewöhnlichen L_p-Norm.

Vervollständigung

B ist eine Vervollständigung des metrischen Raumes M, wenn B der kleinste vollständige Raum ist, in dem M eine dichte Teilmenge darstellt.

(i) Jeder metrische Raum M hat eine Vervollständigung.

4. Die Menge der Polynome auf $[a,b]$ ist dicht in $C[a,b]$ (sup-Norm).
5. $C(\Omega)$, $C_0(\Omega)$, $C^\infty(\Omega)$ und $C_0^\infty(\Omega)$ sind dicht in $L_p(\Omega)$, $1 \leq p < \infty$.
6. Die Menge der trigonometrischen Polynome (Periode T) ist dicht in $L_p[0,T]$, $1 \leq p < \infty$.

5. Hilbert-Räume

Ein linearer Raum L ist ein reeller [komplexer] Innen- (Skalar-)produktraum, wenn ein Skalarprodukt $(u|v)$ auf L erklärt ist, so daß für alle $u, v \in L$:

(i) $(u|u) \geq 0 \quad (=0 \Leftrightarrow u=0)$
(ii) $(v|u) = (u|v) \quad [(v|u) = \overline{(u|v)}\,]$
(iii) $(\alpha_1 u_1 + \alpha_2 u_2 | v) = \alpha_1(u_1|v) + \alpha_2(u_2|v)$.

Die Elemente u und v sind orthogonal, wenn $(u|v) = 0$.
Durch $\|u\|^2 = (u|u)$ ist eine Norm bestimmt.
Ein Banach-Raum mit Skalarprodukt heißt *Hilbert-Raum*.

1. $|(u|v)| \leq \|u\| \cdot \|v\|$ (*Cauchy-Schwarz-Ungleichung*)
2. $\|u+v\| \leq \|u\| + \|v\|$ (*Dreiecksungleichung*)
3. u und v orthogonal $\Rightarrow \|u+v\|^2 = \|u\|^2 + \|v\|^2$ (*Pythagoras*)
4. Projektionssatz (siehe 12.1)

> *Beispiele von Hilbert-Räumen*
> 4. $\mathbf{R}^n$ mit Skalarprodukt $(\mathbf{x}, \mathbf{y}) = \sum\limits_{k=1}^{n} x_k y_k$.
> 5. $l_2 = \{$Folgen $\mathbf{x} = (x_1, x_2, \ldots, x_n, \ldots)$; $\sum\limits_{n=1}^{\infty} x_n^2 < \infty\}$ mit Skalarprodukt
> $(\mathbf{x}, \mathbf{y}) = \sum\limits_{n=1}^{\infty} x_n y_n$.
> 6. $L_2(\Omega)$ mit Skalarprodukt $(f, g) = \int\limits_{\Omega} f(x) g(x) dx$.

H sei ein Hilbert-Raum.

Orthonormalbasis

Eine orthonormale Familie $\{e_n\}_1^\infty$, d.h. $(e_i|e_j) = \delta_{ij}$, ist eine *Orthonormalbasis* (ON-Basis) von H, wenn $u = \sum_{n=1}^{\infty} (u|e_n)e_n$ für alle $u \in H$.

5. *Endlichdimensionaler Fall* (siehe 4.7)
6. *Unendlichdimensional Fall*. Dann sind folgende Aussagen äquivalent:

   (i) $\{e_n\}_1^\infty$ ist ON-Basis

   (ii) $(u|e_n) = 0$ für alle $n \Rightarrow u = 0$

   (iii) $\|u\|^2 = \sum_{n=1}^{\infty} (u|e_n)^2$ für alle $u \in H$ (*Parseval-Gleichung*)

Gram-Schmidt-Orthogonalisierungsprozeß (siehe 4.7)

7. Ist $\sum_{n=1}^{\infty} |c_n|^2 < \infty$, dann gibt es ein $u \in H$, so daß $u = \sum_{n=1}^{\infty} c_n e_n$ und $c_n = (u|e_n)$.

Orthogonales Komplement

Zwei Teilräume U und V von H sind orthogonal ($U \perp V$), wenn $(u|v) = 0$ für alle $u \in U$, $v \in V$.

Orthogonales Komplement einer Menge $U \subset H$: $U^\perp = \{v \in H \,;\, (u|v) = 0, \, \forall u \in U\}$ ist ein abgeschlossener linearer Teilraum von H (d.h. $U^\perp$ ist ein Hilbert-Raum).

Operatoren

Sei T ein *linearer Operator* [d.h. $T(\alpha u + \beta v) = \alpha Tu + \beta Tv$] auf einem Banach-Raum B oder einem Hilbert-Raum H (oder von einem solchem zu einem anderen).

Der Operator T ist

(i) *stetig* in u_0, wenn $\|Tu - Tu_0\| \to 0$ mit $\|u - u_0\| \to 0$

(ii) *beschränkt*, wenn es eine Konstante C gibt, so daß

$$\|Tu\| \leq C \|u\| \text{ für alle } u \in B.$$

Die kleinste Schranke C heißt *Norm* von T und wird mit $\|T\|$ bezeichnet, d.h.

$$\|T\| = \sup_{\substack{u \in B \\ u \neq 0}} \frac{\|Tu\|}{\|u\|} = \sup_{\|u\|=1} \|Tu\|$$

$\|Tu\| \leq \|T\| \cdot \|u\|$	$\|T_1 T_2\| \leq \|T_1\| \cdot \|T_2\|$
$\|T_1 + T_2\| \leq \|T_1\| + \|T_2\|$	$\|\alpha T\| = |\alpha| \cdot \|T\|$

(Mit dieser Norm ist der Raum aller beschränkten linearen Operatoren auf B selbst ein Banach-Raum.)

T ist stetig in u_0 $\Leftrightarrow$ T ist stetig in 0 $\Leftrightarrow$ T ist beschränkt

Ein linarer Operator T ist *kompakt* (oder *vollstetig*), wenn die Folge $\{Tu_n\}$ für jede beschränkte Folge $\{u_n\}$ eine konvergente Teilfolge enthält.

12.7 Funktionalanalysis

1. Sind die linearen Operatoren T, T_n kompakt und ist S beschränkt, dann gilt
   (i) T ist beschränkt
   (ii) T_1+T_2, TS und ST sind kompakt
   (iii) $T_n \to A$, d.h. $\|T_n-A\| \to 0 \Rightarrow A$ is kompakt.
2. Ist T linear und das Bild von T endlichdimensional, dann ist T kompakt

Beispiele
7. Ist B unendlichdimensional, dann ist der Identitätsoperator $Iu = u$ *nicht kompakt*.
8. Sei $K(x, y)$ ein *Integraloperator* auf $[a, b]$, d.h.
$$Kf(x) = \int_a^b K(x, y)f(y)dy.$$
Dann gilt
   (i) $K(x, y)$ ist stetig im Quadrat $a \le x, y \le b \Rightarrow$
       K ist kompakt auf $C[a, b]$ und $\|K\| \le \max|K(x, y)|$
   (ii) $K(x, y) \in L_2$ im Quadrat $a \le x, y \le b \Rightarrow$
        K ist kompakt auf $L_2[a, b]$ und $\|K\| \le \|K(x, y)\|_{L_2}$

Inverser Operator T^{-1}: $v = Tu \Leftrightarrow u = T^{-1}v$; $TT^{-1} = T^{-1}T = I$.
T^{-1} existiert, wenn
(i) T surjektiv ist und $\|Tu\| \ge c\|u\|$, $c > 0$. Dann ist $\|T^{-1}\| \le 1/c$.
(ii) $T = I - K$, $\|K\| < 1$. Dann ist $T^{-1} = (I-K)^{-1} = I + K + K^2 + \ldots$ und $\|T^{-1}\| \le \dfrac{1}{1 - \|K\|}$.

Symmetrischer Operator

Der zu $T: H \to H$ adjungierte *Operator* T^* ist definiert durch $(Tu|v) = (u|T^*v)$

$T^{**} = T$ $(TS)^* = S^*T^*$ $(T^*)^{-1} = (T^{-1})^*$ $\|T^*\| = \|T\|$

T ist *selbstadjungiert* oder *symmetrisch* (*hermitesch* im komplexen Fall), wenn $T^* = T$, d.h. $(Tu|v) = (u|Tv)$.

Beispiel 9. Der Integraloperator in Bsp. 8 ist symmetrisch, wenn $K(x, y) = K(y, x)$.

Projektion

H_1 Teilraum von H und Pu die orthogonale Projektion von u auf H_1, d.h. $(u - Pu|v) = 0$ für alle $v \in H_1$

P ist eine orthogonale Projektion $\Leftrightarrow$
$P^2 = P$ und $P^* = P$

$Pu \in H_1$, $\|P\| = 1$

Spektrum

T linearer Operator auf H. Die Zahl λ ist ein *Eigenwert* von T und u ein zugehöriger Eigenvektor, wenn $Tu = \lambda u$, $u \ne 0$.

1. *Eigenraum* von λ. $H_\lambda = \{u \in H \,;\, Tu = \lambda u\}$
2. T symmetrisch $\Rightarrow$ alle Eigenwerte sind reell und Eigenvektoren zu verschiedenen Eigenwerten sind orthogonal ($H_{\lambda_1} \perp H_{\lambda_2}$, $\lambda_1 \ne \lambda_2$)
3. T beschränkt $\Rightarrow |\lambda| \le \|T\|$
4. T symmetrisch und *kompakt* $\Rightarrow$
   (i) H_λ ist endlichdimensional, falls $\lambda \ne 0$
   (ii) $\|T\|$ oder $-\|T\|$ ist ein Eigenwert

> *Spektralsatz* (Hilbert)
>
> Ist $T \neq 0$ ein linearer symmetrischer und kompakter Operator auf H und sind $|\lambda_1| \geq |\lambda_2| \geq |\lambda_3| \geq \ldots > 0$ die nichtverschwindenden Eigenwerte von T mit der orthonormalen Familie $\{e_i\}$ von zugehörigen Eigenvektoren, dann gilt
>
> (i) $u = \sum\limits_i (u|e_i)e_i + u_0$, wobei $u_0 \in H_0$, d.h. $Tu_0 = 0$
>
> (ii) $Tu = \sum\limits_i \lambda_i (u|e_i)e_i$

Die Fredholm-Alternative in Banach-Räumen

Ist K ein kompakter (Integral-)operator auf B, dann hat die Gleichung

$$f - Kf = g$$

für jedes $g \in B$ eine eindeutige Lösung $f \in B$, wenn die Gleichung $f - Kf = 0$ nur die triviale Lösung $f = 0$ zuläßt.

Die Fredholm-Alternative in Hilbert-Räumen

Ist K ein kompakter (Integral-)operator auf H, dann hat die Gleichung

$$f - Kf = g$$

genau dann eine Lösung $f \in H$, wenn g orthogonal ist zu jeder Lösung der Gleichung

$$f - K^*f = 0 \, .$$

Die Lösung ist eindeutig, wenn diese Gleichung nur die triviale Lösung $f = 0$ zuläßt.

Fixpunktsätze für stetige Abbildungen

U sei Teilmenge eines Banach-Raumes.

Ein Operator $T: U \to U$ ist eine *Kontraktion*, wenn es eine Zahl $0 < a < 1$ gibt, so daß

$$\|Tu - Tv\| \leq a\|u - v\| \quad \text{für alle } u, v \in U$$

> *Fixpunktsätze*
>
> 1. Ist U Teilmenge eines Banach-Raumes und $T: U \to U$ eine Kontraktion, dann gilt
>   (i) es gibt genau ein $u \in U$ mit $Tu = u$ (d.h. u ist *Fixpunkt* von T)
>   (ii) für jedes $u_0 \in U$ konvergiert die Folge $\{u_n\}$ mit $u_{n+1} = Tu_n$ gegen u.
> 2. Jede stetige Abbildung einer abgeschlossenen und beschränkten (d.h. kompakten) konvexen Menge von $\mathbf{R}^n$ in sich hat einen Fixpunkt. (*Brouwer*)
> 3. (i) Ist S eine konvexe kompakte Teilmenge eines normierten Raumes, dann hat jede stetige Abbildung von S in sich einen Fixpunkt.
>   (ii) Ist S eine konvexe abgeschlossene Teilmenge eines normierten Raumes und ist $R \subseteq S$ relativkompakt, dann hat jede stetige Abbildung von S in R einen Fixpunkt. (*Schauder*)

Lineare Funktionale

Ein linearer Operator $F: B(H) \to \mathbf{R}(\mathbf{C})$ heißt *lineares Funktional* (oder *Linearform*).

> *Sätze*
> 1. (*Hahn-Banach*) Ist F_1 eine Linearform auf einem linearen Teilraum B_1 von B, dann kann F_1 zu einer Linearform F auf B so fortgesetzt werden, daß $\|F\| = \|F_1\|$.
> 2. (*Riesz*) Jede beschränkte Linearform F auf H hat die Gestalt $Fu = (u|v)$ mit eindeutig bestimmtem $v \in H$ und $\|F\| = \|v\|$.

Bilinearformen

Ein Operator $A(u, v): H \times H \to \mathbf{C}(\mathbf{R})$ ist eine *Bilinearform*, wenn

$$\begin{cases} A(\alpha_1 u_1 + \alpha_2 u_2, v) = \alpha_1 A(u_1, v) + \alpha_2 A(u_2, v), \\ A(u, \beta_1 v_1 + \beta_2 v_2) = \bar\beta_1 A(u, v_1) + \bar\beta_2 A(u, v_2). \end{cases}$$

Die Form ist *beschränkt*, wenn $|A(u, v)| \leq C\|u\| \cdot \|v\|$. Norm $\|A\| = \sup\limits_{\|u\| = \|v\| = 1} |A(u, v)|$.

$A(u, v)$ ist *elliptisch*, wenn $|A(u, u)| \geq c\|u\|^2$, $c > 0$.

> *Satz* (*Lax-Milgram*)
> (*i*) Jede beschränkte Bilinearform A auf H hat die Gestalt $A(u, v) = (Tu|v)$ mit eindeutig bestimmtem linearen Operator T und $\|A\| = \|T\|$.
> (*ii*) Ist A eine beschränkte elliptische Bilinearform auf einem linearen Raum V und F eine beschränkte Linearform auf V, dann hat die Gleichung $A(u, v) = F(v)$ für alle $v \in V$ eine Lösung $u \in V$.

12.8 Lebesgue-Integrale

Lebesgue-Maß

Das Maß einer Menge

Sei S Teilmenge des Intervalls $I = [a, b]$ und $S' = I \setminus S$. Setze $m(I) = b - a$.

Äußeres Lebesgue-Maß von S. $m_a(S) = \inf \sum\limits_{n=1}^{\infty} m(I_n)$, $S \subset \bigcup\limits_{1}^{\infty} I_n$, I_n Intervall.

Inneres Lebesgue-Maß. $m_i(S) = (b - a) - m_a(S')$.

Ist $m_a(S) = m_i(S)$, dann ist die Menge S *Lebesgue-meßbar* und das *Lebesgue-Maß* von S ist

$$\boxed{m(S) = m_a(S) = m_i(S)}$$

Eine *unbeschränkte* Menge S ist meßbar, wenn $S \cap (-c, c)$ für alle $c > 0$ meßbar ist und

$$m(S) = \lim_{c \to \infty} m[S \cap (-c, c)]$$

Mengen vom Maß Null (Nullmengen)
Eine abzählbare Menge $S = \{p_n\}_1^\infty$, z.B. **Q**, hat das Maß 0, denn es gilt für jedes $\varepsilon > 0$

$$m_a(S) < \sum_{n=1}^{\infty} \varepsilon \cdot 2^{-n} = \varepsilon,$$

wenn die p_n in Intervalle der Länge $\varepsilon \cdot 2^{-n}$ eingeschlossen werden.
Andererseits ist nicht jede Nullmenge abzählbar.

Meßbare Funktionen

Eine Funktion ist $f(x)$ *meßbar*, wenn die Menge $\{x \, ; f(x) \geq c\}$ für jedes c meßbar ist.

Sprechweise. Gilt eine Eigenschaft für jeden Punkt (einer Menge) mit Ausnahme einer Nullmenge, so gilt die Eigenschaft *fast überall* (f.ü.).

Lebesgue-Integral

1. Sei (i) $f(x) \geq 0$ und meßbar (ii) S meßbar.

   Ist $S(y) = \{x \, ; f(x) \geq y\}$, dann ist $m(S(y))$ fallend und daher Riemann-integrierbar:

   Definition: $$\int_S f(x)dx = \int_0^\infty m(S(y))dy$$

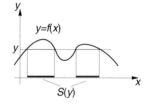

   Ist dieser Wert endlich, dann heißt $f(x)$ *summierbar* über S.

2. $f(x)$ hat beliebiges Vorzeichen. Setze $f_+(x) = \max[f(x), 0] \geq 0$, $f_-(x) = \max[-f(x), 0] \geq 0$, dann ist $f(x) = f_+(x) - f_-(x)$ und

   $$\int_S f(x)dx = \int_S f_+(x)dx - \int_S f_-(x)dx$$

Satz von Fubini
Ist $f(x, y)$ summierbar über $\mathbf{R}^2$, dann gilt $\iint_{\mathbf{R}^2} f(x, y)dxdy = \int_\mathbf{R} dx \int_\mathbf{R} f(x, y)dy$.
(Der Satz impliziert, daß die rechte Seite einen Sinn macht.)

Grenzwertsätze

Lemma von Fatou
Ist (i) $f_n(x) \geq 0$ summierbar über Ω
(ii) $f_n(x) \to f(x)$ f.ü.
(iii) $\int f_n(x)dx \leq C$,

dann ist $f(x)$ summierbar und $\int f(x)dx \leq C$

12.8 Lebesgue-Integrale

Satz von Lebesgue

Gilt (i) $f_n(x)$, $g(x)$ sind summierbar über Ω
  (ii) $|f_n(x)| \leq g(x)$
  (iii) $f_n(x) \to f(x)$ f.ü.,

dann ist $f(x)$ summierbar und

$$\int_\Omega f(x)dx = \lim_{n \to \infty} \int_\Omega f_n(x)dx$$

Approximation

Ist $f(x)$ summierbar, dann gibt es für jedes $\varepsilon > 0$ eine stückweise konstante Funktion $\varphi(x)$ (mit endlich vielen Sprüngen), so daß $\int_\Omega |f(x) - \varphi(x)|dx < \varepsilon$.

Funktionenräume über $\mathbf{R}^n$

Bezeichnungen.

a. $\Omega \subset \mathbf{R}^n$ ist ein Gebiet (offen und zusammenhängend).
  Alle Funktionen sind komplexwertig und auf einer Teilmenge des $\mathbf{R}^n$ definiert.

b. Multiindex $\alpha = (\alpha_1, \ldots, \alpha_n)$, $|\alpha| = \alpha_1 + \ldots + \alpha_n$, $\beta \leq \alpha \Leftrightarrow \beta_i \leq \alpha_i$ für alle i.

c. $D^\alpha = D_1^{\alpha_1} \ldots D_n^{\alpha_n}$, $D_i = \partial/\partial x_i$.

  Leibniz-Regel

$$D^\alpha(uv) = \sum_{\beta \leq \alpha} \binom{\alpha}{\beta} D^\beta u D^{\alpha-\beta} v, \quad \binom{\alpha}{\beta} = \binom{\alpha_1}{\beta_1} \ldots \binom{\alpha_n}{\beta_n}$$

d. $\Omega_1 \subset\subset \Omega$ heißt, daß $\overline{\Omega}_1 \subset \Omega$ und Ω_1 ist beschränkt.

e. Der *Träger* der Funktion u auf Ω ist die Menge $\operatorname{supp} u = \overline{\{x \in \mathbf{R}^n; u(x) \neq 0\}}$.

f. u hat *kompakten Träger* in Ω, wenn $\operatorname{supp} u \subset\subset \Omega$.

Räume stetiger Funktionen

$C^0(\Omega) = C(\Omega) = \{\phi; \phi \text{ ist stetig in } \Omega\}$

$C^m(\Omega) = \{\phi; D^\alpha\phi \text{ ist stetig in } \Omega, |\alpha| \leq m\}$

$C^\infty(\Omega) = \{\phi; D^\alpha\phi \text{ ist stetig in } \Omega \text{ für alle } \alpha\}$

$C_0^m(\Omega) = \{\text{Funktionen in } C^m(\Omega) \text{ mit kompaktem Träger in } \Omega\}$, $0 \leq m \leq \infty$.

$C^m(\overline{\Omega}) = \{\phi \in C^m(\Omega); D^\alpha\phi \text{ ist beschränkt und gleichmäßig stetig in } \Omega, |\alpha| \leq m\}$

$C_B^m(\Omega) = \{\phi \in C^m(\Omega); D^\alpha\phi \text{ ist beschränkt in } \Omega, |\alpha| \leq m\}$

1. Mit der Norm $\|\phi\| = \max_{0 \leq |\alpha| \leq m} \sup_{x \in \Omega} |D^\alpha\phi(x)|$ ist $C^m(\overline{\Omega})$

  (i) ein Banach-Raum (ii) separabel, wenn Ω beschränkt ist.

2. Sei $\Omega_2 \subset\subset \Omega_1 \subset\subset \Omega$, dann gibt es ein $\phi \in C_0^\infty(\Omega)$, so daß $\phi(x) = 1$ in Ω_2 und $\phi(x) = 0$ außerhalb Ω_1.

L^p-Räume

$f(x) \in L^p(\Omega)$, wenn $\int_\Omega |f(x)|^p dx < \infty$. $L^p(\Omega)$ ist ein Banach-Raum mit der Norm

$$\|f\|_p = \|f\|_{L_p(\Omega)} = \left(\int_\Omega |f(x)|^p dx\right)^{1/p}$$

$f(x) \in L^\infty(\Omega)$, wenn $f(x)$ über Ω meßbar ist und es eine Konstante C gibt, so daß $|f(x)| \leq C$ f.ü. gilt. Der kleinstmögliche Wert C, $\operatorname*{essup}_{x \in \Omega} |f(x)|$, ist die L^∞-Norm von $f(x)$, d.h.

$$\|f\|_\infty = \operatorname*{essup}_{x \in \Omega} |f(x)|$$

$L^\infty(\Omega)$ ist auch ein Banach-Raum.

Speziell ist $L^2(\Omega)$ ein Hilbert-Raum mit dem Skalarprodukt $(u, v) = \int_\Omega u(x)\overline{v(x)} dx$.

Approximation

a. $L^p(\Omega)$ ist separabel, wenn $1 \leq p < \infty$ [aber nicht für $p = \infty$].
b. $C_0^\infty(\Omega)$ ist dicht in $L^p(\Omega)$, wenn $1 \leq p < \infty$ [aber nicht für $p = \infty$].

Ableitungen im schwachen Sinne
$D^\alpha u \in L^1(\Omega)$ ist die *Ableitung im schwachen (Distributions)Sinne* von $u \in L^1(\Omega)$, wenn

$$\int_\Omega D^\alpha u(x) \phi(x) dx = (-1)^{|\alpha|} \int_\Omega u(x) D^\alpha \phi(x) dx, \text{ all } \phi \in C_0^\infty(\Omega).$$

Beachte. (*i*) Existiert $D^\alpha u(x)$, dann eindeutig bis auf eine Nullmenge.
(*ii*) Existiert $D^\alpha u(x)$ im klassischen Sinne, dann sind beide Ableitungen f.ü. gleich.

Dualraum

Ist $\dfrac{1}{p} + \dfrac{1}{q} = 1$, $p, q \geq 1$, dann heißen L^p und L^q dual zueinander.

Ungleichungen. $(1 \leq p \leq \infty)$

$\|f + g\|_p \leq \|f\|_p + \|g\|_p$ (*Minkowski-Ungleichung*)

$\|fg\|_1 \leq \|f\|_p \|g\|_q$, $\dfrac{1}{p} + \dfrac{1}{q} = 1, p, q \geq 1$ (*Hölder-Ungleichung*)

$\|f * g\|_r \leq \|f\|_p \|g\|_q$, $\dfrac{1}{p} + \dfrac{1}{q} - \dfrac{1}{r} = 1, p, q, r \geq 1, f, g \geq 0$ (*Young-Ungleichung*)

Die Faltung (eindimensionial)

$$(f * g)(x) = \int_{-\infty}^{\infty} f(x-y) g(y) dy$$

1. $f \in L^1$, g beschränkt $\Rightarrow f * g$ beschränkt
2. $f \in L^1$, $g \in L^p$ $(1 \leq p \leq \infty) \Rightarrow f * g \in L^p$
3. $f(x), g(x) = 0, x < 0 \Rightarrow f * g(x) = 0, x < 0$
4. $f * g = g * f$
5. $f * (g + h) = f * g + f * h$
6. $(f * g)' = f' * g = f * g'$, $f, f', g, g' \in L^1$

Sobolev-Räume

1. Normen: (i) $\|u\|_{m,p} = \|u\|_{m,p,\Omega} = \left(\sum_{|\alpha|\leq m}\|D^\alpha u\|_p^p\right)^{1/p}$, $1\leq p<\infty$

   (ii) $\|u\|_{m,\infty} = \|u\|_{m,\infty,\Omega} = \max_{0\leq|\alpha|\leq m}\|D^\alpha u\|_\infty$

2. *Sobolev-Raum* $W^{m,p}(\Omega) = \{u\in L^p(\Omega)\,;\, D^\alpha u\in L^p(\Omega)$ für $|\alpha|\leq m\}$ = die Vervollständigung von $\{u\in C^m(\Omega)\,;\, \|u\|_{m,p}<\infty\}$ in Bezug auf die Norm $\|\bullet\|_{m,p}$.

3. $W_0^{m,p}(\Omega)$ = die abgeschlossene Hülle von $C_0^\infty(\Omega)$ im Raum $W^{m,p}(\Omega)$.

4. $W^{m,p}(\Omega)$ ist ein Banach-Raum (und separabel, wenn $1\leq p<\infty$).

5. $H^m(\Omega) = W^{m,2}(\Omega)$ [$H_0^m(\Omega) = W_0^{m,2}(\Omega)$] ist ein separabler Hilbert-Raum mit dem Skalarprodukt $(u,v) = \sum_{|\alpha|\leq m}(D^\alpha u, D^\alpha v)$, $(u,v) = \int_\Omega u(x)\overline{v(x)}\,dx$.

6. *Charakterisierungen.* Sei Ω beschränkt. $H_0^1(\Omega) = \{u\in H^1(\Omega)\,;\, u=0$ auf $\partial\Omega\}$, $H_0^2(\Omega) = \{u\in H^2(\Omega)\,;\, u = \partial u/\partial n = 0$ auf $\partial\Omega\}$.

7. *Ungleichungen vom Interpolationstyp.* Führe die Halbnorm ein:

   $|u|_{m,p} = |u|_{m,p,\Omega} = \left(\sum_{|\alpha|=m}\|D^\alpha u\|_p^p\right)^{1/p}$.

   Ist Ω „hinreichend regulär" (z.B. konvex), dann gibt es für jedes $\varepsilon>0$, m und p eine Konstante C, so daß für $0\leq j\leq m-1$ gilt

   $|u|_{j,p}\leq\varepsilon|u|_{m,p} + C|u|_{0,p}$ für alle $u\in W^{m,p}(\Omega)$.

8. *Poincaré-Friedrichs-Ungleichung.* Ist Ω beschränkt, dann gibt es eine Konstante $C = C(\Omega)$, so daß $|u|_{0,2}\leq C|u|_{1,2}$ für alle $u\in H_0^1(\Omega)$.

9. *Sobolev-Einbettungssatz.*
   Bezeichnung. Ein normierter Raum X mit Norm $\|\bullet\|_X$ ist in einen anderen normierten Raum Y eingebettet, in Zeichen $X\to Y$, wenn
   (i) X ist ein Untervektorraum von Y (ii) Es gibt eine Konstante C, so daß
   $\|x\|_Y\leq C\|x\|_X$ für alle $x\in X$.

   Ist Ω „hinreichend regulär" (z.B. konvex), dann gilt

   A. Ist $mp<n$, dann gilt $W^{j+m,p}(\Omega)\to W^{j,q}(\Omega)$, $p\leq q\leq np/(n-mp)$, $j\geq 0$.

   B. Ist $mp=n$, dann
   (i) $W^{j+m,p}(\Omega)\to W^{j,q}(\Omega)$, $p\leq q<\infty$ (ii) $W^{j+n,1}(\Omega)\to C_B^j(\Omega)$

   (Ist Ω beschränkt, dann gilt $W^{j+m,p}(\Omega)\to W^{j,q}(\Omega)$, $p\leq q\leq\infty$. Speziell, $\|u\|_{0,\infty}\leq C\|u\|_{[n/2]+1,2}$, $[\bullet]$ = ganzzahliger Anteil.)

   C. Ist $mp>n$, dann gilt $W^{j+m,p}(\Omega)\to C_B^j(\Omega)$.

12.9 Verallgemeinerte Funktionen (Distributionen)*

Testfunktionen. (Die Klasse S)

1. Eine *Testfunktion* ist eine komplexwertige Funktion $\varphi(t)$ auf $\mathbf{R}=(-\infty, \infty)$, für die gilt:

   (i) $\varphi(t)$ ist unendlich oft differenzierbar, d.h. $\varphi \in C^{\infty}(\mathbf{R})$

   (ii) $\lim\limits_{|t| \to \infty} t^p \varphi^{(q)}(t) = 0$ für alle ganzzahligen $p, q \geq 0$.

   Die Klasse aller Testfunktionen heißt S. (Eine andere Klasse von Testfunktionen ist D, das sind alle unendlich oft differenzierbaren Funktionen, die außerhalb einer beschränkten Teilmenge von $\mathbf{R}$ verschwinden. Beachte, daß $D \subset S$.)

   [Beispiel: $\varphi(t) = e^{-t^2} \in S$]

2. Eine Folge $\varphi_n \in S$ ist eine *Nullfolge*, wenn
   $$\lim_{n \to \infty} \max_{t \in R} \left| t^p \varphi_n^{(q)}(t) \right| = 0 \text{ für all } p, q \geq 0$$

   [Beispiel: $\varphi \in S \Rightarrow \varphi_n(t) = \varphi\left(t + \dfrac{1}{n}\right) - \varphi(t)$ ist eine Nullfolge.]

Verallgemeinerte Funktionen. (Die Menge S')

3. Ein Funktional auf S ist eine Funktion f, die jedem $\varphi \in S$ eine komplexe Zahl $(f|\varphi) = f(\varphi)$ zuordnet.

4. Eine *verallgemeinerte Funktion* (v.F.) (oder *temperierte Distribution*) ist ein stetiges lineares Funktional f auf S, d.h.

   (i) $(f|\alpha\varphi + \beta\psi) = \alpha(f|\varphi) + \beta(f|\psi)$, $\alpha, \beta \in \mathbf{C}$; $\varphi, \psi \in S$.

   (ii) $\lim\limits_{n \to \infty} (f|\varphi_n) = 0$ für jede Nullfolge $\varphi_n \in S$.

   S' ist die Menge der v.F. (Die entsprechenden Funktionale auf D heißen *Distributionen*.)

5. $f = g \Leftrightarrow (f|\varphi) = (g|\varphi)$ für alle $\varphi \in S$.

6. Der *Träger* von $\varphi \in S$ ist die kleinste abgeschlossene Menge, so daß außerhalb $\varphi(t) = 0$.

7. Sei $A \subset \mathbf{R}$ offen, dann ist $f = g$ in A, wenn $(f|\varphi) = (g|\varphi)$ für alle $\varphi \in S$ mit Träger in A.

8. Der *Träger* von $f \in S'$ ist die kleinste abgeschlossene Menge, außerhalb der $f = 0$.

9. Ist $f(t)$ eine stückweise stetige Funktion, so daß
   $$\int_{-\infty}^{\infty} (1 + t^2)^{-m} |f(t)| dt < \infty$$
   für eine geeignete ganze Zahl m, dann bestimmt
   $$(f|\varphi) = \int_{-\infty}^{\infty} f(t)\varphi(t) dt$$
   eine *reguläre* v.F. Eine nicht reguläre v.F. heißt *singulär*. Auch für singuläre v.Fn. ist die Bezeichnung $f(t)$ (an Stelle von f) üblich im Integral
   $$(f|\varphi) = \oint_{-\infty}^{\infty} f(t)\varphi(t) dt$$

---

* Nach Jan Petersson: Fourieranalysis, Chalmers University of Technology, Göteborg 1994.

12.9 Verallgemeinerte Funktionen (Distributionen)*

10. Die Dirac-Deltafunktion $\delta(t)$ ist die singuläre v.F. mit
    $(\delta|\varphi) = \varphi(0)$
11. Die v.F. $f(at+b)$, $a \neq 0$, ist bestimmt durch
    $$\oint_{-\infty}^{\infty} f(at+b)\varphi(t)dt = \frac{1}{|a|} \oint_{-\infty}^{\infty} f(t)\varphi\left(\frac{t-b}{a}\right)dt$$
12. Die v.Fn. $f+g$, cf, $\bar{f}$ und ψf. ($\psi \in C^\infty$ und für jede ganze Zahl $q \geq 0$ gibt es eine ganze Zahl p, so daß $t^{-p}\psi^{(q)}(t) \to 0$ mit $|t| \to \infty$)

$(f+g\|\varphi) = (f\|\varphi) + (g\|\varphi)$	$(cf\|\varphi) = c(f\|\varphi)$
$(\bar{f}\|\varphi) = \overline{(f\|\bar{\varphi})}$	$(\psi f\|\varphi) = (f\|\psi\varphi)$

13. $\psi(t)\delta(t-a) = \psi(a)\delta(t-a)$
14. $tf(t) = 0 \Leftrightarrow f(t) = c\delta(t)$

Ableitungen

15. Die *Ableitung* $f'(t)$ ist definiert durch $(f'|\varphi) = -(f|\varphi')$
16. $(\psi f)' = \psi f' + \psi' f$
17. $\theta'(t) = \delta(t)$
18. Die singulären v.Fn. t^{-n}, $n = 1, 2, 3, \ldots$ sind definiert durch $t^{-n} = \dfrac{(-1)^{n-1}}{(n-1)!} D^n \ln|t|$
19. $tt^{-1} = 1$

Fourier-Transformation

20. Die Fourier-Transformation $\hat{\varphi}(\omega)$ einer Testfunktion $\varphi(t)$ ist
    $$\hat{\varphi}(\omega) = \int_{-\infty}^{\infty} \varphi(t)e^{-i\omega t}dt$$
21. $\varphi \in S \Leftrightarrow \hat{\varphi} \in S$
22. φ_n ist Nullfolge $\Rightarrow \hat{\varphi}_n$ ist Nullfolge
23. Die Fourier-Transformation $\hat{f}(\omega)$ der v.F. $f(t)$ ist definiert durch
    $$(\hat{f}|\varphi) = (f|\hat{\varphi})$$
24. $f \in S' \Rightarrow \hat{f} \in S'$, $\hat{\hat{f}}(t) = 2\pi f(-t)$, $\hat{f} = \hat{g} \Rightarrow f = g$.
25. Die Regeln F3–F11 aus 13.2 gelten auch für v.Fn.
26. $\hat{\delta}(\omega) = 1$, $\hat{\theta}(\omega) = \pi\delta(\omega) - i\omega^{-1}$.

Faltung

27. $f \in S'$, $\varphi \in S \Rightarrow (f * \varphi)(t) = \oint_{-\infty}^{\infty} \varphi(t-\tau)f(\tau)d\tau \in C^\infty(\mathbf{R})$
28. Die Faltung $h = f * g$, $f, g \in S'$, ist (wenn $\hat{f}\hat{g} \in S'$) erklärt durch
    $$\hat{h} = \hat{f}\hat{g}$$
29. Existiert die Faltung, dann gilt
    $f * g = g * f$, $f * (g+h) = f * g + f * h$, $(f * g)' = f' * g = f * g'$
30. $f * \delta^{(n)} = f^{(n)}$ für alle $f \in S'$.

13 Transformationen

13.1 Trigonometrische Fourier-Reihen

Fourier-Reihe periodischer Funktionen

T = Periode. $\Omega = \dfrac{2\pi}{T}$ = Grundfrequenz.

$f(t)$, $g(t)$ T-periodische, auf $[0,T]$ stückweise stetige Funktionen (siehe S.131)

Sinus-Cosinusform

Orthogonalität

$$\int_0^T \cos k\Omega t \cos n\Omega t \, dt = \begin{cases} 0, & n \neq k \\ T, & n = k = 0 \\ T/2, & n = k > 0 \end{cases}$$

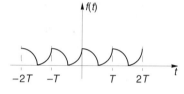

$$\int_0^T \sin k\Omega t \sin n\Omega t \, dt = \begin{cases} 0, & k \neq n \\ T/2, & k = n > 0 \end{cases} \qquad \int_0^T \sin k\Omega t \cos n\Omega t \, dt = 0$$

Fourier-Reihe von f. $\qquad S_f(t) = \dfrac{a_0}{2} + \sum\limits_{n=1}^{\infty} (a_n \cos n\Omega t + b_n \sin n\Omega t) \quad$ mit den

Fourier-Koeffizienten von f

$$a_n = \frac{2}{T} \int_a^{a+T} f(t) \cos n\Omega t \, dt \quad (n \geq 0), \qquad b_n = \frac{2}{T} \int_a^{a+T} f(t) \sin n\Omega t \, dt \quad (n \geq 1)$$

Komplexe Form

Orthogonalität

$$\int_0^T e^{ik\Omega t} e^{-in\Omega t} dt = \begin{cases} T, & k = n \\ 0, & k \neq n \end{cases}$$

$$S_f(t) = \sum_{n=-\infty}^{\infty} c_n e^{in\Omega t} \qquad \text{mit} \qquad c_n = \frac{1}{T} \int_a^{a+T} f(t) e^{-in\Omega t} \, dt$$

Amplituden-Phasenform ($f(t)$ reell)

$$S_f(t) = A_0 + \sum_{n=1}^{\infty} A_n \cos(n\Omega t + \alpha_n), \quad A_n \geq 0 \text{ für } n \geq 1$$

13.1 Trigonometrische Fourier-Reihen

Spezialfälle

1. $T = 2\pi \Rightarrow a_n = \dfrac{1}{\pi} \int\limits_{-\pi}^{\pi} f(t) \cos nt\, dt, \quad b_n = \dfrac{1}{\pi} \int\limits_{-\pi}^{\pi} f(t) \sin nt\, dt, \quad c_n = \dfrac{1}{2\pi} \int\limits_{-\pi}^{\pi} f(t) e^{-int} dt$

2. $f(t)$ gerade $\Rightarrow a_n = \dfrac{4}{T} \int\limits_{0}^{T/2} f(t) \cos n\Omega t\, dt, \qquad b_n = 0, \qquad c_n = c_{-n}$

3. $f(t)$ ungerade $\Rightarrow a_n = 0, \qquad b_n = \dfrac{4}{T} \int\limits_{0}^{T/2} f(t) \sin n\Omega t\, dt, \qquad c_n = -c_{-n}$

Darstellungssatz

$f(t)$ auf $[0, T]$ stückweise stetig differenzierbar $\Rightarrow$

a) $S_f(t) = f(t)$, falls $f(t)$ in t stetig ist

b) $S_f(t) = [f(t+) + f(t-)]/2$, falls $f(t)$ in t eine Sprungstelle hat

c) Ist $f(t)$ stetig in $[a, b]$, so konvergiert $S_f(t)$ auf $[a, b]$ gleichmäßig

Approximation im quadratischen Mittel (vgl. 12.1)

$$s_n(t) = \dfrac{A_0}{2} + \sum_{k=1}^{n} (A_k \cos k\Omega t + B_k \sin k\Omega t), \qquad Q_n = \dfrac{2}{T} \int\limits_{0}^{T} [f(t) - s_n(t)]^2 dt$$

Q_n ist minimal $\Leftrightarrow A_k = a_k, B_k = b_k$ (Fourier-Koeffizienten von $f(t)$)

$$\min Q_n = \dfrac{2}{T} \int\limits_{0}^{T} f^2(t)\, dt - \dfrac{a_0^2}{2} - \sum_{k=1}^{n} (a_k^2 + b_k^2)$$

Umrechnung der Fourier-Koeffizienten

Sin-Cos-Form – Amplituden-Phasenform ($f(t)$ reell)

$A_0 = \dfrac{1}{2} a_0, \qquad A_n = \sqrt{a_n^2 + b_n^2} \qquad \alpha_n = \arg(a_n - i b_n) = \begin{cases} -\arccos(a_n/A_n), & b_n > 0 \\ \arccos(a_n/A_n), & b_n \leq 0 \end{cases}, n \geq 1$

$a_0 = 2A_0, \qquad a_n = A_n \cos \alpha_n \qquad b_n = -A_n \sin \alpha_n \qquad, n \geq 1 \qquad$ (vgl. Seite 125)

Sin-Cos-Form – Komplexe Form

$c_0 = \dfrac{1}{2} a_0, \qquad c_n = \dfrac{1}{2}(a_n - i b_n), \qquad c_{-n} = \dfrac{1}{2}(a_n + i b_n) \qquad, n \geq 1$

$a_0 = 2c_0, \qquad a_n = c_n + c_{-n}, \qquad b_n = i(c_n - c_{-n}) \qquad, n \geq 1$

$f(t)$ reell: $\qquad a_0 = 2c_0, \qquad\qquad a_n = 2\operatorname{Re} c_n, \qquad b_n = -2\operatorname{Im} c_n \qquad c_{-n} = \overline{c_n} \qquad, n \geq 1$

Komplexe Form – Amplituden-Phasenform ($f(t)$ reell)

$A_0 = c_0, \qquad A_n e^{i\alpha_n} = 2c_n, \qquad A_n = 2|c_n|, \qquad \alpha_n = \arg c_n \qquad, n \geq 1$

$c_0 = A_0, \qquad c_n = \dfrac{1}{2} A_n e^{i\alpha_n} = \dfrac{1}{2} A_n (\cos \alpha_n + i \sin \alpha_n), \qquad c_{-n} = \overline{c_n} = \dfrac{1}{2} A_n e^{-i\alpha_n} \qquad, n \geq 1$

Periodische Faltung. Parseval-Gleichung

[a_n, b_n, A_n, c_n die Fourier-Koeffizienten von $f(t)$, a'_n, b'_n, A'_n, c'_n die von $g(t)$]

$$\frac{1}{T}\int_a^{a+T} f(t-\tau)g(\tau)d\tau = \sum_{-\infty}^{\infty} c_n c'_n \, e^{in\Omega t}, \quad \Omega = \frac{2\pi}{T} \qquad \text{(Periodische Faltung)}$$

$$\frac{1}{T}\int_a^{a+T} f^2(t)dt = \frac{a_0^2}{4} + \frac{1}{2}\sum_{n=1}^{\infty} (a_n^2 + b_n^2) = A_0^2 + \frac{1}{2}\sum_{n=1}^{\infty} A_n^2$$

$$\frac{1}{T}\int_a^{a+T} f(t)g(t)dt = \frac{1}{4}a_0 a'_0 + \frac{1}{2}\sum_{n=1}^{\infty}(a_n a'_n + b_n b'_n) = A_0 A'_0 + \frac{1}{2}\sum_{n=1}^{\infty} A_n A'_n \cos(\alpha_n - \alpha'_n)$$

$$\frac{1}{T}\int_a^{a+T} |f(t)|^2 dt = \sum_{n=-\infty}^{\infty} |c_n|^2 \qquad \frac{1}{T}\int_a^{a+T} f(t)\,\overline{g(t)}\,dt = \sum_{-\infty}^{\infty} c_n \overline{c'_n}$$

Periodische Lösungen linearer DGLn

Problem. Bestimme die periodische Lösung der DGL $y''(t) + ay'(t) + by(t) = f(t)$ mit konstantem a und b, wobei $f(t)$ T-periodisch ist.

Lösung. Fourier-Entwicklung $f(t) = \sum_{n=-\infty}^{\infty} c_n e^{in\Omega t}$, $\Omega = \frac{2\pi}{T}$. Ansatz $y(t) = \sum_{n=-\infty}^{\infty} y_n e^{in\Omega t}$ in DGL und Koeffizientenvergleich ergibt T-periodische Lösung mit $y_n = \dfrac{c_n}{-n^2\Omega^2 + ian\Omega + b}$.

Sinus- und Cosinusreihen

Orthogonalität

$$\int_0^L \sin\frac{k\pi x}{L} \sin\frac{n\pi x}{L} dx = \begin{cases} L/2, & k = n > 0 \\ 0, & k \neq n \end{cases}$$

$$\int_0^L \cos\frac{k\pi x}{L} \cos\frac{n\pi x}{L} dx = \begin{cases} 0, & n \neq k \\ L, & n = k = 0 \\ L/2, & n = k > 0 \end{cases}$$

$f(x)$ stetig und stückweise stetig differenzierbar im Intervall $(0, L)$ $\Rightarrow$

$$f(x) = \sum_{n=1}^{\infty} b_n \sin\frac{n\pi x}{L}, \qquad b_n = \frac{2}{L}\int_0^L f(x) \sin\frac{n\pi x}{L} dx$$

$$f(x) = \frac{a_0}{2} + \sum_{n=1}^{\infty} a_n \cos\frac{n\pi x}{L}, \qquad a_n = \frac{2}{L}\int_0^L f(x) \cos\frac{n\pi x}{L} dx$$

Tabelle von Fourier-Reihen

Funktion $f(t)$	Fourier-Reihe $S_f(t) =$
(1) $T=2L$, $\alpha \leq 1$ — Rechteckimpuls von $-\alpha L$ bis αL mit Höhe h	$\alpha h + \dfrac{2h}{\pi} \sum_{n=1}^{\infty} \dfrac{\sin n\pi\alpha}{n} \cos \dfrac{n\pi t}{L}$
(2) $T=2L$, $\alpha \leq 1$ — ungerader Rechteckimpuls	$\dfrac{2h}{\pi} \sum_{n=1}^{\infty} \dfrac{1-\cos n\pi\alpha}{n} \sin \dfrac{n\pi t}{L}$
(3) $T=2L$, $\alpha \leq 1$ — gerade Dreieckfunktion	$\dfrac{\alpha h}{2} + \dfrac{2h}{\pi^2} \sum_{n=1}^{\infty} \left(\dfrac{\pi \sin n\pi\alpha}{n} - \dfrac{1-\cos n\pi\alpha}{\alpha n^2} \right) \cos \dfrac{n\pi t}{L}$
(4) $T=2L$, $\alpha \leq 1$ — ungerade Dreieckfunktion	$\dfrac{2h}{\pi^2} \sum_{n=1}^{\infty} \left(-\dfrac{\pi \cos n\pi\alpha}{n} + \dfrac{\sin n\pi\alpha}{\alpha n^2} \right) \sin \dfrac{n\pi t}{L}$

Fourier-Reihen für weitere *recht-* und *dreieckige periodische* Funktionen ergeben sich aus (1)–(4) durch geeignete Linearkombination.

(5) $T=2L$, Sägezahn $\dfrac{h}{L}(L-t)$	$\dfrac{2h}{\pi} \sum_{n=1}^{\infty} \dfrac{1}{n} \sin \dfrac{n\pi t}{L}$
(6) $T=2L$, Dreieck $\dfrac{h}{L}(L-t)$	$\dfrac{h}{2} + \dfrac{4h}{\pi^2} \sum_{n=1}^{\infty} \dfrac{1}{(2n-1)^2} \cos \dfrac{(2n-1)\pi t}{L}$
(7) $T=2L$, $t(L-t)$	$\dfrac{8L^2}{\pi^3} \sum_{n=1}^{\infty} \dfrac{1}{(2n-1)^3} \sin \dfrac{(2n-1)\pi t}{L}$
(8) $T=2L$, $t(L-t)$	$\dfrac{L^2}{6} - \dfrac{L^2}{\pi^2} \sum_{n=1}^{\infty} \dfrac{1}{n^2} \cos \dfrac{2n\pi t}{L}$

(9) $T=2L$, $h\sin\frac{\pi t}{L}$ (Halbwellen-Gleichrichtung)	$\dfrac{h}{\pi} + \dfrac{h}{2}\sin\dfrac{\pi t}{L} - \dfrac{2h}{\pi}\sum_{n=1}^{\infty}\dfrac{1}{4n^2-1}\cos\dfrac{2n\pi t}{L}$
(10) $T=2L$, $\lvert h\sin\frac{\pi t}{L}\rvert$ (Vollweg-Gleichrichtung)	$\dfrac{2h}{\pi} - \dfrac{4h}{\pi}\sum_{n=1}^{\infty}\dfrac{1}{4n^2-1}\cos\dfrac{2n\pi t}{L}$
(11) $T=2L$, $h\cos\frac{\pi t}{L}$	$\dfrac{8h}{\pi}\sum_{n=1}^{\infty}\dfrac{n}{4n^2-1}\sin\dfrac{2n\pi t}{L}$
(12) $f(t)=t,\ -L<t<L$; $T=2L$	$\dfrac{2L}{\pi}\sum_{n=1}^{\infty}(-1)^{n+1}\dfrac{1}{n}\sin\dfrac{n\pi t}{L}$
(13) $f(t)=t^2,\ -L<t<L$; $T=2L$	$\dfrac{L^2}{3} + \dfrac{4L^2}{\pi^2}\sum_{n=1}^{\infty}(-1)^n\dfrac{1}{n^2}\cos\dfrac{n\pi t}{L}$
(14) $f(t)=t^3,\ -L<t<L$; $T=2L$	$\dfrac{2L^3}{\pi}\sum_{n=1}^{\infty}(-1)^{n+1}\dfrac{1}{n}\left(1-\dfrac{6}{n^2\pi^2}\right)\sin\dfrac{n\pi t}{L}$
(15) $f(t)=\cos\alpha t,\ -\pi<t<\pi$; $T=2\pi,\ \alpha\neq\text{ganzzahlig}$	$\dfrac{\sin\alpha\pi}{\alpha\pi} + \dfrac{2\alpha\sin\alpha\pi}{\pi}\sum_{n=1}^{\infty}(-1)^{n+1}\dfrac{1}{n^2-\alpha^2}\cos nt$
(16) $f(t)=\sin\alpha t,\ -\pi<t<\pi$; $T=2\pi,\ \alpha\neq\text{ganzzahlig}$	$\dfrac{2\sin\alpha\pi}{\pi}\sum_{n=1}^{\infty}(-1)^{n+1}\dfrac{n}{n^2-\alpha^2}\sin nt$
(17) $\delta(t-a)$ at $a-2T, a-T, a, a+T, a+2T$; $f(t)=\sum_{n=-\infty}^{\infty}\delta(t-a-nT)$	$\dfrac{1}{T}\sum_{n=-\infty}^{\infty}e^{2in\pi(t-a)/T} = \dfrac{1}{T} + \dfrac{2}{T}\sum_{n=1}^{\infty}\cos\dfrac{2n\pi(t-a)}{T}$

(18) $\displaystyle\sum_{n=1}^{\infty} \frac{\sin nt}{n} = \frac{\pi - t}{2}, \ 0 < t < 2\pi$

(19) $\displaystyle\sum_{n=1}^{\infty} (-1)^{n+1} \frac{\sin nt}{n} = \frac{t}{2}, \ -\pi < t < \pi$

(20) $\displaystyle\sum_{n=1}^{\infty} \frac{\cos nt}{n} = -\ln\left(2 \sin \frac{t}{2}\right), \ 0 < t < 2\pi$

(21) $\displaystyle\sum_{n=1}^{\infty} (-1)^{n+1} \frac{\cos nt}{n} = \ln\left(2 \cos \frac{t}{2}\right), \ -\pi < t < \pi$

(22) $\displaystyle\sum_{n=1}^{\infty} \frac{\cos nt}{n^2} = \frac{\pi^2}{6} - \frac{\pi t}{2} + \frac{t^2}{4}, \ 0 < t < 2\pi$

(23) $\displaystyle\sum_{n=1}^{\infty} \frac{\sin nt}{n^3} = \frac{\pi^2 t}{6} - \frac{\pi t^2}{4} + \frac{t^3}{12}, \ 0 < t < 2\pi$

(24) $\displaystyle\sum_{n=0}^{\infty} \frac{\cos(2n+1)t}{2n+1} = -\frac{1}{2} \ln\left(\tan\frac{t}{2}\right), \ 0 < t < \pi$

(25) $\displaystyle\sum_{n=0}^{\infty} \frac{\sin(2n+1)t}{2n+1} = \frac{\pi}{4}, \ 0 < t < \pi$

(26) $\displaystyle\sum_{n=0}^{\infty} (-1)^n \frac{\cos(2n+1)t}{2n+1} = \frac{\pi}{4}, \ -\frac{\pi}{2} < t < \frac{\pi}{2}$

(27) $\displaystyle\sum_{n=0}^{\infty} (-1)^n \frac{\sin(2n+1)t}{2n+1} = -\frac{1}{2} \ln\left[\tan\left(\frac{\pi}{4} - \frac{t}{2}\right)\right], \ -\frac{\pi}{2} < t < \frac{\pi}{2}$

(28) $\displaystyle\sum_{n=1}^{\infty} r^n \sin nt = \frac{r \sin t}{1 - 2r \cos t + r^2}, \ |r| < 1$

(29) $\displaystyle\sum_{n=0}^{\infty} r^n \cos nt = \frac{1 - r \cos t}{1 - 2r \cos t + r^2}, \ |r| < 1$

13.2 Fourier-Transformation

$f(t)$ sei auf $-\infty < t < \infty$ stückweise stetig differenzierbar und absolut integrierbar (Fourier-Transformation von verallgemeinerten Funktionen, siehe 12.9).

Fourier-Transformation. $\quad F(\omega) = \hat{f}(\omega) = \displaystyle\int_{-\infty}^{\infty} f(t) e^{-i\omega t} dt$

Umkehrung. $\quad f(t) = \dfrac{1}{2\pi} \displaystyle\int_{-\infty}^{\infty} F(\omega) e^{i\omega t} d\omega \quad$ (wenn f stetig)

Bezeichnung. $\quad f(t) \circ\!\!-\!\!\bullet F(\omega)$

Produktregel. Plancherel-Parseval-Formel

$$\int_{-\infty}^{\infty} f(t-\tau)\,g(\tau)d\tau \; \circ\!\!-\!\!\bullet \; F(\omega)\,G(\omega) \qquad (\text{Produktregel für Faltungsprodukt})$$

$$\int_{-\infty}^{\infty} f(t)\,\overline{g(t)}\,dt = \frac{1}{2\pi}\int_{-\infty}^{\infty} F(\omega)\,\overline{G(\omega)}\,d\omega$$

$$\int_{-\infty}^{\infty} |f(t)|^2\,dt = \frac{1}{2\pi}\int_{-\infty}^{\infty} |F(\omega)|^2\,d\omega$$

1. **Symmetrie.** $f(t) \circ\!\!-\!\!\bullet g(\omega) \;\Rightarrow\; g(t) \circ\!\!-\!\!\bullet 2\pi f(-\omega)$

   Beispiel. Mit F 32 unten: $e^{-|t|} \circ\!\!-\!\!\bullet \dfrac{2}{1+\omega^2} \Rightarrow \dfrac{2}{1+t^2} \circ\!\!-\!\!\bullet 2\pi e^{-|-\omega|} = 2\pi e^{-|\omega|}$

2. **Differentiation nach einem Parameter**

   $$f(t, a) \circ\!\!-\!\!\bullet F(\omega, a) \;\Rightarrow\; \frac{\partial}{\partial a}f(t, a) \circ\!\!-\!\!\bullet \frac{\partial}{\partial a}F(\omega, a)$$

3. $f(t)$ gerade $\Rightarrow F(\omega)$ gerade, $\quad f(t)$ ungerade $\Rightarrow F(\omega)$ ungerade

4. $f^{(n)}(t) \circ\!\!-\!\!\bullet G(\omega) \Rightarrow f(t) \circ\!\!-\!\!\bullet \dfrac{G(\omega)}{(i\omega)^n} + C_1\delta(\omega) + C_2\delta'(\omega) + \ldots + C_n\delta^{(n-1)}(\omega)$

   $F^{(n)}(\omega) \bullet\!\!-\!\!\circ g(t) \Rightarrow F(\omega) \bullet\!\!-\!\!\circ \dfrac{g(t)}{(-it)^n} + C_1\delta(t) + C_2\delta'(t) + \ldots + C_n\delta^{(n-1)}(t)$

   ($C_1, \ldots, C_n$ Konstante)

5. **Poisson-Summationsformel**

   $$\sum_{k=-\infty}^{\infty} f(ak) = \frac{1}{a}\sum_{n=-\infty}^{\infty} F\!\left(\frac{2n\pi}{a}\right), \quad a>0$$

6. **Das Abtasttheorem**

   Ein stetiges bandbegrenztes Signal ist eindeutig durch die Abtastwerte (auf gleichverteilten Abtastpunkten) bestimmt, wenn die Abtastfrequenz mindestens doppelt so groß ist wie die maximale Frequenz des Signalspektrums. Konkret:
   Ist $\hat{f}(\omega)$ stückweise stetig und $\hat{f}(\omega)=0$ für $|\omega|\geq\alpha$, dann gilt für das zugehörige Signal

   $$f(t) = \sum_{n=-\infty}^{\infty} f\!\left(\frac{n\pi}{\alpha}\right)\frac{\sin(\alpha t - n\pi)}{\alpha t - n\pi}$$

7. **Zusammenhang zwischen Fourier- und Laplace-Transformation**
   - (i) $f(t)=0$ für $t<0$ und $f(t)$ absolut integrierbar in $(-\infty, \infty)$,
   - (ii) $\hat{f}(\omega)$ und $F(s)$ Fourier- bzw. Laplace-Transformierte von $f(t)$,

   dann gilt $\hat{f}(\omega) = F(i\omega)$.

Anwendung der Fourier-Transformation, siehe Bsp.6 in 10.9.

Eigenschaften und Tabelle der Fourier-Transformation

	$f(t)$	$F(\omega) = \hat{f}(\omega)$
F1.	$f(t)$	$\int_{-\infty}^{\infty} f(t) e^{-i\omega t} dt$
F2.	$\frac{1}{2\pi} \int_{-\infty}^{\infty} F(\omega) e^{i\omega t} d\omega$	$F(\omega)$
F3.	$a f(t) + b g(t)$	$a F(\omega) + b G(\omega)$
F4.	$f(at)$ $\quad (a \neq 0 \text{ reell})$	$\frac{1}{|a|} F\left(\frac{\omega}{a}\right)$
F5.	$f(-t)$	$F(-\omega)$
F6.	$\overline{f(t)}$	$\overline{F(-\omega)}$
F7.	$f(t-T)$ $\quad (T \text{ reell})$	$e^{-i\omega T} F(\omega)$
F8.	$e^{i\Omega t} f(t)$ $\quad (\Omega \text{ reell})$	$F(\omega - \Omega)$
F9.	$F(t)$	$2\pi f(-\omega)$
F10.	$\left(\frac{d}{dt}\right)^n f(t)$	$(i\omega)^n F(\omega)$
F11.	$(-it)^n f(t)$	$\left(\frac{d}{d\omega}\right)^n F(\omega)$
F12.	$\int_{-\infty}^{t} f(\tau) d\tau$	$\frac{F(\omega)}{i\omega} + \pi F(0) \delta(\omega)$
F13.	$(f * g)(t) = \int_{-\infty}^{\infty} f(t-\tau) g(\tau) d\tau$	$F(\omega) G(\omega)$ $\quad$ (Produktregel)
F14.	$f(t) g(t)$	$\frac{1}{2\pi} (F * G)(\omega)$
F15.	$\delta(t)$	1
F16.	$\delta^{(n)}(t)$	$(i\omega)^n$
F17.	$\delta^{(n)}(t-T)$	$(i\omega)^n e^{-i\omega T}$ $\quad (n = 0, 1, 2, \ldots)$
F18.	1	$2\pi \delta(\omega)$
F19.	t^n	$2\pi i^n \delta^{(n)}(\omega)$ $\quad (n = 1, 2, 3, \ldots)$
F20.	t^{-n}	$\frac{\pi (-i)^n}{(n-1)!} \omega^{n-1} \operatorname{sgn}\omega$ $\quad (n = 1, 2, 3, \ldots)$
F21.	$\theta(t) = H(t) = \begin{cases} 1, & t > 0 \\ 0, & t < 0 \end{cases}$	$\frac{1}{i\omega} + \pi \delta(\omega)$
F22.	$t^n \theta(t)$	$\frac{n!}{(i\omega)^{n+1}} + \pi i^n \delta^{(n)}(\omega)$ $\quad (n = 1, 2, 3, \ldots)$

	$f(t)$	$F(\omega)$
F23.	$\operatorname{sgn} t = 2\theta(t) - 1 = \begin{cases} 1, & t>0 \\ -1, & t<0 \end{cases}$	$\dfrac{2}{i\omega}$
F24.	$t^n \operatorname{sgn} t$	$\dfrac{2n!}{(i\omega)^{n+1}}$
F25.	$|t| = t \operatorname{sgn} t$	$-\dfrac{2}{\omega^2}$
F26.	$|t|^{2n-1}$	$2(-1)^n \dfrac{(2n-1)!}{\omega^{2n}} \quad (n=1,2,3,\ldots)$
F27.	$|t|^{2n} = t^{2n}$	$2\pi(-1)^n \delta^{(2n)}(\omega) \quad (n=1,2,3,\ldots)$
F28.	$|t|^{p-1}$	$\dfrac{2\Gamma(p)\cos\dfrac{p\pi}{2}}{|\omega|^p} \quad (p\neq\text{ganzzahlig})$
F29.	$|t|^{p-1} \operatorname{sgn} t$	$\dfrac{-2i\Gamma(p)\sin\dfrac{p\pi}{2}\operatorname{sgn}\omega}{|\omega|^p} \quad (p\neq\text{ganzz.})$
F30.	$e^{-at}\theta(t) = \begin{cases} e^{-at}, & t>0 \\ 0, & t<0 \end{cases}$	$\dfrac{1}{a+i\omega} \quad (a>0)$
F31.	$e^{at}(1-\theta(t)) = e^{at}\theta(-t) = \begin{cases} 0, & t>0 \\ e^{at}, & t<0 \end{cases}$	$\dfrac{1}{a-i\omega} \quad (a>0)$
F32.	$e^{-a|t|}$	$\dfrac{2a}{a^2+\omega^2} \quad (a>0)$
F33.	$e^{-a|t|} \operatorname{sgn} t$	$-\dfrac{2i\omega}{a^2+\omega^2} \quad (a>0)$
F34.	$te^{-a|t|}$	$-\dfrac{4ia\omega}{(a^2+\omega^2)^2} \quad (a>0)$
F35.	$|t|e^{-a|t|}$	$\dfrac{2(a^2-\omega^2)}{(a^2+\omega^2)^2} \quad (a>0)$
F36.	e^{-at^2}	$\sqrt{\dfrac{\pi}{a}}\, e^{-\omega^2/4a} \quad (a>0)$
F37.	$\dfrac{1}{\sqrt{4\pi a}}\, e^{-t^2/4a}$	$e^{-a\omega^2} \quad (a>0)$

13.2 Fourier-Transformation

	$f(t)$	$F(\omega)$
F38.	$\dfrac{i}{2(n-1)!}\,(it)^{n-1}e^{ict}\mathrm{sgn}\,t$	$\dfrac{1}{(\omega-c)^n}$ (c reell, $n=1,2,3,\ldots$)
F39.	$\dfrac{1}{(n-1)!}\,t^{n-1}e^{-at}\theta(t)$	$\dfrac{1}{(a+i\omega)^n}$ ($a>0$, $n=1,2,3,\ldots$)
F40.	$\dfrac{(-1)^{n-1}}{(n-1)!}\,t^{n-1}e^{at}(1-\theta(t))$	$\dfrac{1}{(a-i\omega)^n}$ ($a>0$, $n=1,2,3,\ldots$)
F41a.	$\dfrac{1}{2a}\,e^{-a|t|}$	$\dfrac{1}{\omega^2+a^2}$ ($a>0$)
F41b.	$\dfrac{1}{t^2+a^2}$	$\dfrac{\pi}{a}\,e^{-a|\omega|}$
F42a.	$\dfrac{i}{2}\,e^{-a|t|}\mathrm{sgn}\,t$	$\dfrac{\omega}{\omega^2+a^2}$ ($a>0$)
F42b.	$\dfrac{t}{t^2+a^2}$	$-i\pi e^{-a|\omega|}\mathrm{sgn}\,\omega$
F43.	$\dfrac{1}{2a}\,e^{-a|t|+ict}(iak\,\mathrm{sgn}\,t+b+kc)$	$\dfrac{k\omega+b}{(\omega-c)^2+a^2}$ ($a>0$, c reell)
F44.	$\dfrac{1}{4a^3}\,e^{-a|t|+ict}[ia^2kt+(b+kc)a|t|+b+kc]$	$\dfrac{k\omega+b}{[(\omega-c)^2+a^2]^2}$ ($a>0$, c reell)
F45.	$e^{i\Omega t}$	$2\pi\delta(\omega-\Omega)$
F46.	$\cos\Omega t$	$\pi[\delta(\omega+\Omega)+\delta(\omega-\Omega)]$
F47.	$\sin\Omega t$	$i\pi[\delta(\omega+\Omega)-\delta(\omega-\Omega)]$
F48.	$\theta(t+a)-\theta(t-a)=\begin{cases}1, & |t|<a\\ 0, & |t|>a\end{cases}$	$\dfrac{2\sin a\omega}{\omega}$
F49.	$[\theta(t+a)-\theta(t-a)]\mathrm{sgn}\,t=\begin{cases}1, & 0<t<a\\ -1, & -a<t<0\\ 0, & |t|>a\end{cases}$	$\dfrac{4\sin^2\dfrac{a\omega}{2}}{i\omega}$
F50.	$[\theta(t+a)-\theta(t-a)]e^{i\Omega t}=\begin{cases}e^{i\Omega t}, & |t|<a\\ 0, & |t|>a\end{cases}$	$\dfrac{2\sin a(\Omega-\omega)}{\Omega-\omega}$
F51.	$\dfrac{\sin\Omega t}{\pi t}$	$\theta(\omega+\Omega)-\theta(\omega-\Omega)=\begin{cases}1, & |\omega|<\Omega\\ 0, & |\omega|>\Omega\end{cases}$

$f(t)$	$F(\omega)$
F52. $\sin at^2$	$\sqrt{\dfrac{\pi}{a}}\cos\left(\dfrac{\omega^2}{4a}+\dfrac{\pi}{4}\right)$ $\quad (a>0)$
F53. $\cos at^2$	$\sqrt{\dfrac{\pi}{a}}\cos\left(\dfrac{\omega^2}{4a}-\dfrac{\pi}{4}\right)$ $\quad (a>0)$
F54. $h_n(t)$	$i^{-n}\sqrt{2\pi}\,h_n(\omega)$
F55. $l_n(t)\theta(t)$	$\left(i\omega-\dfrac{1}{2}\right)^n\!\bigg/\!\left(i\omega+\dfrac{1}{2}\right)^{n+1}$
F56. $\begin{cases}(a^2-t^2)^{-1/2}, & \|t\|<a \\ 0, & \|t\|>a\end{cases}$	$\pi J_0(a\omega)$
F57. $\begin{cases}t(a^2-t^2)^{-1/2}, & \|t\|<a \\ 0, & \|t\|>a\end{cases}$	$-ia\pi J_1(a\omega)$
F58. $\dfrac{1}{\cosh t}$	$\dfrac{\pi}{\cosh\dfrac{\pi\omega}{2}}$
F59. $\dfrac{1}{\sinh t}$	$-i\pi\tanh\dfrac{\pi\omega}{2}$
F60. $\dfrac{\sinh at}{\sinh bt}$ $\quad(0<a<b)$	$\dfrac{\pi\sin(a\pi/b)}{b\cosh(\omega\pi/b)+b\cos(a\pi/b)}$
F61. $\dfrac{\cosh at}{\cosh bt}$ $\quad(0<a<b)$	$\dfrac{2\pi\cos(a\pi/2b)\cosh(\omega\pi/2b)}{b\cosh(\omega\pi/b)+b\cos(a\pi/b)}$

Cosinus- und Sinustransformation

$$F_c(\beta)=\int_0^\infty f(x)\cos\beta x\,dx \qquad f(x)=\frac{2}{\pi}\int_0^\infty F_c(\beta)\cos\beta x\,d\beta$$

$$F_s(\beta)=\int_0^\infty f(x)\sin\beta x\,dx \qquad f(x)=\frac{2}{\pi}\int_0^\infty F_s(\beta)\sin\beta x\,d\beta$$

Plancherel-Formel

$$\int_0^\infty |f(x)|^2\,dx = \frac{2}{\pi}\int_0^\infty |F_c(\beta)|^2\,d\beta = \frac{2}{\pi}\int_0^\infty |F_s(\beta)|^2\,d\beta$$

Beziehungen zwischen Fourier-Transformationen

Ist $F(\beta)$ die Fourier-Transformierte von $f(x)$, $-\infty < x < \infty$, dann gilt

$f(x)$ gerade $\Rightarrow F(\beta) = 2F_c(\beta)$

$f(x)$ ungerade $\Rightarrow F(\beta) = -2iF_s(\beta)$

Tabelle von Fourier-Cosinustransformationen

	$f(x)$, $x>0$		$F_c(\beta)$, $\beta>0$
$F_c1.$	$\begin{cases} 1, & x<a \\ 0, & x>a \end{cases}$	$(a>0)$	$\dfrac{\sin a\beta}{\beta}$
$F_c2.$	e^{-ax}	$(a>0)$	$\dfrac{a}{a^2+\beta^2}$
$F_c3.$	e^{-ax^2}	$(a>0)$	$\dfrac{1}{2}\sqrt{\dfrac{\pi}{a}}\, e^{-\beta^2/4a}$
$F_c4.$	x^{a-1}	$(0<a<1)$	$\Gamma(a)\beta^{-a}\cos\dfrac{a\pi}{2}$
$F_c5.$	$\cos ax^2$		$\dfrac{1}{2}\sqrt{\dfrac{\pi}{a}}\cos\left(\dfrac{\beta^2}{4a}-\dfrac{\pi}{4}\right)$
$F_c6.$	$\sin ax^2$		$\dfrac{1}{2}\sqrt{\dfrac{\pi}{2}}\cos\left(\dfrac{\beta^2}{4a}+\dfrac{\pi}{4}\right)$

Tabelle von Fourier-Sinustransformationen

	$f(x)$, $x>0$		$F_s(\beta)$, $\beta>0$
$F_s1.$	$\begin{cases} 1, & x<a \\ 0, & x>a \end{cases}$	$(a>0)$	$\dfrac{1-\cos a\beta}{\beta}$
$F_s2.$	e^{-ax}	$(a>0)$	$\dfrac{\beta}{a^2+\beta^2}$
$F_s3.$	xe^{-ax^2}	$(a>0)$	$\sqrt{\dfrac{\pi}{a}}\,\dfrac{\beta}{4a}\,e^{-\beta^2/4a}$
$F_s4.$	x^{a-1}	$(-1<a<1)$	$\Gamma(a)\beta^{-a}\sin\dfrac{a\pi}{2}$
$F_s5.$	$\cos ax^2$		$\sqrt{\dfrac{\pi}{2a}}\left[\sin\dfrac{\beta^2}{4a}C\!\left(\dfrac{\beta}{\sqrt{2\pi a}}\right)-\cos\dfrac{\beta^2}{4a}S\!\left(\dfrac{\beta}{\sqrt{2\pi a}}\right)\right]$
$F_s6.$	$\sin ax^2$		$\sqrt{\dfrac{\pi}{2a}}\left[\cos\dfrac{\beta^2}{4a}C\!\left(\dfrac{\beta}{\sqrt{2\pi a}}\right)+\sin\dfrac{\beta^2}{4a}S\!\left(\dfrac{\beta}{\sqrt{2\pi a}}\right)\right]$

Mehrdimensionale Fourier-Transformation

Zweidimensionale Fourier-Transformation

Fourier-Transformation. $\quad F(u,v) = \iint\limits_{\mathbf{R}^2} f(x,y) e^{-i(ux+vy)} dx dy$

Umkehrformel. $\quad f(x,y) = \dfrac{1}{(2\pi)^2} \iint\limits_{\mathbf{R}^2} F(u,v) e^{i(ux+vy)} du dv$

Parseval-Formeln. $\quad \iint\limits_{\mathbf{R}^2} f(x,y)\,\overline{g(x,y)}\, dx dy = \dfrac{1}{(2\pi)^2} \iint\limits_{\mathbf{R}^2} F(u,v)\,\overline{G(u,v)}\, du dv$

$\qquad\qquad\qquad\quad \iint\limits_{\mathbf{R}^2} |f(x,y)|^2 dx dy = \dfrac{1}{(2\pi)^2} \iint\limits_{\mathbf{R}^2} |F(u,v)|^2 du dv$

Eigenschaften und Tabelle der 2-dimensionalen Fourier-Transformation

	$f(x,y)$	$F(u,v)$
$F_2 1.$	$f(ax, by)\quad (a,b\ \text{reell})$	$\dfrac{1}{|ab|} F\left(\dfrac{u}{a}, \dfrac{v}{b}\right)$
$F_2 2.$	$f(x-a, y-b)\quad (a,b\ \text{reell})$	$e^{-i(au+bv)} F(u,v)$
$F_2 3.$	$e^{iax} e^{iby} f(x,y)$	$F(u-a, v-b)$
$F_2 4.$	$D_x^m D_y^n f(x,y)$	$(iu)^m (iv)^n F(u,v)$
$F_2 5.$	$(-ix)^m (-iy)^n f(x,y)$	$D_u^m D_v^n F(u,v)$
$F_2 6.$	$(f*g)(x,y) = \iint\limits_{\mathbf{R}^2} f(\xi,\eta) g(x-\xi, y-\eta) d\xi d\eta$	$F(u,v) G(u,v)$
$F_2 7.$	$F(x,y)$	$(2\pi)^2 f(-u,-v)$
$F_2 8.$	$\delta(x-a, y-b) = \delta(x-a)\delta(y-b)$	$e^{-i(au+bv)}$
$F_2 9.$	$\dfrac{1}{4\pi\sqrt{ab}} e^{-x^2/4a - y^2/4b}\quad (a,b>0)$	$e^{-au^2 - bv^2}$
$F_2 10.$	$\begin{cases} 1, |x|<a, |y|<b \\ 0, \text{andernfalls} \end{cases}$ (Rechteck)	$\dfrac{4\sin au\ \sin bv}{uv}$
$F_2 11.$	$\begin{cases} 1, |x|<a \\ 0, \text{andernfalls} \end{cases}$ (Streifen)	$\dfrac{4\pi \sin au}{u} \delta(v)$
$F_2 12.$	$\begin{cases} 1, x^2+y^2<a^2 \\ 0, \text{andernfalls} \end{cases}$ (Kreis)	$\dfrac{2\pi a}{\rho} J_1(a\rho),\ \rho^2 = u^2 + v^2$

n-dimensionale Fourier-Transformation

Bezeichnung: $f(\mathbf{x})=f(x_1, ..., x_n)$, $\mathbf{x} \cdot \mathbf{y} = \sum_{i=1}^{n} x_i y_i$

Fourier-Transformation. $\quad F(\mathbf{y}) = \int_{\mathbf{R}^n} f(\mathbf{x}) e^{-i\mathbf{x}\cdot\mathbf{y}} d\mathbf{x}$

Umkehrformel. $\quad f(\mathbf{x}) = (2\pi)^{-n} \int_{\mathbf{R}^n} F(\mathbf{y}) e^{i\mathbf{x}\cdot\mathbf{y}} d\mathbf{y}$

Parseval-Formeln. $\quad \int_{\mathbf{R}^n} f(\mathbf{x}) \overline{g(\mathbf{x})} d\mathbf{x} = (2\pi)^{-n} \int_{\mathbf{R}^n} F(\mathbf{y}) \overline{G(\mathbf{y})} d\mathbf{y}$

$\quad \int_{\mathbf{R}^n} |f(\mathbf{x})|^2 d\mathbf{x} = (2\pi)^{-n} \int_{\mathbf{R}^n} |F(\mathbf{y})|^2 d\mathbf{y}$

Eigenschaften u. Tabelle der n- bzw. 3-dimensionalen Fourier-Transformation

	$f(\mathbf{x})$	$F(\mathbf{y})$
$F_n 1.$	$f(a\mathbf{x})$ (a reell)	$|a|^{-n} F(a^{-1}\mathbf{y})$
$F_n 2.$	$f(\mathbf{x}-\mathbf{a})$	$e^{-i\mathbf{a}\cdot\mathbf{y}} F(\mathbf{y})$
$F_n 3.$	$e^{i\mathbf{a}\cdot\mathbf{x}} f(\mathbf{x})$	$F(\mathbf{y}-\mathbf{a})$
$F_n 4.$	$D^\alpha f(\mathbf{x}) = D_1^{\alpha_1} ... D_n^{\alpha_n} f(\mathbf{x})$	$(i\mathbf{y})^\alpha F(\mathbf{y}) = (iy_1)^{\alpha_1} ... (iy_n)^{\alpha_n} F(\mathbf{y})$
$F_n 5.$	$(-i\mathbf{x})^\alpha f(\mathbf{x})$	$D^\alpha F(\mathbf{y})$
$F_n 6.$	$(f*g)(\mathbf{x}) = \int_{\mathbf{R}^n} f(\mathbf{x}-\mathbf{t}) g(\mathbf{t}) d\mathbf{t}$	$F(\mathbf{y}) G(\mathbf{y})$
$F_n 7.$	$F(\mathbf{x})$	$(2\pi)^n f(-\mathbf{y})$

Nachfolgend ist $n=3$, $\mathbf{x}=(x, y, z)$, $\mathbf{y}=(u, v, w)$

	$f(\mathbf{x})$	$F(\mathbf{y})$
$F_3 8.$	$\delta(x-a, y-b, z-c)$	$e^{-i(au+bv+cw)}$
$F_3 9.$	$e^{-x^2/4a - y^2/4b - z^2/4c}$	$8\pi^{3/2} \sqrt{abc}\, e^{-au^2 - bv^2 - cw^2}$
$F_3 10.$	$\begin{cases} 1, |x|<a, |y|<b, |z|<c \text{ (Quader)} \\ 0, \text{ andernfalls} \end{cases}$	$\dfrac{8 \sin au\, \sin bv\, \sin cw}{uvw}$
$F_3 11.$	$\begin{cases} 1, |x|<a, |y|<b \quad \text{(Stab)} \\ 0, \text{ andernfalls} \end{cases}$	$\dfrac{8\pi \sin au\, \sin bv}{uv} \delta(w)$
$F_3 12.$	$\begin{cases} 1, |x|<a \quad \text{(Platte)} \\ 0, \text{ andernfalls} \end{cases}$	$\dfrac{8\pi^2 \sin au}{u} \delta(v)\delta(w)$
$F_3 13.$	$\begin{cases} 1, |x|<a, y^2+z^2<b^2 \text{ (Zylinder)} \\ 0, \text{ andernfalls} \end{cases}$	$\dfrac{2 \sin au}{u} \cdot \dfrac{2\pi b}{\rho} J_1(b\rho), (\rho^2 = u^2 + v^2)$
$F_3 14.$	$\begin{cases} 1, x^2+y^2+z^2<b^2 \quad \text{(Kugel)} \\ 0, \text{ andernfalls} \end{cases}$	$\dfrac{4\pi}{s^3}(\sin as - as \cos as), (s^2 = u^2 + v^2 + w^2)$

13.3 Diskrete Fourier-Transformation

Periodische Folgen

Sei S^N die Menge der N-periodischen komplexwertigen Folgen $(x(n))_{n \in \mathbf{Z}}$, d.h.

$$x(n+N) = x(n), \; n \in \mathbf{Z}$$

Beispiel. Einheitspuls in $k \pmod N$

$$d_k(n) = \begin{cases} 1, & n = k + mN, \; m \in \mathbf{Z} \\ 0, & \text{andernfalls} \end{cases}$$

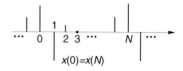

Diskrete Fourier-Transformation (DFT)

> *Diskrete Fourier-Transformation* von $x \in S^N$
>
> $$X(\mu) = \frac{1}{N} \sum_{n=0}^{N-1} x(n) W^{-\mu n}, \; \mu \in \mathbf{Z}, \; W = e^{2i\pi/N}$$
>
> *Umkehrformel*
>
> $$x(n) = \sum_{\mu=0}^{N-1} X(\mu) W^{\mu n}, \; n \in \mathbf{Z}$$

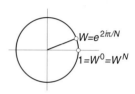

Parseval-Formeln

> $$\frac{1}{N} \sum_{n=0}^{N-1} x(n) \overline{y(n)} = \sum_{\mu=0}^{N-1} X(\mu) \overline{Y(\mu)}$$
>
> $$\frac{1}{N} \sum_{n=0}^{N-1} |x(n)|^2 = \sum_{\mu=0}^{N-1} |X(\mu)|^2$$

Schnelle Fourier-Transformation (*FFT*)

FFT ist ein Algorithmus, der die Anzahl der Rechenoperationen in der *DFT* von $\approx N^2$ auf $\approx N \cdot \log_2 N$ reduziert, falls $N = 2^m$ ist.

Idee der FFT

$$X(\mu) = \sum_{n=0}^{2^m - 1} x(n) W^{-\mu n} = \sum_{n \text{ gerade}} + \sum_{n \text{ ungerade}} =$$

$$= \sum_{k=0}^{2^{m-1}-1} x(2k)(W^2)^{-\mu k} + W^{-\mu} \sum_{k=0}^{2^{m-1}-1} x(2k+1)(W^2)^{-\mu k}$$

Wegen $W^2 = \exp(2\pi i/2^{m-1})$ sind diese zwei Summen *DFT* $(N = 2^{m-1})$. Diese Halbierung der Prozedur wird fortgesetzt, bis eine Summe von *DFT* $(N = 2)$ dasteht.

13.3 Diskrete Fourier-Transformation

Eigenschaften und Tabelle der diskreten Fourier-Transformation

	$x(n)$ (N-periodisch)	$X(\mu)$
DF1.	$x(n)$	$\dfrac{1}{N}\sum\limits_{n=0}^{N-1} x(n)W^{-\mu n}$
DF2.	$\sum\limits_{\mu=0}^{N-1} X(\mu)W^{\mu n}$	$X(\mu)$
DF3.	$a\,x(n) + b\,y(n)$	$a\,X(\mu) + b\,Y(\mu)$
DF4.	$\dfrac{1}{N}\sum\limits_{k=0}^{N-1} x(n-k)y(k)$	$X(\mu)Y(\mu)$
DF5.	$x(n-p)$	$W^{-\mu p}X(\mu)$
DF6.	$W^{vn}x(n)$	$X(\mu - v)$
DF7.	$X(n)$	$\dfrac{1}{N}x(-\mu)$
DF8.	$d_k(n)$	$\dfrac{1}{N}W^{-\mu k} = \dfrac{1}{N}e^{-2i\pi k\mu/N}$
DF9.	$d_0(n)$	$\dfrac{1}{N}$
DF10.	$W^{vn} = e^{2i\pi vn/N}$	$d_v(\mu)$
DF11.	1	$d_0(\mu)$
DF12.	$\sin\dfrac{2\pi vn}{N}$	$\dfrac{1}{2i}(d_v(\mu) - d_{-v}(\mu))$
DF13.	$\cos\dfrac{2\pi vn}{N}$	$\dfrac{1}{2}(d_v(\mu) + d_{-v}(\mu))$
DF14.	$\sin\dfrac{n\pi}{N},\ n=0,1,\ldots,N-1$	$\dfrac{1}{N}\dfrac{\sin\dfrac{\pi}{N}}{\cos\dfrac{2\mu\pi}{N} - \cos\dfrac{\pi}{N}}$

13.4 z-Transformation

Für Folgen $(x(n))_{n=0}^{\infty}$ ist die z-Transformation definiert durch

$$X(z) = \sum_{n=0}^{\infty} x(n) z^{-n} \quad *$$

Umkehrformel. $x(n) = \dfrac{1}{2\pi i} \displaystyle\int\limits_{|z|=r} X(z) z^{n-1} dz = \dfrac{1}{n!} \left(\dfrac{d}{dz^{-1}}\right)^n X(z)|_{z^{-1}=0}$ (r groß genug)

In der Praxis gewinnt man $x(n)$ aus $X(z)$ durch eine Laurent-Reihenentwicklung von $X(z)$ (vgl. 14.3) oder mit der nachfolgenden Tabelle.

Eigenschaften und Tabelle der z-Transformation

Einheitssprung. $\theta(n) = \begin{cases} 1, & n \geq 0 \\ 0, & n < 0 \end{cases}$

	$x(n), n \geq 0$	$X(z)$
z1.	$x(n)$	$\sum_{n=0}^{\infty} x(n) z^{-n}$
z2.	$ax(n) + by(n)$	$aX(z) + bY(z)$
z3.	$x(n-k)\theta(n-k) = \begin{cases} 0, & n \leq k-1 \\ x(n-k), & n \geq k \end{cases}$	$z^{-k} X(z)$
z4.	$x(n+k) \qquad (k>0)$	$z^k X(z) - z^k x(0) - z^{k-1} x(1) - \ldots - zx(k-1)$
z5.	$a^n x(n)$	$X\left(\dfrac{z}{a}\right)$
z6.	$(-1)^k (n-1)(n-2) \ldots (n-k) x(n-k) \theta(n)$	$\dfrac{d^k}{dz^k} X(z)$
z7.	$n x(n)$	$-z X'(z)$
z8.	$\sum_{k=0}^{n} x(n-k) y(k) = \sum_{k=0}^{n} x(k) y(n-k)$	$X(z) Y(z)$

* Für Folgen der Art $(x(n))_{-\infty}^{\infty}$ ist die z-Transformation durch $X(z) = \sum_{n=-\infty}^{\infty} x(n) z^{-n}$ definiert.

In diesem Fall sind nachfolgende Regeln zu ersetzen:

z3*, z4*.	$x(n+k)$ (k beliebig ganzzahlig)	$z^k X(z)$
z8*.	$x(n) * y(n) = \sum_{k=-\infty}^{\infty} x(n-k) y(k)$	$X(z) Y(z)$

13.4 z-Transformation

	$x(n),\ n \geq 0$	$X(z)$
z9.	$\delta_k(n) = \begin{cases} 1,\ n=k \\ 0,\ n \neq k \end{cases}$	$\dfrac{1}{z^k}$
z10.	a^n	$\dfrac{z}{z-a}$ (a komplex $\neq 0$)
z11.	$a^{n-k}\theta(n-k) = \begin{cases} 0,\ 0 \leq n \leq k-1 \\ a^{n-k},\ n \geq k \end{cases}$	$\dfrac{z^{1-k}}{z-a}$ ($k=0, 1, 2, \ldots$)
z12.	na^n	$\dfrac{az}{(z-a)^2}$
z13.	$n^2 a^n$	$\dfrac{a(z+a)z}{(z-a)^3}$
z14.	$\binom{n}{m} a^{n-m}\theta(n-m)$	$\dfrac{z}{(z-a)^{m+1}}$ ($m \geq 0$ ganzz.)
z15.	$\binom{n+k}{m} a^{n+k-m}\theta(n+k-m)$	$\dfrac{z^{k+1}}{(z-a)^{m+1}}$ ($m \geq 0,\ k \leq m$)
z16.	$\dfrac{a^{n+k} - b^{n+k}}{a-b} \theta(n+k-1)$	$\dfrac{z^{k+1}}{(z-a)(z-b)}$ ($k=1, 0, -1, \ldots$)
z17.	$\left(\dfrac{(a-b)(n+k)a^{n-1+k} - a^{n+k}}{(a-b)^2} + \dfrac{b^{n+k}}{(a-b)^2} \right) \theta(n+k-2)$	$\dfrac{z^{k+1}}{(z-a)^2(z-b)}$ ($k=2, 1, 0, \ldots$)
z18.	$\left(\dfrac{(a-b)(n+k)a^{n-1+k} - 2a^{n+k}}{(a-b)^3} + \dfrac{(a-b)(n+k)b^{n-1+k} + 2b^{n+k}}{(a-b)^3} \right) \theta(n+k-3)$	$\dfrac{z^{k+1}}{(z-a)^2(z-b)^2}$ ($k=3, 2, 1, \ldots$)
z19.	$\left(\dfrac{-(b-c)a^{n+k} - (c-a)b^{n+k}}{(a-b)(b-c)(c-a)} + \dfrac{-(a-b)c^{n+k}}{(a-b)(b-c)(c-a)} \right) \theta(n+k-2)$	$\dfrac{z^{k+1}}{(z-a)(z-b)(z-c)}$ ($k=2, 1, 0, \ldots$)
z20.	$a^{n-1} \sin \dfrac{n\pi}{2}$	$\dfrac{z}{z^2+a^2}$
z21.	$a^{n+k-1} \sin \dfrac{(n+k)\pi}{2} \theta(n+k-1)$	$\dfrac{z^{k+1}}{z^2+a^2}$ ($k=1, 0, -1, \ldots$)

In $z22$, $z23$ unten ist $b > 0$ und $r = \sqrt{a^2 + b^2}$, $\varphi = \arccos \dfrac{a}{r}$ zu nehmen.

	$x(n), n \geq 0$	$X(z)$
$z22.$	$\dfrac{1}{b} r^n \sin n\varphi$	$\dfrac{z}{(z-a)^2 + b^2}$
$z23.$	$\dfrac{1}{b} r^{n+k} \sin(n+k)\varphi \, \theta(n+k-1)$	$\dfrac{z^{k+1}}{(z-a)^2 + b^2} \quad (k = 1, 0, -1, \ldots)$
$z24.$	$a^n \cos n\varphi$	$\dfrac{z(z - a\cos\varphi)}{z^2 - 2az\cos\varphi + a^2}$
$z25.$	$a^n \sin n\varphi$	$\dfrac{az\sin\varphi}{z^2 - 2az\cos\varphi + a^2}$
$z26.$	$\dfrac{a^n}{n!}$	$e^{a/z}$
$z27.$	$\dfrac{a^n}{n} \theta(n-1)$	$\ln \dfrac{z}{z-a}$

Rekursions- (Differenzen)gleichungen

Anfangswertproblem für eine
lineare Rekursionsgleichung N.Ordnung mit konstanten Koeffizienten

(13.1) $\quad \begin{cases} x(n+N) + a_{N-1} x(n+N-1) + \ldots + a_0 x(n) = f(n), n = 0, 1, 2, \ldots \\ x(0), x(1), \ldots, x(N-1), \quad N \text{ gegebene Anfangswerte} \end{cases}$
(13.2)

Zur Lösung wende man die z-Transformation auf (13.1) an und beachte $z4$ und (13.2). Aus $X(z)$ kann $x(n)$, $n = 0, 1, 2, \ldots$ eindeutig zurückgewonnen werden.

13.5 Laplace-Transformation

$f : [0, \infty) \to \mathbf{R}$ sei stückweise stetig und $\int_0^\infty f(t)e^{-st}dt$ existiere für Re $s \geq \alpha$.

(Ist f eine verallgemeinerte Funktion (vgl. 12.9), z.B. mit einem δ-Impuls in $t=0$, so ist das Integral über $(-\infty, \infty)$ zu erstrecken und $f(t) = 0$ für $t < 0$ zu setzen.)

Laplace-Transformation

$$F(s) = \int_0^\infty e^{-st} f(t) dt$$

Umkehrformel

$$f(t) = \lim_{b \to \infty} \frac{1}{2\pi i} \int_{a-ib}^{a+ib} e^{st} F(s) ds, \quad a \geq \alpha \quad (f \text{ differenzierbar im Punkt } t)$$

Anwendungen der Laplace-Transformation in 9.3, 10.9 und 13.6.

Rationale Laplace-Transformierte
Grenzwertsätze

Sei $f(t)$ stetig und $F(s) = \dfrac{P(s)}{Q(s)}$ rational, dann gilt

---

$\lim\limits_{t \to 0+} f(t) = \lim\limits_{s \to \infty} sF(s)$, wenn Grad $P(s) <$ Grad $Q(s)$,

$\lim\limits_{t \to \infty} f(t) = \lim\limits_{s \to 0} sF(s)$, wenn alle Singularitäten von $sF(s)$ in Re $s<0$ liegen.

Rationale Laplace-Transformierte mit einfachen Polstellen

Voraussetzungen. $P(s)$ und $Q(s)$ Polynome mit Grad $P(s) <$ Grad $Q(s)$, Nullstellen s_k von $Q(s)$ alle *einfach* (reell oder komplex) und

$$F(s) = \frac{P(s)}{Q(s)} = \frac{P(s)}{c(s-s_1)(s-s_2)\ldots(s-s_n)} = \frac{A_1}{s-s_1} + \frac{A_2}{s-s_2} + \ldots + \frac{A_n}{s-s_n},$$

dann gilt die **Heaviside-Entwicklung**

$$f(t) = \frac{P(s_1)}{Q'(s_1)} e^{s_1 t} + \ldots + \frac{P(s_n)}{Q'(s_n)} e^{s_n t} \quad \left(\text{d.h. } A_k = \frac{P(s_k)}{Q'(s_k)} \right)$$

Eigenschaften und Tabelle der Laplace-Transformation

	$f(t)$	$F(s)$
L1.	$f(t)$	$\int_0^\infty e^{-st} f(t)\,dt$
L2.	$a f(t) + b g(t)$	$a F(s) + b G(s)$
L3.	$f(at)$ $\qquad (a>0)$	$\dfrac{1}{a} F\left(\dfrac{s}{a}\right)$
L4.	$f(t-T)\theta(t-T) = \begin{cases} f(t-T), & t>T \\ 0, & t<T \end{cases}$ $(T\geq 0)$	$e^{-Ts} F(s)$
L5.	$e^{-at} f(t)$	$F(s+a)$
L6.	$t^n f(t)$	$(-1)^n F^{(n)}(s)$
L7.	$f'(t)$	$s F(s) - f(0+)$*
L8.	$f''(t)$	$s^2 F(s) - s f(0+) - f'(0+)$*
L9.	$f^{(n)}(t)$	$s^n F(s) - \sum_{k=1}^{n} s^{n-k} f^{(k-1)}(0+)$*
L10.	$\int_0^t f(\tau)\,d\tau$	$\dfrac{F(s)}{s}$
L11.	$\int_0^t \dfrac{(t-\tau)^{n-1}}{(n-1)!} f(\tau)\,d\tau$	$\dfrac{F(s)}{s^n}$
L12.	$\begin{cases} \int_{-\infty}^{\infty} f(\tau) g(t-\tau)\,d\tau \; (f(t), g(t)=0, t<0) \\ \int_0^t f(\tau) g(t-\tau)\,d\tau \end{cases}$	$F(s) G(s)$ $\qquad$ (Faltungsregel)
L13.	$\dfrac{1}{t} f(t)$	$\int_s^\infty F(u)\,du$
L14.	$f(t+T) = f(t)$ $\qquad$ (periodisch)	$(1 - e^{-Ts})^{-1} \int_0^T e^{-st} f(t)\,dt$
L15.	$\delta(t)$	1
L16.	$\delta(t-T)$	e^{-Ts} $\quad (T\geq 0)$
L17.	$\delta^{(n)}(t)$	s^n
L18.	$1, \theta(t) = H(t)$	$\dfrac{1}{s}$
L9*.	$D^n f(t)$ $\quad$ (D = Ableitung im Sinne von 12.9.)	$s^n F(s)$

Beispiel. $f(t) = 0, t<0$ und $f(t)$ differenzierbar in $t>0$ $\Rightarrow$ $Df(t) = f'(t) + f(0+)\,\delta(t)$.

13.5 Laplace-Transformation

	$f(t)$	$F(s)$
L19.	$\theta(t-T)$	$\dfrac{e^{-Ts}}{s}$ $(T \geq 0)$
L20.	t^n	$\dfrac{n!}{s^{n+1}}$ $(n=0, 1, 2, \ldots)$
L21.	e^{-at}	$\dfrac{1}{s+a}$
L22.	$t^n e^{-at}$	$\dfrac{n!}{(s+a)^{n+1}}$ $(n=0, 1, 2, \ldots)$
L23.	$(1-at)e^{-at}$	$\dfrac{s}{(s+a)^2}$
L24.	$\sin at$	$\dfrac{a}{s^2+a^2}$
L25.	$\cos at$	$\dfrac{s}{s^2+a^2}$
L26.	$\sinh at$	$\dfrac{a}{s^2-a^2}$
L27.	$\cosh at$	$\dfrac{s}{s^2-a^2}$
L28.	$\dfrac{-e^{-at}+e^{-bt}}{a-b}$	$\dfrac{1}{(s+a)(s+b)}$
L29.	$\dfrac{ae^{-at}-be^{-bt}}{a-b}$	$\dfrac{s}{(s+a)(s+b)}$
L30.	$\dfrac{(c-b)e^{-at}+(a-c)e^{-bt}+(b-a)e^{-ct}}{(a-b)(b-c)(c-a)}$	$\dfrac{1}{(s+a)(s+b)(s+c)}$
L31.	$\dfrac{-a(c-b)e^{-at}-b(a-c)e^{-bt}-c(b-a)e^{-ct}}{(a-b)(b-c)(c-a)}$	$\dfrac{s}{(s+a)(s+b)(s+c)}$
L32.	$\dfrac{a^2(c-b)e^{-at}+b^2(a-c)e^{-bt}+c^2(b-a)e^{-ct}}{(a-b)(b-c)(c-a)}$	$\dfrac{s^2}{(s+a)(s+b)(s+c)}$
L33.	$\dfrac{e^{-at}-e^{-bt}+(a-b)te^{-bt}}{(a-b)^2}$	$\dfrac{1}{(s+a)(s+b)^2}$

	$f(t)$	$F(s)$
L34.	$\dfrac{-ae^{-at}+ae^{-bt}-b(a-b)te^{-bt}}{(a-b)^2}$	$\dfrac{s}{(s+a)(s+b)^2}$
L35.	$\dfrac{a^2e^{-at}-b(2a-b)e^{-bt}+b^2(a-b)te^{-bt}}{(a-b)^2}$	$\dfrac{s^2}{(s+a)(s+b)^2}$
L36.	$\dfrac{e^{-at}+(a/b)\sin bt-\cos bt}{a^2+b^2}$	$\dfrac{1}{(s+a)(s^2+b^2)}$
L37.	$\dfrac{-ae^{-at}+a\cos bt+b\sin bt}{a^2+b^2}$	$\dfrac{s}{(s+a)(s^2+b^2)}$
L38.	$\dfrac{a^2e^{-at}-ab\sin bt+b^2\cos bt}{a^2+b^2}$	$\dfrac{s^2}{(s+a)(s^2+b^2)}$
L39.	$\dfrac{at-\sin at}{a^3}$	$\dfrac{1}{s^2(s^2+a^2)}$
L40.	$\dfrac{\sin at - at\cos at}{2a^3}$	$\dfrac{1}{(s^2+a^2)^2}$
L41.	$\dfrac{t\sin at}{2a}$	$\dfrac{s}{(s^2+a^2)^2}$
L42.	$\dfrac{1}{2a}(\sin at+at\cos at)$	$\dfrac{s^2}{(s^2+a^2)^2}$
L43.	$\cos at-\dfrac{1}{2}at\sin at$	$\dfrac{s^3}{(s^2+a^2)^2}$
L44.	$t\cos at$	$\dfrac{s^2-a^2}{(s^2+a^2)^2}$
L45.	$\dfrac{b\sin at-a\sin bt}{ab(b^2-a^2)}$	$\dfrac{1}{(s^2+a^2)(s^2+b^2)}$
L46.	$\dfrac{1}{b}e^{-at}\sin bt$	$\dfrac{1}{(s+a)^2+b^2}$
L47.	$e^{-at}\cos bt$	$\dfrac{s+a}{(s+a)^2+b^2}$

13.5 Laplace-Transformation

	$f(t)$	$F(s)$
L48.	$e^{-at} - e^{at/2}\left(\cos\dfrac{at\sqrt{3}}{2} - \sqrt{3}\sin\dfrac{at\sqrt{3}}{2}\right)$	$\dfrac{3a^2}{s^3 + a^3}$
L49.	$-e^{-at} + e^{at/2}\left(\cos\dfrac{at\sqrt{3}}{2} + \sqrt{3}\sin\dfrac{at\sqrt{3}}{2}\right)$	$\dfrac{3as}{s^3 + a^3}$
L50.	$e^{-at} + 2e^{at/2}\cos\dfrac{at\sqrt{3}}{2}$	$\dfrac{3s^2}{s^3 + a^3}$
L51.	$\sin at \cosh at - \cos at \sinh at$	$\dfrac{4a^3}{s^4 + 4a^4}$
L52.	$\sin at \sinh at$	$\dfrac{2a^2 s}{s^4 + 4a^4}$
L53.	$\sin at \cosh at + \cos at \sinh at$	$\dfrac{2as^2}{s^4 + 4a^4}$
L54.	$\cos at \cosh at$	$\dfrac{s^3}{s^4 + 4a^4}$
L55.	t^a $\quad$ (Re $a > -1$)	$\dfrac{\Gamma(a+1)}{s^{a+1}}$
L56.	$\dfrac{1}{t + a}$	$e^{as} E_1(as)$ $\quad$ $(a > 0)$
L57.	$\dfrac{1}{\sqrt{t}}$	$\sqrt{\dfrac{\pi}{s}}$
L58.	$\sqrt{t}$	$\dfrac{1}{2s}\sqrt{\dfrac{\pi}{s}}$
L59.	$\ln t$	$-\dfrac{\gamma}{s} - \dfrac{\ln s}{s}$
L60.	$\dfrac{1}{\sqrt{\pi t}} e^{-a^2/4t}$ $\quad a \geq 0$	$e^{-a\sqrt{s}}/\sqrt{s}$
L61.	$\dfrac{a}{2\sqrt{\pi t^3}} e^{-a^2/4t}$ $\quad a > 0$	$e^{-a\sqrt{s}}$
L62.	$\operatorname{erfc}\left(\dfrac{a}{2\sqrt{t}}\right)$ $\quad a > 0$	$\dfrac{1}{s} e^{-a\sqrt{s}}$

	$f(t)$		$F(s)$	
L63.	$e^{-t^2/2a^2}$	$a>0$	$\sqrt{\dfrac{\pi}{2}}\,ae^{a^2s^2/2}\,\text{erfc}\left(\dfrac{as}{\sqrt{2}}\right)$	
L64.	$\text{erf}\,at$		$\dfrac{1}{s}e^{s^2/4a^2}\,\text{erfc}\,\dfrac{s}{2a}$	$(a>0)$
L65.	$\text{erf}\sqrt{at}$		$\dfrac{\sqrt{a}}{s\sqrt{s+a}}$	$(a>0)$
L66.	$e^{at}\text{erf}\sqrt{at}$		$\dfrac{\sqrt{a}}{\sqrt{s}(s-a)}$	$(a>0)$
L67.	$\dfrac{\sin at}{t}$		$\arctan\dfrac{a}{s}$	
L68.	$\sin a\sqrt{t}$		$\dfrac{\sqrt{\pi}}{2}\,ae^{-a^2/4s}/s^{3/2}$	
L69.	$\dfrac{\cos a\sqrt{t}}{\sqrt{t}}$		$\sqrt{\pi}\,e^{-a^2/4s}/\sqrt{s}$	
L70.	$\sinh a\sqrt{t}$		$\dfrac{\sqrt{\pi}}{2}\,ae^{a^2/4s}/s^{3/2}$	
L71.	$\dfrac{\cosh a\sqrt{t}}{\sqrt{t}}$		$\sqrt{\pi}\,e^{a^2/4s}/\sqrt{s}$	
L72.	$\dfrac{\sin a\sqrt{t}}{t}$		$\pi\,\text{erf}(a^2/4s)$	
L73.	$J_0(at)$		$\dfrac{1}{\sqrt{s^2+a^2}}$	
L74.	$J_n(at)$	$n=0,1,\ldots$	$\dfrac{(\sqrt{s^2+a^2}-s)^n}{a^n\sqrt{s^2+a^2}}$	
L75.	$tJ_0(at)$		$\dfrac{s}{(s^2+a^2)^{3/2}}$	
L76.	$tJ_1(at)$		$\dfrac{a}{(s^2+a^2)^{3/2}}$	
L77.	$tJ_n(at)$	$n=-1,0,1,\ldots$	$\dfrac{(\sqrt{s^2+a^2}-s)^n(s+n\sqrt{s^2+a^2})}{a^n(s^2+a^2)^{3/2}}$	

13.5 Laplace-Transformation

	$f(t)$		$F(s)$
L78.	$t^n J_n(at)$	$n = 1, 2, \ldots$	$\dfrac{a^n (2n-1)!!}{(s^2 + a^2)^{(2n+1)/2}}$
L79.	$J_0(at) - at J_1(at)$		$\dfrac{s^2}{(s^2 + a^2)^{3/2}}$
L80.	$J_n(at)/t$	$n = 1, 2, \ldots$	$\dfrac{(\sqrt{s^2 + a^2} - s)^n}{n a^n}$
L81.	$J_0(a\sqrt{t})$		$e^{-a^2/4s}/s$
L82.	$t^{n/2} J_n(a\sqrt{t})$	$n = 0, 1, \ldots$	$\left(\dfrac{a}{2}\right)^n \dfrac{e^{-a^2/4s}}{s^{n+1}}$
L83.	$I_0(at)$		$\dfrac{1}{\sqrt{s^2 - a^2}}$
L84.	$I_n(at)$	$n = 0, 1, 2, \ldots$	$\dfrac{(s - \sqrt{s^2 - a^2})^n}{a^n \sqrt{s^2 - a^2}}$
L85.	$t I_0(at)$		$\dfrac{s}{(s^2 - a^2)^{3/2}}$
L86.	$t I_1(at)$		$\dfrac{a}{(s^2 - a^2)^{3/2}}$
L87.	$I_0(at) + at I_1(at)$		$\dfrac{s^2}{(s^2 - a^2)^{3/2}}$
L88.	$I_n(at)/t$	$n = 1, 2, \ldots$	$\dfrac{(s - \sqrt{s^2 - a^2})^n}{n a^n}$
L89.	$I_0(a\sqrt{t})$		$e^{a^2/4s}/s$
L90.	$t^{n/2} I_n(a\sqrt{t})$	$n = 0, 1, \ldots$	$\left(\dfrac{a}{2}\right)^n \dfrac{e^{a^2/4s}}{s^{n+1}}$
L91.	$P_0(\cos t)$		$1/s$
L92.	$P_1(\cos t)$		$\dfrac{s}{s^2 + 1}$

	$f(t)$		$F(s)$
L93.	$P_{2n}(\cos t)$	$n = 1, 2, \ldots$	$\dfrac{(s^2+1^2)(s^2+3^2)\ldots(s^2+(2n-1)^2)}{s(s^2+2^2)(s^2+4^2)\ldots(s^2+(2n)^2)}$
L94.	$P_{2n+1}(\cos t)$	$n = 1, 2, \ldots$	$\dfrac{s(s^2+2^2)(s^2+4^2)\ldots(s^2+(2n)^2)}{(s^2+1^2)(s^2+3^2)\ldots(s^2+(2n+1)^2)}$
L95.	$L_n(t)$	$n = 0, 1, \ldots$	$\dfrac{(s-1)^n}{s^{n+1}}$
L96.	$l_n(t)$		$\dfrac{(s-1/2)^n}{(s+1/2)^{n+1}}$
L97.	$H_{2n}(\sqrt{t})/\sqrt{t}$	$n = 0, 1, \ldots$	$\dfrac{\sqrt{\pi}(2n)!(1-s)^n}{n!\,s^{n+1/2}}$
L98.	$H_{2n+1}(\sqrt{t})$	$n = 0, 1, \ldots$	$\dfrac{\sqrt{\pi}(2n+1)!(1-s)^n}{n!\,s^{n+3/2}}$
L99.	$f(t) = 0,\ 0 \leq t < a$ $f(t) = 1,\ t \geq a$		e^{-as}/s
L100.	$f(t) = 0,\ t < a,\ t > b$ $f(t) = 1,\ a \leq t \leq b$		$(e^{-as} - e^{-bs})/s$
L101.	$f(t) = 0,\ 0 \leq t \leq a$ $f(t) = k(t-a),\ t \geq a$		ke^{-as}/s^2
L102.			$\dfrac{1}{s(1-e^{-as})} = \dfrac{1+\coth(as/2)}{2s}$

13.6 Dynamische Systeme (LTI-Systeme)

	$f(t)$	$F(s)$
L103.	(Rampe bis kt, dann konstant bei ka ab $t=a$) $f(t) = kt,\ 0 \le t < a$ $f(t) = ka,\ t \ge a$	$\dfrac{k(1-e^{-as})}{s^2}$
L104.	(Rechteckschwingung mit Werten ± 1; Übergänge bei $2a, 4a, 6a, 8a$)	$\dfrac{\tanh(as)}{s}$
L105.	(Pulsfolge mit Amplitude 1 auf Intervallen; $a, 2a, 3a, 4a, 5a$)	$\dfrac{1}{s(1+e^{-as})}$
L106.	(Dreieckschwingung mit Spitzen $2a, 4a, 6a, 8a, 10a$)	$\dfrac{\tanh(as)}{2as^2}$
L107.	$|\sin at|$ (Periode π/a)	$\dfrac{a}{s^2 + a^2} \coth \dfrac{\pi s}{2a}$
L108.	(Sägezahn, Periode a)	$\dfrac{1}{as^2} - \dfrac{e^{-as}}{s(1-e^{-as})}$

13.6 Dynamische Systeme (LTI-Systeme)

Filter

Ein *Filter* (oder *dynamisches System*) ist durch einen *Operator* L bestimmt, der das *Eingangssignal* (*input*) $x(t)$ in das *Ausgangssignal* (*output*) $y(t) = L(x(t))$ überführt.
Die zwei Typen: *Stetige Filter* für stetige Signale und *diskrete Filter* für zeitdiskrete Signale.

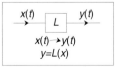

Zusammensetzung von Filtern

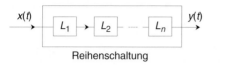
Reihenschaltung

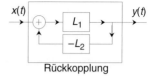
Rückkopplung

Definitionen

Ein Filter L ist

(i) *linear*, wenn $L(ax_1+bx_2)=aL(x_1)+bL(x_2)$, a und b konstant
(ii) *zeitinvariant*, wenn für jedes reelle T gilt $x(t) \frown y(t) \Rightarrow x(t-T) \frown y(t-T)$
(iii) *stabil*, wenn es eine Konstante K gibt, so daß
$$|x(t)| \leq M \Rightarrow |y(t)| \leq KM \text{ für alle } t.$$

Ein Filter L, der linear und zeitinvariant ist, heißt *LTI-System*. Ein LTI-System ist

(iv) *kausal*, wenn gilt $x(t)=0, t<0 \Rightarrow y(t)=0, t<0$

Beachte. Im folgenden sind alle Filter LTI-Systeme.

Stetige Systeme

$\hat{f}(\omega)$ ist die Fourier-, $F(s)$ die Laplace-Transformierte von $f(t)$.

Impulsantwort $h(t)$: $\delta(t) \frown h(t)$.

Sprungantwort $J(t)$: $\theta(t) \frown J(t) = (h*\theta)(t) = \int_{-\infty}^{t} h(\tau)d\tau; \quad h(t) = J'(t)$.

---

1. L ist *stabil* $\Leftrightarrow \int_{-\infty}^{\infty} |h(t)|dt < \infty$
2. L ist *kausal* $\Leftrightarrow h(t) = 0$ für $t<0$

---

3. $x(t) \frown y(t) = h*x(t) = \int_{-\infty}^{\infty} h(\tau)x(t-\tau)d\tau$
4. $\hat{y}(\omega) = \hat{h}(\omega)\hat{x}(\omega)$
5. $e^{i\omega t} \frown \hat{h}(\omega)e^{i\omega t}$
6. $\cos \omega t \frown A(\omega) \cos[\omega t + \phi(\omega)]$
7. $\sin \omega t \frown A(\omega) \sin[\omega t + \phi(\omega)]$

wobei $A(\omega) = |\hat{h}(\omega)|$, $\phi(\omega) = \arg \hat{h}(\omega)$

Die Übertragungsfunktion

Sei L kausal. Die *Übertragungsfunktion* $H(s)$ ist die Laplace-Transformierte der Impulsantwort $h(t)$. Die *spektrale Übertragungsfunktion* $\hat{h}(\omega)$ ist die Fourier-Transformierte von $h(t)$.

---

8. $Y(s) = H(s)X(s)$, wenn $x(t)=0, t<0$
9. Reihenschaltung. $H(s) = H_1(s)H_2(s) \ldots H_n(s)$
10. Rückkopplung. $H(s) = \dfrac{H_1(s)}{1+H_1(s)H_2(s)}$

13.6 Dynamische Systeme (LTI-Systeme)

Ist L kausal und bestimmt durch die *Zustandsgleichung* (DGL)
$$P(D)y(t) = Q(D)x(t), D = d/dt,$$
[$P(D)$, $Q(D)$ lineare Differentialoperatoren mit konstanten Koeffizienten], dann gilt
$$H(s) = Q(s)/P(s)$$

> 11. Ist die Übertragungsfunktion $H(s)$ rational, dann gilt: L ist stabil $\Leftrightarrow$ *Alle Pole* von $H(s)$ liegen in Re $s < 0$ und Grad $Q(s) \leq$ Grad $P(s)$.

Diskrete Systeme

$F(z)$ sei die z-Transformierte von $f(n)$, Eingangs- und Ausgangssignal seien $x(n)$ bzw. $y(n)$, der Einheitsimpuls in k sei $\delta_k(n)$.

Impulsantwort $h(n)$ ist das Ausgangssignal für $x(n) = \delta_0(n)$, d.h.

$$\delta_0(n) \frown h(n) \text{ . Dann gilt}$$

> 1. L ist *stabil* $\Leftrightarrow \sum\limits_{-\infty}^{\infty} |h(n)| < \infty$
> 2. L ist *kausal* $\Leftrightarrow h(n) = 0, n < 0$

Übertragungsfunktion

Sei L kausal, dann gilt:
Die Übertragungsfunktion $H(z)$ ist die z-Transformierte der Impulsantwort $h(n)$.

> 3. $y(n) = (h*x)(n) = \sum\limits_{k=-\infty}^{\infty} h(k)x(n-k)$ $[= \sum\limits_{k=0}^{n} h(k)x(n-k)$, wenn L kausal u. $x(n) = 0, n < 0]$
> 4. $Y(z) = H(z)X(z)$, wenn $x(n) = 0, n < 0$
> 5. Reihenschaltung. $H(z) = H_1(z)H_2(z) \ldots H_n(z)$
> 6. Rückkopplung. $H(z) = \dfrac{H_1(z)}{1 + H_1(z)H_2(z)}$

Ist L kausal und durch die *Rekursionsgleichung* bestimmt

$$\sum_{k=0}^{N} b_k y(n-k) = \sum_{k=0}^{M} a_k x(n-k) \quad (a_k, b_k \text{ konstant}, b_0, b_N, a_M \neq 0), \text{ dann gilt}$$

$$H(z) = \sum_{k=0}^{M} a_k z^{-k} \bigg/ \sum_{k=0}^{N} b_k z^{-k}$$

> 7. Ist $H(z)$ rational dann gilt: L ist stabil $\Leftrightarrow$ *Alle Pole* von $H(z)$ liegen im Kreis $|z| < 1$

> *Beispiel*
> [$\oplus$ = Addition, $\triangleright a \triangleright$ = Multiplikation mit a, $\boxed{D^k}$ = Verzögerung um k]
>
> Vom *Blockdiagramm* zur zugehörigen *Rekursionsgleichung*
>
>
> $\Rightarrow \dfrac{1}{2} y(n+1) = x(n) + y(n-1) \Rightarrow y(n+1) - 2y(n-1) = 2x(n)$

13.7 Hankel- und Hilbert-Transformation
Hankel-Transformation

Hankel-Transformation der Ordnung p.	$F_p(y) = \int_0^\infty xf(x) J_p(xy) dx$	$\left(p > -\dfrac{1}{2}\right)$
Umkehrformel.	$f(x) = \int_0^\infty yF_p(y) J_p(xy) dy$	
Parseval-Formeln.	$\int_0^\infty xf(x) \overline{g(x)} dx = \int_0^\infty yF_p(y) \overline{G_p(y)} dy$	
	$\int_0^\infty x|f(x)|^2 dx = \int_0^\infty y|F_p(y)|^2 dy$	

Die Hankel-Transformation der Ordnung 0 ergibt sich, wenn man in der zweidimensionalen Fourier-Transformation einer rotationssymmetrischen Funktion zu Polarkoordinaten übergeht.

Eigenschaften der Hankel-Transformation der Ordnung p

	$f(x)$	$F_p(y)$
Ha1.	$f(ax)$ $(a>0)$	$\dfrac{1}{a^2} F_p\left(\dfrac{y}{a}\right)$
Ha2.	$x^{p-1} D\{x^{1-x} f(x)\}$	$-yF_{p-1}(y)$
Ha3.	$x^{-p-1} D\{x^{p+1} f(x)\}$	$yF_{p+1}(y)$

Eigenschaften und Tabelle der Hankel-Transformation der Ordnung 0

	$f(x)$	$F(y) = F_0(y)$
Ha4.	$f(ax)$ $(a>0)$	$\dfrac{1}{a^2} F\left(\dfrac{y}{a}\right)$
Ha5.	$F(x)$	$f(y)$
Ha6.	$xf'(x)$	$-2F(y) - yF'(y)$
Ha7.	$\delta(x-a)$ $(a>0)$	$aJ_0(ay)$
Ha8.	$\begin{cases} 1, 0 < x < a \\ 0, x > a \end{cases}$	$\dfrac{a}{y} J_1(ay)$

13.7 Hankel- und Hilbert-Transformation

	$f(x)$	$F(y) = F_0(y)$
Ha9.	$\dfrac{1}{x^a}$ $(0 < a < 2)$	$\dfrac{2^{1-a}\,\Gamma\!\left(1 - \dfrac{a}{2}\right)}{y^{2-a}\,\Gamma\!\left(\dfrac{a}{2}\right)}$
Ha10.	$\dfrac{1}{x}$	$\dfrac{1}{y}$
Ha11.	$\dfrac{1}{x^2 + a^2}$	$K_0(ay)$
Ha12.	$\dfrac{a}{(x^2 + a^2)^2}$	$\dfrac{y}{2} K_1(ay)$
Ha13.	$\dfrac{1}{\sqrt{x^2 + a^2}}$	$\dfrac{e^{-ay}}{y}$
Ha14.	$\dfrac{1}{(x^2 + a^2)^{3/2}}$	$\dfrac{e^{-ay}}{a}$
Ha15.	e^{-ax^2}	$2ae^{-y^2/4a}$
Ha16.	$\dfrac{\cos ax}{x}$	$\dfrac{\theta(y - a)}{\sqrt{y^2 - a^2}}$
Ha17.	$\dfrac{\sin ax}{x}$	$\dfrac{\theta(a - y)}{\sqrt{a^2 - y^2}}$

Hilbert-Transformation

Hilbert-Transformation. $\quad F(y) = (\text{CHW})\,\dfrac{1}{\pi} \displaystyle\int_{-\infty}^{\infty} \dfrac{f(x)}{x - y}\,dx \quad$ (Cauchy-Hauptwert)

$$= \left[-\dfrac{1}{\pi \cdot} * f(\bullet)\right](y)$$

Umkehrformel. $\quad f(x) = -(\text{CHW})\,\dfrac{1}{\pi} \displaystyle\int_{-\infty}^{\infty} \dfrac{F(y)}{y - x}\,dy$

Parseval-Formeln. $\quad \displaystyle\int_{-\infty}^{\infty} f(x)\,\overline{g(x)}\,dx = \int_{-\infty}^{\infty} F(y)\,\overline{G(y)}\,dy$

$$\int_{-\infty}^{\infty} |f(x)|^2\,dx = \int_{-\infty}^{\infty} |F(y)|^2\,dy$$

Eigenschaften und Tabelle der Hilbert-Transformation

	$f(x)$	$F(y)$
Hi1.	$F(x)$	$-f(y)$
Hi2.	$af(x)+bg(x)$	$aF(y)+bG(y)$
Hi3.	$f(x+a)$	$F(y+a)$
Hi4.	$f(ax)\quad(a>0)$	$F(ay)$
Hi5.	$f(-ax)\quad(a>0)$	$-F(-ay)$
Hi6.	$f'(x)$	$F'(y)$
Hi7.	$xf(x)$	$yf(y)+\dfrac{1}{\pi}\int\limits_{-\infty}^{\infty}f(x)dx$
Hi8.	$(f*g)(x)=\int\limits_{-\infty}^{\infty}f(t)g(x-t)dt$	$-(F*G)(y)\qquad$ (*Faltungsregel*)
Hi9.	$\begin{cases}1,\,a<x<b\\0,\,\text{andernfalls}\end{cases}$	$\dfrac{1}{\pi}\ln\left|\dfrac{b-y}{a-y}\right|$
Hi10.	$\delta(x-a)$	$\dfrac{1}{\pi(a-y)}$
Hi11.	$\begin{cases}\dfrac{1}{x},\,a<x<\infty,\,a>0\\0,\,\text{andernfalls}\end{cases}$	$\dfrac{1}{\pi y}\ln\left|\dfrac{a}{a-y}\right|$
Hi12.	$\dfrac{1}{x+\alpha}\quad(\text{Im }\alpha>0)$	$\dfrac{i}{y+\alpha}$
Hi13.	$\dfrac{1}{x^2+\alpha^2}\quad(\text{Re }\alpha>0)$	$-\dfrac{y}{\alpha(y^2+\alpha^2)}$
Hi14.	$\dfrac{x}{x^2+\alpha^2}\quad(\text{Re }\alpha>0)$	$\dfrac{\alpha}{y^2+\alpha^2}$
Hi15.	$\sin ax\quad(a>0)$	$\cos ay$
Hi16.	$\cos ax\quad(a>0)$	$-\sin ay$
Hi17.	$\dfrac{\sin ax}{x}\quad(a>0)$	$\dfrac{\cos ay-1}{y}$

14 Komplexe Analysis

14.1 Funktionen einer komplexen Variablen

Komplexe Zahlen (vgl. 2.3)

Bezeichnung

$$w = f(z) = f(x+iy) = u(x, y) + iv(x, y)$$

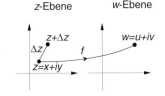

Differentiation

$f(z)$ ist *differenzierbar* in z, wenn

$$f'(z) = \lim_{\Delta z \to 0} \frac{f(z+\Delta z) - f(z)}{\Delta z} \quad \text{existiert.}$$

Beachte. $f'(z) = u_x + i v_x = v_y - i u_y$

Analytische Funktionen

Definition. Die Funktion $f(z)$ heißt *analytisch* (*holomorph*) in einem Gebiet Ω, wenn $f(z)$ in jedem Punkt von Ω differenzierbar ist.
[$f(z)$ analytisch in ∞, wenn $f(1/z)$ analytisch in 0.]

Beachte. $|z|$ und $\bar{z}$ sind keine analytischen Funktionen.

Eigenschaften von analytischen Funktionen

$f(z)$ analytisch in Gebiet Ω mit Rand C, dann gilt in Ω

1. Ableitungen beliebiger Ordnung von $f(z)$ existieren und sind analytisch.
2. (*Cauchy–Riemann-Gleichungen*)   In Polarkoordinaten

$$\boxed{\frac{\partial u}{\partial x} = \frac{\partial v}{\partial y} \quad \frac{\partial u}{\partial y} = -\frac{\partial v}{\partial x}} \qquad \boxed{r\frac{\partial u}{\partial r} = \frac{\partial v}{\partial \theta} \quad r\frac{\partial v}{\partial r} = -\frac{\partial u}{\partial \theta}}$$

Die Umkehrung gilt, wenn die partiellen Ableitungen in Ω stetig sind.

Beachte. $f(z) = u(z, 0) + iv(z, 0);\ f'(z) = u_x(z, 0) + iv_x(z, 0) = u_x(z, 0) - iu_y(z, 0)$.

$f(z)$ analytisch in Umgebung von $0 \Rightarrow f(z) = 2u\left(\frac{z}{2}, -\frac{iz}{2}\right) + C = 2iv\left(\frac{z}{2}, -\frac{iz}{2}\right) + C$.

3. $\Delta u = u_{xx} + u_{yy} = 0,\ \Delta v = 0$ [u, v sind (*konjugiert*) *harmonische Funktionen*].

4. $u(x,y) = C_1$, $v(x,y) = C_2$ sind zwei zueinander orthogonale Kurvenscharen.
5. L'Hospital-Regel gilt für Grenzwerte von Quotienten analytischer Funktionen.
6. (*Maximumprinzip*) $f(z) \neq$ konstant, dann gilt
   $$|f(z)| \leq M \text{ auf } C \implies |f(z)| < M \text{ in } \Omega$$
   [d.h. $|f(z)|$ nimmt sein Maximum auf dem Rand an. Ebenso nimmt $|f(z)|$ sein Minimum auf dem Rand an, falls $f(z) \neq 0$ in Ω].
7. $f'(a) \neq 0 \implies w = f(z)$ hat in einer Umgebung von a eine analytische Umkehrfunktion $z = f^{-1}(w)$ und es gilt
   $$\frac{dz}{dw} = 1/\frac{dw}{dz}.$$
8. (*Satz von Liouville*) Ist $f(z)$ eine *ganze Funktion*, d.h. in der ganzen Ebene $\mathbb{C}$ analytisch, und ist $f(z)$ auf $\mathbb{C}$ beschränkt, dann ist $f(z)$ konstant.
9. (*Lemma von Schwarz*)
   (i) $f(z)$ analytisch für $|z| < 1$ (ii) $|f(z)| \leq 1$, $f(0) = 0$ $\implies$
   $|f(z)| \leq |z|$ und $|f'(0)| \leq 1$ (Gleichheit nur, falls $f(z) = cz$ mit $|c| = 1$)

Elementare Funktionen

Einwertige Funktionen

1. $z^n = (x+iy)^n$, n ganzzahlig ($z \neq 0$, wenn $n < 0$)
2. $e^z = e^x e^{iy} = e^x(\cos y + i \sin y)$. Periode $= 2\pi i$
3. $\cosh z = \frac{1}{2}(e^z + e^{-z})$, $\sinh z = \frac{1}{2}(e^z - e^{-z})$

   $\tanh z = \frac{\sinh z}{\cosh z}$ $\left(z \neq \left(k + \frac{1}{2}\right)\pi i\right)$, $\coth z = \frac{\cosh z}{\sinh z}$ ($z \neq k\pi i$)

4. $\cos z = \frac{1}{2}(e^{iz} + e^{-iz})$, $\sin z = \frac{1}{2i}(e^{iz} - e^{-iz})$

   $\tan z = \frac{\sin z}{\cos z}$ $\left(z \neq \left(k + \frac{1}{2}\right)\pi\right)$, $\cot z = \frac{\cos z}{\sin z}$ ($z \neq k\pi$)

   $$\boxed{\begin{array}{ll} \cos iz = \cosh z, & \sin iz = i \sinh z \\ \cosh iz = \cos z, & \sinh iz = i \sin z \end{array}}$$

Alle Formeln von Kap. 5 für x^n, e^x, $\cosh x$, $\sinh x$, $\tanh x$, $\coth x$, $\cos x$, $\sin x$, $\tan x$ und $\cot x$ gelten auch im Komplexen, denn es gibt höchstens eine analytische Funktion, die mit einer vorgegebenen reellen Funktion auf einem reellen Intervall $I \neq \emptyset$ übereinstimmt (*Identitätssatz*).

Mehrwertige Funktionen

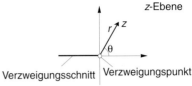
z-Ebene

Verzweigungsschnitt | Verzweigungspunkt

5. $\log z = \ln |z| + i \arg z = \ln r + i(\theta + 2n\pi)$
   (∞-wertig)

Hauptzweig. $\text{Log } z = \ln r + i\theta, \; -\pi < \theta \leq \pi$

$$\text{Log}(zw) = \text{Log } z + \text{Log } w + \begin{cases} 2\pi i, & -2\pi < \arg z + \arg w \leq -\pi \\ 0, & -\pi < \arg z + \arg w \leq \pi \\ -2\pi i, & \pi < \arg z + \arg w \leq 2\pi \end{cases}$$

6. $z^a = e^{a \log z}$, a nicht ganzzahlig

$$\left(a = \frac{p}{q} \in \mathbb{Q} \Rightarrow z^a \text{ ist } q\text{-wertig.} \quad a \notin \mathbb{Q} \Rightarrow z^a \text{ ist } \infty\text{-wertig} \right)$$

Beispiele
1. $\log 2i = \ln|2i| + i \arg 2i = \ln 2 + i \left(\frac{\pi}{2} + 2n\pi \right)$
2. $(2i)^i = e^{i \log 2i} = e^{-\left(\frac{\pi}{2} + 2n\pi\right) + i \ln 2} = e^{-\pi/2 - 2n\pi}[\cos(\ln 2) + i \sin(\ln 2)]$

Die elementaren Funktionen

$$w = f(z) = f(x + iy) = u(x,y) + iv(x,y), \; r = |z| = \sqrt{x^2 + y^2}, \; \theta = \arg z$$

Funktion $w=f(z)$	Realteil $u(x,y)$	Imaginärteil $v(x,y)$	Nullstellen $(k = 0, \pm 1, \pm 2, \ldots)$ m = Ordnung	Isolierte Singularitäten m = Ordnung	Umkehrfunktion $z = f^{-1}(w)$
z	x	y	$0, m=1$	$\infty, m=1$ (Pol)	w
z^2	$x^2 - y^2$	$2xy$	$0, m=2$	$\infty, m=2$ (Pol)	$w^{1/2}$
$1/z$	$\dfrac{x}{r^2}$	$-\dfrac{y}{r^2}$	$\infty, m=1$	$0, m=1$ (Pol)	$1/w$
$1/z^2$	$\dfrac{x^2 - y^2}{r^4}$	$-\dfrac{2xy}{r^4}$	$\infty, m=2$	$0, m=2$ (Pol)	$w^{-1/2}$
$\sqrt{z}$	$\pm \left(\dfrac{x+r}{2}\right)^{\frac{1}{2}}$	$\pm \left(\dfrac{-x+r}{2}\right)^{\frac{1}{2}}$	0, Verzw.pkt.	$0, \infty$ Verzw.pkte.	w^2
e^z	$e^x \cos y$	$e^x \sin y$	—	∞ (wes. sing.)	$\log w$
$\cosh z$	$\cosh x \cos y$	$\sinh x \sin y$	$\left(k + \dfrac{1}{2}\right) \pi i, m = 1$	∞ (wes. sing.)	$\log(w + \sqrt{w^2 - 1})$
$\sinh z$	$\sinh x \cos y$	$\cosh x \sin y$	$k\pi i, m = 1$	∞ (wes. sing.)	$\log(w + \sqrt{w^2 + 1})$
$\tanh z$	$\dfrac{\sinh 2x}{\cosh 2x + \cos 2y}$	$\dfrac{\sin 2y}{\cosh 2x + \cos 2y}$	$k\pi i, m = 1$	$\left(k + \dfrac{1}{2}\right)\pi i, m=1$ (Pole) ∞ (wes. sing.)	$\dfrac{1}{2} \log\left(\dfrac{1+w}{1-w}\right)$
$\log z$	$\ln r$	$\theta + 2n\pi$	1 (Hauptzweig), $m = 1$	$0, \infty$ Verzw.pkte.	e^w
$\cos z$	$\cos x \cosh y$	$-\sin x \sinh y$	$\left(k + \dfrac{1}{2}\right)\pi, m = 1$	∞ (wes. sing.)	$-i \log(w + \sqrt{w^2 - 1})$
$\sin z$	$\sin x \cosh y$	$\cos x \sinh y$	$k\pi, m = 1$	∞ (wes. sing.)	$-i \log(iw + \sqrt{1 - w^2})$
$\tan z$	$\dfrac{\sin 2x}{\cos 2x + \cosh 2y}$	$\dfrac{\sinh 2y}{\cos 2x + \cosh 2y}$	$k\pi, m = 1$	$\left(k + \dfrac{1}{2}\right)\pi, m=1$ (Pole) ∞ (wes. sing.)	$-\dfrac{i}{2} \log\left(\dfrac{1 + iw}{1 - iw}\right)$

14.2 Komplexe Integration

Grundlagen

Definitionen

$$\int_C f(z)dz = \int_C (u+iv)(dx+i\,dy) = \int_a^b f(z(t))z'(t)dt$$

C: $z=z(t)$, $a \leq t \leq b$
$z(t)$ stetig differenzierbar

C heißt *einfach geschlossen*, wenn C geschlossen und doppelpunktfrei ist und nur einmal durchlaufen wird.

Eigenschaften

1. $\left| \int_C f(z)dz \right| \leq \int_C |f(z)| \cdot |dz| \leq M \cdot L$, wenn $|f(z)| \leq M$ auf C, $L =$ Länge von C.

2. $f(z)$ analytisch in einem Gebiet, das C umschließt, $F(z)$ Stammfunktion von $f(z)$
   $$\Rightarrow \int_C f(z)dz = F(z_2) - F(z_1).$$

3. (*Cauchy-Integralsatz*) $f(z)$ analytisch auf und im Inneren der einfach geschlossenen Kurve C $\Rightarrow \oint_C f(z)dz = 0$.

4. (*Satz von Morera*, Umkehrung des Cauchy-Integralsatz)
   (i) $f(z)$ stetig in Bereich Ω
   (ii) $\oint_C f(z)dz = 0$ für alle geschlossenen C in Ω
   $\Rightarrow f(z)$ ist analytisch in Ω

5. $f(z)$ analytisch in Bereich mit endlich vielen „Löchern"
   ($f(z)$ ist dort nicht notwendig analytisch)
   $$\Rightarrow \oint_C f(z)dz = \oint_{C_1} f(z)dz + \oint_{C_2} f(z)dz + \ldots$$

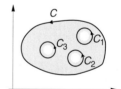

6. $f(z)$ analytisch auf und im Innern der einfach geschlossenen Kurve C, a ein Punkt im Innern von C $\Rightarrow$
   (i) (*Cauchy-Integralformel*)

   $$f(a) = \frac{1}{2\pi i} \oint_C \frac{f(z)}{z-a}dz$$

   $$f^{(n)}(a) = \frac{n!}{2\pi i} \oint_C \frac{f(z)}{(z-a)^{n+1}}dz$$

   (ii) $|f^{(n)}(a)| \leq \dfrac{M \cdot n!}{R^n}$, C Kreis mit Mittelpunkt a, Radius R, $|f(z)| \leq M$ auf C.

Residuen

$\underset{z=a}{\text{Res}} f(z) = c_{-1}$, d.i. der Koeffizient von $(z-a)^{-1}$ in der Laurent-Entwicklung von $f(z)$ um den Punkt a, die in $0 < |z-a| < R$ konvergiert [vgl. 14.3].

Residuensatz

$f(z)$ analytisch auf und im Innern von C mit Ausnahme von endlich vielen Punkten $a_1, a_2, ..., a_n$ im Innern von C, dann gilt

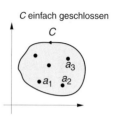

C einfach geschlossen

$$\frac{1}{2\pi i} \oint_C f(z) dz = \sum_{k=1}^{n} \underset{z=a_k}{\text{Res}}\, f(z)$$

Residuenberechnung

1. Lese c_{-1} in der Laurent-Reihe von $f(z)$ um a ab.
2. Pol 1.Ordnung. $\underset{z=a}{\text{Res}} f(z) = \lim_{z \to a} (z-a) f(z)$ [L'Hospital-Regel ist erlaubt].

    Spezialfall. $f(z), g(z)$ analytisch, $g(a) = 0, g'(a) \neq 0 \Rightarrow \underset{z=a}{\text{Res}} \frac{f(z)}{g(z)} = \frac{f(a)}{g'(a)}$

3. Pol m-ter Ordnung. $\underset{z=a}{\text{Res}} f(z) = \lim_{z \to a} \frac{1}{(m-1)!} \left(\frac{d}{dz}\right)^{m-1} \{(z-a)^m f(z)\}$.

Berechnung bestimmter Integrale

1. $\int_0^{2\pi} R(\sin\theta, \cos\theta) d\theta = [z = e^{i\theta}] = \oint_{|z|=1} R\left(\frac{z-z^{-1}}{2i}, \frac{z+z^{-1}}{2}\right) \frac{dz}{iz}$.

2. $f(z)$ mit Ausnahme der Punkte $a_1, ..., a_n$ (Im $a_k > 0$) analytisch in Im $z \geq 0$ und $|zf(z)| \to 0$ mit $z \to \infty$ in Im $z \geq 0$ $\Rightarrow$

$$\int_{-\infty}^{\infty} f(x) dx = 2\pi i \sum_{k=1}^{n} \underset{z=a_k}{\text{Res}}\, f(z)$$

Beispiel. $I = \int_{-\infty}^{\infty} \frac{\cos x}{x^2 + a^2} dx = \text{Re} \int_{-\infty}^{\infty} \frac{e^{ix}}{x^2 + a^2} dx, a > 0$.

$f(z) = \frac{e^{iz}}{z^2 + a^2} \Rightarrow \underset{z=ia}{\text{Res}}\, f(z) = e^{-a} \lim_{z \to ia} \frac{1}{2z} = \frac{e^{-a}}{2ia}$.

$|zf(z)| = \frac{|z| e^{-y}}{|z^2 + a^2|} \leq \frac{|z|}{|z^2 + a^2|} \to 0$ mit $z \to \infty \Rightarrow I = \text{Re}\left(2\pi i \cdot \frac{e^{-a}}{2ia}\right) = \frac{\pi e^{-a}}{a}$

3. $f(z)$ mit Ausnahme der Punkte $a_1, ..., a_n$ (Im $a_k > 0$) analytisch in Im $z \geq 0$, $zf(z)$ beschränkt in Im $z \geq 0$ und $\omega > 0$ $\Rightarrow$

$$\int_{-\infty}^{\infty} e^{i\omega x} f(x) dx = 2\pi i \sum_{k=1}^{n} \underset{z=a_k}{\text{Res}}\, [e^{i\omega z} f(z)]$$

Berechnung von Summen unendlicher Reihen

$|f(z)| \leq$ konst$\cdot |z|^{-a}$ für $z \to \infty$ $(a > 1)$ $\Rightarrow$

1. $\sum_{-\infty}^{\infty} f(n) = -$[Summe der Residuen von $\pi f(z) \cot \pi z$ in allen Polstellen von $f(z)$]

2. $\sum_{-\infty}^{\infty} (-1)^n f(n) = -$[Summe der Residuen von $\dfrac{\pi f(z)}{\sin \pi z}$ in allen Polstellen von $f(z)$]

> *Beispiel.* $\sum_{-\infty}^{\infty} \dfrac{1}{n^2 + a^2} = \left(\underset{z=ia}{\mathrm{Res}} \dfrac{\pi \cot \pi z}{z^2 + a^2} + \underset{z=-ia}{\mathrm{Res}} \dfrac{\pi \cot \pi z}{z^2 + a^2} \right) = \dfrac{\pi}{a} \coth \pi a$

14.3 Reihenentwicklungen

Taylor-Reihen

$f(z)$ analytisch in Umgebung von $z = a$, dann gilt

$$f(z) = \sum_{n=0}^{\infty} a_n (z-a)^n, \quad a_n = \frac{f^{(n)}(a)}{n!}$$

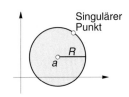

Konvergenzradius R

$\qquad =$ Abstand zum nächsten singulären Punkt oder

$\qquad = \lim\sup_{n \to \infty} \sqrt[n]{|a_n|} = \left[\lim_{n \to \infty} \sqrt[n]{|a_n|} = \lim_{n \to \infty} \left| \dfrac{a_{n+1}}{a_n} \right|, \text{ wenn vorhanden} \right]$.

> *Beispiel.* Taylor-Reihe von $\mathrm{Log}(2z - i)$ um $z = 0$.
> $\mathrm{Log}(2z - i) = \mathrm{Log}[-i(1 + 2iz)] = \mathrm{Log}(-i) + \mathrm{Log}(1 + 2iz) = -i\pi/2 + 2iz - 1/2(2iz)^2 + \ldots$.
> Konvergenzradius ist $R = |i/2 - 0| = 1/2$, da $i/2$ nächster singulärer Punkt zu 0 ist.

Tabelle von Taylor-Reihen, siehe 8.6.

Laurent-Reihen

$f(z)$ analytisch in Kreisring um $z = a$, dann gilt

$$f(z) = \sum_{n=-\infty}^{\infty} c_n (z-a)^n, \quad c_n = \frac{1}{2\pi i} \oint_C \frac{f(z)}{(z-a)^{n+1}} dz$$

R_1 innerer bzw. R_2 äußerer Konvergenzradius.

$\dfrac{1}{R_2} = \lim\sup_{n \to \infty} \sqrt[n]{|c_n|}; \quad R_1 = \lim\sup_{n \to \infty} \sqrt[n]{|c_{-n}|}$

> *Beispiel.* Laurent-Entwicklung von $f(z) = \dfrac{2}{z^2-1}$ im Kreisring $1 < |z-2| < 3$.
>
> $f(z) = \dfrac{1}{z-1} - \dfrac{1}{z+1} = [z-2 = w] = \dfrac{1}{w+1} - \dfrac{1}{w+3} =$
>
> $= \dfrac{1}{w\left(1+\dfrac{1}{w}\right)} - \dfrac{1}{3\left(1+\dfrac{w}{3}\right)} = \dfrac{1}{w}\left(1 - \dfrac{1}{w} + \dfrac{1}{w^2} - \ldots\right) - \dfrac{1}{3}\left(1 - \dfrac{w}{3} + \dfrac{w^2}{9} - \ldots\right) =$
>
> $= \sum_{n=0}^{\infty} (-1)^n (z-2)^{-n-1} - \dfrac{1}{3} \sum_{n=0}^{\infty} \left(-\dfrac{1}{3}\right)^n (z-2)^n$

$f(z)$ hat singuläre Stellen auf den beiden Kreisen $|z-a| = R_i$, $i = 1, 2$.

14.4 Nullstellen und Singularitäten

Nullstellen

Ist $f(z)$ analytisch (und $\neq 0$) in einer Umgebung von $z = a$, dann ist a eine *Nullstelle der Ordnung* n, wenn $f(z) = (z-a)^n g(z)$, wobei $g(z)$ analytisch und $g(a) \neq 0$ ist

Beachte. a Nullstelle der Ordnung n von $f(z)$ $\Leftrightarrow$

$$f(a) = f'(a) = \ldots = f^{(n-1)}(a) = 0 \text{ und } f^{(n)}(a) \neq 0$$

Singularitäten

$z = a$ ist ein *singulärer Punkt* von $f(z)$, wenn $f(z)$ in a nicht analytisch ist

$z = a$ ist ein *isolierter singulärer Punkt* von $f(z)$, wenn $f(z)$ in a singulär und in $0 < |z-a| < R$ analytisch ist

Residuum $\underset{z=a}{\mathrm{Res}}\, f(z)$ ist der Koeffizient c_{-1} von $(z-a)^{-1}$ der Laurent-Entwicklung um a, die für $0 < |z-a| < R$ konvergiert

> **Klassifikation.** Die *isolierte Singularität* $z = a$ ist
> (i) eine *hebbare Singularität*, wenn $\lim_{z \to a} f(z)$ existiert,
> (ii) ein *Pol der Ordnung* n, wenn $f(z) = (z-a)^{-n} g(z)$, wobei $g(z)$ analytisch und $g(a) \neq 0$ ist [die Laurent-Reihe um a enthält nur endlich viele negative Potenzen von $(z-a)$],
> (iii) eine *wesentliche Singularität*, wenn die Laurent-Reihe um a unendlich viele negative Potenzen von $(z-a)$ enthält.

Beachte. Verzweigungspunkte einer mehrwertigen Funktion sind *keine* isolierten Singularitäten.

1. *Satz von Casorati-Weierstraß.* $z = a$ wesentliche Singularität von $f(z)$ $\Rightarrow$ $f(z)$ kommt in jeder Umgebung von a jedem Wert $w \in \mathbb{C}$ beliebig nahe.

[*Beispiel.* $f(z) = e^{1/z}$. Wesentliche Singularität in $z = 0$, Ausnahmewert $w = 0$]

2. Die isolierte Singularität $z = a$ ist ein Pol $\Leftrightarrow \lim_{z \to a} |f(z)| = \infty$.

Das Argumentprinzip

$f(z)$ mit Ausnahme von endlich vielen Polstellen analytisch im Innern der einfach geschlossenen Kurve C,
$f(z)$ analytisch auf C und $f(z) \neq 0$ auf C.
N = Anzahl der Nullstellen, P = Anzahl der Polstellen im Innern von C (einschließlich Vielfachheit) $\Rightarrow$

$$N - P = \frac{1}{2\pi i} \oint_C \frac{f'(z)}{f(z)} dz = \frac{1}{2\pi} \Delta_C \arg f(z)$$

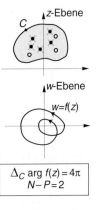

$\Delta_C \arg f(z) = 4\pi$
$N - P = 2$

Satz von Rouché

(i) $f(z), g(z)$ analytisch auf und im Innern der einfach geschlossenen Kurve C
(ii) $|g(z)| < |f(z)|$ auf C
$\Rightarrow$ $f(z)$ und $f(z) + g(z)$ haben gleichviele Nullstellen im Innern von C

14.5 Konforme Abbildungen

$f(z)$ analytisch und $f'(z_0) \neq 0 \Rightarrow$
die Abbildung $w = f(z)$ ist *konform*,
d.h. sie läßt Winkel im Punkt z_0 in Größe und Richtungssinn unverändert.

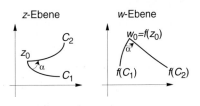

Jacobi-Determinante. $\quad \dfrac{\partial(u, v)}{\partial(x, y)} = |f'(z)|^2$

Abbildungssatz von Riemann

Ω einfach zusammenhängender Bereich in $\mathbb{C}$, Rand C von Ω hat mindestens zwei Punkte $\Rightarrow$ es gibt eine in Ω analytische Funktion $w = f(z)$, die Ω 1-1-deutig und konform auf $|w| < 1$ und C auf den Einheitskreis abbildet.

Gebrochen-lineare (Möbius-) Transformationen

Die Abbildung $w = \dfrac{az+b}{cz+d}$ $(ad - bc \neq 0)$ bildet ab:
(i) Kreis $\to$ Kreis oder Gerade
(ii) Gerade $\to$ Kreis oder Gerade

Invarianz des Doppelverhältnisses von vier Punkten

$$\frac{(w - w_1)(w_2 - w_3)}{(w - w_3)(w_2 - w_1)} = \frac{(z - z_1)(z_2 - z_3)}{(z - z_3)(z_2 - z_1)} \qquad [w_k = w(z_k)]$$

14.5 Konforme Abbildungen

Symmetrische Punkte (*Spiegelpunkte*)

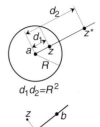

z und z^* sind symmetrische Punkte
- (i) in Bezug auf den Kreis $|z - a| = R$, wenn
  $$(z^* - a)(\bar{z} - \bar{a}) = R^2$$
- (ii) in Bezug auf die Gerade durch a und b, wenn
  $$(\bar{b} - \bar{a})(z^* - a) = (b - a)(\bar{z} - \bar{a})$$

Invarianz symmetrischer Punkte

Jedes Paar symmetrischer Punkte z, z^* bezüglich eines Kreises (Geraden) C wird auf ein Paar symmetrischer Punkte bezüglich des Bildes $w(C)$ abgebildet.

Konforme Verpflanzung

Voraussetzungen:

- (i) $h(u, v)$ ist harmonisch in der w-Ebene
- (ii) $f(z) = u(x, y) + iv(x, y)$ ist analytische Funktion, die Ω konform auf Ω' abbildet.

Dann gilt

$H(x, y) = h(u(x, y), v(x, y))$ ist harmonisch in Ω.

Beachte. $\dfrac{\partial h}{\partial n} = 0$ auf $\partial \Omega' \Rightarrow \dfrac{\partial H}{\partial n} = 0$ auf $\partial \Omega$.

Vgl. Poisson-Integralformeln in 10.9.

Spezielle konforme Abbildungen
Abbildungen auf die obere Halbebene

		Abbildung
1.	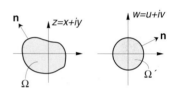	$w = \dfrac{d}{b}(z-a) + c$
2.		$w = e^{i\alpha} z$

			Abbildung
3.	(z-Ebene: Sektor mit Winkel α, Punkte A, B, C)	(w-Ebene: obere Halbebene, C', A', B')	$w = z^{\pi/\alpha}$
4.	(z-Ebene: Streifen, Punkte C, B, ia, A; D, E, F)	(w-Ebene: obere Halbebene, A', B', C', D', E', F')	$w = e^{\pi z/a}$
5.	(z-Ebene: Halbstreifen mit ia, B, A; C, D)	(w-Ebene: obere Halbebene, A', B', C', D')	$w = \cosh \dfrac{\pi z}{a}$
6.	(z-Ebene: Halbstreifen A, D; B, C; a)	(w-Ebene: obere Halbebene, A', B', C', D')	$w = -\cos \dfrac{\pi z}{a}$
7.	(z-Ebene: Einheitskreis mit F, D, A, 1, E, C, B)	(w-Ebene: obere Halbebene, i·A', F', E', B', C', D')	$w = \dfrac{1 - iz}{z - i}$
8.	(z-Ebene: Kreissektor mit C, B, D, α, A, 1)	(w-Ebene: obere Halbebene, A', B', C', D', A')	$w = \left(\dfrac{1 + z^{\pi/\alpha}}{1 - z^{\pi/\alpha}} \right)^2$

Abbildungen auf den Einheitskreis

			Abbildung
9.	(z-Ebene: Einheitskreis mit Punkt a)	(w-Ebene: Einheitskreis, a → 0)	$w = e^{i\theta} \dfrac{z - a}{1 - \bar{a} z}$ (θ beliebig)
10.	(z-Ebene: Kreis)	(w-Ebene: Kreis)	$w = \dfrac{1}{z}$

		Abbildung
11.		$w = \dfrac{z-a}{z-\bar{a}}$

Verkettete Abbildungen

Beispiel. Gesucht ist die konforme Abbildung des Kreissektors $0 < \arg z < \pi/4$, $|z| < 1$ auf die Einheitskreisscheibe $|z| < 1$.

Lösung

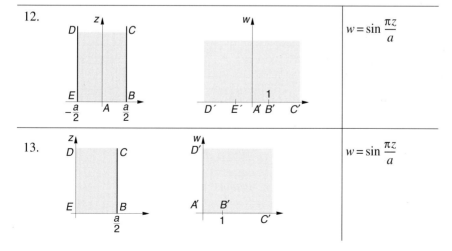

(i) $z_1 = z^4$

(ii) $z_2 = \dfrac{1+z_1}{1-z_1}$

(iii) $z_3 = z_2^2$ oder direkt mit 8: $z_3 = \left(\dfrac{1+z^4}{1-z^4}\right)^2$

(iv) Mit 11: $w = \dfrac{z_3 - i}{z_3 + i} = \dfrac{(1+z^4)^2 - i(1-z^4)^2}{(1+z^4)^2 + i(1-z^4)^2}$

Weitere Abbildungen

12.		$w = \sin \dfrac{\pi z}{a}$
13.		$w = \sin \dfrac{\pi z}{a}$

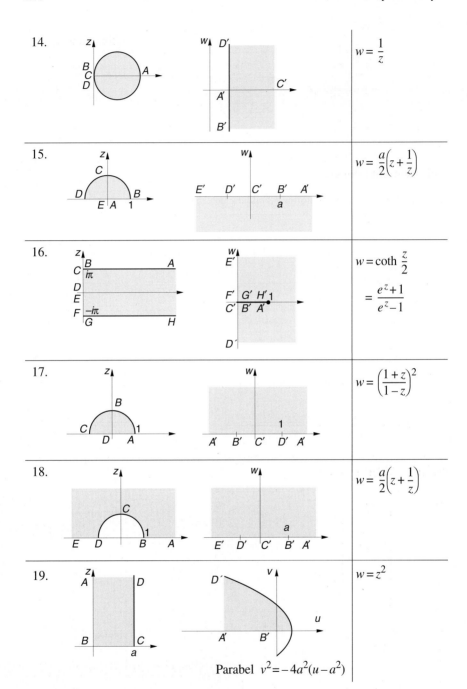

14.5 Konforme Abbildungen

20. 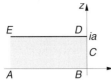 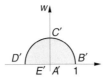 $w = e^{\pi z/a}$

21. 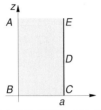 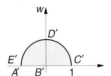 $w = \tan^2 \dfrac{\pi z}{4a}$

22. 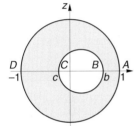 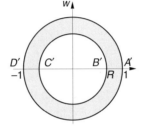 $w = \dfrac{z-a}{1-az}$

$$a = \frac{1+bc-\sqrt{(1-b^2)(1-c^2)}}{b+c} \qquad R = \frac{1-bc-\sqrt{(1-b^2)(1-c^2)}}{b-c}$$

23.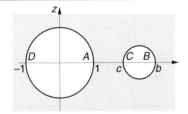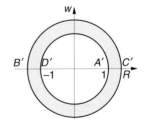

$$w = \frac{z-a}{1-az}$$

$$a = \frac{1+bc-\sqrt{(b^2-1)(c^2-1)}}{b+c} \qquad R = \frac{1-bc-\sqrt{(b^2-1)(c^2-1)}}{b-c}$$

24.

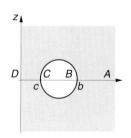

$$a = \sqrt{bc} \qquad R = \frac{\sqrt{b}-\sqrt{c}}{\sqrt{b}+\sqrt{c}}$$

$$w = \frac{z-a}{z+a}$$

25.

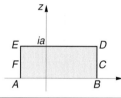
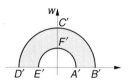

$$w = e^{\pi z/a}$$

26.

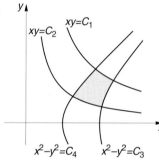
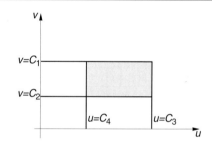

$$w = z^2$$

27.

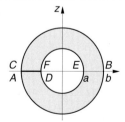
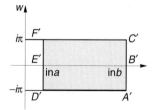

$$w = \mathrm{Log}\, z$$

28. 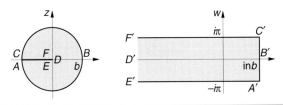 $w = \operatorname{Log} z$

29. 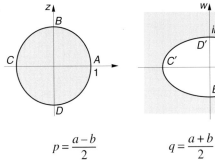 $w = pz + \dfrac{q}{z}$

$$p = \frac{a-b}{2} \qquad q = \frac{a+b}{2}$$

30.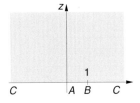

$$w = \int_0^z t^{\alpha/\pi - 1}(1-t)^{\beta/\pi - 1}\, dt$$

31.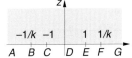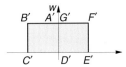

$$w = \int_0^z \frac{dt}{\sqrt{(1-t^2)(1-k^2 t^2)}}, \quad 0 < k < 1$$

32.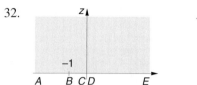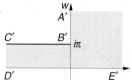

$$w = 2\sqrt{z+1} + \text{Log}\,\frac{\sqrt{z+1}-1}{\sqrt{z+1}+1}$$

33.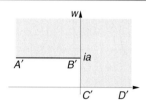

$$w = \frac{a}{\pi}\left(\sqrt{z^2-1} + \cosh^{-1}z\right)$$

34.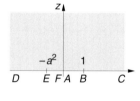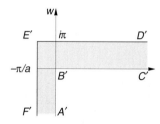

$$w = \frac{i}{a}\,\text{Log}\,\frac{1+iat}{1-iat} + \text{Log}\,\frac{1+t}{1-t},\quad t = \sqrt{\frac{z-1}{z+a^2}}$$

35.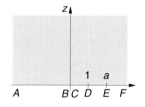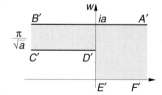

$$w = \cosh^{-1}\left(\frac{2z-a-1}{a-1}\right) - \frac{1}{\sqrt{a}}\cosh^{-1}\left[\frac{(a+1)z-2a}{(a-1)z}\right]$$

15 Optimierung

[In diesem Kapitel sind alle Funktionen als „hinreichend glatt" vorausgesetzt.]

15.1 Variationsrechnung

Die Variationsrechnung behandelt Extremwertaufgaben für *Funktionale*, das sind reellwertige Funktionen, deren „unabhängige Variable" selbst *Funktionen* sind. Hierfür werden *notwendige* Bedingungen angegeben (*Euler-Lagrange-DGL* (15.1) mit *Extremalen* als Lösungen). *Hinreichende* Bedingungen lassen sich auch angeben, z.B. die Weierstraß-Theorie für starke Extrema. Vielfach reicht jedoch eine Plausibilitätsbetrachtung.

Problem 1 (feste Endpunkte)

Gesucht ist die Funktion $y = y(x)$, so daß

$$I(y) = \int_a^b F(x, y, y')dx = \text{Min!}$$

$$y(a) = \alpha, \quad y(b) = \beta$$

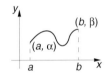

$F(x, y, z)$ ist eine vorgegebene Funktion von drei Variablen.

Notwendige Bedingung für ein Extremum:

(15.1) $\dfrac{\partial F}{\partial y} - \dfrac{d}{dx}\left(\dfrac{\partial F}{\partial y'}\right) = 0 \quad \Leftrightarrow$

$F_y - F_{xy'} - y' F_{yy'} - y'' F_{y'y'} = 0$

Spezialfall. $F = F(y, y')$, dann folgt aus (15.1)

(15.2) $F - y' F_{y'} = C$ (C konstant)

Beachte. (15.1) ist eine gewöhnliche Differentialgleichung (DGL) 2.Ordnung. Mit den Vorgaben $y(a) = \alpha$ und $y(b) = \beta$ liegt also ein Randwertproblem vor.

> *Beispiel*
>
> Gesucht ist die Kurve $y = y(x)$, die die Punkte (a, α) und (b, β) verbindet und bei Rotation um die x-Achse eine Fläche mit minimalem Oberflächeninhalt erzeugt.
>
> Zu minimierendes Funktional ist
> $$I(y) = 2\pi \int_a^b y\sqrt{1 + y'^2}\, dx$$
>
> Die Gleichung (15.2) hat die Gestalt
> $$y(1 + y'^2)^{1/2} - yy'^2(1 + y'^2)^{-1/2} = C$$
> $$\Rightarrow\ 1 + y'^2 = C_1^2 y^2 \text{ mit der Lösung}$$
> $$y(x) = \frac{1}{C_1} \cosh C_1(x + C_2)$$
>
> Die Extremalen sind also *Kettenlinien*.

Weierstraß-Erdmann-Eckenbedingung

Hat das Gleichungssystem

$$\begin{cases} \left.\dfrac{\partial F}{\partial y'}\right|_{y'=k_1} = \left.\dfrac{\partial F}{\partial y'}\right|_{y'=k_2} \\[6pt] \left.\left(F - y'\dfrac{\partial F}{\partial y'}\right)\right|_{y'=k_1} = \left.\left(F - y'\dfrac{\partial F}{\partial y'}\right)\right|_{y'=k_2} \end{cases}$$

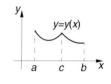

$k_1 = y'(c-)$
$k_2 = y'(c+)$

mindestens eine Lösung mit $k_1 \neq k_2$, dann hat
die Kurve $y = y(x)$, die $I(y)$ minimiert, unter Umständen Ecken.

> *Beispiel*
>
> $I(y) = \int_0^2 y'^2(1 - y')^2 dx;\ y(0) = 0,\ y(2) = 1.$
> Es gilt: $I(y) \geq 0$ für alle y und $I(y) > 0$, falls $y(x)$
> auf $[0, 2]$ stetige Ableitungen besitzt.
>
> Für $y_0(x) = \begin{cases} x, & 0 < x < 1 \\ 1, & 1 < x < 2 \end{cases}$ ist jedoch $I(y_0) = 0$.
>
>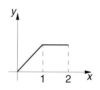
>
> Damit ist y_0 eine Extremale.

Problem 2 (mehrere Funktionen, feste Endpunkte)

Gesucht sind Funktionen $y_i = y_i(x)$, $i = 1, \ldots, n$, so daß

$$I(y_1, \ldots, y_n) = \int_a^b F(x, y_1, \ldots, y_n, y_1', \ldots, y_n')dx = \text{Min!}$$
$$y_i(a) = \alpha_i,\ y_i(b) = \beta_i,\ i = 1, \ldots, n$$

15.1 Variationsrechnung

Notwendige Bedingungen für ein Extremum

$$\frac{\partial F}{\partial y_i} - \frac{d}{dx}\left(\frac{\partial F}{\partial y_i'}\right) = 0, \; i = 1, \ldots, n$$

$$\Leftrightarrow F_{y_i} - F_{xy_i'} - \sum_{k=1}^{n} y_k' F_{y_k y_i'} - \sum_{k=1}^{n} y_k'' F_{y_k' y_i'} = 0, \quad i = 1, \ldots, n$$

(System von n DGLn 2. Ordnung)

Problem 3 (höhere Ableitungen)

Gesucht ist eine Funktion $y = y(x)$, so daß

$$I(y) = \int_a^b F(x, y, y', \ldots, y^{(n)}) dx = \text{Min!}$$
$$y^{(k)}(a) = \alpha_k, \; y^{(k)}(b) = \beta_k, \; k = 0, \ldots, n-1$$

Notwendige Bedingung für ein Extremum:

$$\frac{\partial F}{\partial y} - \frac{d}{dx}\left(\frac{\partial F}{\partial y'}\right) + \ldots + (-1)^n \frac{d^n}{dx^n}\left(\frac{\partial F}{\partial y^{(n)}}\right) = 0$$

Problem 4 (freie Randbedingungen)

Gesucht ist eine Funktion $y = y(x)$, so daß

$$I(y) = \int_a^b F(x, y, y') dx = \text{Min!}$$
Keine Bedingung für $y(a)$ und (oder) $y(b)$

Notwendige Bedingung für ein Extremum:

Bedingung (15.1) und

$$\frac{\partial F}{\partial y'}(x, y(x), y'(x)) = 0 \; \text{ in } \; x = a \; (\text{und } x = b).$$

(*Natürliche Randbedingungen*)

Problem 5 (Transversalität)

Gesucht ist $y = y(x)$, so daß

$$I(y) = \int_a^t F(x, y, y') dx = \text{Min!}$$
$y(a) = \alpha$, $(t, y(t))$ liegt auf Kurve $y = g(x)$

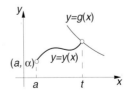

Notwendige Bedingung für ein Extremum:

Bedingung (15.1) und

$$F + (g' - y')\frac{\partial F}{\partial y'} = 0 \quad \text{für} \quad x = t \qquad (\textit{Transversalitätsbedingung})$$

(Analoge Bedingung, wenn der linke Randpunkt auf einer Kurve liegen soll)

Problem 6 (mit Nebenbedingung)

Gesucht ist eine Funktion $y = y(x)$, so daß

$$\boxed{\begin{aligned} I(y) &= \int_a^b F(x, y, y')dx = \text{Min!} \\ y(a) &= \alpha, \, y(b) = \beta \quad \text{und} \\ J(y) &= \int_a^b G(x, y, y')dx = J_0 \quad \text{(konstant)} \end{aligned}}$$

Notwendige Bedingung für ein Extremum:

$y(x)$ erfüllt die Euler-Lagrange-Gleichung für

$$\int_a^b (F + \lambda G)dx, \, \lambda = \text{konstant},$$

[oder für $\int_a^b G\,dx$ (*Ausartungsfall*)].

Die Extremalen haben die Gestalt

$$y = y(x, \lambda, C_1, C_2)$$

λ, C_1 und C_2 ergeben sich aus den Randbedingungen und der Nebenbedingung.

Beispiel. (Klassisches isoperimetrisches Problem)

Bestimme die Kurve $y = y(x)$ der Länge L, die A und B verbindet und zur x-Achse maximale Fläche begrenzt.

$$I(y) = \int_0^b y\,dx, \quad J(y) = \int_0^b (1 + y'^2)^{1/2}dx = L.$$

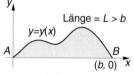

Die Euler-Lagrange-Gleichung für das Funktional $\int_0^b [y + \lambda(1 + y'^2)^{1/2}]dx$ ist

$$1 - \lambda \frac{d}{dx}[y'(1 + y'^2)^{-1/2}] = 0; \quad y''(1 + y'^2)^{-3/2} = 1/\lambda = \text{konstant}.$$

Die Extremalen haben konstante Krümmung und sind daher Kreisbögen. Es gibt genau einen Kreisbogen der Länge L durch A und B. Damit ist gezeigt:
Der Kreis ist diejenige Kurve, die bei vorgegebener Länge die größte Fläche einschließt

15.1 Variationsrechnung

Randwertproblem als Variationsproblem

Beispiel. Betrachte das Randwertproblem

(15.3) $\quad \begin{cases} -[p(x)y'(x)]' + q(x)y(x) = h(x), & a<x<b \\ y(a) = y(b) = 0. \end{cases}$

Gleichung (15.3) ist die Euler-Lagrange-DGL (15.1) des Funktionals

$$I(y) = \int_a^b (py'^2 + qy^2 - 2hy)dx$$

Die Ritz-Methode

Ist die Euler-Lagrange-DGL nicht exakt lösbar, dann wendet man Näherungsverfahren an. Betrachte *Problem* 1 mit $y(a) = y(b) = 0$ [für allgemeine Randwerte ersetze man $y(x)$ durch $y(x) - \alpha - (\beta - \alpha)(x-a)/(b-a)$]. *Ansatz* für eine approximative Lösung des Variationsproblems: $y_n = \alpha_1\varphi_1 + \ldots + \alpha_n\varphi_n$ mit linear unabhängigen Funktionen $\varphi_1, \ldots, \varphi_n$ auf $[a,b]$, so daß $\varphi_k(a) = \varphi_k(b) = 0$ für alle k. $I(y_n)$ ist für diejenigen Parameter α_k minimal, für die

(15.4) $\quad \boxed{\partial I(y_n)/\partial \alpha_k = 0, \, k = 1, \ldots, n}$

Beispiel

$I(y) = \int_0^1 (y'^2 - y^2 - 2xy)dx, \quad y(0) = y(1) = 0.$

$y_2(x) = \alpha_1\varphi_1(x) + \alpha_2\varphi_2(x) \quad \text{mit} \quad \varphi_1(x) = x(1-x), \quad \varphi_2(x) = x^2(1-x).$

α_1 und α_2 als Lösungen von (15.4) ergeben die approximative Lösung

$$y_2(x) = (71x - 8x^2 - 63x^3)/369.$$

Die exakte Lösung von (15.1) ist

$$y(x) = \frac{\sin x}{\sin 1} - x.$$

Der Unterschied $y(x) - y_2(x)$ ist von der Größenordnung 10^{-4}.

Problem 7 (mehrere unabhängige Variable)

Gesucht ist eine Funktion $u = u(x,y)$, so daß

$\boxed{\begin{array}{l} I(u) = \iint_D F(x,y,u,u_x,u_y)dxdy = \text{Min!} \\ u \text{ auf } \partial D \text{ vorgegeben} \end{array}}$

Notwendige Bedingung für ein Extremum

$$F_u - \frac{\partial}{\partial x}(F_{u_x}) - \frac{\partial}{\partial y}(F_{u_y}) = 0$$

Kontrollprobleme

Bezeichnung. $\quad \mathbf{x} = (x_1, \ldots, x_n)^T \in \mathbf{R}^n \quad$ (Zustands-, Phasenvariable)

$\qquad\qquad\quad \mathbf{u} = (u_1, \ldots, u_m)^T \in \mathbf{R}^m \quad$ (Kontrollvariable, Steuerungen)

$\qquad\qquad\quad \mathbf{f} = (f_1, \ldots, f_n)^T \in \mathbf{R}^n$

$\qquad\qquad\quad \dfrac{\partial \mathbf{f}}{\partial \mathbf{x}} = \left(\dfrac{\partial f_i}{\partial x_j}\right), \, n \times n\text{-Matrix}$

Problem

$$\int_{t_0}^{t_1} f_0(t, \mathbf{x}(t), \mathbf{u}(t))dt = \text{Min!} \text{ , wobei}$$

(15.5) $\begin{cases} \dot{\mathbf{x}}(t) = \mathbf{f}(t, \mathbf{x}(t), \mathbf{u}(t)) \\ \mathbf{x}(t_0) = \mathbf{x}_0, \mathbf{x}(t_1) = \mathbf{x}_1 \\ \mathbf{u}(t) \in \Omega \subset \mathbf{R}^m \quad \text{(Steuerbereich, zulässige Kontrollen)} \\ (t_0 \text{ fest}, t_1 \text{ frei oder fest}) \end{cases}$

Notwendige Bedingung für Extremum (Pontryagin-Maximum-Prinzip)

Führe die *Hamilton-Funktion*
$$H(t, \mathbf{x}, \mathbf{u}, \eta_0, \mathbf{p}) = \eta_0 f_0(t, \mathbf{x}, \mathbf{u}) + \mathbf{p}\,\mathbf{f}(t, \mathbf{x}, \mathbf{u})$$
ein (η_0 Skalar, $\mathbf{p}$ Zeilenvektor). Ist $\mathbf{u}^*$ optimale Steuerung auf $[t_0, t_1^*]$ und $\mathbf{x}^*$ die zugehörige Lösung von (15.5), dann gibt es eine Konstante $\eta_0 \leq 0$ und eine Zeilenvektorfunktion $\mathbf{p}(t) = (\eta_1(t), \ldots, \eta_n(t))$, so daß für $t \in [t_0, t_1^*]$ gilt:

(i) $\dot{\mathbf{p}}(t) = -\dfrac{\partial H}{\partial \mathbf{x}} = -\eta_0 \dfrac{\partial f_0}{\partial \mathbf{x}}(t, \mathbf{x}^*(t), \mathbf{u}^*(t)) - \mathbf{p}(t)\dfrac{\partial \mathbf{f}}{\partial \mathbf{x}}(t, \mathbf{x}^*(t), \mathbf{u}^*(t))$

(ii) $(\eta_0, \mathbf{p}(t)) \neq (0, \mathbf{0})$

(iii) $H(t, \mathbf{x}^*(t), \mathbf{u}^*(t), \eta_0, \mathbf{p}(t)) = \max\limits_{\mathbf{u} \in \Omega} H(t, \mathbf{x}^*(t), \mathbf{u}, \eta_0, \mathbf{p}(t))$

(iv) Ist t_1 frei, dann erfüllt t_1^* die Bedingung
$$H(t_1^*, \mathbf{x}^*(t_1^*), \mathbf{u}^*(t_1^*), \eta_0, \mathbf{p}(t_1^*)) = 0$$

(v) Sind $\mathbf{f}$ und f_0 unabhängig von t, dann ist
$$H(\mathbf{x}^*(t), \mathbf{u}^*(t), \eta_0, \mathbf{p}(t)) \equiv \text{konstant}$$

Bemerkungen.

1. In den meisten Anwendungen ist $\eta_0 \neq 0$, dann kann man $\eta_0 = -1$ setzen.
2. Die Bedingung $\mathbf{x}(t_1) = \mathbf{x}_1$ heißt, daß alle Komponenten von $\mathbf{x}(t_1)$ fest sind. Sind stattdessen einige der Komponenten frei und andere fest, dann sind alle Komponenten von $\mathbf{p}(t_1^*)$ gleich 0, die zu den freien Komponenten von $\mathbf{x}(t_1)$ gehören (*Transversalitätsbedingung*). Ist speziell $\mathbf{x}(t_1)$ frei, dann ist $\mathbf{p}(t_1^*) = \mathbf{0}$.

Spezialfälle

a. $f_0 \equiv 1$, $t_1 =$ frei (Problem minimaler Zeit), dann gibt es $\mathbf{p}(t) \neq \mathbf{0}$, so daß für $t \in [t_0, t_1^*]$ gilt

  (i) $\dot{\mathbf{p}}(t) = -\mathbf{p}(t)\dfrac{\partial \mathbf{f}}{\partial \mathbf{x}}(t, \mathbf{x}^*(t), \mathbf{u}^*(t))$

  (ii) $\mathbf{p}(t)\mathbf{f}(t, \mathbf{x}^*(t), \mathbf{u}^*(t)) = \max\limits_{\mathbf{u} \in \Omega} \mathbf{p}(t)\mathbf{f}(t, \mathbf{x}^*(t), \mathbf{u})$

b. Ist (15.5) linear, d.h. $\dot{\mathbf{x}} = A(t)\mathbf{x} + B(t)\mathbf{u}$, dann gilt

  (i) $\dot{\mathbf{p}}(t) = -\mathbf{p}(t)A(t)$

  (ii) $\mathbf{p}(t)B(t)\mathbf{u}^*(t) = \max\limits_{\mathbf{u} \in \Omega} \mathbf{p}(t)B(t)\mathbf{u}$

15.2 Lineare Optimierung

Bezeichnung. $A = \begin{bmatrix} a_{11} & \dots & a_{1n} \\ \dots & & \\ a_{m1} & \dots & a_{mn} \end{bmatrix}$, $\mathbf{x} = \begin{bmatrix} x_1 \\ \dots \\ x_n \end{bmatrix}$, $\mathbf{x}^T = (x_1, \dots, x_n)$,

$\mathbf{x} \leq \mathbf{y} \Leftrightarrow x_i \leq y_i$ für alle i

Lineare Optimierung (Linear Programming)
Kanonische Form

(KLP) Bestimme das Minimum der *Zielfunktion* $\mathbf{c}^T\mathbf{x}$ = Min!

$c_1 x_1 + \dots + c_n x_n$ $\Leftrightarrow$ NB $\begin{cases} A\mathbf{x} = \mathbf{b} \\ \mathbf{x} \geq \mathbf{0} \end{cases}$

unter den *Nebenbedingungen* (NB)

NB $\begin{cases} a_{11} x_1 + \dots + a_{1n} x_n = b_1 \\ \dots \\ a_{m1} x_1 + \dots + a_{mn} x_n = b_m \\ x_i \geq 0 \text{ für alle } i \end{cases}$

Standardform

(SLP) $c_1 x_1 + \dots + c_n x_n$ = Min! $\Leftrightarrow$ $\mathbf{c}^T\mathbf{x}$ = Min!

NB $\begin{cases} a_{11} x_1 + \dots + a_{1n} x_n \geq b_1 \\ \dots \\ a_{m1} x_1 + \dots + a_{mn} x_n \geq b_m \\ x_i \geq 0 \text{ für alle } i \end{cases}$ NB $\begin{cases} A\mathbf{x} \geq \mathbf{b} \\ \mathbf{x} \geq \mathbf{0} \end{cases}$

Führt man die *Schlupfvariablen* $s_1, \dots, s_m$ ein, so daß $\mathbf{s} = A\mathbf{x} - \mathbf{b}$, dann wird (SLP) in folgendes (KLP) verwandelt:

$\Leftrightarrow$

$c_1 x_1 + \dots + c_n x_n$ = Min! $\mathbf{c}^T\mathbf{x}$ = Min!

NB $\begin{cases} a_{11} x_1 + \dots + a_{1n} x_n - s_1 = b_1 \\ \dots \\ a_{m1} x_1 + \dots + a_{mn} x_n - s_m = b_m \\ x_i \geq 0, s_i \geq 0 \text{ für alle } i \end{cases}$ NB $\begin{cases} A\mathbf{x} - \mathbf{s} = \mathbf{b} \\ \mathbf{x} \geq \mathbf{0}, \mathbf{s} \geq \mathbf{0} \end{cases}$

Die dualen Probleme

Die *dualen* Probleme (D) zu obigen *primalen* (P) LP-Problem sind:

(KLP)$_D$ $\mathbf{b}^T\mathbf{u}$ = Max!   (SLP)$_D$ $\mathbf{b}^T\mathbf{u}$ = Max!

NB $\begin{cases} A^T\mathbf{u} \leq \mathbf{c} \\ \text{Vorzeichen von } \mathbf{u} \text{ frei} \end{cases}$ NB $\begin{cases} A^T\mathbf{u} \leq \mathbf{c} \\ \mathbf{u} \geq \mathbf{0} \end{cases}$

Optimalitätskriterien

Zulässige Lösung eines LP-Problems ist jeder Vektor $\mathbf{x}$ (oder $\mathbf{u}$), der NB erfüllt.
Optimale Lösung $\hat{\mathbf{x}}$ (oder $\hat{\mathbf{u}}$) ist eine zulässige Lösung, die die Zielfunktion minimiert.

1. $\mathbf{x}$ und $\mathbf{u}$ zulässige Lösungen von (P) bzw. (D) $\Rightarrow$
   (i) $\mathbf{b}^T\mathbf{u} \leq \mathbf{c}^T\mathbf{x}$
   (ii) $\mathbf{b}^T\mathbf{u} = \mathbf{c}^T\mathbf{x}$ $\Rightarrow$ $\mathbf{x}$ und $\mathbf{u}$ sind optimal
2. (*Dualitätssatz*)
   (i) Haben (P) und (D) zulässige Lösungen, dann gibt es endliche optimale Lösungen $\hat{\mathbf{x}}$ und $\hat{\mathbf{u}}$. Für diese gilt stets $\mathbf{c}^T\hat{\mathbf{x}} = \mathbf{b}^T\hat{\mathbf{u}}$.
   (ii) (P) [oder (D)] hat keine zulässige Lösung $\Leftrightarrow$
        (D) [oder (P)] hat keine endliche optimale Lösung
3. (*Satz vom komplementären Schlupf*)
   $\hat{\mathbf{x}}$ und $\hat{\mathbf{u}}$ seien zulässig. Dann sind $\hat{\mathbf{x}}$ und $\hat{\mathbf{u}}$ genau dann optimale Lösungen von (P) bzw. (D), wenn für alle i und j gilt

$$\begin{cases} \sum_{j=1}^n a_{ij}\hat{x}_j > b_i \Rightarrow \hat{u}_i = 0 \\ \sum_{i=1}^m a_{ij}\hat{u}_i < c_j \Rightarrow \hat{x}_j = 0 \end{cases} \quad \text{oder gleichbedeutend} \quad \begin{cases} \hat{u}_i > 0 \Rightarrow \sum_{j=1}^n a_{ij}\hat{x}_j = b_i \\ \hat{x}_j > 0 \Rightarrow \sum_{i=1}^m a_{ij}\hat{u}_i = c_j \end{cases}$$

Die Simplexmethode

Basislösungen

Ist das Gleichungssystem $A\mathbf{x} = \mathbf{b}$ in Zeilenstufenform (evtl. nach Gauß-Elimination), dann heißt jede Lösung *Basislösung*, wenn alle freien Variablen Null sind. (Zu den freien Variablen gehört kein Pivotelement in A, vgl. 4.3.) Basislösungen bestimmen Ecken des durch NB bestimmten *konvexen Polyeders*.
[Beispiel von 4.3: $x = 2$, $y = 2$, $z = 0$, $u = 0$ (u freie Variable) ist eine Basislösung.]
Mit n = Variablenanzahl und m = Rang A gibt es höchstens $\binom{n}{m}$ Basislösungen von $A\mathbf{x} = \mathbf{b}$. Eine *zulässige Basislösung* ist eine Basislösung mit $x_i \geq 0$ für alle i.

(KLP) hat eine Lösung $\Rightarrow$ eine zulässige Basislösung von (KLP) ist optimal

Der Simplexalgorithmus

Gegeben ist das KLP

(LP 1) $c_1 x_1 + \ldots + c_n x_n = \mathbf{c}^T\mathbf{x} = $ Min!

$$\text{NB} \begin{cases} a_{11}x_1 + \ldots + a_{1n}x_n = b_1 \\ \ldots \\ a_{m1}x_1 + \ldots + a_{mn}x_n = b_m \\ x_i \geq 0,\ i = 1, \ldots, n \end{cases} \quad \Leftrightarrow \quad \begin{cases} A\mathbf{x} = \mathbf{b} \\ \mathbf{x} \geq \mathbf{0} \end{cases}$$

mit Rang $A = m$ und $\mathbf{b} \geq \mathbf{0}$ (anderfalls multipliziere man die Gleichungen mit -1). Der *Simplexalgorithmus* bestimmt eine optimale Basislösung von (LP1).

Eine zentrale Schwierigkeit ist es, eine zulässige Lösung zu finden. Daher führt man sog. *künstliche Variable* $y_1, \ldots, y_m$ ein und ersetzt das gegebene Problem durch das folgende erweiterte LP-Problem:

15.2 Lineare Optimierung

(LP 2) $\quad c_1 x_1 + \ldots + c_n x_n + y_1 + \ldots + y_m = \text{Min!}$

$$\text{NB} \begin{cases} a_{11} x_1 + \ldots + a_{1n} x_n + y_1 = b_1 \\ \ldots \\ a_{m1} x_1 + \ldots + a_{mn} x_n + y_m = b_m \\ x_i \geq 0, y_k \geq 0, i = 1, \ldots, n, k = 1, \ldots, m \end{cases} \Leftrightarrow \begin{cases} \mathbf{Ax} + \mathbf{y} = \mathbf{b} \\ \mathbf{x} \geq \mathbf{0}, \mathbf{y} \geq \mathbf{0} \end{cases}$$

Hat (LP 2) eine optimale Basislösung mit $\mathbf{y} = \mathbf{0}$, dann ist der zugehörige Vektor $\mathbf{x}$ eine optimale Basislösung von (LP 1). Beachte: $x_i = 0$, $i = 1, \ldots, n$ und $y_k = b_k \geq 0$, $k = 1, \ldots, m$, ist eine zulässige Basislösung von (LP 2).

Der Simplexalgorithmus besteht aus zwei Phasen.
Phase 1 löst das Problem $y_1 + \ldots + y_m = \text{Min!}$, NB $\mathbf{Ax} + \mathbf{y} = \mathbf{b}$, $\mathbf{x} \geq \mathbf{0}, \mathbf{y} \geq \mathbf{0}$.
Damit erhält man eine Lösung mit $y_1 = \ldots = y_n = 0$.

Phase 1 (Zulässige Basislösung von (LP 1) bestimmen)

Ausgangstableau

	x_1	...	x_j	...	x_n	y_1	...	y_m	$\mathbf{b}$
	a_{11}	...			a_{1n}	1	0 ... 0		b_1
	a_{21}	...			a_{2n}	0	1 ... 0		b_2
i	...		(a_{ij})		...		...		...
	a_{m1}	...			a_{mn}	0	... 0 1		b_m
	c_1	...			c_n	0	...	0	0
	d_1	...	d_j	...	d_n	0	...	0	β
	↑					*	*...	*	

Kästchenschema

$x_1 \ldots x_n$	$y_1 \ldots y_m$	$\mathbf{b}$
(1)	(2)	(3)
(4)	(5)	(6)
(7)	(8)	(9)

$$d_j = - \sum_{i=1}^{m} a_{ij} \quad \beta = - \sum_{i=1}^{m} b_i$$

* steht unter Basisvariablen (Einheitsvektoren). Kästchen (2) ist die Einheitsmatrix.

Wechsel der Basisvariablen. (Vgl. Beispiel unten)

1. Bestimme den kleinsten Eintrag d_j in Kästchen (7), markiere Spalte j mit Pfeil und nehme x_j als Basisvariable in die Basislösung auf.
2. In Spalte j von Kästchen (1) dasjenige a_{ij} bestimmen, das positiv ist und für welches der Quotient b_i / a_{ij} minimal ist. Markierung mit Kringel.
3. Dividiere jedes Element der i-ten Zeile durch a_{ij}.
4. Gauß-Elimination, so daß die anderen Einträge der j-ten Spalte von Kästchen (1), (4) und (7) alle 0 werden. Versetze * von *unterhalb y_i* nach *unterhalb x_j*.
5. Wiederhole 1. bis 4. solange, bis alle Basisvariablen Komponenten des $\mathbf{x}$-Vektors sind, d.h. alle * unter Kästchen (7) stehen. *Kontrolle*: In (9) steht die Null.

Beispiel (Phase 1)

$$x_1 + x_2 + x_3 = \text{Min!}$$
$$\begin{cases} x_1 - x_2 + x_3 = 1 \\ -x_1 + 2x_2 + 2x_3 = 3 \\ x_1, x_2, x_3 \geq 0 \end{cases}$$

Tableau 1

x_1	x_2	x_3	y_1	y_2	b
1	-1	①	1	0	1
-1	2	2	0	1	3
1	1	1	0	0	0
0	-1	-3	0	0	-4

$\left(\text{Beachte } \dfrac{1}{1} < \dfrac{3}{2}\right)$

Tableau 2

x_1	x_2	x_3	y_1	y_2	b
1	-1	1	1	0	1
-3	④	0	-2	1	1
0	2	0	-1	0	-1
3	-4	0	3	0	-1

Tableau 3

x_1	x_2	x_3	y_1	y_2	b
1/4	0	1	1/2	1/4	5/4
$-3/4$	1	0	$-1/2$	1/4	1/4
3/2	0	0	0	$-1/2$	$-3/2$
0	0	0	1	1	0

In Kästchen (7) steht keine positive Zahl mehr, daher ist Phase 1 beendet. Zulässige Basislösung von (LP 1) ist $x_1 = 0$, $x_2 = 1/4$, $x_3 = 5/4$ (lese Kästchen (3)). Diese Lösung ist *optimal,* da in Kästchen (4) keine positive Zahl steht. Auch die *duale Lösung* kann aus Tableau 3 abgelesen werden: Vorzeichenwechsel in Kästchen (5) liefert die duale Lösung $u_1 = 0$, $u_2 = 1/2$. Vorzeichenwechsel in Kästchen (6) ergibt den Wert der Zielfunktion.

Phase 2 (optimale Lösung von (LP 1) bestimmen)

(Wenn negative Einträge in Kästchen (4)):

Wann ist die mit Phase 1 ermittelte zulässige Basislösung des Orginalproblems optimal? Das *Optimalitätskriterium* fordert, daß alle Einträge in Kästchen (4), die sog. *reduzierten Preise*, ≥ 0 sein müssen. Ist dies nicht der Fall, dann wiederhole man die obigen Rechenschritte bis in (4) alle Einträge ≥ 0.

Beachte. In Phase 2 kann man die Kästchen (2), (5), (7), (8), (9) weglassen, wenn nur die Lösung des primalen Problems gefordert ist.

Das lineare Transportproblem

Güter werden von m *Depots* ($i=1, ..., m$) zu n *Verbrauchern* ($j=1, ..., n$) verteilt. Seien

(i) c_{ij} = Transportkosten einer Einheit von Depot i zum Verbraucher j
(ii) b_i = Anzahl vorhandener Einheiten in Depot i, a_j = Nachfrage des Verbrauchers j
(iii) $\sum_{i=1}^{m} b_i = \sum_{j=1}^{n} a_j$

Problem

$$\sum_{i,j} c_{ij} x_{ij} = \text{Min!}$$

$$\text{NB} \begin{cases} \sum_{i=1}^{m} x_{ij} = a_j, j=1, ..., n \\ \sum_{j=1}^{n} x_{ij} = b_i, i=1, ..., m \\ x_{ij} \geq 0 \end{cases}$$

Kann mit dem Simplexlagorithmus gelöst werden. Besser ist der sog. *Transportalgorithmus*.

15.3 Nichtlineare Optimierung (Vgl. Methoden in 10.5)

Problem

(NLP) $\qquad f(x_1, ..., x_n) = \text{Min!} \qquad\qquad f(\mathbf{x}) = \text{Min!}$

$\qquad\text{NB} \begin{cases} g_1(x_1, ..., x_n) \leq 0 \\ ... \\ g_m(x_1, ..., x_n) \leq 0 \end{cases} \Leftrightarrow \quad \text{NB } \mathbf{g}(\mathbf{x}) \leq \mathbf{0}$

Nebenbedingungen der Form $g_i = 0$ sind zu ersetzen durch $g_i \leq 0$ und $-g_i \leq 0$.

Optimalitätskriterien

Zulässige Lösung $\mathbf{x}$ erfüllt NB, *optimale Lösung* $\hat{\mathbf{x}}$ ist zulässige Lösung, die f minimiert, *Zulässigkeitsbereich* $Z = \{\mathbf{x} ; \mathbf{g}(\mathbf{x}) \leq \mathbf{0}\}$, Nebenbedingung g_i von NB heißt *aktiv* in $\mathbf{x}$, wenn $g_i(\mathbf{x}) = 0$. $\hat{\mathbf{g}}(\mathbf{x})$ ist die Menge der in $\mathbf{x}$ aktiven Nebenbedingungen von NB, $A(\mathbf{x}) = D\hat{\mathbf{g}}(\mathbf{x})$. die Jacobi-Matrix von $\hat{\mathbf{g}}$ in $\mathbf{x}$. NB erfüllt in $\mathbf{x}$ die *Constraint Qualification*, wenn

(15.6) $\qquad A(\mathbf{x})\mathbf{p} \leq \mathbf{0}$ und $\mathbf{p} \neq \mathbf{0} \Rightarrow$ es gibt Kurve $\mathbf{r}(t)$ in Z mit $t \geq 0, \mathbf{r}(0) = \mathbf{x}, \dot{\mathbf{r}}(0) = \mathbf{p}$.

Lagrange-Funktion $L(\mathbf{x}, \mathbf{u})$ mit den *Lagrange-Multiplikatoren (dualen Variablen)* u_i ist

$$L(\mathbf{x}, \mathbf{u}) = f(\mathbf{x}) + \mathbf{u}^T \mathbf{g}(\mathbf{x}) = f(x_1, ..., x_n) + \sum_{i=1}^{m} u_i g_i(x_1, ..., x_n)$$

Notwendige Optimalitätsbedingung   (Karush-Kuhn-Tucker)

$\hat{\mathbf{x}}$ optimale Lösung von (NLP) und (15.6) in $\hat{\mathbf{x}}$ erfüllt $\Rightarrow$

(15.7) $\qquad$ es gibt $\hat{\mathbf{u}} \geq \mathbf{0}$ mit $\begin{cases} \dfrac{\partial L(\hat{\mathbf{x}}, \hat{\mathbf{u}})}{\partial x_i} = 0, & i=1, ..., n \\ \hat{u}_i g_i(\hat{\mathbf{x}}) = 0, & i=1, ..., m \end{cases}$

Punkte $\hat{\mathbf{x}}$ in Z, die (15.7) erfüllen, heißen *stationäre* oder *KT-Punkte* von (NLP).

Konvexe Funktionen

Eine Funktion f von n Variablen heißt *konvex*, wenn für alle **x**, **y** gilt:

$$f(\lambda \mathbf{x} + (1-\lambda)\mathbf{y}) \leq \lambda f(\mathbf{x}) + (1-\lambda)f(\mathbf{y}), \quad 0 \leq \lambda \leq 1.$$

$f(\mathbf{x})$ konvex im Gebiet D $\Leftrightarrow$ *Hesse-Matrix* $\left(\dfrac{\partial^2 f}{\partial x_i \partial x_j}\right)$ ist positiv semidefinit in D (vgl. 4.6).

> **Hinreichende Optimalitätsbedingung (Kuhn-Tucker)**
>
> $f, g_1, \ldots, g_m$ alle konvex und differenzierbar $\Rightarrow$ jeder *KT*-Punkt von (NLP) ist optimal

Algorithmen für Extrema

Die Goldene-Schnitt-Regel (1 Variable)

Zur Bestimmung der Minimalstelle $\hat{x}$ der (konvexen) Funktion $f(x)$ im Intervall $[a, b]$ wird rekursiv eine Folge von Intervallen $[a_n, b_n]$ bestimmt, die sich auf die Stelle $\hat{x}$ zusammenziehen.

Setze $r = (\sqrt{5} - 1)/2$.

Schritt 1. Setze $a_1 = a$, $b_1 = b$, $x_{11} = a_1 + (1-r)(b_1 - a_1)$, $x_{12} = a_1 + r(b_1 - a_1)$

Schritt n

Setze	wenn $f(x_{n2}) > f(x_{n1})$	wenn $f(x_{n2}) \leq f(x_{n1})$
$a_{n+1} =$	a_n	x_{n1}
$b_{n+1} =$	x_{n2}	b_n
$x_{n+1,1} =$	$a_n + (1-r)(x_{n2} - a_n)$	x_{n2}
$x_{n+1,2} =$	x_{n1}	$b_n - (1-r)(b_n - x_{n1})$

Gradientenverfahren. Methode des steilsten Abstiegs (mehrere Variable)

Iterative Methode zur Bestimmung einer Extremstelle $\hat{\mathbf{x}}$ (für ein Minimum von $f(\mathbf{x})$)

1. von (NLP) *ohne Nebenbedingungen*

> 1. Startpunkt $\mathbf{x}_0$.
> 2a. $\mathbf{x}_{k+1} = \mathbf{x}_k + \bar{t}\mathbf{v}_k$ mit $f(\mathbf{x}_k + \bar{t}\mathbf{v}_k) = \min f(\mathbf{x}_k + t\mathbf{v}_k)$,
>   wobei die Richtung $\mathbf{v}_k$ bestimmt ist als
>   (a) $\mathbf{v}_k = -\operatorname{grad} f(\mathbf{x}_k)$ oder
>   (b) $\mathbf{v}_k = H_f(\mathbf{x}_k)^{-1} \operatorname{grad} f(\mathbf{x}_k)$ (H_f Hesse-Matrix von f)
>   (Minimumbestimmung z.B. mit Goldene-Schnitt-Regel)
> 2b. Einfachere Methode: $\mathbf{x}_{k+1} = \mathbf{x}_k - \lambda \operatorname{grad} f(\mathbf{x}_k)$,
>   wobei λ eine hinreichend kleine (positive) Konstante

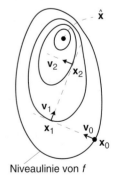

Niveaulinie von f

Spezialfall. f quadratisch:

$$f(\mathbf{x}) = \mathbf{x}^T A\mathbf{x} + \mathbf{b}^T\mathbf{x} + c \text{ mit } A = A^T \Rightarrow \text{ grad } f(\mathbf{x}) = 2A\mathbf{x} + \mathbf{b}$$

Es gibt noch andere *Abstiegsmethoden*, z.B. die zyklische Suche in Richtung der Achsen.

2. von (NLP) mit Nebenbedingungen

Transformiere (NLP) in ein Problem ohne Nebenbedingungen durch Einführung der *Straf-Funktion* (*Penalty-Funktion*) $R(\mathbf{x}) = \begin{cases} 0, & \mathbf{x} \in D \\ \infty, & \mathbf{x} \notin D \end{cases}$, dann ist (NLP) äquivalent mit dem Problem $f(\mathbf{x}) + R(\mathbf{x}) = $ Min! ohne NB.

In der Praxis wird $R(\mathbf{x})$ approximiert durch eine Folge $R_\lambda(\mathbf{x})$ mit $R_\lambda(\mathbf{x}) \to R(\mathbf{x})$, $\lambda \to \infty$, z.B. $R_\lambda(\mathbf{x}) = \sum_i \exp(\lambda_i g_i(\mathbf{x}))$.

(*Stichwort.* SUMT = Sequentielle Uneingeschränkte MinimierungsTechnik)

15.4 Dynamische Optimierung

$t = N, N-1, \ldots, 1, 0$ *Stufenindex* (*Rekursionsvariable*), $x(t) = $ *Zustandsvariable*, $u(t) = $ *Entscheidungsvariable* (x und u können auch Vektoren sein).

Diskrete deterministische dynamische Programmierung
Problem

$$\text{Bestimme } \min_{x,u} [f_0(x(0)) + \sum_{t=1}^{N} f_t(x(t), u(t))]$$

mit $\begin{cases} x(t) \in X(t), 0 \leq t \leq N \\ u(t) \in U(t, x(t)), 1 \leq t \leq N \\ x(t-1) = T_t(x(t), u(t)), 1 \leq t \leq N \\ (x(N) \text{ vorgegeben}) \end{cases}$

Eine *Strategie* s_N besteht aus Werten $x(N)$ und $u(N), \ldots, u(1)$ mit $x(t) \in X(t)$ und $u(t) \in U(t, x(t))$, $t = 1, \ldots, n$. Wird der Wert der Zielfunktion, der sich mit s_N ergibt, mit $f(s_N)$ bezeichnet, dann gilt für eine *optimale Strategie* $\hat{s}_N$

$$f(\hat{s}_N) \leq f(s_N) \text{ für alle zulässigen Strategien } s_N.$$

Optimalitätsprinzip von Bellman
Ist $\hat{s}_N$ eine optimale Strategie von Stufe N bis 0, dann ist $\hat{s}_k$ eine optimale Strategie von Stufe $t = k$ bis Stufe $t = 0$ mit Anfangswert $x(k)$.

Algorithmus zur dynamischen Programmierung

1. Sei $\hat{f}_0(x(0)) = f_0(x(0))$ für jedes $x(0) \in X(0)$
2. Rekursiv für wachsendes $t = 1, ..., N$, bestimme man für jedes $x(t) \in X(t)$

$$\hat{f}_t(x(t)) = \min_u [f_t(x(t), u(t)) + \hat{f}_{t-1}(x(t-1))],$$

wobei $x(t-1) = T_t(x(t), u(t))$ und $u(t) \in U(t, x(t))$

3. Für jedes t und $x(t)$ speichere man $u(t) = \hat{u}_t(x(t))$, für das $\hat{f}_t(x(t))$ angenommen wird
4. Setze (wenn $x(N)$ nicht gegeben) $\hat{f}_N = \min_{x(N) \in X(N)} \hat{f}_N(x(N))$,

dabei sei $\hat{x}(N)$ dasjenige $x(N)$, für das das Minimum angenommen wird

Dann ist $\hat{f} = \hat{f}_N$ der minimale Wert der Zielfunktion und eine optimale Strategie $\hat{s}_N$ ist bestimmt durch

$$x(N) = \hat{x}(N), \quad u(t) = \hat{u}_t(x(t)), \quad x(t-1) = T_t(x(t), u(t)), \quad t = N, N-1, ..., 1.$$

Stochastische dynamische Programmierung

Gegeben

(i) *Zielfunktion* $\quad w_0(x(0)) + \sum_{t=1}^{N} w_t(x(t), u(t))$

mit Zustandsvariablen $x(t)$ und Entscheidungsvariablen $u(t) = u(t, x(t))$

(ii) *Wahrscheinlichkeiten* $p_{jk}(t, u(t, j)) = P[x(t-1) = k | x(t) = j, \text{Entscheidung } u(t, j)]$
für jedes $u(t)$.

Für eine *Strategie* z sei $f(z)$ der Wert der Zielfunktion und $Ef(z)$ der *Erwartungswert der Zielfunktion*.

Problem

Bestimme eine optimale Strategie $\hat{z}$, die den Erwartungswert der Zielfunktion minimiert, d.h.

$$Ef(\hat{z}) \leq Ef(z) \text{ für alle Strategien } z.$$

Algorithmus zur stochastischen dynamischen Programmierung

1. Bestimme für jeden Zustandswert $x(1) = j$

$$\hat{f}_1(j) = \min_{u(1,j)} [w_1(j, u(1,j)) + \sum_{k=1}^{J} p_{jk}(1, u(1,j)) w_0(k)]$$

2. Bestimme rekursiv für $t = 1, ..., N$

$$\hat{f}_t(j) = \min_{u(t,j)} [w_t(j, u(t,j)) + \sum_{k=1}^{J} p_{jk}(t, u(t,j)) \hat{f}_{t-1}(k)] \quad \text{für jedes } j$$

3. Bezeichnet $\hat{u}_t(j)$ die Werte $u(t, j)$, für die das Minimum angenommen wird, so bestimmt $\hat{u}_t(j)$ die optimale Strategie $\hat{z}$.

16 Numerische Mathematik und Programme

16.1 Approximationen und Fehler

Fehlerrechnung

Fehler in numerischen Rechnungen rühren her von

a) *verfälschten Eingabedaten*,
b) *Rundungsfehlern*, verursacht durch eine endliche Zahldarstellung,
c) *Verfahrens- oder Diskretisierungsfehler*, verursacht durch Approximationen,
d) *echte Fehler* in numerischen Rechnungen.

a_0 sei eine Approximation für a.

Der absolute Fehler ε_a von a_0 ist $\varepsilon_a = a_0 - a$.

Der relative Fehler von a_0 ist $\dfrac{\varepsilon_a}{a} \approx \dfrac{\varepsilon_a}{a_0}$.

$$\varepsilon_{a+b} = \varepsilon_a + \varepsilon_b \qquad \varepsilon_{a-b} = \varepsilon_a - \varepsilon_b$$

$$\frac{\varepsilon_{ab}}{ab} \approx \frac{\varepsilon_a}{a} + \frac{\varepsilon_b}{b} \qquad \frac{\varepsilon_{a/b}}{a/b} \approx \frac{\varepsilon_a}{a} - \frac{\varepsilon_b}{b}$$

$$\varepsilon_{f(a)} \approx f'(a_0)\varepsilon_a \qquad \varepsilon_{f(a,b)} \approx \varepsilon_a f'_a(a_0, b_0) + \varepsilon_b f'_b(a_0, b_0)$$

Ist $|\varepsilon_a| \leq \delta_a$ und $|\varepsilon_b| \leq \delta_b$, dann gilt

$$|\varepsilon_{a+b}| \leq \delta_a + \delta_b \qquad |\varepsilon_{a-b}| \leq \delta_a + \delta_b$$

$$\left|\frac{\varepsilon_{ab}}{ab}\right| \lesssim \frac{\delta_a}{|a|} + \frac{\delta_b}{|b|} \qquad \left|\frac{\varepsilon_{a/b}}{a/b}\right| \lesssim \frac{\delta_a}{|a|} + \frac{\delta_b}{|b|}$$

Allgemein. Sind $x_1^0, \ldots, x_n^0$ Approximationen für $x_1, x_2, \ldots x_n$ und ist $f = f(x_1, \ldots, x_n)$, dann gilt mit $\varepsilon_i = x_i^0 - x_i$

$$\varepsilon_f \approx \varepsilon_1 f'_{x_1}(x_1^0, \ldots, x_n^0) + \ldots + \varepsilon_n f'_{x_n}(x_1^0, \ldots, x_n^0)$$

Spezialfall. $f = x_1^{k_1} \ldots x_n^{k_n}$

$$r_f \approx k_1 r_1 + \ldots + k_n r_n,$$

wenn $r_f, r_1, \ldots, r_n$ die relativen Fehler von $f, x_1, \ldots, x_n$ sind.

Konvergenz der Ordnung k

Sei $\{a_n\}_1^\infty$ eine Approximationsfolge für a mit

$$\lim_{n \to \infty} a_n = a.$$

Die Konvergenz ist von der *Ordnung k*, wenn mit einer Konstante A

$$|a_{n+1} - a| < A |a_n - a|^k \quad \text{für} \quad n > N.$$

Für $k = 1$ heißt die Konvergenz *linear*, für $k = 2$ *quadratisch*.

16.2 Numerische Lösung von Gleichungen

(Algorithmen für Extrema einer Funktion, vgl. 15.3)

Bisektionsverfahren

Die Gleichung $F(X) = 0$ habe eine Wurzel im Intervall $A < X < B$. Ein Computerprogramm zum nachfolgenden Flußdiagramm bestimmt diese Wurzel mit einem Fehler $\pm E$. Vorausgesetzt ist, daß $F(A)$ und $F(B)$ verschiedenes Vorzeichen haben.

Testgleichung. $x^3 - 2x - 5 = 0$ mit Wurzel 2.094551482 im Intervall $1 < x < 3$

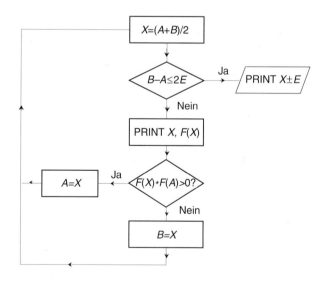

Iteration

$$f(x) = 0 \Leftrightarrow x = \phi(x) \qquad x_{n+1} = \phi(x_n)$$

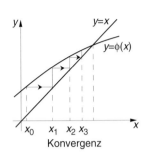
Konvergenz

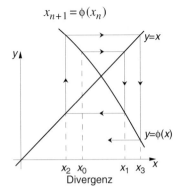
Divergenz

Der Iterationsprozeß konvergiert, wenn $|\phi'(x)| \le k < 1$.

$|\phi'(x)| \le k$ in einer Umgebung der Wurzel a $\Rightarrow |x_{n+1} - a| \le \dfrac{k}{1-k} |x_{n+1} - x_n|$.

Sekantenmethode (Regula falsi)

$$x_{n+1} = x_n - f(x_n) \cdot \frac{x_n - x_{n-1}}{f(x_n) - f(x_{n-1})}$$

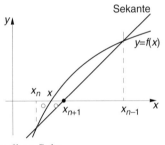

Konvergenzordnung ist ungefähr 1.6.
Wähle x_0 und x_1 nahe bei x, nicht notwendig auf derselben Seite.

Newton-Raphson-Methode

1. Eine reelle Gleichung

$f(x) = 0$

$$x_{n+1} = x_n - \frac{f(x_n)}{f'(x_n)}$$

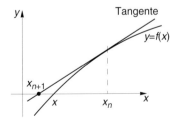

Wähle x_0 hinreichend nahe bei x.

Falls $f''(x)$ in einer Umgebung der Wurzel a stetig ist und a eine einfache Wurzel ist, dann ist die Konvergenzordnung mindestens 2.

2. System mit zwei Gleichungen für zwei Unbekannte

$$\begin{cases} f(x, y) = 0 \\ g(x, y) = 0 \end{cases}$$

Iteration $(x_n, y_n) \to (x_{n+1}, y_{n+1})$ gemäß

$$x_{n+1} = x_n - \frac{fg'_y - f'_y g}{f'_x g'_y - f'_y g'_x}(x_n, y_n)$$

$$y_{n+1} = y_n - \frac{f'_x g - f g'_x}{f'_x g'_y - f'_y g'_x}(x_n, y_n)$$

Wähle (x_0, y_0) hinreichend nahe bei (x, y).

3. System mit m Gleichungen für m Unbekannte

$f_k(x_1, \ldots, x_m) = 0, k = 1, \ldots, m$ oder
$\mathbf{f}(\mathbf{x}) = \mathbf{0}$

Iteration $\mathbf{x}_n \to \mathbf{x}_{n+1}$ durch Lösung des linearen Gleichungssystems

$$M(\mathbf{x}_n)(\mathbf{x}_{n+1} - \mathbf{x}_n) + \mathbf{f}(\mathbf{x}_n) = \mathbf{0}$$

$\mathbf{x}_{n+1} = \mathbf{x}_n - M(\mathbf{x}_n)^{-1} \mathbf{f}(\mathbf{x}_n)$, wobei

$M(\mathbf{x}) = \left(\dfrac{\partial f_i}{\partial x_j}\right)$ Jacobi-Matrix [vgl. 10.6].

Lineare Gleichungssysteme

Gauß-Eliminationsmethode

Gegeben ist das System

oder $\quad a_{i1}x_1 + a_{i2}x_2 + \ldots + a_{in}x_n = b_i, i = 1, 2, \ldots, n$

mit $\quad A\mathbf{x} = \mathbf{b}$

$$A = \begin{bmatrix} a_{11} & \cdots & a_{1n} \\ \cdots & \cdots & \cdots \\ a_{n1} & \cdots & a_{nn} \end{bmatrix}, \quad \mathbf{x} = \begin{bmatrix} x_1 \\ \vdots \\ x_n \end{bmatrix}, \quad \mathbf{b} = \begin{bmatrix} b_1 \\ \vdots \\ b_n \end{bmatrix}$$

Das System sei nichtsingulär, d.h. $\det A \neq 0$. Durch Gauß-Elimination (vgl. 4.3) wird das System auf die folgende Dreiecksgestalt (Zeilenstufenform) gebracht:

$$\begin{cases} a_{11}^{(1)} x_1 + a_{12}^{(1)} x_2 + a_{13}^{(1)} x_3 + \ldots + a_{1n}^{(1)} x_n = b_1^{(1)} \\ \qquad\quad a_{22}^{(2)} x_2 + a_{23}^{(2)} x_3 + \ldots + a_{2n}^{(2)} x_n = b_2^{(2)} \\ \qquad\qquad\qquad\quad a_{33}^{(3)} x_3 + \ldots + a_{3n}^{(3)} x_n = b_3^{(3)} \\ \qquad\qquad\qquad\qquad\qquad\qquad \ldots \\ \qquad\qquad\qquad\qquad\qquad a_{n,n}^{(n)} x_n = b_n^{(n)} \end{cases}$$

Die Zahlen $a_{11}^{(1)}, a_{22}^{(2)}, a_{33}^{(3)} \ldots$ heißen *Pivotelemente*.

16.2 Numerische Lösung von Gleichungen

Dieses System läßt sich mit *Rückwärtssubstitution* lösen, indem x_n aus der *n*-ten, x_{n-1} aus der $(n-1)$-ten Gleichung usw. berechnet wird.

Spalten-Pivotsuche. Im *r*-ten Eliminationsschritt ($r=1,2,...,n-1$) wird das Maximum $\left|a_{i,r}^{(r)}\right|$, $i \geq r$, gesucht. Ist dies $\left|a_{p,r}^{(r)}\right|$ und $p \neq r$, dann wird Zeile *p* mit Zeile *r* vertauscht. Anschließend wird x_r aus den letzten $n-r$ Gleichungen eliminiert.

Vollständige Pivotsuche. Im *r*-ten Schritt wird das größte Element $\left|a_{ij}^{(r)}\right|$, $i,j \geq r$, gesucht. Ist dies $\left|a_{pq}^{(r)}\right|$, dann wird die *p*.Gleichung zur Elimination von x_q aus den verbleibenden $n-r$ Gleichungen verwendet.

Skalierung. Multipliziere die Gleichungen mit Zahlen $\neq 0$ und/oder führe Substitutionen $x_i = c_i y_i$, $c_i \neq 0$ aus. (Siehe Beispiel zur Gauß-Elimination in 4.3.)

LR-Zerlegung

> Zu jeder $n \times n$-Matrix A gibt es eine Zerlegung $A = PLR$,
> so daß P aus der $n \times n$-Einheitsmatrix durch Zeilenvertauschungen entsteht,
> L eine untere $n \times n$-Dreiecksmatrix mit Diagonalelementen $l_{ii}=1$ ist,
> R eine obere $n \times n$-Dreiecksmatrix ist.

Beachte. Damit löst man $A\mathbf{x} = \mathbf{b}$ in den 2 Schritten: $L\mathbf{y} = P\mathbf{b}$ und $R\mathbf{x} = \mathbf{y}$.

Bestimmung von P, L und R
Beispiel. Nur mit elementaren Zeilenumformungen (vgl. 4.1) erhält man

$$A = \begin{bmatrix} 2 & 4 & 6 \\ 4 & 11 & 17 \\ 6 & 24 & 39 \end{bmatrix} \sim \begin{bmatrix} 2 & 4 & 6 \\ 0 & 3 & 5 \\ 0 & 12 & 21 \end{bmatrix} \sim \begin{bmatrix} 2 & 4 & 6 \\ 0 & 3 & 5 \\ 0 & 0 & 1 \end{bmatrix} = R; \quad L = \begin{bmatrix} 1 & 0 & 0 \\ 2 & 1 & 0 \\ 3 & 4 & 1 \end{bmatrix}.$$

L hat Einträge 1 in der Diagonale und (mit Kringel markiert) im unteren Teil die „Umformungsfaktoren" mit entgegengesetztem Vorzeichen.
Da keine Zeilenvertauschungen nötig sind, ist die „Permutationsmatrix" $P = I$.

QR-Zerlegung

> Jede $m \times n$-Matrix A mit $m \geq n$ und linear unabhängigen Spalten kann zerlegt werden in der Form $A = QR$,
> wobei Q eine $m \times n$-Matrix mit orthonormalen Spalten ($Q^T Q = I$),
> R eine invertierbare obere $n \times n$-Dreiecksmatrix ($r_{ii} \neq 0$ für alle *i*) ist.

Bestimmung von Q und R
Wendet man die Gram-Schmidt-Orthogonalierung (vgl. 4.7) auf die Spalten $\mathbf{a}_1$, $\mathbf{a}_2$, ..., $\mathbf{a}_n$ von A an, so erhält man die orthonormalen Spalten $\mathbf{q}_1$, $\mathbf{q}_2$, ..., $\mathbf{q}_n$ von Q. Die Einträge r_{ij} von R ergeben aus der Darstellung der $\mathbf{a}_i$ durch die $\mathbf{q}_i$:
$\mathbf{a}_1 = r_{11}\mathbf{q}_1$, $\mathbf{a}_2 = r_{12}\mathbf{q}_1 + r_{22}\mathbf{q}_2$, ..., $\mathbf{a}_n = r_{1n}\mathbf{q}_1 + r_{2n}\mathbf{q}_2 + ... + r_{nn}\mathbf{q}_n$.

Iterative Methoden

Schreibe $A = D - L - R$ mit einer Diagonalmatrix D und der linken bzw. rechten Dreiecksmatrix L und R. Starte mit beliebigem Vektor $\mathbf{x}^{(0)}$.

Jacobi-Methode
$$\mathbf{x}^{(k)} = D^{-1}(L+R)\mathbf{x}^{(k-1)} + D^{-1}\mathbf{b}$$

Gauss-Seidel-Methode
$$\mathbf{x}^{(k)} = (D-L)^{-1}R\mathbf{x}^{(k-1)} + (D-L)^{-1}\mathbf{b}$$

Beispiel

$$\begin{cases} 10x_1 + x_2 + 7x_3 = 33 \\ x_1 + 10x_2 + 6x_3 = 39 \\ 3x_1 + 5x_2 + 10x_3 = 43 \end{cases}$$

Jacobi-Methode hierfür:

$$x_1^{(k)} = -0.1\, x_2^{(k-1)} - 0.7\, x_3^{(k-1)} + 3.3$$
$$x_2^{(k)} = -0.1\, x_2^{(k-1)} - 0.6\, x_3^{(k-1)} + 3.9$$
$$x_3^{(k)} = -0.3\, x_1^{(k-1)} - 0.5\, x_2^{(k-1)} + 4.3$$

Gauss-Seidel-Methode hierfür:

$$x_1^{(k)} = -0.1\, x_2^{(k-1)} - 0.7\, x_3^{(k-1)} + 3.3$$
$$x_2^{(k)} = -0.1\, x_1^{(k)} - 0.6\, x_3^{(k-1)} + 3.9$$
$$x_3^{(k)} = -0.3\, x_1^{(k)} - 0.5\, x_2^{(k)} + 4.3$$

Einfaches hinreichendes Kriterium für die Konvergenz beider Methoden:
In jeder Zeile von A ist der Absolutbetrag des Diagonalelements größer als die Summe der Absolutbeträge der restlichen Elemente der Zeile.

Iterative Methoden für Eigenwerte und Eigenvektoren
Die direkte Vektoriteration
Gilt $|\lambda_1| > |\lambda_2| \geq \ldots$ für die Eigenwerte λ_i der quadratischen Matrix A, dann kann man [ausgehend von einem (nahezu willkürlichen) Spaltenvektor $\mathbf{v}_1 \neq \mathbf{0}$] die Iteration $\mathbf{v}_{k+1} = A\mathbf{v}_k / |A\mathbf{v}_k|$ berechnen. Für hinreichend großes k ist $\mathbf{v}_k$ eine gute Approximation für einen normierten Eigenvektor zum Eigenwert λ_1 und es gilt $\lambda_1 \approx \mathbf{v}_k^T A \mathbf{v}_k$.

Die QR-Methode
Ist $A = Q_0 R_0$ eine QR-Zerlegung der reellen Matrix A und setzt man $A_1 = R_0 Q_0$ und rekursiv (wenn $A_{n-1} = Q_{n-1} R_{n-1}$ die QR-Zerlegung ist) $A_n = R_{n-1} Q_{n-1}$, dann konvergiert A_n gegen eine „quasi-Dreiecksmatrix", deren Diagonalkästchen die Eigenwerte bestimmen. (Mit Shift-Techniken kann die Konvergenz des QR-Algorithmus beschleunigt werden.)

Fehleranalyse

Vektor- und Matrixnormen

Sei $\mathbf{x} = (x_1, \ldots, x_n)^T$ und $A = (a_{ij})$ eine $n \times n$-Matrix. Die der *Vektornorm* $\|x\|$ zugeordnete *Matrixnorm* ist definiert durch

$$\|A\| = \sup_{\mathbf{x} \neq \mathbf{0}} \frac{\|A\mathbf{x}\|}{\|\mathbf{x}\|} = \sup_{\|\mathbf{x}\| = 1} \|A\mathbf{x}\|$$

| $\|A\mathbf{x}\| \leq \|A\| \cdot \|\mathbf{x}\|$ | $\|A+B\| \leq \|A\| + \|B\|$ | $\|AB\| \leq \|A\| \cdot \|B\|$ |

Die *Konditionszahl* von A ist $\kappa(A) = \|A\| \cdot \|A^{-1}\|$

Spezielle Normen

l_p-Norm $\quad \|\mathbf{x}\|_p = \left(\sum_{i=1}^{n} |x_i|^p \right)^{1/p}$. Speziell die

Euklidische Norm $\quad \|\mathbf{x}\|_2 = \left(\sum_{i=1}^{n} x_i^2 \right)^{1/2}$. $\quad \|A\|_2 = \sqrt{\text{größter Eigenwert von } A^T A}$

Maximumnorm $\quad \|\mathbf{x}\|_\infty = \max_{1 \leq i \leq n} |x_i|$. $\quad \|A\|_\infty = \max_{1 \leq i \leq n} \left(\sum_{j=1}^{n} |a_{ij}| \right)$

Fehlerfortpflanzung

A sei eine nichtsinguläre Matrix.

1. Störung in rechter Seite

$\quad A\mathbf{x} = \mathbf{b}$ (exaktes System)
$\quad A(\mathbf{x} + \delta \mathbf{x}) = \mathbf{b} + \delta \mathbf{b}$ (gestörtes System)

Fehlerabschätzung

$$\frac{\|\delta \mathbf{x}\|}{\|\mathbf{x}\|} \leq \kappa(A) \frac{\|\delta \mathbf{b}\|}{\|\mathbf{b}\|}$$

2. Störung in Koeffizienten und rechter Seite

$\quad A\mathbf{x} = \mathbf{b}$ (exaktes System)
$\quad (A + \delta A)\mathbf{y} = \mathbf{b} + \delta \mathbf{b}$ (gestörtes System)

Fehlerabschätzung. Ist $\|\delta A\| \cdot \|A^{-1}\| = r < 1$, dann gilt

$$\frac{\|\mathbf{y} - \mathbf{x}\|}{\|\mathbf{x}\|} \leq \frac{1}{1-r} \cdot \kappa(A) \left(\frac{\|\delta A\|}{\|A\|} + \frac{\|\delta \mathbf{b}\|}{\|\mathbf{b}\|} \right)$$

16.3 Interpolation

Polynominterpolationsproblem. Bestimme ein Polynom $P(x)$ höchstens vom Grad n, so daß $P(x_i) = y_i$, $i = 0, 1, \ldots, n$.
Sehr oft sind $y_i = f(x_i)$ die Funktionswerte einer vorgegebenen Funktion $f(x)$.
Eindeutigkeit. Sind die x_i paarweise verschieden, dann ist $P(x)$ eindeutig bestimmt.

Lagrange-Interpolationsformel
Allgemeine Gestalt

$$P(x) = \sum_{k=0}^{n} f(x_k) L_k(x)$$

$$L_k(x) = \frac{(x-x_0)(x-x_1)\ldots(x-x_{k-1})(x-x_{k+1})\ldots(x-x_n)}{(x_k-x_0)(x_k-x_1)\ldots(x_k-x_{k-1})(x_k-x_{k+1})\ldots(x_k-x_n)}$$

Es gilt $\quad L_k(x_k) = 1 \quad$ und $\quad L_k(x_i) = 0$, falls $i \neq k$

Restglied $\quad R(x) = f(x) - P(x) = (x-x_0)(x-x_1) \ldots (x-x_n) f^{(n+1)}(\xi)/(n+1)!$
mit $\xi \in (a, b)$, $x, x_1, x_2, \ldots, x_n \in [a, b]$ und f $(n+1)$-mal differenzierbar auf (a, b).

Der Fall $n = 2$ (3 Punkte)

$$P(x) = f(x_0) \frac{(x-x_1)(x-x_2)}{(x_0-x_1)(x_0-x_2)} + f(x_1) \frac{(x-x_0)(x-x_2)}{(x_1-x_0)(x_1-x_2)} +$$
$$+ f(x_2) \frac{(x-x_0)(x-x_1)}{(x_2-x_0)(x_2-x_1)}$$

Restglied $\quad R = (x-x_0)(x-x_1)(x-x_2) f^{(3)}(\xi)/3!$

Der Fall $n = 2$ mit 3 gleichverteilten Punkten

$$P(x_0 + th) = \frac{t(t-1)}{2} f(x_0 - h) + (1 - t^2) f(x_0) + \frac{t(t+1)}{2} f(x_0 + h)$$

$|R| \leq 0.065 \, h^3 \, |f^{(3)}(\xi)| \approx 0.065 \, \Delta^3 \qquad$ mit $|t| \leq 1$

Der Fall $n = 3$ mit 4 gleichverteilten Punkten

$$P(x_0 + th) = -\frac{t(t-1)(t-2)}{6} f(x_0 - h) + \frac{(t^2-1)(t-2)}{2} f(x_0) -$$
$$- \frac{t(t+1)(t-2)}{2} f(x_0 + h) + \frac{t(t^2-1)}{6} f(x_0 + 2h)$$

$|R| \leq 0.024 \, h^4 \, |f^{(4)}(\xi)| \approx 0.024 \, \Delta^4 \qquad$ für $0 < t < 1$

$|R| \leq 0.042 \, h^4 \, |f^{(4)}(\xi)| \approx 0.042 \, \Delta^4 \qquad$ für $-1 < t < 0$, $1 < t < 2$

16.3 Interpolation

Der Fall n = 4 mit 5 gleichverteilten Punkten

$$P(x_0+th) = \frac{(t^2-1)t(t-2)}{24} f(x_0-2h) - \frac{(t-1)t(t^2-4)}{6} f(x_0-h) +$$

$$+ \frac{(t^2-1)(t^2-4)}{4} f(x_0) - \frac{(t+1)t(t^2-4)}{6} f(x_0+h) +$$

$$+ \frac{(t^2-1)t(t+2)}{24} f(x_0+2h)$$

$|R| \leq 0.012\, h^5 |f^{(5)}(\xi)| \approx 0.012\, \Delta^5 \qquad \text{für } |t|<1$

$|R| \leq 0.031\, h^5 |f^{(5)}(\xi)| \approx 0.031\, \Delta^5 \qquad \text{für } 1<|t|<2$

Horner-Schema

Schreibt man $P(x)$ in *geschachtelter Form*

$$P(x) = a_n x^n + a_{n-1} x^{n-1} + a_{n-2} x^{n-2} + \ldots + a_1 x + a_0 =$$
$$= (\ldots(a_n x + a_{n-1})x + a_{n-2})x + \ldots + a_1)x + a_0 ,$$

dann ist der Wert $P(x) = b_0$ das Ergebnis der Rekursion

$$b_n = a_n$$
$$b_k = b_{k+1} x + a_k, \quad k = n-1, \ldots, 0.$$

Newton-Interpolationsformel

$$P(x) = A_0 + A_1(x-x_0) + A_2(x-x_0)(x-x_1) + A_3(x-x_0)(x-x_1)(x-x_2) +$$
$$+ \ldots + A_n(x-x_0)(x-x_1)\ldots(x-x_{n-1})$$

$$P(x) = f(x_0) + \Delta_1(x_0, x_1)(x-x_0) + \Delta_2(x_0, x_1, x_2)(x-x_0)(x-x_1) +$$
$$+ \Delta_3(x_0, x_1, x_2, x_3)(x-x_0)(x-x_1)(x-x_2) + \ldots +$$
$$+ \Delta_n(x_0, x_1, \ldots, x_n)(x-x_0)(x-x_1)\ldots(x-x_{n-1})$$

Die *dividierten Differenzen* (Steigungen) $\Delta_k(x_0, x_1, \ldots, x_k)$ sind rekursiv definiert durch

$$\Delta_1(x_0, x_1) = \frac{f(x_1) - f(x_0)}{x_1 - x_0}$$

$$\Delta_2(x_0, x_1, x_2) = \frac{\Delta_1(x_1, x_2) - \Delta_1(x_0, x_1)}{x_2 - x_0}$$

$$\ldots\ldots\ldots\ldots\ldots\ldots\ldots\ldots\ldots\ldots\ldots\ldots\ldots\ldots$$

$$\Delta_k(x_0, x_1, \ldots, x_k) = \frac{\Delta_{k-1}(x_1, x_2, \ldots, x_k) - \Delta_{k-1}(x_0, x_1, \ldots, x_{k-1})}{x_k - x_0}$$

Es gilt $\quad \Delta_k(x_0, x_1, \ldots, x_k) = f^{(k)}(\xi)/k!$

mit $\xi \in (a, b)$, falls $x_0, x_1, x_2, \ldots, x_k \in [a, b]$ und f k-mal differenzierbar auf (a, b)

Stirling-Zahlen
Faktorielle

Als *Faktorielle (faktorielle Potenzen)* $x^{(n)}$ definiert man die Polynome

$$x^{(n)} = x(x-1)(x-2) \ldots (x-n+1), \quad n = 1, 2, 3, \ldots$$
$$x^{(0)} = 1$$
$$x^{(-n)} = 1/(x+n)^{(n)}, \, n = 1, 2, 3, \ldots$$

> Mit $\Delta x^{(n)} = (x+1)^{(n)} - x^{(n)}$ gilt für alle ganzen Zahlen n
> $$\Delta x^{(n)} = n x^{(n-1)}$$
> $$\Delta^k x^{(n)} = n(n-1) \ldots (n-k+1) x^{(n-k)} = n^{(k)} x^{(n-k)}$$
>
> Speziell $\Delta^n x^{(n)} = n!$

Stirling-Zahlen $\alpha_k^{(n)}$ der 1. Art

$$x^{(n)} = \sum_{k=1}^{n} \alpha_k^{(n)} x^k \qquad \text{Rekursion:} \quad \alpha_k^{(n)} = \alpha_{k-1}^{(n-1)} - (n-1) \alpha_k^{(n-1)}, \quad \alpha_0^{(n)} = 0$$

Z.B. $x^{(5)} = x^5 - 10x^4 + 35x^3 - 50x^2 + 24x$

n \ k	1	2	3	4	5	6	7	8	9	10
1	1									
2	-1	1								
3	2	-3	1							
4	-6	11	-6	1						
5	24	-50	35	-10	1					
6	-120	274	-225	85	-15	1				
7	720	-1764	1624	-735	175	-21	1			
8	-5040	13068	-13132	6769	-1960	322	-28	1		
9	40320	-109584	118124	-67284	22449	-4536	546	-36	1	
10	-362880	1026576	-1172700	723680	-269325	63273	-9450	870	-45	1

Stirling-Zahlen $\beta_k^{(n)}$ der 2. Art

$$x^n = \sum_{k=1}^{n} \beta_k^{(n)} x^{(k)} \qquad \text{Rekursion:} \quad \beta_k^{(n)} = \beta_{k-1}^{(n-1)} + k \beta_k^{(n-1)}, \quad \beta_0^{(n)} = 0$$

Z.B. $x^5 = x^{(5)} + 10x^{(4)} + 25x^{(3)} + 15x^{(2)} + x^{(1)}$

n \ k	1	2	3	4	5	6	7	8	9	10
1	1									
2	1	1								
3	1	3	1							
4	1	7	6	1						
5	1	15	25	10	1					
6	1	31	90	65	15	1				
7	1	63	301	350	140	21	1			
8	1	127	966	1701	1050	266	28	1		
9	1	255	3025	7770	6951	2646	462	36	1	
10	1	511	9330	34105	42525	22827	5880	750	45	1

Finite Differenzen

$$y = f(x), \quad y_k = f(x_k), \quad x_k = x_0 + kh, \quad k = 0, \pm 1, \pm 2, \pm 3, \ldots$$

$\Delta y_k = y_{k+1} - y_k$

$\Delta^2 y_k = \Delta y_{k+1} - \Delta y_k = y_{k+2} - 2y_{k+1} + y_k$

$\ldots$

$\Delta^r y_k = \Delta^{r-1} y_{k+1} - \Delta^{r-1} y_k = \sum_{i=0}^{r} (-1)^i \binom{r}{i} y_{k+r-i}$

$\Delta(yz)_k = y_k \Delta z_k + z_{k+1} \Delta y_k$

$\Delta\left(\dfrac{y}{z}\right)_k = \dfrac{z_k \Delta y_k - y_k \Delta z_k}{z_k \, z_{k+1}}$

x_{-2}	y_{-2}				
		Δy_{-1}			
x_{-1}	y_{-1}		$\Delta^2 y_{-1}$		
		Δy_0		$\Delta^3 y_{-1}$	
x_0	y_0		$\Delta^2 y_0$		$\Delta^4 y_{-1}$
		Δy_1		$\Delta^3 y_0$	
x_1	y_1		$\Delta^2 y_1$		
		Δy_2			
x_2	y_2				

$$\Delta^r(yz)_k = \sum_{i=0}^{r} \binom{r}{i} \Delta^{r-i} y_{k+i} \Delta^i z_k \qquad \text{(diskrete Leibniz-Formel)}$$

$$\sum_{k=0}^{n-1} y_k \Delta z_k = y_n z_n - y_0 z_0 - \sum_{k=0}^{n-1} \Delta y_k z_{k+1} \qquad \text{(partielle Summation)}$$

Newton-Interpolationsformel

$$f(x_0 + th) \approx y_0 + t \Delta y_0 + \binom{t}{2} \Delta^2 y_0 + \ldots + \binom{t}{n} \Delta^n y_0$$

Restglied $= h^{n+1} \binom{t}{n+1} f^{(n+1)}(\xi) \approx \binom{t}{n+1} \Delta^{n+1} y_0$

Lineare Operatoren

E: $Ey(x) = y(x+h)$ (Verschiebungsoperator)
Δ: $\Delta y(x) = y(x+h) - y(x)$ (Vorwärtsdifferenzenoperator)
∇: $\nabla y(x) = y(x) - y(x-h)$ (Rückwärtsdifferenzenoperator)
δ: $\delta y(x) = y(x+h/2) - y(x-h/2)$ (Zentraler Differenzenoperator)
μ: $\mu y(x) = [y(x+h/2) + y(x-h/2)]/2$ (Mittelungsoperator)
D: $Dy(x) = y'(x)$ (Differentiationsoperator)

Beziehungen zwischen den Operatoren

	E	Δ	∇	δ	D
E	—	$1 + \Delta$	$(1-\nabla)^{-1}$	$1 + \delta^2/2 + \delta\sqrt{1+\delta^2/4}$	e^{hD}
Δ	$E - 1$	—	$(1-\nabla)^{-1} - 1$	$\delta^2/2 + \delta\sqrt{1+\delta^2/4}$	$e^{hD} - 1$
∇	$1 - E^{-1}$	$1 - (1+\Delta)^{-1}$	—	$-\delta^2/2 + \delta\sqrt{1+\delta^2/4}$	$1 - e^{-hD}$
δ	$E^{1/2} - E^{-1/2}$	$\Delta(1+\Delta)^{-1/2}$	$\nabla(1-\nabla)^{-1/2}$	—	$2\sinh(hD/2)$
μ	$[E^{1/2} + E^{-1/2}]/2$	$(1+\Delta/2)(1+\Delta)^{-1/2}$	$(1-\nabla/2)(1-\nabla)^{-1/2}$	$\sqrt{1+\delta^2/4}$	$\cosh(hD/2)$
D	$h^{-1} \ln E$	$h^{-1} \ln(1+\Delta)$	$-h^{-1} \ln(1-\nabla)$	$2h^{-1} \sinh^{-1}(\delta/2)$	—

Z.B. $\Delta = (1-\nabla)^{-1} - 1$

Inverse Interpolation

Aufgabe. Bestimme bei vorgegebenem y_t einen Wert t, so daß
$$f(x_0+th)=y_t$$
für gegebene Funktion $f(x)$ und Konstanten x_0 und h.

Lineare inverse Interpolation
$$t \approx \frac{y_t-y_0}{y_1-y_0}.$$

Umkehrung von Potenzreihen

Setzt man die Interpolation als Potenzreihe an
$$y_t \approx a_0+a_1t+a_2t^2+\dots,$$
dann erhält man mit $u=(y_t-a_0)/a_1$
$$t \approx u+c_2u^2+c_3u^3+\dots,$$
wobei
$$c_2=-a_2/a_1$$
$$c_3=-a_3/a_1+2(a_2/a_1)^2$$
$$c_4=-a_4/a_1+5a_2a_3/a_1^2-5(a_2/a_1)^3$$
$$c_5=-a_5/a_1+6a_2a_4/a_1^2+3a_3^2/a_1^2-21a_2^2a_3/a_1^3+14(a_2/a_1)^4.$$

Bisektion

Auch die Bisektion (vgl. 16.2) eignet sich zur Bestimmung von t.

Richardson-Extrapolation

Voraussetzung. y wird durch $y(h)$ von der Ordnung p approximiert, d.h.
$$y=y(h)+kh^p$$

Sind $y(h)$ und $y(2h)$ zwei Approximationen für y, dann gilt

$$y \approx y(h)+\frac{y(h)-y(2h)}{2^p-1} \quad \text{mit einer Ordnung} > p$$

$p=2$: $\quad y \approx y(h)+\dfrac{y(h)-y(2h)}{3} = \dfrac{4y(h)-y(2h)}{3} \quad$ „(2^2-1)-Regel"

$p=4$: $\quad y \approx y(h)+\dfrac{y(h)-y(2h)}{15} = \dfrac{16y(h)-y(2h)}{15} \quad$ „(2^4-1)-Regel"

Sind allgemein $y(h)$ und $y(qh)$, $q \geq 1$, zwei Approximationen für y, dann gilt
$$y \approx y(h)+\frac{y(h)-y(qh)}{q^p-1}$$

Wiederholte Extrapolation führt bei der numerischen Integration zu erheblichen Verbesserungen der Approximation (vgl. Romberg-Integration).

Ausgleich von Kurven

Gegeben. N Punkte $(x_1, y_1), \ldots, (x_N, y_N)$, $x_i \neq x_j$, $i \neq j$.
Gesucht. Kurve $y = f(x)$ von gegebenem Typ, die im quadratischen Mittel die Punkte optimal ausgleicht, d.h.

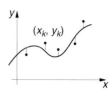

$$Q = \sum_{k=1}^{N} (f(x_k) - y_k)^2 = \text{Min!} \quad \text{(Vgl. 4.3)}$$

(A) Allgemeiner Fall

Funktion $y = f(x; a_1, \ldots, a_n)$ abhängig von n Parametern a_i ($n \leq N$). Mit

$$Q = \sum_{k=1}^{N} [f(x_k; a_1, \ldots, a_n) - y_k]^2$$ sind die optimalen Konstanten a_i bestimmt durch

$$\boxed{\partial Q / \partial a_i = 0, \quad i = 1, \ldots, n} \quad \text{(Normalgleichungen)}$$

Spezialfall. $f(x)$ ist Linearkombination der „einfachen" Funktionen $\varphi_1(x), \ldots, \varphi_n(x)$, d.h.

$$y = f(x) = c_1 \varphi_1(x) + \ldots + c_n \varphi_n(x),$$

dann erfüllen die optimalen c_k das lineare Gleichungssystem

$$\boxed{\begin{cases} c_1(\mathbf{w}_1, \mathbf{w}_1) + c_2(\mathbf{w}_1, \mathbf{w}_2) + \ldots + c_n(\mathbf{w}_1, \mathbf{w}_n) = (\mathbf{f}, \mathbf{w}_1) \\ c_1(\mathbf{w}_2, \mathbf{w}_1) + c_2(\mathbf{w}_2, \mathbf{w}_2) + \ldots + c_n(\mathbf{w}_2, \mathbf{w}_n) = (\mathbf{f}, \mathbf{w}_2) \\ \ldots \\ c_1(\mathbf{w}_n, \mathbf{w}_1) + c_2(\mathbf{w}_n, \mathbf{w}_2) + \ldots + c_n(\mathbf{w}_n, \mathbf{w}_n) = (\mathbf{f}, \mathbf{w}_n) \end{cases}}$$

Die Vektoren $\mathbf{w}_k$ und $\mathbf{f}$ sind durch $\mathbf{w}_k^T = (\varphi_k(x_1), \ldots, \varphi_k(x_N))$ bzw. $\mathbf{f}^T = (y_1, \ldots, y_N)$ bestimmt und $(\mathbf{u}, \mathbf{v})$ ist das Skalarprodukt $\mathbf{u}^T \mathbf{v}$. Zur numerischen Lösung vgl. 16.2 und 4.5.

(B) Ausgleich mit Polynom $y = \sum_{k=0}^{n} a_k x^k$

Die Koeffizienten a_k sind durch das lineare Gleichungssystem bestimmt:

$$\boxed{a_0 \sum_{k=1}^{N} x_k^i + a_1 \sum_{k=1}^{N} x_k^{1+i} + \ldots + a_n \sum_{k=1}^{N} x_k^{n+i} = \sum_{k=1}^{N} x_k^i y_k, \quad i = 0, \ldots, n}$$

(C) Ausgleichsgerade $y = ax + b$

Mit $D = N \sum x_k^2 - (\sum x_k)^2$.

$$\boxed{\begin{aligned} a &= (N \sum x_k y_k - \sum x_k \sum y_k)/D \\ b &= (\sum y_k - a \sum x_k)/N \end{aligned}}$$

Ausgleichsprobleme mit log y

(D) *Potenzfunktion* $y = ax^b$. Logarithmieren ergibt $\log y = \log a + b \log x$.
Die Konstanten $\log a$ und b sind mit (C) zu bestimmen.
(Im doppeltlogarithmischen Papier wird $y = ax^b$ durch eine Gerade dargestellt.)

(E) *Exponentialfunktion* $y = ab^x$. Logarithmieren ergibt $\log y = \log a + x \log b$.
Die Konstanten $\log a$ und $\log b$ sind mit (C) zu bestimmen.
(Im einfachlogarithmischen Papier wird $y = ab^x$ durch eine Gerade dargestellt.)

Bezier-Kurven

$\mathbf{r}_0, \mathbf{r}_1, \ldots, \mathbf{r}_n$ seien die Ortsvektoren von $n+1$ *Kontrollpunkten* $P_0, P_1, \ldots, P_n$.
Die *Bezier-Kurve* hierzu ist

$$\mathbf{r}(t) = \sum_{k=0}^{n} B_{n,k}(t)\, \mathbf{r}_k$$

mit den *Bernstein-Polynomen* $B_{n,k}(t) = \binom{n}{k} t^k (1-t)^{n-k}$. Es gilt

$$\mathbf{r}(0) = \mathbf{r}_0,\ \mathbf{r}(1) = \mathbf{r}_n,\ \mathbf{r}'(0) = n(\mathbf{r}_1 - \mathbf{r}_0),\ \mathbf{r}'(1) = n(\mathbf{r}_n - \mathbf{r}_{n-1}).$$

Eine Bezier-Kurve verläuft in der konvexen Hülle ihrer Kontrollpunkte.

16.4 Numerische Integration und Differentiation

Numerische Integration

R_T = Restglied, Fehler

Mittelpunktsregel

$$\int_a^b f(x)\,dx = h\left[f\left(\frac{x_0+x_1}{2}\right) + f\left(\frac{x_1+x_2}{2}\right) + \ldots + f\left(\frac{x_{n-1}+x_n}{2}\right)\right] + R_T = M_n + R_T$$

$$h = \frac{b-a}{n} \quad x_k = a + \frac{k}{n}(b-a) \quad R_T = \frac{(b-a)h^2}{24} f''(\xi),\ a < \xi < b$$

Trapezregel

$$\int_a^b f(x)\,dx = \frac{h}{2}\left[f(x_0) + 2f(x_1) + 2f(x_2) + \ldots + 2f(x_{n-1}) + f(x_n)\right] + R_T = T_n + R_T$$

$$h = \frac{b-a}{n} \quad x_k = a + \frac{k}{n}(b-a) \quad R_T = -\frac{(b-a)h^2}{12} f''(\xi),\ a < \xi < b$$

Simpson-Regel

$$\int_a^b f(x)\,dx = \frac{h}{3}\left[f(x_0) + 4f(x_1) + 2f(x_2) + 4f(x_3) + \ldots + 2f(x_{2n-2}) + 4f(x_{2n-1}) + f(x_{2n})\right] + R_T = S_n + R_T$$

$$h = \frac{b-a}{2n} \quad x_k = a + \frac{k}{2n}(b-a) \quad R_T = -\frac{(b-a)h^4}{180} f^{(4)}(\xi),\ a < \xi < b$$

16.4 Numerische Integration und Differentiation

Bemerkungen

(a) Simpson-Regel ist exakt für Polynome bis zum Grad drei

(b) $S_n = \frac{1}{3}(T_n + 2M_n) \qquad T_{n+1} = \frac{1}{2}(T_n + M_n)$

Adaptives Simpsonverfahren zur numerischen Quadratur von $\int_a^b f(x)dx$.

Es wird solange eine Intervallhalbierung durchgeführt, bis der „relative Fehler" unter E liegt, wenn in jedem Teilintervall die Simpson-Regel angewendet wird.

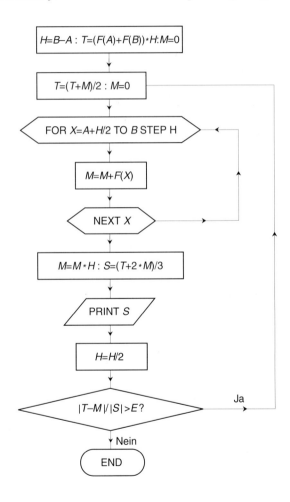

Newton-Cotes-Formeln

Newton-Cotes-Formeln (Geschlossener Typ, mit Randpunkten)

$x_k = x_0 + kh, k = 1, 2, \ldots$

$$\int_{x_0}^{x_3} f(x)dx \approx \frac{3h}{8} (f(x_0) + 3f(x_1) + 3f(x_2) + f(x_3))$$

Restglied $= -3f^{(4)}(\xi)h^5/80$

$$\int_{x_0}^{x_4} f(x)dx \approx \frac{2h}{45} (7f(x_0) + 32f(x_1) + 12f(x_2) + 32f(x_3) + 7f(x_4))$$

Restglied $= -8f^{(6)}(\xi)h^7/945$

$$\int_{x_0}^{x_5} f(x)dx \approx \frac{5h}{288} (19f(x_0) + 75f(x_1) + 50f(x_2) + 50f(x_3) + 75f(x_4) + 19f(x_5))$$

Restglied $= -275f^{(6)}(\xi)h^7/12096$

$$\int_{x_0}^{x_6} f(x)dx \approx \frac{h}{140} (41f(x_0) + 216f(x_1) + 27f(x_2) + 272f(x_3) + 27f(x_4) + 216f(x_5) + 41f(x_6))$$

Restglied $= -9f^{(8)}(\xi)h^9/1400$

$$\int_{x_0}^{x_7} f(x)dx \approx \frac{7h}{17280} (751f(x_0) + 3577f(x_1) + 1323f(x_2) + 2989f(x_3) + 2989f(x_4) +$$
$$+ 1323f(x_5) + 3577f(x_6) + 751f(x_7))$$

Restglied $= -8183f^{(8)}(\xi)h^9/518400$

$$\int_{x_0}^{x_8} f(x)dx \approx \frac{4h}{14175} (989f(x_0) + 5888f(x_1) - 928f(x_2) + 10496f(x_3) - 4540f(x_4) +$$
$$+ 10496f(x_5) - 928f(x_6) + 5888f(x_7) + 989f(x_8))$$

Restglied $= -2368f^{(10)}(\xi)h^{11}/467775$

Newton-Cotes-Formeln (Offener Typ, ohne Randpunkte)

$x_k = x_0 + kh, k = 1, 2, \ldots$

$$\int_{x_0}^{x_3} f(x)dx \approx \frac{3h}{2} (f(x_1) + f(x_2))$$

Restglied $= 3f^{(2)}(\xi)h^3/4$

$$\int_{x_0}^{x_4} f(x)dx \approx \frac{4h}{3} (2f(x_1) - f(x_2) + 2f(x_3))$$

Restglied $= 28f^{(4)}(\xi)h^5/90$

$$\int_{x_0}^{x_5} f(x)dx \approx \frac{5h}{24} (11f(x_1) + f(x_2) + f(x_3) + 11f(x_4))$$

Restglied $= 95f^{(4)}(\xi)h^5/144$

$$\int_{x_0}^{x_6} f(x)dx \approx \frac{6h}{20} (11f(x_1) - 14f(x_2) + 26f(x_3) - 14f(x_4) + 11f(x_5))$$

Restglied $= 41f^{(6)}(\xi)h^7/140$

Gauß-Quadratur

$$\int_{-1}^{1} f(x)dx \approx \sum_{i=1}^{n} a_i f(x_i)$$

Restglied = $\dfrac{2^{2n+1}(n!)^4}{(2n+1)((2n)!)^3} f^{(2n)}(\xi)$

Die Gewichte a_i sind bestimmt durch

$$a_i = \frac{2}{(1-x_i^2)(P_n'(x_i))^2},$$

wobei die Abszissen x_i die n Nullstellen des Legendre-Polynoms P_n sind.

Für das Integral $\int_a^b f(x)dx$ substituiert man zuerst $x = \dfrac{b-a}{2}t + \dfrac{a+b}{2}$.

Abszissen x_i und Gewichte a_i

n	$\pm x_i$	a_i	n	$\pm x_i$	a_i
2	0,57735 02692	1	6	0,23861 91861	0,46791 39346
				0,66120 93865	0,36076 15730
3	0	0,88888 88889		0,93246 95142	0,17132 44924
	0,77459 66692	0,55555 55556			
			8	0,18343 46425	0,36268 37834
4	0,33998 10436	0,65214 51549		0,52553 24099	0,31370 66459
	0,86113 63116	0,34785 48451		0,79666 64774	0,22238 10345
				0,96028 98565	0,10122 85363
5	0	0,56888 88889			
	0,53846 93101	0,47862 86705	10	0,14887 43390	0,29552 42247
	0,90617 98459	0,23692 68851		0,43339 53941	0,26926 67193
				0,67940 95683	0,21908 63625
				0,86506 33667	0,14945 13492
				0,97390 65285	0,06667 13443

Romberg-Integration

Zur besseren Approximation von $\int_a^b f(x)dx$ wird wiederholt die Richardson-Extrapolation (vgl. 16.3) auf die Trapezregel angewandt

$$T(h) = \frac{h}{2}(f(x_0) + 2f(x_1) + \ldots + 2f(x_{n-1}) + f(x_n)), \quad h = \frac{b-a}{n}, \text{ Fehler } \approx kh^2$$

$$T_1(h) = \frac{4T(h) - T(2h)}{3}, \quad \text{Fehler } \approx k_1 h^4 \quad \text{(Simpson-Regel)}$$

$$T_2(h) = \frac{16T_1(h) - T_1(2h)}{15}, \quad \text{Fehler } \approx k_2 h^6$$

Die Rechnung läßt sich in einem dreieckigen Schema aufschreiben

$$
\begin{array}{lllll}
T(8h) \\
T(4h) & T_1(4h) \\
T(2h) & T_1(2h) & T_2(2h) \\
T(h) & T_1(h) & T_2(h) & T_3(h) \\
T(h/2) & T_1(h/2) & T_2(h/2) & T_3(h/2) & T_4(h/2) \\
\vdots & \vdots & \vdots & \vdots & \vdots \\
& (2^2-1)\text{-Regel} & (2^4-1)\text{-Regel} & (2^6-1)\text{-Regel} & (2^8-1)\text{-Regel}
\end{array}
$$

Uneigentliche Integrale

Bei uneigentlichen Integralen oder Integralen mit nichtregulärem Integranden (z.B. mit nicht beschränkter Ableitung) wendet man vor einer numerischen Formel (z.B. der Simpson-Regel) eine geeignete Substitution, partielle Integration oder eine Reihenentwicklung an, die die Singularität abspaltet oder beseitigt

Beschränktes Intervall

Der Ursprung ist ein singulärer Punkt: Substitution $x = t^\alpha$ mit hinreichend großem α

Beispiel. Die Substitution $x = t^2$ verwandelt die uneigentlichen Integrale

$$\int_0^1 \tan\sqrt{x}\, dx \quad \text{und} \quad \int_0^1 \frac{\cos x}{\sqrt{x}}\, dx$$

in die eigentlichen Integrale $\int_0^1 2t \tan t\, dt$ und $\int_0^1 2 \cos t^2\, dt$

Unbeschränktes Intervall

Übliche Substitutionen: $t = \arctan x$, $x = t^{-\alpha}$, $e^{-ax} = t$ usw.

Beispiel. Die Substitution $x = t^{-\alpha}$ verwandelt das Integral

$$\int_1^\infty (1+x^6)^{-1/2} dx \quad \text{in} \quad \alpha \int_0^1 t^{2\alpha-1}(1+t^{6\alpha})^{-1/2} dt$$

mit regulärem Integranden, falls $\alpha = 1/2$ (oder $\alpha = n/2$, $n = 2, 3, 4, \ldots$)

Doppelintegrale

Das Integral $\int\int_0^1{}_0^1 f(x,y) dx dy$ läßt sich approximieren, indem man pro Variable eine der obigen Methoden anwendet. Mit der eindimensionalen Approximation

$$\int_0^1 f(x) dx \approx \sum_{i=1}^n a_i f(x_i) \quad \text{ergibt sich} \quad \boxed{\int\int_0^1{}_0^1 f(x,y) dx\, dy \approx \sum_{i,j=1}^n a_i a_j f(x_i, y_j)}$$

als zweidimensionale Approximation.

Monte-Carlo-Methode (siehe S. 390)

Numerische Differentiation

(16.1)

Ableitung	Approximation	Restglied, Fehler
(a) $f'(x)$	$\dfrac{1}{2h}(f(x+h)-f(x-h))$	$O(h^2)$
(b) $f'(x)$	$\dfrac{1}{12h}(-f(x+2h)+8f(x+h)-8f(x-h)+f(x-2h))$	$O(h^4)$
(c) $f''(x)$	$\dfrac{1}{h^2}(f(x+h)-2f(x)+f(x-h))$	$O(h^2)$
(d) $f''(x)$	$\dfrac{1}{12h^2}(-f(x+2h)+16f(x+h)-30f(x)+16f(x-h)-f(x-2h))$	$O(h^4)$
(e) $f'''(x)$	$\dfrac{1}{2h^3}(f(x+2h)-2f(x+h)+2f(x-h)-f(x-2h))$	$O(h^2)$

Diese Approximationen lassen sich durch Richardson-Extrapolation verbessern (vgl. 16.3).

Allgemeine Differentiationsformeln

$$y^{(n)}(x) = h^{-n}\left(\alpha_n^{(n)}\Delta^n y(x) + \frac{\alpha_n^{(n+1)}}{n+1}\Delta^{n+1} y(x) + \frac{\alpha_n^{(n+2)}}{(n+1)(n+2)}\Delta^{n+2} y(x) + \ldots\right) =$$

$$= h^{-n}\left(\alpha_n^{(n)}\nabla^n y(x) - \frac{\alpha_n^{(n+1)}}{n+1}\nabla^{n+1} y(x) + \frac{\alpha_n^{(n+2)}}{(n+1)(n+2)}\nabla^{n+2} y(x) - \ldots\right)$$

mit den Stirling-Zahlen 1. Art $\alpha_n^{(k)}$

Speziell

1. $y'(x) = \dfrac{1}{h}\left(\Delta - \dfrac{1}{2}\Delta^2 + \dfrac{1}{3}\Delta^3 - \dfrac{1}{4}\Delta^4 + \ldots\right)y(x) = \dfrac{1}{h}\left(\nabla + \dfrac{1}{2}\nabla^2 + \dfrac{1}{3}\nabla^3 + \dfrac{1}{4}\nabla^4 + \ldots\right)y(x) =$

$= \dfrac{1}{h}\left(\mu\delta - \dfrac{1}{6}\mu\delta^3 + \dfrac{1}{30}\mu\delta^5 - \dfrac{1}{140}\mu\delta^7 + \dfrac{1}{630}\mu\delta^9 - \ldots\right)y(x) =$

$= \dfrac{\mu}{h}\sum_{k=0}^{\infty}(-1)^k \cdot \dfrac{(k!)^2}{(2k+1)!}\delta^{2k+1}y(x)$

2. $y''(x) = \dfrac{1}{h^2}\left(\Delta^2 - \Delta^3 + \dfrac{11}{12}\Delta^4 - \dfrac{5}{6}\Delta^5 + \dfrac{137}{180}\Delta^6 - \dfrac{7}{10}\Delta^7 + \ldots\right)y(x) =$

$= \dfrac{1}{h^2}\left(\nabla^2 + \nabla^3 + \dfrac{11}{12}\nabla^4 + \dfrac{5}{6}\nabla^5 + \dfrac{137}{180}\nabla^6 + \dfrac{7}{10}\nabla^7 + \ldots\right)y(x) =$

$= \dfrac{1}{h^2}\left(\delta^2 - \dfrac{1}{12}\delta^4 + \dfrac{1}{90}\delta^6 - \dfrac{1}{560}\delta^8 + \dfrac{1}{3150}\delta^{10} + \ldots\right)y(x) =$

$= \dfrac{1}{h^2}\sum_{k=0}^{\infty}2(-1)^k \cdot \dfrac{(k!)^2}{(2k+2)!}\delta^{2k+2}y(x)$

Mittels *Operatormultiplikation* lassen sich hieraus Formeln für höhere Ableitungen gewinnen. [In jedem Fall sollten mit der Identität $\mu^2 = 1 + \delta^2/4$ μ in den Formeln höhere als erste Potenzen von μ vermieden werden.] Z.B.

$$y^{(4)} = D^4 y = D^2 D^2 y = \left[\frac{1}{h^2}\left(\delta^2 - \frac{1}{12}\delta^4 + \frac{1}{90}\delta^6 - \frac{1}{560}\delta^8 + \frac{1}{3150}\delta^{10} + \ldots\right)\right]^2 y =$$

$$= \frac{1}{h^4}\left(\delta^4 - \frac{1}{6}\delta^6 + \frac{7}{240}\delta^8 - \frac{41}{7560}\delta^{10} + \ldots\right) y$$

Formeln für die numerische Differentiation

(Zur Berechnung der Ableitungen an Zwischenstellen der Tabelle müssen die Formeln mit einer Interpolation kombiniert werden.)

Bezeichnung. $y_k = y(x+kh)$, $h>0$		$y^{(k)} = y^{(k)}(\xi)$, ξ im entsprechenden Intervall Fehler = Betrag von
$y_0' =$	$(y_1 - y_0)/h = (y_0 - y_{-1})/h$	$hy''/2$
	$(y_1 - y_{-1})/2h$	$h^2 y^{(3)}/6$
	$(-y_2 + 4y_1 - 3y_0)/2h = (3y_0 - 4y_{-1} + y_{-2})/2h$	$h^2 y^{(3)}/3$
	$(2y_3 - 9y_2 + 18y_1 - 11y_0)/6h = (11y_0 - 18y_{-1} + 9y_{-2} - 2y_{-3})/6h$	$h^3 y^{(4)}/12$
	$(-3y_4 + 16y_3 - 36y_2 + 48y_1 - 25y_0)/12h$	$h^4 y^{(5)}/5$
	$(25y_0 - 48y_{-1} + 36y_{-2} - 16y_{-3} + 3y_{-4})/12h$	$h^4 y^{(5)}/5$
	$(-y_2 + 8y_1 - 8y_{-1} + y_{-2})/12h$	$h^4 y^{(5)}/30$
	$(12y_5 - 75y_4 + 200y_3 - 300y_2 + 300y_1 - 137y_0)/60h$	$h^5 y^{(6)}/6$
	$(137y_0 - 300y_{-1} + 300y_{-2} - 200y_{-3} + 75y_{-4} - 12y_{-5})/60h$	$h^5 y^{(6)}/6$
	$(y_3 - 9y_2 + 45y_1 - 45y_{-1} + 9y_{-2} - y_{-3})/60h$	$h^6 y^{(7)}/140$
$y_0'' =$	$(y_2 - 2y_1 + y_0)/h^2 = (y_0 - 2y_{-1} + y_{-2})/h^2$	$hy^{(3)}$
	$(y_1 - 2y_0 + y_{-1})/h^2$	$h^2 y^{(4)}/12$
	$(-y_3 + 4y_2 - 5y_1 + 2y_0)/h^2 = (2y_0 - 5y_{-1} + 4y_{-2} - y_{-3})/h^2$	$11 h^2 y^{(4)}/12$
	$(11y_4 - 56y_3 + 114y_2 - 104y_1 + 35y_0)/12h^2$	$5h^3 y^{(5)}/6$
	$(35y_0 - 104y_{-1} + 114y_{-2} - 56y_{-3} + 11y_{-4})/12h^2$	$5h^3 y^{(5)}/6$
	$(-y_2 + 16y_1 - 30y_0 + 16y_{-1} - y_{-2})/12h^2$	$h^4 y^{(5)}/90$
	$(-10y_5 + 61y_4 - 156y_3 + 214y_2 - 154y_1 + 45y_0)/12h^2$	$137 h^4 y^{(5)}/180$
	$(45y_0 - 154y_{-1} + 214y_{-2} - 156y_{-3} + 61y_{-4} - 10y_{-5})/12h^2$	$137 h^4 y^{(5)}/180$
	$(2y_3 - 27y_2 + 270y_1 - 490y_0 + 270y_{-1} - 27y_{-2} + 2y_{-3})/180h^2$	$h^6 y^{(8)}/560$
$y_0^{(3)} =$	$(y_3 - 3y_2 + 3y_1 - y_0)/h^3 = (y_0 - 3y_{-1} + 3y_{-2} - y_{-3})/h^3$	$3hy^{(4)}/2$
	$(-3y_4 + 14y_3 - 24y_2 + 18y_1 - 5y_0)/2h^3$	$7h^2 y^{(5)}/4$
	$(5y_0 - 18y_{-1} + 24y_{-2} - 14y_{-3} + 3y_{-4})/2h^3$	$7h^2 y^{(5)}/4$
	$(y_2 - 2y_1 + 2y_{-1} - y_{-2})/2h^3$	$h^2 y^{(5)}/4$
	$(-y_3 + 8y_2 - 13y_1 + 13y_{-1} - 8y_{-2} + y_{-3})/8h^3$	$7h^4 y^{(7)}/120$
$y_0^{(4)} =$	$(y_4 - 4y_3 + 6y_2 - 4y_1 + y_0)/h^4$	$2hy^{(5)}$
	$(y_0 - 4y_{-1} + 6y_{-2} - 4y_{-3} + y_{-4})/h^4$	$2hy^{(5)}$
	$(y_2 - 4y_1 + 6y_0 - 4y_{-1} + y_{-2})/h^4$	$h^2 y^{(5)}/6$

16.4 Numerische Integration und Differentiation

Abkürzungen für Funktionswerte und partielle Ableitungen in nachfolgender Tabelle: $u_{0,0} = u(x, y)$ $u_{m,n} = u(x + mh, y + nh)$

$\left(\dfrac{\partial u}{\partial x}\right)_{0,0}$ partielle Ableitung $\dfrac{\partial u}{\partial x}$ im Punkt (x, y), etc.

(16.2)

Partielle Ableitung	Approximation	Fehler Restglied	Konfiguration
(a) $\left(\dfrac{\partial u}{\partial x}\right)_{0,0}$	$\dfrac{1}{2h}(u_{1,0} - u_{-1,0})$	$O(h^2)$	
(b) $\left(\dfrac{\partial^2 u}{\partial x^2}\right)_{0,0}$	$\dfrac{1}{h^2}(u_{1,0} - 2u_{0,0} + u_{-1,0})$	$O(h^2)$	
(c) $\left(\dfrac{\partial^2 u}{\partial x \partial y}\right)_{0,0}$	$\dfrac{1}{4h^2}(u_{1,1} - u_{1,-1} - u_{-1,1} + u_{-1,-1})$	$O(h^2)$	
(d) $\left(\dfrac{\partial^3 u}{\partial x^3}\right)_{0,0}$	$\dfrac{1}{2h^3}(u_{2,0} - 2u_{1,0} + 2u_{-1,0} - u_{-2,0})$	$O(h^2)$	
(e) $\left(\dfrac{\partial^3 u}{\partial x^2 \partial y}\right)_{0,0}$	$\dfrac{1}{2h^3}(u_{1,1} - 2u_{0,1} + u_{-1,1} - u_{1,-1} + 2u_{0,-1} - u_{-1,-1})$	$O(h^2)$	
(f) $\left(\dfrac{\partial^4 u}{\partial x^4}\right)_{0,0}$	$\dfrac{1}{h^4}(u_{2,0} - 4u_{1,0} + 6u_{0,0} - 4u_{-1,0} + u_{-2,0})$	$O(h^2)$	
(g) $\left(\dfrac{\partial^4 u}{\partial x^2 \partial y^2}\right)_{0,0}$	$\dfrac{1}{h^4}(u_{1,1} - 2u_{0,1} + u_{-1,1} - 2u_{1,0} + 4u_{0,0} - 2u_{-1,0} + u_{1,-1} - 2u_{0,-1} + u_{-1,-1})$	$O(h^2)$	

(h) $\Delta u = \left(\dfrac{\partial^2 u}{\partial x^2} + \dfrac{\partial^2 u}{\partial y^2}\right)_{0,0} = \dfrac{1}{h^2}(u_{1,0} + u_{0,1} + u_{-1,0} + u_{0,-1} - 4u_{0,0}) + O(h^2)$

(i) $\Delta^2 u = \left(\dfrac{\partial^4 u}{\partial x^4} + 2\dfrac{\partial^4 u}{\partial x^2 \partial y^2} + \dfrac{\partial^4 u}{\partial y^4}\right)_{0,0} =$
$= \dfrac{1}{h^4}[u_{2,0} + u_{0,2} + u_{-2,0} + u_{0,-2} - 8(u_{1,0} + u_{0,1} + u_{-1,0} + u_{0,-1}) + 2(u_{1,1} + u_{1,-1} + u_{-1,1} + u_{-1,-1}) + 20u_{0,0}] + O(h^2)$

Monte-Carlo-Methoden

Eine Monte-Carlo-Methode löst ein Problem approximativ durch Simulation mit Zufallszahlen. Damit lassen sich Flächeninhalte, Volumina, mehrfache Integrale und Lösungen partieller Differentialgleichungen bestimmen. Z.B.: Seien X und Y unabhängige und in (a, b) bzw. (c, d) gleichverteilte Zufallsgrößen. Angenommen M von N erzeugten Realisationen (X, Y) fallen in den Teilbereich D des Rechtecks R, dann ist $(M/N)(b-a)(d-c)$ für großes N ein Schätzwert für den Flächeninhalt von D.

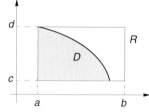

16.5 Numerische Lösung von DGLn

Gewöhnliche Differentialgleichung. Anfangswertproblem

Alle nachfolgenden Formeln lassen sich mit Richardson-Extrapolation verbessern.

Problem. Bestimme $y = y(x)$ mit

$$\begin{cases} y' = f(x, y) \\ y(x_0) = y_0 \end{cases}$$

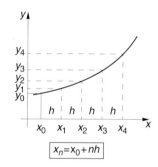

Euler-Methode

$$\boxed{y_{n+1} = y_n + h f(x_n, y_n)}$$

Globaler Verfahrensfehler $= O(h)$.

System in Vektorform: $\begin{cases} \mathbf{y}' = \mathbf{f}(x, \mathbf{y}) \\ \mathbf{y}(x_0) = \mathbf{y}_0 \end{cases}$ $\quad \mathbf{y} = (y_1, \ldots, y_m)$
$\quad \mathbf{f} = (f_1, \ldots, f_m)$

$$\boxed{\mathbf{y}_{n+1} = \mathbf{y}_n + h\mathbf{f}(x_n, \mathbf{y}_n)}$$

Mittelpunktsmethode

$$y_{n+1} = y_n + h f\left(x_n + \frac{h}{2}, y_n + \frac{hk_1}{2}\right)$$
$$k_1 = f(x_n, y_n)$$

Globaler Verfahrensfehler $= O(h^2)$.

Heun-Methode

$$y_{n+1} = y_n + \frac{h}{2}(k_1 + k_2)$$
$$k_1 = f(x_n, y_n)$$
$$k_2 = f(x_n + h, y_n + hk_1)$$

Globaler Verfahrensfehler $= O(h^2)$.

Runge-Kutta-Methoden
1. DGL 1.Ordnung
Problem: $y' = f(x, y)$, $y(x_0) = y_0$

Iteration: $x_{n+1} = x_n + h$

$$y_{n+1} = y_n + \frac{1}{6}(k_1 + 2k_2 + 2k_3 + k_4)$$

$k_1 = hf(x_n, y_n)$

$k_2 = hf\left(x_n + \frac{h}{2},\ y_n + \frac{k_1}{2}\right)$

$k_3 = hf\left(x_n + \frac{h}{2},\ y_n + \frac{k_2}{2}\right)$

$k_4 = hf(x_n + h,\ y_n + k_3)$

Globaler Verfahrensfehler $= O(h^4)$.

2. System von DGLn 1. Ordnung

Problem: $\begin{cases} y' = f(x, y, z, \ldots) & y(x_0) = y_0 \\ z' = g(x, y, z, \ldots) & z(x_0) = z_0 \\ \ldots & \ldots \end{cases}$

Iteration: $x_{n+1} = x_n + h$

$$y_{n+1} = y_n + \frac{1}{6}(k_1 + 2k_2 + 2k_3 + k_4)$$
$$z_{n+1} = z_n + \frac{1}{6}(m_1 + 2m_2 + 2m_3 + m_4)$$
$$\ldots$$

$k_1 = hf(x_n, y_n, z_n, \ldots)$, $m_1 = hg(x_n, y_n, z_n, \ldots)$, $\ldots$

$k_2 = hf\left(x_n + \frac{h}{2},\ y_n + \frac{k_1}{2},\ z_n + \frac{m_1}{2},\ \ldots\right)$

$m_2 = hg\left(x_n + \frac{h}{2},\ y_n + \frac{k_1}{2},\ z_n + \frac{m_1}{2},\ \ldots\right)$

...

$k_3 = hf\left(x_n + \frac{h}{2},\ y_n + \frac{k_2}{2},\ z_n + \frac{m_2}{2},\ \ldots\right)$

$m_3 = hg\left(x_n + \frac{h}{2},\ y_n + \frac{k_2}{2},\ z_n + \frac{m_2}{2},\ \ldots\right)$

...

$k_4 = hf(x_n + h,\ y_n + k_3,\ z_n + m_3,\ \ldots)$, $m_4 = hg(x_n + h,\ y_n + k_3,\ z_n + m_3,\ \ldots)$,

...

Globaler Verfahrensfehler $= O(h^4)$.

3. DGL 2. Ordnung

Problem:
$$y'' = f(x, y, y'), \, y(x_0) = y_0, \, y'(x_0) = y_0'$$

Iteration: $x_{n+1} = x_n + h$

$$\boxed{\begin{aligned} y_{n+1} &= y_n + h y_n' + \frac{h}{6}(k_1 + k_2 + k_3) \\ y_{n+1}' &= y_n' + \frac{1}{6}(k_1 + 2k_2 + 2k_3 + k_4) \end{aligned}}$$

$$k_1 = hf(x_n, y_n, y_n')$$

$$k_2 = hf\left(x_n + \frac{h}{2},\, y_n + y_n'\frac{h}{2},\, y_n' + \frac{k_1}{2}\right)$$

$$k_3 = hf\left(x_n + \frac{h}{2},\, y_n + y_n'\frac{h}{2} + \frac{k_1 h}{4},\, y_n' + \frac{k_2}{2}\right)$$

$$k_4 = hf\left(x_n + h,\, y_n + y_n' h + \frac{k_2 h}{2},\, y_n' + k_3\right)$$

4. DGL n-ter Ordnung

Problem: $\begin{cases} y^{(n)} = f(x, y, y', \ldots, y^{(n-1)}) \\ y(x_0) = y_0,\, y'(x_0) = y_0',\, \ldots,\, y^{(n-1)}(x_0) = y_0^{(n-1)} \end{cases}$

Das Problem wird mit folgender Substitution auf Problem 2 zurückgeführt:

$$y_1 = y, \quad y_2 = y', \quad \ldots, \quad y_n = y^{(n-1)}$$

Taylor-Reihen-Methoden

Problem:

(16.3) $\quad \begin{cases} y' = f(x, y) \\ y(x_0) = y_0 \end{cases}$

1. Methode. Mit (16.3) ist $y'(x_0) = f(x_0, y_0)$ und implizite Differentiation nach x ergibt

$$y'' = f_x'(x, y) + y' \cdot f_y'(x, y) \Rightarrow y''(x_0) = f_x'(x_0, y_0) + y'(x_0) f_y'(x_0, y_0)$$

Usw. Diese Werte in die Taylor-Formel [vgl. 8.5] für $y(x)$ einsetzen.

2. Methode. Potenzreihenansatz $y(x) = \sum\limits_{n=0}^{\infty} a_n x^n$ in (16.3) einsetzen. Führt bei linearen DGLn mit Koeffizientenvergleich auf ein lineares Gleichungssystem für die a_n, das i.a. gelöst werden kann.

Randwertprobleme

Zwei-Punkt-Randwertproblem

$$\begin{cases} y''=f(x, y, y'), & a<x<b \\ y(a)=\alpha \\ y(b)=\beta \end{cases}$$

Einfaches Schießverfahren

Man gibt $y'(a)$ geeignet vor und berechnet mit einem der obigen Verfahren (z.B. Runge-Kutta) den Wert $y(b)$. Nun variiert man das willkürlich gewählte $y'(a)$ solange, bis $y(b)=\beta$ hinreichend genau erfüllt ist. Führen z.B. $y'(a)=\gamma_1$ und $y'(a)=\gamma_2$ auf die rechten Randwerte β_1 bzw. β_2, dann nimmt man als nächsten Wert

$$\boxed{y'(a)=\gamma_3=\gamma_2+\frac{\gamma_1-\gamma_2}{\beta_1-\beta_2}(\beta-\beta_2)}$$

Finite-Differenzen-Methode

Ableitungen werden durch Differenzen approximiert.

Beispiel

$$y''+a^2y=0; \quad y(0)=0, y(1)=1$$

Intervall [0, 1] in n Teilintervalle der Länge $h=1/n$ unterteilt und (16.1 c) angewandt, ergibt das lineare Gleichungssystem $[y_k \approx y(kh)]$

$$\begin{cases} y_{k+1}-2y_k+y_{k-1}+a^2h^2y_k=0, k=1, \ldots, n-1 \\ y_0=0, y_n=1 \end{cases}$$

Finite-Elemente-Methode (Ritz-Galerkin-Methode)

Modellproblem

(16.4) $\quad \begin{cases} -u''(x)+q(x)u(x)=f(x), 0<x<1 \quad (q(x)\geq 0) \\ u(0)=u(1)=0 \end{cases}$

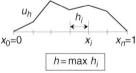

$h = \max h_i$

V sei der Raum der stetigen und stückweise differenzierbaren Funktionen $v(x)$ mit $v(0)=v(1)=0$.

Mit $(u, v)=\int_0^1 u(x)v(x)dx$ lautet das zu (16.4) äquivalente

Variationsproblem: Bestimme $u \in V$, so daß

(16.5) $\quad (u', v')+(qu, v)=(f, v)$ für alle $v \in V$

Mit der Unterteilung $0=x_0<x_1<\ldots<x_n=1$ von [0, 1] bezeichne V_h den endlichdimensionalen Raum der stetigen und stückweise linearen Funktionen $v(x)$ mit $v(0)=v(1)=0$ (siehe Skizze). [Allgemeiner: $v(x)$ stückweise ein Polynom vom Grad $\leq k$ mit $v(0)=v(1)=0$, so daß die Ableitungen von $v(x)$ der Ordnung $\leq k-1$ stetig sind; sog. *Spline-Funktionen*.]

Der Raum V_h hat die Basisfunktionen $\varphi_i(x)$, $i = 1, \ldots, n$ (vgl. Skizze), so daß jedes $u_h \in V_h$ eine Darstellung besitzt:

$$u_h(x) = \sum_{i=1}^{n} \alpha_i \varphi_i(x), \quad \alpha_i \text{ konstant.}$$

Damit lautet das *diskrete Analogon* zu (16.5):
Bestimme $u_h \in V_h$, so daß

$$(u_h', v_h') + (qu_h, v_h) = (f, v_h) \quad \text{für alle} \quad v_h \in V_h$$

oder äquivalent dazu:
Bestimme die Konstanten α_i derart, daß

(16.6) $\quad \sum_{i=1}^{n} \alpha_i(\varphi_i', \varphi_j') + \sum_{i=1}^{n} \alpha_i(q\varphi_i, \varphi_j) = (f, \varphi_j), j = 1, \ldots, n$

Dieses lineare Gleichungssystem für $\alpha_1, \ldots, \alpha_n$ hat die Koeffizienten

$$(\varphi_i', \varphi_i') = \frac{1}{h_i} + \frac{1}{h_{i+1}}$$

$$(\varphi_i', \varphi_{i-1}') = (\varphi_{i-1}', \varphi_i') = -\frac{1}{h_i}$$

$$(\varphi_i', \varphi_j') = 0, \text{ falls } |i-j| > 1$$

$$(q\varphi_i, \varphi_i) \begin{cases} \approx \frac{1}{6} h_i q(x_{i-1}) + \frac{1}{6}(h_i + h_{i+1})q(x_i) + \frac{1}{6} h_{i+1} q(x_{i+1}) \\ = \frac{1}{3}(h_i + h_{i+1})q_0, \text{ falls } q(x) \equiv q_0 \text{ konstant} \end{cases}$$

$$(q\varphi_i, \varphi_{i-1}) = (q\varphi_{i-1}, \varphi_i) \begin{cases} \approx \frac{1}{12} h_i[q(x_{i-1}) + q(x_i)] \\ = \frac{1}{6} h_i q_0, \text{ falls } q(x) \equiv q_0 \end{cases}, \quad (q\varphi_i, \varphi_j) = 0, \text{ falls } |i-j| > 1$$

$$(f, \varphi_j) \approx \frac{1}{6} h_j f(x_{j-1}) + \frac{1}{3}(h_j + h_{j+1}) f(x_j) + \frac{1}{6} h_{j+1} f(x_{j+1})$$

Das System (16.6) hat stets eine eindeutige Lösung, da die Matrix positiv definit ist. Sind q, f glatt, dann konvergiert u_h gegen u bezüglich der Norm

$$\|v\| = (v, v)^{1/2} \quad \text{von der Ordnung } O(h^2), \text{ d.h.}$$

$$\|u - u_h\| \leq Ch^2, h = \max h_i$$

Integralgleichungen

Riemann-Summen-Methode

Beispiel. Fredholm-Gleichung 2. Art (vgl. 9.4)

(16.7) $\quad y(x) - \int_a^b K(x, t) y(t) dt = h(x)$

Mit $x_j = a + j(b-a)/n$ und $y_j = y(x_j), j = 1, \ldots, n$ kann (16.7) approximiert werden durch das lineare Gleichungssystem

$$y_i - \sum_{j=1}^{n} K(x_i, x_j) y_j (b-a)/n = h(x_i), i = 1, \ldots, n$$

16.5 Numerische Lösung von DGLn

In Matrixform: $(E-A)Y=H$. Ist $\det(E-A) \neq 0$, dann konvergiert (unter entsprechenden Bedingungen) $Y=(E-A)^{-1}H$ gegen $y(x)$, falls $n \to \infty$.

Beachte. Statt Riemann-Summen eignen sich auch andere Integralapproximationen.

Partielle Differentialgleichungen

Beispiele zur Verdeutlichung.

Beispiel 1. Finite-Elemente-Methode

Das Dirichlet-Problem in der Ebene

(16.8) $\quad \begin{cases} -\Delta u = f \text{ in } \Omega \\ u = 0 \text{ auf dem Rand } \partial\Omega \end{cases}$

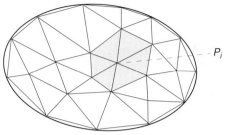

Analog zum eindimensionalen Fall (siehe oben) werden *Basisfunktionen* $\varphi_i(x,y)$ im Raum V_h der stetigen stückweise linearen Funktionen über Ω_h eingeführt, die Null auf $\partial\Omega_h$ sind. Die Triangulation habe N innere *Knoten* P_i, dann wird $\varphi_i(x,y)$ so gewählt, daß $\varphi_i(P_i)=1$ und $\varphi_i(P_j)=0, j \neq i$. Die Näherungslösung $u_h = \sum_{i=1}^{N} \alpha_i \varphi_i$ von (16.8) ist dann die eindeutig bestimmte Lösung des linearen Gleichungssystems

Ω = gegebenes Gebiet
Ω_h = trianguliertes Gebiet
$\varphi_i \equiv 0$ außerhalb des schraffierten Bereichs
h = max. Durchmesser der T_i ($T_i \in \Omega_h$)

$$\sum_{i=1}^{N} \alpha_i \iint_\Omega \nabla \varphi_i \cdot \nabla \varphi_j \, dxdy = \iint_\Omega f(x,y) \varphi_j(x,y) \, dxdy, \, j=1,\ldots,N$$

Konvergenzordnung = $O(h^2)$ (bei glatten Daten)

Beispiel 2. Finite-Differenzen-Methode

Das Dirichlet-Problem im rechteckigem Gebiet

$\begin{cases} -\Delta u = f \text{ in } \Omega \\ u = g \text{ auf } \partial\Omega \end{cases}$

Mit der 5-Punkteformel (16.2 h) ergibt sich ein lineares Gleichungssystem

$U_{i,j} = U(ih, jh)$

$\begin{cases} -h^2 \Delta_h U_{i,j} \equiv 4U_{i,j} - U_{i+1,j} - U_{i-1,j} - U_{i,j+1} - U_{i,j-1} = h^2 f(ih,jh), & 1 \leq i \leq 3 \\ U_{i,j} = g(ih,jh) \text{ auf } \partial\Omega & 1 \leq j \leq 2 \end{cases}$

$\Leftrightarrow$

$$\begin{bmatrix} 4 & -1 & 0 & -1 & 0 & 0 \\ -1 & 4 & -1 & 0 & -1 & 0 \\ 0 & -1 & 4 & 0 & 0 & -1 \\ -1 & 0 & 0 & 4 & -1 & 0 \\ 0 & -1 & 0 & -1 & 4 & -1 \\ 0 & 0 & -1 & 0 & -1 & 4 \end{bmatrix} \begin{bmatrix} U_{11} \\ U_{21} \\ U_{31} \\ U_{12} \\ U_{22} \\ U_{32} \end{bmatrix} = \begin{bmatrix} h^2 f_{11} + U_{01} + U_{10} \\ h^2 f_{21} + U_{20} \\ h^2 f_{31} + U_{41} + U_{30} \\ h^2 f_{12} + U_{02} + U_{13} \\ h^2 f_{22} + U_{23} \\ h^2 f_{32} + U_{42} + U_{33} \end{bmatrix}$$

Die Koeffizientenmatrix ist symmetrisch und dünn besetzt, d.h. viele Elemente sind 0.
Beachte. Ist Ω nicht rechteckig, muß (16.2 h) am Rand angepaßt werden.

Beispiel 3. Finite-Differenzen-Methode

Wärmeleitungsgleichung $[u = u(x, y, t), \Omega: 0 < x < 1, 0 < y < 1]$

$$\begin{cases} u_t = \Delta u, & (x, y) \in \Omega,\ 0 < t < T \\ u(x, y, t) = 0, & (x, y) \in \partial\Omega,\ 0 < t < T \quad \text{(Randbedingung)} \\ u(x, y, 0) = g(x, y), & (x, y) \in \Omega \quad \text{(Anfangsbedingung)} \end{cases}$$

Die Raumvariablen x, y werden wie in Bsp. 2 diskretisiert. Schrittweite der Zeitvariablen t sei k. $U = U_{i,j}^n = U(ih, jh, nk)$, d.i. die approximative Lösung im Punkt (ih, jh, nk), läßt sich rekursiv von Zeitschritt zu Zeitschritt aus folgender Differenzengleichung bestimmen

$$\frac{1}{k}(U_{i,j}^{n+1} - U_{i,j}^n) = \Delta_h U_{i,j}^n \equiv h^{-2}(U_{i+1,j}^n + U_{i-1,j}^n + U_{i,j+1}^n + U_{i,j-1}^n - 4 U_{i,j}^n)$$

Anfangs- und Randwerte des diskreten Problems ergeben sich in analoger Weise aus den Vorgaben des kontinuierlichen Problems.

Konvergenz. $U \to u$ mit $h, k \to 0$, wenn $k/h^2 = \text{konstant} \leq 1/4$.

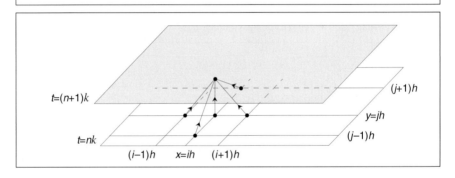

Weitere Beispiele zur Finiten-Differenzen-Methode

Bezeichnung

$U_i^n = U(ih, nk) \qquad f^n = f(nk) \qquad f_i = f(ih)$

$\delta_x U_i^n = U_{i+1}^n - U_i^n \qquad \bar{\delta}_x U_i^n = U_i^n - U_{i-1}^n$

$\delta_x \bar{\delta}_x U_i^n = U_{i+1}^n - 2 U_i^n + U_{i-1}^n$

Finite-Differenzen-Methoden für die PDG

$$\frac{\partial u}{\partial t} = a^2 \frac{\partial^2 u}{\partial x^2} \qquad (a = \text{konstant})$$

16.5 Numerische Lösung von DGLn

1. Explizites Verfahren, $q = \dfrac{ka^2}{h^2} = $ konstant

$$\frac{1}{k}\delta_t U_i^n = \frac{a^2}{h^2}\delta_x \bar{\delta}_x U_i^n \quad \Rightarrow$$

$$U_i^{n+1} = U_i^n + q(U_{i+1}^n - 2U_i^n + U_{i-1}^n)$$

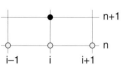

Lokaler Verfahrensfehler $= O(k+h^2)$. *Stabil*, falls $q \leq \dfrac{1}{2}$.

Spezialfälle

(i) $q = \dfrac{1}{2}$: $\quad U_i^{n+1} = \dfrac{1}{2}(U_{i+1}^n + U_{i-1}^n)$

(ii) $q = \dfrac{1}{6}$: $\quad$ *Lokaler Verfahrensfehler* $= O(k^2 + h^4)$.

2. Implizites Verfahren, $q = \dfrac{ka^2}{h^2} = $ konstant

$$\frac{1}{k}\delta_t U_i^n = \frac{a^2}{h^2}\delta_x \bar{\delta}_x U_i^{n+1} \quad \Rightarrow$$

$$-qU_{i+1}^{n+1} + (1+2q)U_i^{n+1} - qU_{i-1}^{n+1} = U_i^n$$

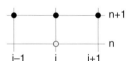

Lokaler Verfahrensfehler $= O(k+h^2)$. *Immer stabil*.

3. Crank-Nicolson-Verfahren (implizit), $q = \dfrac{ka^2}{h^2} = $ konstant

$$\frac{1}{k}\delta_t U_i^n = \frac{a^2}{2h^2}\delta_x \bar{\delta}_x (U_i^n + U_i^{n+1}) \quad \Rightarrow$$

$$-qU_{i+1}^{n+1} + 2(1+2q)U_i^{n+1} - qU_{i-1}^{n+1} =$$
$$= qU_{i+1}^n + 2(1-2q)U_i^n + qU_{i-1}^n$$

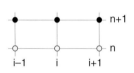

Lokaler Verfahrensfehler $= O(k^2 + h^2)$. *Immer stabil*.

Rand-Anfangswertproblem

(PDG) $\quad u_t = a^2 u_{xx}, \quad 0 < x < L, \, t > 0$
(RB1, 2) $\quad u(0,t) = f(t), u(L,t) = g(t), \quad t > 0$
(AW) $\quad u(x,0) = p(x), \quad 0 < x < L$

Finite-Differenzen-Approximation
($h = L/M$, $M =$ Anzahl der Teilintervalle):

(PFD) $\quad$ Ein Verfahren von oben
(RB1, 2) $\quad U_0^n = f^n = f(nk) \quad U_M^n = g^n$
(AW) $\quad U_i^0 = p_i = p(ih)$

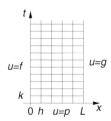

Die Randbedingung der Gestalt $u_x(0, t) = f(t)$ wird approximiert durch

$$\frac{1}{h}(U_1^n - U_0^n) = f^n \text{ mit Verfahrensfehler } = O(h) \text{ oder}$$

$$\frac{1}{2h}(-U_2^n + 4U_1^n - 3U_0^n) = f^n \text{ mit Verfahrensfehler } = O(h^2)$$

usw. (vgl. Tabelle in 16.4)

Finite-Differenzen-Methoden für die PDG

$$\frac{\partial^2 u}{\partial t^2} = a^2 \frac{\partial^2 u}{\partial x^2} \qquad (a = \text{konstant})$$

1. *Explizites Verfahren.* $\qquad q = \dfrac{a^2 k^2}{h^2} = \text{konstant}$

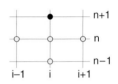

$$\frac{1}{k^2} \delta_t \bar{\delta}_t U_i^n = \frac{a^2}{h^2} \delta_x \bar{\delta}_x U_i^n \qquad \Rightarrow$$

$$U_i^{n+1} = qU_{i+1}^n + 2(1-q)U_i^n + qU_{i-1}^n - U_i^{n-1}$$

Lokaler Verfahrensfehler $= O(k^2 + h^2)$. Stabil, falls $q \leq 1$ (*CFL-Bedingung*)

2. *Implizites Verfahren.* $\qquad q = \dfrac{a^2 k^2}{h^2} = \text{konstant}$

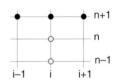

$$\frac{1}{k^2} \delta_t \bar{\delta}_t U_i^n = \frac{a^2}{h^2} \delta_x \bar{\delta}_x U_i^{n+1} \qquad \Rightarrow$$

$$-qU_{i+1}^{n+1} + (1+2q)U_i^{n+1} - qU_{i-1}^{n+1} = 2U_i^n - U_i^{n-1}$$

Lokaler Verfahrensfehler $= O(k^2 + h^2)$. Immer stabil.

Anfangswertproblem

(PDG) $\quad u_{tt} = a^2 u_{xx}, \qquad -\infty < x < \infty, t > 0$
(AW1) $\quad u(x,0) = f(x),$
(AW2) $\quad u_t(x, 0) = g(x).$

Finite-Differenzenapproximation:
Anfangsbedingungen:

(AW1) $\quad U_i^0 = f_i \qquad$ (exakt)
(AW2) $\quad \partial_t U_i^0 = g_i \Rightarrow U_i^1 = U_i^0 + k g_i$

mit Verfahrensfehler $= O(k)$ oder

$$U_i^1 = U_i^0 + k g_i + \frac{1}{2} qk(f_{i+1} - 2f_i + f_{i-1})$$

mit Verfahrensfehler $= O(kh^2 + k^2)$.

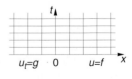

16.6 Numerische Summation
Euler-MacLaurin-Formel

Mit $x_k = x_0 + hk$ gilt

$$f(x_0) + f(x_1) + \ldots + f(x_n) = \frac{1}{h}\int_{x_0}^{x_n} f(x)dx + \frac{1}{2}[f(x_0) + f(x_n)] +$$

$$+ \sum_{k=1}^{m} \frac{h^{2k-1} B_{2k}}{(2k)!} [f^{(2k-1)}(x_n) - f^{(2k-1)}(x_0)] + \frac{n B_{2m+2} h^{2m+2}}{(2m+2)!} f^{(2m+2)}(\xi), \; x_0 < \xi < x_n,$$

B_j sind die Bernoulli-Zahlen (vgl. 12.3)

Beachte. Die Formel findet in der numerischen Integration vielfache Anwendung.

Spezialfall. $x_0 = 0, h = 1$.

$$\sum_{k=m}^{n} f(k) = f(m) + f(m+1) + \ldots + f(n) = \int_{m}^{n} f(x)dx + \frac{1}{2}[f(m) + f(n)] + \frac{1}{12}[f'(n) - f'(m)] -$$

$$- \frac{1}{720}[f^{(3)}(n) - f^{(3)}(m)] + \frac{1}{30240}[f^{(5)}(n) - f^{(5)}(m)] - \frac{1}{1209600}[f^{(7)}(n) - f^{(7)}(m)] +$$

$$+ \ldots + \frac{B_{2m}}{(2m)!}[f^{(2m-1)}(n) - f^{(2m-1)}(m)] + \ldots$$

Numerische Berechnung unendlicher Reihen

Bezeichnung

$$s = \sum_{n=1}^{\infty} a_n, \quad s_N = \sum_{n=1}^{N} a_n, \quad R_N = \sum_{n=N+1}^{\infty} a_n$$

Konvergenzbeschleunigung

1. Kummer-Transformation

Gegeben zwei konvergente Reihen

$$s = \sum_{n=1}^{\infty} a_n \text{ und } s_1 = \sum_{n=1}^{\infty} b_n \text{ mit } \frac{a_n}{b_n} \to c \neq 0 \text{ für } n \to \infty.$$

Dann gilt $s = \sum_{n=1}^{\infty} a_n = c s_1 + \sum_{n=1}^{\infty} \left(1 - c\frac{b_n}{a_n}\right) a_n$.

Ist s_1 bekannt, dann beschleunigt diese Transformation die Konvergenz.

$$\left[\text{Z.B.} \sum_{n=1}^{\infty} \frac{1}{n^2+1} = \sum_{n=1}^{\infty} \frac{1}{n^2} + \sum_{n=1}^{\infty} \left(\frac{1}{n^2+1} - \frac{1}{n^2}\right) = \frac{\pi^2}{6} - \sum_{n=1}^{\infty} \frac{1}{n^2(n^2+1)} \right]$$

2. Euler-Transformation

Ist die Reihe auf der linken Seite konvergent, dann gilt

$$\sum_{n=0}^{\infty} a_n x^n = \frac{1}{1-x} \sum_{n=0}^{\infty} \left(\frac{x}{1-x}\right)^n \Delta^n a_0, \text{ wobei } \Delta^n a_0 = \sum_{k=0}^{n} (-1)^k \binom{n}{k} a_{n-k}.$$

Reihen mit positiven Gliedern
Sei $a_n = f(n)$ und $f(x) \geq 0$.

Schnell konvergente Reihen
3. Abschätzung durch Integral

Ist $f(x)$ für $x > N$ fallend, dann gilt

$$\int_{N+1}^{\infty} f(x)dx \leq R_N \leq \int_N^{\infty} f(x)dx$$

Langsam konvergente Reihen
4. Lagrange-Interpolation

Interpretiere s_N als Polynomwert $P\left(\dfrac{1}{N}\right)$ und extrapoliere nach $\dfrac{1}{N} = 0$ mit der Lagrange-Interpolationsformel (vgl. 16.3).

Beispiel

$$s = \sum_1^{\infty} \frac{1}{n^2} \quad s_N = P\left(\frac{1}{N}\right) = \sum_1^N \frac{1}{n^2}$$

$P(0,1) = s_{10} = 1{,}549767731$
$P(0,05) = s_{20} = 1{,}596163244$
$P(0,04) = s_{25} = 1{,}605723404$

Lagrange-Interpolation (Extrapolation)

$$s = P(0) = \frac{2}{3} P(0{,}1) - 8P(0{,}05) + \frac{25}{3} P(0{,}04) = 1{,}644901$$

Exakter Wert $= s = \dfrac{\pi^2}{6} = 1{,}644934 \ldots$

5. Euler-MacLaurin-Formel

$$R_{N-1} = \sum_{n=N}^{\infty} f(n) = \int_N^{\infty} f(x)dx + \frac{1}{2} f(N) - \frac{1}{12} f'(N) + \frac{1}{720} f^{(3)}(N) -$$

$$- \frac{1}{30240} f^{(5)}(N) + \frac{1}{1209600} f^{(7)}(N) - \ldots - \frac{B_{2m}}{(2m)!} f^{(2m-1)}(N) - \ldots$$

Fällt der Betrag des ersten vernachläßigten Summanden für $x \geq N$, dann ist der Abbruchfehler höchstens so groß wie das Doppelte dieses Betrages.

Beispiel
Wie in obigem Beispiel sei $s = \sum\limits_1^{\infty} \dfrac{1}{n^2}$.

$s_9 = 1{.}53976773$
$f(x) = x^{-2}, f^{(k)}(x) = (-1)^k (k+1)! x^{-k-2}$. Damit ist

$$R_9 \approx \int_{10}^{\infty} \frac{dx}{x^2} + \frac{1}{2} \cdot 10^{-2} + \frac{1}{12} \cdot 2 \cdot 10^{-3} - \frac{1}{720} \cdot 4! \cdot 10^{-5} = 0{,}10516633 \text{ und}$$

$s = 1{,}64493406$

Exakter Wert $= \dfrac{\pi^2}{6} = 1{,}644934066 \ldots$

Alternierende Reihen

Beachte. Die alternierende Reihe $a_0 - a_1 + a_2 - a_3 + \ldots = \sum_{n=0}^{\infty} (-1)^n a_n$, $a_n > 0$, hat nach der Gruppierung $(a_0 - a_1) + (a_2 - a_3) + \ldots$ nur positive Elemente, falls $\{a_n\}$ fallend ist.

Schnell konvergente alternierende Reihen

6. Gilt $a_n \downarrow 0$ für $n \to \infty$, dann ist $|R_N| \leq a_{N+1}$.

Langsam konvergente alternierende Reihen

7. Wiederholte Mittelung

Beispiel. Bekannt ist

$$\sum_{n=1}^{\infty} \frac{(-1)^{n-1}}{2n-1} = 1 - \frac{1}{3} + \frac{1}{5} - \frac{1}{7} + \ldots = \frac{\pi}{4} = 0{,}78539816\ldots$$

In der nachfolgenden Tabelle bezeichnet M_j jeweils das arithmetische Mittel der beiden Nachbarelemente in der Spalte davor:

N	S_N	M_1	M_2	M_3	M_4	M_5
6	0,744 012					
		0,782 473				
7	0,820 935		0,785 037			
		0,787 601		0,785 339		
8	0,754 268		0,785 641		0,785 386	
		0,783 680		0,785 434		0,785 396
9	0,813 091		0,785 228		0,785 405	
		0,786 776		0,785 375		
10	0,760 460		0,785 523			
		0,784 269				
11	0,808 079					

8. Euler-MacLaurin-Formel

$$R_{N-1} = f(N) - f(N+1) + f(N+2) - f(N+3) + \ldots =$$

$$= \frac{1}{2}\left[f(N) - \frac{1}{2} f'(N) + \frac{1}{24} f^{(3)}(N) - \frac{1}{240} f^{(5)}(N) + \frac{17}{40320} f^{(7)}(N) - \right.$$

$$\left. - \frac{31}{725760} f^{(9)}(N) + \ldots - \frac{2^{2m}-1}{(2m)!} B_{2m} f^{(2m-1)}(N) + \ldots \right]$$

> *Beispiel.* Reihe des Beispiels in 7. Mit
>
> $$f(x) = (2x-1)^{-1},\quad f^{(k)}(x) = (-1)^k k! 2^k (2x-1)^{-k-1} \text{ und}$$
>
> $$s = 1 - \frac{1}{3} + \frac{1}{5} - \frac{1}{7} + \ldots = \sum_{n=1}^{\infty} (-1)^{n-1} f(n) \text{ gilt}$$
>
> $$s_{10} = 1 - \frac{1}{3} + \ldots - \frac{1}{19} = 0{,}7604599$$
>
> $$R_{10} = \frac{1}{21} - \frac{1}{23} + \ldots \approx \frac{1}{2}\left(\frac{1}{21} + \frac{1}{2} \cdot \frac{2!}{21^2} - \frac{1}{24} \cdot \frac{3! 2^3}{21^4} + \frac{1}{240} \cdot \frac{5! 2^5}{21^6} \right) = 0{,}0249383$$
>
> Daher ist $s = s_{10} + R_{10} = 0{,}785398$. Exakter Wert $= \frac{\pi}{4} = 0{,}785398163 \ldots$

16.7 Programmieren

Symbole in Flußdiagrammen

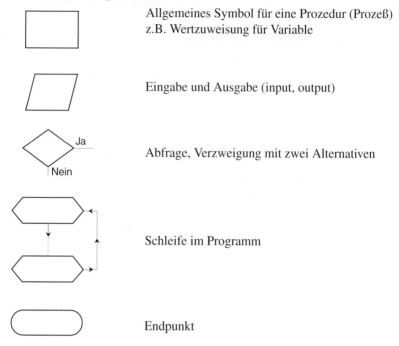

Allgemeines Symbol für eine Prozedur (Prozeß) z.B. Wertzuweisung für Variable

Eingabe und Ausgabe (input, output)

Abfrage, Verzweigung mit zwei Alternativen

Schleife im Programm

Endpunkt

BASIC

Anweisung	Zweck
DATA	Wertetabelle für Variable in READ Anweisung
DEF FN…(…)	Definiert eine Funktion
DIM	Reserviert Speicherplatz für Variable
END	Beendet die Programmausführung. Mitunter werden alle Variablen auf Null gesetzt
FOR … TO …	Programmausführung für alle ganzen Zahlen der Variablen nach FOR vom Start- bis zum Endwert (beide vorgegeben)
FOR … TO … STEP …	Gibt für die Anweisung FOR … TO … zusätzlich die Schrittweite
GOSUB	Sprung in ein Unterprogramm (Subroutinenaufruf)

16.7 Programmieren

GOTO	Sprung zu einer Zeile oder einer Marke
IF ... THEN ...	Ist die Bedingung nach IF erfüllt, wird die Anweisung nach THEN ausgeführt. Wenn nicht, dann wird in der nächstfolgenden Programmzeile fortgefahren
IF ... THEN ... ELSE ...	Ist die Bedingung nach IF erfüllt, dann wird die Anweisung nach THEN, andernfalls die Anweisung nach ELSE ausgeführt
INPUT	Eingabeaufforderung mit Fragezeichen am Bildschirm für eine oder mehrere Variable
LET	Variablenzuweisung
NEXT	Gibt das Ende der Anweisungen in der Schleife FOR ... TO ... an. Die nachfolgende Anweisung gehört nicht mehr zur Schleife
ON ... GOSUB ...	Sprung in Unterroutine abhängig vom Wert der Variablen nach ON
ON ... GOTO ...	Sprung zu einer Zeile, Marke abhängig vom Wert der Variablen nach ON
ON ... RESTORE	Führt RESTORE mit Werten DATA aus, abhängig vom Wert der Variablen nach ON
PRINT	Ausgabe auf Bildschirm mit Zeilenvorschub
PRINT X;	Ausgabe auf Bildschirm ohne Zeilenvorschub
PRINT X,	Ausgabe auf Bildschirm mit Tabulatorabstand
PRINT 'X'	Ausgabe des Textes zwischen '...'
PRINT TAB(N)	Ausgabe in Position N der Zeile
RANDOMIZE	Erzeugt zufälligen Startwert für den Zufallszahlengenerator RND
READ	Liest Werte für eine oder mehrere Variable fortlaufend aus der DATA Liste ein
REM	Beginn einer Kommentarzeile, wird übersprungen
RESTORE	Setzt den READ Zeiger auf den ersten Wert der DATA Liste zurück
RETURN	Ende eines Unterprogramms (Subroutine). Programmfortführung mit der Zeile nach Aufruf der Subroutine

Arithmetische Operationen

A + B	Addition
A – B	Subtraktion
A * B	Multiplikation
A / B	Division
A ↑ B, A ** B, AüB, A ∧ B	Potenzen A^B

Prioritäten

1. Funktion, Potenz, –Zeichen
2. Multiplikation, Division
3. Addition, Subtraktion

Gleichungen und Ungleichungen

=	gleich
<	kleiner als
< =	kleiner als oder gleich
>	größer als
> =	größer als oder gleich
< >	ungleich

Mathematische Funktionen

SIN(X), COS(X), TAN(X)	Trigonometrische Funktionen, X im Bogenmaß
ASN(X), ACS(X), ATN(X)	arcsin X, arccos X, arctan X
LOG(X)	ln X oder $\log_e X$
LGT(X)	$\log_{10} X$ oder lg X
EXP(X)	e^x oder exp(X)
SQR(X)	$\sqrt{X}$
INT(X)	Ganzzahliger Anteil von X, die größte ganze Zahl kleiner oder gleich X
ABS(X)	Absolutbetrag |X| von X
SGN(X)	Vorzeichenfunktion, gibt – 1, falls X negativ, 0, falls X = 0 und 1, falls X positiv ist
PI	Dezimalapproximation von π
RND	Zufallszahl zwischen 0 und 1.

Nützliche Programmieranweisungen

1 Summenwert

    20 LET S = S + X

Die Variable S liefert die Summe der Werte von X

2 Summenwert der Quadrate

    30 LET S = S + X * X

Die Variable S liefert die Summe der Quadrate der Werte von X

3 Runden zur nächsten ganzen Zahl

    30 LET X = INT(X + .5)

16.7 Programmieren

4 *Runden auf eine Dezimalstelle nach dem Komma*

    30 LET X = INT(10 * X + .5)/10

5 *Runden auf zwei Dezimalstellen nach dem Komma*

    30 LET X = INT(100 * X + .5)/100

6 *Teilbarkeitstest*

    40 IF X/Y = INT(X/Y) THEN ...

X ist durch Y teilbar, wenn Bedingung erfüllt ist

7 *Ist X gerade oder ungerade?*

    40 IF X/2 = INT(X/2) THEN ...

X ist gerade, wenn Bedingung erfüllt ist

8 *Rest bei Division*

    30 LET R = X − INT(X/Y) * Y

Die Variable R ist der Rest, wenn X durch die ganze Zahl Y dividiert wird

9 *Ausgabe der Ziffern von X von rechts nach links*

    40 LET Z = 10 * (X/10 − INT(X/10)): PRINT Z
    50 LET X = INT(X/10)
    60 IF X <> 0 THEN 40

10 *Häufigkeit*

    50 LET F(X) = F(X) + 1

Die Variable F(X) gibt an, wie oft für X die Zeile 50 aufgerufen wurde

11 *Marke setzen*

    60 LET F(X) = 1

Hat die Variable X einen bestimmten Wert, dann wird F(X) gleich 1 gesetzt, andernfalls F(X) = 0

12 *Durchlauf für eine doppeltindizierte Größe*

    40 FOR X = 1 TO N
    50 FOR Y = 1 TO M
    ....
    100 NEXT Y
    110 NEXT X

13 *Zinsrechnung*

    50 LET X = K * (1+P/100) ↑ N

X ist der Wert des Kapitals K nach N Jahren, wenn der Zinssatz pro Jahr P % ist

14 *Gegenwartswert*

    60 LET X = K/R ↑ N

X ist Gegenwartswert des Kapitals K, das in N Jahren fällig ist. R ist der Aufzinsungsfaktor (1+P/100)

17 Wahrscheinlichkeitstheorie

17.1 Grundlagen

Ereignismengen (Ereignisraum) und Elementarereignisse

Gesamtereignis Ω = Menge der Elementarereignisse (*Ergebnisse*).
Ereignisse sind (P-meßbare) Teilmengen von Ω.
Bei endlichem Ω sind alle Teilmengen Ereignisse.

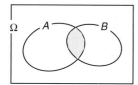 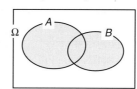 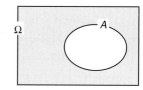

A und B A oder B Nicht A
A und B tritt ein A oder B tritt ein A tritt nicht ein
$A \cap B$ $A \cup B$ CA oder A^c

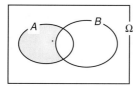 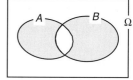

A aber nicht B Genau eines von A und B tritt ein
A tritt ein und B tritt nicht ein $A \triangle B$
$A \setminus B$

Definition des Wahrscheinlichkeitsmaßes

1) $0 \leq P(A) \leq 1$ für jedes Ereignis A
2) $P(\Omega) = 1$
3) $A \cap B = \emptyset \Rightarrow P(A \cup B) = P(A) + P(B)$

4) $A_i \cap A_j = \emptyset, i \neq j \Rightarrow P(\bigcup_{i=1}^{\infty} A_i) = \sum_{i=1}^{\infty} P(A_i)$

Eigenschaft 4) ist äquivalent mit $A_i \supset A_{i+1}$, $\bigcap_{i=1}^{\infty} A_i = \emptyset \Rightarrow \lim_{n \to \infty} P(A_n) = 0$

Rechenregeln

$$P(\complement A) = 1 - P(A)$$
$$P(A \cup B) = P(A) + P(B) - P(A \cap B)$$
$$P(A \cup B \cup C) = P(A) + P(B) + P(C) -$$
$$- P(A \cap B) - P(A \cap C) - P(B \cap C) + P(A \cap B \cap C)$$
$$P(B \setminus A) = P(B) - P(A \cap B)$$
$$P(A \triangle B) = P(A) + P(B) - 2P(A \cap B)$$

Sind $A_1, A_2, ..., A_n$ Ereignisse, dann gilt mit den Summen

$$S_1 = \sum_i P(A_i), \quad S_2 = \sum_{i<j} \sum P(A_i \cap A_j), \quad S_3 = \sum_{i<j<k} \sum \sum P(A_i \cap A_j \cap A_k), ...$$

P(mindestens eines der Ereignisse tritt ein) =

$$= P(\bigcup_{i=1}^{n} A_i) = S_1 - S_2 + S_3 - S_4 + ... \pm S_n \qquad \text{(Poincaré-Formel)}$$

P(mindestens k der Ereignisse treten ein) =

$$= S_k - \binom{k}{k-1} S_{k+1} + \binom{k+1}{k-1} S_{k+2} - \binom{k+2}{k-1} S_{k+3} + ... \pm \binom{n-1}{k-1} S_n$$

P(genau k der Ereignisse treten ein) =

$$= S_k - \binom{k+1}{k} S_{k+1} + \binom{k+2}{k} S_{k+2} - \binom{k+3}{k} S_{k+3} + ... \pm \binom{n}{k} S_n$$

$$P(\bigcup_{i=1}^{n} A_i) \leq \sum_{i=1}^{n} P(A_i) \qquad \text{(Boole-Ungleichung)}$$

$$P(\bigcap_{i=1}^{n} A_i) \geq 1 - \sum_{i=1}^{n} (1 - P(A_i)) \qquad \text{(Bonferroni-Ungleichung)}$$

> Abzählregel für endliche Gleichverteilung
>
> $$P(A) = \frac{\text{Anzahl der Ereignisse in A}}{\text{Gesamtzahl der Ereignisse}}$$

Kombinatorik

Multiplikationsregel

Ein mehrstufiges Experiment wird in k Stufen in gegebener Reihenfolge durchgeführt. Die Anzahl der Ergebnisse in den einzelnen Stufen seien $n_1, n_2, ..., n_k$. Dann ist die Gesamtzahl der Ergebnisse des Experiments

$$n_1 \cdot n_2 \cdot ... \cdot n_k$$

Kombinatorische Formeln

Ω habe n Elemente

Die Anzahl der *geordneten k-Tupel* (Variationen) aus Ω ist
$$(n)_k = n(n-1) \ldots (n-k+1)$$

Die Anzahl der *Permutationen* von Ω ist
$$n! = n(n-1) \ldots 2 \cdot 1$$

Die Anzahl der *Teilmengen* von Ω mit k Elementen ist
$$\binom{n}{k} = \frac{(n)_k}{k!} = \frac{n(n-1) \cdot \ldots \cdot (n-k+1)}{k!} = \frac{n!}{k!(n-k)!}$$

Die Anzahl der Möglichkeiten, wie Ω in r Teilmengen mit genau $k_1, k_2, \ldots, k_r$ Elementen zerlegt werden kann ($n = \sum_{i=1}^{r} k_i$), ist $\dfrac{n!}{k_1! k_2! \ldots k_r!}$

Auswahlen

Anzahl der Auswahlen von k Elementen aus einer Grundgesamtheit von n Elementen		
	Ohne Zurücklegen	Mit Zurücklegen
Reihenfolge beachtet	$(n)_k$	n^k
Reihenfolge nicht beachtet	$\binom{n}{k}$	$\binom{n+k-1}{k}$

Bedingte Wahrscheinlichkeit und unabhängige Ereignisse

$$P(A \mid B) = \frac{P(A \cap B)}{P(B)} \qquad P(B \mid A) = \frac{P(A \cap B)}{P(A)}$$

$P(A \cap B) = P(A) \cdot P(B \mid A)$

$P(A \cap B \cap C) = P(A) \cdot P(B \mid A) \cdot P(C \mid A \cap B)$

$P(A_1 \cap \ldots \cap A_n) =$
$= P(A_1) P(A_2 \mid A_1) P(A_3 \mid A_1 \cap A_2) \cdot \ldots \cdot P(A_n \mid A_1 \cap \ldots \cap A_{n-1})$

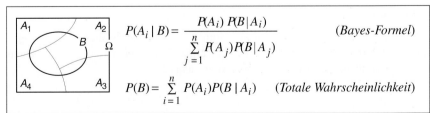

$$P(A_i \mid B) = \frac{P(A_i) P(B \mid A_i)}{\sum_{j=1}^{n} P(A_j) P(B \mid A_j)} \qquad \text{(Bayes-Formel)}$$

$$P(B) = \sum_{i=1}^{n} P(A_i) P(B \mid A_i) \qquad \text{(Totale Wahrscheinlichkeit)}$$

17.1 Grundlagen

> Für *unabhängige* Ereignisse gilt
> $P(A \cap B) = P(A)P(B)$
> $P(B \mid A) = P(B), \quad P(A \mid B) = P(A)$
> $P(A \cap B \cap C) = P(A)P(B)P(C)$
> $P(A_1 \cap A_2 \cap \ldots \cap A_n) = P(A_1)P(A_2) \cdot \ldots \cdot P(A_n)$

A und B unabhängig $\Rightarrow$ $(\complement A, B)$, $(A, \complement B)$ und $(\complement A, \complement B)$ sind Paare unabhängiger Ereignisse.

Wahrscheinlichkeitsberechnung mit Baumdiagrammen

Mehrstufige Zufallsexperimente lassen sich als Baumdiagramm aufzeichnen:

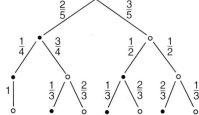

> *Produktregel*
> Die Wahrscheinlichkeit für das Ereignis, das ein Pfad beschreibt, ist das Produkt der Wahrscheinlichkeiten auf den Strecken des Pfades.
>
> *Summenregel*
> Setzt sich ein Ereignis aus mehreren Pfaden zusammen, so ist seine Wahrscheinlichkeit die Summe der Wahrscheinlichkeiten der Pfade.

Zufallsvariable (stochastische Variable)
Definition

Diskrete Zufallsvariable X Stetige Zufallsvariable X

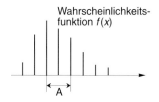
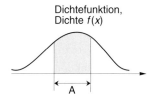

$P(X \in A) = \sum_{x \in A} f(x)$ $P(X \in A) = \int_A f(x)dx$

Erwartungswert E[X] oder μ

$$\mu = \sum_{x \in \Omega} xf(x) \qquad \mu = \int_{\Omega} xf(x)dx$$

Verteilungsfunktion F

$$F(x) = P(X \leq x) = \sum_{t \leq x} f(t) \qquad F(x) = \int_{-\infty}^{x} f(t)dt$$

Streuung (Varianz) Var[X] oder σ^2

$$\sigma^2 = E[(X-\mu)^2] = \sum_{x \in \Omega} (x-\mu)^2 f(x) \qquad \sigma^2 = E[(X-\mu)^2] = \int_{\Omega} (x-\mu)^2 f(x)dx$$

Standardabweichung = σ

Entropie H(X)

$$H(X) = E[\log_2(1/f(X))] = \qquad H(X) = E[\log_2(1/f(X))] =$$

$$= -\sum_{x \in \Omega} f(x)(\log_2 f(x)) \qquad = -\int_{\Omega} \log_2 f(x) f(x)dx$$

Erwartungswerte

$E[aX] = aE[X]$ $\qquad\qquad\qquad\qquad$ $E[X+Y] = E[X] + E[Y]$

$E[g(X)] = \sum_{x \in \Omega} g(x) f_X(x)$ $\qquad\qquad$ (diskrete Zufallsvariable)

$E[g(X)] = \int_{\Omega} g(x) f_X(x)dx$ $\qquad\qquad$ (stetige Zufallsvariable)

Streuungen

$\mathrm{Var}[aX] = a^2 \mathrm{Var}[X]$

$\mathrm{Var}[X] = E[X^2] - (E[X])^2$ $\qquad\qquad\qquad\qquad$ (Satz von Steiner)

$\mathrm{Var}[X+Y] = \mathrm{Var}[X] + \mathrm{Var}[Y] + 2\mathrm{Cov}[X,Y]$

Tschebyschev-Ungleichung

$P(|X| \geq a) \leq E[X^2]/a^2$

$P(|X-\mu| \geq a) \leq \mathrm{Var}[X]/a^2$

$P(|X-\mu| \geq k\sigma) \leq 1/k^2$

Jensen-Ungleichung

Ist $f(x)$ eine konvexe Funktion, dann gilt
$$E[f(X)] \geq f(E[X]).$$

Approximationen

$E[g(\bar{X})] \approx g(E[\bar{X}])$ $\qquad\qquad\qquad$ $\mathrm{Var}[g(\bar{X})] \approx g'(E(\bar{X}))^2 \mathrm{Var}[\bar{X}]$

17.1 Grundlagen

Momente

Das *k-te zentrale Moment* μ_k ist
$$\mu_k = E[(X-\mu)^k]$$
Die *Schiefe* γ_1 und die *Wölbung* γ_2 sind
$$\gamma_1 = \mu_3/\sigma^3 \qquad \gamma_2 = (\mu_4/\sigma^4) - 3$$
Beispiel. Die $N(\mu, \sigma)$-Normalverteilung hat die Momente
$$\mu_{2k+1} = 0 \quad \mu_{2k} = \sigma^{2k}(2k-1)!! \quad \gamma_1 = \gamma_2 = 0$$

Konvergenz

Konvergenz nach Wahrscheinlichkeit (stochastische Konvergenz)
$$\lim_{n\to\infty} p\, X_n = X \Leftrightarrow \lim_{n\to\infty} P(|X_n - X| > \varepsilon) = 0 \text{ für jedes } \varepsilon > 0$$
Konvergenz fast sicher (Konvergenz mit Wahrscheinlichkeit 1)
$$\operatorname*{plim}_{n\to\infty} X_n = X \Leftrightarrow P(\lim_{n\to\infty} X_n = X) = 1$$
Konvergenz in Verteilung (schwache Konvergenz)
$$X_n \to X \Leftrightarrow \lim_{n\to\infty} P(X_n \leq x) = P(X \leq x) \text{ für jedes } x, \text{ so daß } P(X \leq x)$$
stetig in x ist

Konvergenz im quadratischen Mittel
$$\operatorname*{l.i.m.}_{n\to\infty} X_n = X \Leftrightarrow \lim_{n\to\infty} E[|X_n - X|^2] = 0$$

Für diese Arten von Konvergenz gilt
$$\left.\begin{array}{l}\operatorname*{plim}_{n\to\infty} X_n = X \\ \operatorname*{l.i.m.} X_n = X\end{array}\right\} \Rightarrow \lim_{n\to\infty} p\, X_n = X \Rightarrow X_n \to X \text{ in Verteilung}$$

Zweidimensionale (bivariate) Zufallsvariable

Diskrete Variable (X, Y) Stetige Variable (X, Y)

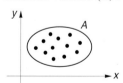   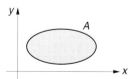

$P((X,Y) \in A) = \sum\sum_{(x,y) \in A} f(x,y)$ $P((X,Y) \in A) = \iint_A f(x,y)\,dx\,dy$

f = zweidimensionale Wahrscheinlich- f = zweidimensionale Dichtefunktion
keitsfunktion

Verteilungsfunktion F   **Verteilungsfunktion F**

$F(x,y) = P(X \leq x, Y \leq y) = \sum_{u \leq x} \sum_{v \leq y} f(u,v)$ $F(x,y) = P(X \leq x, Y \leq y) = \int_{-\infty}^{x}\int_{-\infty}^{y} f(u,v)\,du\,dv$

Randverteilungen

$$f_X(x) = \sum_y f(x, y)$$

$$f_Y(y) = \sum_x f(x, y)$$

Erwartungswerte $E[g(X, Y)]$

$$E[g(X, Y)] = \sum_x \sum_y g(x, y) f(x, y)$$

$$(E[XY])^2 \leq E[X^2] E[Y^2]$$

Randverteilungen

$$f_X(x) = \int_{-\infty}^{\infty} f(x, y) dy$$

$$f_Y(y) = \int_{-\infty}^{\infty} f(x, y) dx$$

Erwartungswerte $E[g(X, Y)]$

$$E[g(X, Y)] = \int_{-\infty}^{\infty} \int_{-\infty}^{\infty} g(x, y) f(x, y) dx dy$$

(Cauchy-Schwarz-Ungleichung)

Für *unabhängige* Zufallsvariable X und Y gilt

$f(x, y) = f_X(x) f_Y(y)$
$F(x, y) = F_X(x) F_Y(y)$
$E[XY] = E[X] E[Y]$
$\text{Var}[X + Y] = \text{Var}[X] + \text{Var}[Y]$

Für unabhängige stetige Zufallsvariable X und Y gilt

$$f_{X+Y}(x) = \int_{-\infty}^{\infty} f_X(t) f_Y(x - t) dt$$

Für unabhängige nichtnegative Zufallsvariable X und Y ($X \geq 0$, $Y \geq 0$) gilt

$$f_{X+Y}(x) = \int_0^x f_X(t) f_Y(x - t) dt$$

Kovarianz $\text{Cov}[X, Y]$

$\text{Cov}[X, Y] = E[(X - \mu_1)(Y - \mu_2)]$, $E[X] = \mu_1$, $E[Y] = \mu_2$

$\text{Cov}[X, X] = \text{Var}[X]$

$\text{Cov}[X, Y] = E[XY] - E[X]E[Y] = \text{Cov}[Y, X]$

X und Y unabhängig $\Rightarrow \text{Cov}[X, Y] = 0$

$\text{Var}[X + Y] = \text{Var}[X] + \text{Var}[Y] + 2\text{Cov}[X, Y]$

Korrelationskoeffizient ρ

$$\rho = \frac{\text{Cov}[X, Y]}{\sqrt{\text{Var}[X]\text{Var}[Y]}} \qquad -1 \leq \rho \leq 1$$

X und Y unabhängig $\Rightarrow \rho = 0$

$\text{Var}[X + Y] = \text{Var}[X] + \text{Var}[Y] + 2\rho\sqrt{\text{Var}[X]\text{Var}[Y]}$

Für Zufallsvariable $X_1, X_2, \ldots, X_n$ gilt

$$\text{Var}\left[\sum_{i=1}^n X_i\right] = \sum_{i=1}^n \sum_{j=1}^n \text{Cov}[X_i, X_j] = \sum_{i=1}^n \text{Var}[X_i] + \sum_{i \neq j} \text{Cov}[X_i, X_j] =$$

$$= \sum_{i=1}^n \text{Var}[X_i] + 2 \sum_{i<j} \text{Cov}[X_i, X_j]$$

$X_1, X_2, \ldots, X_n$ unabhängig $\Rightarrow \text{Var}\left[\sum_{i=1}^n X_i\right] = \sum_{i=1}^n \text{Var}[X_i]$

17.1 Grundlagen

Approximationen

$X_1, X_2, ..., X_n$ unabhängig $\Rightarrow$

$E[g(X_1, X_2, ..., X_n)] \approx g[E[X_1], E[X_2], ..., E[X_n]]$

$\mathrm{Var}[g(X_1, X_2, ..., X_n)] \approx \sum_{i=1}^{n} \left(\frac{\partial g}{\partial x_i}\right)^2 \mathrm{Var}[X_i]$

Bedingte Verteilungen $f(x|y)$ bzw. $f(y|x)$

$f(y|x) = f(x, y)/f_X(x)$ $\qquad$ $f(x|y) = f(x, y)/f_Y(y)$

$f_X(x) = \sum_{y} f_Y(y) f(x|y)$ $\qquad$ (Diskrete Zufallsvariable)

$f_Y(y) = \sum_{x} f_X(x) f(y|x)$

$f_X(x) = \int_{-\infty}^{\infty} f_Y(y) f(x|y) dy$ $\qquad$ (Stetige Zufallsvariable)

$f_Y(y) = \int_{-\infty}^{\infty} f_X(x) f(y|x) dx$

Für unabhängige Zufallsvariable X und Y gilt

$\qquad f(y|x) = f_Y(y) \qquad f(x|y) = f_X(x) \qquad f(x, y) = f_X(x) f_Y(y)$

$f(x|y) = \dfrac{f_X(x) f(y|x)}{\sum_{x} f_X(x) f(y|x)}$ $\qquad$ (*Bayes-Regel*, diskreter Fall)

$f(x|y) = \dfrac{f_X(x) f(y|x)}{\int_{-\infty}^{\infty} f_X(x) f(y|x) dx}$ $\qquad$ (*Bayes-Regel*, stetiger Fall)

Bedingte Erwartungswerte

$E[X|Y] = \sum_{x} x f(x|y)$ $\qquad\qquad E[Y|X] = \sum_{y} y f(y|x)$

$E[X|Y] = \int_{-\infty}^{\infty} x f(x|y) dx$ $\qquad E[Y|X] = \int_{-\infty}^{\infty} y f(y|x) dy$

$E[X] = \sum_{y} E[X|y] f_Y(y)$ $\qquad\quad E[Y] = \sum_{x} E[Y|x] f_X(x)$

$E[X] = \int_{-\infty}^{\infty} E[X|y] f_Y(y) dy$ $\qquad E[Y] = \int_{-\infty}^{\infty} E[Y|x] f_X(x) dx$

$E[X] = E[E[X|Y]]$ $\qquad\qquad\quad E[Y] = E[E[Y|X]]$

$\qquad \mathrm{Var}[X] = E[\mathrm{Var}[X|Y]] + \mathrm{Var}[E[X|Y]]$
$\qquad \mathrm{Var}[Y] = E[\mathrm{Var}[Y|X]] + \mathrm{Var}[E[Y|X]]$

X steht in *linearer Regression* mit Y, wenn $E[X|y]$ eine lineare Funktion von y ist. In diesem Falle gilt

$$E[X|y] = \mu_1 + \rho \frac{\sigma_1}{\sigma_2}(y - \mu_2) \quad (Regressionsgerade)$$

$\mu_1 = E[X]$, $\mu_2 = E[Y]$, $\sigma_1^2 = \mathrm{Var}[X]$, $\sigma_2^2 = \mathrm{Var}[Y]$, ρ Korrelationskoeffizient.

Steht Y in linearer Regression mit X, dann gilt

$$E[Y|x] = \mu_2 + \rho \frac{\sigma_2}{\sigma_1}(x - \mu_1) \quad (Regressionsgerade)$$

Beispiel

Eine zweidimensionale stetige Zufallsvariable (X, Y) mit der Dichte

$$f(x, y) = 30\,240\, xy/(1 + 2x + 3y)^8, \; x \geq 0, y \geq 0 \text{ (siehe Skizze)}$$

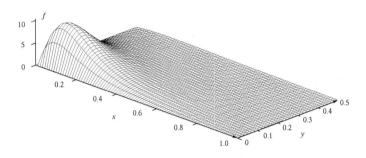

$$f_X(x) = \int_0^\infty f(x, y)dy = 80x/(1 + 2x)^6 \qquad f_Y(y) = \int_0^\infty f(x, y)dx = 180y/(1 + 3y)^6, \; x \geq 0, y \geq 0$$

$$E[X] = \int_0^\infty \int_0^\infty xf(x, y)dxdy = \int_0^\infty xf_X(x)dx = 1/3 \quad E[Y] = \int_0^\infty \int_0^\infty yf(x, y)dxdy = \int_0^\infty yf_Y(y)dy = 2/9$$

$$E[X^2] = \int_0^\infty \int_0^\infty x^2 f(x, y)dxdy = \int_0^\infty x^2 f_X(x)dx = 1/4 \quad E[Y^2] = \int_0^\infty \int_0^\infty y^2 f(x, y)dxdy = \int_0^\infty y^2 f_Y(y)dy = 1/9$$

$$\text{Var}[X] = 1/4 - (1/3)^2 = 5/36 \qquad \text{Var}[Y] = 1/9 - (2/9)^2 = 5/81$$

$$E[XY] = \int_0^\infty \int_0^\infty xyf(x, y)dxdy = 1/9$$

$$\text{Cov}[X, Y] = E[XY] - E[X]E[Y] = 1/9 - 1/3 \cdot 2/9 = 1/27$$

$$\rho = (1/27)/\sqrt{5/36 \cdot 5/81} = 2/5$$

$$f(x|y) = f(x, y)/f_Y(y) = 168x(1 + 3y)^6/(1 + 2x + 3y)^8$$
$$f(y|x) = f(x, y)/f_X(x) = 378y(1 + 2x)^6/(1 + 2x + 3y)^8$$

$$E[X|Y] = \int_0^\infty xf(x|y)dx = (1 + 3y)/5 \qquad E[Y|X] = \int_0^\infty yf(y|x)dy = 2(1 + 2x)/15$$

$X(Y)$ steht in linearer Regression mit $Y(X)$. Die Erwartungswerte $E[X|Y]$ und $E[Y|X]$ lassen sich auch aus den Gleichungen für die Regressiongeraden ablesen.

17.1 Grundlagen

Entropie und Informationsinhalt

(X, Y) zweidimensionale diskrete Zufallsvariable

Gesamtentropie $H(X, Y)$

$$H(X, Y) = -\sum_x \sum_y f(x, y) \log_2 f(x, y) = -E[\log_2 f(X, Y)]$$

Bedingte Entropy $H(Y|X)$

$$H(Y|X) = -\sum_x f_X(x) \sum_y f(y|x) \log_2 f(y|x) = -E[\log_2 f(Y|X)]$$

Wechselseitige Information $I(X, Y)$

$$I(X, Y) = \sum_x \sum_y f(x, y) \log_2 \frac{f(x, y)}{f_X(x) f_Y(y)}$$

Kullback-Leibler-Distanz (relative Entropie) $D(f \| g)$

$$D(f \| g) = \sum_x f(x) \log_2 \frac{f(x)}{g(x)}$$

Formeln

$H(X|Y) \leq H(X)$, Gleichheit genau dann, wenn X und Y unabhängig sind

$H(X, Y) \leq H(X) + H(Y|X)$ \quad (Kettenregel)

$I(X, Y) = H(X) - H(X|Y) = H(Y) - H(Y|X) = H(X) + H(Y) - H(X, Y)$

$I(X, Y) = D(f(x, y) \| f_X(x) f_Y(y))$

$D(f \| g) \geq 0$, Gleichheit genau dann, wenn $f = g$

$H(X, Y) \leq H(X) + H(Y)$, Gleichheit genau dann, wenn X und Y unabhängig sind

17.2 Wahrscheinlichkeitsverteilungen

Diskrete Wahrscheinlichkeitsfunktionen (Zufallsvariable)

Verteilung	$P(X=x)$	Erwartungswert μ	Streuung σ^2	Anwendungsbeispiel
Binomial $B(n,p)$	$\binom{n}{x} p^x (1-p)^{n-x}$ $x=0, 1, \ldots, n$	np	$np(1-p)$	*Bernoulli-Schema*: Versuch mit $\Omega = \{$Erfolg, Nichterfolg$\}$ und $P($Erfolg$) = p$ wird unabhängig voneinander n mal wiederholt. $x =$ Anzahl der Erfolge
Geometrisch $G(p)$	$(1-p)^{x-1} p$ $x=1, 2, 3, \ldots$	$\dfrac{1}{p}$	$\dfrac{1-p}{p^2}$	$x =$ Anzahl der nötigen Versuche im Bernoulli-Schema bis Erfolg eintritt
Poisson $P(\lambda)$	$e^{-\lambda} \lambda^x / x!$ $x=0, 1, 2, \ldots$	λ	λ	Im Bernoulli-Schema $\lambda = np$ konstant und $n \to \infty$. Approximation für Binomialverteilung für großes n und kleines p
Hypergeometrisch $H(N,n,p)$	$\dfrac{\binom{Np}{x}\binom{N-Np}{n-x}}{\binom{N}{n}}$	np	$np(1-p)\dfrac{N-n}{N-1}$	Aus Gesamtheit von N Elementen von zweierlei Art eine Auswahl von n ohne Zurücklegen treffen. Art 1: WS $= p$, Art 2: WS $= 1-p$. $x =$ Anzahl von Art 1
Negative Binomial oder Pascal $NB(r,p)$	$\binom{x-1}{r-1} p^r (1-p)^{x-r}$ $x=r, r+1, \ldots$	$\dfrac{r}{p}$	$\dfrac{r(1-p)}{p^2}$	$x =$ Anzahl der Versuche, die im Bernoulli-Schema nötig sind, bis r mal Erfolg eintritt

17.2 Wahrscheinlichkeitsverteilungen

Stetige Verteilungsfunktionen (Zufallsvariable)

Verteilung	$f(x)$	Erwartungswert μ	Streuung σ^2	Anwendungsbeispiel
Gleichverteilung $U(a,b)$	$\dfrac{1}{b-a}$, $a \leq x \leq b$	$\dfrac{a+b}{2}$	$\dfrac{(b-a)^2}{12}$	Wartezeiten, Rundungsfehler
Exponential $E(\lambda)$	$\lambda e^{-\lambda x}$, $x \geq 0$	$1/\lambda$	$1/\lambda^2$	Lebensdauerverteilung, konstante relative Ausfallrate (keine Alterung)
Standardnormalverteilung $N(0,1)$	$\varphi(x) = \dfrac{1}{\sqrt{2\pi}} e^{-x^2/2}$	0	1	Ist X $N(\mu, \sigma)$-normalverteilt, dann hat $(X-\mu)/\sigma$ eine Standardnormalverteilung
Normalverteilung $N(\mu, \sigma)$	$\dfrac{1}{\sigma}\varphi\left(\dfrac{x-\mu}{\sigma}\right)$	μ	σ^2	Die Summe x einer großen Anzahl von Zufallsvariablen ist angenähert normalverteilt (*zentraler Grenzwertsatz*)
Gamma $\Gamma(n, \lambda)$	$\dfrac{\lambda^n}{\Gamma(n)} x^{n-1} e^{-\lambda x}$	$\dfrac{n}{\lambda}$	$\dfrac{n}{\lambda^2}$	x ist Summe von n unabhängigen, $E(\lambda)$-verteilten Zufallsvariablen
χ^2 $\chi^2(r)$	$\dfrac{1}{2^{r/2}\Gamma(\frac{r}{2})} x^{\frac{r}{2}-1} e^{-\frac{x}{2}}$, $x \geq 0$, r = „Freiheitsgrad"	r	$2r$	Verteilung von $x = u_1^2 + u_2^2 + \ldots + u_r^2$, wobei $u_1, u_2, \ldots, u_r$ unabhängig und $N(0,1)$-verteilt sind
t $t(r)$	$\dfrac{a_r}{b_r}\left(1+\dfrac{x^2}{r}\right)^{-\frac{r+1}{2}}$ $a_r = \Gamma\left(\dfrac{r+1}{2}\right)$ $b_r = \sqrt{r\pi}\,\Gamma\left(\dfrac{r}{2}\right)$	0, $r > 1$	$\dfrac{r}{r-2}$, $r > 2$	Verteilung von $u/\sqrt{X/r}$. u und X unabhängig, u ist $N(0,1)$-verteilt, X hat χ^2-Verteilung mit Freiheitsgrad r
F $F(r_1, r_2)$	$\dfrac{a_r x^{(r_1/2)-1}}{b_r (r_2 + r_1 x)^{\frac{r_1+r_2}{2}}}$, $x \geq 0$ $a_r = \Gamma(\frac{r_1+r_2}{2}) r_1^{r_1/2} r_2^{r_2/2}$ $b_r = \Gamma(\frac{r_1}{2})\Gamma(\frac{r_2}{2})$	$\dfrac{r_2}{r_2-2}$ $r_2 > 2$	$\dfrac{2r_2^2(r_1+r_2-2)}{r_1(r_2-2)^2(r_2-4)}$ $r_2 > 4$	Verteilung von $(X_1/r_1)/(X_2/r_2)$. X_1 und X_2 sind unabhängig und haben χ^2-Verteilungen mit den Freiheitsgraden r_1 bzw. r_2

Verteilung	$f(x)$	Erwartungswert μ	Streuung σ^2	Anwendungsbeispiel
Beta $\beta(p,q)$	$a_{p,q} x^{p-1}(1-x)^{q-1}$ $0 \le x \le 1$ $a_{p,q} = \dfrac{\Gamma(p+q)}{\Gamma(p)\Gamma(q)}$ $p>0, q>0$	$\dfrac{p}{p+q}$	$\dfrac{pq}{(p+q)^2(p+q+1)}$	Nützlich als apriori-Verteilung für unbekannte Verteilungen in Bayes-Modellen und in der PERT-Analyse
Weibull $W(\lambda, \beta)$	$\lambda^\beta \beta x^{\beta-1} e^{-(\lambda x)^\beta}$ $x \ge 0$ $F(x) = 1 - e^{-(\lambda x)^\beta}$	$\dfrac{1}{\lambda}\Gamma\left(1+\dfrac{1}{\beta}\right)$	$\dfrac{1}{\lambda^2}(A-B)$ $A = \Gamma\left(1+\dfrac{2}{\beta}\right)$ $B = \Gamma^2\left(1+\dfrac{1}{\beta}\right)$	Lebensdauerverteilung in der Zuverlässigkeitstheorie $\beta > 1$: relative Ausfallrate wächst monoton. $W(\lambda, 1) = E(\lambda)$ $W(\lambda, 2) = R(1/\lambda)$
Rayleigh $R(\sigma)$	$\dfrac{x}{\sigma^2} e^{-x^2/2\sigma^2}$ $x \ge 0$	$\sigma\sqrt{\pi/2}$	$2\sigma^2\left(1-\dfrac{\pi}{4}\right)$	Nützlich in Kommunikationssystemen und in der Zuverlässigkeitstheorie
Cauchy $C(a)$	$\dfrac{a}{\pi(a^2+x^2)}$	Existiert nicht	Existiert nicht	Ist Winkel φ gleichverteilt $U(-\pi/2, \pi/2)$, dann ist $a \tan\varphi$ $C(a)$-verteilt

Zweidimensionale (bivariate) Normalverteilung

Die zweidimensionale Zufallsvariable (X, Y) ist $N(\mu_1, \mu_2, \sigma_1, \sigma_2, \rho)$-verteilt, wenn sie eine Dichtefunktion folgender Gestalt besitzt:

$$f(x,y) = \frac{1}{2\pi\sigma_1\sigma_2\sqrt{1-\rho^2}} \cdot$$

$$\cdot \exp\left(-\frac{1}{2(1-\rho^2)}\left(\left(\frac{x-\mu_1}{\sigma_1}\right)^2 - 2\rho\left(\frac{x-\mu_1}{\sigma_1}\right)\left(\frac{y-\mu_2}{\sigma_2}\right) + \left(\frac{y-\mu_2}{\sigma_2}\right)^2\right)\right)$$

Die bedingte Verteilung von Y bei gegebenem $X = x$ ist die $N(\mu, \sigma)$-Verteilung mit

$$\mu = \mu_2 + \rho\frac{\sigma_2}{\sigma_1}(x-\mu_1) \text{ und } \sigma^2 = \sigma_2^2(1-\rho^2)$$

(X, Y) ist $N(\mu_1, \mu_2, \sigma_1, \sigma_2, \rho)$ $\Rightarrow$ $((X-\mu_1)/\sigma_1, (Y-\mu_2)/\sigma_2)$ ist $N(0, 0, 1, 1, \rho)$

17.2 Wahrscheinlichkeitsverteilungen

Ist (X, Y) $N(0, 0, 1, 1, \rho)$-verteilt, dann gilt

$$P(XY>0) = \frac{1}{2} + \frac{1}{\pi} \arcsin\rho \qquad P(XY<0) = \frac{1}{2} - \frac{1}{\pi} \arcsin\rho$$

Sind Z_1 und Z_2 unabhängig und $N(0, 1)$-verteilt und ist

$$X = \mu_1 + \sigma_1 Z_1 \quad \text{bzw.} \quad Y = \mu_2 + \sigma_2(\rho Z_1 + \sqrt{1-\rho^2} Z_2),$$

dann ist (X, Y) $N(\mu_1, \mu_2, \sigma_1, \sigma_2, \rho)$-verteilt.

Die Dichtefunktion der bivariaten Normalverteilung läßt sich schreiben als

$$\frac{1}{2\pi\sqrt{\det\Sigma}} \exp\left[-\frac{1}{2}(x-\mu)\Sigma^{-1}(x-\mu)^T\right]$$

mit $x - \mu = (x_1 - \mu_1, x_2 - \mu_2)$ und der Kovarianzmatrix

$$\Sigma = \begin{bmatrix} \sigma_1^2 & \rho\sigma_1\sigma_2 \\ \rho\sigma_1\sigma_2 & \sigma_2^2 \end{bmatrix}$$

Für die k-dimensionale Normalverteilung $N(\mu, \Sigma)$ lautet die Dichtefunktion

$$\frac{1}{(2\pi)^{k/2}(\det\Sigma)^{1/2}} \exp\left(-\frac{1}{2}(x-\mu)\Sigma^{-1}(x-\mu)^T\right)$$

mit dem Erwartungswertvektor $\mu = (\mu_1, \mu_2, \ldots, \mu_k)$ und der Kovarianzmatrix Σ.

Additionstheoreme für einige Verteilungen

X_1 und X_2 sind unabhängige Zufallsvariable

X_1	X_2	X_1+X_2
$B(n_1, p)$	$B(n_2, p)$	$B(n_1+n_2, p)$
$P(\lambda_1)$	$P(\lambda_2)$	$P(\lambda_1+\lambda_2)$
$NB(r_1, p)$	$NB(r_2, p)$	$NB(r_1+r_2, p)$
$E(\lambda)$	$E(\lambda)$	$\Gamma(2, \lambda)$
$\Gamma(n_1, \lambda)$	$\Gamma(n_2, \lambda)$	$\Gamma(n_1+n_2, \lambda)$
$N(\mu_1, \sigma_1)$	$N(\mu_2, \sigma_2)$	$N(\mu_1+\mu_2, \sqrt{\sigma_1^2+\sigma_2^2})$
$\chi^2(r_1)$	$\chi^2(r_2)$	$\chi^2(r_1+r_2)$
$C(a)$	$C(a)$	$C(2a)$

Beziehungen zwischen den Verteilungen

X_1, X_2 sind unabhängige Zufallsvariable, Y ist Funktion von X_1 bzw. von X_1 und X_2

Verteilung von X_1	Verteilung von X_2	Y	Verteilung von Y
$E(\lambda)$	–	λX_1	$E(1)$
$E(\lambda)$	$E(\lambda)$	$\lambda(X_1+X_2)$	$\Gamma(2,1)$
$E(\lambda)$	$E(\lambda)$	$2\lambda(X_1+X_2)$	$\chi^2(4)$
$\Gamma(r,\lambda)$	–	λX_1	$\Gamma(r,1)$
$\Gamma(r_1,\lambda)$	$\Gamma(r_2,\lambda)$	$2\lambda(X_1+X_2)$	$\chi^2(2r_1+2r_2)$
$E(\lambda_1)$	$E(\lambda_2)$	$\mathrm{Min}(X_1,X_2)$	$E(\lambda_1+\lambda_2)$
$N(0,1)$	$\chi^2(r)$	$X_1/\sqrt{X_2/r}$	$t(r)$
$t(r)$	–	X_1^2	$F(1,r)$
$\chi^2(r_1)$	$\chi^2(r_2)$	$(X_1/r_1)/(X_2/r_2)$	$F(r_1,r_2)$
$F(r_1,r_2)$	–	$1/\left(1+\dfrac{r_1}{r_2}X_1\right)$	$\beta(r_2/2, r_1/2)$
$\Gamma(r_1,\lambda)$	$\Gamma(r_1,\lambda)$	$X_1/(X_1+X_2)$	$\beta(r_1,r_2)$
$N(0,\sigma)$	$N(0,\sigma)$	X_1/X_2	$C(1)$

Integraltransformationen von Verteilungen (Zufallsvariablen)
Definitionen

Transformation	Definition	$E[X]$	$\mathrm{Var}[X]$
Wahrscheinlichkeitserzeugende Funktion (nur für ganzzahlige Zufallsvariable)	$\psi(s)=E[s^X]$	$\psi'(1)$	$\psi''(1)+\psi'(1)-(\psi'(1))^2$
Momentenerzeugende Funktion	$\psi(s)=E[e^{sX}]$	$\psi'(0)$	$\psi''(0)-(\psi'(0))^2$
Charakteristische Funktion	$\psi(s)=E[e^{isX}]$	$-i\psi'(0)$	$-\psi''(0)+(\psi'(0))^2$
Laplace-Transformation (für nichtnegative Zufallsvariable)	$\psi(s)=E[e^{-sX}]$	$-\psi'(0)$	$\psi''(0)-\psi'(0)^2$

In jedem Fall ist die Transformation von X_1+X_2 das Produkt der Transformationen von X_1 und X_2, falls X_1 und X_2 unabhängig sind:

$$\psi_{X_1+X_2}(s)=\psi_{X_1}(s)\psi_{X_2}(s)$$

Transformation spezieller Verteilungen

Verteilung	Wahrscheinlich-keitserzeugende Funktion	Momentenerzeugende Funktion	Charakteristische Funktion	Laplace-Transformation
Binomial $B(n,p)$	$(1-p+ps)^n$	$(1-p+pe^s)^n$	$(1-p+pe^{is})^n$	–
Geometrisch $G(p)$	$\dfrac{ps}{1-(1-p)s}$	$\dfrac{pe^s}{1-(1-p)e^s}$	$\dfrac{pe^{is}}{1-(1-p)e^{is}}$	–
Poisson $P(\lambda)$	$e^{\lambda(s-1)}$	$e^{\lambda(e^s-1)}$	$e^{\lambda(e^{is}-1)}$	–
Negativ binomial $NB(r,p)$	$\left(\dfrac{ps}{1-(1-p)s}\right)^r$	$\left(\dfrac{pe^s}{1-(1-p)e^s}\right)^r$	$\left(\dfrac{pe^{is}}{1-(1-p)e^{is}}\right)^r$	–
Gleichverteilt $U(a,b)$	–	$\dfrac{e^{bs}-e^{as}}{s(b-a)}$	$\dfrac{e^{ibs}-e^{ias}}{is(b-a)}$	–
Exponential $E(\lambda)$	–	$\dfrac{\lambda}{\lambda-s}$	$\dfrac{\lambda}{\lambda-is}$	$\dfrac{\lambda}{\lambda+s}$
Standardnormal-verteilung $N(0,1)$	–	$e^{s^2/2}$	$e^{-s^2/2}$	–
Normalverteilung $N(\mu,\sigma)$	–	$e^{\mu s+\frac{1}{2}\sigma^2 s^2}$	$e^{i\mu s-\frac{1}{2}\sigma^2 s^2}$	–
Gamma $\Gamma(r,\lambda)$	–	$\left(\dfrac{\lambda}{\lambda-s}\right)^r$	$\left(\dfrac{\lambda}{\lambda-is}\right)^r$	$\left(\dfrac{\lambda}{s+\lambda}\right)^r$
χ^2-Verteilung $\chi^2(r)$	–	$(1-2s)^{-r/2}$	$(1-2is)^{-r/2}$	$(1+2s)^{-r/2}$

17.3 Stochastische Prozesse

Markov-Ketten

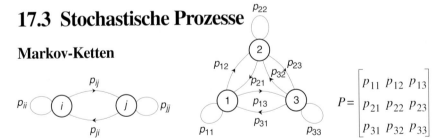

$P(X_n=i\mid X_0, X_1,\ldots,X_{n-1}) = P(X_n=i\mid X_{n-1})$

$p_{ij}=P(X_{n+1}=j\mid X_n=i) \qquad p_{ij}(n)=P(X_{m+n}=j\mid X_m=i)$

$P=[p_{ij}]=$ Übergangsmatrix

$P_n=[p_{ij}(n)]=n$-Schritt Übergangsmatrix

$P_{m+n}=P_m P_n,\ P_n=P^n \quad$ (*Chapman-Kolmogorov-Gleichungen*)

Poisson-Prozeß

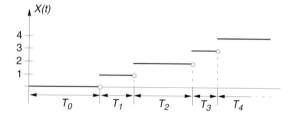

$P(X(t+h) = i+1 \mid X(t) = i) = \lambda h + o(h)$ λ = Intensität des Prozesses

$X(t)$ ist $P(\lambda t)$-verteilt

$P(X(t) = i) = e^{-\lambda t} \dfrac{(\lambda t)^i}{i!}$, $i = 0, 1, 2, \ldots$ $E[X(t)] = \operatorname{Var}[X(t)] = \lambda t$

$P(X(h) = 1) = \lambda h + o(h)$ $P(X(h) = 0) = 1 - \lambda h + o(h)$

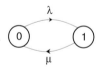

Die Zeitspannen $T_0, T_1, T_2, \ldots$ für die Zustände $0, 1, 2, \ldots$ (Vorwärtsrekurrenzzeiten) sind unabhängig und $E(\lambda)$-verteilt, d.h.

$$P(T_i > t) = e^{-\lambda t},\ t > 0.$$

Geburts- und Todesprozesse

Geburts- und Todesprozeß mit zwei Zuständen

$P(X(t+h) = 1 \mid X(t) = 0) = \lambda h + o(h)$ $P(X(t+h) = 0 \mid X(t) = 1) = \mu h + o(h)$

$P_0(t) = \dfrac{\mu}{\lambda + \mu} (1 - e^{-(\lambda + \mu)t}) + P_0(0) e^{-(\lambda + \mu)t}$

$P_1(t) = \dfrac{\lambda}{\lambda + \mu} (1 - e^{-(\lambda + \mu)t}) + P_1(0) e^{-(\lambda + \mu)t}$

$\pi_0 = \lim_{t \to \infty} P_0(t) = \dfrac{\mu}{\lambda + \mu}$ $\pi_1 = \lim_{t \to \infty} P_1(t) = \dfrac{\lambda}{\lambda + \mu}$

Allgemeiner Geburts- und Todesprozeß

```
     λ₀       λ₁       λ₂      λ₃
  (0)  ⇄  (1)  ⇄  (2)  ⇄  (3)  ⇄ ...
     μ₁       μ₂       μ₃      μ₄
```

$P(X(t+h) = i+1 \mid X(t) = i) = \lambda_i h + o(h)$ $P(X(t+h) = i-1 \mid X(t) = i) = \mu_i h + o(h)$

$\lambda_0, \lambda_1, \lambda_2, \ldots$ Geburtsintensitäten des Prozesses
$\mu_1, \mu_2, \mu_3, \ldots$ Todesintensitäten des Prozesses
π_i = stationäre (und für $t \to \infty$ asymptotische) Wahrscheinlichkeit von Zustand i

$$\pi_i = \frac{\lambda_{i-1}}{\mu_i} \pi_{i-1} = \frac{\lambda_0 \lambda_1 \ldots \lambda_{i-1}}{\mu_1 \mu_2 \ldots \mu_i} \pi_0, \quad \sum_i \pi_i = 1$$

Die Zeitspannen $T_0, T_1, T_2, \ldots$ für die Zustände 0, 1, 2, ... sind unabhängig, T_i ist $E(\lambda_i + \mu_i)$-verteilt, $\mu_0 = 0$.

Stationäre Prozesse

Grundlegende Definitionen

Erwartungswertfunktion $\mu(t) = E[X(t)]$

Varianzfunktion $\sigma^2(t) = \text{Var}[X(t)]$

Kovarianzkern $K(s, t) = \text{Cov}[X(s), X(t)]$

Ein stochastischer Prozeß $\{X(t)\}$ ist (*stark, im engeren Sinne, i.e.S.*) *stationär*, wenn $\{X(t_1), X(t_2), \ldots, X(t_n)\}$ und $\{X(t_1+h), X(t_2+h), \ldots, X(t_n+h)\}$ für alle $t_1, t_2, \ldots, t_n$ und $h>0$ dieselbe Verteilungsfunktion besitzen.

Ein stochastischer Prozeß $\{X(t)\}$ ist (*schwach, im weiteren Sinne, i.w.S.*) *stationär*, wenn $\text{Cov}[X(s), X(s+t)]$ von s unabhängig und nur eine Funktion von t ist und $E[X(s)]$ und $E[X^2(s)]$ unabhängig von s sind.

Schwach stationär

Autokorrelationsfunktion (AKF) $R_X(t) = \text{Cov}[X(s), X(s+t)]$

$E[X(t)] = 0 \implies R_X(t) = E[X(s)X(s+t)]$

Spektrale Leistungsdichte $\varphi_X(\omega) = \int_{-\infty}^{\infty} R_X(s) e^{-i\omega s} ds = 2 \int_0^{\infty} R_X(s) \cos \omega s \, ds$

$R(-t) = R(t)$	$\lvert R(t) \rvert \leq R(0)$
$\varphi(-\omega) = \varphi(\omega)$	$\varphi(\omega) \geq 0$
$R_X(t) = \dfrac{1}{2\pi} \int_{-\infty}^{\infty} \varphi_X(\omega) e^{i\omega t} d\omega$	

Kreuzkorrelationsfunktion (KKF) $R_{X,Y}(t) = \text{Cov}[X(s), Y(s+t)]$

Kreuzspektrum $\quad \varphi_{X,Y}(t) = \int\limits_{-\infty}^{\infty} R_{X,Y}(s) e^{-i\omega s} ds$

$$R_{X,Y}(t) = \frac{1}{2\pi} \int\limits_{-\infty}^{\infty} \varphi_{X,Y}(\omega) e^{i\omega t} d\omega$$

$X(t) = \alpha U(t) \Rightarrow$
$R_X(t) = \alpha^2 R_U(t) \qquad R_{X,Y}(t) = \alpha R_{U,Y}(t) \qquad R_{Y,X}(t) = \alpha R_{Y,U}(t)$
$\varphi_X(\omega) = \alpha^2 \varphi_U(\omega) \qquad \varphi_{X,Y}(\omega) = \alpha \varphi_{U,Y}(\omega) \qquad \varphi_{Y,X}(\omega) = \alpha \varphi_{Y,U}(\omega)$

$X(t) = U(t) + V(t) \Rightarrow$
$R_X(t) = R_U(t) + R_V(t) + R_{U,V}(t) + R_{V,U}(t)$
$\varphi_X(\omega) = \varphi_U(\omega) + \varphi_V(\omega) + \varphi_{U,V}(\omega) + \varphi_{V,U}(\omega)$
$R_{X,Y}(t) = R_{U,Y}(t) + R_{V,Y}(t)$
$\varphi_{X,Y}(\omega) = \varphi_{U,Y}(\omega) + \varphi_{V,Y}(\omega)$

Ergodische Prozesse

$$R_X(t) = \lim_{T \to \infty} \frac{1}{2T} \int\limits_{-T}^{T} X(u) X(u+t) du$$

$$R_{X,Y}(t) = \lim_{T \to \infty} \int\limits_{-T}^{T} X(u) Y(u+t) du$$

Lineare Filter

$$L(a_1 X_1(t) + a_2 X_2(t)) = a_1 L(X_1(t)) + a_2 L(X_2(t))$$

$$Y(t) = \int\limits_{-\infty}^{\infty} h(\tau) X(t-\tau) d\tau$$

$h = $ *Impulsantwort* (Gewichtsfunktion)

Frequenzübertragungsfunktion $G(i\omega) = \int\limits_{0}^{\infty} e^{-i\omega t} h(t) dt$

$$E[Y] = E[X] \int\limits_{0}^{\infty} h(\tau) d\tau$$

$$R_Y(t) = \int\limits_{0}^{\infty}\int\limits_{0}^{\infty} R_X(t+u-v) h(u) h(v) du dv$$

$$\varphi_Y(\omega) = |G(i\omega)|^2 \varphi_X(\omega)$$

MA-, AR- and ARMA-processes

$\{e_t\}$ ist der Prozeß des *weißen Rauschen*s

$$E[e_t] = 0, \; E[e_t^2] = \sigma^2, \; E[e_s e_t] = 0, \; s \neq t.$$

Prozeß der gleitenden Mittel (Moving Average) $MA(q)$

$$X_t = e_t + b_1 e_{t-1} + \ldots + b_q e_{t-q}$$

Autoregressiver Prozeß AR(p)

$$X_t = e_t - a_1 X_{t-1} - \ldots - a_p X_{t-p}$$

Autoregressiver-gleitender Mittelprozeß ARMA(p, q)

$$X_t = e_t + b_1 e_{t-1} + \ldots + b_q e_{t-q} - a_1 X_{t-1} - \ldots - a_p X_{t-p}$$

Zufalls-Sinus-Signalprozeß

$X(t) = A \sin(\omega t + \alpha)$, $\alpha\ U(0, 2\pi)$-verteilt

$E[X(t)] = 0$

$R(t) = \dfrac{A^2}{2} \cos \omega t$

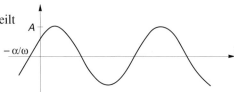

Zufalls-Telegraphen-Signalprozeß

$X(t) = (-1)^{\alpha + Y(t)}$, $t \geq 0$ mit $P(\alpha = 0) = P(\alpha = 1) = 0.5$ und $Y(t)$ ist ein Poisson-Prozeß der Intensität λ

$E[X(t)] = 0$

$R(t) = e^{-2\lambda |t|}$

$\varphi(\omega) = \dfrac{4\lambda}{4\lambda^2 + \omega^2}$

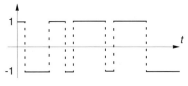

Gefilterter Poisson-Prozeß (shot noise)

$X(t) = \sum\limits_{t_k < t} g(t - t_k, Y_k)$, wobei $\{t_k\}_{-\infty}^{\infty}$ die Zeitspannen eines Poisson-Prozesses mit Intensität λ sind, Y_k sind vom Poisson-Prozeß unabhängige, für verschiedene k unabhängige Zufallsvariable und $g(t-s, Y) = 0$ für $s > t$

$$E[X(t)] = \lambda \int_0^\infty E[g(u, Y)] du$$

$$R(t) = \lambda \int_0^\infty E[g(t+u, Y) g(u, Y)] du$$

17.4 Algorithmen zur Berechnung von Verteilungsfunktionen

Binomialverteilung

Die Wahrscheinlichkeitsfunktion $f(x)$ und die Verteilungsfunktion $F(x)$

$$f(x) = \binom{n}{x} p^x (1-p)^{n-x} \quad \text{bzw.} \quad F(x) = \sum_{k=0}^{x} \binom{n}{k} p^k (1-p)^{n-k}$$

berechnet man für gegebenes n, p und x rekursiv mit den Formeln

$$f(x) = \frac{p}{1-p} \cdot \frac{n-x+1}{x} \cdot f(x-1), \quad f(0) = (1-p)^n$$

Testwerte

$n = 10$, $p = 0.5$ und $x = 5$ ergibt

$f(x) = 0.24609375$ und $F(x) = 0.623046875$

$n = 20$, $p = 0.7$ und $x = 16$ ergibt

$f(x) = 0.130420974$ und $F(x) = 0.8929131955$

Poisson-Verteilung

Die Wahrscheinlichkeitsfunktion $f(x) = e^{-\lambda} \lambda^x / x!$ und die Verteilungsfunktion $F(x) = \sum_{k=0}^{x} e^{-\lambda} \lambda^k / k!$ berechnet man für gegebene Werte von λ und x rekursiv aus

$$f(x) = \frac{\lambda}{x} \cdot f(x-1), \quad f(0) = e^{-\lambda}$$

Testwerte

$\lambda = 4$ und $x = 5$ ergibt $f(x) = 0.1562934518$ und $F(x) = 0.785130387$

$\lambda = 10$ und $x = 10$ ergibt $f(x) = 0.1251100357$ und $F(x) = 0.5830397502$

Hypergeometrische Verteilung

Die Binomialkoeffizienten $\binom{n}{x}$ berechnet man für gegebenes n und x rekursiv aus

$$\binom{n}{x} = \frac{n-x+1}{x} \cdot \binom{n}{x-1}, \quad \binom{n}{0} = 1$$

Damit berechnet man

$$f(x) = \binom{Np}{x}\binom{N-Np}{n-x} \bigg/ \binom{N}{n} \quad \text{und} \quad F(x) = \sum_{k=0}^{x} f(k)$$

Testwerte

$Np = 200$, $N - Np = 300$, $n = 50$ und $x = 30$ ergibt $f(x) = 0.0013276703$

$Np = 50$, $N - Np = 450$, $n = 40$ und $x = 6$ ergibt $f(x) = 0.1080810796$

Berechnung der Normal-, χ^2-, t- und F-Verteilung

Zur angenäherten Berechnung der Normal-, t-, χ^2- und F-Verteilung verwendet man (auch in Computerprogrammen) folgende elementare Funktionen:

Standardnormalverteilung $N(0, 1)$

$\Phi(x) \approx 1/(1 + e^{-p(x)})$, $p(x) = x(1{,}59145 + 0{,}01095x + 0{,}06651x^2)$, $x \geq 0$

χ^2-Verteilung $\chi^2(r)$

$F(x) \approx H(A/B)$, $A = (x/r)^{1/3} + (2/9r) - 1$, $B = \sqrt{2/(9r)}$,

$H(x) = 1/(1 + e^{-p(x)})$, $p(x)$ aus $N(0,1)$-Verteilung oben

t-Verteilung $t(r)$

$G(x) \approx H(A/\sqrt{B})$, $A = x^{2/3} + 2/9 - 2x^{2/3}/(9r) - 1$, $B = 2(1 + x^{4/3}/r)/9$,
$F(x) \approx (1 + G(x))/2$, $H(x)$ aus χ^2-Verteilung oben

F-Verteilung $F(r_1, r_2)$

$$F(x) \approx \begin{cases} H(z), \text{ wenn } r_2 \geq 4 \\ H(z + 0{,}08\, z^5/r_2^3), \text{ wenn } r_2 < 4 \end{cases}$$

$z = A/\sqrt{B}$, $A = x^{1/3} + 2/(9r_1) - 2x^{1/3}/(9r_2) - 1$, $B = 2(x^{2/3}/r_2 + 1/r_1)/9$

$H(x)$ aus χ^2-Verteilung oben.

Zur Berechnung von x für gegebenes $F(x)$ wende man auf obige Approximationen die inverse Interpolation oder ein Bisektionsverfahren an.

17.5 Simulation

Zufallszahlengeneratoren (Pseudozufallszahlen)

Allgemeine Methoden

$x_{n+1} = ax_n (\bmod\, m)$ (multiplikativer Kongruenzgenerator)
$x_{n+1} = ax_n + b (\bmod\, m)$ (gemischter Kongruenzgenerator)
($x \bmod y = x - y\, \text{INT}(x/y)$)

Spezielle Kongruenzgeneratoren

a	b	m	Name oder Quelle
23	0	$10^8 + 1$	Lehmer
$2^7 + 1$	1	2^{35}	Rotenberg
7^5	0	$2^{31} - 1$	GGL
131	0	2^{35}	Neave
16333	25887	2^{15}	Oakenfull
3432	6789	9973	Oakenfull
171	0	30269	Wichmann-Hill

Einfacher Zufallszahlengenerator für einfache Simulationen auf dem PC:

$$x_{n+1} = \text{FRAC}(147 x_n)$$

Statt 147 sind auch die Faktoren 83, 117, 123, 133, 163, 173, 187 und 197 üblich.

Simulation spezieller Verteilungen

$U, U_1, \ldots, U_n$ bezeichnen unabhängige Zufallszahlen zwischen 0 und 1

Verteilung	Simulationsformel
Symmetrische Zweipunktverteilung	$\text{INT}(2U)$ oder $\text{INT}(U+0.5)$
Zweipunktverteilung	$\text{INT}(U+P)$
Zweipunktverteilung $(-1, 1)$	$2\,\text{INT}(U+P) - 1$
Dreipunktverteilung $(0, 1, 2)$	$\text{INT}(U+P_2) + \text{INT}(U+P_1+P_2)$
Gleichverteilung auf $\{0, 1, \ldots, N-1\}$	$\text{INT}(NU)$
Gleichverteilung auf $\{1, 2, \ldots, N\}$	$\text{INT}(NU) + 1$
Binomialverteilung $B(n, p)$	$\sum_{i=1}^{n} \text{INT}(U_i + p)$
Exponentialverteilung $E(\lambda)$	$-\dfrac{1}{\lambda} \ln U$
Gammaverteilung $\Gamma(n, \lambda)$	$-\dfrac{1}{\lambda} \sum_{i=1}^{n} \ln U_i$
Weibull-Verteilung $W(\lambda, \beta)$	$\dfrac{1}{\lambda} (-\ln U)^{1/\beta}$

Zufallszahlen in der Programmierung

Die meisten Interpreter und Compiler bieten Funktionen zur Erzeugung von Zufallszahlen zwischen 0 und 1 an. Vielfach auch für andere Arten von Zufallszahlen oder -ziffern an. In BASIC erzeugt der Aufruf „RND" eine Zufallszahl zwischen 0 and 1 und das Kommando „RANDOMIZE" liefert eine Zufallszahl (meist aus dem Arbeitsspeicher) für den Start des Generators.

17.5 Simulation

Programmsysteme für Mathematik und Statistik können spezielle Wahrscheinlichkeitsverteilungen simulieren und zufällig verteilte geometrische Objekte erzeugen. Folgende Bilder zeigen ein Liniendiagramm von 500 Zufallszahlen zwischen 0 und 1 und 1000 zufällig gewählte Punkte in einem Quadrat.

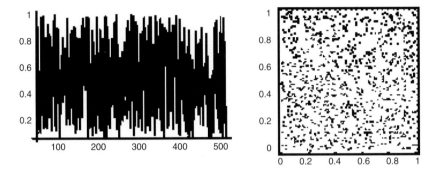

Simulation des Poisson-Prozesses und der Poisson-Verteilung

Flußdiagramm zur Simulation eines Poisson-Prozesses.
(Beachte. Die Zeitspannen eines Poisson-Prozesses der Intensität c sind $E(c)$-verteilt.)

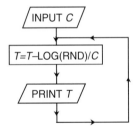

Flußdiagramm zur Simulation einer Poisson-Verteilung.
(Beachte. In einem Poisson-Prozeß der Intensität c ist die Anzahl der Zustandswechsel pro Zeiteinheit Poisson-verteilt mit Parameter c.)

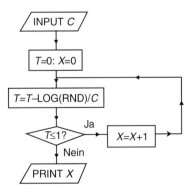

Simulationen für die Normalverteilung $N(\mu, \sigma)$
Mit dem Zentralen Grenzwertsatz

Berechne die Summe $T = \sum_{i=1}^{12} U_i$ von zwölf Zufallszahlen zwischen 0 und 1 und daraus $(T-6)\sigma + \mu$.

Die Box-Müller-Methode
Berechne X_1 und X_2 gemäß
$$X_1 = \sqrt{-2\ln U_2} \,\cos(2\pi U_1)$$
$$X_2 = \sqrt{-2\ln U_2} \,\sin(2\pi U_1)$$

Sind U_1 und U_2 unabhängige Zufallszahlen zwischen 0 und 1, dann sind X_1 und X_2 unabhängig und $N(0, 1)$-verteilt.

Der Seppo-Mustonen-Algorithmus

$X_1 = \sqrt{-2\ln U_2} \,\cos(2\pi U_1) \quad X_2 = \sqrt{-2\ln U_2} \,\sin(2\pi U_1 + \arcsin(\rho))$

Sind U_1 und U_2 unabhängige Zufallszahlen zwischen 0 und 1, dann ist (X_1, X_2) zweidimensional $N(0, 0, 1, 1, \rho)$-verteilt.

Allgemeine Methoden zur Simulation von Verteilungen
Die „Tabellenanpaß-Methode" für diskrete Verteilungen

Hat X die Wahrscheinlichkeiten $P(X=k) = p_k$, $k = 0, 1, 2, \ldots$, und ist U eine Zufallszahl zwischen 0 und 1, dann gibt folgender Algorithmus Realisierungen von X

Falls $0 \leq U \leq p_0$, dann setze $X = 0$.

Falls $\sum_{i=0}^{k-1} p_i \leq U < \sum_{i=0}^{k} p_i$, dann setze $X = k$.

Die inverse Methode für stetige Verteilungen

Diese Methode beruht auf folgendem Satz. *Ist X eine stetige Zufallsvariable mit streng monoton wachsender Verteilungsfunktion F und ist U eine Zufallszahl zwischen 0 und 1, dann hat $F^{-1}(U)$ als Verteilungsfunktion F.*

Die inverse Methode kann angewandt werden, wenn $F^{-1}(U)$ explizit bekannt ist oder leicht approximiert werden kann.

Die „Annahme-Verwerfen-Methode" für stetige Verteilungen

Sei X eine stetige Zufallsvariable mit Dichte $f(x)$, $0 \leq x \leq 1$, so daß $f(x) \leq M$. Folgendes Flußdiagramm simuliert Realisierungen von X, wenn U_1 und U_2 Zufallszahlen zwischen 0 und 1 sind:

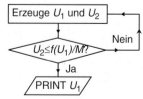

Varianzreduktion

Einsatz von antithetischen Variablen

Ziel der Simulation ist es den Erwartungswert $E[X]$ einer Zufallsvariable X zu schätzen. Eine zu X *antithetische Variable* ist eine Zufallsvariable Y mit derselben Verteilung wie X, die negativ korreliert mit X ist. Ist ρ der Korrelationskoeffizient und $\sigma^2 = \text{Var}[X] = \text{Var}[Y]$, dann gilt

$$\text{Var}\left[\frac{X+Y}{2}\right] = \frac{\sigma^2}{2}(1+\rho) \leq \sigma^2.$$

Nimmt man daher Realisierungen von $(X+Y)/2$, dann besitzen diese eine kleinere Streuung, vor allem, wenn ρ negativ ist.

Beispiel. U sei Zufallszahl zwischen 0 und 1. Setzt man $X = -\lambda^{-1} \ln U$ und $Y = -\lambda^{-1} \ln(1-U)$, dann sind X und Y beide $E(\lambda)$-verteilt und es gilt $\rho = 1 - \pi^2/6$.

Einsatz von Kontrollvariablen

Sei Y eine Zufallsvariable mit *bekanntem* Erwartungswert $E[Y] = \Theta$, dann können Realisierungen von $Z = X - (Y - \Theta)$ zur Schätzung von $E[X]$ verwendet werden, denn $E[Z] = E[X]$. Wegen

$$\text{Var}[Z] = \text{Var}[X] + \text{Var}[Y] - 2\,\text{Cov}[X, Y]$$

ist es vorteilhaft, eine zu X positiv korrelierte *Kontrollvariable* Y zu verwenden.

17.6 Wartesysteme (Bedienungstheorie)

$M/M/1$, $M/M/n$ und $M/G/1$. Grundlagen

$M/M/n$: n Bedienstationen, Ankunfts- und Bedienzeiten exponentialverteilt
$M/G/n$: Bedienzeiten beliebig verteilt

Folgende Formeln gelten im stationären Falle.

$X =$ Anzahl der Kunden im System
$Y =$ Anzahl der Kunden in der Warteschlange
$W =$ Wartezeit
$U =$ Gesamtzeit im System (Systemzeit)
$Z =$ Dauer der Bedienung
$B =$ Bedienzeit einer Station (Servicezeit)
$\lambda =$ Intensität des Poisson-Prozesses der Ankommenden
$\mu =$ Intensität der exponentiellen Bedienzeit

	M/M/1	M/M/n	M/G/1
Verkehrs-intensität ρ	$\rho = \lambda/\mu$ $0 < \rho < 1$	$\rho = \lambda/(n\mu)$ $0 < \rho < 1$	$\rho = \lambda\, E[B]$ $0 < \rho < 1$
$P(X=k) = \pi_k$ $k = 0, 1, 2, \ldots$	$(1-\rho)\rho^k$	$\pi_0 = (A+B)^{-1}$ $A = \sum_{k=0}^{n-1} (n\rho)^k/k!$ $B = (n\rho)^n/((1-\rho)n!)$ $\pi_k = (n\rho)^k \pi_0/k!,\ k \le n$ $\pi_k = \rho^{k-n}\pi_n,\ k \ge n$	$E[s^X]$ $= \dfrac{(1-\rho)(1-s) f^*(\lambda(1-s))}{f^*(\lambda(1-s)) - s}$ $f^*(s) = E[e^{-sB}]$
$E[X]$	$\rho/(1-\rho)$	$\rho(n + \pi/(1-\rho)),\ \pi = \sum_{k=n}^{\infty} \pi_k$ $\pi = B/(A+B)$, A, B siehe oben	$\rho + \rho^2 E[B^2]/(2(1-\rho)E^2[B])$ $E[B^2] = \mathrm{Var}[B] + E^2[B]$
$E[Y]$	$\rho^2/(1-\rho)$	$\rho\pi/(1-\rho),\ \pi = B/(A+B)$	$\rho^2 E[B^2]/(2(1-\rho)E^2[B])$
$E[W]$	$\rho/(\mu(1-\rho))$	$\pi/(\mu n(1-\rho))$	$\rho^2 E[B^2]/(2(1-\rho)E[B]) =$ $= \lambda E[B^2]/(2(1-\rho))$
$E[U]$	$1/(\mu(1-\rho))$	$(1 + \pi/(n(1-\rho)))/\mu$	$E[W] + E[B]$
$E[Z]$	$1/(\mu(1-\rho))$	–	$E[B]/(1-\rho)$

Weitere Formeln für *M/M/1* und *M/G/1*

M/M/1

$E[s^X] = (1-\rho)/(1-\rho s)$ $\qquad$ $\mathrm{Var}[X] = \rho/(1-\rho)^2$

$E[s^Y] = (1-\rho)(1+\rho-\rho s)/(1-\rho s)$ $\qquad$ $\mathrm{Var}[Y] = \rho^2(1+\rho-\rho^2)/(1-\rho)^2$

$P(W \le x) = 1 - \rho\, e^{-\mu(1-\rho)x}$ $\qquad$ $\mathrm{Var}[W] = \rho(2-\rho)/(\mu(1-\rho))^2$

$P(U \le x) = 1 - e^{-\mu(1-\rho)x}$ $\qquad$ $\mathrm{Var}[U] = 1/(\mu^2(1-\rho)^2)$

M/G/1

$$E[e^{-sW}] = \frac{(1-\rho)s}{s - \lambda + \lambda f^*(s)} \qquad E[e^{-sU}] = \frac{(1-\rho)s\, f^*(s)}{s - \lambda + \lambda f^*(s)}$$

$f_Z^*(s) = E[e^{-sZ}] = f^*(s + \lambda - \lambda f_Z^*(s))$ $\qquad$ $f^*(s) = E[e^{-sB}]$

Formel von Little

Für ein stationäres System gilt

$$L = \lambda W$$

λ = Intensität des Ankunftsprozesses
L = zu erwartende Anzahl von Kunden im System
W = zu erwartende Aufenthaltszeit für Kunden im System

17.6 Wartesysteme (Bedienungstheorie)

Erlang-Verlustformel

Hat ein System c Bedienstationen und keine Warteschlange und ist ρ die Verkehrsintensität, dann liefert die Erlang-Verlustformel die Wahrscheinlichkeit $\pi(c,\rho)$, daß alle Bedienstationen im stationären Fall beschäftigt sind:

$$\pi(c,\rho) = (\rho^c/c!) / \sum_{i=0}^{c} (\rho^i/i!)$$

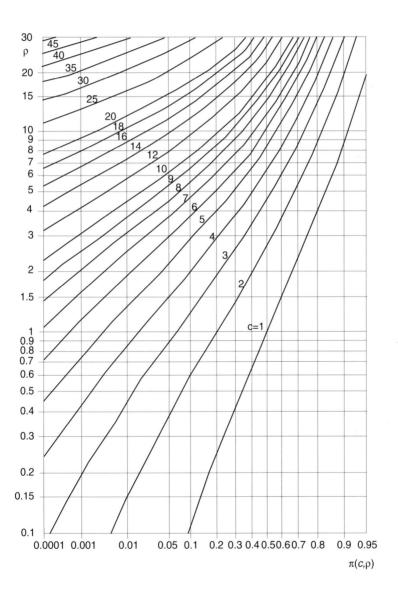

17.7 Zuverlässigkeit

Kohärente Systeme
Systemfunktionen und Zuverlässigkeit

$$\text{Systemfunktion } \Phi(\mathbf{x}) = \begin{cases} 1, \text{ System ist intakt für Vektor } \mathbf{x} \\ 0, \text{ System ist defekt für Vektor } \mathbf{x} \end{cases}$$

$\mathbf{x} = (x_1, x_2, \ldots, x_n)$, wobei

$$x_i = \begin{cases} 1, \text{ Komponente } i \text{ des Systems ist intakt} \\ 0, \text{ Komponete } i \text{ des Systems ist defekt} \end{cases}$$

Für *kohärente Systeme* gilt $\mathbf{x} < \mathbf{y} \Rightarrow \Phi(\mathbf{x}) \leq \Phi(\mathbf{y})$.

$p_i = P(x_i = 1) = E[x_i] = $ Zuverlässigkeit der Komponente i des Systems

$E[\Phi(\mathbf{x})] = h(p_1, p_2, \ldots, p_n) = $ Zuverlässigkeit des Systems

Serienschaltung

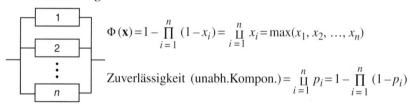

$$\Phi(\mathbf{x}) = \prod_{i=1}^{n} x_i = \min(x_1, x_2, \ldots, x_n)$$

Zuverlässigkeit (unabhängige Komponenten) $= \prod_{i=1}^{n} p_i$

Parallelschaltung

$$\Phi(\mathbf{x}) = 1 - \prod_{i=1}^{n} (1-x_i) = \coprod_{i=1}^{n} x_i = \max(x_1, x_2, \ldots, x_n)$$

Zuverlässigkeit (unabh. Kompon.) $= \coprod_{i=1}^{n} p_i = 1 - \prod_{i=1}^{n} (1-p_i)$

k-aus-n-System

Das System ist intakt, wenn mindestens k Komponenten intakt sind.

$$\Phi(\mathbf{x}) = \begin{cases} 1, \text{ wenn } \sum_{i=1}^{n} x_i \geq k \\ 0, \text{ wenn } \sum_{i=1}^{n} x_i < k \end{cases}$$

Zuverlässigkeit (unabhängige Komponenten mit gleicher Zuverlässigkeit p) $=$

$$= \sum_{i=k}^{n} \binom{n}{i} p^i (1-p)^{n-i}$$

17.7 Zuverlässigkeit

Spezielle kohärente Systeme

System	Systemfunktion	Zuverlässigkeit (unabhängige Komponenten)
1—2 (Serie)	$x_1 x_2$	$p_1 p_2$
1 || 2 (Parallel)	$x_1 \amalg x_2 = 1-(1-x_1)(1-x_2)$	$p_1 \amalg p_2 = 1-(1-p_1)(1-p_2)$
1—2—3 (Serie)	$x_1 x_2 x_3$	$p_1 p_2 p_3$
1 || 2 || 3 (Parallel)	$x_1 \amalg x_2 \amalg x_3 = 1-(1-x_1)(1-x_2)(1-x_3)$	$p_1 \amalg p_2 \amalg p_3 = 1-(1-p_1)(1-p_2)(1-p_3)$
1 — (2||3)	$x_1(x_2 \amalg x_3) = x_1(x_2+x_3-x_2 x_3)$	$p_1(p_2+p_3-p_2 p_3)$
1 || (2—3)	$x_1 \amalg (x_2 x_3) = x_1 + x_2 x_3 - x_1 x_2 x_3$	$p_1+p_2 p_3-p_1 p_2 p_3$
Brückenstruktur	$(x_1 x_2) \amalg (x_1 x_3) \amalg (x_2 x_3) = 1-(1-x_1 x_2)(1-x_1 x_3)(1-x_2 x_3) = x_1 x_2 + x_1 x_3 + x_2 x_3 - 2 x_1 x_2 x_3$	$p_1 p_2 + p_1 p_3 + p_2 p_3 - 2 p_1 p_2 p_3$

Lebensdauerverteilungen

Grundlegende Definitionen

X = Lebenszeit oder Zeit bis zum Ausfall einer Komponente oder eines Systems von Komponenten

Verteilungsfunktion $F(x) = P(X \leq x)$

Überlebensw.s. (Zuverlässigkeit) $G(x) = P(X > x) = 1 - F(x)$

Wahrscheinlichkeitsdichte $f(x) = F'(x) = -G'(x)$

Ausfallrate $r(x) = f(x)/G(x) = F'(x)/(1-F(x))$

TTT-Transformation (TTT = Total Time on Test) $F_{TTT}(x) = \int_0^{H(x)} G(t)dt \Big/ \int_0^{H(1)} G(t)dt, \ H = F^{-1}$

Erwartete Lebensdauer
$$\mu = \int_0^\infty x f(x)dx = \int_0^\infty G(x)dx$$

Streuung
$$\sigma^2 = \int_0^\infty (x-\mu)^2 f(x)dx$$

$$P(X \le t+h \mid X > t) = r(t)h + o(h)$$

$$G(x) = 1 - F(x) = e^{-\int_0^x r(t)dt}$$

Eigenschaften der Lebensdauerverteilungen

Eigenschaft	Bezeichnung	Definition
Wachsende Ausfallrate	IFR	$r(t)$ wächst mit t
Fallende Ausfallrate	DFR	$r(t)$ fällt mit t
Wachsende mittlere Ausfallrate	IFRA	$\frac{1}{t}\int_0^t r(x)dx$ wächst mit t
Fallende mittlere Ausfallrate	DFRA	$\frac{1}{t}\int_0^t r(x)dx$ fällt mit t
Neu besser als benutzt	NBU	$G(x+y) \le G(x)G(y)$
Neu schlechter als benutzt	NWU	$G(x+y) \ge G(x)G(y)$
Im Erwartungswert neu besser als benutzt	NBUE	$\int_t^\infty G(x)dx \le \mu\, G(t)$
Im Erwartungswert neu schlechter als benutzt	NWUE	$\int_t^\infty G(x)dx \ge \mu\, G(t)$
Im Erwartungswert harmonisch neu besser als benutzt	HNBUE	$\int_t^\infty G(x)dx \le \mu\, e^{-t/\mu}$
Im Erwartungswert harmonisch neu schlechter als benutzt	HNWUE	$\int_t^\infty G(x)dx \ge \mu\, e^{-t/\mu}$

IFR $\Rightarrow$ IFRA $\Rightarrow$ NBU $\Rightarrow$ NBUE $\Rightarrow$ HNBUE

DFR $\Rightarrow$ DFRA $\Rightarrow$ NWU $\Rightarrow$ NWUE $\Rightarrow$ HNWUE

TTT-Transformation und IFR (DFR)

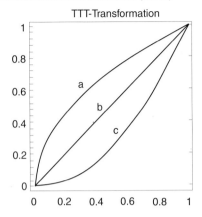

a) TTT-Transformation für eine IFR-Verteilung

b) TTT-Transformation für eine Exponentialverteilung

c) TTT-Transformation für eine DFR-Verteilung

F_{TTT} ist konkav $\Leftrightarrow$ IFR $\qquad F_{TTT}$ ist konvex $\Leftrightarrow$ DFR

Spezielle Lebensdauerverteilungen

Name	f, G, r, μ, σ^2	Eigenschaften
Exponential	$f(x) = \lambda e^{-\lambda x}, x \geq 0$ $G(x) = e^{-\lambda x}, x \geq 0$ $F_{TTT}(x) = x, 0 \leq x \leq 1$ $r(x) = \lambda$ $\mu = 1/\lambda$ $\sigma^2 = 1/\lambda^2$	Konstante Ausfallrate
Weibull	$f(x) = \beta \lambda^\beta x^{\beta-1} e^{-(\lambda x)^\beta}$ $G(x) = e^{-(\lambda x)^\beta}$ $r(x) = \beta \lambda^\beta x^{\beta-1}$ $\mu = \lambda^{-1} \Gamma(1 + 1/\beta)$ $\sigma^2 = \lambda^{-2}(\Gamma(1 + 2/\beta) - \Gamma^2(1 + 1/\beta))$	IFR für $\beta \geq 1$ DFR für $\beta \leq 1$
Lognormal	$f(x) = \dfrac{1}{\beta x \sqrt{2\pi}} e^{-(\ln x - \alpha)^2/2\beta^2}$ $\mu = e^{\alpha + \beta^2/2}$ $\sigma^2 = e^{2\alpha + \beta^2}(e^{\beta^2} - 1)$	

Name	f, G, r, μ, σ^2	Eigenschaften
Gamma	$f(x) = \dfrac{\lambda^n}{\Gamma(n)} x^{n-1} e^{-\lambda x}, x \geq 0$ Für positives ganzes n $G(x) = \sum_{i=0}^{n-1} \dfrac{(\lambda x)^i}{i!} e^{-\lambda x}$ $\mu = n/\lambda$ $\sigma^2 = n/\lambda^2$	IFR für $n \geq 1$ DFR für $0 < n \leq 1$
Gleichverteilt	$f(x) = 1/(b-a),\ a \leq x \leq b$ $G(x) = (b-x)/(b-a)$ $r(x) = 1/(b-x)$ $\mu = (a+b)/2$ $\sigma^2 = (b-a)^2/12$	IFR

Lebensdauerverteilungen für Systeme

Zusammenschaltung allgemeiner Systeme

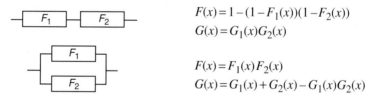

$F(x) = 1 - (1 - F_1(x))(1 - F_2(x))$
$G(x) = G_1(x) G_2(x)$

$F(x) = F_1(x) F_2(x)$
$G(x) = G_1(x) + G_2(x) - G_1(x) G_2(x)$

Zusammenschaltung von Exponentialsystemen

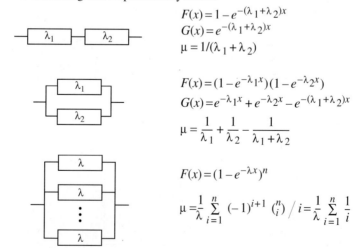

$F(x) = 1 - e^{-(\lambda_1 + \lambda_2)x}$
$G(x) = e^{-(\lambda_1 + \lambda_2)x}$
$\mu = 1/(\lambda_1 + \lambda_2)$

$F(x) = (1 - e^{-\lambda_1 x})(1 - e^{-\lambda_2 x})$
$G(x) = e^{-\lambda_1 x} + e^{-\lambda_2 x} - e^{-(\lambda_1 + \lambda_2)x}$
$\mu = \dfrac{1}{\lambda_1} + \dfrac{1}{\lambda_2} - \dfrac{1}{\lambda_1 + \lambda_2}$

$F(x) = (1 - e^{-\lambda x})^n$

$\mu = \dfrac{1}{\lambda} \sum_{i=1}^{n} (-1)^{i+1} \binom{n}{i} / i = \dfrac{1}{\lambda} \sum_{i=1}^{n} \dfrac{1}{i}$

Ersatz und TTT-Transformation

Eine Komponente wird nach der Zeit t_0 ersetzt, wenn sie vor der Zeit t_0 ausfällt.
c_r = Ersatzkosten, c_f = Zusätzliche Kosten, falls Komponente ausgefallen.

Minimale Ersatzkosten pro Zeiteinheit hat man mit $t_0 = F^{-1}(v_0)$, wenn v_0 wie skizziert am Graph der TTT-Transformation bestimmt wird. Ist die TTT-Transformation unbekannt, dann nimmt man den TTT-Plot, vgl. 18.10.

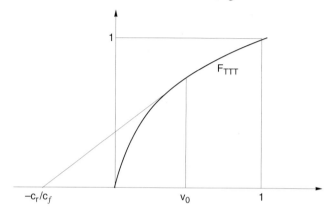

Zuverlässigkeitsbaum (FTA)

Symbole

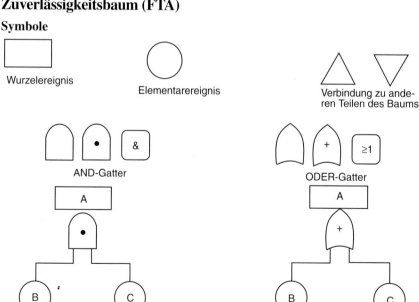

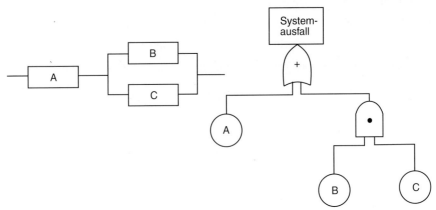

Zuverlässigkeitsbaum für 3-Komponenten-Serien-Parallelsystem

Berechnung der Wahrscheinlichkeiten

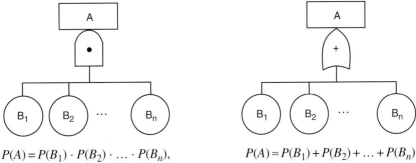

$P(A) = P(B_1) \cdot P(B_2) \cdot \ldots \cdot P(B_n)$,
wenn $B_1, B_2, \ldots, B_n$ unabhängig sind.

$P(A) \approx P(B_1) + P(B_2) + \ldots + P(B_n)$

Zur Berechnung der Wahrscheinlichkeit für das Wurzelereignis in komplizierten Bäumen (Systemen) benötigt man spezielle Computerprogramme.

Trennungen und Verbindungen

Eine *Trennung* (*cut set*) ist eine Zusammenfassung von Elementarereignissen, so daß das Wurzelereignis eintritt, wenn alle Ereignisse der Trennung eintreten.

Eine *minimale Trennung* enthält keine Trennung als echte Teilmenge.

Eine *Verbindung* (*path set*) ist eine Zusammenfassung von Elementarereignissen, so daß das Wurzelereignis eintritt, wenn keines der Elemente der Verbindung eintritt.

MOCUS (Method for Obtaining Cut Sets) ist ein Algorithmus zur Bestimmung der Trennungen in einem Zuverlässigkeitsbaum.

17.8 Tabellen

Zufallszahlen

Zur Erzeugung von (Pseudo-)Zufallszahlen mit dem PC, siehe 17.5.

44955	16384	62827	82305	32836	96761	11602	81743	04141	47108
17932	78415	89813	17856	00680	71694	52288	75979	33302	99361
41763	11665	63153	43438	46603	03827	29956	00038	75401	94972
24368	09593	27757	44838	12770	91420	93676	66719	90221	16232
15642	24041	12815	18518	06378	99162	40329	24883	46760	26236
85537	15524	99132	95641	43956	98043	60034	02098	30631	12463
15677	42470	26268	40123	29130	50944	39644	13782	03367	77646
48595	88058	73988	87135	22800	20225	53898	45156	63801	34295
41738	27261	14091	40545	09782	97321	28817	81141	37045	11829
54523	09552	56660	53594	56115	56811	60488	23350	44662	77605
89334	90573	07140	59493	51322	97035	79963	62688	01059	37140
58339	58474	48617	34156	08020	37190	55787	46350	86923	42659
54199	58469	07812	10144	12042	02875	65886	32141	77782	81310
19148	30559	59869	13381	30812	42690	11672	62036	51495	38737
48331	65457	13151	59708	88927	51889	98772	73912	16399	37448
25293	52004	49064	12356	75433	73997	53983	52831	12185	76572
63951	93582	82641	51223	43848	93627	92107	17974	15294	94484
29565	62944	74131	26636	26962	21246	34327	05938	79038	97533
01089	21886	15310	67429	63405	63559	34930	68284	60604	48349
60220	63072	26778	59404	04745	44621	38544	85741	83060	96768
79683	54745	94840	86867	07609	58465	52296	32327	63997	53752
53064	18997	08430	77163	92571	80804	65540	16726	72245	94150
33819	07200	74681	57676	93974	17337	91193	82123	24452	78148
64553	23559	80237	45480	24850	41763	13819	70349	07650	57147
32597	64944	71337	48485	19982	30264	91456	37063	39605	54095
17544	50752	91544	93192	58536	84910	03137	50084	05482	67794
24026	54944	37891	13879	67888	88580	60992	91701	39938	49102
87362	32581	05670	90871	59193	71763	00730	43520	69073	30795
41673	16726	62427	18765	41364	87630	12355	95964	24665	96386
97223	50516	94212	70881	45125	59221	91447	28360	03518	40692
04146	49156	14321	30145	57476	26316	57831	21491	50325	79647
23432	90904	87099	30489	97607	11283	99215	47428	72654	58559
74381	28845	29786	66906	26377	96663	42434	83312	05480	72825
72999	12066	87644	29770	65753	64923	93435	03391	44963	76260
05670	41529	91943	47655	48027	24013	48716	79298	70093	13525
24179	78159	53752	08593	28764	08332	58345	83802	24289	27143
89836	35105	97261	96361	50601	14638	97187	20524	59107	53331
83810	31299	20328	24967	37923	25802	91158	79410	49566	63902
25069	64048	17067	73386	99206	77203	97801	49056	76395	19221
69768	65339	24077	45499	17472	09554	16845	75439	23694	10906

Binomialverteilung

Werte von $f(x) = \binom{n}{x} p^x (1-p)^{n-x}$ für verschiedene n, p und $x = 0, 1, \ldots, n$.
Berechnung von $f(x)$ auf PC, siehe 17.4.

n	x	p=0,1	0,2	0,3	0,4	0,5	0,6	0,7	0,8	0,9
2	0	0,8100	0,6400	0,4900	0,3600	0,2500	0,1600	0,0900	0,0400	0,0100
	1	0,1800	0,3200	0,4200	0,4800	0,5000	0,4800	0,4200	0,3200	0,1800
	2	0,0100	0,0400	0,0900	0,1600	0,2500	0,3600	0,4900	0,6400	0,8100
3	0	0,7290	0,5120	0,3430	0,2160	0,1250	0,0640	0,0270	0,0080	0,0010
	1	0,2430	0,3840	0,4410	0,4320	0,3750	0,2880	0,1890	0,0960	0,0270
	2	0,0270	0,0960	0,1890	0,2880	0,3750	0,4320	0,4410	0,3840	0,2430
	3	0,0010	0,0080	0,0270	0,0640	0,1250	0,2160	0,3430	0,5120	0,7290
4	0	0,6561	0,4096	0,2401	0,1296	0,0625	0,0256	0,0081	0,0016	0,0001
	1	0,2916	0,4096	0,4116	0,3456	0,2500	0,1536	0,0756	0,0256	0,0036
	2	0,0486	0,1536	0,2646	0,3456	0,3750	0,3456	0,2646	0,1536	0,0486
	3	0,0036	0,0256	0,0756	0,1536	0,2500	0,3456	0,4116	0,4096	0,2916
	4	0,0001	0,0016	0,0081	0,0256	0,0625	0,1296	0,2401	0,4096	0,6561
5	0	0,5905	0,3277	0,1681	0,0778	0,0312	0,0102	0,0024	0,0003	0,0000
	1	0,3280	0,4096	0,3602	0,2592	0,1562	0,0768	0,0284	0,0064	0,0004
	2	0,0729	0,2048	0,3087	0,3456	0,3125	0,2304	0,1323	0,0512	0,0081
	3	0,0081	0,0512	0,1323	0,2304	0,3125	0,3456	0,3087	0,2048	0,0729
	4	0,0004	0,0064	0,0284	0,0768	0,1562	0,2592	0,3602	0,4096	0,3280
	5	0,0000	0,0003	0,0024	0,0102	0,0312	0,0778	0,1681	0,3277	0,5905
6	0	0,5314	0,2621	0,1176	0,0467	0,0156	0,0041	0,0007	0,0001	0,0000
	1	0,3543	0,3932	0,3025	0,1866	0,0938	0,0369	0,0102	0,0015	0,0001
	2	0,0984	0,2458	0,3241	0,3110	0,2344	0,1382	0,0595	0,0154	0,0012
	3	0,0146	0,0819	0,1852	0,2765	0,3125	0,2765	0,1852	0,0819	0,0146
	4	0,0012	0,0154	0,0595	0,1382	0,2344	0,3110	0,3241	0,2458	0,0984
	5	0,0001	0,0015	0,0102	0,0369	0,0938	0,1866	0,3025	0,3932	0,3543
	6	0,0000	0,0001	0,0007	0,0041	0,0156	0,0467	0,1176	0,2621	0,5314
7	0	0,4783	0,2097	0,0824	0,0280	0,0078	0,0016	0,0002	0,0000	0,0000
	1	0,3720	0,3670	0,2471	0,1306	0,0547	0,0172	0,0036	0,0004	0,0000
	2	0,1240	0,2753	0,3177	0,2613	0,1641	0,0774	0,0250	0,0043	0,0002
	3	0,0230	0,1147	0,2269	0,2903	0,2734	0,1935	0,0972	0,0287	0,0026
	4	0,0026	0,0287	0,0972	0,1935	0,2734	0,2903	0,2269	0,1147	0,0230
	5	0,0002	0,0043	0,0250	0,0774	0,1641	0,2613	0,3177	0,2753	0,1240
	6	0,0000	0,0004	0,0036	0,0172	0,0547	0,1306	0,2471	0,3670	0,3720
	7	0,0000	0,0000	0,0002	0,0016	0,0078	0,0280	0,0824	0,2097	0,4783
8	0	0,4305	0,1678	0,0576	0,0168	0,0039	0,0007	0,0001	0,0000	0,0000
	1	0,3826	0,3355	0,1977	0,0896	0,0312	0,0079	0,0012	0,0001	0,0000
	2	0,1488	0,2936	0,2965	0,2090	0,1094	0,0413	0,0100	0,0011	0,0000

17.8 Tabellen

n	x	p=0,1	0,2	0,3	0,4	0,5	0,6	0,7	0,8	0,9
8	3	0,0331	0,1468	0,2541	0,2787	0,2188	0,1239	0,0467	0,0092	0,0004
	4	0,0046	0,0459	0,1361	0,2322	0,2734	0,2322	0,1361	0,0459	0,0046
	5	0,0004	0,0092	0,0467	0,1239	0,2188	0,2787	0,2541	0,1468	0,0331
	6	0,0000	0,0011	0,0100	0,0413	0,1094	0,2090	0,2965	0,2936	0,1488
	7	0,0000	0,0001	0,0012	0,0079	0,0312	0,0896	0,1977	0,3355	0,3826
	8	0,0000	0,0000	0,0001	0,0007	0,0039	0,0168	0,0576	0,1678	0,4305
9	0	0,3874	0,1342	0,0404	0,0101	0,0020	0,0003	0,0000	0,0000	0,0000
	1	0,3874	0,3020	0,1556	0,0605	0,0176	0,0035	0,0004	0,0000	0,0000
	2	0,1722	0,3020	0,2668	0,1612	0,0703	0,0212	0,0039	0,0003	0,0000
	3	0,0446	0,1762	0,2668	0,2508	0,1641	0,0743	0,0210	0,0028	0,0001
	4	0,0074	0,0661	0,1715	0,2508	0,2461	0,1672	0,0735	0,0165	0,0008
	5	0,0008	0,0165	0,0735	0,1672	0,2461	0,2508	0,1715	0,0661	0,0074
	6	0,0001	0,0028	0,0210	0,0743	0,1641	0,2508	0,2668	0,1762	0,0446
	7	0,0000	0,0003	0,0039	0,0212	0,0703	0,1612	0,2668	0,3020	0,1722
	8	0,0000	0,0000	0,0004	0,0035	0,0176	0,0605	0,1556	0,3020	0,3874
	9	0,0000	0,0000	0,0000	0,0003	0,0020	0,0101	0,0404	0,1342	0,3874
10	0	0,3487	0,1074	0,0282	0,0060	0,0010	0,0001	0,0000	0,0000	0,0000
	1	0,3874	0,2684	0,1211	0,0403	0,0098	0,0016	0,0001	0,0000	0,0000
	2	0,1937	0,3020	0,2335	0,1209	0,0439	0,0106	0,0014	0,0001	0,0000
	3	0,0574	0,2013	0,2668	0,2150	0,1172	0,0425	0,0090	0,0008	0,0000
	4	0,0112	0,0881	0,2001	0,2508	0,2051	0,1115	0,0368	0,0055	0,0001
	5	0,0015	0,0264	0,1029	0,2007	0,2461	0,2007	0,1029	0,0264	0,0015
	6	0,0001	0,0055	0,0368	0,1115	0,2051	0,2508	0,2001	0,0881	0,0112
	7	0,0000	0,0008	0,0090	0,0425	0,1172	0,2150	0,2668	0,2013	0,0574
	8	0,0000	0,0001	0,0014	0,0106	0,0439	0,1209	0,2335	0,3020	0,1937
	9	0,0000	0,0000	0,0001	0,0016	0,0098	0,0403	0,1211	0,2684	0,3874
	10	0,0000	0,0000	0,0000	0,0001	0,0010	0,0060	0,0282	0,1074	0,3487
12	0	0,2824	0,0687	0,0138	0,0022	0,0002	0,0000	0,0000	0,0000	0,0000
	1	0,3766	0,2062	0,0712	0,0174	0,0029	0,0003	0,0000	0,0000	0,0000
	2	0,2301	0,2835	0,1678	0,0639	0,0161	0,0025	0,0002	0,0000	0,0000
	3	0,0852	0,2362	0,2397	0,1419	0,0537	0,0125	0,0015	0,0001	0,0000
	4	0,0213	0,1329	0,2311	0,2128	0,1208	0,0420	0,0078	0,0005	0,0000
	5	0,0038	0,0532	0,1585	0,2270	0,1934	0,1009	0,0291	0,0033	0,0000
	6	0,0005	0,0155	0,0792	0,1766	0,2256	0,1766	0,0792	0,0155	0,0005
	7	0,0000	0,0033	0,0291	0,1009	0,1934	0,2270	0,1585	0,0532	0,0038
	8	0,0000	0,0005	0,0078	0,0420	0,1208	0,2128	0,2311	0,1329	0,0213
	9	0,0000	0,0001	0,0015	0,0125	0,0537	0,1419	0,2397	0,2362	0,0852
	10	0,0000	0,0000	0,0002	0,0025	0,0161	0,0639	0,1678	0,2835	0,2301
	11	0,0000	0,0000	0,0000	0,0003	0,0029	0,0174	0,0712	0,2062	0,3766
	12	0,0000	0,0000	0,0000	0,0000	0,0002	0,0022	0,0138	0,0687	0,2824
20	0	0,1216	0,0115	0,0008	0,0000	0,0000	0,0000	0,0000	0,0000	0,0000
	1	0,2702	0,0576	0,0068	0,0005	0,0000	0,0000	0,0000	0,0000	0,0000
	2	0,2852	0,1369	0,0278	0,0031	0,0002	0,0000	0,0000	0,0000	0,0000
	3	0,1901	0,2054	0,0716	0,0123	0,0011	0,0000	0,0000	0,0000	0,0000
	4	0,0898	0,2182	0,1304	0,0350	0,0046	0,0003	0,0000	0,0000	0,0000
	5	0,0319	0,1746	0,1789	0,0746	0,0148	0,0013	0,0000	0,0000	0,0000

n	x	p=0,1	0,2	0,3	0,4	0,5	0,6	0,7	0,8	0,9
20	6	0,0089	0,1091	0,1916	0,1244	0,0370	0,0049	0,0002	0,0000	0,0000
	7	0,0020	0,0545	0,1643	0,1659	0,0739	0,0146	0,0010	0,0000	0,0000
	8	0,0004	0,0222	0,1144	0,1797	0,1201	0,0355	0,0039	0,0001	0,0000
	9	0,0001	0,0074	0,0654	0,1597	0,1602	0,0710	0,0120	0,0005	0,0000
	10	0,0000	0,0020	0,0308	0,1171	0,1762	0,1171	0,0308	0,0020	0,0000
	11	0,0000	0,0005	0,0120	0,0710	0,1602	0,1597	0,0654	0,0074	0,0001
	12	0,0000	0,0001	0,0039	0,0355	0,1201	0,1797	0,1144	0,0222	0,0004
	13	0,0000	0,0000	0,0010	0,0146	0,0739	0,1659	0,1643	0,0545	0,0020
	14	0,0000	0,0000	0,0002	0,0049	0,0370	0,1244	0,1916	0,1091	0,0089
	15	0,0000	0,0000	0,0000	0,0013	0,0148	0,0746	0,1789	0,1746	0,0319
	16	0,0000	0,0000	0,0000	0,0003	0,0046	0,0350	0,1304	0,2182	0,0898
	17	0,0000	0,0000	0,0000	0,0000	0,0011	0,0123	0,0716	0,2054	0,1901
	18	0,0000	0,0000	0,0000	0,0000	0,0002	0,0031	0,0278	0,1369	0,2852
	19	0,0000	0,0000	0,0000	0,0000	0,0000	0,0005	0,0068	0,0576	0,2702
	20	0,0000	0,0000	0,0000	0,0000	0,0000	0,0000	0,0008	0,0115	0,1216

Binomialverteilung, Verteilungsfunktion

Werte von $F(x) = \sum_{k=0}^{x} \binom{n}{x} p^k (1-p)^{n-k}$ für verschiedene n und p.

Berechnung von $F(x)$ auf dem PC, siehe 17.4.

n	x	p=0,1	0,2	0,3	0,4	0,5	0,6	0,7	0,8	0,9
2	0	0,8100	0,6400	0,4900	0,3600	0,2500	0,1600	0,0900	0,0400	0,0100
	1	0,9900	0,9600	0,9100	0,8400	0,7500	0,6400	0,5100	0,3600	0,1900
3	0	0,7290	0,5120	0,3430	0,2160	0,1250	0,0640	0,0270	0,0080	0,0010
	1	0,9720	0,8960	0,7840	0,6480	0,5000	0,3520	0,2160	0,1040	0,0280
	2	0,9990	0,9920	0,9730	0,9360	0,8750	0,7840	0,6570	0,4880	0,2710
4	0	0,6561	0,4096	0,2401	0,1296	0,0625	0,0256	0,0081	0,0016	0,0001
	1	0,9477	0,8192	0,6517	0,4752	0,3125	0,1792	0,0837	0,0272	0,0037
	2	0,9963	0,9728	0,9163	0,8208	0,6875	0,5248	0,3483	0,1808	0,0523
	3	0,9999	0,9984	0,9919	0,9744	0,9375	0,8704	0,7599	0,5904	0,3439
5	0	0,5905	0,3277	0,1681	0,0778	0,0313	0,0102	0,0024	0,0003	0,0000
	1	0,9185	0,7373	0,5282	0,3370	0,1875	0,0870	0,0308	0,0067	0,0005
	2	0,9914	0,9421	0,8369	0,6826	0,5000	0,3174	0,1631	0,0579	0,0086
	3	0,9995	0,9933	0,9692	0,9130	0,8125	0,6630	0,4718	0,2627	0,0815
	4	1,0000	0,9997	0,9976	0,9898	0,9688	0,9222	0,8319	0,6723	0,4095
6	0	0,5314	0,2621	0,1176	0,0467	0,0156	0,0041	0,0007	0,0001	0,0000
	1	0,8857	0,6554	0,4202	0,2333	0,1094	0,0410	0,0109	0,0016	0,0001
	2	0,9841	0,9011	0,7443	0,5443	0,3438	0,1792	0,0705	0,0170	0,0013
	3	0,9987	0,9830	0,9295	0,8208	0,6563	0,4557	0,2557	0,0989	0,0159
	4	0,9999	0,9984	0,9891	0,9590	0,8906	0,7667	0,5798	0,3446	0,1143
	5	1,0000	0,9999	0,9993	0,9959	0,9844	0,9533	0,8824	0,7379	0,4686

17.8 Tabellen

n	x	p = 0,10	0,20	0,30	0,40	0,50	0,60	0,70	0,80	0,90
7	0	0,4783	0,2097	0,0824	0,0280	0,0078	0,0016	0,0002	0,0000	0,0000
	1	0,8503	0,5767	0,3294	0,1586	0,0625	0,0188	0,0038	0,0004	0,0000
	2	0,9743	0,8520	0,6471	0,4199	0,2266	0,0963	0,0288	0,0047	0,0002
	3	0,9973	0,9667	0,8740	0,7102	0,5000	0,2898	0,1260	0,0333	0,0027
	4	0,9998	0,9953	0,9712	0,9037	0,7734	0,5801	0,3529	0,1480	0,0257
	5	1,0000	0,9996	0,9962	0,9812	0,9375	0,8414	0,6706	0,4233	0,1497
	6	1,0000	1,0000	0,9998	0,9984	0,9922	0,9720	0,9176	0,7903	0,5217
8	0	0,4305	0,1678	0,0576	0,0168	0,0039	0,0007	0,0001	0,0000	0,0000
	1	0,8131	0,5033	0,2553	0,1064	0,0352	0,0085	0,0013	0,0001	0,0000
	2	0,9619	0,7969	0,5518	0,3154	0,1445	0,0498	0,0113	0,0012	0,0000
	3	0,9950	0,9437	0,8059	0,5941	0,3633	0,1737	0,0580	0,0104	0,0004
	4	0,9996	0,9896	0,9420	0,8263	0,6367	0,4059	0,1941	0,0563	0,0050
	5	1,0000	0,9988	0,9887	0,9502	0,8555	0,6846	0,4482	0,2031	0,0381
	6	1,0000	0,9999	0,9987	0,9915	0,9648	0,8936	0,7447	0,4967	0,1869
	7	1,0000	1,0000	0,9999	0,9993	0,9961	0,9832	0,9424	0,8322	0,5695
9	0	0,3874	0,1342	0,0404	0,0101	0,0020	0,0003	0,0000	0,0000	0,0000
	1	0,7748	0,4362	0,1960	0,0705	0,0195	0,0038	0,0004	0,0000	0,0000
	2	0,9470	0,7382	0,4628	0,2318	0,0898	0,0250	0,0043	0,0003	0,0000
	3	0,9917	0,9144	0,7297	0,4826	0,2539	0,0994	0,0253	0,0031	0,0001
	4	0,9991	0,9804	0,9012	0,7334	0,5000	0,2666	0,0988	0,0196	0,0009
	5	0,9999	0,9969	0,9747	0,9006	0,7461	0,5174	0,2703	0,0856	0,0083
	6	1,0000	0,9997	0,9957	0,9750	0,9102	0,7682	0,5372	0,2618	0,0530
	7	1,0000	1,0000	0,9996	0,9962	0,9805	0,9295	0,8040	0,5638	0,2252
	8	1,0000	1,0000	1,0000	0,9997	0,9980	0,9899	0,9596	0,8658	0,6126
10	0	0,3487	0,1074	0,0282	0,0060	0,0010	0,0001	0,0000	0,0000	0,0000
	1	0,7361	0,3758	0,1493	0,0464	0,0107	0,0017	0,0001	0,0000	0,0000
	2	0,9298	0,6778	0,3828	0,1673	0,0547	0,0123	0,0016	0,0001	0,0000
	3	0,9872	0,8791	0,6496	0,3823	0,1719	0,0548	0,0106	0,0009	0,0000
	4	0,9984	0,9672	0,8497	0,6331	0,3770	0,1662	0,0473	0,0064	0,0001
	5	0,9999	0,9936	0,9527	0,8338	0,6230	0,3669	0,1503	0,0328	0,0016
	6	1,0000	0,9991	0,9894	0,9452	0,8281	0,6177	0,3504	0,1209	0,0128
	7	1,0000	0,9999	0,9984	0,9877	0,9453	0,8327	0,6172	0,3222	0,0702
	8	1,0000	1,0000	0,9999	0,9983	0,9893	0,9536	0,8507	0,6242	0,2639
	9	1,0000	1,0000	1,0000	0,9999	0,9990	0,9940	0,9718	0,8926	0,6513
12	0	0,2824	0,0687	0,0138	0,0022	0,0002	0,0000	0,0000	0,0000	0,0000
	1	0,6590	0,2749	0,0850	0,0196	0,0032	0,0003	0,0000	0,0000	0,0000
	2	0,8891	0,5583	0,2528	0,0834	0,0193	0,0028	0,0002	0,0000	0,0000
	3	0,9744	0,7946	0,4925	0,2253	0,0730	0,0153	0,0017	0,0001	0,0000
	4	0,9957	0,9274	0,7237	0,4382	0,1938	0,0573	0,0095	0,0006	0,0000
	5	0,9995	0,9806	0,8822	0,6652	0,3872	0,1582	0,0386	0,0039	0,0001
	6	0,9999	0,9961	0,9614	0,8418	0,6128	0,3348	0,1178	0,0194	0,0005
	7	1,0000	0,9994	0,9905	0,9427	0,8062	0,5618	0,2763	0,0726	0,0043
	8	1,0000	0,9999	0,9983	0,9847	0,9270	0,7747	0,5075	0,2054	0,0256
	9	1,0000	1,0000	0,9998	0,9972	0,9807	0,9166	0,7472	0,4417	0,1109
	10	1,0000	1,0000	1,0000	0,9997	0,9968	0,9804	0,9150	0,7251	0,3410
	11	1,0000	1,0000	1,0000	1,0000	0,9998	0,9978	0,9862	0,9313	0,7176

n	x	p=0,10	0,20	0,30	0,40	0,50	0,60	0,70	0,80	0,90
20	0	0,1216	0,0115	0,0008	0,0000	0,0000	0,0000	0,0000	0,0000	0,0000
	1	0,3917	0,0692	0,0076	0,0005	0,0000	0,0000	0,0000	0,0000	0,0000
	2	0,6769	0,2061	0,0355	0,0036	0,0002	0,0000	0,0000	0,0000	0,0000
	3	0,8670	0,4114	0,1071	0,0160	0,0013	0,0000	0,0000	0,0000	0,0000
	4	0,9568	0,6296	0,2375	0,0510	0,0059	0,0003	0,0000	0,0000	0,0000
	5	0,9887	0,8042	0,4164	0,1256	0,0207	0,0016	0,0000	0,0000	0,0000
	6	0,9976	0,9133	0,6080	0,2500	0,0577	0,0065	0,0003	0,0000	0,0000
	7	0,9996	0,9679	0,7723	0,4159	0,1316	0,0210	0,0013	0,0000	0,0000
	8	0,9999	0,9900	0,8867	0,5956	0,2517	0,0565	0,0051	0,0001	0,0000
	9	1,0000	0,9974	0,9520	0,7553	0,4119	0,1275	0,0171	0,0006	0,0000
	10	1,0000	0,9994	0,9829	0,8725	0,5881	0,2447	0,0480	0,0026	0,0000
	11	1,0000	0,9999	0,9949	0,9435	0,7483	0,4044	0,1133	0,0100	0,0001
	12	1,0000	1,0000	0,9987	0,9790	0,8684	0,5841	0,2277	0,0321	0,0004
	13	1,0000	1,0000	0,9997	0,9935	0,9423	0,7500	0,3920	0,0867	0,0024
	14	1,0000	1,0000	1,0000	0,9984	0,9793	0,8744	0,5836	0,1958	0,0113
	15	1,0000	1,0000	1,0000	0,9997	0,9941	0,9490	0,7625	0,3704	0,0432
	16	1,0000	1,0000	1,0000	1,0000	0,9987	0,9840	0,8929	0,5886	0,1330
	17	1,0000	1,0000	1,0000	1,0000	0,9998	0,9964	0,9645	0,7939	0,3231
	18	1,0000	1,0000	1,0000	1,0000	1,0000	0,9995	0,9924	0,9308	0,6083
	19	1,0000	1,0000	1,0000	1,0000	1,0000	1,0000	0,9992	0,9885	0,8784

Poisson-Verteilung

Wahrscheinlichkeitsfunktion

Werte von $f(x) = e^{-\lambda} \lambda^x / x!$ für verschiedene λ und x.

Berechnung von $f(x)$ auf dem PC, siehe 17.4.

x	$\lambda = 0{,}1$	$\lambda = 0{,}2$	$\lambda = 0{,}3$	$\lambda = 0{,}4$	$\lambda = 0{,}5$	$\lambda = 0{,}6$
0	0,9048	0,8187	0,7408	0,6703	0,6065	0,5488
1	0,0905	0,1637	0,2222	0,2681	0,3033	0,3293
2	0,0045	0,0164	0,0333	0,0536	0,0758	0,0988
3	0,0002	0,0011	0,0033	0,0072	0,0126	0,0198
4		0,0001	0,0002	0,0007	0,0016	0,0030
5				0,0001	0,0002	0,0004

x	$\lambda = 0{,}7$	$\lambda = 0{,}8$	$\lambda = 0{,}9$	$\lambda = 1{,}0$	$\lambda = 1{,}1$	$\lambda = 1{,}2$
0	0,4966	0,4493	0,4066	0,3679	0,3329	0,3012
1	0,3476	0,3595	0,3659	0,3679	0,3662	0,3614
2	0,1217	0,1438	0,1647	0,1839	0,2014	0,2169
3	0,0284	0,0383	0,0494	0,0613	0,0738	0,0867
4	0,0050	0,0077	0,0111	0,0153	0,0203	0,0260
5	0,0007	0,0012	0,0020	0,0031	0,0045	0,0062
6	0,0001	0,0002	0,0003	0,0005	0,0008	0,0012
7				0,0001	0,0001	0,0002

17.8 Tabellen

x	λ = 1,3	λ = 1,4	λ = 1,5	λ = 1,6	λ = 1,7	λ = 1,8
0	0,2725	0,2466	0,2231	0,2019	0,1827	0,1653
1	0,3543	0,3452	0,3347	0,3230	0,3106	0,2975
2	0,2303	0,2417	0,2510	0,2584	0,2640	0,2678
3	0,0998	0,1128	0,1255	0,1378	0,1496	0,1607
4	0,0324	0,0395	0,0471	0,0551	0,0636	0,0723
5	0,0084	0,0111	0,0141	0,0176	0,0216	0,0260
6	0,0018	0,0026	0,0035	0,0047	0,0061	0,0078
7	0,0003	0,0005	0,0008	0,0011	0,0015	0,0020
8	0,0001	0,0001	0,0001	0,0002	0,0003	0,0005
9					0,0001	0,0001

x	λ = 1,9	λ = 2,0	λ = 2,5	λ = 3,0	λ = 3,5	λ = 4
0	0,1496	0,1353	0,0821	0,0498	0,0302	0,0183
1	0,2842	0,2707	0,2052	0,1494	0,1057	0,0733
2	0,2700	0,2707	0,2565	0,2240	0,1850	0,1465
3	0,1710	0,1804	0,2138	0,2240	0,2158	0,1954
4	0,0812	0,0902	0,1336	0,1680	0,1888	0,1954
5	0,0309	0,0361	0,0668	0,1008	0,1322	0,1563
6	0,0098	0,0120	0,0278	0,0504	0,0771	0,1042
7	0,0027	0,0034	0,0099	0,0216	0,0385	0,0595
8	0,0006	0,0009	0,0031	0,0081	0,0169	0,0298
9	0,0001	0,0002	0,0009	0,0027	0,0066	0,0132
10			0,0002	0,0008	0,0023	0,0053
11				0,0002	0,0007	0,0019
12				0,0001	0,0002	0,0006
13					0,0001	0,0002
14						0,0001

x	λ = 5	λ = 6	λ = 7	λ = 8	λ = 9	λ = 10
0	0,0067	0,0025	0,0009	0,0003	0,0001	0,0000
1	0,0337	0,0149	0,0064	0,0027	0,0011	0,0005
2	0,0842	0,0446	0,0223	0,0107	0,0050	0,0023
3	0,1404	0,0892	0,0521	0,0286	0,0150	0,0076
4	0,1755	0,1339	0,0912	0,0573	0,0337	0,0189
5	0,1755	0,1606	0,1277	0,0916	0,0607	0,0378
6	0,1462	0,1606	0,1490	0,1221	0,0911	0,0631
7	0,1044	0,1377	0,1490	0,1396	0,1171	0,0901
8	0,0653	0,1033	0,1304	0,1396	0,1318	0,1126
9	0,0363	0,0688	0,1014	0,1241	0,1318	0,1251
10	0,0181	0,0413	0,0710	0,0993	0,1186	0,1251
11	0,0082	0,0225	0,0452	0,0722	0,0970	0,1137
12	0,0034	0,0113	0,0264	0,0481	0,0728	0,0948
13	0,0013	0,0052	0,0142	0,0296	0,0504	0,0729
14	0,0005	0,0022	0,0071	0,0169	0,0324	0,0521
15	0,0002	0,0009	0,0033	0,0090	0,0194	0,0347
16		0,0003	0,0014	0,0045	0,0109	0,0217
17		0,0001	0,0006	0,0021	0,0058	0,0128
18			0,0002	0,0009	0,0029	0,0071
19			0,0001	0,0004	0,0014	0,0037
20				0,0002	0,0006	0,0019
21				0,0001	0,0003	0,0009
22					0,0001	0,0004
23						0,0002
24						0,0001

Poisson-Verteilung, Verteilungsfunktion

Werte von $F(x) = \sum_{k=0}^{x} e^{-\lambda} \lambda^k / k!$ für verschiedene λ und x.

Berechnung von $F(x)$ auf dem PC, siehe 17.4.

x	λ = 0,1	λ = 0,2	λ = 0,3	λ = 0,4	λ = 0,5	λ = 0,6
0	0,9048	0,8187	0,7408	0,6703	0,6065	0,5488
1	0,9953	0,9825	0,9631	0,9384	0,9098	0,8781
2	0,9998	0,9989	0,9964	0,9921	0,9856	0,9769
3	1,0000	0,9999	0,9997	0,9992	0,9982	0,9966
4		1,0000	1,0000	0,9999	0,9998	0,9996
5				1,0000	1,0000	1,0000

17.8 Tabellen

x	$\lambda=0{,}7$	$\lambda=0{,}8$	$\lambda=0{,}9$	$\lambda=1{,}0$	$\lambda=1{,}1$	$\lambda=1{,}2$
0	0,4966	0,4493	0,4066	0,3679	0,3329	0,3012
1	0,8442	0,8088	0,7725	0,7358	0,6990	0,6626
2	0,9659	0,9526	0,9371	0,9197	0,9004	0,8795
3	0,9942	0,9909	0,9865	0,9810	0,9743	0,9662
4	0,9992	0,9986	0,9977	0,9963	0,9946	0,9923
5	0,9999	0,9998	0,9997	0,9994	0,9990	0,9985
6	1,0000	1,0000	1,0000	0,9999	0,9999	0,9997
7				1,0000	1,0000	1,0000

x	$\lambda=1{,}3$	$\lambda=1{,}4$	$\lambda=1{,}5$	$\lambda=1{,}6$	$\lambda=1{,}7$	$\lambda=1{,}8$
0	0,2725	0,2466	0,2231	0,2019	0,1827	0,1653
1	0,6268	0,5918	0,5578	0,5249	0,4932	0,4628
2	0,8571	0,8335	0,8088	0,7834	0,7572	0,7306
3	0,9569	0,9463	0,9344	0,9212	0,9068	0,8913
4	0,9893	0,9857	0,9814	0,9763	0,9704	0,9636
5	0,9978	0,9968	0,9955	0,9940	0,9920	0,9896
6	0,9996	0,9994	0,9991	0,9987	0,9981	0,9974
7	0,9999	0,9999	0,9998	0,9997	0,9996	0,9994
8	1,0000	1,0000	1,0000	1,0000	0,9999	0,9999
9					1,0000	1,0000

x	$\lambda=1{,}9$	$\lambda=2{,}0$	$\lambda=2{,}5$	$\lambda=3{,}0$	$\lambda=3{,}5$	$\lambda=4{,}0$
0	0,1496	0,1353	0,0821	0,0498	0,0302	0,0183
1	0,4338	0,4060	0,2873	0,1991	0,1359	0,0916
2	0,7037	0,6767	0,5438	0,4232	0,3208	0,2381
3	0,8747	0,8571	0,7576	0,6472	0,5366	0,4335
4	0,9559	0,9473	0,8912	0,8153	0,7254	0,6288
5	0,9868	0,9834	0,9580	0,9161	0,8576	0,7851
6	0,9966	0,9955	0,9858	0,9665	0,9347	0,8893
7	0,9992	0,9989	0,9958	0,9881	0,9733	0,9489
8	0,9998	0,9998	0,9989	0,9962	0,9901	0,9786
9	1,0000	1,0000	0,9997	0,9989	0,9967	0,9919
10			0,9999	0,9997	0,9990	0,9972
11			1,0000	0,9999	0,9997	0,9991
12				1,0000	0,9999	0,9997
13					1,0000	0,9999
14						1,0000

Normalverteilung
Verteilungsfunktion

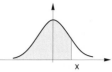

Werte von $\Phi(x) = \dfrac{1}{\sqrt{2\pi}} \displaystyle\int_{-\infty}^{x} e^{-t^2/2}\, dt$. Für $x < 0$ verwende man $\Phi(-x) = 1 - \Phi(x)$.

x	0	1	2	3	4	5	6	7	8	9
0,0	0,5000	0,5040	0,5080	0,5120	0,5160	0,5199	0,5239	0,5279	0,5319	0,5359
0,1	0,5398	0,5438	0,5478	0,5517	0,5557	0,5596	0,5636	0,5675	0,5714	0,5753
0,2	0,5793	0,5832	0,5871	0,5910	0,5948	0,5987	0,6026	0,6064	0,6103	0,6141
0,3	0,6179	0,6217	0,6255	0,6293	0,6331	0,6368	0,6406	0,6443	0,6480	0,6517
0,4	0,6554	0,6591	0,6628	0,6664	0,6700	0,6736	0,6772	0,6808	0,6844	0,6879
0,5	0,6915	0,6950	0,6985	0,7019	0,7054	0,7088	0,7123	0,7157	0,7190	0,7224
0,6	0,7257	0,7291	0,7324	0,7357	0,7389	0,7422	0,7454	0,7486	0,7517	0,7549
0,7	0,7580	0,7611	0,7642	0,7673	0,7703	0,7734	0,7764	0,7794	0,7823	0,7852
0,8	0,7881	0,7910	0,7939	0,7967	0,7995	0,8023	0,8051	0,8078	0,8106	0,8133
0,9	0,8159	0,8186	0,8212	0,8238	0,8264	0,8289	0,8315	0,8340	0,8365	0,8389
1,0	0,8413	0,8438	0,8461	0,8485	0,8508	0,8531	0,8554	0,8577	0,8599	0,8621
1,1	0,8643	0,8665	0,8686	0,8708	0,8729	0,8749	0,8770	0,8790	0,8810	0,8830
1,2	0,8849	0,8869	0,8888	0,8907	0,8925	0,8944	0,8962	0,8980	0,8997	0,9015
1,3	0,9032	0,9049	0,9066	0,9082	0,9099	0,9115	0,9131	0,9147	0,9162	0,9177
1,4	0,9192	0,9207	0,9222	0,9236	0,9251	0,9265	0,9279	0,9292	0,9306	0,9319
1,5	0,9332	0,9345	0,9357	0,9370	0,9382	0,9394	0,9406	0,9418	0,9429	0,9441
1,6	0,9452	0,9463	0,9474	0,9484	0,9495	0,9505	0,9515	0,9525	0,9535	0,9545
1,7	0,9554	0,9564	0,9573	0,9582	0,9591	0,9599	0,9608	0,9616	0,9625	0,9633
1,8	0,9641	0,9649	0,9656	0,9664	0,9671	0,9678	0,9686	0,9693	0,9699	0,9706
1,9	0,9713	0,9719	0,9726	0,9732	0,9738	0,9744	0,9750	0,9756	0,9761	0,9767
2,0	0,9772	0,9778	0,9783	0,9788	0,9793	0,9798	0,9803	0,9808	0,9812	0,9817
2,1	0,9821	0,9826	0,9830	0,9834	0,9838	0,9842	0,9846	0,9850	0,9854	0,9857
2,2	0,9861	0,9864	0,9868	0,9871	0,9875	0,9878	0,9881	0,9884	0,9887	0,9890
2,3	0,9893	0,9896	0,9898	0,9901	0,9904	0,9906	0,9909	0,9911	0,9913	0,9916
2,4	0,9918	0,9920	0,9922	0,9925	0,9927	0,9929	0,9931	0,9932	0,9934	0,9936
2,5	0,9938	0,9940	0,9941	0,9943	0,9945	0,9946	0,9948	0,9949	0,9951	0,9952
2,6	0,9953	0,9955	0,9956	0,9957	0,9959	0,9960	0,9961	0,9962	0,9963	0,9964
2,7	0,9965	0,9966	0,9967	0,9968	0,9969	0,9970	0,9971	0,9972	0,9973	0,9974
2,8	0,9974	0,9975	0,9976	0,9977	0,9977	0,9978	0,9979	0,9979	0,9980	0,9981
2,9	0,9981	0,9982	0,9982	0,9983	0,9984	0,9984	0,9985	0,9985	0,9986	0,9986
3,0	0,9987	0,9987	0,9987	0,9988	0,9988	0,9989	0,9989	0,9989	0,9990	0,9990
3,1	$0,9^303$	$0,9^306$	$0,9^310$	$0,9^313$	$0,9^316$	$0,9^318$	$0,9^321$	$0,9^324$	$0,9^326$	$0,9^329$
3,2	$0,9^331$	$0,9^334$	$0,9^336$	$0,9^338$	$0,9^340$	$0,9^342$	$0,9^344$	$0,9^346$	$0,9^348$	$0,9^350$
3,3	$0,9^352$	$0,9^353$	$0,9^355$	$0,9^357$	$0,9^358$	$0,9^360$	$0,9^361$	$0,9^362$	$0,9^364$	$0,9^365$
3,4	$0,9^366$	$0,9^368$	$0,9^369$	$0,9^370$	$0,9^371$	$0,9^372$	$0,9^373$	$0,9^374$	$0,9^375$	$0,9^376$

Für große Werte von x verwendet man die Approximation

$$\frac{1}{\sqrt{2\pi}} \cdot e^{-x^2/2} \cdot \left(\frac{1}{x} - \frac{1}{x^3}\right) < 1 - \Phi(x) < \frac{1}{\sqrt{2\pi}} \cdot e^{-x^2/2} \cdot \frac{1}{x}$$

Z.B. $\Phi(4) = 0{,}9^468329$ $\quad \Phi(5) = 0{,}9^67133$ $\qquad$ Notation. $0{,}9^303 = 0{,}99903$

Normalverteilung. x und P für gegebenen Wert $\Phi(x)$

Werte von x für gegebene Werte von

$$\Phi(x) = \frac{1}{\sqrt{2\pi}} \int_{-\infty}^{x} e^{-t^2/2}\, dt.$$

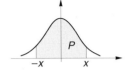

Wahrscheinlichkeit $P = \Phi(x) - \Phi(-x) = 2\Phi(x) - 1$.

$\Phi(x)$	x	P	$\Phi(x)$	x	P
0,50	0,0000		0,85	1,0364	0,70
0,51	0,0251	0,02	0,86	1,0803	0,72
0,52	0,0502	0,04	0,87	1,1264	0,74
0,53	0,0753	0,06	0,88	1,1750	0,76
0,54	0,1004	0,08	0,89	1,2265	0,78
0,55	0,1257	0,10	0,90	1,2816	0,80
0,56	0,1510	0,12	0,91	1,3408	0,82
0,57	0,1764	0,14	0,92	1,4051	0,84
0,58	0,2019	0,16	0,93	1,4758	0,86
0,59	0,2275	0,18	0,94	1,5548	0,88
0,60	0,2533	0,20	0,950	1,6449	0,90
0,61	0,2793	0,22	0,955	1,6954	0,91
0,62	0,3055	0,24	0,960	1,7507	0,92
0,63	0,3319	0,26	0,965	1,8119	0,93
0,64	0,3585	0,28	0,970	1,8808	0,94
0,65	0,3853	0,30	0,975	1,9600	0,95
0,66	0,4125	0,32	0,980	2,0537	0,96
0,67	0,4399	0,34	0,985	2,1701	0,97
0,68	0,4677	0,36	0,990	2,3263	0,980
0,69	0,4959	0,38	0,991	2,3656	0,982
0,70	0,5244	0,40	0,992	2,4089	0,984
0,71	0,5534	0,42	0,993	2,4573	0,986
0,72	0,5828	0,44	0,994	2,5121	0,988
0,73	0,6128	0,46	0,995	2,5758	0,990
0,74	0,6433	0,48	0,996	2,6521	0,992
0,75	0,6745	0,50	0,997	2,7478	0,994
0,76	0,7063	0,52	0,998	2,8782	0,996
0,77	0,7388	0,54	0,999	3,0902	0,998
0,78	0,7722	0,56	0,9992	3,1559	0,9984
0,79	0,8064	0,58	0,9994	3,2389	0,9988
0,80	0,8416	0,60	0,9995	3,2905	0,9990
0,81	0,8779	0,62	0,9996	3,3528	0,9992
0,82	0,9154	0,64	0,9998	3,5401	0,9996
0,83	0,9542	0,66	0,9999	3,7190	0,9998
0,84	0,9945	0,68	0,99995	3,8906	0,9999

χ^2-Verteilung

Werte von x für gegebene Werte der Verteilungsfunktion $F(x)$ einer χ^2-Verteilung mit Freiheitsgrad r

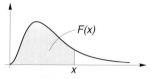

$F(x)=$	0,0005	0,001	0,005	0,010	0,025	0,05	0,10	0,25	0,50
$r=$ 1	$0{,}0^6 39$	$0{,}0^5 16$	$0{,}0^4 39$	$0{,}0^6 16$	$0{,}0^3 98$	0,0039	0,0158	0,1015	0,4549
2	0,0010	0,0020	0,0100	0,0201	0,0506	0,1026	0,2107	0,5754	1,386
3	0,0153	0,0243	0,0717	0,1148	0,2158	0,3518	0,5844	1,213	2,366
4	0,0639	0,0908	0,2070	0,2971	0,4844	0,7107	1,064	1,923	3,357
5	0,158	0,210	0,412	0,554	0,831	1,145	1,610	2,675	4,351
6	0,299	0,381	0,676	0,872	1,237	1,635	2,204	3,455	5,348
7	0,485	0,598	0,989	1,239	1,690	2,167	2,833	4,255	6,346
8	0,710	0,857	1,344	1,646	2,180	2,733	3,490	5,071	7,344
9	0,972	1,153	1,735	2,088	2,700	3,325	4,168	5,899	8,343
10	1,265	1,479	2,156	2,558	3,247	3,940	4,865	6,737	9,342
11	1,587	1,834	2,603	3,053	3,816	4,575	5,578	7,584	10,34
12	1,934	2,214	3,074	3,571	4,404	5,226	6,304	8,438	11,34
13	2,305	2,617	3,565	4,107	5,009	5,892	7,042	9,299	12,34
14	2,697	3,041	4,075	4,660	5,629	6,571	7,790	10,17	13,34
15	3,108	3,483	4,601	5,229	6,262	7,261	8,547	11,04	14,34
16	3,536	3,942	5,142	5,812	6,908	7,962	9,312	11,91	15,34
17	3,980	4,416	5,697	6,408	7,564	8,672	10,09	12,79	16,34
18	4,439	4,905	6,265	7,015	8,231	9,390	10,86	13,68	17,34
19	4,912	5,407	6,844	7,633	8,907	10,12	11,65	14,56	18,34
20	5,398	5,921	7,434	8,260	9,591	10,85	12,44	15,45	19,34
21	5,896	6,447	8,034	8,897	10,28	11,59	13,24	16,34	20,34
22	6,405	6,983	8,643	9,542	10,98	12,34	14,04	17,24	21,34
23	6,924	7,529	9,260	10,20	11,69	13,09	14,85	18,14	22,34
24	7,453	8,085	9,886	10,86	12,40	13,85	15,66	19,04	23,34
25	7,991	8,649	10,52	11,52	13,12	14,61	16,47	19,94	24,34
26	8,538	9,222	11,16	12,20	13,84	15,38	17,29	20,84	25,34
27	9,093	9,803	11,81	12,88	14,57	16,15	18,11	21,75	26,34
28	9,656	10,39	12,46	13,56	15,31	16,93	18,94	22,66	27,34
29	10,23	10,99	13,12	14,26	16,05	17,71	19,77	23,57	28,34
30	10,80	11,59	13,79	14,95	16,79	18,49	20,60	24,48	29,34
34	13,18	14,06	16,50	17,79	19,81	21,66	23,95	28,14	33,34
39	16,27	17,26	20,00	21,43	23,65	25,70	28,20	32,74	38,34
44	19,48	20,58	23,58	25,15	27,58	29,79	32,49	37,36	43,34
49	22,79	23,98	27,25	28,94	31,56	33,93	36,82	42,01	48,34
59	29,64	31,02	34,77	36,70	39,66	42,34	45,58	51,36	58,34
69	36,74	38,30	42,49	44,64	47,92	50,88	54,44	60,76	68,33
79	44,05	45,76	50,38	52,72	56,31	59,52	63,38	70,20	78,33
89	51,52	53,39	58,39	60,93	64,79	68,25	72,39	79,68	88,33
99	59,13	61,14	66,51	69,23	73,36	77,05	81,45	89,18	98,33

Notation. $0{,}0^3\,16 = 0{,}00016$

17.8 Tabellen

$F(x) =$	0,75	0,90	0,95	0,975	0,990	0,995	0,999	0,9995
$r =$ 1	1,323	2,706	3,841	5,024	6,635	7,879	10,83	12,12
2	2,773	4,605	5,991	7,378	9,210	10,60	13,82	15,20
3	4,108	6,251	7,815	9,348	11,34	12,84	16,27	17,73
4	5,385	7,779	9,488	11,14	13,28	14,86	18,47	20,00
5	6,626	9,236	11,07	12,83	15,09	16,75	20,52	22,10
6	7,841	10,64	12,59	14,45	16,81	18,55	22,46	24,10
7	9,037	12,02	14,07	16,01	18,48	20,28	24,32	26,02
8	10,22	13,36	15,51	17,53	20,09	21,96	26,12	27,87
9	11,39	14,68	16,92	19,02	21,67	23,59	27,88	29,67
10	12,55	15,99	18,31	20,48	23,21	25,19	29,59	31,42
11	13,70	17,28	19,68	21,92	24,72	26,76	31,26	33,14
12	14,85	18,55	21,03	23,34	26,22	28,30	32,91	34,82
13	15,98	19,81	22,36	24,74	27,69	29,82	34,53	36,48
14	17,12	21,06	23,68	26,12	29,14	31,32	36,12	38,11
15	18,25	22,31	25,00	27,49	30,58	32,80	37,70	39,72
16	19,37	23,54	26,30	28,85	32,00	34,27	39,25	41,31
17	20,49	24,77	27,59	30,19	33,41	35,72	40,79	42,88
18	21,60	25,99	28,87	31,53	34,81	37,16	42,31	44,43
19	22,72	27,20	30,14	32,85	36,19	38,58	43,82	45,97
20	23,83	28,41	31,41	34,17	37,57	40,00	45,32	47,50
21	24,93	29,62	32,67	35,48	38,93	41,40	46,80	49,01
22	26,04	30,81	33,92	36,78	40,29	42,80	48,27	50,51
23	27,14	32,01	35,17	38,08	41,64	44,18	49,73	52,00
24	28,24	33,20	36,42	39,36	42,98	45,56	51,18	53,48
25	29,34	34,38	37,65	40,65	44,31	46,93	52,62	54,95
26	30,43	35,56	38,89	41,92	45,64	48,29	54,05	56,41
27	31,53	36,74	40,11	43,19	46,96	49,64	55,48	57,86
28	32,62	37,92	41,34	44,46	48,28	50,99	56,89	59,30
29	33,71	39,09	42,56	45,72	49,59	52,34	58,30	60,73
30	34,80	40,26	43,77	46,98	50,89	53,67	59,70	62,16
34	39,14	44,90	48,60	51,97	56,06	58,96	65,25	67,80
39	44,54	50,66	54,57	58,12	62,43	65,48	72,06	74,72
44	49,91	56,37	60,48	64,20	68,71	71,89	78,75	81,53
49	55,26	62,04	66,34	70,22	74,92	78,23	85,35	88,23
59	65,92	73,28	77,93	82,12	87,17	90,72	98,32	101,4
69	76,52	84,42	89,39	93,86	99,23	103,0	111,1	114,3
79	87,08	95,48	100,7	105,5	111,1	115,1	123,6	127,0
89	97,60	106,5	112,0	117,0	122,9	127,1	136,0	139,5
99	108,1	117,4	123,2	128,4	134,6	139,0	148,2	151,9

Für $r > 30$ ist die Variable $\sqrt{2X}$ angenähert $N(\sqrt{2r-1}, 1)$-verteilt.

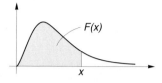

Gammaverteilung

Werte x für gegebene Werte der Verteilungsfunktion $F(x)$ einer Gammaverteilung mit Parameter r und $\lambda = 1$

$F(x)$	0,005	0,025	0,05	0,95	0,975	0,995	$F(x)$
$r=$ 1	0,005	0,025	0,051	3,00	3,69	5,30	$r=$ 1
2	0,103	0,242	0,355	4,74	5,57	7,43	2
3	0,338	0,619	0,818	6,30	7,22	9,27	3
4	0,672	1,09	1,37	7,75	8,77	11,0	4
5	1,08	1,62	1,97	9,15	10,2	12,6	5
6	1,54	2,20	2,61	10,5	11,7	14,1	6
7	2,04	2,81	3,29	11,8	13,1	15,7	7
8	2,57	3,45	3,98	13,1	14,4	17,1	8
9	3,13	4,12	4,70	14,4	15,8	18,6	9
10	3,72	4,80	5,43	15,7	17,1	20,0	10
11	4,32	5,49	6,17	17,0	18,4	21,4	11
12	4,94	6,20	6,92	18,2	19,7	22,8	12
13	5,58	6,92	7,69	19,4	21,0	24,1	13
14	6,23	7,65	8,46	20,7	22,2	25,5	14
15	6,89	8,40	9,25	21,9	23,5	26,8	15
16	7,57	9,14	10,0	23,1	24,7	28,2	16
17	8,25	9,90	10,8	24,3	26,0	29,5	17
18	8,94	10,7	11,6	25,5	27,2	30,8	18
19	9,64	11,4	12,4	26,7	28,4	32,1	19
20	10,4	12,2	13,3	27,9	29,7	33,4	20
21	11,1	13,0	14,1	29,1	30,9	34,7	21
22	11,8	13,8	14,9	30,2	32,1	35,9	22
23	12,5	14,6	15,7	31,4	33,3	37,2	23
24	13,3	15,4	16,5	32,6	34,5	38,5	24
25	14,0	16,2	17,4	33,8	35,7	39,7	25
26	14,7	17,0	18,2	34,9	36,9	41,0	26
27	15,5	17,8	19,1	36,1	38,1	42,3	27
28	16,2	18,6	19,9	37,2	39,3	43,5	28
29	17,0	19,4	20,7	38,4	40,5	44,7	29
30	17,8	20,2	21,6	39,5	41,6	46,0	30
31	18,5	21,1	22,4	40,7	42,8	47,2	31
32	19,3	21,9	23,3	41,8	44,0	48,4	32
33	20,1	22,7	24,2	43,0	45,2	49,7	33
34	20,9	23,5	25,0	44,1	46,3	50,9	34

t-Verteilung

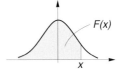

Werte x für gegebene Werte der Verteilungsfunktion $F(x)$ einer t-Verteilung mit Freiheitsgrad r. Für $x<0$ verwendet man $F(-x)=1-F(x)$.

$F(x)$	0,75	0,90	0,95	0,975	0,990	0,995	0,9975	0,9995
$r=$ 1	1,000	3,078	6,314	12,71	31,82	63,66	127,3	636,6
2	0,8165	1,886	2,920	4,303	6,965	9,925	14,09	31,60
3	0,7649	1,638	2,353	3,182	4,541	5,841	7,453	12,92
4	0,7407	1,533	2,132	2,776	3,747	4,604	5,598	8,610
5	0,7267	1,476	2,015	2,571	3,365	4,032	4,773	6,869
6	0,7176	1,440	1,943	2,447	3,143	3,707	4,317	5,959
7	0,7111	1,415	1,895	2,365	2,998	3,499	4,029	5,408
8	0,7064	1,397	1,860	2,306	2,896	3,355	3,832	5,041
9	0,7027	1,383	1,833	2,262	2,821	3,250	3,690	4,781
10	0,6998	1,372	1,812	2,228	2,764	3,169	3,581	4,587
11	0,6974	1,363	1,796	2,201	2,718	3,106	3,497	4,437
12	0,6955	1,356	1,782	2,179	2,681	3,055	3,428	4,318
13	0,6938	1,350	1,771	2,160	2,650	3,012	3,372	4,221
14	0,6924	1,345	1,761	2,145	2,624	2,977	3,326	4,140
15	0,6912	1,341	1,753	2,131	2,602	2,947	3,286	4,073
16	0,6901	1,337	1,746	2,120	2,583	2,921	3,252	4,015
17	0,6892	1,333	1,740	2,110	2,567	2,898	3,222	3,965
18	0,6884	1,330	1,734	2,101	2,552	2,878	3,197	3,922
19	0,6876	1,328	1,729	2,093	2,539	2,861	3,174	3,883
20	0,6870	1,325	1,725	2,086	2,528	2,845	3,153	3,850
21	0,6864	1,323	1,721	2,080	2,518	2,831	3,135	3,819
22	0,6858	1,321	1,717	2,074	2,508	2,819	3,119	3,792
23	0,6853	1,319	1,714	2,069	2,500	2,807	3,104	3,767
24	0,6848	1,318	1,711	2,064	2,492	2,797	3,090	3,745
25	0,6844	1,316	1,708	2,060	2,485	2,787	3,078	3,725
26	0,6840	1,315	1,706	2,056	2,479	2,779	3,069	3,707
27	0,6837	1,314	1,703	2,052	2,473	2,771	3,056	3,690
28	0,6834	1,313	1,701	2,048	2,467	2,763	3,047	3,674
29	0,6830	1,311	1,699	2,045	2,462	2,756	3,038	3,659
30	0,6828	1,310	1,697	2,042	2,457	2,750	3,030	3,646
34	0,6818	1,307	1,691	2,032	2,441	2,728	3,002	3,601
39	0,6808	1,304	1,685	2,023	2,426	2,708	2,976	3,559
44	0,6801	1,301	1,680	2,015	2,414	2,692	2,956	3,526
49	0,6795	1,299	1,677	2,010	2,405	2,680	2,940	3,501
59	0,6787	1,296	1,671	2,001	2,391	2,662	2,916	3,464
69	0,6781	1,294	1,667	1,995	2,382	2,649	2,900	3,438
79	0,6776	1,292	1,664	1,990	2,374	2,640	2,888	3,418
89	0,6773	1,291	1,662	1,987	2,369	2,632	2,879	3,404
99	0,6770	1,290	1,660	1,984	2,365	2,626	2,871	3,392
∞	0,6745	1,282	1,645	1,960	2,326	2,576	2,807	3,291

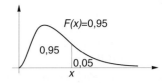

F-Verteilung

Werte für x, so daß $F(x) = 0{,}95$ für eine F-Verteilung mit den Freiheitsgraden r_1 im Zähler und r_2 im Nenner.

r_2/r_1	1	2	3	4	5	6	7	8	9	10
1	161,45	199,50	215,71	224,58	230,16	233,99	236,77	238,88	240,54	241,88
2	18,51	19,00	19,16	19,25	19,30	19,33	19,35	19,37	19,38	19,40
3	10,13	9,55	9,28	9,12	9,01	8,94	8,89	8,85	8,81	8,79
4	7,71	6,94	6,59	6,39	6,26	6,16	6,09	6,04	6,00	5,97
5	6,61	5,79	5,41	5,19	5,05	4,95	4,88	4,82	4,77	4,73
6	5,99	5,14	4,76	4,53	4,39	4,28	4,21	4,15	4,10	4,06
7	5,59	4,74	4,35	4,12	3,97	3,87	3,79	3,73	3,68	3,64
8	5,32	4,46	4,07	3,84	3,69	3,58	3,50	3,44	3,39	3,35
9	5,12	4,26	3,86	3,63	3,48	3,37	3,29	3,23	3,18	3,14
10	4,96	4,10	3,71	3,48	3,33	3,22	3,14	3,07	3,02	2,98
11	4,84	3,98	3,59	3,36	3,20	3,09	3,01	2,95	2,90	2,85
12	4,75	3,89	3,49	3,26	3,11	3,00	2,91	2,85	2,80	2,75
13	4,67	3,81	3,41	3,18	3,03	2,92	2,83	2,77	2,71	2,67
14	4,60	3,74	3,34	3,11	2,96	2,85	2,76	2,70	2,65	2,60
15	4,54	3,68	3,29	3,06	2,90	2,79	2,71	2,64	2,59	2,54
16	4,49	3,63	3,24	3,01	2,85	2,74	2,66	2,59	2,54	2,49
17	4,45	3,59	3,20	2,96	2,81	2,70	2,61	2,55	2,49	2,45
18	4,41	3,55	3,16	2,93	2,77	2,66	2,58	2,51	2,46	2,41
19	4,38	3,52	3,13	2,90	2,74	2,63	2,54	2,48	2,42	2,38
20	4,35	3,49	3,10	2,87	2,71	2,60	2,51	2,45	2,39	2,35
21	4,32	3,47	3,07	2,84	2,68	2,57	2,49	2,42	2,37	2,32
22	4,30	3,44	3,05	2,82	2,66	2,55	2,46	2,40	2,34	2,30
23	4,28	3,42	3,03	2,80	2,64	2,53	2,44	2,37	2,32	2,27
24	4,26	3,40	3,01	2,78	2,62	2,51	2,42	2,36	2,30	2,25
25	4,24	3,39	2,99	2,76	2,60	2,49	2,40	2,34	2,28	2,24
26	4,23	3,37	2,98	2,74	2,59	2,47	2,39	2,32	2,27	2,22
27	4,21	3,35	2,96	2,73	2,57	2,46	2,37	2,31	2,25	2,20
28	4,20	3,34	2,95	2,71	2,56	2,45	2,36	2,29	2,24	2,19
29	4,18	3,33	2,93	2,70	2,55	2,43	2,35	2,28	2,22	2,18
30	4,17	3,32	2,92	2,69	2,53	2,42	2,33	2,27	2,21	2,16
35	4,12	3,27	2,87	2,64	2,49	2,37	2,29	2,22	2,16	2,11
40	4,08	3,23	2,84	2,61	2,45	2,34	2,25	2,18	2,12	2,08
50	4,03	3,18	2,79	2,56	2,40	2,29	2,20	2,13	2,07	2,03
60	4,00	3,15	2,76	2,53	2,37	2,25	2,17	2,10	2,04	1,99
80	3,96	3,11	2,72	2,49	2,33	2,21	2,13	2,06	2,00	1,95
100	3,94	3,09	2,70	2,46	2,31	2,19	2,10	2,03	1,97	1,93

17.8 Tabellen

r_2/r_1	11	12	15	20	25	30	40	50	100
1	242,98	243,91	245,96	248,01	249,26	250,08	251,15	251,77	253,01
2	19,40	19,41	19,43	19,45	19,46	19,46	19,47	19,48	19,49
3	8,76	8,74	8,70	8,66	8,63	8,62	8,59	8,58	8,55
4	5,94	5,91	5,86	5,80	5,77	5,74	5,72	5,70	5,66
5	4,70	4,68	4,62	4,56	4,52	4,50	4,46	4,44	4,41
6	4,03	4,00	3,94	3,87	3,84	3,81	3,77	3,75	3,71
7	3,60	3,57	3,51	3,44	3,40	3,38	3,34	3,32	3,27
8	3,31	3,28	3,22	3,15	3,11	3,08	3,04	3,02	2,97
9	3,10	3,07	3,01	2,94	2,89	2,86	2,83	2,80	2,76
10	2,94	2,91	2,85	2,77	2,73	2,70	2,66	2,64	2,59
11	2,82	2,79	2,72	2,65	2,60	2,57	2,53	2,51	2,46
12	2,72	2,69	2,62	2,54	2,50	2,47	2,43	2,40	2,35
13	2,63	2,60	2,53	2,46	2,41	2,38	2,34	2,31	2,26
14	2,57	2,53	2,46	2,39	2,34	2,31	2,27	2,24	2,19
15	2,51	2,48	2,40	2,33	2,28	2,25	2,20	2,18	2,12
16	2,46	2,42	2,35	2,28	2,23	2,19	2,15	2,12	2,07
17	2,41	2,38	2,31	2,23	2,18	2,15	2,10	2,08	2,02
18	2,37	2,34	2,27	2,19	2,14	2,11	2,06	2,04	1,98
19	2,34	2,31	2,23	2,16	2,11	2,07	2,03	2,00	1,94
20	2,31	2,28	2,20	2,12	2,07	2,04	1,99	1,97	1,91
21	2,28	2,25	2,18	2,10	2,05	2,01	1,96	1,94	1,88
22	2,26	2,23	2,15	2,07	2,02	1,98	1,94	1,91	1,85
23	2,24	2,20	2,13	2,05	2,00	1,96	1,91	1,88	1,82
24	2,22	2,18	2,11	2,03	1,97	1,94	1,89	1,86	1,80
25	2,20	2,16	2,09	2,01	1,96	1,92	1,87	1,84	1,78
26	2,18	2,15	2,07	1,99	1,94	1,90	1,85	1,82	1,76
27	2,17	2,13	2,06	1,97	1,92	1,88	1,84	1,81	1,74
28	2,15	2,12	2,04	1,96	1,91	1,87	1,82	1,79	1,73
29	2,14	2,10	2,03	1,94	1,89	1,85	1,81	1,77	1,71
30	2,13	2,09	2,01	1,93	1,88	1,84	1,79	1,76	1,70
35	2,07	2,04	1,96	1,88	1,82	1,79	1,74	1,70	1,63
40	2,04	2,00	1,92	1,84	1,78	1,74	1,69	1,66	1,59
50	1,99	1,95	1,87	1,78	1,73	1,69	1,63	1,60	1,52
60	1,95	1,92	1,84	1,75	1,69	1,65	1,59	1,56	1,48
80	1,91	1,88	1,79	1,70	1,64	1,60	1,54	1,51	1,43
100	1,89	1,85	1,77	1,68	1,62	1,57	1,52	1,48	1,39

F-Verteilung

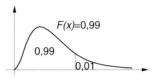

Werte für x, so daß $F(x) = 0{,}99$ für eine F-Verteilung mit den Freiheitsgraden r_1 im Zähler und r_2 im Nenner

r_2/r_1	1	2	3	4	5	6	7	8	9	10
2	98,50	99,00	99,17	99,25	99,30	99,33	99,36	99,37	99,39	99,40
3	34,12	30,82	29,46	28,71	28,24	27,91	27,67	27,50	27,34	27,22
4	21,20	18,00	16,69	15,98	15,52	15,21	14,98	14,80	14,66	14,55
5	16,26	13,27	12,06	11,39	10,97	10,67	10,46	10,29	10,16	10,05
6	13,75	10,92	9,78	9,15	8,75	8,47	8,26	8,10	7,98	7,87
7	12,25	9,55	8,45	7,85	7,46	7,19	6,99	6,84	6,72	6,62
8	11,26	8,65	7,59	7,01	6,63	6,37	6,18	6,03	5,91	5,81
9	10,56	8,02	6,99	6,42	6,06	5,80	5,61	5,47	5,35	5,26
10	10,04	7,56	6,55	5,99	5,64	5,39	5,20	5,06	4,94	4,85
11	9,65	7,21	6,22	5,67	5,32	5,07	4,89	4,74	4,63	4,54
12	9,33	6,93	5,95	5,41	5,06	4,82	4,64	4,50	4,39	4,30
13	9,07	6,70	5,74	5,21	4,86	4,62	4,44	4,30	4,19	4,10
14	8,86	6,51	5,56	5,04	4,69	4,46	4,28	4,14	4,03	3,94
15	8,68	6,36	5,42	4,89	4,56	4,32	4,14	4,00	3,89	3,80
16	8,53	6,23	5,29	4,77	4,44	4,20	4,03	3,89	3,78	3,69
17	8,40	6,11	5,18	4,67	4,34	4,10	3,93	3,79	3,68	3,59
18	8,29	6,01	5,09	4,58	4,25	4,01	3,84	3,71	3,60	3,51
19	8,18	5,93	5,01	4,50	4,17	3,94	3,77	3,63	3,52	3,43
20	8,10	5,85	4,94	4,43	4,10	3,87	3,70	3,56	3,46	3,37
21	8,02	5,78	4,87	4,37	4,04	3,81	3,64	3,51	3,40	3,31
22	7,95	5,72	4,82	4,31	3,99	3,76	3,59	3,45	3,35	3,26
23	7,88	5,66	4,76	4,26	3,94	3,71	3,54	3,41	3,30	3,21
24	7,82	5,61	4,72	4,22	3,90	3,67	3,50	3,36	3,26	3,17
25	7,77	5,57	4,68	4,18	3,85	3,63	3,46	3,32	3,22	3,13
26	7,72	5,53	4,64	4,14	3,82	3,59	3,42	3,29	3,18	3,09
27	7,68	5,49	4,60	4,11	3,78	3,56	3,39	3,26	3,15	3,06
28	7,64	5,45	4,57	4,07	3,75	3,53	3,36	3,23	3,12	3,03
29	7,60	5,42	4,54	4,04	3,73	3,50	3,33	3,20	3,09	3,00
30	7,56	5,39	4,51	4,02	3,70	3,47	3,30	3,17	3,07	2,98
35	7,42	5,27	4,40	3,91	3,59	3,37	3,20	3,07	2,96	2,88
40	7,31	5,18	4,31	3,83	3,51	3,29	3,12	2,99	2,89	2,80
50	7,17	5,06	4,20	3,72	3,41	3,19	3,02	2,89	2,78	2,70
60	7,08	4,98	4,13	3,65	3,34	3,12	2,95	2,82	2,72	2,63
80	6,96	4,88	4,04	3,56	3,26	3,04	2,87	2,74	2,64	2,55
100	6,90	4,82	3,98	3,51	3,21	2,99	2,82	2,69	2,59	2,50

17.8 Tabellen

r_2/r_1	11	12	15	20	25	30	40	50	100
2	99,41	99,42	99,43	99,45	99,46	99,46	99,47	99,48	99,49
3	27,12	27,03	26,85	26,67	26,58	26,50	26,41	26,35	26,24
4	14,45	14,37	14,19	14,02	13,91	13,84	13,75	13,69	13,58
5	9,96	9,89	9,72	9,55	9,45	9,38	9,30	9,24	9,13
6	7,79	7,72	7,56	7,40	7,29	7,23	7,15	7,09	6,99
7	6,54	6,47	6,31	6,16	6,06	5,99	5,91	5,86	5,75
8	5,73	5,67	5,52	5,36	5,26	5,20	5,12	5,07	4,96
9	5,18	5,11	4,96	4,81	4,71	4,65	4,57	4,52	4,41
10	4,77	4,71	4,56	4,41	4,31	4,25	4,17	4,12	4,01
11	4,46	4,40	4,25	4,10	4,00	3,94	3,86	3,81	3,71
12	4,22	4,16	4,01	3,86	3,76	3,70	3,62	3,57	3,47
13	4,02	3,96	3,82	3,66	3,57	3,51	3,43	3,38	3,27
14	3,86	3,80	3,66	3,51	3,41	3,35	3,27	3,22	3,11
15	3,73	3,67	3,52	3,37	3,28	3,21	3,13	3,08	2,98
16	3,62	3,55	3,41	3,26	3,16	3,10	3,02	2,97	2,86
17	3,52	3,46	3,31	3,16	3,07	3,00	2,92	2,87	2,76
18	3,43	3,37	3,23	3,08	2,98	2,92	2,84	2,78	2,68
19	3,36	3,30	3,15	3,00	2,91	2,84	2,76	2,71	2,60
20	3,29	3,23	3,09	2,94	2,84	2,78	2,69	2,64	2,54
21	3,24	3,17	3,03	2,88	2,78	2,72	2,64	2,58	2,48
22	3,18	3,12	2,98	2,83	2,73	2,67	2,58	2,53	2,42
23	3,14	3,07	2,93	2,78	2,69	2,62	2,54	2,48	2,37
24	3,09	3,03	2,89	2,74	2,64	2,58	2,49	2,44	2,33
25	3,06	2,99	2,85	2,70	2,60	2,54	2,45	2,40	2,29
26	3,02	2,96	2,81	2,66	2,57	2,50	2,42	2,36	2,25
27	2,99	2,93	2,78	2,63	2,54	2,47	2,38	2,33	2,22
28	2,96	2,90	2,75	2,60	2,51	2,44	2,35	2,30	2,19
29	2,93	2,87	2,73	2,57	2,48	2,41	2,33	2,27	2,16
30	2,91	2,84	2,70	2,55	2,45	2,39	2,30	2,24	2,13
35	2,80	2,74	2,60	2,44	2,35	2,28	2,19	2,14	2,02
40	2,73	2,66	2,52	2,37	2,27	2,20	2,11	2,06	1,94
50	2,62	2,56	2,42	2,27	2,17	2,10	2,01	1,95	1,82
60	2,56	2,50	2,35	2,20	2,10	2,03	1,94	1,88	1,75
80	2,48	2,42	2,27	2,12	2,01	1,94	1,85	1,79	1,65
100	2,43	2,37	2,22	2,07	1,97	1,89	1,80	1,74	1,60

Normalverteilte Zufallszahlen

Realisationen einer $N(0, 1)$-verteilten Zufallsvariablen.
Zur Erzeugung dieser Zahlen auf dem PC, siehe 17.5.

−2,208	0,926	−0,518	−0,904	1,532	1,070	−0,993	−0,106	−0,733	−1,058
−0,302	−0,092	−0,696	0,373	1,174	−1,504	0,190	−0,111	−0,328	−1,075
−0,600	−1,241	0,916	−0,317	−0,711	−2,028	−0,119	0,218	−1,825	−0,241
−0,042	0,989	−0,092	0,631	−0,495	1,065	0,142	−0,444	0,210	−0,187
−0,284	−0,548	0,774	1,780	0,677	0,231	0,203	−1,221	1,657	0,847
1,170	0,386	−2,184	1,067	−0,873	−0,437	0,531	−2,506	−0,302	−0,601
−1,194	0,026	0,127	−0,979	0,025	1,009	1,659	−1,328	−0,227	−1,518
−0,169	0,136	−1,323	0,851	1,272	1,010	−0,929	0,451	1,025	0,368
−0,880	1,077	0,369	−0,576	0,262	0,266	−0,561	0,412	0,917	1,067
−1,645	1,687	0,412	−0,992	−0,965	−0,388	0,034	1,140	0,122	−0,258
−1,606	0,782	−2,341	0,739	−2,167	0,261	−0,657	−1,103	−0,036	−0,378
−0,950	−0,520	0,354	0,559	−0,178	−1,262	1,459	−0,900	0,980	1,052
−0,945	−0,077	−0,225	−3,098	−1,051	−0,275	−0,481	0,003	1,031	0,265
0,212	1,075	0,663	−0,797	−2,015	1,241	−1,243	1,634	0,837	−2,757
−0,620	0,978	0,140	2,095	−0,579	0,923	0,138	−0,621	−0,331	−0,690
2,446	0,437	−0,220	0,908	0,393	0,062	−0,494	0,107	−0,491	0,540
−1,610	0,350	−0,964	0,642	−0,666	−0,411	0,190	−0,143	0,377	0,270
−1,266	−0,307	−0,588	−0,991	0,780	−0,259	−0,511	0,339	0,144	0,361
−0,298	1,494	1,656	0,436	2,325	−0,544	0,813	−0,573	0,205	0,565
0,905	−0,248	0,515	0,732	−1,513	0,549	0,172	−0,449	0,030	0,902
1,003	−1,715	0,954	−2,255	−2,806	−1,358	0,637	0,763	−0,554	−0,821
−0,630	0,796	0,767	−0,567	−0,657	−1,485	−0,083	0,415	1,844	0,089
0,487	0,503	−0,132	−0,895	−1,560	0,303	−1,392	2,431	1,030	0,997
−0,780	0,885	0,151	−1,715	0,458	1,454	−1,445	−0,126	1,374	0,959
−0,454	0,854	−1,495	0,244	−2,014	−0,142	0,064	−0,428	1,229	2,013
0,189	0,387	0,129	1,173	0,614	1,406	0,171	0,258	−0,482	−0,021
1,385	1,333	0,479	0,553	−1,136	0,020	2,774	0,253	−0,389	−0,056
−0,651	0,014	−0,325	1,009	−1,064	1,891	−0,466	0,944	0,610	2,120
−0,480	−0,034	0,552	−0,204	0,645	1,104	−0,979	−0,081	0,130	0,646
−0,300	−0,632	−0,154	−0,872	−0,090	1,186	0,382	−0,457	0,456	−1,197
0,374	0,084	−0,575	0,683	0,350	−0,078	−0,958	−0,787	0,644	−0,466
−0,349	−1,932	−0,681	0,438	1,214	0,795	1,742	0,603	−2,538	−1,243
−0,321	0,747	−1,026	1,451	0,383	2,195	−0,646	−1,146	0,672	−0,761
−0,602	−1,920	−0,381	0,008	1,342	1,701	−0,370	0,444	0,011	−0,966
−0,945	1,450	−0,701	−0,938	−0,643	−0,410	0,825	−0,864	0,133	−1,295

18 Statistik

18.1 Beschreibende Statistik

Diagramme

Stabdiagramm

Beobachtung	1	2	3	4	5	6	7	8
Häufigkeit	3	8	7	9	6	4	2	1

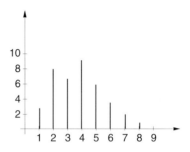

Histogramm

Klasse		Häufigkeit	Relative Häufigkeit
8– 9	·	1	0,02
9–10	·	1	0,02
10–11	⁞	5	0,10
11–12	⊓	8	0,16
12–13	⋈	9	0,18
13–14	⋈	9	0,18
14–15	⊐	7	0,14
15–16	⋮	4	0,08
16–17	⋮	4	0,08
17–18	··	2	0,04

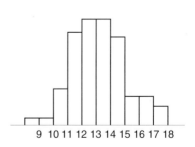

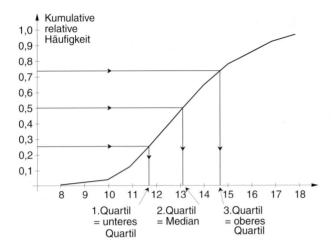

Stamm-Blatt-Diagramm

8	8	(1)
9	9	(1)
10	3 3 5 9	(4)
11	0 2 2 3 4 4 4 6 8	(9)
12	3 3 3 3 5 6 9	(7)
13	0 0 1 2 2 4 4 4 7 7	(10)
14	0 2 3 4 5 5 5 5	(8)
15	1 6 6 9	(4)
16	1 3 5	(3)
17	0 3 7	(3)
		(50)

Pareto-Karte

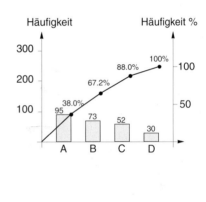

Kästchenplan (Box plot)

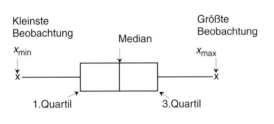

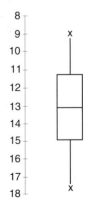

18.1 Beschreibende Statistik

BEVÖLKERUNGSVERTEILUNG NACH GRÖSSE DES HAUSHALTS

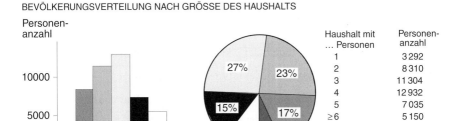

Haushalt mit ... Personen	Personenanzahl
1	3 292
2	8 310
3	11 304
4	12 932
5	7 035
≥ 6	5 150
	48 023

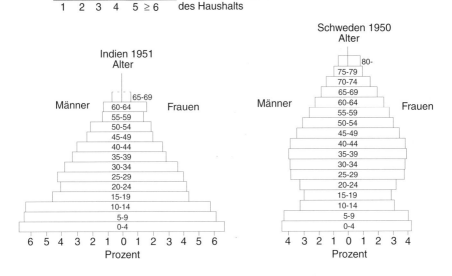

Lageparameter

Mittelwert und Median

Der *Mittelwert* (*arithmetisches Mittel*) der statistischen Beobachtungsgrößen $x_1, x_2, \ldots, x_n$ ist

$$\bar{x} = \frac{x_1 + x_2 + \ldots + x_n}{n} = \frac{1}{n} \sum_{i=1}^{n} x_i$$

Treten die statistischen Beobachtungen $x_1, x_2, \ldots, x_n$ mit den Häufigkeiten $f_1, f_2, \ldots, f_n$ auf ($N = f_1 + f_2 + \ldots + f_n$), dann ist der Mittelwert

$$\bar{x} = \frac{f_1 x_1 + f_2 x_2 + \ldots + f_n x_n}{N} = \frac{1}{N} \sum_{i=1}^{n} f_i x_i$$

Liegen $2n-1$ der Größe nach geordnete statistische Beobachtungen vor, dann ist der
Median (*Zentralwert*) $Q_2 = n.$Wert

Liegen $2n$ der Größe nach geordnete statistische Beobachtungen vor, dann ist der
Median (*Zentralwert*) $Q_2 = $ Mittelwert des $n.$ und $(n+1).$ Wertes

Quartile

Liegen $2n$ der Größe nach geordnete statistische Beobachtungen vor, dann ist

    1.Quartil Q_1 = Median der n kleinsten Beobachtungen

    3.Quartil Q_3 = Median der n größten Beobachtungen

Liegen $2n+1$ der Größe nach geordnete statistische Beobachtungen vor, dann ist

    1.Quartil Q_1 = Median der $n+1$ kleinsten Beobachtungen

    3.Quartil Q_3 = Median der $n+1$ größten Beobachtunegn

Es gilt: 2.Quartil Q_2 = Median

Streuparameter

Spannweite und Interquartilbereich

Die *Spannweite* (*range*) R von statistischen Beobachtungen ist

$$R = x_{max} - x_{min},$$

wobei x_{max} und x_{min} den größten bzw. kleinsten beobachteten Wert bezeichnet

Der *Interquartilbereich IQB* ist definiert als $Q_3 - Q_1$, wobei Q_1 und Q_3 die erste bzw. dritte Quartil bezeichnet

Streuung und Standardabweichung

Die *Streuung* (*Varianz*) s^2 und die *Standardabweichung* s der statistischen Beobachtungen $x_1, x_2, \ldots, x_n$ sind definiert durch

$$s^2 = \frac{1}{n-1} \sum_{i=1}^{n} (x_i - \bar{x})^2, \quad s = \sqrt{s^2}$$

Treten die statistischen Beobachtungen $x_1, x_2, \ldots, x_n$ mit den Häufigkeiten $f_1, f_2, \ldots, f_n$ auf ($N = f_1 + f_2 + \ldots + f_n$), dann ist der Mittelwert

$$s^2 = \frac{1}{N-1} \sum_{i=1}^{n} f_i (x_i - \bar{x})^2, \quad s = \sqrt{s^2}$$

(Mitunter wird s^2 mit Nenner n statt $n-1$ definiert)
Für die Streuung gilt

$$s^2 = \frac{1}{N-1} (K - S^2/N)$$

N = Gesamtanzahl der Beobachtungen
S = Summenwert der Beobachtungen
K = Summe der Quadrate der Beobachtungen

Berechnung von Mittelwert, Varianz und Standardabweichung mit dem Rechner

Taschenrechner mit Statistikroutinen

Das Flußdiagramm dient zur Bestimmung von Mittelwert, Standardabweichung und Varianz der statistischen Daten $x_1, x_2, \ldots, x_n$. Anstelle von „$\Sigma+$" ist die Tastenbezeichnung „x_D" üblich. In jedem Falle prüfe man, ob der Taschenrechner die Varianz mit dem Nenner n oder $n-1$ berechnet. Manche Rechner können auch Meßwerte $x_1, x_2, \ldots, x_n$ mit den Häufigkeiten $f_1, f_2, \ldots, f_n$ verarbeiten.

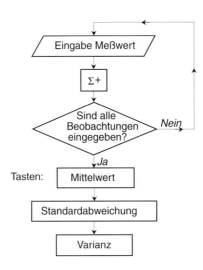

Computer

Es gibt eine Vielzahl von (Menu- oder Kommando-gesteuerten Programmen) zur numerischen oder graphischen Aufbereitung statistischer Daten. Damit lassen sich in jedem Fall Mittelwert, Standardabweichung und Streuung berechnen und weitere statistische Daten oder Diagramm erzeugen. Ja sogar Vertrauensintervalle für die Schätzwerte, ANOVA-Tabellen usw. lassen sich mit diesen Programmpaketen leicht berechnen.

Zentrale Momente

Die *zentralen Momente* m_k der statistischen Meßdaten $x_1, x_2, ..., x_n$ sind

$$m_k = \frac{1}{n} \sum_{i=1}^{n} (x_i - \bar{x})^k$$

Mit $h_k = \sum_{i=1}^{n} x_i^k/n$,

$$m_2 = \frac{n-1}{n} s^2 = h_2 - h_1^2$$

$$m_3 = h_3 - 3h_1 h_2 + 2h_1^3$$

$$m_4 = h_4 - 4h_1 h_3 + 6h_1^2 h_2 - 3h_1^4$$

Die *Schiefe* g_1 und die *Wölbung* g_2 sind definiert als

$$g_1 = m_3/m_2^{3/2} \qquad g_2 = (m_4/m_2^2) - 3$$

Beispiel

Die statistischen Parameter für die ersten 50 normalverteilten Zufallszahlen in der Tabelle von Seite 455

$\bar{x} = -0{,}10836 \qquad Q_2 = -0{,}11500 \qquad s = 0{,}9226 \qquad R = 3{,}9880$

$g_1 = -0{,}07126 \qquad g_2 = -0{,}29254$

Gewichtete Aggregatindizes

P_{0i} = Preise in den Basisperioden

P_{1i} = Preise in den laufenden Perioden

Q_{0i} = Anzahlen in den Basisperioden

Q_{1i} = Anzahlen in den laufenden Perioden

$$\text{Laspeyres-Index} = \frac{\sum_i P_{1i} Q_{0i}}{\sum_i P_{0i} Q_{0i}}$$

$$\text{Paasche-Index} = \frac{\sum_i P_{1i} Q_{1i}}{\sum_i P_{0i} Q_{1i}}$$

Kettenindex $P_{0t} = P_{0,t-1} P_{t-1,t}$

Stichprobenquantilen (Median ranks)

Sei $x_{(1)} \leq x_{(2)} \leq \ldots \leq x_{(n)}$ eine geordnete Stichprobe aus einer Gesamtheit mit der Verteilungsfunktion F. Trägt man im F-Verteilungspapier (z.B. Normal-, Weibull-Verteilungspapier) die Werte u_i der folgenden Tabelle gegen $x_{(i)}$ auf, dann kann der Graph der Verteilung F als „Gerade durch die Punkte" geschätzt werden.

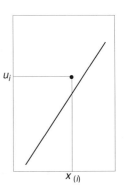

i	Stichprobenumfang n						
	1	2	3	4	5	6	7
1	0,5000	0,2929	0,2063	0,1591	0,1294	0,1091	0,0943
2		0,7071	0,5000	0,3857	0,3138	0,2644	0,2285
3			0,7937	0,6143	0,5000	0,4214	0,3641
4				0,8409	0,6862	0,5786	0,5000
5					0,8706	0,7356	0,6359
6						0,8909	0,7715
7							0,9057

i	Stichprobenumfang n						
	8	9	10	11	12	13	14
1	0,0830	0,0741	0,0670	0,0611	0,0561	0,0519	0,0483
2	0,2011	0,1796	0,1623	0,1480	0,1360	0,1258	0,1170
3	0,3205	0,2862	0,2586	0,2358	0,2167	0,2004	0,1865
4	0,4402	0,3931	0,3551	0,3238	0,2976	0,2753	0,2561
5	0,5598	0,5000	0,4517	0,4119	0,3785	0,3502	0,3258
6	0,6795	0,6069	0,5483	0,5000	0,4595	0,4251	0,3954
7	0,7989	0,7138	0,6449	0,5881	0,5405	0,5000	0,4651
8	0,9170	0,8204	0,7414	0,6762	0,6215	0,5749	0,5349
9		0,9259	0,8377	0,7642	0,7024	0,6498	0,6046
10			0,9330	0,8520	0,7833	0,7247	0,6742
11				0,9389	0,8640	0,7996	0,7439
12					0,9439	0,8742	0,8135
13						0,9481	0,8830
14							0,9517

	Stichprobenumfang n					
i	15	16	17	18	19	20
1	0,0452	0,0424	0,0400	0,0378	0,0358	0,0341
2	0,1094	0,1027	0,0968	0,0915	0,0868	0,0825
3	0,1743	0,1637	0,1542	0,1458	0,1383	0,1315
4	0,2394	0,2247	0,2118	0,2002	0,1899	0,1805
5	0,3045	0,2859	0,2694	0,2547	0,2415	0,2297
6	0,3697	0,3471	0,3270	0,3092	0,2932	0,2788
7	0,4348	0,4082	0,3847	0,3637	0,3449	0,3280
8	0,5000	0,4694	0,4423	0,4182	0,3966	0,3771
9	0,5652	0,5306	0,5000	0,4727	0,4483	0,4263
10	0,6303	0,5918	0,5577	0,5273	0,5000	0,4754
11	0,6955	0,6529	0,6153	0,5818	0,5517	0,5246
12	0,7606	0,7141	0,6730	0,6363	0,6034	0,5737
13	0,8257	0,7753	0,7306	0,6908	0,6551	0,6229
14	0,8906	0,8363	0,7882	0,7453	0,7068	0,6720
15	0,9548	0,8973	0,8458	0,7998	0,7585	0,7212
16		0,9576	0,9032	0,8542	0,8101	0,7703
17			0,9600	0,9085	0,8617	0,8195
18				0,9622	0,9132	0,8685
19					0,9642	0,9175
20						0,9659

Folgende Werte u_i in Prozent

	Stichprobenumfang n									
i	21	22	23	24	25	30	35	40	45	50
1	3,25	3,10	2,97	2,85	2,73	2,28	1,96	1,72	1,53	1,38
2	7,86	7,51	7,19	6,90	6,62	5,53	4,75	4,16	3,70	3,33
3	12,53	11,97	11,46	10,99	10,55	8,81	7,57	6,63	5,90	5,31
4	17,21	16,44	15,73	15,09	14,49	12,10	10,39	9,10	8,10	7,29
5	21,89	20,91	20,01	19,19	18,43	15,40	13,22	11,58	10,30	9,28
6	26,57	25,38	24,30	23,30	22,38	18,69	16,05	14,06	12,51	11,26
7	31,26	29,86	28,58	27,41	26,32	21,99	18,87	16,54	14,71	13,25
8	35,94	34,33	32,86	31,51	30,27	25,28	21,70	19,01	16,92	15,24
9	40,63	38,81	37,15	35,62	34,22	28,58	24,53	21,49	19,12	17,22
10	45,31	43,29	41,43	39,73	38,16	31,87	27,36	23,97	21,33	19,21
11	50,00	47,76	45,72	43,84	42,11	35,17	30,19	26,45	23,53	21,19
12	54,69	52,24	50,00	47,95	46,05	38,46	33,02	28,93	25,74	23,18
13	59,37	56,71	54,28	52,05	50,00	41,76	35,85	31,41	27,94	25,17

18.1 Beschreibende Statistik

i	\multicolumn{10}{c}{Stichprobenumfang n}									
	21	22	23	24	25	30	35	40	45	50
14	64,06	61,19	58,57	56,16	53,95	45,06	38,68	33,89	30,15	27,15
15	68,74	65,67	62,85	60,27	57,89	48,35	41,51	36,37	32,35	29,14
16	73,43	70,14	67,14	64,38	61,84	51,65	44,34	38,84	34,56	31,13
17	78,11	74,62	71,42	68,49	65,78	54,94	47,17	41,32	36,77	33,11
18	82,79	79,09	75,70	72,59	69,73	58,24	50,00	43,80	38,97	35,10
19	87,47	83,56	79,99	76,70	73,68	61,54	52,83	46,28	41,18	37,09
20	92,14	88,03	84,27	80,81	77,62	64,83	55,66	48,76	43,38	39,07
21	96,75	92,49	88,54	84,91	81,57	68,13	58,49	51,24	45,59	41,06
22		96,90	92,81	89,01	85,51	71,42	61,32	53,72	47,79	43,05
23			97,03	93,10	89,45	74,72	64,15	56,20	50,00	45,03
24				97,15	93,38	78,01	66,98	58,68	52,21	47,02
25					97,27	81,31	69,81	61,16	54,41	49,01
26						84,60	72,64	63,63	56,62	50,99
27						87,90	75,47	66,11	58,82	52,98
28						91,19	78,30	68,59	61,03	54,97
29						94,47	81,13	71,07	63,23	56,95
30						97,72	83,95	73,55	65,44	58,94
31							86,78	76,03	67,65	60,93
32							89,61	78,51	69,85	62,91
33							92,43	80,99	72,06	64,90
34							95,25	83,46	74,26	66,89
35							98,04	85,94	76,47	68,87
36								88,42	78,67	70,86
37								90,90	80,88	72,85
38								93,37	83,08	74,83
39								95,84	85,29	76,82
40								98,28	87,49	78,81
41									89,70	80,79
42									91,90	82,78
43									94,10	84,76
44									96,30	86,75
45									98,47	88,74
46										90,72
47										92,71
48										94,69
49										96,67
50										98,62

Für großes n kann u_i aus
$$u_i \approx (i-0{,}3)/(n+0{,}4)$$
berechnet werden (*Bernhard-Formel*)

18.2 Punktschätzung

Definitionen und Grundlagen

Sei $T = T(X_1, X_2, \ldots, X_n)$ eine Schätzfunktion (Statistik) für den Parameter $q(\Theta)$.

T heißt *unverzerrt* (*erwartungstreu, unbiased*), wenn
$$E[T] = q(\Theta).$$

T heißt *konsistent*, wenn für jedes $\varepsilon > 0$
$$\lim_{n \to \infty} P(|T(X_1, X_2, \ldots, X_n) - q(\Theta)| \geq \varepsilon) = 0$$
oder
$$\lim_{n \to \infty} p \; T(X_1, X_2, \ldots, X_n) = q(\Theta).$$

T ist *asymptotisch effizient*, wenn T asymptotisch normalverteilt ist mit minimaler Varianz.

T ist *suffizient für* Θ, wenn die bedingte Verteilung von $(X_1, X_2, \ldots, X_n)$ bei gegebenem T nicht von Θ abhängt.

T ist *wirksamste unverzerrte Schätzfunktion* (*uniformly minimum variance unbiased, UMVU*), wenn T unverzerrt ist und unter allen unverzerrten Schätzfunktionen minimale Streuung besitzt.

T ist *Maximum-Likelihood-Schätzfunktion* von Θ, wenn T der Wert von Θ ist, für den die Wahrscheinlichkeitsfunktion (diskreter Fall) bzw. die Wahrscheinlichkeitsdichte (stetiger Fall) $p(x_1, x_2, \ldots, x_n, \Theta)$ von $(X_1, X_2, \ldots, X_n)$ maximal ist.

$b(\Theta, T) = E[T - q(\Theta)] = $ *Verzerrung* (*Bias*) von T

$R(\Theta, T) = E[(T - q(\Theta))^2] = $ mittlerer quadratischer Fehler von T

$R(\Theta, T) = \text{Var}[T] + b^2(\Theta, T)$

Die *Fisher-Informationszahl* $I(\Theta)$ ist definiert als
$$I(\Theta) = E\left[\left(\frac{\partial}{\partial \Theta} \ln p(X_1, X_2, \ldots, X_n, \Theta)\right)^2\right],$$

wobei $p(x_1, x_2, \ldots, x_n, \Theta)$ die Wahrscheinlichkeits- oder Dichtefunktion von $(X_1, X_2, \ldots, X_n)$ ist.

Die Informationsungleichung

$\text{Var}[T] \geq \Psi'(\Theta)^2 / I(\Theta),$ wobei $\Psi(\Theta) = E[T]$.

Die Cramér-Rao-Ungleichung

$\text{Var}[T] \geq 1/I(\Theta),$ wenn T unverzerrt ist.

Wirksamste Schätzung mit suffizienter Statistik T

Sei T suffizient für Θ, dann kann nach Lehmann-Scheffé ein wirksamster Schätzer von $q(\Theta)$ auf *zweierlei Weisen* bestimmt werden:
1) Suche $h(T)$, so daß $E[h(T)] = q(\Theta)$.
2) Sei S unverzerrt und bestimme $E[S|T]$.

Spezielle wirksamste Schätzfunktionen

$X_1, X_2, \ldots, X_n$ seien unabhängig mit gleicher Verteilungsfunktion

$$S = \sum_{i=1}^{n} X_i \qquad \overline{X} = S/n \qquad s^2 = \frac{1}{n-1} \sum_{i=1}^{n} (X_i - \overline{X})^2$$

Verteilung	Zu schätzender Parameter	wirksamste Schätzfunktion T	Var[T]
Gleichverteilt $U(0, \Theta)$	Θ	$\frac{n+1}{n} X_{\max}$	$\frac{\Theta^2}{n(n+2)}$
Exponential $E(\lambda)$	λ	$\frac{n-1}{S}$	$\frac{\lambda^2}{n-2}$
Exponential $E(\lambda)$	$\frac{1}{\lambda}$	$\overline{X}$	$\frac{1}{n\lambda^2}$
Normal $N(\mu, \sigma)$	μ	$\overline{X}$	$\frac{\sigma^2}{n}$
Normal $N(\mu, \sigma)$	σ^2	s^2	$\frac{2\sigma^4}{n-1}$
Normal $N(\mu, \sigma)$	σ	$c_n s$ (c_n siehe unten)	$\sigma^2(c_n^2 - 1)$
Poisson $P(\lambda)$	λ	$\overline{X}$	$\frac{\lambda^2}{n}$
$f(x) = p^x(1-p)^{1-x}, x = 0, 1$	p	$\overline{X}$	$\frac{p(1-p)}{n}$

Schätzung der Momente

Unverzerrte Schätzung von μ, μ_2, μ_3 und μ_4

$\mu_k = E[(X - \mu)^k] \qquad\qquad \mu_2 = \sigma^2$

$m_k = \frac{1}{n} \sum_{i=1}^{n} (X_i - \overline{X})^k \qquad m_2 = \frac{n-1}{n} s^2$

$E[\overline{X}] = \mu$

$E\left[\frac{n}{n-1} m_2\right] = \mu_2 \qquad E[s^2] = \sigma^2$

$E\left[\frac{n^2}{(n-1)(n-2)} m_3\right] = \mu_3$

$E\left[\frac{n(n^2 - 2n + 3)}{(n-1)(n-2)(n-3)} m_4 - \frac{3n(2n-3)}{(n-1)(n-2)(n-3)} m_2^2\right] = \mu_4$

Schätzung der Schiefe g_1 und der Wölbung g_2

$$\gamma_1 = \mu_3/\sigma^3 \qquad g_1 = m_3/m_2^{3/2}$$

$$\gamma_2 = (\mu_4/\sigma^4) - 3 \qquad g_2 = (m_4/m_2^2) - 3$$

$$\lim_{n \to \infty} E[g_1] = \gamma_1 \qquad \lim_{n \to \infty} E[g_2] = \gamma_2$$

Für eine $N(\mu, \sigma)$-Normalverteilung gilt

$$\gamma_1 = \gamma_2 = 0 \qquad E[g_1] = 0 \qquad E[g_2] = -\frac{6}{n+1}$$

Gurland-Tripathi-Korrekturfaktoren für s

Sei s die Standardabweichung einer Stichprobe von n Beobachtungen aus einer $N(\mu, \sigma)$-Verteilung, dann ist $c_n s$ (c_n aus Tabelle unten) der wirksamste Schätzer für die Standardabweichung σ.

Stichprobenumfang n	c_n	Stichprobenumfang n	c_n
2	1,2533	12	1,0230
3	1,1284	13	1,0210
4	1,0854	14	1,0194
5	1,0639	15	1,0180
6	1,0509	16	1,0168
7	1,0424	17	1,0157
8	1,0362	18	1,0148
9	1,0317	19	1,0140
10	1,0281	20	1,0132
11	1,0253	21	1,0126

18.3 Konfidenzintervalle

Definitionen. Pivotvariable

Ein 100α % *Konfidenzintervall* (*Vertrauensintervall*) für einen unbekannten Parameter Θ ist ein Intervall, das so bestimmt ist, daß es den Parameter Θ mit Wahrscheinlichkeit α enthält. α heißt *Konfidenzniveau*.
Am häufigsten wird der Wert $\alpha = 0{,}95$ verwendet.

Um Konfidenzintervalle für den Parameter Θ aus einer Stichprobenfunktion (Statistik) $T = T(X_1, X_2, ..., X_n)$ zu bestimmen, verwendet man eine sog. *Pivotvariable* $g(T, \Theta)$. Das ist eine Variable, deren Verteilung *vom unbekannten Parameter Θ unabhängig* ist.

Hat man die Werte x_1 und x_2 so bestimmt, daß

$$P(x_1 < g(T, \Theta) < x_2) = \alpha$$

und gilt

$$x_1 < g(T, \Theta) < x_2 \iff h_1(x_1, x_2, T) < \Theta < h_2(x_1, x_2, T),$$

dann ist

$$h_1 < \Theta < h_2$$

ein $100\,\alpha\%$ Konfidenzintervall für Θ.

Im Falle

$$P(g(T, \Theta) \leq x_1) = P(g(T, \Theta) \geq x_2) = (1-\alpha)/2$$

ist das Konfidenzintervall *symmetrisch*.

Konfidenzintervalle $\Theta < h$ oder $\Theta > h$ heißen *einseitig*.

Beispiel. $X_1, X_2, ..., X_n$ seien unabhängige $E(\lambda)$-verteilte Variable. Dann ist $2\lambda S$ mit $S = \sum_{i=1}^{n} X_i$ eine Pivotvariable, denn $2\lambda S$ hat eine $\chi^2(r)$-Verteilung mit $r = 2n$. Mit $2\lambda S$ bestimmen wir ein Konfidenzintervall für λ bzw. $1/\lambda$ oder andere Funktionen von λ. Aus der Tabelle der χ^2-Verteilung lassen sich x_1 und x_2 so ablesen, daß

$$P(x_1 < 2\lambda S < x_2) = \alpha.$$

Insbesondere ergibt sich als $100\,\alpha\%$ Konfidenzintervall für $1/\lambda$

$$\frac{2S}{x_2} < \frac{1}{\lambda} < \frac{2S}{x_1}.$$

Spezielle Konfidenzintervalle

$X_1, X_2, \ldots, X_n$ seien unabhängig mit derselben Verteilung und

$$S = \sum_{i=1}^{n} X_i, \qquad \bar{X} = S/n, \qquad s^2 = \frac{1}{n-1} \sum_{i=1}^{n} (X_i - \bar{X})^2$$

Verteilung	Parameter	Pivot-variable	Verteilung der Pivotvariable	Zweiseitiges Konfidenzintervall
Exponential $E(\lambda)$	λ	$2\lambda S$	$\chi^2(2n)$	$x_1/(2S) < \lambda < x_2/(2S)$
Exponential $E(\lambda)$	$1/\lambda$	$2\lambda S$	$\chi^2(2n)$	$2S/x_2 < 1/\lambda < 2S/x_1$ (vgl. auch 18.4)
Exponential $E(\lambda)$	λ	λS	$\Gamma(n, 1)$	$x_1/S < \lambda < x_2/S$
Exponential $E(\lambda)$	$1/\lambda$	λS	$\Gamma(n, 1)$	$S/x_2 < 1/\lambda < S/x_1$ (vgl. auch 18.4)
Normal $N(\mu, \sigma)$ σ bekannt	μ	$\frac{\bar{X}-\mu}{\sigma}\sqrt{n}$	$N(0, 1)$	$\mu = \bar{X} \pm x\sigma/\sqrt{n}$
Normal $N(\mu, \sigma)$	μ	$\frac{\bar{X}-\mu}{s}\sqrt{n}$	$t(n-1)$	$\mu = \bar{X} \pm xs/\sqrt{n}$ (vgl. auch 18.4)
Normal $N(\mu, \sigma)$	σ^2	$(n-1)s^2/\sigma^2$	$\chi^2(n-1)$	$(n-1)s^2/x_2 < \sigma^2 < (n-1)s^2/x_1$ (vgl. auch 18.4)
$f(x) = p^x(1-p)^{1-x}$ $x = 0, 1$	p	$\frac{\bar{X}-p}{\sqrt{\bar{X}(1-\bar{X})/n}}$	approx. $N(0, 1)$	$p = \bar{X} \pm x\sqrt{\bar{X}(1-\bar{X})/n}$ (vgl. auch 18.4)
X Poisson (ct)	c	$\frac{X-ct}{\sqrt{X}}$	approx. $N(0, 1)$	$c = \frac{X}{t} \pm x\frac{\sqrt{X}}{t}$

Stichproben aus endlicher Gesamtheit

Bezeichnungen

Gesamtheit:

Mittelwert $\bar{X} = \frac{1}{N} \sum_{i=1}^{N} x_i$, Streuung $S^2 = \frac{1}{N-1} \sum_{i=1}^{N} (X_i - \bar{X})^2$, Anteil P

Stichprobe:

Mittelwert $\bar{x} = \frac{1}{n} \sum_{i=1}^{n} x_i$, Streuung $s^2 = \frac{1}{n-1} \sum_{i=1}^{n} (x_i - \bar{x})^2$, Anteil p

Einfache Zufallsstichprobe

$E[\bar{x}] = \bar{X} \qquad \text{Var}[\bar{x}] = \frac{1-f}{n} S^2 \qquad f = \frac{n}{N}$

$E[p] = P \qquad \text{Var}[p] = \frac{P(1-P)}{n} \cdot \frac{N-n}{N-1} \approx \frac{P(1-P)}{n}(1-f)$

18.3 Konfidenzintervalle

Konfidenzintervall für P zum Konfidenzniveau $\approx \alpha$

$$P = p \pm u_\alpha \sqrt{\frac{p(1-p)}{n}(1-f)} \;,$$

wobei u_α aus der $N(0, 1)$-Verteilung bestimmt wird, z.B. $u_{0,95} = 1{,}96$.

Geschichtete Stichprobe

$\bar{X}$ geschätzt durch $\hat{\bar{X}} = \sum_{i=1}^{r} (N_i/N)\bar{x}_i$

$$\text{Var}[\hat{\bar{X}}] = \sum_{i=1}^{r} \left(\frac{N_i}{N}\right)^2 \frac{1-f_i}{n_i} S_i^2$$

Proportionale Schichtung $n_i = (N_i/N)n$.

Optimale Schichtung mit $c_i =$ Kosten pro Stichprobeneinheit aus Schicht i

$$n_i = \frac{N_i S_i / \sqrt{c_i}}{\sum_{i=1}^{r} N_i S_i / \sqrt{c_i}} \cdot n$$

P geschätzt durch $\hat{P} = \sum_{i=1}^{r} (N_i/N)p_i$

$$\text{Var}[\hat{P}] = \sum_{i=1}^{r} \frac{N_i^2}{N^2} \cdot \frac{P_i(1-P_i)}{n_i} \cdot \frac{N_i - n_i}{N_i - 1} \approx \frac{1}{N^2} \sum_{i=1}^{r} N_i^2 \frac{P_i(1-P_i)}{n_i}(1-f_i)$$

Konfidenzintervall für P zum Konfidenzniveau $\approx \alpha$

$$P = \hat{P} \pm u_\alpha \frac{1}{N} \sqrt{\sum_{i=1}^{r} N_i^2 \frac{\hat{p}_i(1-\hat{p}_i)}{n_i}}$$

Optimale Schichtung mit $c_i =$ Kosten pro Stichprobeneinheit aus Schicht i

$$n_i = \frac{N_i \sqrt{P_i(1-P_i)/c_i}}{\sum_{i=1}^{r} N_i \sqrt{P_i(1-P_i)/c_i}} \cdot n$$

Konfidenzintervall für den Parameter p einer Binomialverteilung

Die Graphik gibt 95% Konfidenzintervalle für die Erfolgswahrscheinlichkeit p im Bernoulli-Schema (vgl. 17.2), wenn in einer Stichprobe vom Umfang n die relative Häufigkeit f für einen Erfolg beträgt.

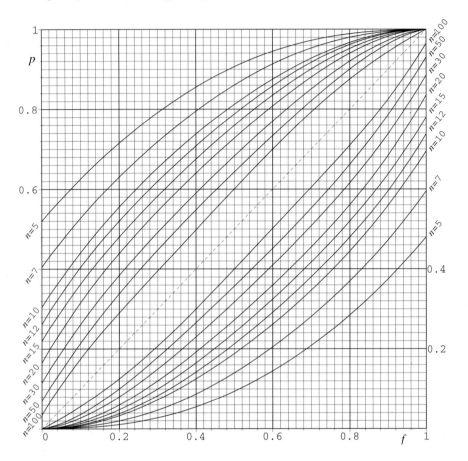

Dient zur Bestimmung des nötigen Stichprobenumfangs. Für große n können die Konfidenzintervalle mit der Pivotvariablen

$$(f-p)/\sqrt{\frac{f(1-f)}{n}}$$

bestimmt werden, die angenähert $N(0, 1)$-verteilt ist, d.h.

$$p = f \pm 1{,}96 \sqrt{\frac{f(1-f)}{n}}$$

ist ein Konfidenzintervall für p zum Konfidenzniveau $\approx 0{,}95$.

18.4 Tabellen für Konfidenzintervalle

Konfidenzintervall für den Erwartungswert einer Exponentialverteilung

Sei $\bar{x}$ der Mittelwert einer Stichprobe mit n Beobachtungen aus einer Exponentialverteilung mit Erwartungswert μ.
Ein 95% Konfidenzintervall für μ hat die Gestalt

$$k_1 \cdot \bar{x} \leq \mu \leq k_2 \cdot \bar{x} \quad (0{,}95)$$

wobei die Faktoren k_1 und k_2 aus folgender Tabelle zu nehmen sind.

n	k_1	k_2	n	k_1	k_2
1	0,2711	39,22	26	0,7045	1,531
2	0,3590	8,264	27	0,7087	1,517
3	0,4153	4,850	28	0,7128	1,505
4	0,4562	3,670	29	0,7166	1,493
5	0,4882	3,080	30	0,7203	1,482
6	0,5142	2,725	31	0,7238	1,472
7	0,5360	2,487	32	0,7272	1,462
8	0,5547	2,316	33	0,7305	1,453
9	0,5710	2,187	34	0,7336	1,444
10	0,5853	2,085	35	0,7367	1,436
11	0,5981	2,003	36	0,7396	1,428
12	0,6097	1,935	37	0,7424	1,420
13	0,6202	1,878	38	0,7451	1,413
14	0,6298	1,829	39	0,7477	1,406
15	0,6386	1,787	40	0,7503	1,400
16	0,6467	1,749	41	0,7527	1,393
17	0,6543	1,717	42	0,7551	1,388
18	0,6613	1,687	43	0,7574	1,382
19	0,6679	1,661	44	0,7597	1,376
20	0,6741	1,637	45	0,7618	1,371
21	0,6799	1,615	46	0,7639	1,366
22	0,6853	1,596	47	0,7660	1,361
23	0,6905	1,578	48	0,7680	1,356
24	0,6954	1,561	49	0,7699	1,352
25	0,7001	1,545	50	0,7718	1,347

Konfidenzintervall für den Erwartungswert einer Normalverteilung

Seien $\bar{x}$ und s Mittelwert und Standardabweichung einer Stichprobe mit n Beobachtungen aus einer Normalverteilung mit Erwartungswert μ.
Ein 95% oder 99% Konfidenzintervall für μ ist dann

$$\mu = \bar{x} \pm k_1 \cdot s \quad (0{,}95) \quad \text{bzw.} \quad \mu = \bar{x} \pm k_2 \cdot s \quad (0{,}99)$$

wobei die Faktoren k_1 und k_2 aus nachfolgender Tabelle zu nehmen sind.

n	k_1	k_2	n	k_1	k_2
2	8,985	45,01	29	0,3804	0,5131
3	2,484	5,730	30	0,3734	0,5032
4	1,591	2,920	31	0,3668	0,4939
5	1,242	2,059	32	0,3605	0,4851
6	1,049	1,646	33	0,3546	0,4767
7	0,9248	1,401	34	0,3489	0,4688
8	0,8360	1,237	35	0,3435	0,4612
9	0,7687	1,118	36	0,3384	0,4540
10	0,7154	1,028	37	0,3334	0,4471
11	0,6718	0,9556	38	0,3287	0,4405
12	0,6354	0,8966	39	0,3242	0,4342
13	0,6043	0,8472	40	0,3198	0,4282
14	0,5774	0,8051	41	0,3156	0,4224
15	0,5538	0,7686	42	0,3116	0,4168
16	0,5329	0,7367	43	0,3078	0,4115
17	0,5142	0,7084	44	0,3040	0,4063
18	0,4973	0,6831	45	0,3004	0,4013
19	0,4820	0,6604	46	0,2970	0,3966
20	0,4680	0,6397	47	0,2936	0,3919
21	0,4552	0,6209	48	0,2904	0,3875
22	0,4434	0,6037	49	0,2872	0,3832
23	0,4324	0,5878	50	0,2842	0,3790
24	0,4223	0,5730	60	0,2583	0,3436
25	0,4128	0,5594	70	0,2384	0,3166
26	0,4039	0,5467	80	0,2225	0,2951
27	0,3956	0,5348	90	0,2094	0,2775
28	0,3878	0,5236	100	0,1984	0,2626

Für großes n ist $k_1 \approx 1{,}9600/\sqrt{n}$ und $k_2 \approx 2{,}5758/\sqrt{n}$

18.4 Tabellen für Konfidenzintervalle

Einseitiges Konfidenzintervall für die Standardabweichung einer Normalverteilung

Sei s die Standardabweichung einer Stichprobe von n Beobachtungen aus einer Normalverteilung mit Standardabweichung σ. Ein einseitiges Konfidenzintervall für σ mit Konfidenzniveau 0,95 und 0,99 ist gegeben durch

$$\sigma \leq k_1 \cdot s \quad (0{,}95) \quad \text{and} \quad \sigma \leq k_2 \cdot s \quad (0{,}99),$$

wobei die Faktoren k_1 und k_2 aus nachfolgender Tabelle zu entnehmen sind.

n	k_1	k_2		n	k_1	k_2
2	15,81	–		29	1,286	1,437
3	4,407	10,00		30	1,280	1,426
4	2,919	5,108		31	1,274	1,416
5	2,372	3,670		32	1,268	1,407
6	2,090	3,032		33	1,263	1,398
7	1,916	2,623		34	1,258	1,390
8	1,797	2,377		35	1,253	1,382
9	1,711	2,205		36	1,248	1,375
10	1,645	2,076		37	1,244	1,368
11	1,593	1,977		38	1,240	1,362
12	1,551	1,898		39	1,236	1,355
13	1,515	1,833		40	1,232	1,349
14	1,485	1,779		41	1,228	1,343
15	1,460	1,733		42	1,225	1,338
16	1,437	1,694		43	1,222	1,333
17	1,418	1,659		44	1,218	1,328
18	1,400	1,629		45	1,215	1,323
19	1,385	1,602		46	1,212	1,318
20	1,370	1,578		47	1,210	1,314
21	1,358	1,556		48	1,207	1,309
22	1,346	1,536		49	1,204	1,305
23	1,335	1,518		50	1,202	1,301
24	1,325	1,502		60	1,180	1,268
25	1,316	1,487		70	1,165	1,243
26	1,308	1,473		80	1,152	1,224
27	1,300	1,460		90	1,142	1,209
28	1,293	1,448		100	1,134	1,196

Zweiseitiges Konfidenzintervall für die Standardabweichung einer Normalverteilung

Sei s Standardabweichung einer Stichprobe von n Beobachtungen aus einer Normalverteilung mit Standardabweichung σ. Ein zweiseitiges 95% Konfidenzintervall für σ ist gegeben durch

$$k_1 \cdot s \leq \sigma \leq k_2 \cdot s \quad (0{,}95),$$

wobei die Faktoren k_1 und k_2 aus nachfolgender Tabelle zu entnehmen sind.

n	k_1	k_2	n	k_1	k_2
2	0,4461	31,62	29	0,7936	1,352
3	0,5206	6,262	30	0,7964	1,344
4	0,5665	3,727	31	0,7991	1,337
5	0,5991	2,875	32	0,8017	1,329
6	0,6242	2,453	33	0,8042	1,323
7	0,6444	2,202	34	0,8066	1,316
8	0,6612	2,035	35	0,8089	1,310
9	0,6754	1,916	36	0,8111	1,304
10	0,6878	1,826	37	0,8132	1,299
11	0,6987	1,755	38	0,8153	1,294
12	0,7084	1,698	39	0,8172	1,289
13	0,7171	1,651	40	0,8192	1,284
14	0,7249	1,611	41	0,8210	1,280
15	0,7321	1,577	42	0,8228	1,275
16	0,7387	1,548	43	0,8245	1,271
17	0,7448	1,522	44	0,8262	1,267
18	0,7504	1,499	45	0,8279	1,263
19	0,7556	1,479	46	0,8294	1,260
20	0,7605	1,461	47	0,8310	1,256
21	0,7651	1,444	48	0,8325	1,253
22	0,7694	1,429	49	0,8339	1,249
23	0,7734	1,415	50	0,8353	1,246
24	0,7772	1,403	60	0,8476	1,220
25	0,7808	1,391	70	0,8574	1,200
26	0,7843	1,380	80	0,8655	1,184
27	0,7875	1,370	90	0,8722	1,172
28	0,7906	1,361	100	0,8780	1,162

18.4 Tabellen für Konfidenzintervalle

Konfidenzintervall für die Differenz der Erwartungswerte von Normalverteilungen

Seien $\bar{x}_1$ und $\bar{x}_2$ die Mittelwerte von Stichproben mit n_1 bzw. n_2 Beobachtungen aus Normalverteilungen mit gleicher Streuung und Erwartungswerten μ_1 und μ_2.

$$s^2 = ((n_1-1)s_1^2 + (n_2-1)s_2^2)/(n_1+n_2-2)$$

ist die „gewogene Streuung" (*pooled variance*).

Ein 95% Konfidenzintervall für $\mu_1-\mu_2$ ist damit $\mu_1-\mu_2 = \bar{x}_1 - \bar{x}_2 \pm ks$ (0,95), wobei der Faktor k aus nachfolgender Tabelle zu entnehmen ist.

n_1 \ n_2	2	3	4	5	6	7	8	9	10
2	4,3027	2,905	2,404	2,151	1,998	1,896	1,823	1,768	1,726
3		2,267	1,963	1,787	1,672	1,591	1,532	1,485	1,449
4			1,730	1,586	1,489	1,418	1,364	1,323	1,289
5				1,458	1,370	1,305	1,255	1,215	1,183
6					1,286	1,225	1,177	1,139	1,108
7						1,165	1,118	1,081	1,050
8							1,072	1,036	1,006
9								0,9993	0,9694
10									0,9396

n_1 \ n_2	11	12	13	14	15	16	17	18	19	20
2	1,692	1,664	1,641	1,621	1,605	1,590	1,577	1,566	1,556	1,547
3	1,419	1,395	1,374	1,356	1,341	1,327	1,316	1,305	1,296	1,288
4	1,261	1,238	1,219	1,202	1,187	1,174	1,163	1,153	1,144	1,136
5	1,157	1,135	1,116	1,099	1,085	1,072	1,061	1,051	1,042	1,034
6	1,082	1,060	1,041	1,025	1,011	0,9986	0,9875	0,9776	0,9688	0,9607
7	1,025	1,003	0,9849	0,9689	0,9548	0,9424	0,9314	0,9215	0,9125	0,9044
8	0,9803	0,9589	0,9405	0,9245	0,9104	0,8980	0,8869	0,8770	0,8680	0,8599
9	0,9443	0,9229	0,9046	0,8885	0,8744	0,8620	0,8508	0,8408	0,8318	0,8236
10	0,9145	0,8932	0,8747	0,8587	0,8445	0,8320	0,8208	0,8107	0,8016	0,7933
11	0,8895	0,8681	0,8496	0,8335	0,8193	0,8067	0,7954	0,7852	0,7761	0,7677
12		0,8467	0,8281	0,8119	0,7976	0,7850	0,7736	0,7634	0,7541	0,7457
13			0,8095	0,7932	0,7789	0,7661	0,7547	0,7444	0,7351	0,7266
14				0,7769	0,7625	0,7496	0,7381	0,7278	0,7184	0,7098
15					0,7480	0,7350	0,7235	0,7130	0,7035	0,6949
16						0,7221	0,7104	0,6999	0,6903	0,6816
17							0,6987	0,6881	0,6784	0,6697
18								0,6774	0,6677	0,6589
19									0,6580	0,6491
20										0,6402

Toleranzgrenzen für die Normalverteilung

Nachfolgende Tabelle gibt die Faktoren k_1 and k_2 für die drei Aussagen:

Mindestens der Anteil P ist kleiner als $\bar{x}+k_1 s$ mit Konfidenzniveau 0,95.

Mindestens der Anteil P ist größer als $\bar{x}-k_1 s$ mit Konfidenzniveau 0,95.

Mindestens der Anteil P liegt zwischen $-k_2 s$ und $\bar{x}+k_2 s$ mit Konfidenzniveau 0,95.

n = Stichprobenumfang; $\bar{x}$ = Mittelwert, s = Standardabweichung der Stichprobe

n	$P=0,90$		$P=0,95$		$P=0,99$	
	k_1	k_2	k_1	k_2	k_1	k_2
6	3,006	3,733	3,707	4,422	5,062	5,758
7	2,755	3,390	3,399	4,020	4,641	5,241
8	2,582	3,156	3,188	3,746	4,353	4,889
9	2,454	2,986	3,031	3,546	4,143	4,633
10	2,355	2,856	2,911	3,393	3,981	4,437
11	2,275	2,754	2,815	3,273	3,852	4,282
12	2,210	2,670	2,736	3,175	3,747	4,156
13	2,155	2,601	2,670	3,093	3,659	4,051
14	2,108	2,542	2,614	3,024	3,585	3,962
15	2,068	2,492	2,566	2,965	3,520	3,885
16	2,032	2,449	2,523	2,913	3,463	3,819
17	2,001	2,410	2,486	2,858	3,415	3,761
18	1,974	2,376	2,453	2,828	3,370	3,709
19	1,949	2,346	2,423	2,793	3,331	3,663
20	1,926	2,319	2,396	2,760	3,295	3,621
21	1,905	2,294	2,371	2,731	3,262	3,583
22	1,887	2,272	2,350	2,705	3,233	3,549
23	1,869	2,251	2,329	2,681	3,206	3,518
24	1,853	2,232	2,309	2,658	3,181	3,489
25	1,838	2,215	2,292	2,638	3,158	3,462
30	1,778	2,145	2,220	2,555	3,064	3,355
35	1,732	2,094	2,166	2,495	2,994	3,276
40	1,697	2,055	2,126	2,448	2,941	3,216
45	1,669	2,024	2,092	2,412	2,897	3,168
50	1,646	1,999	2,065	2,382	2,863	3,129

18.5 Signifikanztests

Grundlagen

Die Verteilung der Stichprobe $(X_1, X_2, ..., X_n)$ hänge vom Parameter Θ ab.

Eine *Hypothese* H drückt die Annahme $\Theta \in \Theta_0$ aus, d.h.

$H: \Theta \in \Theta_0.$

Die *alternative Hypothese* K nimmt $\Theta \in \Theta_1$ an, d.h.

$K: \Theta \in \Theta_1.$

Eine Hypothese H oder K heißt *einfach*, wenn sie nur einen Wert zuläßt, andernfalls nennt man sie *zusammengesetzt*.

In einem *Signifikanztest* verwendet man eine *Teststatistik* $T = T(X_1, X_2, ..., X_n)$, um H anzunehmen oder abzulehnen. Die Hypothese H wird verworfen, wenn $T \in C$, wobei C den *kritischen Bereich* bezeichnet.

Ein *Fehler 1. Art* liegt vor, wenn die richtige Hypothese H abgelehnt wird. Beim *Fehler 2. Art* wird die falsche Hypothese H angenommen.

Die *Güte (Trennschärfe, Power)* eines Tests gegen die Alternative Θ gibt die Wahrscheinlichkeit an, H abzulehnen, wenn Θ richtig ist. Das *(Signifikanz-) Niveau* α ist die maximale Wahrscheinlichkeit H abzulehnen, wenn H richtig ist. Ein Test ist *trennscharf* (*gleichmäßig bester, uniformly most powerful, UMP*), wenn seine Güte gleichmässig für alle Alternativen besser ist als für jedes andere T.

Spezielle Tests

$X_1, X_2, \ldots, X_n$ seien unabhängig mit gleicher Verteilungsfunktion

$$S = \sum_{i=1}^{n} X_i, \quad \bar{X} = S/n, \qquad s^2 = \frac{1}{n-1} \sum_{i=1}^{n} (X_i - \bar{X})^2$$

α = Signifikanzniveau x_α = α-Fraktile von T unter H_0, $P(T \leq x_\alpha) = \alpha$

Verteilung	Para-meter	Hypothese H	K	Test statistik T	Verteilung von T unter H	Kritische Region
$E(\lambda)$	λ	$\lambda = \lambda_0$	$\lambda > \lambda_0$	$2\lambda_0 S$	$\chi^2(2n)$	$T > x_{1-\alpha}$
$E(\lambda)$	λ	$\lambda = \lambda_0$	$\lambda < \lambda_0$	$2\lambda_0 S$	$\chi^2(2n)$	$T < x_\alpha$
$E(\lambda)$	λ	$\lambda = \lambda_0$	$\lambda \neq \lambda_0$	$2\lambda_0 S$	$\chi^2(2n)$	$T < x_{\alpha/2}, T > x_{1-\alpha/2}$
$N(\mu, \sigma)$ σ bekannt	μ	$\mu = \mu_0$	$\mu < \mu_0$	$\frac{\bar{X} - \mu_0}{\sigma}\sqrt{n}$	$N(0, 1)$	$T < x_\alpha$
$N(\mu, \sigma)$ σ bekannt	μ	$\mu = \mu_0$	$\mu > \mu_0$	$\frac{\bar{X} - \mu_0}{\sigma}\sqrt{n}$	$N(0, 1)$	$T > x_{1-\alpha}$
$N(\mu, \sigma)$ σ bekannt	μ	$\mu = \mu_0$	$\mu \neq \mu_0$	$\frac{\bar{X} - \mu_0}{\sigma}\sqrt{n}$	$N(0, 1)$	$|T| > x_{1-\alpha/2}$
$N(\mu, \sigma)$	μ	$\mu = \mu_0$	$\mu < \mu_0$	$\frac{\bar{X} - \mu_0}{s}\sqrt{n}$	$t(n-1)$	$T < x_\alpha$
$N(\mu, \sigma)$	μ	$\mu = \mu_0$	$\mu > \mu_0$	$\frac{\bar{X} - \mu_0}{s}\sqrt{n}$	$t(n-1)$	$T > x_{1-\alpha}$
$N(\mu, \sigma)$	μ	$\mu = \mu_0$	$\mu \neq \mu_0$	$\frac{\bar{X} - \mu_0}{s}\sqrt{n}$	$t(n-1)$	$|T| > x_{1-\alpha/2}$
$N(\mu, \sigma)$	σ^2	$\sigma^2 = \sigma_0^2$	$\sigma^2 < \sigma_0^2$	$(n-1)s^2/\sigma_0^2$	$\chi^2(n-1)$	$T < x_\alpha$
$N(\mu, \sigma)$	σ^2	$\sigma^2 = \sigma_0^2$	$\sigma^2 > \sigma_0^2$	$(n-1)s^2/\sigma_0^2$	$\chi^2(n-1)$	$T > x_{1-\alpha}$
$N(\mu, \sigma)$	σ^2	$\sigma^2 = \sigma_0^2$	$\sigma^2 \neq \sigma_0^2$	$(n-1)s^2/\sigma_0^2$	$\chi^2(n-1)$	$T < x_{\alpha/2}, T > x_{1-\alpha/2}$
$p^x(1-p)^{1-x}$ $x = 0, 1$	p	$p = p_0$	$p < p_0$	$\frac{S - np_0}{\sqrt{np_0(1-p_0)}}$	approx. $N(0, 1)$ n groß	$T < x_\alpha$
$p^x(1-p)^{1-x}$ $x = 0, 1$	p	$p = p_0$	$p > p_0$	$\frac{S - np_0}{\sqrt{np_0(1-p_0)}}$	approx. $N(0, 1)$ n groß	$T > x_{1-\alpha}$

χ^2-Test und Kontingenztabellen

Test auf spezielle Verteilung

Hypothese H: Die Ereignisse $u_1, u_2, \ldots, u_k$ treten mit den Wahrscheinlichkeiten $\Theta_1, \Theta_2, \ldots, \Theta_k$ auf.

Testvariable: $\quad \sum_{i=1}^{k} \frac{(n_i - n\Theta_i)^2}{n\Theta_i}, \qquad n = \sum_{i=1}^{k} n_i$

n_i sind die beobachteten Häufigkeiten der Ereignisse u_i, $n = \Sigma n_i$.

18.5 Signifikanztests

Unter H ist die Testvariable angenähert χ^2_{k-1}-verteilt.

Test auf Verteilungen mit Parametern

Hypothese H: Die Ergebnisse u_i, $i = 1, 2, \ldots, k$, treten mit den Wahrscheinlichkeiten $\Theta_i(\gamma_1, \gamma_2, \ldots, \gamma_r)$, $r < k-1$, ein.

Testvariable: $\sum_{i=1}^{k} \dfrac{[n_i - n\Theta_i(\hat{\gamma}_1, \hat{\gamma}_2, \ldots, \hat{\gamma}_r)]^2}{n\Theta_i(\hat{\gamma}_1, \hat{\gamma}_2, \ldots, \hat{\gamma}_r)}$

Hierbei werden die Schätzwerte $\hat{\gamma}_1, \hat{\gamma}_2, \ldots, \hat{\gamma}_r$ aus dem Gleichungssystem

$$\sum_{i=1}^{k} \frac{n_i}{\Theta_i(\hat{\gamma}_1, \hat{\gamma}_2, \ldots, \hat{\gamma}_r)} \frac{\partial}{\partial \gamma_j} \Theta_i(\gamma_1, \gamma_2, \ldots, \gamma_r) = 0, \quad j = 1, \ldots, r$$

bestimmt. Unter H ist die Testvariable angenähert χ^2_{k-r-1}-verteilt.

Test auf Unabhängigkeit in $p \times b$ Kontingenztabelle

$C_1 \backslash C_2$	1	2	...	b	Σ
1	n_{11}	n_{12}	...	n_{1b}	r_1
2	n_{21}	n_{22}	...	n_{2b}	r_2
⋮	⋮	⋮	...	⋮	⋮
p	n_{p1}	n_{p2}	...	n_{pb}	r_p
Σ	c_1	c_2	...	c_b	n

$$r_i = \sum_{j=1}^{b} n_{ij}$$

$$c_j = \sum_{i=1}^{p} n_{ij}$$

$$n = \sum_{i=1}^{p} r_i = \sum_{j=1}^{b} c_j$$

Hypothese H: Zwei charakteristische Größen C_1, C_2 mit p bzw. b verschiedenen Werten sind unabhängig.

Testvariable: $n \sum_{i=1}^{p} \sum_{j=1}^{b} \dfrac{\left(n_{ij} - \dfrac{r_i c_j}{n}\right)^2}{r_i c_j}$

Unter der Hypothese H ist diese Testvariable angenähert $\chi^2_{(p-1)(b-1)}$ verteilt.

Für eine 2×2-Tabelle lautet die Testvariable

$$\frac{(n_{11}n_{22} - n_{12}n_{21})^2 n}{c_1 c_2 r_1 r_2}.$$

Diese Testvariable ist angenähert χ_1^2-verteilt. Die zu erwartenden Häufigkeiten in den 4 Zellen sollten für diese Annäherung mindestens 5 sein.

Test auf Homogenität in $p \times b$ Kontingenztabelle

Hypothese H: Jede Zeile der Tabelle ist Stichprobe von ein und derselben Zufallsvariablen. Der obige χ^2-Test ist für diese Homogentätshypothese geeignet.

Sequentielle Tests

Seien $X_1, X_2, \ldots$ unabhängige Zufallsvariable mit der gleichen Dichte- oder Wahrscheinlichkeitsfunktion f. Ein *sequentieller Likelihood-Quotienten-Test (SPRT-Test)*, der zwischen der Hypothese $H: f=f_0$ und der Alternative $K: f=f_1$ entscheidet, hat die Gestalt: Setze $Y_n = \prod_{i=1}^{n} (f_1(X_i)/f_0(X_i))$ und beobachte nacheinander $X_1, X_2, \ldots$. Berechne in jedem Schritt Y_n und fahre fort, wenn $B < Y_n < A$. Ist $Y_n \leq B$, dann akzeptiere H, ist $Y_n \geq A$, dann akzeptiere K. Dabei sind A und B passend zu bestimmende Konstanten mit $0 < B < 1 < A$.

Ist N die Anzahl der Beobachtungen, α die Wahrscheinlichkeit für einen Fehler 1. Art (Ablehnung von H, wenn H richtig) und γ die Wahrscheinlichkeit für einen Fehler 2. Art (Annahme von H, wenn K richtig), dann gilt

$$P(N<\infty|H) = P(N<\infty|K) = 1$$

$$\frac{1-\gamma}{\alpha} \geq A \qquad \frac{\gamma}{1-\alpha} \leq B$$

Mit $A = (1-\gamma_1)/\alpha_1$ und $B = \gamma_1/(1-\alpha_1)$ gelten folgende Ungleichungen

$$\alpha \leq \alpha_1/(1-\gamma_1) \qquad \gamma \leq \gamma_1/(1-\alpha_1) \qquad \alpha + \gamma \leq \alpha_1 + \gamma_1$$

In der Praxis benutzt man $A = (1-\gamma)/\alpha$ und $B = \gamma/(1-\alpha)$

Beispiel
Für $f(x) = p^x(1-p)^{1-x}, x=0, 1, H: p=p_0, K: p=p_1, p_0 < p_1$ lautet der *SPRT*-Test:
Setze $Y_n = \sum_{i=1}^{n} X_i$ und

$$b_n = \frac{\log\frac{\gamma}{1-\alpha} + n\log\frac{1-p_0}{1-p_1}}{\log\frac{p_1(1-p_0)}{p_0(1-p_1)}} \qquad a_n = \frac{\log\frac{1-\gamma}{\alpha} + n\log\frac{1-p_0}{1-p_1}}{\log\frac{p_1(1-p_0)}{p_0(1-p_1)}}$$

Nehme neuen Stichprobenwert, wenn
$$b_n < Y_n < a_n$$
Akzeptiere H, wenn $Y_n \leq b_n$
Akzeptiere K, wenn $Y_n \geq a_n$

Studentisierte Spannweite für Test auf Normalverteilung

Seien s die Standardabweichung und R die Spannweite einer Stichprobe von n Beobachtungen, dann ist $q_n = R/s$ die *studentisierte Spannweite* der Stichprobe. Die folgende Tabelle gibt die Werte $F(x) = P(q_n \leq x)$ für eine Stichprobe aus einer Normalverteilung.

Für die Hypothese H „die Stichprobe stammt aus einer Normalverteilung" ist q_n eine Testvariable. H wird abgelehnt für kleines oder großes q_n.

Beispiel. $n = 15$, H wird mit Niveau 0,05 verworfen, wenn $q_n < 2{,}88$ oder $q_n > 4{,}29$.

Stichpro-benumfang				$F(x)$				
n	0,005	0,01	0,025	0,05	0,95	0,975	0,99	0,995
6	2,11	2,15	2,22	2,28	3,012	3,056	3,095	3,115
7	2,22	2,26	2,33	2,40	3,222	3,282	3,338	3,369
8	2,31	2,35	2,43	2,50	3,399	3,471	3,543	3,585
9	2,39	2,44	2,51	2,59	3,552	3,634	3,720	3,772
10	2,46	2,51	2,59	2,67	3,685	3,777	3,875	3,935
11	2,53	2,58	2,66	2,74	3,80	3,903	4,012	4,079
12	2,59	2,64	2,72	2,80	3,91	4,02	4,134	4,208
13	2,64	2,70	2,78	2,86	4,00	4,12	4,244	4,325
14	2,70	2,75	2,83	2,92	4,09	4,21	4,34	4,431
15	2,74	2,80	2,88	2,97	4,17	4,29	4,44	4,53
16	2,79	2,84	2,93	3,01	4,24	4,37	4,52	4,62
17	2,83	2,88	2,97	3,06	4,31	4,44	4,60	4,70
18	2,87	2,92	3,01	3,10	4,37	4,51	4,67	4,78
19	2,90	2,96	3,05	3,14	4,43	4,57	4,74	4,85
20	2,94	2,99	3,09	3,18	4,49	4,63	4,80	4,91
25	3,09	3,15	3,24	3,34	4,71	4,87	5,06	5,19
30	3,21	3,27	3,37	3,47	4,89	5,06	5,26	5,40
35	3,32	3,38	3,48	3,58	5,04	5,21	5,42	5,57
40	3,41	3,47	3,57	3,67	5,16	5,34	5,56	5,71
45	3,49	3,55	3,66	3,75	5,26	5,45	5,67	5,83
50	3,56	3,62	3,73	3,83	5,35	5,54	5,77	5,93
55	3,62	3,69	3,80	3,90	5,43	5,63	5,86	6,02
60	3,68	3,75	3,86	3,96	5,51	5,70	5,94	6,10
65	3,74	3,80	3,91	4,01	5,57	5,77	6,01	6,17
70	3,79	3,85	3,96	4,06	5,63	5,83	6,07	6,24

Bartlett-Test auf Gleichheit von Streuungen

Seien $s_1^2, s_2^2, \ldots, s_k^2$ die Streuungen der k Stichproben mit $n_1, n_2, \ldots, n_k$ Beobachtungen aus $N(\mu_i, \sigma_i)$-Verteilungen, $i = 1, 2, \ldots, k$ und sei $r_i = n_i - 1$ und $f_i = r_i / \sum_{i=1}^{k} r_i$.

Hypothese H: $\sigma_1^2 = \sigma_2^2 = \ldots = \sigma_k^2$

Testvariable: $b = \prod_{i=1}^{k} (s_i^2)^{f_i} \Big/ \sum_{i=1}^{k} f_i s_i^2$.

Für $n_1 = n_2 = \ldots = n_k = n$ wird H vom Niveau 0,05 verworfen, wenn $b < b_k(n)$ mit den Werten $b_k(n)$ aus der Tabelle unten. Für ungleiche n_i wird H vom Niveau 0,05 verworfen, wenn $b < b^*$, wobei

$$b^* = \sum_{i=1}^{k} n_i b_k(n_i)/n \quad \text{(Dyer-Keating-Approximation)}$$

und $n = \sum_{i=1}^{k} n_i$.

n \ k	2	3	4	5	6	7	8	9	10
3	0,3123	0,3058	0,3173	0,3299	–	–	–	–	–
4	0,4780	0,4699	0,4803	0,4921	0,5028	0,5122	0,5204	0,5277	0,5341
5	0,5845	0,5762	0,5850	0,5952	0,6045	0,6126	0,6197	0,6260	0,6315
6	0,6563	0,6483	0,6559	0,6646	0,6727	0,6798	0,6860	0,6914	0,6961
7	0,7075	0,7000	0,7065	0,7142	0,7213	0,7275	0,7329	0,7376	0,7418
8	0,7456	0,7387	0,7444	0,7512	0,7574	0,7629	0,7677	0,7719	0,7757
9	0,7751	0,7686	0,7737	0,7798	0,7854	0,7903	0,7946	0,7984	0,8017
10	0,7984	0,7924	0,7970	0,8025	0,8076	0,8121	0,8160	0,8194	0,8224
11	0,8175	0,8118	0,8160	0,8210	0,8257	0,8298	0,8333	0,8365	0,8392
12	0,8332	0,8280	0,8317	0,8364	0,8407	0,8444	0,8477	0,8506	0,8531
13	0,8465	0,8415	0,8450	0,8493	0,8533	0,8568	0,8598	0,8625	0,8648
14	0,8578	0,8532	0,8564	0,8604	0,8641	0,8673	0,8701	0,8726	0,8748
15	0,8676	0,8632	0,8662	0,8699	0,8734	0,8764	0,8790	0,8814	0,8834
16	0,8761	0,8719	0,8747	0,8782	0,8815	0,8843	0,8868	0,8890	0,8909
17	0,8836	0,8796	0,8823	0,8856	0,8886	0,8913	0,8936	0,8957	0,8975
18	0,8902	0,8865	0,8890	0,8921	0,8949	0,8975	0,8997	0,9016	0,9033
19	0,8961	0,8926	0,8949	0,8979	0,9006	0,9030	0,9051	0,9069	0,9086
20	0,9015	0,8980	0,9003	0,9031	0,9057	0,9080	0,9100	0,9117	0,9132
21	0,9063	0,9030	0,9051	0,9078	0,9103	0,9124	0,9143	0,9160	0,9175
22	0,9106	0,9075	0,9095	0,9120	0,9144	0,9165	0,9183	0,9199	0,9213
23	0,9146	0,9116	0,9135	0,9159	0,9182	0,9202	0,9219	0,9235	0,9248
24	0,9182	0,9153	0,9172	0,9195	0,9217	0,9236	0,9253	0,9267	0,9280
25	0,9216	0,9187	0,9205	0,9228	0,9249	0,9267	0,9283	0,9297	0,9309
26	0,9246	0,9219	0,9236	0,9258	0,9278	0,9296	0,9311	0,9325	0,9336
27	0,9275	0,9249	0,9265	0,9286	0,9305	0,9322	0,9337	0,9350	0,9361
28	0,9301	0,9276	0,9292	0,9312	0,9330	0,9347	0,9361	0,9374	0,9385
29	0,9326	0,9301	0,9316	0,9336	0,9354	0,9370	0,9383	0,9396	0,9406
30	0,9348	0,9325	0,9340	0,9358	0,9376	0,9391	0,9404	0,9416	0,9426
40	0,9513	0,9495	0,9506	0,9520	0,9533	0,9545	0,9555	0,9564	0,9572
50	0,9612	0,9597	0,9606	0,9617	0,9628	0,9637	0,9645	0,9652	0,9658
60	0,9677	0,9665	0,9672	0,9681	0,9690	0,9698	0,9705	0,9710	0,9716
80	0,9758	0,9749	0,9754	0,9761	0,9768	0,9774	0,9779	0,9783	0,9787
100	0,9807	0,9799	0,9804	0,9809	0,9815	0,9819	0,9823	0,9827	0,9830

18.6 Lineare Modelle
Der Zweistichproben-Fall

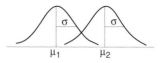

Seien $X_{11}, X_{12}, \ldots, X_{1n_1}$ unabhängig und $N(\mu_1, \sigma)$-verteilt und seien $X_{21}, X_{22}, \ldots, X_{2n_2}$ unabhängig und $N(\mu_2, \sigma)$-verteilt

$$\overline{X}_1 = \sum_{i=1}^{n_1} X_{1i}/n_1 \qquad \overline{X}_2 = \sum_{i=1}^{n_2} X_{2i}/n_2$$

$$s_1^2 = \frac{1}{n_1-1}\sum_{i=1}^{n_1}(X_{1i}-\overline{X}_1)^2 \qquad s_2^2 = \frac{1}{n_2-1}\sum_{i=1}^{n_2}(X_{2i}-\overline{X}_2)^2$$

$$s^2 = \frac{(n_1-1)s_1^2 + (n_2-1)s_2^2}{n_1+n_2-2} \qquad \text{(gewogene Streuung, } pooled\ variance\text{)}$$

$$T = \frac{(\overline{X}_1-\overline{X}_2)-(\mu_1-\mu_2)}{s}\sqrt{\frac{n_1 n_2}{n_1+n_2}}$$

Die Statistik T ist $t(n_1+n_2-2)$-verteilt und kann als Pivotvariable für ein Konfidenzintervall von $\mu_1-\mu_2$ verwendet werden:

$$\mu_1-\mu_2 = \overline{X}_1-\overline{X}_2 \pm xs\sqrt{\frac{n_1+n_2}{n_1 n_2}}$$

(siehe auch Tabelle in 18.4).

Mit $\mu_1=\mu_2$ kann die Statistik T zum Test der Hypothese $H: \mu_1=\mu_2$ verwendet werden.

Beispiel. $H: \mu_1=\mu_2 \quad K: \mu_1<\mu_2$

Testvariable $\quad T = \dfrac{\overline{X}_1-\overline{X}_2}{s}\sqrt{\dfrac{n_1 n_2}{n_1+n_2}}$

ist unter H $t(n_1+n_2-2)$-verteilt und H wird abgelehnt, falls $T<x_\alpha$

Sind $X_{11}, X_{12}, \ldots, X_{1n_1}$ $N(\mu_1, \sigma_1)$- und $X_{21}, X_{22}, \ldots, X_{2n_2}$ $N(\mu_2, \sigma_2)$-verteilt, dann ist

$$T_1 = \frac{s_1^2/\sigma_1^2}{s_2^2/\sigma_2^2}$$

$F(n_1-1, n_2-1)$-verteilt und kann als Pivotvariable für ein Konfidenzintervall für σ_1^2/σ_2^2 verwendet werden. Z.B.

$$\frac{1}{x_2}\cdot\frac{s_1^2}{s_2^2} < \frac{\sigma_1^2}{\sigma_2^2} < \frac{1}{x_1}\cdot\frac{s_1^2}{s_2^2}$$

Mit $\sigma_1=\sigma_2$ ist die Statistik T_1 für den Test mit der Hypothese $H: \sigma_1=\sigma_2$ geeignet.
Beispiel. $H: \sigma_1=\sigma_2 \quad K: \sigma_1>\sigma_2$
Dann ist $T_1 = s_1^2/s_2^2$ unter H $F(n_1-1, n_2-1)$-verteilt und H wird abgelehnt, falls $T_1 > x_{1-\alpha}$.

Einfache lineare Regression

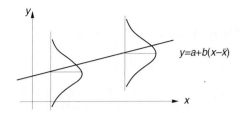

Mathematisches Modell

$Y_1, Y_2, \ldots, Y_n$ für gegebenes $x_1, x_2, \ldots, x_n$ unabhängig und Y_i ist $N(a+b(x_i-\bar{x}), \sigma)$-verteilt, wobei $\bar{x} = \sum_{i=1}^{n} x_i/n$.

Wirksamste Schätzer

$$\hat{a} = \sum_{i=1}^{n} Y_i/n = \bar{Y}$$

$$\hat{b} = \frac{\sum_{i=1}^{n} (x_i - \bar{x})(Y_i - \bar{Y})}{\sum_{i=1}^{n} (x_i - \bar{x})^2} = \frac{\sum_{i=1}^{n} (x_i - \bar{x}) Y_i}{\sum_{i=1}^{n} (x_i - \bar{x})^2} = \frac{\sum_{i=1}^{n} x_i Y_i - \left(\sum_{i=1}^{n} x_i\right)\left(\sum_{i=1}^{n} Y_i\right)/n}{\sum_{i=1}^{n} x_i^2 - \left(\sum_{i=1}^{n} x_i\right)^2/n}$$

$$\widehat{\sigma^2} = s^2 = \frac{1}{n-2} \sum_{i=1}^{n} (Y_i - \hat{a} - \hat{b}(x_i - \bar{x}))^2 =$$

$$= \frac{1}{n-2} \left(\sum_{i=1}^{n} (Y_i - \bar{Y})^2 - \hat{b}^2 \sum_{i=1}^{n} (x_i - \bar{x})^2 \right)$$

$$\widehat{E[Y_i]} = \hat{a} + \hat{b}(x_i - \bar{x}) = \hat{\mu}_i$$

Konfidenzintervalle

Parameter	Pivotvariable	Verteilung der Pivotvariablen	Zweiseitiges Konfidenzintervall
a	$\dfrac{\hat{a}-a}{s}\sqrt{n}$	$t(n-2)$	$a = \hat{a} \pm xs/\sqrt{n}$
b	$\dfrac{\hat{b}-b}{s}\sqrt{\sum_{i=1}^{n}(x_i-\bar{x})^2}$	$t(n-2)$	$b = \hat{b} \pm xs \Big/ \sqrt{\sum_{i=1}^{n}(x_i-\bar{x})^2}$
σ^2	$\dfrac{(n-2)s^2}{\sigma^2}$	$\chi^2(n-2)$	$\dfrac{(n-2)s^2}{x_2} < \sigma^2 < \dfrac{(n-2)s^2}{x_1}$
$E[Y_i] = \mu_i$	$\dfrac{\hat{\mu}_i - \mu_i}{s\sqrt{\dfrac{1}{n} + \dfrac{(x_i-\bar{x})^2}{\sum_{i=1}^{n}(x_i-\bar{x})^2}}}$	$t(n-2)$	$\mu_i = \hat{\mu}_i \pm xs\sqrt{\dfrac{1}{n} + \dfrac{(x_i-\bar{x})^2}{\sum_{i=1}^{n}(x_i-\bar{x})^2}}$

18.6 Lineare Modelle

Vorhersageintervall für Y bei gegebenem x

$$\frac{Y - \hat{a} - \hat{b}(x - \bar{x})}{s\sqrt{1 + \frac{1}{n} + \frac{(x - \bar{x})^2}{\sum\limits_{i=1}^{n}(x_i - \bar{x})^2}}}$$

ist $t(n-2)$-verteilt, daraus ergibt sich das Vorhersageintervall für Y

$$Y = \hat{a} + \hat{b}(x - \bar{x}) \pm xs\sqrt{1 + \frac{1}{n} + \frac{(x - \bar{x})^2}{\sum\limits_{i=1}^{n}(x_i - \bar{x})^2}}$$

Test der Hypothese $H : b = 0$

Die Variable $T = \hat{b}\sqrt{\sum\limits_{i=1}^{n}(x_i - \bar{x})^2} \big/ s$ ist unter der Hypothese $H : b = 0$

$t(n-2)$-verteilt. Ist Hypothese und Alternative gegeben durch

$$H : b = 0 \qquad K : b \neq 0,$$

dann wird H abgelehnt, wenn $|T| > x_{1-\alpha/2}$

Varianzanalyse (ANOVA)

Einfaktoriell, vollständig zufällig

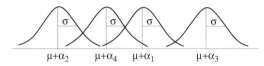

Mathematisches Modell

Y_{ij} für $i = 1, 2, \ldots, p$ und $j = 1, 2, \ldots, n_i$ sind unabhängig und Y_{ij} ist $N(\mu + \alpha_i, \sigma)$-verteilt mit $\sum\limits_{i=1}^{p}\alpha_i = 0$

Wirksamste Schätzer

$$\hat{\alpha}_i = Y_{i\cdot} - \hat{\mu}, \quad \hat{\mu} = \sum_{i=1}^{p} Y_{i\cdot}/p \quad \text{mit } Y_{i\cdot} = \sum_{j=1}^{n_i} Y_{ij}/n_i$$

$$\hat{\sigma}^2 = s^2 = \frac{1}{n-p}\sum_{i=1}^{p}\sum_{j=1}^{n_i}(Y_{ij} - Y_{i\cdot})^2, \quad n = \sum_{i=1}^{p} n_i$$

Konfidenzintervalle

Die Pivotvariable $(Y_{i\cdot} - \mu - \alpha_i)\sqrt{n_i}/s$ ist $t(n-p)$-verteilt, das ergibt das Konfidenzintervall $\quad \mu + \alpha_i = Y_{i\cdot} \pm xs/\sqrt{n_i}$.

Simultane Konfidenzintervalle für alle möglichen *Kontraste* $\sum_{i=1}^{p} a_i \mu_i$ mit $\mu_i = \mu + \alpha_i$ und $\sum_{i=1}^{p} a_i = 0$ bei einheitlichem Konfidenzniveau α sind gegeben durch

$$\sum_{i=1}^{p} a_i \mu_i = \sum_{i=1}^{p} a_i Y_i. \pm As \sqrt{\sum_{i=1}^{p} a_i^2 / n_i},$$

wobei $A = \sqrt{(p-1)x_\alpha}$ und x_α die α-Fraktile der $F(p-1, n-p)$-Verteilung ist.

ANOVA -Tabelle
für den Test der Hypothese $H : \alpha_1 = \alpha_2 = \ldots = \alpha_p = 0$

Quelle	Df	Summe der Quadrate	Mittlere Quadrate	Erwartungswert	F
Zwischen d. Gruppen	$p-1$	$SS_T = \sum_{i=1}^{p} n_i (Y_i. - Y..)^2$	$MS_T = SS_T/(p-1)$	$\sigma^2 + \frac{1}{p-1} \sum_{i=1}^{p} n_i \alpha_i^2$	$\frac{MS_T}{MS_E}$
Residualstreuung	$n-p$	$SS_E = \sum_{i=1}^{p} \sum_{j=1}^{n_i} (Y_{ij} - Y_i.)^2$	$MS_E = SS_E/(n-p)$	σ^2	
Gesamtvariation	$n-1$	$SS_T = \sum_{i=1}^{p} \sum_{i=1}^{n_i} (Y_{ij} - Y..)^2$			

$$Y.. = \sum_{i=1}^{p} \sum_{i=1}^{n_i} Y_{ij}/n, \qquad n = \sum_{i=1}^{p} n_i \quad Df = \text{Freiheitsgrad}$$

Zweifaktorielle Versuchspläne, vollständig zufällig, mit gleicher Anzahl von Beobachtungen pro Zelle
Mathematisches Modell
Y_{ijk} für $i=1, \ldots, p, j=1, \ldots, b, k=1, \ldots, c$ sind unabhängig und Y_{ijk} ist $N(\mu + \alpha_i + \lambda_j, \sigma)$-verteilt mit $\sum \alpha_i = \sum \lambda_j = 0$. Anstelle dieses *additiven Modells* kann ein allgemeineres Modell mit den *Wechselwirkungen* Θ_{ij} benutzt werden. Dann ist Y_{ijk}

$$N(\mu + \alpha_i + \lambda_j + \Theta_{ij}, \sigma)\text{-verteilt, wobei} \sum_{i=1}^{p} \Theta_{ij} = \sum_{j=1}^{b} \Theta_{ij} = 0$$

Wirksamste Schätzer

$$\hat{\alpha}_i = Y_i.. - Y... \qquad \hat{\lambda}_j = Y._j. - Y... \qquad \hat{\mu} = Y...$$

$$Y... = \sum_{i=1}^{p} \sum_{j=1}^{b} \sum_{k=1}^{c} Y_{ijk}/pbc \quad Y_i.. = \sum_{j=1}^{b} \sum_{k=1}^{c} Y_{ijk}/bc \qquad Y._j. = \sum_{i=1}^{p} \sum_{k=1}^{c} Y_{ijk}/pc$$

ANOVA-Tabelle

für den Test der Hypothesen H_1: $\alpha_1 = \alpha_2 = \ldots = \alpha_p = 0$ und H_2: $\lambda_1 = \lambda_2 = \ldots = \lambda_b = 0$

Quelle	Df	Summe der Quadrate	Quadratmittel	Erwartungswert	F
Erster Faktor	$p-1$	$SS_1 = cb \sum_{i=1}^{p} (Y_{i..} - Y_{...})^2$	$MS_1 = \dfrac{SS_1}{p-1}$	$\sigma^2 + \dfrac{cb \sum_{i=1}^{p} \alpha_i^2}{p-1}$	$\dfrac{MS_1}{MS_E}$
Zweiter Faktor	$b-1$	$SS_2 = cp \sum_{j=1}^{b} (Y_{.j.} - Y_{...})^2$	$MS_2 = \dfrac{SS_2}{b-1}$	$\sigma^2 + \dfrac{cp \sum_{j=1}^{b} \lambda_j^2}{b-1}$	$\dfrac{MS_2}{MS_E}$
Residuum	$n-p-b+1$	$SSE = \sum_{i=1}^{p} \sum_{j=1}^{b} \sum_{k=1}^{c} Q_{ijk}^2$ mit $Q_{ijk}^2 = (Y_{ijk} - Y_{i..} - Y_{.j.} + Y_{...})^2$	$MS_E = \dfrac{SS_E}{n-p-b+1}$	σ^2	
Gesamtvariation	$n-1$	$SS_T = \sum_{i=1}^{p} \sum_{j=1}^{b} \sum_{k=1}^{c} (Y_{ijk} - Y_{...})^2$			

Für $c > 1$ kann die Hypothese $H: \Theta_{ij} = 0$, $i = 1, \ldots, p$, $j = 1, \ldots, b$ getestet werden mit der Testvariablen

$$\frac{(n-pb)c \sum_{i=1}^{p} \sum_{j=1}^{b} (Y_{ij.} - Y_{i..} - Y_{.j.} + Y_{...})^2}{(b-1)(p-1) \sum_{i=1}^{p} \sum_{j=1}^{b} \sum_{k=1}^{c} (Y_{ijk} - Y_{ij.})^2}$$

Unter der Hypothese ist sie $F((b-1)(p-1), n-pb)$-verteilt.

Das allgemeine lineare Modell

$$\begin{bmatrix} Y_1 \\ Y_2 \\ \vdots \\ Y_n \end{bmatrix} = \begin{bmatrix} c_{11} & c_{12} & \ldots & c_{1p} \\ c_{21} & c_{22} & \ldots & c_{2p} \\ \multicolumn{4}{c}{\dotfill} \\ c_{n1} & c_{n2} & \ldots & c_{np} \end{bmatrix} \begin{bmatrix} \beta_1 \\ \beta_2 \\ \vdots \\ \beta_p \end{bmatrix} + \begin{bmatrix} \varepsilon_1 \\ \varepsilon_2 \\ \vdots \\ \varepsilon_n \end{bmatrix}$$

oder

$$\mathbf{y} = C\beta + \varepsilon,$$

wobei C die bekannte Designmatrix und $\varepsilon_1, \varepsilon_2, \ldots, \varepsilon_n$ unabhängig und $N(0, \sigma)$-verteilt sind. Ist Rang $C = p$, dann sind

$$\hat{\beta} = (C^T C)^{-1} C^T \mathbf{y}$$

wirksamste Schätzwerte für $\beta_1, \beta_2, \ldots, \beta_p$.

18.7 Verteilungsfreie Methoden

Die Kolmogorov-Smirnov-Statistik D_n

$$D_n = \max_x |S_n(x) - F_0(x)|$$

S_n = empirische Verteilungsfunktion

F_0 = Verteilungsfunktion unter der Nullhypothese

F = Verteilungsfunktion von D_n, $F(x) = P(D_n \leq x)$

n	$F(x) = 0{,}80$	0,85	0,90	0,95	0,99
1	0,900	0,925	0,950	0,975	0,995
2	0,684	0,726	0,776	0,842	0,929
3	0,565	0,597	0,636	0,708	0,829
4	0,493	0,525	0,565	0,624	0,734
5	0,447	0,474	0,510	0,563	0,669
6	0,410	0,436	0,468	0,520	0,617
7	0,381	0,405	0,436	0,483	0,576
8	0,358	0,381	0,410	0,454	0,542
9	0,339	0,360	0,387	0,430	0,513
10	0,323	0,342	0,369	0,409	0,489
11	0,308	0,326	0,352	0,391	0,468
12	0,296	0,313	0,338	0,375	0,450
13	0,285	0,302	0,325	0,361	0,432
14	0,275	0,292	0,314	0,349	0,418
15	0,266	0,283	0,304	0,338	0,404
16	0,258	0,274	0,295	0,327	0,392
17	0,250	0,266	0,286	0,318	0,381
18	0,244	0,259	0,279	0,309	0,371
19	0,237	0,252	0,271	0,301	0,361
20	0,232	0,246	0,265	0,294	0,352
25	0,208	0,228	0,238	0,264	0,317
30	0,190	0,208	0,218	0,242	0,290
35	0,177	0,193	0,202	0,224	0,269
Formel für großes n	$\dfrac{1{,}07}{\sqrt{n}}$	$\dfrac{1{,}14}{\sqrt{n}}$	$\dfrac{1{,}22}{\sqrt{n}}$	$\dfrac{1{,}36}{\sqrt{n}}$	$\dfrac{1{,}63}{\sqrt{n}}$

Die Wilcoxon-Statistik U (oder W)

$n =$ Anzahl der X-Beobachtungen
$m =$ Anzahl der Y-Beobachtungen
$U =$ Anzahl der Paare (X_i, Y_j) mit $X_i < Y_j$
$W =$ Rangsumme der Y-Beobachtungen

$$U = W - \frac{m(m+1)}{2}$$

$$E[U] = \frac{nm}{2} \qquad \mathrm{Var}[U] = \frac{nm(n+m+1)}{12}$$

Die Tabelle gibt die Werte

$$P(U \leq x) = P(U \geq nm - x)$$

$r_1 = \min(n, m)$ $\qquad r_2 = \max(n, m)$

r_1	x	$r_2 = 3$	$r_2 = 4$	$r_2 = 5$	$r_2 = 6$	$r_2 = 7$	$r_2 = 8$
3	0	0,0500	0,0286	0,0179	0,0119	0,0083	0,0061
	1	0,1000	0,0571	0,0357	0,0238	0,0167	0,0121
	2	0,2000	0,1143	0,0714	0,0476	0,0333	0,0242
	3	0,3500	0,2000	0,1250	0,0833	0,0583	0,0424
	4	0,5000	0,3143	0,1964	0,1310	0,0917	0,0667
	5	0,6500	0,4286	0,2857	0,1905	0,1333	0,0970
	6	0,8000	0,5714	0,3929	0,2738	0,1917	0,1394
	7	0,9000	0,6857	0,5000	0,3571	0,2583	0,1879
	8	0,9500	0,8000	0,6071	0,4524	0,3333	0,2485
	9	1,0000	0,8857	0,7143	0,5476	0,4167	0,3152
	10		0,9429	0,8036	0,6429	0,5000	0,3879
	11		0,9714	0,8750	0,7262	0,5833	0,4606
4	0		0,0143	0,0079	0,0048	0,0030	0,0020
	1		0,0286	0,0159	0,0095	0,0061	0,0040
	2		0,0571	0,0317	0,0190	0,0121	0,0081
	3		0,1000	0,0556	0,0333	0,0212	0,0141
	4		0,1714	0,0952	0,0571	0,0364	0,0242
	5		0,2429	0,1429	0,0857	0,0545	0,0364
	6		0,3429	0,2063	0,1286	0,0818	0,0545
	7		0,4429	0,2778	0,1762	0,1152	0,0768
	8		0,5571	0,3651	0,2381	0,1576	0,1071
	9		0,6571	0,4524	0,3048	0,2061	0,1414
	10		0,7571	0,5476	0,3810	0,2636	0,1838
	11		0,8286	0,6349	0,4571	0,3242	0,2303
	12		0,9000	0,7222	0,5429	0,3939	0,2848
	13		0,9429	0,7937	0,6190	0,4636	0,3414
	14		0,9714	0,8571	0,6952	0,5364	0,4040
	15		0,9857	0,9048	0,7619	0,6061	0,4667

r_1	x	$r_2=5$	$r_2=6$	$r_2=7$	$r_2=8$
5	0	0,0040	0,0022	0,0013	0,0008
	1	0,0079	0,0043	0,0025	0,0016
	2	0,0159	0,0087	0,0051	0,0031
	3	0,0278	0,0152	0,0088	0,0054
	4	0,0476	0,0260	0,0152	0,0093
	5	0,0754	0,0411	0,0240	0,0148
	6	0,1111	0,0628	0,0366	0,0225
	7	0,1548	0,0887	0,0530	0,0326
	8	0,2103	0,1234	0,0745	0,0466
	9	0,2738	0,1645	0,1010	0,0637
	10	0,3452	0,2143	0,1338	0,0855
	11	0,4206	0,2684	0,1717	0,1111
	12	0,5000	0,3312	0,2159	0,1422
	13	0,5794	0,3961	0,2652	0,1772
	14	0,6548	0,4654	0,3194	0,2176
	15	0,7262	0,5346	0,3775	0,2618
	16	0,7897	0,6039	0,4381	0,3108
	17	0,8452	0,6688	0,5000	0,3621
	18	0,8889	0,7316	0,5619	0,4165
	19	0,9246	0,7857	0,6225	0,4716
6	0		0,0011	0,0006	0,0003
	1		0,0022	0,0012	0,0007
	2		0,0043	0,0023	0,0013
	3		0,0076	0,0041	0,0023
	4		0,0130	0,0070	0,0040
	5		0,0206	0,0111	0,0063
	6		0,0325	0,0175	0,0100
	7		0,0465	0,0256	0,0147
	8		0,0660	0,0367	0,0213
	9		0,0898	0,0507	0,0296
	10		0,1201	0,0688	0,0406
	11		0,1548	0,0903	0,0539
	12		0,1970	0,1171	0,0709
	13		0,2424	0,1474	0,0906
	14		0,2944	0,1830	0,1142
	15		0,3496	0,2226	0,1412
	16		0,4091	0,2669	0,1725
	17		0,4686	0,3141	0,2068
	18		0,5314	0,3654	0,2454
	19		0,5909	0,4178	0,2864
	20		0,6504	0,4726	0,3310
	21		0,7056	0,5274	0,3773
	22		0,7576	0,5822	0,4259
	23		0,8030	0,6346	0,4749

r_1	x	$r_2=7$	$r_2=8$
7	0	0,0003	0,0002
	1	0,0006	0,0003
	2	0,0012	0,0006
	3	0,0020	0,0011
	4	0,0035	0,0019
	5	0,0055	0,0030
	6	0,0087	0,0047
	7	0,0131	0,0070
	8	0,0189	0,0103
	9	0,0265	0,0145
	10	0,0364	0,0200
	11	0,0487	0,0270
	12	0,0641	0,0361
	13	0,0825	0,0469
	14	0,1043	0,0603
	15	0,1297	0,0760
	16	0,1588	0,0946
	17	0,1914	0,1159
	18	0,2279	0,1405
	19	0,2675	0,1678
	20	0,3100	0,1984
	21	0,3552	0,2317
	22	0,4024	0,2679
	23	0,4508	0,3063
	24	0,5000	0,3472
	25	0,5492	0,3894
	26	0,5976	0,4333
	27	0,6448	0,4775

r_1	x	$r_2=8$
8	0	0,0001
	1	0,0002
	2	0,0003
	3	0,0005
	4	0,0009
	5	0,0015
	6	0,0023
	7	0,0035
	8	0,0052
	9	0,0074
	10	0,0103
	11	0,0141
	12	0,0190
	13	0,0249
	14	0,0325
	15	0,0415
	16	0,0524
	17	0,0652
	18	0,0803
	19	0,0974
	20	0,1172
	21	0,1393
	22	0,1641
	23	0,1911
	24	0,2209
	25	0,2527
	26	0,2869
	27	0,3227
	28	0,3605
	29	0,3992
	30	0,4392
	31	0,4796

Die Wilcoxon-Vorzeichen-Rang-Statistik

$n =$ Anzahl der Differenzen $X_i - Y_i = Z_i$

$R_i =$ (Vorzeichen von Z_i)·(Rangzahl von $|Z_i|$)

$$W = \frac{1}{2} \sum_{i=1}^{n} R_i + \frac{n(n+1)}{4}$$

Die Tabelle gibt die Werte

$$P(W \leq x) = P\left(W \geq \frac{n(n+1)}{2} - x\right)$$

x	n=1	n=2	n=3	n=4	n=5	n=6	n=7
0	0,5000	0,2500	0,1250	0,0625	0,0313	0,0156	0,0078
1		0,5000	0,2500	0,1250	0,0625	0,0313	0,0156
2			0,3750	0,1875	0,0938	0,0469	0,0234
3				0,3125	0,1563	0,0781	0,0391
4				0,4375	0,2188	0,1094	0,0547
5					0,3125	0,1563	0,0781
6					0,4063	0,2188	0,1094
7					0,5000	0,2813	0,1484
8						0,3438	0,1875
9						0,4219	0,2344
10						0,5000	0,2891
11							0,3438
12							0,4063
13							0,4688

x	n=8	n=9	n=10	n=11	n=12	n=13	n=14
0	0,0039	0,0020	0,0010	0,0005	0,0002	0,0001	0,0001
1	0,0078	0,0039	0,0020	0,0010	0,0005	0,0002	0,0001
2	0,0117	0,0059	0,0029	0,0015	0,0007	0,0004	0,0002
3	0,0195	0,0098	0,0049	0,0024	0,0012	0,0006	0,0003
4	0,0273	0,0137	0,0068	0,0034	0,0017	0,0009	0,0004
5	0,0391	0,0195	0,0098	0,0049	0,0024	0,0012	0,0006
6	0,0547	0,0273	0,0137	0,0068	0,0034	0,0017	0,0009
7	0,0742	0,0371	0,0186	0,0093	0,0046	0,0023	0,0012
8	0,0977	0,0488	0,0244	0,0122	0,0061	0,0031	0,0015
9	0,1250	0,0645	0,0322	0,0161	0,0081	0,0040	0,0020
10	0,1563	0,0820	0,0420	0,0210	0,0105	0,0052	0,0026
11	0,1914	0,1016	0,0527	0,0269	0,0134	0,0067	0,0034
12	0,2305	0,1250	0,0654	0,0337	0,0171	0,0085	0,0043
13	0,2734	0,1504	0,0801	0,0415	0,0212	0,0107	0,0054

14	0,3203	0,1797	0,0967	0,0508	0,0261	0,0133	0,0067
15	0,3711	0,2129	0,1162	0,0615	0,0320	0,0164	0,0083
16	0,4219	0,2480	0,1377	0,0737	0,0386	0,0199	0,0101
17	0,4727	0,2852	0,1611	0,0874	0,0461	0,0239	0,0123
18		0,3262	0,1875	0,1030	0,0549	0,0287	0,0148
19		0,3672	0,2158	0,1201	0,0647	0,0341	0,0176
20		0,4102	0,2461	0,1392	0,0757	0,0402	0,0209
21		0,4551	0,2783	0,1602	0,0881	0,0471	0,0247
22		0,5000	0,3125	0,1826	0,1018	0,0549	0,0290
23			0,3477	0,2065	0,1167	0,0636	0,0338
24			0,3848	0,2324	0,1331	0,0732	0,0392
25			0,4229	0,2598	0,1506	0,0839	0,0453
26			0,4609	0,2886	0,1697	0,0955	0,0520
27			0,5000	0,3188	0,1902	0,1082	0,0594
28				0,3501	0,2119	0,1219	0,0676
29				0,3823	0,2349	0,1367	0,0765
30				0,4155	0,2593	0,1527	0,0863
31				0,4492	0,2847	0,1698	0,0969
32				0,4829	0,3110	0,1879	0,1083
33					0,3386	0,2072	0,1206
34					0,3667	0,2274	0,1338
35					0,3955	0,2487	0,1479
36					0,4250	0,2709	0,1629
37					0,4548	0,2939	0,1788
38					0,4849	0,3177	0,1955
39						0,3424	0,2131
40						0,3677	0,2316
41						0,3934	0,2508
42						0,4197	0,2708
43						0,4463	0,2915
44						0,4730	0,3129
45						0,5000	0,3349
46							0,3574
47							0,3804
48							0,4039
49							0,4276
50							0,4516
51							0,4758
52							0,5000

18.7 Verteilungsfreie Methoden

Konfidenzintervall für den Median

Sei $x_{(1)} \leq x_{(2)} \leq \ldots \leq x_{(n)}$ eine geordnete Stichprobe aus einer stetigen Verteilung mit Median m, dann ist

$$x_{(k)} \leq m \leq x_{(n-k+1)}$$

ein Konfidenzintervall für m.

Die Tabelle gibt die Werte von k, so daß das Konfidenzniveau angenähert 0,95 ist. Daneben wird das exakte Konfidenzintervall angegeben

n	k	Konfidenzintervall	Konfidenzniveau
5	1	$x_{(1)} \leq m \leq x_{(5)}$	0,938
6	1	$x_{(1)} \leq m \leq x_{(6)}$	0,969
7	1	$x_{(1)} \leq m \leq x_{(7)}$	0,984
8	2	$x_{(2)} \leq m \leq x_{(7)}$	0,930
9	2	$x_{(2)} \leq m \leq x_{(8)}$	0,961
10	2	$x_{(2)} \leq m \leq x_{(9)}$	0,979
11	3	$x_{(3)} \leq m \leq x_{(9)}$	0,935
12	3	$x_{(3)} \leq m \leq x_{(10)}$	0,961
13	3	$x_{(3)} \leq m \leq x_{(11)}$	0,978
14	4	$x_{(4)} \leq m \leq x_{(11)}$	0,943
15	4	$x_{(4)} \leq m \leq x_{(12)}$	0,965
16	4	$x_{(4)} \leq m \leq x_{(13)}$	0,979
17	5	$x_{(5)} \leq m \leq x_{(13)}$	0,951
18	5	$x_{(5)} \leq m \leq x_{(14)}$	0,969
19	6	$x_{(6)} \leq m \leq x_{(14)}$	0,936
20	6	$x_{(6)} \leq m \leq x_{(15)}$	0,959
21	6	$x_{(6)} \leq m \leq x_{(16)}$	0,973
22	7	$x_{(7)} \leq m \leq x_{(16)}$	0,948
23	7	$x_{(7)} \leq m \leq x_{(17)}$	0,965
24	8	$x_{(8)} \leq m \leq x_{(17)}$	0,936
25	8	$x_{(8)} \leq m \leq x_{(18)}$	0,957
26	8	$x_{(8)} \leq m \leq x_{(19)}$	0,971
27	9	$x_{(9)} \leq m \leq x_{(19)}$	0,948
28	9	$x_{(9)} \leq m \leq x_{(20)}$	0,964
29	10	$x_{(10)} \leq m \leq x_{(20)}$	0,939
30	10	$x_{(10)} \leq m \leq x_{(21)}$	0,957
31	10	$x_{(10)} \leq m \leq x_{(22)}$	0,971
32	11	$x_{(11)} \leq m \leq x_{(22)}$	0,950
33	11	$x_{(11)} \leq m \leq x_{(23)}$	0,965
34	12	$x_{(12)} \leq m \leq x_{(23)}$	0,942
35	12	$x_{(12)} \leq m \leq x_{(24)}$	0,959
36	13	$x_{(13)} \leq m \leq x_{(24)}$	0,935
37	13	$x_{(13)} \leq m \leq x_{(25)}$	0,953
38	13	$x_{(13)} \leq m \leq x_{(26)}$	0,966
39	14	$x_{(14)} \leq m \leq x_{(26)}$	0,947
40	14	$x_{(14)} \leq m \leq x_{(27)}$	0,962

18.8 Statistische Qualitätskontrolle

Faktoren zur Berechnung der Kontrollgrenzen

Faktoren zur Berechnung der Zentrallinie (C_L) und der Kontrollgrenzen (C_u und C_o) einer Kontrollkarte mit 3σ-Grenzen und Stichprobenumfang n

$\bar{x}$-Karte

1. $C_L = \mu_0$
   $C_u = \mu_0 - A\sigma_0$
   $C_o = \mu_0 + A\sigma_0$

2. $C_L = \bar{\bar{x}}$
   $C_u = \bar{\bar{x}} - A_2 \bar{R}$
   $C_o = \bar{\bar{x}} + A_2 \bar{R}$

R-Karte

1. $C_L = d_2 \sigma_0$
   $C_u = d_2 \sigma_0 - 3 d_3 \sigma_0 = D_1 \sigma_0$
   $C_o = d_2 \sigma_0 + 3 d_3 \sigma_0 = D_2 \sigma_0$

2. $C_L = \bar{R}$
   $C_u = \bar{R} - 3 d_3 \bar{R}/d_2 = D_3 \bar{R}$
   $C_o = \bar{R} + 3 d_3 \bar{R}/d_2 = D_4 \bar{R}$

	$\bar{x}$-Karte		R-Karte					
n	A	A_2	d_2	d_3	D_1	D_2	D_3	D_4
2	2,121	1,880	1,128	0,853	0	3,686	0	3,267
3	1,732	1,023	1,693	0,888	0	4,358	0	2,575
4	1,500	0,729	2,059	0,880	0	4,698	0	2,282
5	1,342	0,577	2,326	0,864	0	4,918	0	2,115
6	1,225	0,483	2,534	0,848	0	5,078	0	2,004
7	1,134	0,419	2,704	0,833	0,205	5,203	0,076	1,924
8	1,061	0,373	2,847	0,820	0,387	5,307	0,136	1,864
9	1,000	0,337	2,970	0,808	0,546	5,394	0,184	1,816
10	0,949	0,308	3,078	0,797	0,687	5,469	0,223	1,777
11	0,905	0,285	3,173	0,787	0,812	5,534	0,256	1,744
12	0,866	0,266	3,258	0,778	0,924	5,592	0,284	1,716
13	0,832	0,249	3,336	0,770	1,026	5,646	0,308	1,692
14	0,802	0,235	3,407	0,762	1,121	5,693	0,329	1,671
15	0,775	0,223	3,472	0,755	1,207	5,737	0,348	1,652
16	0,750	0,212	3,532	0,749	1,285	5,779	0,364	1,636
17	0,728	0,203	3,588	0,743	1,359	5,817	0,379	1,621
18	0,707	0,194	3,640	0,738	1,426	5,854	0,392	1,608
19	0,688	0,187	3,689	0,733	1,490	5,888	0,404	1,596
20	0,671	0,180	3,735	0,729	1,548	5,922	0,414	1,586

Tabelle zur Konstruktion eines einfachen Annahme-Kontrollplan

	Werte von p_2/p_1 für:					Werte von p_2/p_1 für:			
c	$\alpha=0{,}05$ $\beta=0{,}10$	$\alpha=0{,}05$ $\beta=0{,}05$	$\alpha=0{,}05$ $\beta=0{,}01$	np_1	c	$\alpha=0{,}01$ $\beta=0{,}10$	$\alpha=0{,}01$ $\beta=0{,}05$	$\alpha=0{,}01$ $\beta=0{,}01$	np_1
0	44,890	58,404	89,781	0,052	0	229,105	298,073	458,210	0,010
1	10,946	13,349	18,681	0,355	1	26,184	31,933	44,686	0,149
2	6,509	7,699	10,280	0,818	2	12,206	14,439	19,278	0,436
3	4,890	5,675	7,352	1,366	3	8,115	9,418	12,202	0,823
4	4,057	4,646	5,890	1,970	4	6,249	7,156	9,072	1,279
5	3,549	4,023	5,017	2,613	5	5,195	5,889	7,343	1,785
6	3,206	3,604	4,435	3,286	6	4,520	5,082	6,253	2,330
7	2,957	3,303	4,019	3,981	7	4,050	4,524	5,506	2,906
8	2,768	3,074	3,707	4,695	8	3,705	4,115	4,962	3,508
9	2,618	2,895	3,462	5,426	9	3,440	3,803	4,548	4,130
10	2,497	2,750	3,265	6,169	10	3,229	3,555	4,222	4,771
11	2,397	2,630	3,104	6,924	11	3,058	3,354	3,959	5,428
12	2,312	2,528	2,968	7,690	12	2,915	3,188	3,742	6,099
13	2,240	2,442	2,852	8,464	13	2,795	3,047	3,559	6,782
14	2,177	2,367	2,752	9,246	14	2,692	2,927	3,403	7,477
15	2,122	2,302	2,665	10,035	15	2,603	2,823	3,269	8,181
16	2,073	2,244	2,588	10,831	16	2,524	2,732	3,151	8,895
17	2,029	2,192	2,520	11,633	17	2,455	2,652	3,048	9,616
18	1,990	2,145	2,458	12,442	18	2,393	2,580	2,956	10,346
19	1,954	2,103	2,403	13,254	19	2,337	2,516	2,874	11,082
20	1,922	2,065	2,352	14,072	20	2,287	2,458	2,799	11,825
21	1,892	2,030	2,307	14,894	21	2,241	2,405	2,733	12,574
22	1,865	1,999	2,265	15,719	22	2,200	2,357	2,671	13,329
23	1,840	1,969	2,226	16,548	23	2,162	2,313	2,615	14,088
24	1,817	1,942	2,191	17,382	24	2,126	2,272	2,564	14,853
25	1,795	1,917	2,158	18,218	25	2,094	2,235	2,516	15,623
26	1,775	1,893	2,127	19,058	26	2,064	2,200	2,472	16,397
27	1,757	1,871	2,098	19,900	27	2,035	2,168	2,431	17,175
28	1,739	1,850	2,071	20,746	28	2,009	2,138	2,393	17,957
29	1,723	1,831	2,046	21,594	29	1,985	2,110	2,358	18,742
30	1,707	1,813	2,023	22,444	30	1,962	2,083	2,324	19,532
31	1,692	1,796	2,001	23,298	31	1,940	2,059	2,293	20,324
32	1,679	1,780	1,980	24,152	32	1,920	2,035	2,264	21,120
33	1,665	1,764	1,960	25,010	33	1,900	2,013	2,236	21,919
34	1,653	1,750	1,941	25,870	34	1,882	1,992	2,210	22,721
35	1,641	1,736	1,923	26,731	35	1,865	1,973	2,185	23,525
36	1,630	1,723	1,906	27,594	36	1,848	1,954	2,162	24,333
37	1,619	1,710	1,890	28,460	37	1,833	1,936	2,139	25,143
38	1,609	1,698	1,875	29,327	38	1,818	1,920	2,118	25,955
39	1,599	1,687	1,860	30,196	39	1,804	1,903	2,098	26,770

Numerisches Beispiel

Stichprobenplan mit *Gutgrenze* $p_1 = 0{,}013$, *Schlechtgrenze* $p_2 = 0{,}054$, *Produzentenrisiko* $\alpha = 0{,}05$ und *Abnehmerrisiko* $\beta = 0{,}10$.

Dann ist $p_2/p_1 = 4{,}15$. Entnehme der Tabelle für $\alpha = 0{,}05$, $\beta = 0{,}10$ den Wert von p_2/p_1, der am nächsten zu 4,15 steht, d.h. 4,057. Dazu gehört $c = 4$ und $np_1 = 1{,}970$. Damit ist $n = 1{,}970/0{,}013 = 151{,}2$. Der Prüfplan lautet also: Prüfe 151 Einheiten und lehne die Gesamtheit ab, wenn mehr als 4 Einheiten defekt sind.

Prozeßüberwachung

Die Leistungsfähigkeit eines Produktionsprozesses wird daran entschieden, ob Kenngrößen der produzierten Einheiten in vorgegebenen Toleranzgrenzen liegen.

LSL = Untere Spezifikationsgrenze $\quad USL$ = Obere Spezifikationsgrenze
$\mu =$ Prozeß-Erwartungswert $\quad \sigma =$ Prozeß-Standardabweichung
$M =$ $(LSL + USL)/2$ $\quad T =$ Sollwert (meist $= M$)
$2d =$ $USL - LSL$

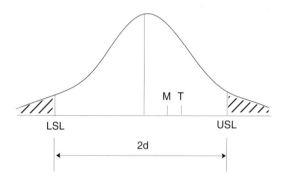

Für zweiseitige Toleranzgrenzen verwendet man die Indizes (*capability indices*)

$$C_p = \frac{USL - LSL}{6\sigma} = \frac{d}{3\sigma} \quad \text{(Juran, 1974)}$$

$$C_{pk} = \frac{\min(USL - \mu, \mu - LSL)}{3\sigma} = \frac{d - |\mu - M|}{3\sigma} \quad \text{(Kane, 1986)}$$

$$C_{pm} = \frac{USL - LSL}{6\sqrt{E[(X-\mu)^2]}} = \frac{USL - LSL}{6\sqrt{\sigma^2 + (\mu - T)^2}} = \frac{d}{3\sqrt{\sigma^2 + (\mu - T)^2}}$$

(Hsiang-Taguchi, 1985)

$$C_{pmk} = \frac{\min(USL - \mu, \mu - LSL)}{3\sqrt{\sigma^2 + (\mu - T)^2}} = \frac{d - |\mu - M|}{3\sqrt{\sigma^2 + (\mu - T)^2}}$$

(Pearn-Kotz-Johnson, 1992)

$$C_p(u, v) = \frac{d - u|\mu - M|}{3\sqrt{\sigma^2 + v(\mu - T)^2}} \quad \text{(Vännman, 1993)}$$

mit ganzzahlig positiven u, v, so daß der geschätzte Index empfindlich gegenüber Abweichungen vom Sollwert ist und zugleich eine kleine mittlere quadratische Abweichung besitzt. Empfohlen werden $u = 0$, $v = 4$ und $u = 0$, $v = 3$

Abkürzungen in der statistischen Qualitätskontrolle

AEDL (*Average Extra Defective Limit*), für stetigen Stichprobenplan (CSP) die zu erwartende zusätzliche Anzahl von Ausfällen über dem AOQL

AOQ (*Average Outgoing Quality*), die zu erwartende Güte eines Produktes bei Anwendung eines Annahmestichprobenplans

AOQL (*Average Outgoing Quality Limit*), Maximum von AOQ über alle möglichen Niveaus der Eingangsqualität

AQL (*Acceptable Quality Level*), Gutgrenze, der maximale prozentuale Ausschuß, der für einen Produktionsprozeß annehmbar ist

ARL (*Average Run Length*), die zu erwartende Dauer in einem Produktionsprozeß, bis die Kontrolle eine Änderung des Produktionsniveaus vorschreibt

ASN (*Average Sample Number*), die zu erwartende Anzahl von Beobachtungen bis zu einer Entscheidung in einer mehrstufigen statistischen Methode

ASQC (*American Society for Quality Control*)

ATI (*Average Total Inspection*), zu erwartende Gesamtzahl von Beobachtungen

AFI (*Average Fraction Inspected*), AFI = ATI/N, N = Gesamtheitsgröße

CPL (*Lower Capability Level*), unteres Kapazitätsniveau

CPU (*Upper Capability Level*), oberes Kapazitätsniveau

CR (*Capability Ratio*), Verhältnis der Kapazitäten

CSP (*Continuous Sampling Plan*), Stichprobenverfahren bei stetigem Produktionsprozeß

CUSUM (*Cumulative Sum*), in Cusum-Kontrollkarten wird die Summe aller Abweichungen der Stichprobenmittelwerte von den Sollwerten in einer Graphik aufgetragen

EWMA (*Exponentially Weighted Moving Average Chart*), Kontrollkarten, die die früheren Beobachtungen mit Gewichtsfaktoren versehen, die mit dem Alter der Beobachtung abnehmen

IQL (*Indifference Quality Level*), in einen Stichprobenplan die Qualität einer eingehenden Lieferung, für die sich als Annahmewahrscheinlichkeit 0,5 ergibt

LCL (*Lower Control Limit*), untere Kontrollgrenze

LSL (*Lower Specification Limit*), untere Spezifikationsgrenze

LTPD (*Lot Tolerance Percent Defective*), Schlechtgrenze, Qualitätsniveau, bei dem die Annahmewahrscheinlichkeit gleich dem Abnehmerrisikko ist

MIL (*Military Standard*)

OC (*Operating Characteristic*), die OC-Kurve eines Stichprobenplans gibt die Annahmewahrscheinlichkeit in Abhängigkeit vom Umfang der Gesamtheit wieder

OLSPCS (*On Line Statistical Control System*)

QA (*Quality Assurance*), die Anstrengungen, damit die Qualität der Produktion dem Annahmestandard von Hersteller und Abnehmer genügt

QC (*Quality Control*), Qualitätskontrolle

SPC (*Statistical Process Control*), statistische Prozeßkontrolle

TQM (*Total Quality Management*)

UCL (*Upper Control Limit*), obere Kontrollgrenze

USL (*Upper Specification Limit*), obere Spezifikationsgrenze

18.9 Faktorielle Experimente

Vollständiger 2^3-faktorieller Versuchsplan

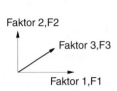

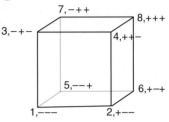

Standardanordnung der Versuche

Versuch	F1	F2	F3	Beobachteter Effekt
1	−	−	−	Y_1
2	+	−	−	Y_2
3	−	+	−	Y_3
4	+	+	−	Y_4
5	−	−	+	Y_5
6	+	−	+	Y_6
7	−	+	+	Y_7
8	+	+	+	Y_8

Schätzung der Effekte

F1	F2	F3	F1×F2	F2×F3	F1×F3	F1×F2×F3	Y
−	−	−	+	+	+	−	Y_1
+	−	−	−	+	−	+	Y_2
−	+	−	−	−	+	+	Y_3
+	+	−	+	−	−	−	Y_4
−	−	+	+	−	−	+	Y_5
+	−	+	−	−	+	−	Y_6
−	+	+	−	+	−	−	Y_7
+	+	+	+	+	+	+	Y_8

Effekt	Schätzer
F1	$(-Y_1 + Y_2 - Y_3 + Y_4 - Y_5 + Y_6 - Y_7 + Y_8)/4$
F2	$(-Y_1 - Y_2 + Y_3 + Y_4 - Y_5 - Y_6 + Y_7 + Y_8)/4$
F3	$(-Y_1 - Y_2 - Y_3 - Y_4 + Y_5 + Y_6 + Y_7 + Y_8)/4$
F1×F2-Wechselwirkung	$(+Y_1 - Y_2 - Y_3 + Y_4 + Y_5 - Y_6 - Y_7 + Y_8)/4$
F2×F3-Wechselwirkung	$(+Y_1 + Y_2 - Y_3 - Y_4 - Y_5 - Y_6 + Y_7 + Y_8)/4$
F1×F3-Wechselwirkung	$(+Y_1 - Y_2 + Y_3 - Y_4 - Y_5 + Y_6 - Y_7 + Y_8)/4$
F1×F2×F3-Wechselwirkung	$(-Y_1 + Y_2 + Y_3 - Y_4 + Y_5 - Y_6 - Y_7 + Y_8)/4$

18.9 Faktorielle Experimente

Ein 2^3-faktorieller Versuchsplan mit Blöcken

Die Blockniveaus A und B sind mit den drei-Faktor-Wechselwirkungen $F1 \times F2 \times F3$ vermengt

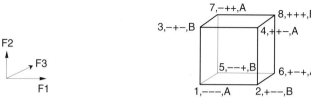

$F1$	$F2$	$F3$	$F1 \times F2$	$F2 \times F3$	$F1 \times F3$	$F1 \times F2 \times F3$	Block
−	−	−	+	+	+	−	A
+	−	−	−	+	−	+	B
−	+	−	−	−	+	+	B
+	+	−	+	−	−	−	A
−	−	+	+	−	−	+	B
+	−	+	−	−	+	−	A
−	+	+	−	+	−	−	A
+	+	+	+	+	+	+	B

Halb fraktionierter faktorieller Versuchsplan

Ein $(2_{III})^{3-1}$ faktorieller Versuchsplan hat $2^{-1} \cdot 2^3 = 4$ Versuche und die Auflösung ist III, d.h. daß die Haupteffekte nicht untereinander aber mit zwei- und drei-faktoriellen Wechselwirkungen vermengt sind. Das folgende Diagramm beschreibt zwei solche Pläne. Der zweite ist zum ersten *komplementär*.

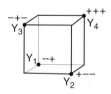 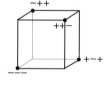

Versuchsplan zum ersten Modell

$F1$	$F2$	$F3$	Beobachtung
−	−	+	Y_1
+	−	−	Y_2
−	+	−	Y_3
+	+	+	Y_4

Das vermengte Merkmal wird aus dem *Generator* $3 = 12$ durch Multiplikation, einmal mit 3 und dann mit 1 und 2 gefunden

$$I = 123 \qquad 1 = 23 \qquad 2 = 13 \qquad 3 = 12$$

$(-Y_1 + Y_2 - Y_3 + Y_4)/2$ schätzt den Effekt von $F1 + F2 \times F3$
$(-Y_1 - Y_2 + Y_3 + Y_4)/2$ schätzt den Effekt von $F2 + F1 \times F3$
$(+Y_1 - Y_2 - Y_3 + Y_4)/2$ schätzt den Effekt von $F3 + F1 \times F2$

Nachfolgende Tabelle beschreibt den besten halb fraktionierten Plan für 4 und 5 Variable

$(2_{IV})^{4-1}$ $(2_V)^{5-1}$

F1	F2	F3	F4
−	−	−	−
+	−	−	+
−	+	−	+
+	+	−	−
−	−	+	+
+	−	+	−
−	+	+	−
+	+	+	+

F1	F2	F3	F4	F5
−	−	−	−	+
+	−	−	−	−
−	+	−	−	−
+	+	−	−	+
−	−	+	−	−
+	−	+	−	+
−	+	+	−	+
+	+	+	−	−
−	−	−	+	−
+	−	−	+	+
−	+	−	+	+
+	+	−	+	−
−	−	+	+	+
+	−	+	+	−
−	+	+	+	−
+	+	+	+	+

4 = 123   5 = 1234

I = 1234   I = 12345

$(2_R)^{k-n}$ fraktionierter faktorieller Versuchsplan

$(2_R)^{k-n}$ fraktionierter faktorieller Versuchsplan mit N Versuche					
Plan	N	Generator	Plan	N	Generator
$(2_{III})^{3-1}$	4	3 = 12	$(2_{IV})^{6-1}$	32	6 = 12345
$(2_{IV})^{4-1}$	8	4 = 123	$(2_{III})^{7-4}$	8	4 = 12, 5 = 13, 6 = 23, 7 = 123
$(2_{III})^{5-2}$	8	4 = 12, 5 = 13	$(2_{IV})^{7-3}$	16	5 = 123, 6 = 234, 7 = 134
$(2_V)^{5-1}$	16	5 = 1234	$(2_{IV})^{7-2}$	32	6 = 1234, 7 = 1245
$(2_{III})^{6-3}$	8	4 = 12, 5 = 13, 6 = 23	$(2_{VII})^{7-1}$	64	7 = 123456
$(2_{IV})^{6-2}$	16	5 = 123, 6 = 234			

Die Auflösung ist R, wenn kein p-faktorieller Effekt (p-Faktor-Wechselwirkung) mit anderen Effekten mit weniger als $R-p$-Faktor-Wechselwirkungen vermengt ist.

Beispiel. Ein $(2_{III})^{6-3}$ Plan hat die Generatoren 4 = 12, 5 = 13, 6 = 23.
Multiplikation ergibt I = 124 = 135 = 236 = 2345 = 1346 = 1256 = 456
Multiplikation mit 1, 2, … ergibt die Mischkenngrößen
           1 = 24 = 35 = 1236 = 12345 = 346 = 256 = 1456
           2 = 14 = 1235 = 36 = 345 = 12346 = 156 = 2456
           usw.

18.10 Analyse von Lebens- und Ausfallzeiten

Bezeichnung

Seien $X_1, X_2, \ldots, X_n$ beobachtete Ausfallzeiten und $X_{(1)} \leq X_{(2)} \leq \ldots \leq X_{(n)}$ die zugehörige Anordnung.

Exponentialverteilung, vollständige Stichprobe

Unverzerrter Schätzer für die Ausfallrate λ ist $(n-1)/S$ mit $S = \sum_{i=1}^{n} X_i = \sum_{i=1}^{n} X_{(i)}$

Pivotvariable für Konfidenzintervalle für λ ist λS. λS ist $\Gamma(n,1)$-verteilt.
Für andere Methoden, siehe Bsp. auf S. 473.

Exponentialverteilung, zensorierte Stichprobe

Ausfallzeiten werden bis zum *r-ten* Ausfall genommen (*Zensorierung 2. Art*). Setzt man

$$TTT = \textit{Total Time on Test}\text{-Statistik} = \sum_{j=1}^{r} X_{(j)} + (n-r)X_{(r)},$$

so ist $(r-1)/TTT$ ein unverzerrter Schätzer für die Ausfallrate λ. λTTT ist $\Gamma(r,1)$-verteilt, damit lassen sich Konfidenzintervalle für λ angeben.

Graphische Methoden

Die Verteilungs- und Überlebensfunktion $F(t)$ bzw. $G(t)$ der Lebenszeit lassen sich über die *empirische* Verteilungsfunktion $F_e(t)$ bzw. *empirische* Überlebensfunktion $G_e(t)$ schätzen, die gegeben sind

$$F_e(t) = \{\text{Anzahl der Beobachtungen} \leq t\}/n$$
$$G_e(t) = \{\text{Anzahl der Beobachtungen} > t\}/n$$

Die Überlebensfunktion kann also mit der verteilungsunabhängigen Kaplan-Meier-Statistik $G_{KM}(t)$ geschätzt werden. Dieser Schätzer berücksichtigt, daß zu testende Einheiten während der Beobachtung zu unterschiedlichen Zeiten eintreffen und ausfallen können, sei es wegen Ausfall oder wegen Zensorierung. D.h. man weiß, daß die Einheit in einer bestimmten Zensorierungszeit in Takt war und was später mit ihr geschieht, ist unbekannt. Z.B. kann die Einheit aus dem Test genommen und nicht mehr beobachtet werden.

Schätzfunktion ist $\quad G_{KM}(t) = \prod_{j}(n-j)/(n-j+1)$.

Das Produkt ist über alle die Indizes j zu bilden, deren Ausfallzeiten $X_{(j)} < t$ ist.

Die *TTT*-Transformation wird durch die *TTT*-Graphik geschätzt, die aus den TTT-Statistiken

$$T(X_{(i)}) = \sum_{j \leq i} X_{(j)} + (n-i)X_{(i)}, \; i = 1, 2, \ldots, n, \quad T(X(0)) = 0$$

in der folgenden Weise gebildet wird: Trage die Punkte

$(i/n, T(X_{(i)})/T(X_{(n)}))$, $i = 0, 1, 2, \ldots, n$,

ein und verbinde sie mit einem Streckenzug:

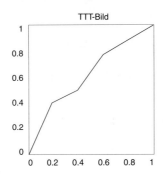

18.11 Wörterbuch der Statistik

AIC (*Akaike Information Criterion*) ist wie folgt definiert:
  AIC = $-2 \times$ (Maximum-Loglikelihood des Modells) +
   $+ 2 \times$ (Anzahl der freien Parameter im Modell)
  AIC kann als Vergleichsbasis und zur Auswahl unter verschiedenen Modellen dienen. Ein Modell, das AIC minimiert, ist als passendstes Modell anzusehen
ARIMA-Modell (*Autoregressive Integrated Moving Average Process*), allgemeines Modell für statistische Zeitreihen. Allgemeine Methoden zur Identifikation, Schätzung und Vorhersage in ARIMA-Modellen stammen von Box und Jenkins
Ausreißer (*outlier*), Beobachtung in einer Stichprobe, die so abgelegen ist, daß sie offensichtlich von einer anderen Verteilung herrührt. Hierfür gibt es spezielle Tests. Faustregel für eine einfache Stichprobe: Beobachtungen, die mehr als 1,5 *IQB* (Intequartilbereich) von der nächsten Quartile weg liegen, sind Ausreißer
Autokorrelation, inhärente Korrelation zwischen den nach Zeit oder Raum angeordneten Beobachtungen, wird mit dem Autokorrelationskoeffizienten gemessen
Bayes-Schluß, statistische Folgerung, die Merkmale als Zufallsvariable mit einer a-priori-Verteilung annimmt. Aus Beobachtungen wird die a-posteriori-Verteilung mit dem Satz von Bayes bestimmt
Behrens-Fisher-Problem, statistische Entscheidung über den Unterschied der Erwartungswerte von Normalverteilungen mit unbekannten verschiedenen Streuungen
Belastungsmodell (*stress-strength model*), statistisches Zuverlässigkeitsmodell auf der Grundlage von Belastungsstärke
Bimodalverteilung, Wahrscheinlichkeitsfunktion mit zwei Gipfeln (Spitzen)
Block, in Versuchsplänen werden die Versuchseinheiten in verschiedene Blöcke unterteilt, damit die Quellen der Heterogenität besser isoliert werden können
BLUE, (*Best Linear Unbiased Estimator*), bester linearer unverzerrter Schätzer
Bootstrapping, rechenintensive Methode auf der Basis vervielfachter Stichproben. Bootstrapping kann benutzt werden, um den Erwartungswert ohne Annahmen über die Verteilungsfunktion zu schätzen
Brownsche Bewegung, stochastischer Prozeß $X(t)$ mit Driftparameter μ und Streuparameter σ^2 für den gilt: 1) $X(t) - X(0)$ ist $N(\mu t, \sigma \sqrt{t})$-verteilt und 2) $X(t_1) - X(t_0)$, $X(t_2) - X(t_1)$, …, $X(t_n) - X(t_{n-1})$ mit $0 \leq t_0 \leq t_1 \leq \ldots \leq t_n$ sind unabhängig

18.11 Wörterbuch der Statistik

Burn in, eine Auswahlmethode für Zuverlässigkeitstests, um die Zuverlässigkeit der Stücke zu erhöhen

Chernoff-Gesichter, graphische Darstellung von multivariaten Beobachtungen durch eine Gesichtsskizze. Geeignet bis zur Dimension 18

Variable	Merkmal
1	*NW* Gesichtswinkel
2	*NO* Gesichtswinkel
3	Linke Augenbraue
4	Rechte Augenbraue
5	Linke Augenhöhle
6	Linke Pupille
7	Rechte Augenhöhle
8	Rechte Pupille
9	Nasenstellung
10	Mundstellung
11	*SW* Gesichtswinkel
12	*SO* Gesichtswinkel

DGP (*Data Generating Process*)

EDA (*Exploratory Data Analysis*)

EDF (*Empirical Distribution Function*), empirische Verteilungsfunktion, die EDF $\hat{F}$ der Stichprobe $(X_1, X_2, ..., X_n)$ ist definiert als $\hat{F}(x) = $ (Anzahl der $X_i \leq x$)/n

Erneuerungsprozeß, stochastischer Prozeß mit diskreten Zuständen, in dem die Zeitspannen zwischen zwei Sprüngen IID ist

Erneuerungstheorem, in der einfachsten Form: Ist $X(t)$ die Anzahl der Erneuerungen in $(0, t)$ und μ der Erwartungswert für die Zeitspanne zwischen zwei Erneuerungen, dann gilt $E[X(t)]/t \to 1/\mu$ $(t \to \infty)$

EVOP (*Evolutionary Operation*), eine Technik zur Optimierung eines Produktionsprozesses. Verwendet Routinen mit systematisch kleinen Veränderungen der Prozeßvariablen

Exponentialfamilie, Klasse von Verteilungen mit Dichtefunktion
$$f(x,\theta) = \exp(a(\theta)b(x) + c(\theta) + d(x)).$$

Extremwertverteilung, Verteilung der größten (kleinsten) Beobachtung in einer Stichprobe. Es gibt drei verschiedene Typen von asymptotischen Extremwertverteilungen

FTA (*Fault Tree Analysis*), eine graphische Methode in der qualitativen oder quantitativen Zuverlässigkeitsanalyse von technischen Systemen

Griechisch-Lateinisches Quadrat, Quadrat mit z.B. den Buchstaben A, B, C, α, β und γ. Jeder lateinische und griechische Buchstabe kommt in jeder Zeile und Spalte genau einmal vor, jeder griechische Buchstabe kommt nur einmal mit jedem lateinischen vor:

$A\alpha$	$B\beta$	$C\gamma$		$A\alpha$	$B\beta$	$C\gamma$	$D\delta$
$B\gamma$	$C\alpha$	$A\beta$		$B\delta$	$A\gamma$	$D\beta$	$C\alpha$
$C\beta$	$A\gamma$	$B\alpha$		$C\beta$	$D\alpha$	$A\delta$	$B\gamma$
				$D\gamma$	$C\delta$	$A\alpha$	$B\beta$

Griechisch-Lateinische Quadrate werden in der experimentellen Versuchsplanung verwendet, um die Effekte von drei Variationsfaktoren auszuschalten

Homoskedastizität, die Eigenschaft von Zufallsvariablen, gleiche Streuung zu besitzen. Das Gegenteil ist Heteroskedastizität

IID (*Independently and Identically Distributed*), unabhängig und mit gleicher Verteilung

IQB, Interquartilbereich

Isotone Regressionsfunktion, eine Funktion f ist isoton auf A, wenn für alle $x, y \in A$ $x < y \Rightarrow f(x) \leq f(y)$. Die isotone Regressionsfunktion g mit Gewicht w auf A in Bezug auf f minimiert $\sum_x w(x)(g(x) - f(x))^2$ in der Klasse der isotonen Funktionen auf A

Ishikawa-Diagramm, Ursache-Wikung-Diagramm, „Fischgrät-Diagramm", zeigt, wie Hauptfaktoren ($F_1, F_2, F_3, \ldots$) und zugeordnete Nebenfaktoren ($f_{11}, f_{12}, \ldots$) in einem Industrieprozeß einwirken

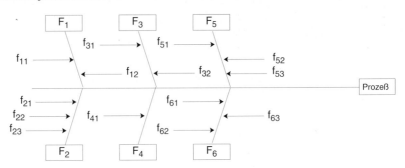

Jackknife-Methoden, dienen dazu, die Verzerrung in Schätzern zu reduzieren.
Beispiel: Sei T_n Schätzfunktion für eine Stichprobe mit n Beobachtungen mit Verzerrung der Ordnung $1/n$ und sei ($T_{n-1}^{(i)}$) der Schätzer, in dem die i.Beobachtung vernachlässigt wird, dann ist $J = nT_n - (n-1)(T_{n-1}^{(i)})$ höchstens von der Ordnung $1/n^2$ verzerrt

Kalman-Filter, ein rekursiver unverzerrter wirksamster Schätzer (Prädiktor) in einem Gauß-Prozeß, weit verbreitet z.B. in Luftfahrtanwendungen

Kaplan-Meier-Schätzer, ein parameterfreier Schätzer für die Überlebensfunktion auf der Grundlage von zensorierten Daten

Kreuzbewertung, die Methode eine Stichprobe zufällig in zwei Teile zu zerlegen und einen Teil zur Modellanpassung und den anderen zur Modellbewertung zu verwenden

Lateinische Quadrat, $n \times n$ Anordnung von n Symbolen, so daß jedes Symbol in jeder Zeile und in jeder Spalte genau einmal vorkommt. Anwendung in experimentellen Versuchsplänen, um die Effekte von zwei Variationsfaktoren auszuschalten

A	B	C		A	B	C	D		A	B	C	D	E		A	B	C	D	E	F
B	C	A		B	A	D	C		B	C	D	E	A		B	A	F	E	C	D
C	A	B		C	D	A	B		C	D	E	A	B		C	F	B	A	D	E
				D	C	B	A		D	E	A	B	C		D	C	E	B	F	A
									E	A	B	C	D		E	D	A	F	B	C
															F	E	D	C	A	B

Permutationen der Zeilen oder Spalten ergeben ein anderes Lateinisches Quadrat

Martingal, eine Folge von Zufallsvariablen $X_1, X_2, \ldots$ ist ein Martingal, wenn
$$E[X_{n+1}|X_1, X_2, \ldots X_n] = X_n, \quad n \geq 1$$

Modalwert (*Mode*), Beobachtung mit der größten Häufigkeit in einer Datenmenge. Für eine Zufallsvariable der Wert, in dem die Wahrscheinlichkeitsfunktion (-dichte) maximal ist

MTTF (*Mean Time To Failure*), mittlere Ausfallszeit

Nominalskala, Klassifikation von statistischen Daten nach Merkmal mit nicht vorgegebener Anordnung (Geschlecht, Nationalität, Beruf)

OLSPCS (*On Line Statistical Process Control System*)

Ordinalskala, Klassifikation von statistischen Daten nach Merkmal mit natürlicher Anordnung ohne äquidistante Skalierung

Perzentile, die p-Perzentile x_p ($0 < p < 1$) einer Wahrscheinlichkeitsverteilung F erfüllt die Gleichung $F(x_p) = p$. Perzentilen heißen auch Fraktilen

PERT (*Program Evaluation and Review Technique*), eine graphische Methode zur Planung und Kontrolle von Projekten

Rangkorrelation, mißt die statistische Abhängigkeit zweier angeordneter Stichproben über die Rangzahlen. Gebräuchliche Tests: Kendall τ und Spearman ρ

Robustheit, eine statistische Methode ist robust, wenn sie wenig empfindlich gegenüber kleinen Abänderungen der Voraussetzungen ist

Semi-Markov-Prozeß, stochastischer Prozeß, dessen Zustandswechsel eine Markov-Kette bilden und die Verweildauer der Zustände aber zufallsverteilt ist

Sieben Hilfsmittel der QC (Qualitätskontrolle), Flußplan, Prüfplan, Histogramm, Pareto-Karte, Kontrollkarte, Ursache-Wirkung-Diagramm und Streudiagramm

Sieben neue Hilfsmittel der QC (*seven management tools*), Affinitätsdiagramm, Bezugsdiagramm, Baumdiagramm, Matrixdiagramm, Matrix-Datenanalyse, Prozeßentscheidungskarte und Pfeildiagramm

Sheppard-Korrektur, für die Berechnung der Momente aus gruppierten Beobachtungen. Für die Stichprobenstreuung s^2 ist der Sheppard-korrigierte Wert $s^2 - h^2/12$, wobei h die Länge des Gruppenintervalls ist

SPRT (*Sequential Probability Ratio Test*), sequentieller Likelihood-Quotienten-Test

Statistik, Funktion der Zufallsvariablen $X_1, X_2, ..., X_n$ (einer Stichprobe)

Subjektive Wahrscheinlichkeit, Wahrscheinlichkeitsinterpretation, die (subjektive) Chancen mißt

Taguchi-Methode, systematischer Zugang nach Taguchi zum Einsatz statistischer Methoden bei der Produkt- und Prozeßentwurfsplanung zur Erhöhung der Qualität

TTT-Statistik, für eine geordnete Stichprobe $0 = X_0 \leq X_1 \leq ... \leq X_n$ ist die TTT-Statistik definiert als $\sum_{i=1}^{n} (n-i+1)(X(i) - X(i-1))$. Anwendung im Test von Lebenszeiten

TTT-Transformation, TTT-Plot, nützliche Hilfsmittel in der Zuverlässigkeitstheorie zur Modellidentifikation, in der Ersatztheorie und bei „burn-in"-Problemen

Vermengung (*Confounding*), können in der experimentellen Versuchsplanung gewisse Versuche nur in Kombinationen und nicht separat durchgeführt werden, dann nennt man die auftretenden Effekte gemischt oder vermengt

Verzweigter Prozeß, stochastischer Prozeß, der die Entwicklung einer Population beschreibt, in der Individuen Nachkommen haben können

Versuch (*run*), aufeinanderfolgende Beobachtungen unter gleichen Bedingungen. Sind die Beobachtungen monoton steigend (fallend) spricht man von „run up" („run down"). Bedeutung bei verteilungsfreier Statistik und Kontrollkarten

Weißes Rauschen, ein stochastischer Prozeß mit konstanter Spektraldichtefunktion

Wirkungsgrad (*Efficiency*), sind $\hat{\theta}_1$ und $\hat{\theta}_2$ konsistente Schätzer des Parameters θ, dann ist die relative Wirksamkeit von $\hat{\theta}_1$ in Bezug auf $\hat{\theta}_2$ definiert als $\text{Var}[\hat{\theta}_2]/\text{Var}[\hat{\theta}_1]$

Zählmodelle (*Counter models*), statistische Modelle für Zähler von Impulsen, z.B. Impulse, die eine Totzeit bewirken. Zählprozeß 1. Art: Impulse, die während einer Totzeit ankommen, beeinflussen die Totzeit nicht. Zählprozeß 2. Art: Jeder eingehende Impuls verursacht eine Totzeit

Zeichenerkennung (*pattern recognition*), automatisches Lesen von Texten

Zensorierte (zensierte) Daten, eine Stichprobe ist zensoriert, wenn nicht alle Beobachtungen verwendet werden. Bei Zensorierung 1. Art (nach rechts) werden Werte oberhalb eines Niveaus nicht mehr aufgenommen. Bei Zensorierung 2. Art wird die Stichprobenentnahme abgebrochen, wenn der r-te Wert hinsichtlich der Anordnung vorliegt. Es gibt spezielle statistische Methoden für zensorierte Daten

Zulässigkeit, zulässige Entscheidungsfunktion, eine statistische Methode ist zulässig, wenn es in der betrachteten Klasse von Methoden keine andere gibt, die gleichmäßig mindestens genauso gut wie die betrachtete ist

19 Verschiedenes

Griechisches Alphabet

α	A	Alpha	ι	I	Iota	ρ	P	Rho
β	B	Beta	κ	K	Kappa	σ	Σ	Sigma
γ	Γ	Gamma	λ	Λ	Lambda	τ	T	Tau
δ	Δ	Delta	μ	M	My	υ	Y	Ypsilon
ε	E	Epsilon	ν	N	Ny	φ	Φ	Phi
ζ	Z	Zeta	ξ	Ξ	Xi	χ	X	Chi
η	H	Eta	o	O	Omicron	ψ	Ψ	Psi
θ	Θ	Theta	π	Π	Pi	ω	Ω	Omega

Mathematische Konstanten

Approximation auf 25 dezimale und hexadezimale Stellen

$\sqrt{2}$ = 1,41421 35623 73095 04880 16887 = 1,6A09E 667F3 BCC90 8B2FB 1366F
$\sqrt{3}$ = 1,73205 08075 68877 29352 74463 = 1,BB67A E8584 CAA73 B2574 2D708
$\sqrt{5}$ = 2,23606 79774 99789 69640 91737 = 2,3C6EF 372FE 94F82 BE739 80C0C
$\sqrt{10}$ = 3,16227 76601 68379 33199 88935 = 3,298B0 75B4B 6A524 09457 9061A
ln 2 = 0,69314 71805 59945 30941 72321 = 0,B1721 7F7D1 CF79A BC9E3 B3980
ln 3 = 1,09861 22886 68109 69139 52452 = 1,193EA 7AAD0 30A97 6A419 8D550
ln 10 = 2,30258 50929 94045 68401 79915 = 2,4D763 776AA A2B05 BA95B 58AE1
1/ln 2 = 1,44269 50408 88963 40735 99247 = 1,71547 652B8 2FE17 77D0F FDA0D
1/ln 10 = 0,43429 44819 03251 82765 11289 = 0,6F2DE C549B 9438C A9AAD D557D
π = 3,14159 26535 89793 23846 26434 = 3,243F6 A8885 A308D 31319 8A2E0
π/2 = 1,57079 63267 94896 61923 13217 = 1,921FB 54442 D1846 9898C C51702
π/180 = 0,01745 32925 19943 29576 92369 = 0,0477D 1A894 A74E4 57076 2FB37
180/π = 57,29577 95130 82320 87679 81548 = 39,4BB83 4C783 EF70C 2A5D4 DFD03
1/π = 0,31830 98861 83790 67153 77675 = 0,517CC 1B727 220A9 4FE13 ABE90
π^2 = 9,86960 44010 89358 61883 44910 = 9,DE9E6 4DF22 EF2D2 56E26 CD981
$\sqrt{\pi}$ = 1,77245 38509 05516 02729 81675 = 1,C5BF8 91B4E F6AA7 9C3B0 520D6
e = 2,71828 18284 59045 23536 02875 = 2,B7E15 1628A ED2A6 ABF71 5880A
1/e = 0,36787 94411 71442 32159 55238 = 0,5E2D5 8D8B3 BCDF1 ABADE C7829
e^2 = 7,38905 60989 30650 22723 04275 = 7,63992 E3537 6B730 CE8EE 881AE
γ = 0,57721 56649 01532 86060 65121 = 0,93C46 7E37D B0C7A 4D1BE 3F810
φ = 1,61803 39887 49894 84820 45868 = 1,9E377 9B97F 4A7C1 5F39C C0606
sin 1 = 0,84147 09848 07896 50665 25023 = 0,D76AA 47848 67702 0C6E9 E909C
cos 1 = 0,54030 23058 68139 71740 09366 = 0,8A514 07DA8 345C9 1C246 6D977

 0,1 = 0,19999 99999 99999 99999 9999A
 0,01 = 0,028F5 C28F5 C28F5 C28F5 C28F6
 0,001 = 0,00418 9374B C6A7E F9DB2 2D0E5
 10^{-4} = 0,00068 DB8BA C710C B295E 9E1B1
 10^{-5} = 0,0000A 7C5AC 471B4 78423 0FCF8
 10^{-6} = 0,00001 0C6F7 A0B5E D8D36 B4C7F

 cot 355 = 33173, 70877 45785 70590 14882 75772
 tan 573204 = −3 402633, 79542 44036 22259 83658 79644

Berühmte Zahlen

Die Zahl π

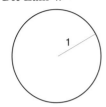

Kreisumfang = 2π Kreisfläche = π

$\pi \approx 3{,}14159\ 26535\ 89793\ 23846\ 26433\ 83279\ 50288$

(Approximation nach Ludolf van Keulen (1540–1610))

Die ersten 1000 dezimalen Nachkommastellen von π

```
1415926535 8979323846 2643383279 5028841971 6939937510 5820974944 5923078164 0628620899 8628034825 3421170679
8214808651 3282306647 0938446095 5058223172 5359408128 4811174502 8410270193 8521105559 6446229489 5493038169
4428810975 6659334461 2847564823 3786783165 2712019091 4564856692 3460348610 4543266482 1339360726 0249141273
7245870066 0631558817 4881520920 9628292540 8171536436 7892590360 0113305305 4882046652 1384146951 9415116094
3305727036 5759591953 0921861173 8193261179 3105118548 0744623799 6274956735 1885752724 8912279381 8301194912
9833673362 4406566430 8602139494 6395224737 1907021798 6094370277 0539217176 2931767523 8467481846 7669405132
0005681271 4526356082 7785771342 7577896091 7363717872 1468440901 2249534301 4655958537 1050792279 6892589235
4201995611 2129021960 8640344181 5981362977 4771309960 5187072113 4999999837 2978049951 0597317328 1609631859
5024459455 3469083026 4252230825 3344685035 2619311881 7101000313 7838752886 5875332083 8142061717 7669147303
5982534904 2875546873 1159562863 8823537875 9375195778 1857780532 1712268066 1300192787 6611195909 2164201989
```

Bislang (Oktober 1995) wurden 6 442 450 938 Dezimalstellen von π berechnet.

$\pi\ (oktal) = 3{,}11037\ 55242\ 10264$ (siehe 2.2)

Rationale Approximationen für π

$$\frac{22}{7} \approx 3{,}142\ 857\ 143 \qquad \frac{355}{113} \approx 3{,}141\ 592\ 920$$

Die Zahl e

Die Zahl e ist die Basis der natürlichen Logarithmen

$$e = \lim_{n \to \infty} \left(1 + \frac{1}{n}\right)^n \qquad e = 1 + \frac{1}{1!} + \frac{1}{2!} + \frac{1}{3!} + \frac{1}{4!} + \dots$$

$e \approx 2{,}71828\ 18284\ 59045\ 23536\ 02874\ 71352\ 66249\ 77572$

Rationale Approximation für e

$$\frac{193}{71} \approx 2{,}7183\ 098 \qquad \frac{1264}{465} = 2{,}718\ 279\ 570$$

Die Euler-Konstante γ oder C

$$\gamma = \lim_{n \to \infty} \left(1 + \frac{1}{2} + \frac{1}{3} + \dots + \frac{1}{n} - \ln n\right)$$

$\gamma \approx 0{,}57721\ 56649\ 01532\ 86060\ 65120\ 90082\ 40243\ 10421\ 59335\ 93992$
$\phantom{\gamma \approx 0{,}}35988\ 05767\ 23488\ 48677\ 26777\ 66467\ 09369\ 47063\ 29174\ 67495$

Der goldene Schnitt ϕ

Punkt P teilt AB im Verhältnis

$$PB/AP = \phi = \frac{1 + \sqrt{5}}{2}.$$

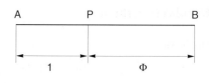

Dann gilt $PB/AP = AB/PB$

$\phi \approx 1{,}61803\ 39887\ 49894\ 84820\ 45868\ 34365.$

Physikalische Konstanten

Name	Symbol	Wert
Atomare Masseneinheit	u	$1{,}66057 \cdot 10^{-27}$ kg
Neutronenmasse	m_n	$1{,}6750 \cdot 10^{-27}$ kg
Protonenmasse	m_p	$1{,}6726 \cdot 10^{-27}$ kg
Elektronenmasse	m_e	$9{,}1095 \cdot 10^{-31}$ kg
Elementarladung	e	$1{,}6022 \cdot 10^{-19}$ As
Bohr-Radius	a_0	$5{,}2918 \cdot 10^{-11}$ m
Planck-Konstante	h	$6{,}6262 \cdot 10^{-34}$ Js
Gravitationskonstante	G	$6{,}6720 \cdot 10^{-11}$ Nm^2 kg^{-2}
Erdbeschleunigung	g	$9{,}80665$ m/s^2
Lichtgeschwindigkeit im Vakuum	c_0	$2{,}997925 \cdot 10^8$ m/s
Boltzmann-Konstante	k	$1{,}3807 \cdot 10^{-23}$ JK^{-1}
Rydberg-Konstante	R_H	$1{,}09678 \cdot 10^7$ m^{-1}
Stefan-Boltzmann-Konstante	σ	$5{,}670 \cdot 10^{-8}$ W m^{-2} K^{-4}
Konstante i. Wien-Verschiebungsgesetz	b_λ	$2{,}898 \cdot 10^{-3}$ m $\cdot$ K
Avogadro-Konstante	N_A	$6{,}022 \cdot 10^{23}$ mol^{-1}
Universelle Gaskonstante	R	$8{,}314$ J mol^{-1} K^{-1}
Faraday-Konstante	F	$9{,}6485 \cdot 10^4$ As mol^{-1}
Permitivität im Vakuum	ε_0	$8{,}854 \cdot 10^{-12}$ As V^{-1} m^{-1}
Permeabilität im Vakuum	μ_0	$1{,}25664 \cdot 10^{-6}$ Vs A^{-1} m^{-1}

Römisches Zahlsystem

I = 1   V = 5   X = 10   L = 50   C = 100   D = 500   M = 1000

1 = I   2 = II   3 = III   4 = IV   5 = V   6 = VI   7 = VII   8 = VIII   9 = IX   10 = X

1989 = MDCCCCLXXXVIIII = MCMLXXXIX

Zehnerpotenzen

Potenz	Präfix	Bezeichnung
$1\,000\,000\,000\,000\,000\,000 = 10^{18}$	exa	E
$1\,000\,000\,000\,000\,000 = 10^{15}$	peta	P
$1\,000\,000\,000\,000 = 10^{12}$	tera	T
$1\,000\,000\,000 = 10^{9}$	giga	G
$1\,000\,000 = 10^{6}$	mega	M
$1\,000 = 10^{3}$	kilo	k
$100 = 10^{2}$	hecto	h
$10 = 10^{1}$	deca	da, D
$0,1 = 10^{-1}$	deci	d
$0,01 = 10^{-2}$	centi	c
$0,001 = 10^{-3}$	milli	m
$0,000\,001 = 10^{-6}$	micro	μ
$0,000\,000\,001 = 10^{-9}$	nano	n
$0,000\,000\,000\,001 = 10^{-12}$	pico	p
$0,000\,000\,000\,000\,001 = 10^{-15}$	femto	f
$0,000\,000\,000\,000\,000\,001 = 10^{-18}$	atto	a

Umwandlungsfaktoren. US und metrisches System (SI)

US	SI	SI	US
1 inch	2,540 cm	1 mm	0.03937 inches
1 foot	30,48 cm	1 cm	0.3937 inches
1 yard	0,9144 m	1 m	3.281 feet
1 mile	1,609 km		
1 inch^2	6,452 cm^2	1 m	1.094 yards
1 foot^2	929,030 cm^2	1 km	0.6214 miles
1 yard^2	0,836 m^2	1 cm^2	0.155 inch^2
1 mile^2	2,5899 km^2	1 m^2	1.196 yard^2
1 acre	4046,9 m^2	1 m^2	10.764 foot^2
1 inch^3	16,387 cm^3	1 km^2	0.386 mile^2
1 foot^3	28317 cm^3	1 cm^3	0.061 inch^3
1 yard^3	0,765 m^3	1 m^3	1.308 yard^3

1 nautical mile = 1,852 km = 6080.20 feet
1 gallon = 3,785 l (Liter)   1 l = 61.024 inch^3
1 hectare = 2.471 acres = 10000 m^2
1 ounce = 28,34952 g (Gramm)
1 pound = 453,59237 g

1 Radiant $= \dfrac{180}{\pi}$ ($\approx 57,30$) Grad   1 Grad $= \dfrac{\pi}{180}$ ($\approx 0,01745$) Radiant

F = Fahrenheit Temperatur C = Celcius Temperatur K = Kelvin Temperatur

$$F = \frac{9}{5} C + 32 \qquad C = K - 273.15$$

Geschichte

Berühmte Mathematiker

Niels Henrik Abel (1802–1829)

Norwegischer Mathematiker. Bewies die Unmöglichkeit einer Lösung von Gleichungen fünften Grades durch Radikale. Starb in Armut. Das Angebot der Universität Berlin für eine besoldete Stelle als Privatdozent traf wenige Tage nach seinem Tod ein. Cauchy verschleppte leider die Würdigung seiner wissenschaftlichen Leistungen.

Maria Gaetana Agnesi (1718–1799)

20 Jahre ihres langen Lebens widmete die Italienerin ihrer mathematischen Karriere, die letzten 40 Jahre opferte sie als Nonne der Armenpflege. Sie schrieb ein berühmtes zweibändiges Lehrbuch *Istitutioni analytiche ad uso della gioventù Italiana* über die neue Analysis von Leibniz und Newton.

Ahmose (um 1700 v.Chr.)

Der erste Mathematiker, dessen Name uns bekannt ist. Im *Papyrus Rhind* sind von ihm 84 mathematische Probleme aufgeschrieben worden. Die wichtigste Quelle über die altägyptische Mathematik.

Archimedes (287–212 v.Chr.)

Der größte Mathematiker der Antike mit wichtigen Beiträgen zur Geometrie und Statik. Er berechnete die Fläche von Parabelabschnitten und war damit auch Pionier der Analysis. Als Ratgeber von König Hieron von Syrakus wurde er bei der Eroberung der Stadt durch die Römer unter Marcellus ermordet.

19 Verschiedenes

Charles Babbage (1792–1871)

Englischer Mathematiker und Erfinder, entwickelte eine Maschine zur programmierten Durchführung arithmetischer Operationen. Ein Pionier für die moderne Rechnertechnik.

Jakob Bernoulli (1654–1705)

Die Familie Bernoulli ist für eine Reihe von berühmten Mathematikern bekannt. Jakob B. lieferte wie sein Bruder Johann eine Fülle von Beiträgen zur Analysis von Lebniz und Newton. Er ist auch ein Begründer der Wahrscheinlichkeitslehre. Von ihm stammt der erste Beweis des Gesetzes der großen Zahlen.

Johann von Bolyai (1802–1860)

Ungarischer Mathematiker, der unabhängig von Lobachevsky ein Modell für eine nichteuklidische Geometrie formulierte.

Georg Cantor (1845–1918)

Deutscher Mathematiker. Begründete die Mengenlehre, die für alle mathematischen Theorien von zentraler Bedeutung ist.

Augustin Louis Cauchy (1789–1857)

Französischer Mathematiker, der fundamentale Beiträge zur Analysis, Funktionentheorie und Gruppentheorie lieferte. Formulierte erstmals präzise den Konvergenzbegriff.

René Descartes (1596–1650)

Französischer Philosoph und Mathematiker. Grundlegung der analytischen Geometrie. Wird auch „Vater der modernen Philosophie" genannt.

Euklid von Alexandria (300 v.Chr.)

Er faßte das mathematische Wissen seiner Zeit, speziell das über Geometrie, in seinem Werk *Elemente* zusammen, das nach der Bibel am meisten gelesene Buch aller Zeiten.

Leonhard Euler (1707–1783)

Schweizer Mathematiker, Professor der Mathematik in Berlin und St. Petersburg. Euler war einer der produktivsten Mathematiker aller Zeiten. Er arbeitete, nahezu blind, bis ins hohe Alter.

Pierre de Fermat (1601–1655)

Fermat war Parlamentsrat in Toulouse und wird als einer der größten „Amateurmathematiker" betrachtet. Er entdeckte wichtige Zusammenhänge in der Analysis und in der Zahlentheorie. Die Korrespondenz mit Blaise Pascal ist der Ursprung der Wahrscheinlichkeitslehre.

Joseph Fourier (1768–1830)

Französischer Mathematiker und Präfekt des Départements Isère. Er begleitete Napoleon als wissenschaftlicher Berater nach Ägypten. Sein Buch *Analytische Theorie der Wärme*, ein „großes mathematisches Gedicht", bildete den Ursprung für die gesamte Fourier-Analysis.

19 Verschiedenes

Evariste Galois (1811–1832)

Französischer Mathematiker mit kurzem und tragischem Leben. Von ihm stammen wichtige Beiträge zur Theorie algebraischer Gleichungen. Wurde im Duell getötet.

Karl Friedrich Gauß (1777–1855)

Deutscher Mathematiker, einer der größten Mathematiker überhaupt, der „Princeps mathematicorum". Lieferte wichtige Beiträge zur reinen und angewandten Mathematik. Sein Buch „Disquistiones Aritmeticae" bildete die Grundlage für die moderne Zahlentheorie.

Sophie Germain (1776–1831)

Französische Mathematikerin, arbeitete über Zahlentheorie und erhielt mehrere Preise für ihre Beiträge zur mathematischen Physik, speziell für Probleme der Akustik und Elastizität. Ihren ersten Beitrag verfaßte sie unter dem Pseudonym „Monsieur LeBlanc".

David Hilbert (1862–1943)

Deutscher Mathematiker, Professor in Göttingen. Einer der letzten, der für alle Bereiche der Mathematik wichtige Beiträge lieferte.

Hypatia (370–415)

Erste uns bekannte Mathematikerin, lebte und arbeitete in Alexandria und war in der Algebra von Diophantus beeinflußt. Ihre Kommentare zu seiner Arithmetica und zu den Büchern von Appolonius über Kegelschnitte sind verloren gegangen.

Felix Klein (1849–1925)

Deutscher Geometer und Algebraiker. In seiner Antrittsvorlesung in Erlangen formulierte er seine Vorstellungen über die Geometrie. Dieses *Erlanger Programm* hat die Geometrie und den Geometrieunterricht maßgeblich beeinflußt. Sein Interesse galt vor allem der Didaktik der Mathematik.

Andrej Kolmogorov (1903–1987)

Russischer Mathematiker, formulierte 1933 eine strenge mathematische Fassung der Wahrscheinlichkeitstheorie und lieferte Beiträge zu vielen anderen Teilen der Mathematik, kümmerte sich intensiv um den mathematischen Unterricht.

Sofia (Sonia) Kovalevskaja (1853–1891)

Tochter eines russischen Artillerieoffiziers. Studierte bei Weierstraß in Deutschland. Professor der Mathematik in Stockholm nach 1884. Arbeitsgebiet: Partielle Differentialgleichungen.

19 Verschiedenes

Joseph Louis Lagrange (1736–1813)

Französischer Mathematiker, wirkte in Turin, Berlin und Paris, war Professor an der École Polytechnique. Beiträge zur Analysis, Zahlentheorie, Wahrscheinlichkeitstheorie und zur theoretischen Mechanik.

Pierre Simon Marquis de Laplace (1749–1827)

Französischer Mathematiker, wurde „Newton von Frankreich" genannt, hatte Napoleon als Schüler. Dieser ernannte ihn später für kurze Zeit zum Innenminister. Beiträge zur Analysis, Wahrscheinlichkeitslehre und Himmelsmechanik.

Gottfried Wilhelm Leibniz (1646–1716)

Deutscher Mathematiker und Rechtsgelehrter, der letzte Polyhistor, entdeckte neben Newton die Differential- und Integralrechnung. Begründer der mathematischen Logik.

Nikolaij Lobachevsky (1793–1856)

Russischer Mathematiker, arbeitete und lehrte in Kasan. Entwickelte unabhängig von Gauß und Bolyai Modelle der nichteuklidischen Geometrie. Obwohl blind, diktierte er Jahre vor seinem Tode seine *Pangeometrie*, eine Zusammenfassung seines Lebenswerkes.

Andrei Andrejevitch Markov (1856–1922)

Russischer Mathematiker, arbeitete in St. Petersburg, auf ihn gehen die ersten Untersuchungen von Markov-Ketten und Markov-Prozessen zurück, zentrale Themen der modernen Wahrscheinlichkeitstheorie.

Gösta Mittag-Leffler (1846–1927)

Schwedischer Mathematiker, einer der bedeutenden Schüler von Weierstraß. Beiträge zur Analysis. Gründete 1882 die mathematische Zeitschrift *Acta Mathematica*.

John Napier (Neper) (1550–1617)

Schottischer Mathematiker, Physiker and Ingenieur, erfand unabhängig von J. Brüggi die Logartithmen.

John von Neumann (1903–1957)

Geboren in Ungarn, arbeitete in Deutschland und in den USA, wegen seiner vielen Beiträge zur reinen und angewandten Mathematik wurde er „Archimedes unserer Zeit" genannt. Begründete die Spieltheorie und war an der Konstruktion des ersten programmierbaren elektronischen Rechners beteiligt.

Isaac Newton (1642–1727)

Englischer Mathematiker und Physiker, eine der ganz großen Persönlichkeiten der Naturwissenschaften. Er entwickelte zur gleichen Zeit aber unabhängig von Leibniz die Differential- und Integralrechnung. Entdecker des Gravitationsgesetzes.

19 Verschiedenes

Emmy Noether (1882–1935)

Wirkte bis 1933 in Göttingen, nach 1933 im Mädchencollege in Bryn Mawr, USA. Hatte wesentlichen Einfluß auf die axiomatische Entwicklung der modernen Algebra. „Sie zählt zu den grossen Mathematikern, vom weiblichen Geschlecht ist sie, davon bin ich fest überzeugt, sicher die größte, und zudem war sie eine große Frau" (Nachruf von Hermann Weyl).

Blaise Pascal (1623–1662)

Französischer Mathematiker und Philosoph. Bereits mit 16 vollendete er seine erste Arbeit über Kegelschnitte. Zusammen mit Fermat der Begründer der Wahrscheinlichkeitstheorie. Konstruierte als erster eine Rechenmaschine für Addition und Subtraktion.

Henri Poincaré (1854–1912)

Französischer Mathematiker mit bedeutenden Beiträgen zur Analysis, Topologie, Wahrscheinlichkeitslehre und zur mathematischen Physik. Schrieb 500 mathematische Veröffentlichungen.

Pythagoras (um 580–500 v.Chr.)

Griechischer Philosoph und Mathematiker. Gründete in Kroton eine religiös-politische Gemeinschaft, in der er auch Mathematik, Astronomie, Musik und Philosophie unterrichtete. Seinen Namen trägt für alle Zeiten der Satz von den Quadraten über den Seiten eines rechtwinkligen Dreiecks.

Srinivasa Ramanujan (1887–1920)

Mathematiker aus Indien, Autodidakt, erzielte verblüffende mathematische Ergebnisse, die er in seinem Tagebuch festhielt. Kam später auf Einladung von G. H. Hardy an die Universität von Cambridge in England.

Bernhard Riemann (1826–1866)

Deutscher Mathematiker, wichtige Beiträge zur Funktionentheorie. In seinem Habilitationsvortrag „Über die Hypothesen, welche der Geometrie zugrunde liegen" lieferte er das Fundament für Einsteins Allgemeine Relativitätstheorie.

Karl Weierstraß (1815–1897)

Deutscher Mathematiker, neben Riemann einer der Begründer der modernen Funktionentheorie. Er konstruierte als erster ein Beispiel für eine stetige, nirgends differenzierbare Funktion.

Norbert Wiener (1894–1964)

Amerikanischer Mathematiker, mathematisches Wunderkind. Bereits mit 14 erhielt er seinen ersten akademischen Titel. Begründer der Kybernetik.

Verwendete Funktionen (die Nummer gibt den Abschnitt an)

$\lvert x \rvert$	2.1	$\operatorname{arccot} x = \cot^{-1} x$	5.4	$\operatorname{Kei}(x)$	12.4
$\sqrt[n]{x}$	2.1	$F(a, b, c, x)$	9.2	$\Gamma(x)$	12.5
$\pi(x)$	2.2	$F(b, c, x)$	9.2	$B(p, q)$	12.5
x^a	5.3	$P_n(x)$	12.2	$F(k, \varphi)$	12.5
$a^x, e^x = \exp(x)$	5.3	$P_n^m(x)$	12.2	$E(k, \varphi)$	12.5
${}^a\log x$	5.3	$T_n(x), T_n^*(x)$	12.2	$\pi(k, n, \varphi)$	12.5
$\ln x$	5.3	$U_n(x), U_n^*(x)$	12.2	$K(k)$	12.5
$\sinh x$	5.3	$H_n(x)$	12.2	$E(k)$	12.5
$\cosh x$	5.3	$h_n(x)$	12.2	$\operatorname{Ei}(x)$	12.5
$\tanh x$	5.3	$L_n(x)$	12.2	$\operatorname{li}(x)$	12.5
$\coth x$	5.3	$L_n^{(\alpha)}(x)$	12.2	$\operatorname{erf}(x)$	12.5
$\operatorname{arsinh} x = \sinh^{-1} x$	5.3	$l_n(x)$	12.2	$\operatorname{erfc}(x)$	12.5
$\operatorname{arcosh} x = \cosh^{-1} x$	5.3	$P_n^{(\alpha, \beta)}(x)$	12.2	$\operatorname{Si}(x)$	12.5
$\operatorname{artanh} x = \tanh^{-1} x$	5.3	$B_n(x)$	12.3	$\operatorname{Ci}(x)$	12.5
$\operatorname{arcoth} x = \coth^{-1} x$	5.3	$E_n(x)$	12.3, 12.5	$C(x)$	12.5
$\sin x$	5.4	$J_p(x)$	12.4	$S(x)$	12.5
$\cos x$	5.4	$Y_p(x)$	12.4	$\theta(t)$	12.6
$\tan x$	5.4	$H_p^{(1)}(x)$	12.4	$\operatorname{sgn}(t)$	12.6
$\cot x$	5.4	$H_p^{(2)}(x)$	12.4	$\delta(t)$	12.6
$\sec x$	5.4	$I_n(x)$	12.4	$\varphi(x)$	17.2
$\csc x$	5.4	$K_n(x)$	12.4	$\Phi(x)$	17.8
$\arcsin x = \sin^{-1} x$	5.4	$\operatorname{Ber}(x)$	12.4		
$\arccos x = \cos^{-1} x$	5.4	$\operatorname{Bei}(x)$	12.4		
$\arctan x = \tan^{-1} x$	5.4	$\operatorname{Ker}(x)$	12.4		

Bezeichnungen

Bezeichnung	Bedeutung	Abschnitt
$\wedge$	und	1.1
$\vee$	oder	1.1
$\bar{\vee}$	exklusives oder	1.1
$\neg$, $\sim$	Negation	1.1
$\Rightarrow$	impliziert	1.1
$\Leftrightarrow$	äquivalent	1.1
$\exists$	es gibt	1.1
$\forall$	für alle	1.1
$\uparrow$	NAND	1.1
$\downarrow$	NOR	1.1
$\therefore$	daher	
$\in$	Element von	1.2
$\subset$	Teilmenge	1.2
$\supset$	Obermenge	1.2
$\complement$	Komplement	1.2
$\cap$	Durchschnitt	1.2
$\cup$	Vereinigung	1.2
$\setminus$	Differenz	1.2
Δ	symmetrische Differenz	1.2
	Differenzenoperator	6.1, 6.3
	Laplace-Operator	11.2
$\times$	kartesisches Produkt	1.2
$\emptyset$	leere Menge	1.2
D_f, R_f	Definitions-, Wertebereich von f	1.3
$\binom{n}{k}$	Binomialkoeffizient	2.1
N, Z, Q, R, C	Zahlbereiche	2.2
$\mathbf{R}^n$	Euklidischer Raum	10.1
$\mathbf{Z}_n$	Kongruenzklassen modulo n	1.4
$\mathbf{Z}_2^n$	Menge der binären n-Tupel	1.6
$F[x]$	Polynomring über Körper F	1.4
∂S, $\bar{S}$	Rand, Abschluß von S	4.7, 10.1
$\mathbf{u} \cdot \mathbf{v}$, $\mathbf{u}^T\mathbf{v}$, $(\mathbf{u}, \mathbf{v})$, $(u\vert v)$, $\mathbf{u}*\mathbf{v}$	Skalarprodukt	3.4, 4.1, 4.7, 12.7, 4.10
$\mathbf{u} \times \mathbf{v}$	Vektorprodukt	3.4
$\vert\mathbf{u}\vert$	Länge (Norm)	3.4, 4.7
$\Vert u\Vert$, $\Vert u\Vert_{m,p}$	Norm	12.7, 12.8

19 Verschiedenes

$A = (a_{ij}), [a_{ij}]$	Matrix	4.1
$[A]_{ij} = a_{ij}$	Matrixelement	4.1
A^T	Transponierte einer Matrix	4.1
A^*	Adjungierte einer Matrix	4.10
$\|A\|$	Matrixnorm	16.2
$y' = \dfrac{dy}{dx} = Dy,\ \dot{y} = \dfrac{dy}{dt}$	Ableitung	6.3
$f'_x = f_x = \dfrac{\partial f}{\partial x}$	partielle Ableitung	10.4
f'_e	Richtungsableitung	10.4
$\dfrac{\partial}{\partial n}$	Ableitung in Normalrichtung	11.4
$\dfrac{\partial(y_1, \ldots, y_n)}{\partial(x_1, \ldots, x_n)}$	Jacobi-Determinante	10.6
∇	Gradient	11.2
$E, \Delta, \nabla, \delta, \mu$	Differenzenoperatoren	16.3
L^p	Lebesgue-Raum	12.8
C^m	Räume differenzierbarer Funktionen	12.8
$W^{m,p}, H^m$	Sobolev-Räume	12.8
$O(\ ), o(\ )$	ordo	8.5
$[\ ,\ ], (\ ,\ )$	abgeschlossenes, offenes Intervall	6.1
$\sim$	Äquivalenz nach elementaren Umformungen	4.1
	asymptotische Äquivalenz	8.5
$*$	Faltung	12.8
$=$	Gleichheit	
$\neq$	Ungleichheit	
$< (\leq)$	kleiner als (oder gleich)	
$> (\geq)$	größer als (oder gleich)	
$\equiv$	Identität	
$\approx$	approximativ gleich	
$\cong$	kongruent mit	
$\parallel$	parallel zu	
$\perp$	senkrecht zu	
∞	Unendlich	
$\delta_{kn} = \begin{cases} 1, & k = n \\ 0, & k \neq n \end{cases}$	Kronecker-Delta	

Englische Abkürzungen der Informatik

A/D	Analog-to-Digital
ADP	Automatic Data Processing
AED	Automatic Engineering Design
AI	Artificial Intelligence
AL	Assembly Language
ALU	Arithmetic-Logic Unit
ASCII	American Standard Code for Information Interchange
ASL	Available Space List
BCD	Binary-Coded Decimal
BDP	Business Data Processing
bps	Bits per second
BSAM	Basic Sequential Access Method
CAD	Computer-Aided Design
CAI	Computer-Aided Instruction
CAM	Computer-Aided Manufacturing
CG	Computer Graphics
CIM	Computer-Integrated Manufacturing
CMS	Conversational Monitor System
CPU	Central Processing Unit
CTSS	Compatible Time-Sharing System
D/A	Digital-to-Analog
DAM	Direct Access Method
DMA	Direct Memory Access
DML	Data Manipulation Language
DOS	Disk Operating System
DRAM	Dynamic Random Access Memory
FF	Flip-Flop
FIFO	First-In-First-Out
FPS	Floating Point System
GIGO	Garbage-In-Garbage-Out
HLL	High-Level Language
IC	Integrated Circuit
I/O	Input/output
JCL	Job Control Language
Kb	Kilo bit (10^3 bits)
KB	Kilobyte (10^3 bytes)
LAN	Local and network
LIFO	Last-In-First-Out
LP	Linear Programming
LSI	Large-Scale Integration
Mb	Megabit (10^3 bits)
MB	Megabytes (10^3 bytes)
Megaflop	Million floating-point operations per second
MIPS	Millions instructions processed per second
MSB	Most Significant Bit (Byte)
PROM	Programmable Read-Only Memory
RAM	Random Access Memory
ROM	Read-Only Memory
SAM	Sequential Access Method
SJF	Shortest Job First
SNA	System Network Architecture
SP	Structured Programming
VDU	Video Display Unit
VM	Virtual Memory
WFF	Well-formed Formula

Literaturhinweise

Grundlagen. Diskrete Mathematik

ALEXANDROFF, P.S.: Lehrbuch der Mengenlehre. Harri Deutsch 1994
DIESTEL, R.: Graphentheorie. Springer 1996
EBBINGHAUS, H.: Einführung in die Mengenlehre. Bibl. Institut, 3. Aufl. 1994
HALMOS, P.: Naive Mengenlehre. Vandenhoeck und Ruprecht, 2. Aufl. 1969
HASSE, M.: Grundbegriffe der Mengenlehre und Logik. Teubner, 10. Aufl. 1989
HEISE, W.; QUATTROCCHI, P.: Informations- und Codierungstheorie. Springer, 3. Aufl. 1995
POTTER, M.: Mengentheorie. Spektrum Verlag 1994
SCHMIDT, G.; STRÖHLEIN, TH.: Relations and Graphs. Springer 1993

Algebra. Zahlentheorie

BOSCH, S.: Algebra. Springer, 2. Aufl. 1996
VAN DER WAERDEN, B.: Algebra, Bd. 1, 2. Springer, 9./6. Aufl. 1994/1993
MEYBERG, K.: Algebra, Bd. 1, 2. Hanser, 2./1. Aufl. 1980/1976
BRÜDERN, J.: Einführung in die analytische Zahlentheorie. Springer 1995
BUNDSCHUH, P.: Einführung in die Zahlentheorie. Springer, 3. Aufl. 1996
LEUTBECHER, A.: Zahlentheorie. Springer 1996
WOLFART, J.: Einführung in die Zahlentheorie und Algebra. Vieweg 1996

Geometrie. Trigonometrie. Lineare Algebra. Tensorrechnung

BÄR, G.: Geometrie. Mathematik für Ingenieure. Teubner 1996
BEUTELSBACHER, A.; ROSENBAUM, U.: Projektive Geometrie. Vieweg 1992
BURG, K.; HAF, H.; WILLE, F.: Höhere Mathematik für Ingenieure, Bd. 2. Teubner, 3. Aufl. 1992
DIRSCHMID, H.: Tensoren und Felder. Springer 1996
FISCHER, G.: Analytische Geometrie. Vieweg, 6. Aufl. 1992
FISCHER, G.: Lineare Algebra. Vieweg, 10. Aufl. 1995
JÄNICH, K.: Lineare Algebra. Springer, 6. Aufl. 1996
Koecher, K.: Lineare Algebra und analytische Geometrie. Springer, 4. Aufl. 1997
KOWALSKI, H.; MICHLER, G.: Lineare Algebra. De Gruyter 1995
LIPPMANN, H.: Angewandte Tensorrechnung. Springer, 2. Aufl. 1996
MEYBERG, K.; VACHENAUER, P.: Höhere Mathematik 1. Springer, 3. Aufl. 1995
WALTER, R.: Einführung in die lineare Algebra. Vieweg, 4. Aufl. 1996
WALTER, R.: Lineare Algebra und analytische Geometrie. Vieweg, 2. Aufl. 1993

Elementare Funktionen. Differential- und Integralrechnung. Reihen

BARNER, M.; FLOHR, F.: Analysis I. De Gruyter, 4. Aufl. 1991
BLATTER, CHR.: Analysis 1. Springer, 4. Aufl. 1991
BLATTER, CHR.: Ingenieur Analysis, Bd. 1,2. Springer, 2. Aufl. 1996
BURG, K.; HAF, H.; WILLE, F.: Höhere Mathematik für Ingenieure, Bd. 1. Teubner, 3. Aufl. 1992
FORSTER, O.: Analysis 1. Vieweg, 4. Aufl. 1983
KÖNIGSBERGER, K.: Analysis 1. Springer, 3. Aufl. 1995
MEYBERG, K.; VACHENAUER, P.: Höhere Mathematik 1. Springer, 3. Aufl. 1995
NEUNZERT, H. ET AL.: Analysis 1. Springer, 3. Aufl. 1996
SIEBER, N.; SEBASTIAN, H.: Spezielle Funktionen. Teubner, 3. Aufl. 1988
WALTER, W.: Analysis 1. Springer, 4. Aufl. 1997

Gewöhnliche Differentialgleichungen

AMANN, H.: Gewöhnliche Differentialgleichungen. De Gruyter, 2. Aufl. 1995
AYRES, F.: Differentialgleichungen. Schaum's Outline, Hanser 1985
BOYCE, W.; DIPRIMA, R.: Gewöhnliche Differentialgleichungen. Spektrum Akademischer Verlag 1995
BRAUN, M.: Differentialgleichungen und ihre Anwendungen. Springer, 3. Aufl. 1994
BURG, K.; HAF, H.; WILLE, F.: Höhere Mathematik für Ingenieure, Bd. 3. Teubner, 3. Aufl. 1993
COLLATZ, L.: Differentialgleichungen. Teubner, 7. Aufl. 1990
HEUSER, H.: Gewöhnliche Differentialgleichungen. Teubner, 2. Aufl. 1991
HUBBARD, J.H.; WEST, B.H.: Differential Equations: A Dynamical Approach, 3 Vols. Springer, 1995
JORDAN, D.W.; SMITH, P.: Nonlinear Ordinary Differential Equations. Clarendon 1979
MEYBERG, K.; VACHENAUER, P.: Höhere Mathematik 2. Springer, 2. Aufl. 1997
WALTER, W.: Gewöhnliche Differentialgleichungen. Springer, 6. Aufl. 1996

Mehrdimensionale Analysis. Vektoranalysis

BARNER, M.; FLOHR, F.: Analysis 2. De Gruyter, 3. Aufl. 1996
BLATTER, CHR.: Analysis 2. Springer, 3. Aufl. 1992
BLATTER, CHR.: Ingenieur Analysis 2. Springer, 2. Aufl. 1996
BURG, K; HAF, H.; WILLE, F.: Höhere Mathematik für Ingenieure, Bd. 4/ 5. Teubner, 2. Aufl. 1994/1993
FICHTENHOLZ, G.M.: Differential- und Integralrechnung, Bd. 1-3. Harri Deutsch 1989
JÄNICH, K.: Vektoranalysis. Springer, 2. Aufl. 1993
KÖNIGSBERGER, K.: Analysis 2. Springer 1993
MEYBERG, K.; VACHENAUER, P.: Höhere Mathematik 1. Springer, 3. Aufl. 1995
NEUNZERT, H. ET AL.: Analysis 2. Springer, 2. Aufl. 1993
RENARDY, M.; ROGERS, R.: An Introduction to Partial Differentialequations. Springer 1992
RUDIN, W.: Real and Complex Analysis. McGraw Hill, 3. Aufl. 1987
SCHARK, R.: Vektoranalysis für Ingenieurstudenten. Harri Deutsch 1992
WALTER, W.: Analysis 2. Springer, 4. Aufl. 1995

Orthogonalreihen. Spezielle Funktionen. Funktionalanalysis

ABRAMOWITZ, M.; STEGUN, I.: Handbook of Mathematical Functions. Dover 1989
ALT, H.W.: Lineare Funktionalanalysis. Springer, 2. Aufl. 1992
BURG, K.; HAF, H.; WILLE, F.: Höhere Mathematik für Ingenieure, Bd. 5. Teubner, 2. Aufl. 1993
ELSTRODT, J.: Maß- und Integrationstheorie. Springer 1996
GÖPFERT A.; RIEDRICH, TH.: Funktionalanalysis. Teubner, 4. Aufl. 1994
MEISE, R.; VOGT, D.: Einführung in die Funktionalanalysis. Vieweg 1992
WERNER, D.: Funktionalanalysis. Springer, 2. Aufl. 1997 (in Vorbereitung)

Transformationen. Systemtheorie

DOETSCH, G.: Anleitung zum praktischen Gebrauch der Laplace- und der Z-Transformation. Oldenbourg, 6. Aufl. 1997
MEYBERG, K.; VACHENAUER, P.: Höhere Mathematik 2. Springer, 2. Aufl. 1997
OPPENHEIM, A.; WILLSKY, A.: Signale und Systeme. VCH-Verlag 1989
SPIEGEL, M.R.: Fourier-Analysis. Theorie und Anwendung. Hanser 1985
SPIEGEL, M.R.: Laplace-Transformationen, Theorie und Anwendung. Hanser 1987
STOPP, F.: Operatorenrechnung, Laplace-, Fourier- und Z-Transformation. Teubner, 5. Aufl. 1995

Komplexe Analysis

BURG, K.; HAF, H.; WILLE, F.: Höhere Mathematik für Ingenieure, Bd. 4. Teubner, 2. Aufl. 1994
FISCHER W.; LIEB, I.: Funktionentheorie. Vieweg, 7. Aufl. 1994
FREITAG, E.; BUSAM, R.: Funktionentheorie. Springer, 2. Aufl. 1995
JÄNICH, K.: Funktionentheorie. Springer, 4. Aufl. 1996
MEYBERG, K.; VACHENAUER, P.: Höhere Mathematik 2. Springer, 2. Aufl. 1997
REMMERT, R.: Funktionentheorie 1. Springer, 4. Aufl. 1995
REMMERT, R.: Funktionentheorie 2. Springer, 2. Aufl. 1995
RUDIN, W.: Real and Complex Analysis. McGraw Hill, 3. Aufl. 1987

Optimierung

CARATHÉODORY, C.: Variationsrechnung und partielle Differentialgleichungen erster Ordnung. Teubner 1994
FLETCHER, R.: Practical Methods of Optimization. John Wiley, 2. Aufl. 1993
GIAQUINTA, M.; HILDEBRAND, S.: Calculus of Variations, Vols 1,2. Springer 1995
KOSMOL, P.: Optimierung und Approximation. De Gruyter 1991
KRABS, W.: Einführung in die lineare und nichtlineare Optimierung. Teubner 1983
NEMHAUSER, G.L. ET AL.: Handbook in Operations Research, Vol.1. Elsevier 1989
NEMHAUSER, G.L. ET AL.: Einführung in die Praxis der dynamischen Programmierung. Oldenbourg 1969
SEIFFART, E.; MANTEUFFEL K.: Lineare Optimierung. Teubner, 5. Aufl. 1991
STRUWE, M.: Varational Methods. Springer, 2. Aufl. 1996
TROUTMAN, J.: Variational Calculus and Optimal Control. Springer, 2. Aufl. 1996

Numerische Mathematik und Programme

DEUFLHARD, P.; HOHMANN, A.: Numerische Mathematik. De Gruyter, Bd. 1,2, 2. Aufl. 1993
ENGELN-MÜLLGES: Numerik Algorithmen, inkl. CD-ROM. VDI-Verlag 1996
GOLUB, G.; VAN LOAN, CH.: Matrix Computations. John Hopkins Press, 2. Aufl. 1989
GROSSMANN, CHR.; ROOS, H.-G.: Numerik partieller Differentialgleichungen. Teubner, 2. Aufl. 1994
GROSSMANN, CHR.; TERNO, J.: Numerik der Optimierung. Teubner 1993
HÄMMERLIN, G.; HOFFMANN, K-H.: Numerische Mathematik. Springer, 4. Aufl. 1994
PRESS, W. ET AL.: Numerical Recipies in FORTRAN. Cambridge University Press 1992
PRESS, W. ET AL.: Numerical Recipies in PASCAL. Cambridge University Press 1992
PRESS, W. ET AL.: Numerical Recipies in C. Cambridge University Press 1992
SCHABACK, R.; WERNER, H.: Numerische Mathematik. Springer, 4. Aufl. 1993
SPELLUCCI, P.: Numerische Verfahren der nichtlinearen Optimierung. Birkhäuser 1993
SCHWARZ, H.R.: Numerische Mathematik. Teubner, 4. Aufl. 1997
STOER, J.: Numerische Mathematik 1. Springer, 7. Aufl. 1994
STOER, J.; BURLIRSCH, R.: Numerische Mathematik 2. Springer, 3. Aufl. 1990
TÖRNIG, W.: Numerische Mathematik für Ingenieure und Physiker, Bd. 1,2. Springer, 2. Aufl. 1986/1990

Wahrscheinlichkeitstheorie. Statistik

ALSMEYER, G.: Erneuerungstheorie. Teubner 1991
ASSEMACHER, W.: Deskriptive Statistik. Springer 1996
BAMBERG, G.; BAUER, F.: Statistik. Oldenbourg, 9. Aufl. 1995
BANDELOW, CHR.: Einführung in die Wahrscheinlichkeitstheorie. Spektrum Akademischer Verlag, 2. Aufl. 1989
BAUER, H.: Wahrscheinlichkeitstheorie. De Gruyter, 4. Aufl. 1991
BEHNEN, K.; NEUHAUS, G.: Grundkurs Stochastik. Teubner, 3. Aufl. 1993
BEICHELT, F.: Stochastik für Ingenieure. Teubner 1995
BEYER, O.: Wahrscheinlichkeitsrechnung und mathematische Statistik, Mathematik für Ingenieure. Bd. 17. Harri Deutsch, 6. Aufl. 1991
FAHRMEIR, L. ET AL.: Multivariate statistische Verfahren. De Gruyter, 2. Aufl. 1996
FALK, M.; BECKER, R.; MAROHN, F.: Angewandte Statistik mit SAS. Springer 1995
GARDINER, C.W.: Handbook of Stochastic Methods. Springer, 2. Aufl. 1996
HACKENBROCH, W.; THALMAIER, A.: Stochastische Analysis. Teubner 1994
HARTUNG, J.: Statistik. Oldenbourg, 10. Aufl. 1995
KRENGEL, U.: Einführung in die Wahrscheinlichkeitstheorie und Statistik. Vieweg, 3. Aufl. 1991
MATHAR, R.; PFEIFER, D.: Stochastik für Informatiker. Teubner 1990
MOESCHLIN, O. ET AL.: Experimentelle Stochastik, Bd. 1-4, CD-ROM mit Begleitbuch. Birkhäuser 1995
SACHS, L.: Angewandte Statistik, Springer, 8. Aufl. 1997

Namen- und Sachverzeichnis

Abbildung
  – affin 247
  – konform 346
  – linear 105
  – Möbius, gebrochen-linear 346
  – orientierstreu 346
Abbildungsmatrixsmatrix 105
Abbildungsrelation 20
Abel-Grenzwertsatz 184, 241
Abel-Test 182
Abelsche Gruppe 22, 25
Abgeschlossene Hülle 214, 294
Abgeschlossene Menge 214, 295
Abkürzungen der statistischen Qualitätskontrolle 503
Abkürzungen der Informatik 528
Ableitung 305
  – Tabelle 134, 135
  – im schwachen Sinne 302
Absoluter Fehler 369
Abstand
  – zwischen Geradeen 85
  – zwischen Punkt und Gerade 80
  – zwischen Punkt und Ebene 85
  – zwischen Punkten 79, 83, 85, 213
Abtasttheorem 312
Achsenabschnittsform 80
Additionstheoreme 120
Adjazenzmatrix 34
Adjungierte Matrix 111
Adjungierter Operator 297
Affine Diagonalisierung 97
Ähnliche Dreiecke 66
d'Alembert-Formel 231
Algebraische
  – Gleichung 63
  – Funktion, Integration einer 139
  – Gesetze, reelle Zahlen 43

  – Zahlen 49
Algorithmen für Verteilungsfunktionen 425
Allgemeine Lösung, DGL 209
Alphabet 17
Alternative Hypothese 482
Amplituden 205
Amplituden-Phasenwinkel-Form 125
Analytische Funktion 339
Analytische Geometrie im Raum 83
Analytische Geometrie in der Ebene 79
Anfangswertproblem (DGL) 206
Anfangswertproblem (PDG) 235
Annahme-Kontrollplan 501
Annahme-Verwerfen-Methode für
Annuität 49
ANOVA, Varianzanalyse 491
Anstieg, Tangente 132
Antithetische Variable 431
Approximation im Mittel 93, 255, 307
Äquivalenzrelation 19
Archimedes-Spirale 148
AR-Prozeß 424
Arcuscosinus Funktion 126
Arcuscotangens Funktion 126
Arcussinus Funktion 126
Arcustangens Funktion 126
Area cosinus hyperbolicus 121
Area sinus hyperbolicus 121
Argument einer komplexen Zahl 62
Argumentprinzip 346
Arithmetische Reihe 188
Arithmetisches Mittel 46
ARMA-Prozeß 424
Arzelà-Satz 180
Assoziativgesetz 21, 43
Astroide 148
Asymptote 144, 145

Asymptotisch stabil 212
Asymptotisch stabile Lösung 212
Asymptotische Äquivalenz 186
Asymptotisches Verhalten 212
Auflösung eines faktoriellen Versuchsplans 506
Ausfallrate 435
Ausgleichskurve 381
Ausgleichsrechnung, lineare 93
Aussagenkalkül 9
Äußerer Punkt 213
Autokorrelationsfunktion 423
Automorphismus 25
Autonome Differentialgleichung 196, 200, 211
Autoregressive-Moving Average Prozeß 425
Autoregressiver Prozeß 425

Bahnen-DGL 213
Banach-Raum 300
Bartlett-Test 488
BASIC Anweisung 407
Basis
– Vektorraum 103
– Hilbertraum 301
Basisvariable 93
Basisvervollständigung 105
Basiswechsel der 94, 109
Baum 35
Baumdiagramm 409
Bayes-Formel 408
Bayes-Regel 411
BCH-Code 39
Bedingte
– Verteilung 413
– Erwartungswert 413
– Wahrscheinlichkeit 408
Bei-Funktion 268
Begleitendes Dreibein 243
Bellman-Optimalitätsprinzip 367
Ber-Funktion 268
Berechnung 386
Bereich 218
Bernoulli
– Differentialgleichung 199
– Polynom 265

– Versuch 416
– Zahl 265
Bernstein-Polynom 382
Berühmte Mathematiker 516
Berühmte Zahlen 513
Beschleunigung 242
Beschreibende Statistik 461
Beschränkte Menge 218
Beschränkter Operator 296
Bessel-
– DGL 269
– Funktion 237, 266
– sphärische 273
– Tabelle der Nullstellen 280
– modifizierte 267
– numerische Tabellen 275
– Ungleichung 255
Beta-Funktion 284
Beta-Verteilung 418
Betrag 46
Betrag einer komplexen Zahl 61
Betrag eines Vektors 103
Bewegung eines Teilchens 242
Beweismethode 13
Bezeichnungen 526
Bezier-Kurve 382
Biharmonischer Operator 244
Bijektiv 21
Bildraum 109
Bilinearform 299
Binomial-
– Koeffizient 45
– Tabelle 47
– Koeffizienten, gebrochene, Tabelle 195
– Reihe 192
Binomialsatz 44
Binomialverteilung 416, 421, 425
– Tabelle 442, 444
Binormalenvektor 243
Binäre Operation 21
Binäre Relation 17
Binäres Zahlsystem 58
Bisektionsmethode 370
Bivariate Normalverteilung 418
Bivariate Zufallsvariable 411
Blatt eines Baums 35

Namen- und Sachverzeichnis 535

Blockdiagramm 335
Blocking 505
Blockmatrixinversion 91
Bogenelement 246, 248, 249
Bogenlänge 144, 242, 251
Bolzano-Weierstraß-Theorem 218
Bonferroni-Ungleichung 407
Boole-Ungleichung 407
Boolesche Algebra 22, 29
Boolesche Funktion 31
Boolescher Ausdruck 31, 33
Boolesches Polynom 31
Box 71
Box plot 462
Box-Müller-Methode 430
Brouwer-Fixpunktsatz 298

Cardano-Formel 65
Casorati-Weierstraß-Satz 345
Cauchy-
 – Bedingung, Kriterium 179
 – Folge 294
 – Hauptwert 143
 – Integralformel 342
 – Integralsatz 342
 – Mittelwertsatz 133
 – Problem 197
 – Produkt von Potenzreihen 184
 – Ungleichung 48
 – Verteilung 418
Cauchy-Riemann-Gleichungen 339
Cauchy-Schwarz-Ungleichung 103, 105, 111, 217, 295
Cayley-Hamilton-Satz 113
Cayley-Satz 25
Chapman-Kolmogorov-Gleichung 421
Charakteristik 27, 234
Charakteristische
 – Gleichung 96, 215, 201, 204, 215
 – Funktion 420
Code 37
Codierung 37
Codierungsmatrix 37
Constraint Qualification 365
Cosekansfunktion 122
Cosinus-
 – Funktion 122

– Funktion, hyperbolische 119
– Satz 68
Cotangens 122
Cotangens, hyperbolischer 119
Cramer-Regel 93
Cramér-Rao-Ungleichung 470
Cut set 440
χ^2
 – Test 484
 – Verteilung 417, 421, 426, 451
 – Verteilung, Tabelle 452

D'Alembert-Formel 235
De-Moivre-Formel 62
De-Morgan-Gesetz 10, 11, 15
Definitheit 101
Definitionsbereich 218
 – einer Funktion 20
 – einer Relation 17
Delambre-Gleichung 75
Deltafunktion von Dirac 292, 305
Descartes-Blatt 148
Descartes-Vorzeichenregel 64
Determinante 90
Diagonalierung einer Matrix 97
Diagonalmatrix 87
Dichte Menge 294
Differential 132, 220, 225
Differentialform 249
Differentialgeometrie 243
Differentialgleichung, gewöhnliche 196
 – äquivalentes System 197, 211
 – asymptotisches Verhalten 211
 – autonome 200, 211
 – Bernoulli- 199
 – Bessel- 271
 – erster Ordnung 199
 – Euler- 203, 206
 – exakte 200
 – Existenz und Eindeutigkeit 197
 – hypergeometrische 203
 – Jacobi- 264
 – Laguerre- 264
 – Legendre- 259
 – lineare 196, 197, 198, 204
 – lineare, konstante Koeffizienten 204
 – numerische Lösung 390

– periodische Lösung 308
– Randwertproblem 196, 209
– sphärische Bessel- 273
– System von 196, 197, 206, 211
– trennbare 199
– Tschebyschev- 261
– zweiter Ordnung 200
Differentialgleichung, partielle 234
 – Anfangswertproblem 235
 – numerische Lösung von 395
 – Randwertproblem 235
Differentialoperator, linearer 196
Differentiation
 – eines Integrals 134
 – einer Matrix 88, 112
 – numerische 382, 387
Differentiationsformeln 133, 246
Differenz 132
Differenzen, finite 379
Differenzengleichung 215, 324
Differenzierbare Funktion 132, 220, 225
Differenzmenge 15
Digraph 33
Dijkstra-Algorithmus 36
Dimension 103
Dimensionssatz 110
Dini-Satz 180
Diophantische Gleichung 54
Dirac-Deltafunktion 292, 305
Direktes Produkt 22
Dirichlet-Problem 235, 240
Dirichlet-Test 182, 183
Disjunktive Normalform 11
Diskrete Fourier-Transformation 320
Diskrete Zufallsvariable 409, 411
Diskriminante 64
Distribution 304
Distributivgesetz 21, 43
Divergente(s)
 – Integral 143
 – Folge 179
 – Reihe 181
Divergenz 227, 244
Divergenzsatz (von Gauß) 254
Dividierte Differenzen 377
Dodekaeder 72
Doppelintegral 227

Doppelintegral, numerische Behandlung 394
Doppelverhältnis 346
Drehachse 102, 107
Drehfläche 102, 223
Drehgruppe (orthogonale Gruppe) 107
Drehkörper 147
Drehung des Koordinatensystems 95
Drehungen im Raum 107
Drehwinkel 107
Dreiblatt 148
Dreieck 66
Dreiecksinhalt 67
Dreiecksmatrix 87
Dreiecksungleichung 48, 103, 105, 111, 217, 295
Dreifachintegral 230
Dualraum 302
Durchlaufsinn 213
Durchschnitt 15
Dynamische Optimierung 367
Dynamisches System 332

Ebene 84
Ebene analytische Geometrie 79
Effizienter Schätzer 465
Eigenfrequenzen 208
Eigenfunktion 257
Eigenvektor 95, 106, 297
Eigenwert
 – einer linearen Abbildung 106
 – einer Matrix 95
 – eines Operators 297
 – numerische Berechnung 374
 – -problem 97, 257
 – des Sturm-Liouville-Problems 257
Einbettungssatz 403
Einfach
 – geschlossene Kurve 342
 – zusammenhängendes Gebiet 218
Einfache
 – Zufallsstichprobe 474
 – lineare Regression 490
Einheits-
 – matrix 87
 – wurzel 65
Elementare

– Funktionen   115
– Funktionen, komplex   340
– Zeilenumformungen   88
Elementarereignis   406
Ellipse   81
Ellipsoid   86, 102
Elliptische
– Bilinearform   299
– partielle Differentialgleichung   234
Elliptischer Kegel   86, 102
Elliptischer Zylinder   86, 102
Elliptisches Integral   285
– numerische Tabellen   286
Elliptisches Paraboloid   86, 102
Empirische Verteilungsfunktion   507
Empirische Überlebensfunktion   507
Endomorphismus   25
Entropie   410, 415
– bedingte   415
– Gesamt-   415
– relative   415
Entwicklung von Determinanten   91
Entwicklungspunkt, Potenzreihe   183
Enveloppe   146
Epimorphismus   25
Ereignisse   406
Ergebnisse   406
Ergodischer Prozeß   424
Erlang-Verlustformel   433
Erreichbarkeitsmatrix   35
Ersatz und TTT-Transformation   439
Erwartungswert   410, 412
Erwartungswertfunktion   423
Erweiterte Koeffizientenmatrix   92
Erzeugende Funktion   259, 261, 263
Essup   302
Euklid-Algorithmus   116
Euklidischer Raum   104
Euler
– Differentialgleichung   203, 206
– Eriksson-Formel   75
– Formeln   62
– -Lagrange-Gleichung   355
– -Maclaurin-Summationsformel   399, 400, 401
– Methode   390
– Polynome   265

– Relation   73
– Transformation   399
– Zahl e 118, 512, 513
– Zahlen   266
Evolute   144
Exakte Differentialform   249
Existenz und Eindeutigkeitssatz   197
Exponential-
– funktion   118
– funktion, Integration   140
– komplexe   341
– matrix   87
– verteilung   417, 419, 437, 471, 474, 484, 507
Extrapolation   380
Extremale   355
Extremum einer Funktion   223
Extremum, Algorithmen zur numerischen Bestimmung   366
Exzeß   76

Faktorielle   45
Faktorielle Experimente   504
Faktorielles Polynom   378
Faktorisierung, Tabelle   52
Faktorisierungssatz   28, 63
Fallende Funktion   129, 135
Faltung
– Distributionen   302
– Fourier-Reihen   308
– Fourier-Transformation   312
– Laplace-Transformation   326
Fast-Fourier-Transform   320
Fast überall   300
Fatou-Lemma   300
Fehler   369
Fehler 1.Art   483
Fehler 2.Art   483
Fehler, mittlerer quadratischer   93
Fehlererkennender Code   37
Fehlerfortpflanzung   375
Fehlerfunktion   287
Fehlerkorrigierender Code   37
Fermat-Primzahlen   55
Fibonacci-Zahlen   56, 215
Filter   333
Finite Differenzen   379

Finite-Differenzen-Methode 393, 395, 396
Finite-Elemente-Methode 393, 395
Fisher-Information 470
Fixpunkt-
 – iteration 370
 – sätze 298, 371
Flußdiagramm-Symbole 402
Fläche zweiter Ordnung 85, 102
Flächeninhalt
 – eines Bereichs 145, 229, 250
 – einer Drehfläche 147
 – eines Dreiecks 67, 79, 83
 – der Ellipse 81
 – des Kreises 71, 81
 – des Kegel 74
 – der Kugel 74
 – der Oberfläche 229, 253
 – eines Polyeders 72
 – eines Polygons 79
 – eines sphärischen Dreiecks 76
 – des Torus 74
 – der Projektion 85
 – Skalierung 226
 – eines Vierecks 69
Flächennormale 252
Fluß eines Vektorfeldes 250, 252
Folge
 – Funktionen 180
 – Zahlen 179
Formale Sprache 17
Fourier-Methode 236
Fourier-Reihen
 – allgemein 255
 – Tabelle 309
 – trigonometrisch 306
Fourier-Transformation 305, 311
 – diskret 320
 – mehrdimensionial 318
 – schnelle (FFT) 320
 – Tabelle 313
Fourier-Transformierte 238, 334
Fredholm-Alternative 298
Fredholm-Integralgleichung 211, 394
Freie Variable 93
Frenet-Formeln 243
Frequenzübertragungsfunktion 424
Fresnel-Integral 288

Fresnel-Integral, numerische Tabelle 289
FTA 439
Fubini-Satz 229, 241, 300
Fundamental-
 – matrix 197
 – lösung 198
 – satz der Algebra 63
Funktion 20
 – implizite 134
 – inverse 134
 – $\mathbf{R}^n \to \mathbf{R}^m$ 225
 – $\mathbf{R}^n \to \mathbf{R}^n$ 227
 – Raum 301
Funktional-
 – analysis 294
 – determinante 226
 – matrix 226
Funktionen, elementare 115, 340
Funktionenfolge 180
Funktionenräume C^k 301
F-Verteilung 417, 426, 455
 – Tabelle 456, 458

G alerkin-Verfahren 393
Gamma-
 – verteilung 417, 421, 438
 – verteilung, Tabelle 454
 – funktion 283
 – funktion, numerische Tabelle 284
Ganze Funktion 340
Gauß
 – Elimination 93, 372
 – -Jordan-Verfahren 91
 – Normalengleichungen 94
 – Quadraturformel 385
 – Satz 64, 253, 254
 – -Seidel-Methode 374
Gebiet 218
Gebrochen-lineare Transformation 346
Geburts- und Todesprozeß 422, 423
Geburtsintensität 423
Gefilterter Poisson-Prozeß 425
Gegenwartswert 48
Generatormatrix 37
Geometrische(s)
 – Mittel 46
 – Reihe 188

– Transformation 420
– Verteilung 416, 421
Geometrischer Vektor 77
Geordnetes k-Tupel 408
Gerade 79, 83
Gerade Funktion 129
Gerschgorin-Satz 113
Geschachtelte Form eines Polynoms 377
Geschichtete Stichprobe 475
Geschwindigkeit 242
Geschwindigkeitsvektor 242
Gewichtete Aggregatindexes 466
Gewichteter Digraph 36
Gewichtsfunktion 255
Gewöhnliche Differentialgleichung (DGL) 196
Gleichmäßig stetige Funktion 132
Gleichmäßige Konvergenz
 – Folge 180
 – Integral 144
 – Reihe 183
Gleichung
 – algebraische 63
 – numerische Lösung 370
 – reine 65
Gleichungssystem
 – lineares 92, 372
 – nichtlineares 370
 – überbestimmtes 93
Gleichverteilung 417, 421, 438, 471
Gleitende Mittel, Prozeß der 424
Globales Extremum 136
Goldene-Schnitt-Methode 366
Grad 122
Gradient 221, 227
Gradienten-
 – feld 244
 – methode 366
Gram-Schmidt-Orthogonalisierung 104
Graph 33
Graßmann-Entwicklungssatz 79
Green
 – Formel 250, 254
 – Funktion 209, 238, 240
Grenzwert
 – einer Folge 179
 – einer Funktion 130, 131, 219

– Vertauschungen 240
Grenzzyklus 214
Griechisches Alphabet 512
Großkreis 75
Größter gemeinsamer Teiler 54, 116
Grundlösungen 239
Gruppe 22, 25
Guldin-Regel 147
Gurland-Tripathi-Korrekturfaktor 472
Güte eines Tests 483

Hahn-Banach-Satz 299
Halbgruppe 22
Halbordnung 19
Hamilton-Funktion 360
Hamming-Code 38
Hankel-Funktion 262
Hankel-Transformation 336
Harmonische Funktion 235, 339, 347
Harmonische Reihe 189
Harmonisches Mittel 46
Hasse-Diagramm 19
Häufungspunkt 217, 293
Hauptachsen 101, 102
Hauptnormalenvektor 243
Hauptvektor 114, 207
Hauptzweig 341
Heaviside-Sprungfunktion 293
Hebbare Singularität 345
Heine-Borel-Satz 218
Hermite
 – Funktion 262
 – Polynom 262
Hermitesch
 – Form 113
 – Matrix 112
 – Operator 297
Heron-Formel 67
Hesse-Matrix 224, 366
Heun-Methode 390
Hexadezimales Zahlsystem 59
Hilbert
 – Raum 295
 – Transformation 337
Histogramm 461
Höhe eines Knotens 35
Hölder-Ungleichung 48, 143, 302

Homogene lineare Differentialgleichung 196
Homogenes Gleichungssystem 92
Homomorphismus 24
l'Hospital-Regel 130
Horner-Schema 377
Hurwitz-Kriterium 212
Hyperbel 82, 120
Hyperbolische
 – Funktionen 119
 – partielle Differentialgleichung 234
Hyperbolischer Zylinder 86, 102
Hyperbolisches Paraboloid 86, 102
Hyperboloid 86, 102
Hypergeometrische Differentialgleichung 203
Hypergeometrische Verteilung 426
Hypothese 483

Ideal 27
Idempotent 21
Identitätssatz 340
Ikosaeder 72
Imaginäre Einheit 61
Imaginärteil 61
Implizite Funktion 134
Implizite Funktionen, Satz über 222, 225, 227
Impulsantwort 334, 424
Indefinite Matrix 101
Indefinite quadratische Form 101
Induktion, vollständige 14
Inflation 49
Information 415
Information-Ungleichung 470
Inhomogenes Gleichungssystem 92
Inhomogene lineare Differentialgleichung 196
Injektiv 21
Innerer Punkt 217, 294
Instabil 213
Integer, ganze Zahl 49
Integral
 – bestimmtes 142
 – bestimmtes, Tabelle 174
 – Differentiation eines 134
 – doppeltes 224, 386

 – dreifaches 230
 – gleichung 211
 – gleichung, numerische Lösung 394
 – komplexes 342
 – Kurven- 250
 – Lebesgue 300
 – numerische Berechnung 382
 – operator 297
 – Oberfäche 252
 – sätze 254
 – Schätzwert für Summe 181
 – test 181
 – uneigentliches 143, 229, 394
 – unbestimmtes 137
 – unbestimmtes, Tabelle 149
Integralcosinus 288
 – numerische Tabelle 289
 – Reihe 308
 – Transformation 316
Integralexponentielle 287
 – numerische Tabelle 289
Integralformel von Cauchy 342
Integralgleichungen 211
Integralsatz von
 – Cauchy 342
 – Gauß 254
 – Green 250
 – Stokes 254
Integralsinus 288
 – numerische Tabellen 289
Integration
 – Methoden 137
 – numerische 382
 – partielle 137, 142
 – Substitution 137, 228, 231
Integritätsbereich 27
Intensität eines Poisson-Prozesses 422
Interpolation 376
Interquartilbereich 464
Intervall 129
Invarianz des Doppelverhältnisses 346
Inverse
 – einer Abbildung 106
 – einer Funktion 129, 134
 – Interpolation 380
 – einer Matrix 91, 112
 – Matrix, Pseudo- 98

Namen- und Sachverzeichnis 541

– Methode zur Simulation 430
– eines Operators 297
– trigonometrische Funktionen 126
– trigonometrische Funktionen, Integration of 141
Inzidenzmatrix 18
Irreduzibles Polynom 28
Irreduzibles Polynom, Tabelle 41
Isolierte Singularität 345
Isomorphismus 25
Isoperimetrisches Problem 358

Jacobi
– Determinante 226
– Matrix 225
– Methode 91, 374
– Polynome 264
– Positivitätstest 101
Jensen-Ungleichung 135, 410
Jordan-Normalform einer Matrix 114

Kante 33
Kaplan-Meier-Schätzer 507
Kardinalzahl 16
Kardioide 148
Kartesisches Produkt 16
Karush-Kuhn-Tucker-Bedingung 365
Kausales dynamisches System 334
Kegel 73, 86, 102
Kegelschnitte 80
Kei-Funktion 268
Kelvin-Funktion 268
Kelvin-Funktionen, numerische Tabelle 282
Ker-Funktion 268
Kern
– eines Gruppenhomomorphismus 25
– einer linearen Abbildung 109
Kettenlinie 119, 356
Kettenregel 133, 221, 225, 227
Klassifikation
– Flächen 2. Ordnung 85, 102
– Kurven 2. Ordnung 80, 101
– lineare partielle DGLn 230
– Singularitäten 345
Kleinstes gemeinsames Vielfaches 54
Knoten, Ecke eines Graphs 33

Koeffizientenvergleich 184
Kofaktor 91
Kohärentes System 434, 435
Kolmogorov-Smirnov-Statistik, Tabelle 494
Kombinatorik 407
Kommutativgesetz 21, 43
Kompakte(r)
– Operator 296
– Menge 218, 294
– Träger 301
Komplex differenzierbar 339
Komplexe
– Analysis 339
– Integration 342
– Matrix 111
– Zahl 61
– Vektor 111
Komplexifizierung bei DGLn 198, 205
Kompositum 18, 20, 106
Konditionszahl 98, 375
Konfidenzintervall 473, 474
– ANOVA 491
– Exponentialverteilung 474, 477
– lineare Regression 490
– Median 499
– Normalverteilung 474, 478, 479, 480, 481
– Poisson-Verteilung 474
– unbekannte Wahrscheinlichkeit 475, 476
Konforme
– Abbildung 346
– Abbildungen, Tabelle 347
– Verpflanzung 347
Kongruente Dreiecke 66
Kongruenzrelation 19
Konjugierte einer komplexen Zahl 61
Konjunktive Normalform 17
Konkave Funktion 129, 135
Konnektiv 9
Konsistenter Schätzer 470
Kontingenztabelle 484
Kontradiktion 9
Kontroll
– Karte 500
– Matrix 37

– System 359
– Variable 359, 431
Konvergente(s)
– Integral 143
– Folge 179
– Reihe 181
Konvergenz
– Ordnung 370
– Test, Integral 143
– Test, Reihe 181
– fast sicher 411
– in Verteilung 411
– im Mittel 411
– nach Wahrscheinlichkeit 411
Konvergenzradius 183
Konvers
– Digraph 35
– Relation 17
Konversionsalgorithmus 57
Konversionsfaktor 515
Konvexe Funktion 129, 135, 366
Konvexe Menge 294
Konvolution 302, 305
Koordinatentransformation 94
Körper 22, 27
Körper der komplexen Zahlen 49, 61, 339
Körper, räumlicher 71
Korrelationskoeffizient 412
Kovarianz 412
Kovarianzkern 423
Kreis 70, 81
Kreissegment 71
Kreissektor 71
Kreistreue 346
Kreuzkorrelationsfunktion 423
Kritische Region 478
Kronecker-Delta 528
Krümmung 144, 243
Kubische Gleichung 64
Kugel 74, 86
Kugelflächenfunktionen 260
Kugelkoordinaten 231, 248
Kuhn-Tucker-Satz 365
Kullback-Leibler-Abstand 415
Kummer-Transformation 399
Kurve zweiter Ordnung 80, 101
Kurve
– Anpassung 381
– im Raum 242
– in der Ebene 144
Kurvenintegral 250
Kutta-Verfahren 391

Lagrange-
– Funktion 365
– Identität 79
– Interpolation 376
– Mittelwertsatz 133
– Multiplikator 224
– Satz für Gruppen 26
Laguerre-Polynom 262
Länge
– einer Kurve 242
– eines Vektors 77, 87, 103, 105, 111
Laplace-
– Gleichung 234
– Operator 239, 240, 242
– Transformierte 325
– Transformation 209, 238, 334
– Transformation (für Zufallsvariable) 420
– Transformation, Tabelle 326
Laurent-Reihe 344
Lax-Milgram-Satz 299
Lebenszeitanalyse 507
Lebenszeitverteilung 435
Lebesgue-
– Integral 300
– Maß 299
– Satz 301
Legendre-Funktion 260
Legendre-Polynom 237, 259
Legendre-Relation 285
Leibniz-Regel zur Differentiation
– eines Produktes 133, 301
– eines Parameterintegrals 134, 241
Leibniz-Regel, diskrete 379
Leibniz-Test 182
Leistungsfähigkeit 502
Lemniskate 148
l'Hospital-Regel 130
Limes superior 179
Linear abhängig 103
Linear unabhängig

– Vektoren 103
– Funktionen 198
Lineare Ordnung 19
Lineare(r,s)
– Abbildung 105
– Algebra 87
– Differentialgleichung 196, 197, 204
– dynamisches System 334
– Filter 424
– Form 299
– Funktional 299
– Gleichungssystem 92
– Hülle 103
– Kombination 103
– Modell 489
– Operator 296, 379
– Optimierung 361
– Programmierung 361
– Raum 103
– Regression 413
Linksnebenklasse 25
Linksseitiger Grenzwert 130
Linearkombination 103
Liouville
– Formel 197, 198
– Satz 340
Little-Formel 432
Logarithmische
– Differentiation 133
– Funktion 118
– Funktion, Integration 140
Logic design 32
Logik 9
Lognormal-Verteilung 437
Lösungsbasis 197, 198
L^p-Raum 302
LR-Zerlegung einer Matrix 373
LTI-System 334
L-Transformation 325

M-Test (Weierstraß) 183, 240
Mächtigkeit 16
MacLaurin-Formel 185
MA-Prozeß 424
Markov-Kette 421
Maß, Lebesgue- 299
Masse 230, 231

Mathematische Konstanten 512
Matrix 87
– einer linearen Abbildung 105
– Adjazenz- 34
– -algebra 88
– -code 37
– Diagonal- 87
– Diagonalisierung einer 97, 113, 114
– Differentiation einer 88, 112
– Dreiecks- 87
– Eigenwert einer 95
– Eigenvektor einer 95
– Einheits- 87
– Exponential- 87
– Funktional- 222
– Fundamental- 197
– Hermitesche 112
– Hesse- 224, 366
– Inzidenz- 18
– indefinite 101
– inverse 91, 112
– Jacobi- 226
– komplexe 111
– LR-Zerlegung einer 373
– Methode für DGL-Systeme 206
– negativ definite 101
– Norm einer 375
– normale 112
– orthogonale 94
– positiv definite 101
– Projektions- 106
– pseudoinverse 98
– QR-Zerlegung einer 373
– Rang einer 89
– Relationen- 18
– Singulärwertzerlegung einer 97
– Spektralsatz 96, 97, 113
– Spur einer 89
– symmetrische 96
– transponierte 87
– Übergangs- 421
– unitäre 112
– Zeilenoperationen an einer 88
– Zeilenstufenform 89
– Weg- 35
Maximum 129, 136, 221
Maximum-Likelihood-Schätzer 470

Maximumprinzip 340
Maxterm 11
McCluskey-Methode 31
Median 463
Median rank 467
Menge der Ergebnisse 406
Menge(n)
– algebra 15
– vom Maß Null 300
– theorie 14
Mersenne-Primzahl 55
Mersenne-Zahl 55
Methode der kleinsten Quadrate 93
Metrischer Raum 294
Meßbare Funktion 300
Minimale Trennung (cut set) 440
Minimalgewicht eines Codes 37
Minimalzeitproblem 360
Minimum 129, 136, 224
Minkowski-Ungleichung 48, 143, 302
Minterm 11, 30, 31
Mittelpunkt 79, 83
Mittelpunktsmethode 390
Mittelpunktsregel 382
Mittelwert 46, 463
Mittelwertsatz
– Differentialrechnung 133, 221, 225
– Integralrechnung 142
Möbius-Abbildung 346
MOCUS 440
Modifizierte Bessel-Funktion 267
Modulo 28, 54
Modus ponens 10, 13
Modus tollens 10, 13
Moivre-Formel 62
Moment 411
– erzeugende Funktion 420
– Schätzung eines 471
– Trägheits- 145, 230, 231
– Trägheits-, Tabelle 232
Monoid 22
Monomorphismus 25
Monoton wachsen, fallend 135, 179
Monte-Carlo-Methode 390
Morera-Satz 341
Multinomialsatz 44
Multiplikation von Determinanten 90

Multiplikationsregel 407

Nablaoperator 244
– Operationen 245
Natürliche Zahl 49
Natürlicher Logarithmus
– reell 118
– komplex 341
Nebenbedingung 224
Nebenklasse 25
Nebenklassenführer 37
Negativ definit 101
Negativbinomialverteilung 416, 421
Neper-Gleichungen 75
Neper-Regel 77
Neumann-Funktionen 267
Neumann-Problem 235
Newton
– Cotes-Formeln 384
– Interpolationsformel 377, 379
– -Raphson-Methode 371
Nichtlineare Optimierung 365
Niveau
– -fläche 219
– -kurve 219
– eines Tests 483
Norm
– Matrix 375
– Operator 296
– Vektor 87, 103, 105, 111, 217, 375
Normalableitung 254
Normale Matrix 112
Normale einer Kurve 132
Normalebene 243
Normalenvektor 79, 84, 218
Normalform
– boolescher Ausdrücke 11, 31
– einer Fläche 2.Ordnung 85, 102
– einer Kurve 2. Ordnung 80, 101
– quadratischer Formen 100
Normalgleichungen 381
Normalisierte Form 37
Normalkomponente 242
Normalverteilte Zufallszahlen, Tabelle 460
Normalverteilung 417, 421, 426, 430, 471, 474, 484
Normalverteilung, Tabelle 450, 451

Normierter Raum 295
Nullelement 21
Nullraum 109
Nullstellen
  – analytischer Funktionen 345
  – eines Polynoms 63
Nullteiler 27
Numerische
  – Differentiation 382, 387
  – Integration 382
  – Lösung von Gleichungen 370
  – Lösung von Integralgleichungen 394
  – Lösung von DGLn 390
  – Lösung von PDGn 395
  – Lösung eines Gleichungssystems 372
  – Summation 399

Obere Dreiecksmatrix 87
Oberfläche einer Drehfläche 147, 218
Oberflächenelement 241, 248, 249
Oberflächeninhalt 252
Oberflächenintegral 252
Obermenge 14
Offene Menge 218, 294
Okteder 72
ON-Basis 104
ONS 95, 104
Operationen mit Reihen 187
Operatormethode 206
Optimale Lösung 361
Optimierung, dynamische 367
Optimierung, lineare 361
Optimierung, nichtlineare 365
Ordnung
  – einer DGL 196
  – einer Nullstelle (Vielfachheit) 63
  – eines Pols 345
Ordo 185
Orthogonale (s)
  – Komplement 104
  – krummlinige Koordinaten 245
  – Matrix 94
  – Polynom 259
  – Projektion 85, 104, 256
  – System 255, 256
  – Trajektorien 147
  – Vektoren 94

  – Zerlegung 85
Orthogonalitätsrelationen 306, 308
Orthonormale Basis 77, 104
Orthonormierungsverfahren 104
OS 255

Parabel 82
Paraboloid 86
Parabolische partielle DGL 234
Parabolischer Zylinder 86, 102
Parallelogramm 69
Pareto-Karte 461
Paritätskontrollmatrix 37
Parseval-Gleichung 256, 296, 308, 311, 316, 320
Partialbruchzerlegung 117
Partielle
  – Ableitung 220
  – Differentialgleichung (PDG) 234
  – Summation 181, 379
Partikuläre Lösung (DGL) 196
Pascal-Dreieck 46
Pascal-Verteilung 416
Penalty function 367
Periode einer Funktion 129
Permutation 408
Perron-Satz 113
Phasenbahn 211
Phasen-DGL 213
Phasenportrait 211
Phasenkonstante 210
Physikalische Konstante 514
π, Kreiszahl 59, 71, 512, 513
Picard-Satz 345
Pivot
  – element 89
  – suche 373
  – variable 473
Plancherel-Formel 312
Poincaré-Bendixson-Satz 214
Poincaré-Friedrichs-Ungleichung 303
Poisson
  – Verteilung 416, 421, 426, 429, 471, 474
  – Verteilung, Tabelle 446, 448
  – Prozeß 422, 429
Poisson-Integralformel 235, 236

Poisson-Summationsformel   312
Pol   345
Polardarstellung komplexer Zahlen   62
Polares Moment   230, 231
Polarkoordinaten   146, 228, 247
Polyeder   71
Polygon   70
Polynom   116
– Division   116
– Ring   28
Polynomialer Code   38
Pontryagin-Maximumprinzip   360
Positionssystem   57
Positiv definit
– Matrix   101
– quadratische Form   101
– Operator   258
Potential   244
Potenz
– einer Zahl   43
– Funktion   119
– Menge   14
– Methode   374
Potenzreihe   183
– Tabelle   192
Power eines Tests   483
Prädikatenkalkül   12
Präfix   515
Primzahl   50
– Tabelle   51
Primzahlsätze   50
Prisma   71
Produkt
– Determinante   90
– direktes   22
– kartesisch   16
– komplexe Zahlen   61
– Matrix   88
– Tensoren   111
– Vektoren   78
Produktregel   409
Produktsymbol   43
Programmierung   402
Projektion(s)   297
– auf eine Gerade   106
– auf eine Ebene   107
– matrix   106

– satz   256
Prozent   48
Prozeßkapazität   502
Pseudoinverse   98
Punktierte Umgebung   130
Pyramide   72
Pythagoras-Relation   67, 111, 295
Pythagoras-Satz   105

Quadrat   69
Quadratische
– Ergänzung   80
– Form   100
– Gleichung   64
Quadratisches Mittel   93, 255
Quadratur   382
Quadrik (= Fläche zweiter Ordnung)   85, 102
Quantor   12
Quartile   464
Quasilineare Differentialgleichung   234
Quotientengruppe   26
Quotientenring   27
Quotiententest   182
QR-Methode   374
QR-Zerlegung einer Matrix   373

Radiant   71, 122
Ramanujan-Formel   81
Rand-   213
– punkt   213
– wertproblem (DGL)   209, 235
– wertproblem (DGL), numerische Lösung   393
– wertproblem (PDG)   235
– wertproblem (PDG), numerische Lösung   395
Randverteilung   412
Rang
– einer Matrix   89
– einer linearen Abbildung   109
Rationale
– Funktion   117
– Funktion, Integration einer   138
– Zahl   49
Räuber-Beute-Modell   213, 214
Raum

– linearer 103
– metrischer 294
– normierter 295
– separabler 294
– topologischer 294
– Vektorraum 103
– vollständiger 295
Rayleigh-Quotient 258
Realteil 61
Rechteck 69
Rechtseitiger Grenzwert 130
Rechtsnebenklasse 25
Reduktion der Ordnung (DGL) 198
Reelle Zahl 49
Regression
  – einfach linear 490
  – linear 413
Regula falsi 371
Reihe
  – konstanter Terme 181
  – von Funktionen 183
  – Operationen mit 187
  – Taylor 185
  – Umkehrung von 380
Reine Gleichung 65
Rektifizierende Ebene 243
Rekurrenzgleichung 211, 324, 335
Relation, binär 17
Relationenmatrix 18
Relativer Fehler 369
Relativkompakte Menge 294
Residuensatz 343
Residuum 343
Restglied, Taylor-Formel 185, 222
Reversives Polynom 40
Reziprokes Polynom 40
Rhombus 69
Richardson-Extrapolation 380
Richtungs
  – ableitung 221
  – vektor 79, 83
  – winkel 79
Riemann-Abbildungssatz 346
Riemann-Integral 142
Riemann-Summe 142, 227
Riesz-Satz 299
Ring 22

Ritz-Galerkin-Methode 393
Ritz-Methode 359
$\mathbf{R}^n$ 105, 217
Rodrigues-Formel 259
Romberg-Integration 385
Rotation 227, 244
Rouché-Satz 346
Rundungsfehler 369
Runge-Kutta-Methode 391
Römische Ziffern 514
Rückkopplung 334

Sattelpunkt 223
Schaltungsentwurf 32
Schauder-Fixpunktsatz 298
Schiefe 411, 466, 472
Schief-hermitesch 112
Schießmethode 393
Schmidt-Verfahren 104
Schmiegebene 243
Schnelle Fourier-Transformation 320
Schraubenlinie 244
Schur
  – Lemma 113
  – Normalform einer Matrix 113
Schwache Ableitung 302
Schwarz-
  – Konstante 258
  – Ungleichung 143
  – Lemma 340
  – Quotient 258
  – Satz 218
Schwerpunkt 79, 83, 145, 230, 231, 251, 252
Schwerpunkt, Tabelle der 232
Schwingende Kreismembran 237
Sehnensatz 70
Sekansfunktion 122
Sekanten
  – methode 371
  – viereck 70
Selbstadjungiertes Eigenwertproblem 258
Semifakultät 45
Separable Menge 294
Separation der Variablen 236
Seppo-Mustonen-Algorithmus 430
Sequentielles Testen 486

Shot noise   425
Signifikanztest   483
Simplexalgorithmus   362
Simpson-Regel   382
Simulation   427, 430
Simulation von Verteilungen   428
Simultane Diagonalisierung   97
Singularität   345
Singulärwertzerlegung   97, 99
Sinus
 – Funktion   122
 – hyperbolicus   119
 – komplex   341
 – Reihe   193, 308
 – Satz   68
 – Transformation   316
Skalarfeld   244
Skalarprodukt   78, 87, 103, 105, 111, 213
Sobolev-Raum   303
Spaltenvektor   87
Spatprodukt   78
Spektrale Leistungsdichte   423, 424
Spektralsatz   96, 97, 106, 113, 298
Spezifische UMVU-Schätzer   471
Sphärische(s)
 – Bessel-Funktion   273
 – Koordinaten   231, 248
 – Dreieck   75
 – Sektor   74
 – Segment   74
 – Trigonometrie   75
Spiegelpunkte   347
Spirale   148
Spline   393
Sprache, formale   17
SPRT-Test   486
Sprungfunktion von Heaviside   293
Spur einer Matrix   89
Stabdiagramm   461
Stabiles dynamisches System   334
Stabilität   212
Stabilitätssatz 1   212
Stabilitätssatz 2   213
Stamm-Blatt-Diagramm   462
Stammfunktion   137, 249
Standardabweichung   410, 464
Stationärer Prozeß   423

Stationärer Punkt   135, 223
Statistische Qualitätskontrolle   500
Statistisches Wörterbuch   508
Steiner-Satz   410
Steradiant   75
Sterbeintensität   423
Stetig
 – Funktion   131, 219, 225
 – Funktionen, Raum der   301
 – Operator   296
 – Zufallsvariable   409, 411
Stichproben   408, 474
Stirling
 – Formel   45, 284
 – Zahlen   378
Stochastische(r)
 – dynamische Programmierung   368
 – Prozeß   421
 – Variable   409
Stokes-Satz   254
Streuung   410, 464
Straf-Funktion   367
Struktursatz für lineare DGLn   197, 198
Stückweise stetig   131
Studentisierte Spannweite   487
Sturm-Liouville-Eigenwertproblem   256
Substitution, Integral-   142, 228, 231
Suffizienter Schätzer   470
Summe
 – von arithmetischen Termen   188
 – von binomischen Termen   189
 – von Exponentialtermen   191
 – von geometrischen Termen   188
 – einer unendlichen Reihe,
    Berechnung   344
 – von Potenzen   189
 – von reziproken Potenzen   189
 – von trigonometrischen Termen   191
 – Regel   409
 – symbol   43
Superpositionsprinzip   197, 198
Supremum-Axiom   50
Surjektiv   21
Sylow-Gruppe   26
Sylvester-Trägheitssatz   114
Symmetrisch
 – Abbildung   106

– Differenz 15
– Matrix 96
– Operator 258, 297
– Punkte 347
Syndrom 37
System
   – von linearen Differential-
     gleichungen 197, 206
   – von linearen Gleichungen 92, 372
   – von linearen Gleichungen,
     iterative Methoden 374
Systematischer Code 37

Tabellenanpaß-Methode 430
   – hyperbolischer 119
Tangens
   – Funktion, reell 122
   – Funktion, komplex 341
Tangente an Graph 132
Tangenten
   – vektor 242, 243
   – viereck 69
Tangential
   – ebene 218, 219
   – komponente 242
Tautologie 9
Tautologische Implikation 10
Tautologische Äquivalenz 10, 11
Taylor-Formel 185, 218
Taylor-Reihe 185, 339
   – Entwicklungsmethoden 186
   – numerische Lösung von DGLn 392
   – Tabelle 192
Teilmenge 14, 408
Temperierte Distribution 304
Tensor 110
Terrassenpunkt 136
Test, Tabelle 484
Testfunktion 304
Teststatistik 483
Tetraeder 72
Toleranzgrenzen, Normalverteilung 482
Topologie 217, 294
Torsion 243
Torus 74
Totale Ableitung 225
Totale Wahrscheinlichkeit, Formel 408

Trägheitsmomente 145, 230, 232
   – Tabelle 232
Transferfunktion 334, 335
Transformation
   – affine 97
   – Cosinus 316
   – Fourier 311
   – lineare 94
   – Koordinaten 245
   – Laplace 325
   – orthogonale 94
   – Sinus 316
   – z- 322
Transitive Hülle 18
Transponierte
   – einer Matrix 87
   – Relation 17
Transportproblem 365
Transversalität 357
Transzendente Zahl 49
Trapez 69
Trapezregel 382
Trennung 440
Trennung der Variablen 234
Trigonometrische(s)
   – Gleichung 126
   – Funktion 122
   – Funktion, Integration 141
   – System 257
Trigonometrie
   – ebene 68
   – sphärische 75
Träger einer Funktion 301
Trägheitssatz, Sylvester 114
Tschebyschev
   – Polynom 260
   – Polynom, verschobenes 262
   – Ungleichung 410
TTT-Transformation 435, 437, 507
TTT-plot 507
t-Verteilung 417, 426
t-Verteilung, Tabelle 455

Überbestimmtes Gleichungssystem 93
Übergangsmatrix 421
Überlebenswahrscheinlichkeit 435
UMVU 470

Umfang
- einer Ellipse 81
- eines Kreises 71, 81

Umgebung 217

Umkehrung von Potenzreihen 380

Umkehrformel
- Fourier-Transformation 311, 318
- Laplace-Transformation 325
- z-Transformation 322

Umkehrrelation 17, 19

Unabhängige
- Ereignisse 408, 409
- Zufallsvariable 412

Unbestimmte Ausdrücke 130

Uneigentliches Integral
- Definition 143, 229
- numerische Berechnung 386

Unendliches Produkt 182

Ungerade Funktion 129

Unitär
- Matrix 112
- Transformation 113

Untere Dreiecksmatrix 87

Untergruppe 25

Unterraum 103

Unverzerrter Schätzer 470

Van der Pol-Oszillator 214

Varianz 410, 464

Varianzanalyse (ANOVA) 491

Varianzfunktion 423

Varianzreduktion 431

Variation der Konstanten 201

Variationsproblem, äquivalentes zu DGL 393

Variationsrechnung 355

Vektor 87
- Algebra 77
- Analysis 242
- Feld 244
- geometrischer 77
- Norm 375
- Potential 244
- Produkt 78
- Raum 103
- dreifaches Vektorprodukt 79

Verallgemeinerte Funktion 304

Verband 22, 29

Verbindung (path set) 440

Verfahrensfehler 369

Vergleichstest 181

Verjüngung eines Tensors 111

Vertauschung von Grenzprozessen 240

Verteilungsfunktion 410, 435

Verträglichkeitsrelation 19

Verwendete Funktionen 525

Verzweigungs-
- knoten 35
- punkt 341

Verzweigungsschnitt 341

Vielfachheit 63

Vierblatt 148

Viereck 69

Vieta 64

Vollstetiger Operator 296

Vollständig geordnet · 19

Vollständige Induktion 14

Vollständiger metrischer Raum 294

Vollständiges Orthogonalsystem 255

Vollständigkeitsaxiom 50

Volterra-Integralgleichung 211

Volterra-Lotka-Modell 213

Volumen
- Drehkörper 147
- Element 246, 248, 249
- Ellipsoid 86
- Körper 147, 229, 231
- Kugel 74
- Parallelepiped 78, 90
- Polyeder 72
- Skalierung 226
- Tetraeder 83
- Torus 74

Vorhersageintervall 491

VOS 255

Wachsende Funktion 129, 135

Wahrheitstabelle 9, 11

Wahrscheinlichkeit
- bedingte 408
- Dichte 409, 411, 435
- erzeugende Funktion 420
- Funktion 411
- Maß 406
- Theorie 406
- Verteilung 416, 419, 420, 421

Wahrscheinlichkeitsfunktion 409
Wahrscheinlichkeitstheorie 406
Wahrscheinlichkeitsverteilung
– Beta 418
– Binomial 416, 419, 421, 425
– Bivariate Normal 418
– χ^2- 417, 419, 420, 421, 426
– Cauchy 418, 419
– Exponential 417, 419, 420, 421, 437, 471, 474, 484, 507
– F- 417, 420, 426
– Gamma 417, 419, 420, 421, 438
– geometrische 416, 421
– Gleich 417, 421, 438, 471
– hypergeometrische 416, 426
– Lognormal 437
– negativbinomial 416, 419, 421
– Normal 417, 419, 420, 421, 471, 474, 484
– Pascal 416
– Poisson 416, 419, 421, 426, 429, 471, 474
– Rayleigh 418
– t- 417, 420, 426
– Weibull 418, 437
Wärmeleitungsgleichung 234
Wartesystem 431
Weber-Funktionen 267
Wechselseitige Information 415
Wechselwirkung 504
Wegmatrix 35
Weibull-Verteilung 418, 437
Weierstraß-Erdmann-Ecken-Bedingung 356
Weierstraß-M-Test 183, 240
Wellengleichung 235
Wendepunkt 129, 135
Wertebereich 464
– einer Funktion 20
– einer linearen Abbildung 109
– einer Relation 17
Wesentliche Singularität 345
Wilcoxon-Statistik, Tabelle 495
Wilcoxon-Vorzeichen-Rang-Statistik, Tabelle 497
Winkel zwischen
– Ebenen 84
– Gerade und Ebene 84

– Geraden 80, 84
– Vektoren 79, 83, 105
Winkel, räumlicher 75
Winkeltreu (konform) 346
Wirksamer Schätzer 470
Wohlordnung 19
Wölbung 411, 466, 472
Wronski-Determinante 197, 198
Würfel 72
Wurzel
– eines Baums 35
– einer Zahl 44
– einer Gleichung 63
Wurzeltest 182

Young-Ungleichung 302

Zahlenfolge 179
Zahlsystem 49
Zeilenoperationen, elementare 88
Zeilenstufenform einer Matrix 89
Zeilenvektor 87
Zeitunabhängiges System 334
Zensorierte Stichprobe 507
Zentraler Grenzwertsatz 430
Zentrales Moment 411, 466
Zinseszinsrechnung 48
z-Transformation 322
– Anwendung auf LTI-Systeme 335
Zufalls
– zahlen, Tabelle 441
– zahlen, normalverteilt, Tabelle 460
– zahlenerzeugung 427
– Sinus-Signalprozeß 425
– Telegraphen-Signalprozeß 425
– variable 409
Zulässige Lösung 361
Zusammenhängende Menge 218
Zustandsgleichung 335
Zuverlässigkeit 434
Zuverlässigkeitsbaum 439
Zwischenwertsatz, stetige Funktion 132
Zykloide 148
Zylinder 73, 86, 102
Zylinderfunktion 270
Zylindrische Koordinaten 231, 247